PUHUA BOOKS

我
们
一
起
解
决
问
题

阿内特

第 6 版

青少年心理学

〔美〕杰弗瑞·简森·阿内特
Jeffrey Jensen Arnett

郭书彩
刘丽红
胡紫薇

苏彦捷

审校

译　　著

人民邮电出版社

北　京

图书在版编目（CIP）数据

阿内特青少年心理学：第6版／（美）杰弗瑞·简森·
阿内特著；郭书彩，刘丽红，胡紫薇译. -- 北京：人
民邮电出版社，2021.10
ISBN 978-7-115-56962-2

Ⅰ. ①阿… Ⅱ. ①杰… ②郭… ③刘… ④胡… Ⅲ.
①青少年心理学 Ⅳ. ①B844.2

中国版本图书馆CIP数据核字（2021）第140189号

内 容 提 要

青少年心理学在心理学领域中是一门应用性很强的分支，因为其主要研究了人生中的重要阶段——青少年期。

本书作者为著名心理学家杰弗瑞·简森·阿内特，他最为知名的研究成果莫过于"成年初显期"——它针对当下年轻人的成长特点，提出了一个成年早期的过渡期。这个概念将贯穿全书，是本书重要的理论基础。

本书所包含的主题广泛，从认知基础、文化信仰、心理性别、自我、家庭关系、朋友和同伴、学校、工作等13个方面研究了这一特殊的人生阶段，内容既涉及过去各阶段的历史研究，也包含当下社会变化发展后青少年与初显期成人的新表现。

希望本书能够帮助青少年开启自我认识的旅程，并且让青少年周围的社会支持者们如家长、教师更了解当下青少年的特点。另外，本书的研究领域对于心理学从业者和爱好者来说也值得学习与参考。

◆　　著　　［美］杰弗瑞·简森·阿内特（Jeffrey Jensen Arnett）
　　　　译　　郭书彩　刘丽红　胡紫薇
　　责任编辑　姜　珊
　　责任印制　胡　南
◆　人民邮电出版社出版发行　　北京市丰台区成寿寺路 11 号
　　邮编 100164　电子邮件 315@ptpress.com.cn
　　网址 https://www.ptpress.com.cn
　　北京建宏印刷有限公司印刷
◆　开本：787×1092　1/16
　　印张：31　　　　　　　　　　　2021 年 10 月第 1 版
　　字数：680 千字　　　　　　　　2024 年 12 月北京第 2 次印刷
　　　　著作权合同登记号　图字：01-2018-8501 号

定　价：138.00 元
读者服务热线：（010）81055656　印装质量热线：（010）81055316
反盗版热线：（010）81055315
广告经营许可证：京东市监广登字 20170147 号

推荐

　　《阿内特青少年心理学》（第 6 版）聚焦人生发展的重要阶段——青少年期和成年初显期，讨论了这一时期的暴风与骤雨、动荡与莫测、迷茫与挑战、冲突与混乱等青少年的身心特点。但本书并不限于心理学视角，而是从更广阔的文化视角、历史视角、社会视角、区域视角等来认识这一时期，对新时代正处于这一"快速而又关键的成长期"的青少年来说，这是一本自我认识、自我确立的好作品。

蔺秀云

教育部青年长江学者

北京师范大学心理学院教授

　　本书所关注的青少年期和成年初显期，正是从中学到大学阶段，也是青少年成长过程中最关键、最"难以捉摸"，也最"危机四伏"的阶段。深刻理解处于这一特殊阶段的青少年的特征与表现，有助于学校和家庭有效应对可能的危机，帮助青少年平稳过渡、健康成长。本书不仅适合教育学和心理学的研究者仔细阅读，也值得推荐给校长、教师、家长认真学习。

冯晓英

北京师范大学教育学院教授

学习设计与学习分析重点实验室主任

　　我一打开这本书，就被它描述的内容所吸引。由于家里有一个正在读高中的青少年，所以我对该书每个篇章、每个主题都充满了浓厚的兴趣，尤其是它的跨文化特色，可以让我在一个更广阔的视角下理解自家娃的成长，了解她这个年龄段要面临的困境和风险，以及意识到孩子在这个阶段的各种"不可思议"的行为，都有其生理和心理基础。该书如庖丁解牛般给我们立体呈现了一位正在成长中的青少年。通过读这本书，你可以更好地看待自己孩子的方方面面，意识到青少年期特殊的价值和力量，在理解的基础上珍视这个年龄段的孩子，做更好的父母。

陈功香

济南大学教育与心理科学学院副院长

每个人都有青少年时期，透过《阿内特青少年心理学》（第 6 版），你更有可能从文化、历史、家庭、学校、同伴等多个角度来看待这个时期。作为一名多年从事跨文化心理学教学和心理咨询工作的实践者，我特别欣赏作者从多层面、多个角度，以一种开放的态度让人们更好地理解处于青少年期和成年初显期的人的身上发生了什么，他们为什么会有这样的表现。理解青少年，也是在理解我们自己。

严文华

中国社会心理学会理事

华东师范大学心理与认知科学学院副教授

阿内特教授的这本《阿内特青少年心理学》（第 6 版）将学术性与趣味性、知识性与专业性融于一体，也是最受美国相关专业的大学生欢迎的一本教材。如果只能推荐一本有关青少年的心理学方面的研究作品，阿内特教授的这本书无疑是不二之选。我已结识阿内特教授近 20 年，阿内特教授以其独特的文化视角、历史视野与对青少年发展的关怀关切之心，将自己数十年的观察融入研究中，为我们展示出世界青少年成长的全景式的心理画卷，相信这本书对青少年工作者、心理学工作者与广大家长都有助益。

段鑫星

中国矿业大学公共管理学院院长

《阿内特青少年心理学》（第 3 版）译者

我始终认为，判断一本书是否值得细细品读的条件之一是：作者是否对其所写领域有着深入的了解或研究。该书的作者为美国心理学家杰弗瑞·简森·阿内特，他对青少年已有20多年的研究。

该书让我颇为欣赏之处是它的客观性。作者在阐明一个现象或观点的过程中，通常会对不同文化背景下、不同历史时期的青少年进行对比，通过对比让读者自己得出一个客观的结论：青少年的心理与行为可能不同，但每一种心理与行为都是有原因且合理的，没有优劣之分。此外，作者还引用了大量的科学研究发现作为依据，运用简单易懂的语言和形象生动的例子，令读者能快速理解作者想要表达的意思，实现读者与作者跨时空的对话。

整体来说，本书条理清晰，内容丰富，图文并茂，译笔流畅，通俗易懂，科学性与可读性很强，很成功地为读者展示了一群"有血有肉"、全面立体的青少年。除了作为教科书使用外，本书也是一本兼具专业性与趣味性的科普读物。无论是对于想要了解青少年心理的初学者，还是对于专业研究者，该书皆是开卷有益的。

王美萍

山东师范大学心理学院教授

近年来"躺平""佛系""内卷"等描述青少年的流行语频出，作为一个临床心理咨询师和精神科医师，我也常常被询问怎样理解当代青少年的心理，包括不同年龄阶段的青少年的心理特点。理解青少年、帮助青少年成长也正是教育学和心理学最重要的任务之一。《阿内特青少年心理学》（第6版）作为一本科普读物，从认知、生理、心理性别、家庭、同伴等多个角度研究了处于动荡期的年轻人，正是我们在工作中迫切需要的好书。而青少年本身，也可以通过阅读这本书更好地理解和认识自我，完成自我成长的发展任务。

徐凯文

执业精神科医师

大儒心理创始人

青少年期是人生中的一段迷人的时光，对于大多数教师来说，这是一个令人愉快的教学主题。许多学生在修读这门课程时刚刚度过青少年期。从某种程度上说，了解这一时期的发展对他们来说是一段自我发现之旅。学生们经常喜欢回想他们当时的样子，他们对过去和现在的自我有了新的理解。学生们所学习的有关青少年期这个特殊阶段的知识有时会证实他们自己的直觉和经验，有时则会与他们认为自己知道的相矛盾或有差异。如果一切顺利，青少年期课程不仅可以改变学生们对自己的理解，还可以改变他们对他人的理解以及对周围世界的看法。对于教师来说，这门课程在增进学生的理解方面提供的可能性通常令人兴奋。我写这本书的目的是让它帮助教师和学生在理解这一充满活力的复杂的人生阶段的过程中与之建立有启发性的联系。现在，我自己的双胞胎儿子迈尔斯和帕里斯已经17岁了，这一版对我来说有着特殊的个人意义，而且比以往任何时候都更有意义。

我最初写这本书的目的是提出一个全新的青少年期概念，这一概念将反映我认为的该领域最有前途和最激动人心的新潮流。每次再版时，我都会朝这个目标努力。指导本书的理念有四个基本特征：（1）注重发展的文化基础；（2）延长本书涵盖的年龄段，使之既包括青少年期，也包括"成年初显期"（18~25岁）；（3）强调历史背景；（4）跨学科的理论和研究方法。所有这些特征都是本书与其他有关青少年期的作品的不同之处。

文化视角

在教授青少年期课程时，无论方式是大班授课还是小班研讨，我总是将大量来自其他文化的研究引入课堂。我主要接受的是发展心理学的训练，该领域的传统是强调普遍的发展模式而不是文化背景。然而，我的教育经历还包括在芝加哥大学人类发展委员会（Committee on

Human Development）的三年博士后学习经历，那里的课程强调人类学，它将文化放在首位。对发展问题采取文化视角极大地扩展和加深了我对青少年期的理解，我也看到文化视角对我的学生们产生了同样的影响。通过了解有关青少年期的文化实践、习俗和信仰的多样性，我们扩展了我们对发展的可能性的范围的理解。我们也对自己文化中的青少年的发展有了更深入的了解，我们将其视为众多可能的路径中的一种。

从文化视角看待发展，意味着从文化视角来讨论发展的各个方面。我在第 1 章中介绍了文化视角的要点，然后文化视角贯穿每一章的主题。我设立了一个名为"文化焦点"（Cultural Focus）的专栏，深入探讨特定文化中的有关发展的一个方面——例如，印度青少年的家庭关系、荷兰年轻人的性行为等。

我希望学生们不仅能认识到青少年的发展因文化而异，而且能学会**从文化视角进行思考**，即如何根据青少年的文化基础分析他们发展的各个方面。这包括学会根据某项研究是否考虑了发展的文化基础对其进行批评。我在书中的很多地方都提供了这种批评，目的是让学生们在读完本书后能够学会自己对研究进行批评。

成年初显期

青少年期是许多戏剧性变化出现在生命中的时期，我们目前正处于与这一时期相关的特别有趣的历史时刻。在我们这个时代，青少年期开始的时间比一个世纪前要早得多，由于营养和医疗保健的进步，发达国家的大多数人的青春期的开始年龄提早了很多。然而，如果我们根据走入婚姻、为人父母和有稳定的全职工作等成人角色的特征来衡量青少年期的结束，那么青少年期结束的时间又比过去晚很多，因为许多人向成年期过渡的年龄被推迟到了至少 25 岁。

在过去的 20 年里，我本人的研究重点是十几岁到 20 多岁的美国年轻人的发展，包括亚裔美国人、非裔美国人、拉丁裔美国人和白人。我根据这些研究得出的结论是，这一阶段不是真正的青少年期，但也不是真正的成年期，甚至不是"成年早期"（young adulthood）。在我看来，向成年过渡的时期变得如此漫长，以至于它构成了生命历程的一个单独时期，其持续时间与青少年期一样长。现在，许多学者都认同这一观点。自我在 2001 年出版本书的第一版以来，成年初显期作为一个独立领域迅速兴起，"成年初显期研究学会"（Society for the Study of Emerging Adulthood，SSEA）成立。

因此，本书的指导理念的第二个显著特征是涵盖的年龄段不仅包括青少年期（10~18 岁），还包括"成年初显期"（18~25 岁）。我在第 1 章中介绍了该理论，并在后面的章节中将其用作讨论成年初显期的框架。每一章的内容都侧重青少年期，但每一章都包含与成年初显期有关的内容。

历史背景

鉴于现在的青少年期与过去的青春期之间存在差异，了解发展的历史背景对于全面了解这个年龄段至关重要。如果学生们能够将当下年轻人的生活与其他时代的年轻人的生活进行对比，他们会对青少年的发展有更丰富的理解。为此，我在每一章中都提供了历史资料。此外，我设立了"历史焦点"（Historical Focus）专栏，用以描述特定历史时期的青少年的发展的某个方面——例如，大萧条时期的青少年的家庭生活、"喧嚣的 20 年代"和青年文化的兴起，以及19 世纪的英国青少年的工作。

近几十年来，由于全球化，世界各地的文化变革步伐加快，因此现在强调发展的历史背景可能尤其重要。尤其是发展中国家，其文化在近几十年的变化速度惊人，年轻人往往发现自己成长的文化与他们的父母成长的文化大不相同。全球化对当今年轻人的生活产生了普遍的影响，这些影响既令人欣喜，也令人担忧，因此我将全球化作为贯穿本书的一个主题。

跨学科方法

文化视角和对历史背景的强调与本书的指导理念的第四个显著特征有关，即跨学科的理论和研究方法。本书中有很多心理学领域的内容，这是因为大多数青少年发展的研究属于心理学研究。然而，我也整合了来自其他领域的内容。对于理解青少年有关发展的文化因素至关重要的大部分理论和研究来自人类学，因此我在书中呈现了许多人类学研究。学生们经常发现这些内容很吸引人，因为这与他们心目中的青少年期的样子完全不一样。有些关于青少年期的有趣且重要的文化材料来自社会学，特别是关于欧洲和亚洲社会的研究，这些研究在这里找到了一席之地。此外书中还有很多历史方面的内容，以提供上面谈到的历史视角。其他学科包括教育学、精神病学、医学和家庭研究。

跨学科内容的整合意味着利用多种研究方法。读者会发现书中有许多不同的研究方法，从问卷调查法和访谈法，到民族志研究法，再到生物学测量法。"研究焦点"（Research Focus）专栏将描述特定的研究中使用的研究方法。我在该专栏中就如何进行青少年期和成年初显期研究为学生们提供了详细的示例。

章节主题

我的目标是提出一个关于年轻人的发展的新概念，其结果是书中的一些章节的主题是大多数其他教科书没有详细阐述的主题。大多数教科书中都有关于道德发展的讨论，但本书中有一章是关于文化信仰的，包括对道德发展、宗教信仰、政治信仰，以及个人主义和集体主义信仰的讨论。有关文化信仰的一章为理解青少年发展的文化因素提供了良好的基础，因为它强调了这些信仰是如何影响发生在其他发展环境（从家庭到学校再到媒体）中的社会化的。此外，对文化信仰的重要性的理解使我们更深刻地意识到，我们对青少年应该如何思考、如何行动的判断几乎总是植根于我们在特定文化中的成长过程中习得的信仰。

大多数教材都包括对性别问题的讨论，有些教材中有专门的一章讨论性别问题，本书中有一章专门讨论性别角色的文化差异和历史变化，此外我也在其他章节中讨论了性别问题。性别是每种文化中的社会生活的一个基本方面，非西方文化中有关性别角色和性别期待的生动例子可以帮助学生更加深刻地意识到，在其自身文化中性别如何为年轻人的发展划定框架。

本书中有一章专门讨论工作，工作对发展中国家的青少年的生活至关重要，因为他们中有很大一部分人没有上学。本章广泛讨论了部分发展中国家的青少年会面对的危险且不健康的工作条件。在发达国家，从上学到工作的过渡对大多数人来说是成年初显期的一项重要内容，本章重点关注这一过渡。

本书中有一章专门讨论媒体，其中包括电视、音乐、广告、电子游戏、互联网、手机和社交媒体等小节。在当今的大多数社会中，媒体是年轻人生活的重要组成部分，但在大多数教材中，这一主题未受到关注。忽视该主题令人费解，因为发达国家的青少年每天使用媒体的时间比他们上学的时间、与家人或朋友相处的时间还要多。我认为年轻人的媒体使用情况不仅是一个必不可少的主题，而且是一个永远令人着迷的主题，今天的学生几乎无一例外地都对媒体着迷，因为在成长过程中他们沉浸在媒体环境中。

大多数教科书中都有一章专门介绍理论，本书则没有。我认为，单设一章介绍理论会使学生对理论在科学事业中的目的和功能产生误解。理论与研究具有内在的联系，好的理论会激发研究，而好的研究又会带来理论的变革和创新。单独介绍理论会使相应的章节变成一个理论博物馆，从而与研究割裂开来。因此我的做法是使理论的内容贯穿全书，将理论与以理论为依据的研究和受到理论启发的研究结合起来呈现。

每一章中的"批判性思考"（Thinking Critically）专栏都有几个激发批判性思考的问题。批判性思考已成为学术界的一个流行术语，并且有许多不同的定义，因此我应该在这里解释一下我是如何使用该术语的。批判性思考问题的目的是激发学生对各章中的观点和信息进行更高层次的分析和反思。通过设置批判性思考问题，我试图鼓励学生将各章中的观点联系起来，思考一些假设性问题，并将各章的内容应用于自己的生活中。通常，这些问题没有"正确答案"。尽管其主要目的是帮助学生在阅读时达到高层次思维，但教师们告诉我，这些问题也可以被用作课堂讨论或写作业的生动材料。

第 6 版新增内容

在对本书的前几版的评论中，教师和书评人一致提到了本书的三个主要优势：（1）文化视角；（2）包括青少年期和成年初显期；（3）写作质量。我力图在第 6 版中增强这些优势。

- 世界各地的对青少年期的研究正在增多，因此文化信息比以前更多了。我在第 6 版的每一章中都增加了新材料，这些材料有助于学生更好地理解文化的异同，以及青少年和初显期成人的发展如何受到其所处文化的影响。

- 人们对前几版中的有关成年初显期的内容的积极反馈使我受到很大鼓舞，我在第 6 版中对其进行了扩展。随着越来越多的学者认识到成年初显期的重要性并将注意力转向它，这一领域的理论和研究的发展令人振奋，我试图在这一版中反映这些发展。每一章都包含与初显期成人相关的最新理论和最新研究。我很高兴地看到现在有一些其他教材同样包含有关成年初显期的理论和研究，但作为这一想法的发起者，我想我可以这样说，如果你希望一部教材中有关于成年初显期的最全面的、最新的材料，这部教材可以满足你的要求。

至于写作风格，我一直在努力使这本书既内容丰富又生动有趣。最好的作品能实现这两个目标。

除了加强前几版中广受好评的方面之外，我还对每一章进行了或大或小的改动。本版增加了 2012 年至 2016 年的数百个新文献，其中包含该领域的最新发现。另外，根据教师对第 5 版提出的意见和建议，我还做出了其他修改。还有一些改动是我自己主动做出的，在开始撰写第 6 版之前，我阅读了各个章节，以判断应该添加、更改或删除什么内容。例如，我在有关认知发展的一章中增加了一节有关成年后的大脑发育的内容，在"朋友和同伴"一章中增加了一节有关俚语的内容。

我不仅在第 6 版中添加了新材料，我还删除了第 5 版中的某些材料。很多作品都有一个不好的倾向，那就是每次改版都会额外增加一些信息，最终一本书变得和电话簿一样厚（读起来也和电话簿一样无趣）。我在一开始就力图扭转这一趋势，每增加一些内容，我都要明智地删减一些内容。我希望这种方法可以使这部作品既是最新的，又读起来令人愉快。

以下是本版的新增内容：

- 在每章的开头新增更加综合的学习目标，以帮助学生更好地组织和理解各章节的内容。这些学习目标现在与每一章的小标题相关；

- 更新并扩展了对世界各地的青少年期的研究，以增强学生对文化的异同以及文化如何影响发展的理解；

- 更新并扩展了关于成年初显期的理论和研究，反映并激发该领域中正在发生的令人兴奋的学术发展。

目录

第2章 生理基础 // 41

第3章 认知基础 // 71

第 4 章　文化信仰 // 117

第 5 章　心理性别 // 147

第 6 章　自我　//　181

第 7 章　家庭关系　//　215

第 8 章　朋友和同伴 // 261

第9章　爱与性　// 303

第10章　学校　// 339

第11章　工作 // 377

第12章　媒体 // 413

第13章　问题和心理弹性 // 441

引论

13. 列举在 21 世纪非洲青少年面临的主要挑战，并指出积极的文化传统和近期的趋势。

14. 描述亚洲青少年所处的文化背景的鲜明特征。

15. 指出在 21 世纪印度青少年面临的主要挑战。

16. 描述拉丁美洲国家的共同特点以及该地区青少年目前面临的两个关键问题。

17. 列出构成"西方"的国家的青少年所具有的共同特征，并指出少数族裔青少年所特有的特征。

18. 描述有助于我们全面了解青少年期和成年初显期的学科。

19. 解释为什么性别问题在青少年期和成年初显期特别突出，总结不同文化对不同性别的青少年的期望。

20. 解释为什么考虑全球化的影响对理解青少年和初显期成人很重要。

- 黎明暗淡的微光笼罩着墨西哥特万特佩克（Tehuantepec）地区一间简陋的芦苇屋，16 岁的孔奇塔（Conchita）俯身在一个桶形火炉前。尽管天刚发亮，她已经做玉米饼 2 个小时了。做玉米饼这活儿不容易——她得跪在炽热的火炉旁——而且还很危险。有几次她不小心碰到了炉子的铁壁，手臂上留了几处伤疤。她想起了她的弟弟，她对弟弟有些不满，弟弟还在睡觉，一会儿他就要起床去上学。像村里大多数女孩一样，孔奇塔既不会阅读也不会写作，因为只有男孩才能上学。

  她期待着下午的到来，这给她带来一些安慰。下午她可以去镇上卖她做的玉米饼。除了留给家人当天吃的那些，剩下的饼都要卖掉。在镇上她会见到几个女伴儿，她们为家里卖玉米饼和一些其他的东西。她希望在那儿能看到那个跟她说过话的男孩，那是两周前的周日晚上，他们在镇广场上说了几句话。在之后的那个周日的晚上，她看见他在她家对面的街上等着，这无疑是他在追求她的信号。但是她的父母不允许她出去，所以她希望能在镇上看他一眼。

- 在位于美国伊利诺伊州高地公园郊区的家里，14 岁的乔迪（Jodie）满脸愁容地站在卧室的镜子前，她在想去上学之前是否应该再换一套衣服。她已经换过一身了，把蓝色的运动衫和白色的裙子换成了黄白相间的宽松短衫和蓝色牛仔裤，但她现在又拿不定主意了。"真难看，"她心想，"我太胖了！"在过去的 3 年中，她的身体一直在迅速地发生变化，她吃惊地发现自己的身体似乎每一天都在变圆变粗。她隐约听到妈妈在楼下喊她，可能是在催她赶紧去上学。她正在听粉红佳人的歌，音量太大，淹没了妈妈的话。"我来这里不是为了逗你乐，"粉红佳人唱道，"今晚你别想招惹我。"

- 在尼日利亚的阿马基里（Amakiri），18 岁的奥米比（Omiebi）正走路上学。他走得很快，因为上课时间快到了，他不想晨会迟到，晨会迟到的学生得一起跪着，直到晨会结束。他看到前面有几个他的同学，他们都穿着灰色校服，很容易辨认，学校要求所有人都必须穿校服。他小跑几步赶上了他们，他们跟他打了个招呼，然后他们一起继续往前走。他们有些紧张地调侃着即将到来的西非学校证书考试，这次考试的成绩将决定谁有资格上大学。

奥米比想在这次考试中取得好成绩，他感到压力非常大，他是家里的老大，父母盼着他能考上大学，将来成为一名律师，然后帮助三个弟弟上大学，或者在离家最近的大城市拉各斯（Lagos）找到好工作。奥米比不太确定自己是否想当律师，他也不愿意离开他最近刚开始交往的女孩。不过，他倒是想去拉各斯上大学，离开阿马基里这个小地方，他听说那里的所有家庭都有电，所有最新的美国电影都在剧院放映。快到学校时，他和朋友们撒腿跑了起来，赶在晨会开始之前进了教室。

三个青少年，来自三种不同的文化，过着迥然不同的生活。然而，他们都是青少年，都已过童年期，但尚未到达成年期；他们在身体和性方面都在向着成熟发育；他们都在学习进入成人社会所必需的技能。

尽管都是青少年，但他们生长在不同的文化中，这使得他们迥然不同。本书自始至终都在从文化视角理解青少年的发展，即检视文化允许青少年做什么，要求他们做什么，教他们信仰什么，以及为他们的日常生活提供什么样的模式。青少年期不仅仅是一种生物学现象，也是一种文化建构。发育期包含一系列涉及身体成熟和性成熟的生物学变化，这是一种普遍现象，对世界各地的年轻人而言，在发育期发生的生物学变化都是相同的，只不过其发生的时间和文化含义有所不同。但是青少年期不仅仅是一系列发育事件和过程。**青少年期**（adolescence）是从发育期（puberty）开始到接近成年状态之间的生命阶段，在这一阶段，年轻人在为承担其文化所要求的成年人角色和责任做准备。说青少年期是一种文化建构，意味着不同文化对成人地位的界定，以及要求青少年学习履行的成年人角色和职责千差万别。几乎所有文化都有某种类型的青少年期，但是青少年期的长短、内容和（青少年的）日常经历，却因文化的不同而千变万化。

在本章中，我们将了解整个西方文化历史中关于青少年期的观点的变化，进而理解青少年期的文化基础。历史的发展也是文化的变化。例如，21 世纪初期的美国与 1900 年或 1800 年的美国在文化上有所不同。了解关于青少年期的观点如何随着文化的变化而变化，有助于强调青少年期的文化基础。

本章为后面各章奠定基础的另一种方式是介绍成年初显期这一概念。本书不仅涵盖青少年期（10~18 岁），而且还涵盖成年初显期（18~25 岁）。成年初显期是一个新的概念，我们将研究关于这一时期的新的思维方式。在本章中，我将描述其含义。接下来的每一章都将包含有关青少年期以及成年初显期的内容。

在我看来，青少年期一直以来都是所有主题中最令人着迷的主题之一。这是人生中最好的十年……这是一种状态，一些不好的东西从中产生了，但更多的是生命中美好的东西和心智的成长。

——G. 斯坦利，《青少年期》

本章将通过讨论有关青少年期和成年初显期的科学研究来为后面的章节奠定基础。我将介绍有关这两个阶段的研究中使用的科学方法的一些基本特征。重要的是，我们不仅要了解青少年期和成年初显期，而且要了解这些科学研究领域，这些研究领域使用特定的方法和特定的惯例来确保研究的有效性。

最后，本章将通过简要介绍本书的主要内容和框架为后续各章奠定基础。你会了解到将在后面的章节中反复出现的主题，同时掌握本书的脉络。通过介绍世界各个地区的青少年期的概况，我重点强调了本书的核心——文化视角。

西方文化中的青少年期简史

其他时代的人们对青少年期的看法可以为我们理解自己这个时代对青少年期的看法提供一个有用的视角。我们回顾的这部分的简史从 2500 年前的古代开始，一直到 20 世纪初期结束。

古代的青少年期

学习目标 1：描述从古希腊到中世纪西方关于青少年期的观点是如何变化的。

在西方文化历史上，将青少年期作为一个人生阶段的观点由来已久。在古希腊（公元前 4 世纪和公元前 5 世纪），柏拉图和亚里士多德都将青少年期视为婴儿期（出生至 7 岁）和儿童期（7~14 岁）之后的第三个人生阶段，他们的很多思想影响了西方历史。在他们的框架中，青少年期从 14 岁一直延伸到 21 岁。两个人都将青少年期视为推理能力得到首次发展的阶段。柏拉图在《理想国》（The Republic）一书中写道，严肃的教育应该从青少年期开始。柏拉图认为，在 7 岁之前，教育是没有意义的，因为心智未开，儿童无法学到很多东西，而在儿童期（7~14 岁），教育应侧重于运动和音乐，这些东西儿童可以掌握。科学和数学教育应推迟到青少年期，此时心智已经成熟，个体可以在学习这些学科时运用理性。

年轻人的特点是容易产生欲望，他们随时都会把自己的欲望付诸行动。在身体的欲望中，性欲是最容易让他们屈服的，在性欲方面，他们毫不克制自己。

——亚里士多德，《修辞学》，公元前 330 年

亚里士多德在做柏拉图的学生时正处于青少年期，他对青少年期的看法与柏拉图有某些相似之处。亚里士多德认为儿童类似于动物，因为两者都受到对快乐的冲动性追求的支配。只有到了青少年期，我们才能够推理并做出理性的选择。然而，亚里士多德认为，推理能力要想完

青少年期（adolescence）

从发育期开始到接近成年阶段之间的这一段人生历程，在此阶段年轻人为担负起其文化中的成人的角色和责任做准备。

全建立起来，需要个体度过整个青少年期。他认为，在青少年期开始时，冲动仍然是主宰，它会导致麻烦不断，因为此时性欲已经发展起来了。直到青少年期即将结束时（亚里士多德认为大约 21 岁时），推理才能牢牢地控制住冲动。

批判性思考

柏拉图和亚里士多德认为，年轻人至少要到 14 岁才有推理能力。请举例说明直到今天，年轻人何时有推理能力仍然是一个问题。

在早期的基督教中，也有类似的对青少年的理性与激情之间的斗争的关注。早期基督教最著名和最有影响力的著作之一是圣奥古斯丁（Saint Augustine）的自传《忏悔录》（*Confessions*）。这本书写于公元 400 年左右，圣奥古斯丁在书中描述了他从儿童早期直到 33 岁皈依基督教的生活。这部自传用相当大的篇幅描写了十几岁和 20 岁出头时的时光，那时他是一个鲁莽的年轻人，过着寻欢作乐的生活。他饮酒无度、挥金如土，还有一个私生子。在自传中，他为自己青年时代的鲁莽忏悔，并认为皈依基督教不仅是获得永恒救赎的关键，而且对于在地球上、在个体心中，理智能战胜激情都是关键所在。

在这段时间里（从 19 岁到 28 岁），我们沉溺于各种恶欲之中，自惑惑人，自欺欺人。

——圣奥古斯丁，《忏悔录》，公元前 400 年

在此后的 1000 年里，从圣奥古斯丁时代到中世纪，关于青少年期的历史记录很少，关于大多数主题的记录也一样。但是，一个有文献记载的事件有助于我们了解青少年期的历史，那是发生于 1212 年的"儿童十字军东征"。尽管名为"儿童十字军"，其成员大都是十几岁的年轻人，包括许多大学生。那个时代的大学生的年龄比现在小，通常是 13 至 15 岁入学。

年轻的十字军前往地中海沿岸，他们相信当他们到达那里时，海水会为他们分出一条路来，就像摩西到达红海时一样。

不幸的是，年轻人的"纯真"——知识和经验的缺乏——使他们成为不道德行为的目标。他们中的许多人在路上被抢劫、强奸或绑架。幸存者到达地中海时，海水没有为他们分开一条路，而答应渡他们过海的船家把他们卖作奴隶。儿童十字军东征是一场彻头彻尾的灾难，但是这一事件的发生，说明那个时代的许多人都认为青少年期具有特殊的价值和力量。

这些孩子让我们感到羞愧。我们在睡觉时，他们快乐地去征服圣地。

——教皇英诺森三世（Pope Innocent Ⅲ），1212 年，谈及儿童十字军东征

从大约 1500 年到大约 1800 年，生命周期服务在西方国家很普遍。图为印刷厂学徒木刻画。

1500 年到 1800 年的青少年期

学习目标 2：解释生命周期服务涉及哪些方面，并说明它在什么时候最流行。

从大约 1500 年开始，欧洲社会中的许多年轻人参加了历史学家所说的**生命周期服务**（life-cycle service），在十八九岁到 20 岁出头这段时期里，年轻人从事一些家庭服务、农场服务，或者在各行各业做学徒。在参与生命周期服务时，年轻人需要从家里搬出来住进"主人"（master）家，并为之服务（通常）7 年。与年轻男性相比，年轻女性参与生命周期服务的可能性要小一些，但是大多数女性也会在青少年期离开家，（最常见的是）到一个家庭做仆人，以这种方式参与生命周期服务。在美国作为新英格兰殖民地的早期（始于 17 世纪），生命周期服务也很普遍，但通常是在亲戚家或家庭友人的家里进行生命周期服务。

在美国成立之初，青少年期的性质很快开始发生变化。生命周期服务在 18 和 19 世纪逐渐销声匿迹。随着美国人口的增长和工业化程度的不断提高，国家经济不再以农业为主，越来越多的年轻人在十八九岁时离开他们的小镇，前往欣欣向荣的城市。在城市里，由于没有与家庭或社区的联系，年轻人很快在许多方面被视为一个社会问题。在 18 世纪末和 19 世纪初，年轻人的犯罪率、婚前性行为和酗酒现象均有所增加。一些新的社会控制机构应运而生，包括宗教协会、文学社、基督教青年会和基督教女青年会，在这些机构中年轻人受到成年人的监控。这种方法卓有成效：在 19 世纪后半叶，年轻人中的犯罪率急剧下降，婚前怀孕、酗酒和其他问题均急剧减少。

青少年期时代（1890—1920）

学习目标 3：指出使 1890—1920 年成为"青少年期时代"的三个特征。

尽管出于清晰和一致性的考虑，在这部分简史中，我一直在使用青少年期这一术语，但是直到 19 世纪末和 20 世纪初，青少年期才成为一个被广泛使用的术语。在此之前，十几岁和 20 岁出头的年轻人通常被称为青年，或直接被称为年轻男人或年轻女人。然而，到 19 世纪末，西方国家发生了一些重要变化，使得术语的更改恰逢其时。

生命周期服务（life-cycle service）

16 世纪到 19 世纪，年轻人在十八九岁到 20 岁出头这个年龄段从事家庭服务、农场服务，或者在各行各业当学徒。

在美国和其他西方国家，1890—1920 年对于现代的青少年期特征的确立至关重要。这些年发生的主要变化包括限制童工的法律的颁布、对儿童上中学的新要求，以及青少年期作为一个学术研究领域的发展。由于这些原因，历史学家们将 1890—1920 年这段时间称为"青少年期时代"。

到 19 世纪末，工业革命在美国和其他西方国家如火如荼地进行。矿山、商店和工厂需要大量的人手，尤其是青少年，甚至是前青少年期儿童，因为雇用他们更廉价。美国 1900 年的人口普查报告称，在 100 万 10~13 岁的儿童中，有四分之三受雇于工厂、矿山和其他工业场所。几乎没有哪个州制定法律限制进入工作场所的儿童的年龄，即使是采煤等工作也是如此。许多州也没有限制儿童或成年人工作的小时数，因此儿童通常每天工作 12 小时，却只能挣 35 美分。

需要知道的关键术语

文化	文化是一个群体的习俗、信仰、艺术和技术的总体模式，因此文化是一个群体一代代传承下来的共同生活方式。
西方	美国、加拿大、欧洲各国、澳大利亚和新西兰等构成了西方，它们都是发达国家，都是代议制民主政体，政府类型相似，在一定程度上有着共同的文化历史。今天，它们的共同特征是世俗主义、消费主义和资本主义，只不过在程度上有所不同。西方（the West）通常指其中每个国家的主流文化，但每个国家都有不具有主流文化特征（甚至可能与之相反）的文化群体。
发达国家	发达国家（developed countries）这一术语包括西方国家以及日本和韩国等东方国家。它们都有高度发达的经济，已经历过一段时期工业化过程，现在的主要基础是服务业（如法律、银行、销售和会计）和信息产业（如与计算机相关的公司）。
主流文化	任何特定社会中的主流文化都是指制订大多数规范和标准并在政治、经济、知识和媒体方面拥有大多数权力职位的文化。美国主流文化（American majority culture）这一术语在本书中经常被用来指代美国社会中以白人为主的中产阶级的大多数。
社会	社会是在共享一个地理区域的过程中进行交互的一群人。一个社会可以包括具有不同习俗、宗教、家庭传统和经济行为的多种文化。因此，社会不等同于文化。同一文化的成员拥有共同的生活方式，而同一社会的成员则未必。例如，美国社会包括多种不同的文化：美国主流文化、非裔美国文化、拉丁文化和亚裔美国文化。所有的美国人都具有作为美国人的某些共同特征——例如，他们都遵守相同的法律，就读于相似的学校——但这些群体之间存在文化上的差异。
传统文化	传统文化这一术语是指保持一种代代相传的、基于稳定传统的生活方式的文化。这些文化通常不重视变化，而更重视文化传统。通常，传统文化是"前工业化"文化，这意味着发达国家典型的技术和经济实践尚未得到广泛使用。但是，也有一些例外情况。以日本为例，尽管日本是世界上工业化程度较高的国家之一，但它在许多方面仍是传统的。我们使用传统文化（traditional cultures）这一术语并不意味着所有这些文化都是相同的。它们在很多方面是不同的，但是它们有一个共同点，即扎根于相对稳定的文化传统，因此它们与西方文化形成了鲜明的对比。
发展中国家	由于全球化，大多数以前传统的、前工业化文化今天正在经历工业化。发展中国家（developing countries）一词被用于指代正在进行工业化过程的国家，例如，非洲和南美洲的大多数国家，泰国和越南等亚洲国家。
社会经济地位	社会经济地位（socioeconomic status，SES）这一术语通常被用于指代社会阶层，包括受教育程度、收入水平和职业地位。对青少年和初显期成人而言，由于他们尚未达到成年后将达到的社会阶层，因此该术语通常指他们父母的受教育程度、收入和职业。
年轻人	在本书中年轻人（young people）这一术语是个简称，被用来指代青少年和初显期成人。

在 19 世纪，青少年经常在艰苦和不健康的条件下（如在这个煤矿中）工作。为什么 20 世纪初期的法律开始将他们排除在成人工作之外？

要求儿童上学的法律是在 20 世纪初通过的。

然而，随着越来越多的年轻人进入工作场所，城市改革者、青年工作者和教育工作者对他们越来越关注。在这些成年人看来，这些做着成年人的工作的年轻人是在遭受剥削和伤害（身体上和精神上）。这些积极分子成功地争取到立法支持，以法律形式禁止公司雇用青少年期前的儿童，并且严格限制十几岁的年轻人的工作时间。

伴随着限制童工的法律出台，要求儿童完成更长时间的学校教育的法律也应运而生。直到 19 世纪末，许多州没有制定任何法律要求儿童上学，而有这种要求的也仅限于小学阶段。然而，1890—1920 年，各州开始通过法律，不仅要求儿童上完小学，也要求他们上完中学。结果，在校青少年比例急剧上升；1890 年，只有 5% 的 14~17 岁的年轻人在上学，但是到 1920 年，这一数字上升到 30%。这种变化促使这一历史时期成为"青少年期时代"，因为它标志着青少年期与成人期之间的分野更加明显，前者仍然处于学校教育时期，而后者从学校教育结束之后才开始。

使 1890—1920 年成为"青少年期时代"的第三个促成因素是斯坦利·霍尔（G.Stanley Hall）所做的工作以及青少年期被作为一个独立领域开始得到研究。霍尔撰写了第一本有关青少年期的教科书，它于 1904 年出版，分为两卷，书名很宏大：《青少年期：心理状态及其与生理学、人类学、社会学、性、犯罪、宗教和教育的关系》（*Adolescence: Its Psychology and Its Relations to Physiology, Anthropology, Sociology, Sex, Crime, Religion, and Education*）。霍尔的教科书涵盖广泛的主题，如身体健康与发展、青少年期文化差异、跨文化和跨历史视角的青少年期以及青少年期爱情。霍尔的很多言论被近期研究所证实，例如，他对青少年期生理发展的描述、他关于抑郁情绪在 15 岁左右达到顶峰的断言，以及他关于青少年期个体对同龄人的反应增强的论断。然而，他写的东西很多都过时了。他的观点在很大程度上基于复演论（recapitulation），现在它已受到广泛的质疑，该理论认为，每个个体的发展都是对整个人类的进化发展过程的重演或再现。他认为，青少年期阶段反映了人类进化史中的一个阶段，当时人类经历了巨大的动荡和混乱，其结果是当今的青少年会经历许多"暴风骤雨"（storm and stress），这是他们的发展过程的标准组成部分（更多有关"暴风骤雨"的争论，参见"历史焦点"专栏）。如今，没有哪个著名学者会坚持复演论。尽管如此，霍尔所做的大量工作引起了学者和公众对青少年的关心和关注。因此，他可能是促使 1890—1920 年成为"青少年期时代"的最重要人物。

历史焦点
关于"暴风骤雨"的争论

　　在斯坦利·霍尔（Stanley Hall）的观点中，有一个至今仍然备受争议，那就是他认为青少年期必然是一个"暴风骤雨"的时期。霍尔认为，青少年期是一个动荡而混乱的时期，这是正常现象。按照霍尔的描述，青少年的"暴风骤雨"体现于在青少年期阶段发生率极高的三种问题上：与父母的冲突、情绪紊乱和冒险行为（如物质滥用和犯罪）。

　　霍尔赞成拉马克主义（Lamarckian）的进化观，20 世纪初许多杰出的思想家认为它比达尔文的自然选择理论更好地解释了进化。按照拉马克（Lamarck）的这一目前备受质疑的理论，进化是经验不断积累的结果，有机体的特征不是以基因（这在拉马克和达尔文提出其理论时还不为人所知）的形式，而是以记忆和习得特性（acquired characteristics）的形式代代相传。这些记忆和习得特性将在每一个后代个体的发展中重现或重演。因此，霍尔判断青少年期的发展"暗示了某个古代时期的暴风骤雨"。他认为，一定有一段人类进化时期是极其困难和动荡的。从那时起，那个时期的记忆就从一代传到了下一代，并在每个个体的发展过程中重现，表现为青少年期的"暴风骤雨"。

　　霍尔的工作将青少年期确立为一个科学研究领域，在此后的一个世纪里，关于青少年期的"暴风骤雨"的争论不断发酵，并定期爆发。以玛格丽特·米德为代表的人类学家通过描述青少年期既无暴风也无骤雨的非西方文化来反驳霍尔的这一说法，即在青少年期经历暴风骤雨的趋势具有普遍性和生物性。相反，心理分析理论家，尤其是安娜·弗洛伊德，是"暴风骤雨"观最直言不讳的支持者。

　　安娜·弗洛伊德对没有经历"暴风骤雨"的青少年持极为怀疑的态度，声称他们外在

拉马克主义（Lamarckian）

流行于 19 世纪晚期与 20 世纪早期的理论，依据拉马克的理论，进化是不断积累的经验的结果，有机体的特征不是以基因的形式，而是以记忆和习得特性的形式由一代人传给下一代人。

复演论（recapitulation）

在今天看来站不住脚的一种理论，它认为每一个个体的发展都复演或重复人类种系的进化发展过程。

暴风骤雨（storm and stress）

斯坦利·霍尔提出的理论，认为青少年期不可避免地是一个情绪波动时期，与父母冲突不断，反社会司空见惯。

高危行为在青少年期晚期和成年初显期达到顶峰。

的平静掩盖了这一内在现实，即他们肯定"针对自己的驱力活动构建了过多的防御，现在却被其结果严重毁坏"。她认为"暴风骤雨"是普遍的和不可避免的，没有"暴风骤雨"反而意味着一个严重的心理问题："青少年时期的正常本身就是不正常的"。

关于"暴风骤雨"观的有效性，最近的研究表明了什么？目前的学者有一个明确的共识，即由霍尔提出并由安娜·弗洛伊德和其他心理分析者极力推崇的"暴风骤雨"观对大多数青少年并不适用。"暴风骤雨"是所有青少年的特征，且其来源纯粹是生物性的，这一说法显然是错误的。今天的学者们倾向于强调大多数青少年喜欢并尊重他们的父母，对于大多数青少年来说，他们的情绪紊乱没有严重到需要心理治疗的程度，他们中的大多数不会经常做出高危行为。

另外，近几十年来的研究也为所谓的"修正版暴风骤雨观"提供了一些支持。研究证据支持青少年在与父母冲突、情绪紊乱和高危行为方面存在某种程度的风暴和压力。并非所有的青少年都会在这三个方面经历"暴风骤雨"，但是青少年期是一个比其他年龄段更容易发生"暴风骤雨"的时期。与父母的冲突在青少年期往往更多。与儿童或成年人相比，青少年报告的情绪更极端，并且情绪变化更频繁，抑郁情绪也更为普遍。大多数类型的高危行为的发生率在青少年期急剧上升，在青少年期后期和成年初显期达到峰值。不同方面的"暴风骤雨"具有不同的高峰年龄：与父母发生冲突的高峰年龄是在青少年期早期至中期，情绪紊乱是在青少年期中期，高危行为是在青少年期后期和成年初显期。

我们将在后面的章节中更详细地探讨"暴风骤雨"的各个方面。然而，目前需要强调的是，虽然有证据支持"修正版暴风骤雨观"，但这并不意味着"暴风骤雨"是所有地点所有时代的所有青少年的典型特征。不同文化中的青少年所经历的"暴风骤雨"的程度各不相同，在传统文化中"暴风骤雨"的程度相对较低，而在西方文化中它相对较高。同样，在每一种文化中，每个个体经历的青少年期"暴风骤雨"的程度也各不相同。

批判性思考

你是否同意青少年期必然是一个"暴风骤雨"的时期这一观点？请解释"暴风骤雨"的含义，并说明你的观点的依据。

这段关于青少年期的历史使我们大致了解了各个历史时期的有关青少年期的观点的概况。但是，由于青少年期的历史是本书的一个主题，因此历史信息在每一章都会出现。

从青少年期到成年初显期

我感觉自己不完全像个成年人，因为有时早晨起床时我会说："天哪！我都是成年人了！"因为我仍然感觉自己像个孩子。我曾做过这样的事儿，比如某天早晨起床时说："我要去墨西哥，"然后起身就走了。其实我本该做其他事情。

——特雷尔，23 岁

我觉得自己比刚上大学时更像成年人了。我认为我在接纳自己方面有了很大进步，我更能与自己和解了。但是，在很多方面我还没有弄清楚，还有很多事情需要弄清楚。比如当人们称我为"女士"时，我会说，"哇！"所以说，我还不完全是成年人呢。

——雪莉，22 岁

斯坦利·霍尔青少年期学术研究的创始人。

在上一节中所描述的各个历史时期期间，当人们提到青少年（或者青年，或者某个特定时期或社会使用的术语）时，他们通常不仅仅指十多岁的人，他们还指接近 20 岁和 20 岁出头的人。当斯坦利·霍尔在 20 世纪初发起对青少年期的科学研究时，他将青少年期的年龄范围定为 14~24 岁。而当今的学者通常认为青少年期始于 10 岁左右，到 18 岁左右结束。在主流期刊上发表的关于青少年期的研究很少包括年龄大于 18 岁的样本。从霍尔的时代到我们的时代，这之间发生了什么使学者们把青少年期时段在人生历程中前移了？正如我们将在本节中看到的那样，有两个变化值得一提。

青少年期提前到来

学习目标 4： 总结导致青少年期提前的因素。

导致青少年期提前的变化之一是 20 世纪发育期启动的典型年龄下降。20 世纪初，西方国家**月经初潮**（menarche）的中位数年龄约为 15 岁，因为在典型的青少年期变化的序列中月经初潮出现相对较晚，这意味着青少年期的最初变化始于 13~15 岁（女孩通常早于男孩），这正是霍尔确定的青少年期开始的年龄。然而，在 1900 年至 1970 年间，月经初潮（及其暗示的其他青少年期变化）的中位数年龄稳步下降，因此，目前西方国家的典型月经初潮年龄为 12.5 岁。青少年期的最初变化大约在此之前 2 年开始，因此青少年期开始的时间被定在 10 岁左右。

至于青少年期何时结束，这个年龄的改变可能不是由生理因素的改变引起的，而是由社会因素的改变引起的。在美国和其他西方国家，中学入学率提高，上中学成为青少年的一种标准

月经初潮（menarche）

女孩的第一次月经。

研究焦点

"监控未来" 研究

在美国，最著名且持续时间最久的青少年研究是密歇根大学开展的"监控未来"（Monitoring the Future，MTF）研究。从 1975 年开始，MTF 研究人员每年都会对大批美国青少年进行问卷调查，涉及的主题非常广泛，包括物质使用、政治和社会态度，以及性别角色。这项调查每年涉及 420 所学校的 8 年级、10 年级和 12 年级的大约 50 000 名青少年。

这种研究被称为全国性调查。调查（survey）是指针对人们的观点、信念或行为提出问题的研究。人们在开展调查时通常使用封闭式问题，这意味着要求参与者从一组预定的回答中进行选择，这样研究者很容易对参与者的回答进行比较。

当然，全国性调查并不意味着全国每个人都要回答调查问题！相反，正如本章中所述，研究者会寻找一个样本——即一小部分人，其回答被用以代表他们所来自的那个更大的总体。通常，全国性国家调查会使用一种被称为分层抽样（stratified sampling）的程序，即按照各个类别的人在总体中所占的比例来挑选参与者。例如，如果我们知道 52% 的 13~17 岁的美国人是女性，那么我们的样本中就要有 52% 的女性；如果我们知道 13% 的 13~17 岁的美国人是非裔美国人，那么我们的样本中就要有 13% 的非裔美国人；如此等等。用于进行分层抽样的类别通常包括年龄、性别、种族、文化程度和社会经济地位。

全国性调查的另一个特征是分层样本也是随机样本（random sample），即参加研究的人是被随机选择出来的——总体中没有一个人比其他任何人拥有更多或更少的被选中的机会。你可以这样做：把所有可能的参与者的名字放在一顶帽子里，然后取出你需要的数量的名字；你也可以翻阅电话簿，然后手指随机地停下来。但如今，为全国性调查选择随机样本的工作通常是通过计算机程序来完成的。选择随机样本会提高该样本真正代表较大总体的可能性。MTF 研究者从每个学校随机抽取 350 名学生作为样本。此外，研究者还在MTF 参与者上完中学以后，对他们进行每两年一次的追踪，一直到他们 30 岁出头。

尽管 MTF 研究涉及许多主题，但有关物质使用的发现最为有名。我们将在第 13 章中详细介绍这些发现。

调查（survey）
一种问卷研究法，涉及向大量的人提出有关其观点、信念或行为的问题。

分层抽样（stratified sampling）
一种抽样技术，研究者在选择参与者时需确保不同类别的人的比例与他们在总体中的比例相一致。

随机样本（random sample）
一种抽样技术，被抽取参加研究的人是以随机方式被选择出来的，这意味着总体中没有任何人比其他人有更多或更少的机会被选中。

作者的三个阶段：青少年期早期（10~14 岁），青少年期晚期（15~18 岁），成年初显期（18~25 岁）。

经历。如前所述，在 1890 年，只有 5% 的 14~17 岁的美国人上中学。然而，这一比例在整个 20 世纪迅速而稳定地上升，到 1985 年达到了 95%，之后一直保持不变。因为现在在美国青少年上高中是普遍现象，而且由于高中学业通常在 18 岁之前结束，所以研究美国青少年的学者将青少年期的结束时间定为 18 岁是合理的。霍尔没有选择将 18 岁作为青少年期结束的时间，因为对于他那个时代的大多数青少年来说，在那个年龄没有发生重大转变。在他那个时代，教育结束得更早，工作开始得更早，而离开家的时间更晚。大多数人直到 20~25 岁才开始结婚生子，可能出于这个原因，霍尔将 24 岁定为青少年期结束的年龄。

霍尔认为十八九岁到 20 岁出头是人生中特别有趣的时期。我同意这一看法，因此我认为把我们在这本书中有关青少年期的研究限制在 18 岁之前是错误的。十八九岁到 20 岁出头时发生的很多事情与此前的青少年期发展有关，而且这对成年期的发展道路有着重要的意义。我把这一时期称为 **成年初显期**（emerging adulthood），我认为它的年龄范围为 18~25 岁。

成年初显期的显著特征

学习目标 5：总结成年初显期的五个特征。

成年初显期有五个特征，这些特征使之与其他年龄段区分开。成年初显期是：

1. 自我认同探索的时期；
2. 不稳定的时期；
3. 自我专注的时期；
4. 感觉是中间人的时期；
5. 充满可能性（或乐观）的时期。

成年初显期（emerging adulthood）

在工业化国家中为 18~25 岁，在此期间年轻人变得更加独立于父母，并在做出持久承诺之前探索各种生活可能性。

也许成年初显期最显著的特征是，它是一个自我认同探索的时期。也就是说，在这一时期，人们会探索爱情和工作中的各种可能性，因为他们需要做出长期的选择。通过尝试这些可能性，他们会形成更加明确的自我认同，包括对自己是谁的理解、对自己有什么能力和局限的理解、对自己的信念和价值观是什么的理解，以及对自己如何适应周围的社会的理解。最早提出自我认同概念的是埃里克·埃里克森（Erik Erikson），埃里克森认为自我认同是青少年期的主要问题。然而，那是在 60 年前，如今自我认同探索主要是在成年初显期进行。

自我认同探索也使成年初显期成为一个不稳定的时期。初显期成人在爱情和工作中探索各种可能性，他们的生活往往不稳定。这种不稳定的一个很好的例证是他们频繁地从一个住所搬到另一个住所。如图 1-1 所示，美国社会的住所变化率在 18~25 岁的年龄段比其他任何阶段都高得多。这反映了初显期成人正在进行的探索。有些人在十八九岁上大学时，第一次搬出父母的住所去住校，而有些人只是为了独立而搬出去。他们从大学辍学或大学毕业后可能会再次搬家。他们可能会搬去与恋人同居，在恋爱关系结束时再搬出去。有些人会移居到该国或世界的其他地方去学习或工作。对于美国和加拿大的将近一半的初显期成人来说，住所变化包括至少一次又搬回去与父母同住。在某些国家，初显期成人会继续住在家里而不是搬出去住。但是，他们在教育、工作和恋爱关系方面可能仍然不稳定。

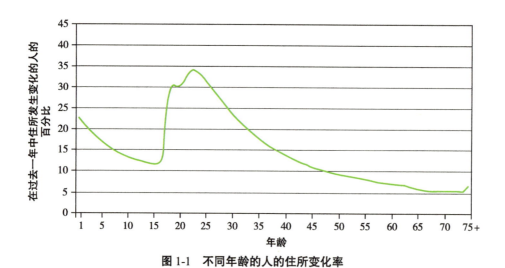

图 1-1　不同年龄的人的住所变化率

注：为什么住所变化率在成年初显期达到顶峰？

成年初显期也是一个自我专注（self-focused）的时期。大多数美国初显期成人在十八九岁时搬出父母家，到二十八九岁才结婚并生下第一个孩子。即使在初显期成人一直在家里待到 20 岁出头的那些国家（如南欧和亚洲国家），这一年龄段的人也建立了比青少年期时更加独立的生活方式。青少年依赖父母，成年人已经对爱情和工作做出长期承诺，成年初显期是介于这两者之间的一个时期。在这几年里，初显期成人专注于自我，他们努力提升自己进入成人社会所需的知识、技能和自我理解。在成年初显期，他们学会对一切事情（从晚饭吃什么到是否去读研究生）做出独立的决定。

在成年初显期专注于自我并没有错，这是正常的、健康的，也是暂时的，这并不意味着初显期成人是自私的。他们专注于自我的目标是学会自立，学会成为一个自给自足的人，但初显期成人并不将自给自足看作是一种永恒的状态。相反，他们认为这是在爱情和工作中与他人建立持久关系之前的必要步骤。

成年初显期的另一个显著特征是，这是一个感觉自己像是中间人（feeling in-between）的时期，自己不再是青少年，也未完全成年。当被问及"你是否感觉自己已成年"时，在大多数国家，大多数初显期成人不是回答"是"或"不是"，而是含糊其辞地说："在某些方面是，在某些方面不是。"如图 1-2 所示，只有到二十八九岁或 30 岁出头，绝大多数美国人才感觉自己已成年。大多数初显期成人的主观感觉是自己处于人生的过渡阶段，即将走向成年，但尚未成年。研究发现，许多国家的初显期成人有这种中间人的感觉，包括阿根廷、奥地利、以色列、捷克和中国。

最后，成年初显期是一个充满可能性（possibilities）的年龄，在这一时期人们的生活方向还未确定，未来存在很多可能性。在这一时期，人们通常比较乐观，对未来抱有很大的希望和极高的期望，部分原因是他们的梦想很少暴露于现实生活中的考验中。在一项针对美国 18~29 岁年轻人的全国性调查中，几乎所有人（89%）都同意"我有信心最终会过上我想要的生活"。在成年初显期，他们中很少有人想象未来会是这个样子：乏味棘手的工作，失败的婚姻，令人失望、粗鲁无礼的孩子，而这些恰是他们中的某些人在未来几年即将经历的。成年初显期的这种乐观态度在其他国家也一样。

使得成年初显期充满可能性的一个特征是，初显期成人通常已离开自己的原生家庭，但尚未对新的关系网络和义务形成承诺。

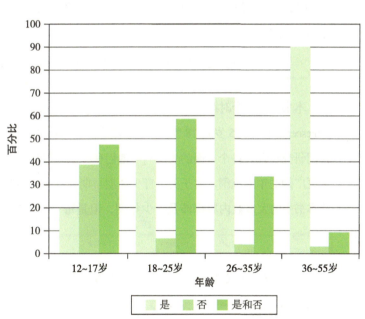

图 1-2　对"你是否感觉自己已成年"这一问题的回答的年龄差异

对于那些来自问题家庭的人来说，这是他们矫正自己的扭曲生活的机会。他们不再依赖父母，也不再每天遭受父母的问题的困扰，他们也许能够独立地做出决定——也许是决定搬到另一个地方或决定去上大学——这可以使他们的生活方向发生巨大的变化。即使对于那些来自相对幸福和健康的家庭的人来说，成年初显期也是改变自我的机会，他们可以对自己希望成为什么样的人、希望如何生活做出独立的决定，而不是仅仅成为父母的映像。在这个有限的时间窗口（7 年或 10 年）实现这些希望是可能的，因为对于大多数人来说，将来如何生活的选择范围在此时比以往任何时候都大，而且也比将来任何时候都大。

成年初显期并非在所有文化中都存在。在不同的文化中，人们期待年轻人进入成年期并承担成年人责任的年龄有很大差异。成年初显期仅存在于那些允许年轻人将开始承担成年人角色（如结婚成家、生儿育女）的年龄推迟到 25 岁以后的文化中。因此，成年初显期主要存在于美国、加拿大、大多数欧洲国家、澳大利亚、新西兰、韩国和日本等发达国家。然而，在世界上的很多地方，随着当地经济越来越发达、越来越融入全球经济，成年初显期变得越来越普遍。这一主题在后面的章节中会经常提到。

从历史上看，成年初显期是一个近期才出现的现象。在美国，结婚的中位数年龄已创新高——女性约 27 岁，男性约 29 岁，并且在过去的 40 年中一直在直线上升。此外，至少上过某类大学的美国年轻人的比例比以往任何时候都高，目前已接近 70%。近几十年来，其他发达国家也发生了类似的变化。将成年人责任推迟到 25~30 岁，使得初显期成人进行各种探索成为可能。随着全球工业化和经济一体化的不断发展，在 21 世纪，成年初显期可能会在全世界变得越来越普遍。

但是，通过什么方法、以什么指标来确定成年何时开始？身体上有一个标准，法律上有一个标准，道德上又有一个标准，智力上还有一个标准，而且它们都是不确定的。

——托马斯·德·昆西（Thonmas De Quincey），《自传》（*Autobiography*），1821 年

本书涵盖三个时期：**青少年期早期**（early adolescence），从 10 岁到 14 岁；**青少年期晚期**（late adolescence），从 15 岁到 18 岁；成年初显期，从 18 岁到 25 岁左右。将这三个年龄段囊括进来为我们研究年轻人各个方面的发展——他们在此期间经历的生理、心理和社交方面的变化——提供了更广阔的年龄范围。由于关于青少年期早期和青少年期晚期的研究比成年初显期更为丰富，因此本书中的大多数内容都涉及青少年期，但是每一章都包含一些有关成年初显期的内容。

> **批判性思考**
>
> 25 岁是否是成年初显期结束的合理年龄上限？你会把这一年龄上限设置在多少岁？为什么？

向成年期转变

青少年期通常被视为始于发育期的最初的明显变化。我们在此对青少年期结束的界定很清晰：18 岁，此时大多数人都上完了中学。18 岁还标志着成年初显期的开始，因为在这个时候大多数年轻人开始在爱情和工作方面进行探索，这是此阶段的特征。但是，成年初显期结束的标志是什么？如果说，成年初显期是从青少年期到完全成年期的过渡阶段，那么怎么知道这种

过渡何时结束？这个问题的答案很复杂，不同文化中的答案的差异很大。首先，我们讨论不同文化中的关于成年期的看法的相似之处，然后再讨论它们的差异。

批判性思考

　　对你来说，你进入成年期的标志是什么？对其他人而言，这一标志通常又是什么？

向成年期转变：跨文化主题

学习目标 6：指出在各种文化中最普遍的成年期的三个标志。

　　有时候我感觉自己已经成年，然后我会坐下来，直接拿着盒子吃冰淇淋，我一直在想："当我不再直接拿着盒子吃冰淇淋的时候，我就知道自己成年了。"但是我想在某些方面我已经是成年人了。我是一个非常有责任感的人。我的意思是，如果我说了要做什么事，那我一定会去做。在经济上，我对花钱也比较负责任。但是有时候我又会想："真不敢相信我已经 25 岁了。"很多时候，我真的不觉得自己像个成年人。

——丽莎，25 岁

　　在发达国家，有很多种方法可以界定向成年期的转变的开始。在法律上，很多方面的转变都以 18 岁为分界线。在这个年龄，个体成为可以履行法律程序的成年人，例如，可以签署具有法律效力的文件，以及有资格参加投票。我们也可以将向成年转变的界限定为开始承担典型的成年人的责任：全职工作、结婚成家和生儿育女。

　　但是，年轻人自己是怎么想的？今天的年轻人如何界定向成年期的转变？在过去的 20 年中，许多研究考察了年轻人把什么看作向成年期转变的重要标志。这些研究结果有着惊人的相似之处，涉及的国家包括美国、阿根廷、奥地利、捷克、罗马尼亚、英国、以色列和中国。在这些研究中，十三四岁到二十八九岁的年轻人都一致认为，从青少年期向成年期转变的最重要标志依次是"对自己负起责任""做出独立的决定""在经济上获得独立"。无论是在各个文化和国家中，还是在不同种族和社会阶层中，这三个标准的排名都最靠前。

　　请注意这三个标准的相似之处：其特征都是**个人主义**（individualism），即都强调学会独立，成为一个不依靠他人的、自给自足的人的重要性。个人主义价值观（如独立、自我表达）相对的是**集体主义**（collectivism）价值观，例如，对他人的责任和义务。发达国家初显期成人所青睐的成年期标准反映了这些社会的个人主义价值观。

个人主义（individualism）

一种文化信仰体系，强调并推崇独立、自给自足和自我表达。

集体主义（collectivism）

一种信仰，强调淡化个人欲望以便为集体的福祉和成功做出贡献。

向成年期转变：文化差异

学习目标7：举例说明在不同文化中成年期的标准有何不同。

除了在各个文化中排名最靠前的三个标准，研究还发现了某些文化特有的标准。以色列的年轻人认为服兵役对成年至关重要，这反映了以色列对义务兵役的要求。阿根廷的年轻人特别看重能够在经济上供养家庭，这也许反映了阿根廷多年来的经济动荡。印度和中国的初显期成人认为，成年后必须在经济上供养父母，这反映了亚洲社会中存在的对父母尽义务这一价值观。

那传统的非西方文化呢？它们关于成年期的标志的观点是否不同于工业化社会？答案似乎是肯定的。人类学家发现，在几乎所有的传统非西方文化中，向成年期的转变都明显以结婚成家为标志。只有在结婚后，一个人才被视为具有成年人的地位，并被赋予成年人的权利和责任。相反，在前面提到的研究中，很少有年轻人表示，他们认为结婚成家是向成年期转变的一个重要标志。实际上，调查显示在发达国家，结婚成家排在一系列成年标准的最后。

作为传统文化中成年的标志，结婚的意义极为重大。图为缅甸新娘和新郎。

为什么会有这种差异？一种可能的解释是，传统文化之所以将结婚成家视为个体向成年期转变的关键，是因为与独立性这一个人主义价值观相比，这些文化更重视**相互依赖**（interdepence）这一集体主义价值观，而结婚成家意味着一个人在原生家庭之外建立了新的相互依赖关系。结婚成家是社会事件，而不是个人的心理过程，它代表着与伴侣的所有血亲的新的关系网络的建立。在传统文化中尤为如此，与西方国家相比，这些文化中的家庭成员之间更有可能保持密切的联系，更有可能存在着广泛的日常接触。因为婚姻能够巩固并加强家庭成员之间的联系，因此，重视相互依赖的文化将结婚成家视为进入成年期最重要的标志。

但是，这些关于传统文化的结论主要基于人类学家的观察。如果你直接问这些文化中的年轻人成年期开始的标志是什么，他们的回答五花八门，但不是结婚成家。例如，苏珊·戴维斯（Susan Davis）和道格拉斯·戴维斯（Douglas Davis）问摩洛哥年轻人（9~20岁）："你怎么知道自己长大了？"他们发现，最常见的两类回答是：（1）强调自然年龄和身体发育，如男孩子的面部开始长出胡须；（2）强调性格品质，如自我控制能力得到发展（参见本章"文化焦点"专栏）。尽管两位研究者指出，在摩洛哥文化中，"结婚成家的人通常被人们视为成年人"，但

相互依赖（interdepence）
在部分人类群体中存在的承诺、依恋及义务的网络。

很少有年轻人提到结婚成家。这提示我们，针对传统文化中的年轻人，就其对成年期的看法进行更加深入的研究，可能具有启发意义，而且他们对成年期的看法可能与成年人不一致。

对青少年期和成年初显期的科学研究

要了解青少年期和成年初显期的发展状况，可以通过多种方式，包括自传、小说和新闻报道。你将看到相关的插图和例子，但是本书主要关注的是对青少年期和成年初显期的科学研究。青少年期和成年初显期的发展将被作为社会科学的一个领域，你将读到为这一领域做出贡献的、最重要的、最有影响力的研究。每一章都有一个"研究焦点"专栏，其内容包括对某项具体的研究的深入探讨和对该研究中使用的方法的详细讨论。

科学方法

学习目标 8：描述科学方法的五个步骤。

对学者们来说，对青少年期和成年初显期进行科学研究意味着什么？这意味着将 科学方法（scientific method）应用于我们要调查的问题。科学方法的经典形式包括五个基本步骤：（1）确定研究问题；（2）形成假设；（3）选择研究方法和研究设计；（4）收集数据以检验假设；（5）得出引发新问题和新 假设的结论。图 1-3 总结了这些步骤。

步骤 1：确定研究问题。每项科学研究都是从一个想法开始的。研究者希望通过科学方法

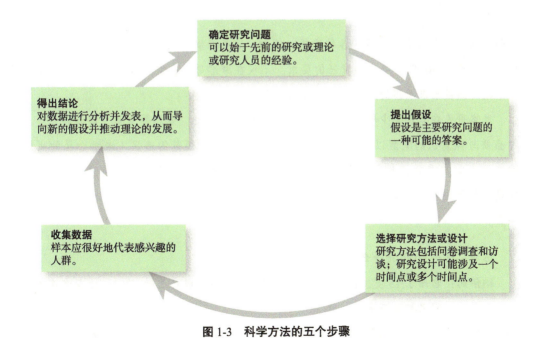

图 1-3　科学方法的五个步骤

科学方法（scientific method）

一种找到问题答案的系统方法，包括抽样、程序和测量的一系列标准。

文化焦点

摩洛哥的青少年期概念

人类学家苏珊·戴维斯和道格拉斯·戴维斯在摩洛哥研究青少年已有 30 多年了。他们在研究中感兴趣的一个问题是摩洛哥人将哪些品质与青少年期联系起来。

摩洛哥的有关青少年期的观点中，最重要的一个概念是 'aql，这是一个阿拉伯语单词，意为合理、理解和理性。自我控制和自我约束也是 'aql 的一部分。拥有 'aql 意味着一个人可以控制自己的需求和冲动，并且出于对周围人的尊重能够而且愿意克制它们。摩洛哥人将 'aql 视为成年人应具备但青少年通常缺乏的品质。

人们期望男性和女性在青少年期都发展 'aql，但是男性被认为需要多用 10 年的时间才能充分发展它！这似乎是由于性别角色和期望的巨大差异。与

摩洛哥青少年。

男孩不同，女孩从小就承担了各种责任，例如，家务劳动和照顾弟弟妹妹，因此，她们需要尽早发展 'aql 以满足这些责任的要求。不仅在摩洛哥，在世界各地的传统文化中，青少年期女孩被要求承担的工作都要比男孩更多。

摩洛哥人在提及青少年期时使用的另一个术语是 taysh，意思是草率、鲁莽和轻浮。这种品质与性意识的觉醒以及这种觉醒可能引发的对社会规范的违反（未婚女性的贞操对摩洛哥人非常重要）尤为相关。在许多摩洛哥人看来，taysh 是与青少年期相关的品质。苏珊·戴维斯和纳伊姆（她是两个处于青少年期的孩子的母亲）之间的对话可以说明这一点。

苏珊：这个 taysh 是什么意思？

纳伊姆：它始于 15 岁，会一直持续 20 岁，直到她形成自己的 'aql。她在这 4 年的时间里都很轻浮（taysh）。

苏珊：你怎么知道他们已经达到那个年龄？你怎么知道娜洁特（13 岁的女儿）到达了那个年龄？

纳伊姆：你能看出来，女孩会变得轻浮，她开始关心自己的外貌，她会梳妆打扮，穿

漂亮衣服，佩戴华丽的东西，你明白的……她上学的时间也乱了，不是走得太早，就是回来得太晚（她改变时间可能是为了与男生见面）。在那个节骨眼儿上，你得留心她。如果你发现她已走上正轨，那你就不用管她。如果你发现她回来得太迟或偏离时间表太远，你就得纠正她，直到她的青少年期结束为止。到 20 岁时，她的推理能力会恢复，变得理性。

苏珊：当你儿子萨非赫（14 岁）到达青少年期时，你是怎么知道的呢？

纳伊姆：我会注意到他没有准时回家，他开始逃学……女孩们会开始抱怨："你儿子老跟着我。"这是最初的表现。

苏珊：这么说，（男孩）与女孩很相似——女孩会打扮得很漂亮，而男孩会开始对女孩感兴趣。

纳伊姆：是这样。

摩洛哥人明确指出，结婚成家标志着青少年期的结束和成年期的开始。但是，从他们对 'aql 和 taysh 两个术语的使用中，我们可以看到向成年期过渡还涉及一些无形的品质，一些类似于其他文化中提到的很重要的品质。你能看出 'aql 和 taysh 与本章中讨论的向成年期过渡涉及的重要品质之间的相似之处吗？

> **批判性思考**
>
> 摩洛哥的青少年期的概念与我们在本章的前面介绍的柏拉图和亚里士多德的观点有何相似之处和不同之处？

找到某个问题的答案。例如，在关于青少年期的研究中，研究问题可以是"为什么在青少年期女孩比男孩更有可能抑郁"，或"青少年在遇到严重问题时会向谁寻求帮助"，或"不同文化中的青少年多久使用一次社交媒体（如 Facebook）？他们出于什么目的使用社交媒体"。感兴趣的问题可以通过某个理论或先前的研究产生，也可以是研究者通过个人观察或根据经验注意到的问题。

步骤 2：形成假设。为了回答步骤 1 中产生的问题，研究者提出一个或多个假设。**假设**（hypotheses）是研究者针对感兴趣的问题形成的一个可能的答案。例如，一名对"为什么在青少年期女孩比男孩更有可能抑郁"这一问题感兴趣的研究者可能会提出这一假设："女孩更有可能抑郁是因为当她们与他人发生冲突时，她们往往会责备自己。"然后，研究者会设计一项研究来检验该假设。一项研究的假设至关重要，因为它们会影响抽样、研究方法、研究设计、数据分析和数据解释。

假设（hypotheses）

根据理论或先前的研究提出的、研究者希望在科学研究中进行检验的想法。

步骤 3：选择研究方法和研究设计。一旦提出研究假设，研究者就必须选择研究方法和研究设计。研究方法是对研究假设进行检验的方法。例如，在对青少年和初显期成人进行的研究中，两种常见的方法是问卷调查和访谈。研究设计（research design）是关于何时以及如何为研究收集数据的计划，例如，决定在一个时间点或多个时间点收集数据。关于研究方法和研究设计的更多细节，下文很快会谈到。

步骤 4：收集数据以检验假设。在形成研究假设并选择研究方法和设计之后，研究青少年和初显期成人的研究者试图获得一个样本（sample），即一组参与研究的人。样本应代表总体（population），即样本所代表的整个人群。例如，假设一名研究者想研究青少年对避孕的态度，那么青少年就是总体，而参与研究的特定青少年构成了研究的样本。

选择样本的目标是寻找一个对总体具有代表性（representative）的样本。还以上文提到的调查青少年对避孕的态度的研究为例，提供避孕服务的诊所的候诊室可能不是寻找样本的好地方，因为来到这里的青少年对避孕的态度很可能会比一般青少年更为积极——否则，他们为什么会来提供避孕服务的地方？如果研究者感兴趣的总体是一般青少年，那么通过学校或通过电话调查从社区中随机选择住户进行抽样会更好。

另外，如果研究者对已经使用或计划使用避孕方法的青少年人群对避孕的态度特别感兴趣，那么提供避孕服务的诊所将是寻找样本的好地方。这取决于研究者希望研究的总体以及研究者希望研究的问题。还是那句话，样本应对感兴趣的总体具有代表性。这样，从样本中得出的研究发现就对总体具有概括性（generalizable）。换句话说，从样本得出的研究发现使我们不仅能就样本本身得出结论，而且可以就样本旨在代表的更大的总体得出结论。

> **知识的运用**
>
> 想出一个你感兴趣的有关青少年期和成年初显期的研究问题，以及基于该研究问题的一个假设。你如何为你的研究找到具有代表性的样本？

研究设计（research design）
关于何时以及如何收集研究数据的计划，例如，关于在一个时间点还是在多个时间点收集数据的决定。

样本（sample）
特定研究中所包含的人群，旨在代表感兴趣的总体。

总体（population）
某项研究针对的人群的全部。

代表性（representative）
样本的一个特征，是指样本准确代表感兴趣的总体的程度。

概括性（generalizable）
样本的一个特征，是指基于样本的发现可以被用来对感兴趣的总体做出准确陈述的程度。

研究的**程序**（procedure）是开展研究和收集数据的方式。研究程序的一个方面是进行数据收集的环境。研究者试图以一种没有偏差的方式来收集数据。例如，他们必须小心，不在访谈中或问卷的表述中诱导人们做出研究者期望得到的回答。他们还必须向参与者保证，对他们的回答保密，尤其是在研究涉及诸如性行为或药物使用这样的敏感话题时。

步骤 5：得出结论并形成新问题和新假设。一旦收集了一项研究的数据，研究者通常会进行统计分析以检验不同部分的数据之间的关系。通常，分析方法是由研究假设决定的。例如，研究青少年期友谊的研究者可能基于理论或过去的研究提出这一假设：与青少年期男孩相比，青少年期女孩更有可能与朋友分享个人秘密。然后，研究者会通过统计分析，对青少年期男孩和女孩的秘密分享行为进行比较，来检验这一假设。

对数据进行分析后，必须对数据进行解释。我们还用上面的例子加以说明，假如研究者发现青少年期早期的女孩比青少年期早期的男孩更有可能与朋友分享秘密，但是青少年期晚期的女孩和男孩之间没有任何区别，那么研究者接下来就要根据相关理论和先前的研究尝试解释这一发现。

研究过程的下一步是研究者撰写手稿，然后将其提交给专业期刊进行评议。一篇研究论文通常包含：引言部分，概述先前的研究并提出进行此项研究的理由和研究假设；**方法**（method）部分，描述研究方法和研究设计；结果部分，介绍统计分析结果和质性材料（如果使用访谈）；讨论部分，呈现对研究结果的解释。然后，期刊编辑会将手稿发给其他研究者来进行评议。换言之，该手稿需要经过**同行评议**（peer reviewed），以确定其科学准确性和可信度，以及其对该领域的重要性。编辑通常根据同行评议来决定是否发表该手稿。编辑如果确定手稿已成功通过同行评议，那么就会将其发表在该期刊上。

除了研究论文，大多数期刊偶尔也会刊登理论性文章以及对许多其他研究进行整合的评述性文章。研究青少年和初显期成人的研究者也会在专著中发表其研究成果，这些专著通常也需要经过同行评议。

研究结果通常会引发新的研究问题和研究假设。研究还有助于理论的发展或修正。一个好的**理论**（theory）就是一个框架，它以一种原创性的方式呈现一系列相互联系的概念，并激发进一步的研究。理论与研究之间有着内在的联系：理论可以产生需要研究检验的假设，而研究

程序（procedure）
关于研究如何进行的标准，包括知情同意和某些规则，可以避免数据收集中出现偏差。

方法（method）
收集数据的科学策略。

同行评议（peer reviewed）
由学者的同行（即其他学者）对一篇学术文章或书籍的科学性、可信度和重要性进行的评估。

理论（theory）
一个以原创性的方式呈现一系列相互联系的概念并能激发进一步研究的框架。

可以对理论进行修正，继而产生进一步的假设和进一步的研究。本书没有对理论进行专门论述的独立的一章，因为理论和研究是存在内在联系的，我们应该一起呈现。每一章都有对理论的介绍，在述及理论引发的研究以及理论为未来研究提出的问题时，我们会对相关理论进行介绍。

人类发展研究中的伦理

学习目标 9：说明涉及青少年的研究必须遵循的伦理准则。

假设你是一名对青少年期阶段的语言发展感兴趣的研究者，你假设青少年与父母对话的频率可以预测一年后青少年词汇量的增加程度。于是，你设计了一项研究，将家中有青少年的家庭随机分为两组：在一组中，你鼓励父母与青少年进行频繁的交谈，而在另一组中，父母没有得到任何指示。这一研究设计符合伦理吗？

假设你是一名青少年期研究者，你对影响青少年期恋爱关系的持久度的因素非常感兴趣。于是，你设计了一项研究，邀请十几岁的情侣进入实验室，向他们提供情侣可能会向彼此隐瞒的一系列秘密的清单，并要求他们从中挑选一个进行讨论，在他们讨论的过程中研究者对他们进行录像。这一研究设计符合伦理吗？

假设你是一名青少年期研究者，你希望更多地了解玩暴力电子游戏会对青少年对暴力的态度产生什么影响。你设计了一项研究，将 15 岁的青少年分为两组，第一组每天要到实验室玩一个小时的暴力电子游戏，而第二组玩的游戏涉及世界各地的动物。在研究开始前和结束后，青少年需要填写有关他们对暴力的态度的问卷。这项研究符合伦理吗？

这些都是在青少年期研究过程中出现的伦理问题。为防止研究违反伦理，大多数赞助研究的机构，如大学和研究所，都要求研究提案获得伦理委员会（Institutional Review Board, IRB）批准。伦理委员会通常由具有研究经验的人员组成，他们具有相关背景，这使他们能够判断研究是否符合伦理规范。除了伦理委员会，一些专业组织，如美国心理学会（American Psychological Association, APA）和儿童发展研究协会（Society for Research on Child Development, SRCD），通常也会为研究者提供一系列伦理指南。

伦理委员会的要求和专业组织的伦理指南通常包括以下内容。

1. **避免对身体和心理的伤害**。在对人类参与者进行研究时，最重要的是要考虑到参与研究的人不能因此受到伤害。

2. **参与前的知情同意**。针对涉及人类参与者的研究，有一项伦理要求是**知情同意**

知情同意（informed consent）

社会科学研究的标准程序，要求告知潜在参与者其参与研究会涉及什么，包括任何可能的风险。

同意书（consent form）

研究者向某项研究的潜在参与者提供的书面声明，告知他们谁在进行研究、研究目的是什么、他们参与研究会涉及什么，以及潜在的风险。

（informed consent）。任何科学研究的参与者都应在参加前得到一份同意书（consent form）。同意书通常包括以下信息：谁在进行这项研究、研究的目的是什么、参与这项研究会涉及什么、参与研究会涉及哪些风险（如果有的话），以及参与研究会得到什么回报。同意书通常还包括一项声明，表明参与者是自愿参加研究的，并且在研究过程中的任何时候都可以退出。在有些情况下使用同意书并不现实（如在电话调查中），但是应该尽可能地把它纳入有关青少年期或成年期参与者的研究程序中。对于 18 岁以下的人，研究程序通常会涉及要求研究人员征得其父母一方的同意。

3. 保密。在伦理上，研究者被要求采取措施确保人类发展研究的参与者所提供的所有信息都是保密的，这意味着任何人不能将这些信息与直接研究小组之外的人共享，而且在研究结果中不能出现任何参与者的名字。

4. 欺骗和通报。有时有关青少年期的研究会牵涉到欺骗。例如，在一项研究中研究人员让青少年玩游戏，但研究者对游戏进行了设置以确保他们只输不赢，因为该研究的目的是考察青少年对失败的反应。伦理委员会要求研究者证明，研究计划中的欺骗行为不会造成任何伤害。此外，伦理指南要求，但凡研究涉及欺骗行为，研究人员必须在事后对参与者进行通报，这意味着必须告知他们研究的真实目的以及欺骗他们的原因。

研究方法和研究设计

虽然所有人类发展的研究者都遵循一定的科学方法，但是对问题进行研究的方式有很多。不同的研究所使用的方法和研究设计各不相同。

研究方法

学习目标 10：描述在对青少年和初显期成人进行研究时使用的研究方法。

研究者对青少年期和成年初显期开展的研究在多个学科内进行，包括心理学、社会学、人类学、教育学、社会工作、家庭研究和医学。他们在研究中使用各种方法，每一种方法都有其优缺点（参见表 1–1）。下面我们对每一种主要研究方法进行介绍，之后讨论所有方法都会涉及的一个重要问题，即信度和效度问题。

表 1-1　不同研究方法的优缺点

研究方法	优点	缺点
问卷调查法	样本大，数据收集用时短	事先设定的答案，缺乏深度
访谈法	个性化，复杂	编码耗时费力
观察法	面向实际的行为，而非自我报告	观察可能会影响行为
民族志研究法	涵盖日常生活的全貌	研究者必须与参与者生活在一起，可能有偏差

（续表）

研究方法	优点	缺点
个案研究法	丰富、详细的数据	难以对结果进行概括
生物学测量法	数据精确	昂贵，与行为的关系不清晰
实验法	可控制，可确定因果关系	可能无法反映现实生活
自然实验法	揭示基因与环境的关系	环境不同寻常，稀少

问卷调查法　在社会科学研究中，最常用的研究方法是问卷调查法。问卷通常采用**封闭式问题**（closed question）的形式，这意味着为参与者提供具体的答案以供选择。有时，问卷采用**开放式问题**（open-ended question）的形式，这意味着参与者可以根据问题做出自己的回答。封闭式问题的一个优点是，它使研究者能在相对较短的时间内收集和分析大规模人群的回答。每个人都回答相同的问题，问题的选项都相同。因此，封闭式问题经常被用于大规模调查。

尽管问卷调查法是有关青少年期和成年初显期的研究中的最主要的研究方法，但使用问卷调查法也存在一定局限。在使用封闭式问题时，一系列可能的回答已经列出，参与者必须从提供的回答中进行选择。研究者试图涵盖看似最合理、最有可能的回答，但是几个简短的回答无法反映人类经验的深度和多样性。例如，如果问卷中包含这样一个项目"你和妈妈有多亲近？A. 非常亲近；B. 有点亲近；C. 不太亲近；D. 根本不亲近"，那么选择"非常亲近"的青少年确实比选择"根本不亲近"的青少年与妈妈更为亲近。但是，单单这一点无法反映父母与青少年的关系的复杂性。

访谈法　访谈法的目的是提供问卷通常缺乏的个性化和复杂性。**访谈法**（interview）能使研究者听到人们用自己的话描述自己的生活，这种描述能够带来独一无二、丰富多彩的东西。访谈法还能使研究者对人形成整体的认识，看到此人生活的各个部分是如何交织在一起的。例如，对一名青少年开展有关同胞关系的访谈可能会揭示这名青少年与同胞的关系如何受到其与父母的关系的影响，以及整个家庭如何受到某些事件的影响——也许是某个家庭成员的失业、心理问题、医疗问题或物质滥用。

封闭式问题（closed question）
一种问卷形式，从为每一个问题提供的特定回答中进行选择。

开放式问题（open-ended question）
一种问卷形式，针对每一个问题写下回答。

访谈法（interview）
一种研究方法，以对话形式向人们提问，让人们用自己的话说出答案。

量化（quantitative）
数字形式的数据，通常是通过问卷收集。

质性（qualitative）
非数字形式的数据，通常是通过访谈或观察收集。

访谈法提供**质性**（qualitative）数据，这与问卷调查法提供的**量化**（quantitative，即数字化的）数据正相反。质性数据具有启发性，信息量丰富。质性数据是非数字化数据，不仅包括访谈数据，还包括通过其他非数字化方法（如描述性观察、录像或照片）获得的数据。但是，与问卷调查法一样，访谈法也有局限性。由于访谈通常不像问卷那样能够提供一系列具体的回答，因此研究者必须根据某种分类方案对受访者的回答进行编码。以我在本章的前面所描述的研究为例，如果你在访谈中问初显期成人这一问题："你认为一个人达到什么标准才算一个成年人？"你得到的回答可能五花八门。但是，要弄清楚这些数据的意义并以科学的方式将其呈现出来，你需要在某个阶段把这些回答编码归类——法律上的标志、生物学上的标志、个性品格等。只有通过这种方式，你才能弄清楚样本中的回答呈现出什么模式。对访谈数据进行编码会耗费很多时间、精力和金钱。之所以使用问卷调查法的研究远远多于使用访谈法的研究，这便是其中一个原因。

观察法　研究者了解青少年和初显期成人的另一种方法是观察。使用观察法的研究涉及对研究对象进行观察，并以录像或笔记的形式记录他们的行为。在某些研究中，观察是在自然情境下进行的。例如，对青少年期攻击行为的研究可能涉及在学校餐厅进行观察。在一些其他的研究中，观察是在实验室环境中进行的。例如，在对青少年与父母的关系进行的实验室研究中，青少年与父母讨论他们之间的关系问题或一起计划一次家庭度假。无论是在自然情境中还是在实验室环境中，观察完成后，研究者都要对数据进行编码和分析。

相对于问卷调查法和访谈法，观察法的优势是，它涉及的是实际的行为，而不是对行为的自我报告。但是，观察法的缺点是被观察者可能会意识到观察者的存在，而这种意识可能会使他们的行为不同于正常情况下的行为。例如，在实验室环境中与青少年一起被观察的父母可能比他们在家中时对孩子更有耐心。

民族志研究法　研究者还通过**民族志研究法**（ethnographic research）了解人类的发展。使用这种方法时，研究者会花费大量的时间与研究对象待在一起，通常是与这些人实际生活在一起。通过民族志研究法获得的信息通常来自研究者的观察、经验，以及与研究对象的非正式交谈。民族志研究法是人类学家普遍使用的方法，通常被用于研究非西方文化。人类学家通常在**民族志**（ethnography）中报告他们的研究结果，民族志是一部呈现人类

玛格丽特·米德（Margaret Mead）和萨摩亚青少年在一起。

民族志研究法（ethnographic research）

一种研究方法，研究者花费大量时间与研究对象待在一起，通常是与他们一起生活。

民族志（ethnography）

一部呈现人类学家对某个特定文化中的人的生活面貌的观察的著作。

学家对特定文化中的人的生活面貌的观察的著作。如今，一些社会科学家也使用民族志研究法来研究其自身文化的特定方面。

第一部关于青少年期的民族志是由玛格丽特·米德（见"历史焦点"专栏）撰写的。米德研究了南太平洋群岛上的萨摩亚人。最近的关于青少年期的民族志研究是在摩洛哥和美国原住民中进行的。

民族志研究法的主要优点是，它使研究者能够了解人们在日常生活中的行为方式。其他研究方法只能捕捉人们的生活片段或是进行一种总结，但是民族志研究法能使人们洞悉全部的日常体验。民族志研究法的主要缺点是，它需要研究者投入大量的时间，做出太多的承诺和牺牲。这意味着研究者必须在一段时间内放弃自己的生活，短则几天，长则几年，以便能够与他们希望了解的人生活在一起。此外，民族志研究者很可能与研究对象建立关系，这可能导致对结果的解释出现偏差。

个案研究法　　个案研究法（case study method）是指对一个人或少数几个人的生活进行详细的考察。个案研究法的优点在于细节和丰富性，这只有在描述一个人或几个人时才可以做到。个案研究法的缺点是很难仅根据一个或少数几个人的经历将结果运用于更大的人群。

个案研究法有时被用于心理健康研究，以描述一个异常的案例，或者以一种非常生动的方式描述某个心理健康问题的特征。个案研究法也可以与其他方法结合使用，方便人们对某个人的生活形成一种整体感。

生物学测量法　　生理变化是青少年和初显期成人发展的核心部分，因此此类研究包括对生理功能的测量，比如对激素功能、脑功能，以及发展的基因基础的研究。其中一些研究涉及对生理特性（如激素水平）的测量，以及将其结果与使用其他方法（如攻击行为问卷）获得的数据进行关联。对脑功能的研究通常涉及对各种行为（如听音乐或解数学题）的脑活动的测量。对基因的研究越来越多地涉及直接考察基因的化学结构。

生物学方法的优点是可以对人体功能的许多方面进行精确测量。研究者可以借此了解人的发展过程的生物学方面是如何与认知功能、社会功能和情感功能相互关联的。但是，生物学方法往往依赖昂贵的设备。此外，尽管生物学测量可能很精确，但是它们与其他方面的功能的关系往往并不明确。例如，如果某种激素的水平与攻击行为呈正相关，那么它们之间的关系有可能是该激素水平的升高引起了攻击行为，也有可能是攻击行为导致该激素水平升高。在脑研究中，研究人员通过检测大脑在进行各种活动时的脑电活动或记录相关影像能够得到大量数据，

个案研究法（case study method）

一种研究方法，对一个人或少数人的生活进行详细考察。

实验研究法（experimental research method）

一种研究方法，参与者被随机分为接受处理的实验组和不接受处理的对照组，然后在后测中研究者对两组进行比较。

但这些数据可能很难得到解释。

实验研究法　许多类型的科学研究使用的都是**实验研究法**（experimental research method）。这种研究设计的最简单形式是，将研究参与者随机分为接受某种处理的**实验组**（experimental group）和不接受任何处理的**对照组**（control group）。由于参与者被随机分为实验组和对照组，因此假设两组在实验前没有差异是合理的。

一项实验研究包含自变量和因变量。**自变量**（independent variable）是实验组和对照组存在差异的变量。**因变量**（dependent variable）是用以评估实验结果的变量。例如，在一项研究中，11~16 岁非裔美国青少年被随机分为观看说唱视频的实验组和不观看说唱视频的对照组。在实验组接受实验处理（观看说唱视频）后，两组参与者对一则关于青少年约会暴力的故事做出回应。结果发现，在后测中实验组女孩（而非男孩）比对照组女孩对约会暴力表现出更高的接受度。

实验研究法还经常被用于另一个领域——**干预**（interventions）。干预是旨在改变参与者的态度或行为的计划。例如，目前人们已开发出各种防止青少年吸烟的计划，方法包括促进对香烟广告的批判性思考，或者尝试改变将吸烟与同龄人的接受度联系起来的态度。参加这类研究的青少年被随机分为接受干预的实验组和不接受干预的对照组。实施干预后，研究人员对两组参与者的相关态度和行为进行评估。如果干预有效，那么实验组在吸烟方面的态度或行为应当不如对照组积极。

实验研究法的优点是，研究者可以对参与者的行为进行严格控制。研究者不是对自然发生的行为进行监视，而是试图通过把一些人分到实验组，把另一些人分到对照组，来改变行为的正常模式。与正常的生活相比，这种设定使我们可以更清晰、更明确地衡量特定变量的影响。但是，实验法的优点也是其缺点：由于参与者的行为已因实验操作而发生改变，因此很难说研究结果是否适用于正常生活。

自然实验法　**自然实验法**（natural experiment）是一种自然存在的情境，换言之，研究者

实验组（experimental group）

在实验研究中接受实验处理的组别。

对照组（control group）

在实验研究中不接受实验处理的组别。

自变量（independent variable）

实验组和对照组存在差异的变量。

因变量（dependent variable）

被测量以评估实验结果的变量。

干预（interventions）

旨在改变参与者的态度或行为的计划。

自然实验法（natural experiment）

一种自然发生的情境，但可以为敏锐的观察者提供有趣的科学信息。

不控制情境，由情境为敏锐的观察者提供有趣的科学信息。社会科学研究中经常使用的一种自然实验是收养。与大多数家庭不同，收养家庭中的青少年由两个与他们没有遗传关系的成年人抚养。由于一对父母为青少年提供了基因，而另一对父母提供了环境，这使检验基因和环境对青少年发展的相对贡献成为可能。青少年与养父母之间的相似之处很可能是养父母提供的环境引发的结果，因为养父母与青少年没有生物学上的联系。被收养的青少年与亲生父母之间的相似性很可能是遗传使然，因为孩子成长的环境不是由亲生父母提供的。

研究人员将同卵双胞胎作为自然实验研究的参与者，因为他们具有完全相同的基因型。

双胞胎研究是另一种类型的自然实验。同卵双胞胎（monozygotic twins）具有完全相同的基因，而异卵双胞胎（dizygotic twins）与其他兄弟姐妹一样，有大约一半的基因是相同的。通过比较同卵双胞胎和异卵双胞胎的相似程度，我们可以了解某个特征在多大程度上基于遗传。如果在哪方面同卵双胞胎比异卵双胞胎更相似，那么这可能是遗传的结果，因为前者在遗传上更相似。被不同家庭收养的同卵双胞胎的研究尤其令人感兴趣，这种非同寻常的自然实验的结果通常引人瞩目且信息丰富。

自然实验法的优点是可以让我们对基因与环境之间的关系形成非常深入的认识。但是，这种方法也有缺点。收养孩子的家庭不是通过随机选择得到的，而是以自愿的方式加入研究的，并且经过了精细的筛选过程，这使得收养研究难以被推广到普通人群。此外，同卵双胞胎被不同家庭收养这类自然实验极为罕见，因此，此类研究只能为有限的问题提供答案。

信度和效度

学习目标 11： 定义信度和效度，指出哪个更容易实现以及为什么。

在科学研究中，研究方法应具有信度和效度，这很重要。信度（reliability）是指测量的一致性。信度有多种类型，但一般而言，如果多次测量能得出相似的结果，那么该方法就具有较高的信度。例如，一份问卷要求高三女生回忆自己月经初潮的时间，如果大多数女生的回答与她们在6个月后对同一个问题的回答相同，那么该问卷可以被认为是可靠的。又例如，就其与

同卵双胞胎（monozygotic twins）
基因型完全相同的双胞胎。

异卵双胞胎（dizygotic twins）
与其他兄弟姐妹一样，有大约一半基因型是相同的。

信度（reliability）
一次测量结果与另一次测量结果的相似程度。

祖父母关系的质量对初显期成人进行访谈，如果他们对两名访谈者做出了同样的回答，则该访谈就是可靠的。

效度（validity）指的是研究方法的真实性。如果一个研究方法能够测量其声称要测量的内容，那么则该方法就是有效的。例如，智商测试据称可以测量智力水平，但正如我们将在第 3 章中看到的那样，这种说法是有争议的。批评者认为智商测试是无效的（即不能测量其声称要测量的东西）。请注意，即使是可靠的测量也未必是有效的。人们普遍认为，智商测试是可靠的——通常人们在某一次测试中的得分与另一次测试中的得分相同——但测试的效度存在争议。通常，效度比信度更难建立。在书中，我们会始终考察信度和效度问题。

研究设计

学习目标 12： 解释横断研究设计和纵向研究设计之间的区别

除了选择一种研究方法外，研究者还必须选择一种研究设计。在有关人类发展的研究中，常见的研究设计包括横断研究和纵向研究（见**表 1–2**）。

横断研究　在有关青少年和初显期成人的研究中，最常见的研究设计类型是横断研究（cross-sectional research）。在横断研究中，数据收集是在一个样本中一次性完成的。然后，研究者根据研究假设，检验变量之间的潜在关系。例如，研究者可能基于锻炼促进身体健康这一假设，要求一个初显期成人样本填写一份问卷，报告他们的身体健康状况以及锻炼情况，然后对数据进行分析，检验运动量是否与身体健康存在相关性。

表 1-2　不同类型研究设计的优缺点

方法	优点	缺点
横断研究	时间短，花费少	相关性难以解释
纵向研究	可以监控随着时间而发生的变化	耗时长，花费高，有损耗

横断研究既有优点也有缺点，主要优点是这类研究可以在相对较短的时间内完成，花费的人力、物力相对较少，研究人员只需收集一次数据便可完成研究。这些特征说明了为什么横断研究如此广泛地被研究者使用。

但是，横断研究设计也有缺点。最重要的缺点是，通过横断研究得到的是变量之间的相关性，而我们很难对相关性进行解释。相关性（correlation）是两个变量之间的一种统计关系，我们知道了一个变量就可以预测另一个变量。正相关表示当一个变量增加或减少时，另一个变

效度（validity）

测量的真实性，即能够测量出其声称要测量的内容的程度。

横断研究（cross-sectional research）

一种研究方法，基于研究假设，在一个时间点从一个样本中收集数据，然后检验数据中的变量之间的潜在关系。

相关性（correlation）

两个变量之间的统计关系，知道一个变量就可以预测另一个变量。

量沿相同的方向变化；负相关表示当一个变量增加时，另一个变量减少。在上面的例子中，研究者可能发现锻炼情况与初显期成人的身体健康状况之间存在正相关。但是，这意味着锻炼使初显期成人的身体健康状况更好，还是身体健康状况更好的初显期成人更喜欢锻炼？仅根据横断研究，我们是无法做出解释的。

相关关系并不意味着因果关系，这是科学研究的一项重要的统计学原则，这意味着当两个变量具有相关性时，我们无法确定一个变量的变化是否导致了另一个变量的改变。然而，在有关青少年发育的研究中，这一原则经常被忽视。例如，数以百计的研究表明，父母的教养行为与青少年的日常功能之间存在相关性。很多时候，这种相关性被解释为因果关系——父母的教养行为导致了青少年的某些行为方式。但实际上，仅凭这种相关性我们并不能证明这一点。事实有可能是青少年的特征导致父母以某些方式行事，也有可能是父母和青少年的行为均由第三个变量引起，如社会经济地位（SES）或文化背景。我们将在后面的章节中探讨这个问题，以及有关**相关关系与因果关系**（correlation versus causation）的其他问题。

纵向研究　由于横断研究的局限性，一些研究者采用了纵向研究设计，即在一段时间内对相同的人进行追踪，在两个或更多时间点收集数据。纵向研究设计的时间跨度差异很大，从几周或几个月到几年甚至几十年不等。大多数**纵向研究**（longitudinal studies）在相对较短的时间段（一年或更短的时间）内进行，但在有些研究中研究人员对样本进行了终生追踪——从婴儿期到老年期。

纵向研究设计的最大优势是，它可以使研究者能够考察人类发展研究的一个核心问题："人是如何随着时间而变化的？"此外，采用纵向研究设计可以让研究者更深入地了解相关与因果的问题。例如，一项纵向研究重点考察每周工作时间与青少年物质使用之间的关系。先前的研究表明，物质使用与青少年工作时间呈正相关，但这一问题没有解决："是长时间工作导致了青少年的物质使用，还是使用物质的青少年选择工作更长时间？"通过纵向研究数据，研究者能够确定，那些上高中时工作时间长的青少年在上 9 年级时物质使用率已经偏高，那时他们还没有开始长时间工作。

知识的运用

从日常生活中找出一个例子，说明你或你认识的人是如何把相关关系误认为因果关系的。你会如何设计一项研究来表明其中真的涉及因果关系？

相关关系与因果关系（correlation versus causation）

相关关系是两个变量之间可预测的关系，即知道一个变量，那么就可以预测另一个变量。但是，两个变量具有相关关系并不意味着一个变量的改变导致了另一个变量的改变。

纵向研究（longitudinal study）

在一个以上的时间点从参与者那里收集数据的研究。

纵向研究设计也有缺点。最重要的缺点是，与横断研究设计相比，它需要更多的时间、金钱和耐心。研究者要等到数周、数月或数年后才能知道对研究假设的调查结果。另外，随着时间的推移，有一些人会出于某种原因退出纵向研究，这是不可避免的，这个过程被称为损耗（attrition）。因此，时间点 1 的样本可能与时间点 2、3 或 4 的样本不尽相同，这会限制研究者能够从中得出的结论。在大多数研究中，来自低社会经济地位（SES）人群的参与者的退出率最高，这意味着纵向研究持续的时间越长，样本能够代表整个总体的社会经济地位的范围的可能性就越小。

在整本书中，我会呈现使用各种不同的研究方法和研究设计的研究。上面介绍的是最常见的研究方法和研究设计。

世界各地的青少年期：简要的区域性概况

本书的核心是文化视角。在每一章我都会强调，由于文化不同，世界各地的青少年和初显期成人的生活截然不同。一名美国中产阶级青少年或初显期成人的生活，在很多方面不同于一名来自埃及、泰国或巴西的年轻人的生活，也不同于美国某些少数族裔文化（如都市非裔美国人文化或墨西哥裔新移民文化）中的年轻人的生活。尽管在世界各地，在青少年期出现的身体变化相似，但是对这些变化做出什么反应，青少年被允许做什么、被期望做什么，不同的文化在这些方面有很大差异。文化背景决定了年轻人的生活的各个方面，从家庭关系到上学情况，从与性有关的方面到对媒体的使用，不一而足。下面我们简要概述世界主要地区的有关青少年期的文化背景，作为理解后续章节中的文化资料的基础。

撒哈拉以南非洲地区

学习目标 13： 列举在 21 世纪非洲青少年面临的主要挑战，并指出积极的文化传统和近期的趋势。

非洲被描述为"人民贫穷的富裕大陆"。非洲国家的石油、黄金和钻石等自然资源极为丰富。不幸的是，由于 19 世纪西方国家的剥削，以及 20 世纪和 21 世纪的腐败、浪费和战争，这些自然财富没有转化为非洲人民的经济繁荣。相反，撒哈拉沙漠以南的非洲，在几乎所有的生活水平指标上，包括人均收入、清洁的水源、预期寿命和疾病流行率，都是全世界表现最差的。因此，非洲青少年面临的身体健康和生存方面的挑战比世界上其他任何地区的青少年都更为严峻。

尽管非洲年轻人面临的问题令人生畏，但这一地区也有一些亮点。在过去的几十年中，于 20 世纪 90 年代爆发的内战逐渐平息。几个非洲国家的政府转向了更加开放、稳定和民主的政府。非洲最近的经济增长一直位居世界上增长最强劲的地区之列。希望这些积极的变化能够持续下去，为非洲青少年带来更光明的未来。

非洲青少年要照顾年幼的弟弟妹妹。

非洲文化也有其优势，它注重大家庭传统，家庭成员之间关系亲密，相互支持。近几十年来，在世界上的大多数地区，出生率一直在稳步下降，大多数妇女只有一个或两个孩子。但是在非洲，目前的出生率接近每名妇女五个孩子。因此，非洲青少年通常有好几个兄弟姐妹，他们通常肩负着照顾弟弟妹妹的责任。与其他地方一样，非洲的兄弟姐妹相互竞争资源。然而，在青少年期及以后，非洲的兄弟姐妹之间有着紧密的联系，他们有共同的义务并且相互支持。

亚洲

学习目标 14： 描述亚洲青少年所处的文化背景的鲜明特征。

亚洲幅员辽阔，地域文化丰富多彩，有高度工业化的国家（如日本），也有正在快速工业化的国家（如中国）。尽管如此，这些国家仍具有一些共同的特征，也面对着一些共同的挑战。

亚洲文化深受儒学的影响，儒学是由大约生活于公元前 550 年—前 480 年的哲学家孔子所创立的一套信仰和戒律。儒学的一个宗旨是**孝道**（filial piety），强调孩子应该尊重、服从和敬畏父母，尤其是父亲。孝道的一部分是期望孩子，尤其是长子，在父母年老时担起照顾父母的责任。因此，与世界其他地方的青少年相比，亚洲的青少年更有可能与祖父母生活在一起。

日本等亚洲文化非常重视教育。

儒学传统非常重视教育，这是在当今亚洲文化中教育在年轻人的生活中占据中心位置的原因之一。正如我们将在第 10 章中看到的那样，在亚洲社会中，年轻人经常有很大的学习压力，因为他们在大学入学考试上的表现在很大程度上会决定他们成年后的生活。在亚洲社会中，这一制度正面临着越来越多的批评，有些人认为年轻人不应在这个年龄承受这样的压力，他们应该有更多的娱乐时间。

孝道（filial piety）

儒学的宗旨，在很多亚洲社会中非常普遍，指的是孩子有义务尊重、服从和敬畏自己的父母，尤其是父亲。

印度

学习目标 15： 指出在 21 世纪印度青少年面临的主要挑战。

地理上，印度是亚洲的一部分，但印度人口众多（超过十亿），而且有着独特的文化传统，故在此单独介绍。与亚洲的其他地方不同，印度的文化传统不是基于儒教，而是基于印度教。

印度是世界上为数不多的未对儿童或青少年实行义务教育的国家之一。因此，许多年轻人是文盲，尤其是农村地区的女孩。许多父母认为女孩会写信、会管理家庭收支账目就可以了，没必要接受更多的教育。在印度，农村地区的学校相对较少，而现有的学校往往资金短缺，雇用的教师也没有受过良好的训练。城市地区的受教育机会更多，对于女孩和男孩皆是如此。在城市地区还有大量受过高等教育的初显期成人，尤其是在医学和信息技术等领域，这使得印度在这些领域成为了世界上的经济领头羊。

造成印度的文盲率偏高的另一个原因是儿童和青少年劳工，他们从事地毯编织、采矿、香烟制造、宝石抛光等工作，这些工作的工作条件通常极不安全、极不健康。父母通常宁愿让孩子去工作而不是去上学，这样可以为家庭带来一些收入。因此，政府几乎未采取任何措施来限制儿童和青少年劳工。

印度文化的一大特色是**种姓制度**（caste system）。根据这一传统，基于前世的道德和精神操守，人们生来就属于不同的种姓（转世是大多数印度人的信仰的核心）。一个人的种姓等级会决定他在印度社会中的地位。只有精英种姓的人才被认为有资格享有财富和权力。低等种姓的人被认为只适合做薪水最低、最肮脏、地位最低的工作。另外，与非一层级种姓的人结婚是冒天下之大不韪。低等种姓的青少年上学的可能性低于高等种姓的青少年，这也限制了他们在成年后可以从事的工作。

在印度家庭中，家庭关系极为紧密和温暖。印度青少年大部分时间都与家人在一起，而不是与朋友在一起，而且他们在与家人在一起时最快乐。在印度，即使是受过高等教育的初显期成人，也通常更愿意由父母安排他们的婚姻，这表明他们对父母的信任和依赖很深。关于印度家庭，在第 5 章中我们会进一步讨论。

许多青少年都会从事类似织毯子的生产工作。

种姓制度（caste system）

根据前世的道德和精神操守，人们生来就属于特定的种姓，而一个人的种姓会决定其在印度社会中的地位。

拉丁美洲

学习目标 16： 描述拉丁美洲国家的共同特点以及该地区青少年目前面临的两个关键问题。

拉丁美洲的广袤土地上有着五彩缤纷的文化，但这些文化中都有一段被南欧强权（尤其是西班牙）殖民的历史。另外，这些文化都信奉天主教。对于拉丁美洲的年轻人来说，21 世纪的两个关键问题是政治稳定和经济增长。几十年来，拉丁美洲国家频繁经历政治和经济动荡，但是从目前看，它们的前景比较光明。尽管在某些国家政治动荡仍在继续，但大多数拉丁美洲国家已建立了稳定的民主制度。此外，近几年拉丁美洲大部分地区的经济情况也有所改善。但是，整个拉丁美洲的失业率很高，年轻人的失业率尤其高，经常超过 25%。

拉丁美洲青少年的受教育程度正在提高。

如果近来的政治稳定的趋势能够保持下去，拉丁美洲的经济发展状况可能会有所改善。拉丁美洲的年轻人正在接受更多的教育，这应该有助于他们为越来越信息化的全球经济做好准备。另外，在过去的 20 年中，该地区的出生率急剧下降。因此，正在成长中的儿童在进入青少年期和成年初显期时，需要面临的就业方面的竞争压力应该小很多。

西方

学习目标 17： 列出构成"西方"的国家的青少年所具有的共同特征，并指出少数族裔青少年所特有的特征。

"西方"与其说是一个地域集合，还不如说是一个文化集合。西方包括欧洲国家、美国、加拿大、澳大利亚和新西兰。西方的年轻人一般都有接受中等教育和高等教育的机会，他们拥有各种各样的职业选择。西方的大多数年轻人拥有各种各样的休闲机会。与世界上其他地区的青少年不同，西方青少年的大部分闲暇时光是与朋友一起度过的，而不是在学习或为家庭工作。他们的大部分休闲活动都是基于媒体的，包括收发短信、玩电脑游戏、在线听音乐，以及使用社交网站和应用程序。

尽管西方国家的年轻人获得的教育越来越多，其中许多人在 20 多岁时还在上学，但是受教育的机会却分布不均。少数族裔群体中的初显期成人接受高等教育的比例通常远远低于主流文化中的初显期成人。西方国家（尤其是少数族裔）的初显期成人的失业率也很高。在所有西方国家中，少数族裔年轻人在职场处于劣势，一部分原因是其受教育和训练水平较低，还有一部分原因是主流群体的偏见和歧视。

上面的概述简要呈现了青少年期和成年初显期的文化背景，你可以在后续章节中对世界各地年轻人的生活进行更多的了解。从这一概述中可以看出，由于所处的地方不同，青少年和初显期成人的生活截然不同。在某些文化中，青少年会在学校度过青少年期的每一天，甚至一直到成年初显期也是如此；而在另一些文化中，青少年很早就开始工作，几乎没有机会接受小学以后的教育。在某些文化中，青少年在大家庭中长大；而

在西方，青少年的休闲活动通常基于媒体。

在另一些文化中青少年在人口较少的核心家庭中长大，他们甚至没有兄弟姐妹。在有些文化中，初显期成年人拥有各种各样的职业机会；而对于另一些文化中的初显期成人来说，职业选择范围很窄，甚至根本不存在，因为教育的缺失使他们只能从事最低级的工作，而就年轻女性而言，有关女性角色的文化信仰把她们排除在职场之外。

因此，文化背景对于充分理解青少年和初显期成人的体验至关重要。在整本书中，我将针对每个主题呈现来自不同文化的例子。每章中都有一个"文化焦点"专栏详细介绍与该章主题相关的某个特定文化。此外，我也经常从文化视角来审视研究。当你学完本书，我希望你能从文化视角思考，这样你就能够就某项研究是否考虑了文化因素对其进行分析和评论。

> **批判性思考**
>
> 关于当今青少年的生活过程，你认为哪个地区最有可能变得更好？为什么？

本书的其他主题

除了文化视角，每章还将包含其他几个主题：历史对比、跨学科方法、性别问题和全球化。

跨学科方法

学习目标 18：描述有助于我们全面了解青少年期和成年初显期的学科。

本书涉及多个学科领域。心理学是青少年期和成年初显期的主要研究领域。大多数研究青少年期和成年初显期的学者都是心理学家。他们均接受过心理学方面的训练，并在大学心理学系担任教授。但是，许多其他学科的学者也研究青少年期和成年初显期。人类学家贡献了许多颇具启发性的民族志。社会学在青少年期和成年初显期研究方面有着悠久的传统，包括在同

伴关系、青少年犯罪，以及向成年期转变等领域的一些重要研究。内科医生，特别是精神科医生和儿科医生，也做出了重要贡献，尤其是在青少年期和成年初显期的生物学领域以及抑郁症等可能在这些发展阶段发生的疾病的治疗方面。教育领域的学者在与学校有关的青少年和初显期成人发展方面以及其他主题方面做出了重要贡献。最近几十年，历史学家发表了许多有关青少年期和成年初显期的优秀研究。通过对当今和其他时代的青少年和初显期成人的生活进行比较，我们可以从中学到很多，就像我们通过比较不同的文化可以更多地了解青少年期和成年初显期一样。在整本书中，我会针对每一个主题提供相关的历史信息。此外，每章中都有一个"历史焦点"栏目，就某个特定历史时期的某个特定问题呈现更详细的信息。

界定学科边界从某些方面来说是有意义的，但是，这种划分本质上是人为的。若想了解青少年期和成年初显期的发展，你应从所有可能的地方寻求真知灼见。我希望你在看完本书之后能够对青少年期和成年初显期有尽可能全面的了解。为实现这一目标，我会在书中使用心理学、人类学、社会学、教育学、历史学和其他学科的资料。

性别问题

学习目标 19：解释为什么性别问题在青少年期和成年初显期特别突出，总结不同文化对不同性别的青少年的期望。

在每种文化中，性别都是毕生发展中的关键问题。文化对男性和女性的期望从他们一出生就有所不同。儿童在两岁左右开始意识到自己的性别。随着这种意识的发展，他们对被认为适合不同性别的行为的差异变得越来越敏感。对不同性别的文化期望的差异通常在青少年期变得更加明显。青少年期和成年初显期是为在家庭和工作中承担成人角色做准备的时期。在大多数文化中，这些角色会因为性别而大相径庭，因此人们对男性和女性青少年以及初显期成人的期望也截然不同。求爱和性行为是青少年期和成年初显期的典型行为，在大多数文化中，针对男性和女性的这些行为的期望也截然不同。

尽管所有文化对男性和女性的期望均不相同，但差异的程度因文化的不同而千差万别。在当今西方主流文化中，这种差异相对模糊：男性和女性从事许多相同的工作，穿许多相同的衣服（如蓝色牛仔裤、T恤衫），享受许多相同的娱乐活动。如果你在西方长大，你可能会对很多其他文化中的根深蒂固的性别差异感到惊讶。例如，在摩洛哥，人们或多或少地期望男孩在结婚前有一些性经验。而对于女孩，人们则期望她们在新婚之夜仍是处女。因此，男孩的初次性经验通常只能通过妓女获得。婚礼后的第二天早晨，新娘新郎必须把床单悬挂在窗外，用床单上的血迹证明女孩的处女膜是在新婚之夜破裂的，这说明她在此前一直是处女。

尽管在西方没有类似的状况存在，但在西方也有针对性别的期望。在美国，即便是现在，男性护士、男性秘书或全职父亲也极少见，而女性卡车司机、建筑工人或参议员同样极为罕见。西方文化对男性和女性的期望的差异相比其他某些文化可能更为细微，但是却影响深远，这些差异对青少年期和成年初显期很关键。在整本书中，我会针对每一个主题分析性别差异，并在第 5 章中专门讨论性别问题。最后，我希望你对世界各地的文化中的男性和女性如何受到区别对待形成更加全面的认识，同时也对你自己的文化如何在性别方面，以你此前从未意识到的方式影响你的发展，形成更为全面的认识。

全球化

学习目标 20： 解释为什么考虑全球化的影响对理解青少年和初显期成人很重要。

　　青少年期研究者越来越多地关注文化对青少年期和成年初显期发展的影响。然而，对文化的这些关注恰逢这一历史时期：赋予文化独特性的界限正在逐渐淡化，世界正日益融入一种全球文化，即社会哲学家马歇尔·麦克卢汉（Marshall McLuhan）前些年提出的"地球村"。没有一种传统文化不受这些变化的影响。如果你踏入委内瑞拉最偏远的热带雨林文化、加拿大最北端的北冰洋村庄或新几内亚最小的山村，你会发现它们当中的每一个都不可避免地被一种共同的世界文化所吸引。如果不考虑这些变化，我们对青少年期和成年初显期发展的探索就是不完整的，因为这些变化反映了青少年期和成年初显期的**全球化**（globalization）。

青少年的全球化：委内瑞拉青少年的 T 恤上的图案是美国电视节目《辛普森一家》中的人物。

　　全球化意味着，由于贸易、旅行、技术和休闲方面的联系的增多，世界正在变得"更小"、更趋同。由于青少年期和成年初显期的全球化，世界各地的年轻人体验到的环境越来越相似。世界上许多地方的青少年和初显期成人在成长过程中，听很多相同的音乐，看许多相同的电影，上学的时间都越来越长，都学习如何使用个人计算机，喝同样的软饮料，穿相同品牌的蓝色牛仔裤。在青少年和初显期成人中，与全球文化相联系的吸引力似乎尤其高。这也许是因为他们一方面比儿童更有能力在自己的文化边界之外寻找信息（如通过旅行和互联网），另一方面又不像成年人那样屈从于已经确立的角色和生活方式。

批判性思考

　　你最近几年去过另一个国家吗？如果去过，能否举一个你看到的反映青少年期全球化的例子？如果没去过，能否举一个你读到的或听说的例子？你认为青少年期全球化有何积极和消极影响？

全球化（globalization）

　　在全球范围内技术和经济日益融合，这使得世界不同地区之间的联系日益紧密，各地在文化上也越来越相似。

全球化并不意味着世界各地的年轻人都以完全相同的方式成长，或者在文化认同上变得完全相同。全世界更为典型的模式是年轻人在自我认同上变得越来越**双文化**（bicultural），其中一个自我认同参与当地文化，另一个自我认同参与全球文化，例如，通过电子邮件或通过与外国访客互动。在本书中，我会举例说明全球化如何影响青少年和初显期成人的生活，此外还将讨论这种趋势如何对他们的未来产生积极和消极的影响。

在这一章之后，本书分为三个部分。第一部分是"基础篇"，包括五个章节，分别涉及不同的发展领域：生物学基础、认知基础、文化信仰、性别和自我。在这几章中我描述了构成年轻人生活的各个方面的基础的领域，这些内容共同构成理解年轻人的发展的基础，他们的发展通常是发生在不同的背景下。

因此，第一部分是第二部分"背景篇"的铺垫。背景是指年轻人的发展所发生的环境。第二部分共六章，涉及六种不同的背景：家庭关系、朋友和同伴、爱与性、学校、工作和媒体。

第三部分"问题与心理弹性"只包含一章。我们在本章中讨论了危险驾驶、物质使用、抑郁症等问题。此外，我们还讨论了**心理弹性**（resilience），即有可能出现问题的儿童和青少年避免上述风险的能力。

双文化（bicultural）
所具有的自我认同包含两种不同的文化特征。

心理弹性（resilience）
克服不利的环境条件以实现健康发展。

第2章

生理基础

∨ 学习目标

1. 描述激素在内分泌系统反馈回路中的功能及其如何引发青春期。

2. 解释男孩和女孩的生长突增有何不同，并确定经历快速生长的身体部位的顺序。

3. 解释第一性征和第二性征的区别。

4. 提供男孩和女孩的第二性征发育的典型顺序。

5. 描述青春期事件的典型顺序，并说明青春期事件的顺序、启动时间和持续时间为何因人而异。

6. 描述身体机能在青春期是如何变化的，并对比青春期和成年初显期的身体机能。

7. 解释文化如何影响青春期的启动时间。

8. 确定青春期仪式在不同文化中的流行率，并解释这些仪式的功能。

9. 比较和对比在不同文化中青春期对家庭关系的影响。

10. 描述文化差异如何影响青少年对月经初潮和首次遗精的反应。

11. 概述男孩和女孩对相对较早或较晚进入青春期的反应及其性别差异。

12. 对比被动型、唤起型和主动型基因型→环境效应。

13. 解释为什么基因型→环境效应会随时间发生变化。

这些例子说明，对于表明身体和性发育成熟的事件，青少年的反应各异。这也表明年轻人对青春期生理事件的理解也受文化的影响，对于他们身上即将发生的变化，告知他们（或疏于告知他们）会影响他们的理解。

尽管青春期是一个进行文化建构的人生阶段，但在所有文化中，青春期的生理变化都是青春期发展的核心部分。这时会发生许多变化，而且这些变化通常来得很突然。在儿童时期个体以相对稳定的速度成长，然后突然间蜕变开始了——生长突增，阴毛、腋毛、粉刺出现，体型发生变化，女孩出现乳房发育和月经初潮，男孩出现胡须和第一次射精，等等。这些变化通常令人兴奋和开心，但是在出现这些变化时，青少年也会经历恐惧、惊讶、烦恼和焦虑等其他情绪。比大多数同龄人更早或更晚出现这些重要变化尤其会引发他们的焦虑。

青春期的生理变化在不同文化中是相似的，但是在本章我们会看到，生理事件与文化影响之间存在相互作用。文化影响着生理事件发生的时间，不同文化会对标志着青少年达到身体成熟和性成熟的生物变化做出各种不同的反应，而青少年会依靠其文化所提供的信息来理解其体内和外表发生的变化。

在本章我们将首先介绍青春期的激素变化，然后介绍青春期的身体变化，包括身高、体重、肌肉脂肪比和力量的变化，接下来是第一性征（精子和卵的产生）和第二性征（如阴毛的生长和乳房的发育）。之后我们将考察个体对青春期的文化反应、社会反应和心理反应，包括成熟得相对较早或较晚的青少年的不同经历。在本章的最后我们探讨基因与环境影响之间的关系。

青春期的生理巨变：激素变化与身体发育

青春期（puberty）一词源自拉丁语 pubescere，意思是"变得毛发浓密"。但是，在青春期发生的变化远不止毛发生长。如前所述，经过儿童期的逐步而稳定的发育，在青春期身体会经历生理上的巨大变化，青少年在解剖学、生理学和体态方面都会发生剧变。青少年在进入成年初显期时，看起来与青春期之前大不相同，他们的身体机能变化很大，从生理上为性生殖做好了准备。这些变化都始于青春期期间发生在内分泌系统中的事件。

青春期（puberty）

在生理学、解剖学和身体机能方面的变化，使个体在生理上发育成一个成熟的成年人，从而为性生殖做好准备。

内分泌系统

学习目标 1：描述激素在内分泌系统反馈回路中的功能及其如何引发青春期。

内分泌系统（endocrine system）由人体不同部位的腺体组成。这些腺体将被称为**激素**（hormones）的化学物质释放到血液中，激素会影响人体的发育和机能。下面逐一介绍内分泌系统中的腺体及其在青春期分泌的激素（见**图 2–1**）。

下丘脑中的青春期的启动　青春期的激素变化始于**下丘脑**（hypothalamus），这是一个位于大脑下部的豆子大小的组织，在大脑皮层下面。下丘脑对摄食、饮水和性生活等方面的生理和心理动机以及机能有着深刻而多样的影响。除上述功能以外，下丘脑还会刺激和调节其他腺体的激素分泌。为开启青春期，下丘脑会开始增加**促性腺激素释放激素**（gonadotropin-releasing hormone，GnRH）的分泌量，以大约两小时的脉冲间隔释放GnRH。GnRH 的增加始于儿童期中期，至少早于青春期最早的身体变化一到两年。

但是，是什么引起了下丘脑的 GnRH 分泌量增加？一旦身体的脂肪达到阈值，下丘脑的 GnRH 分泌量就会增加。脂肪细胞会产生一种被称为**瘦素**（leptin）的蛋白质，它向下丘脑提供释放 GnRH 的信号。因此，对于那些因疾病、过度锻炼或营养不良而过于消瘦的青

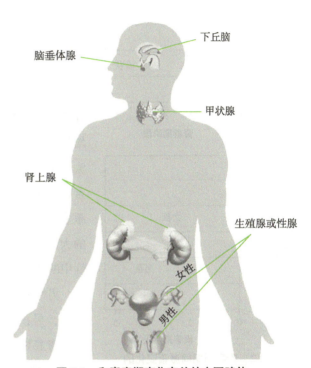

图 2-1　和青春期变化有关的主要腺体

（图中标注） 下丘脑　脑垂体腺　甲状腺　肾上腺　生殖腺或性腺　女性　男性

内分泌系统（endocrine system）

身体中的腺体网络，腺体通过激素协调其机能，从而影响身体的发育和机能。

激素（hormones）

内分泌系统的腺体释放的化学物质，会影响身体的发育和机能，包括青春期的发育。

下丘脑（hypothalamus）

"主腺体"，位于大脑下部大脑皮层的下面，影响多种生理和心理机能，刺激和调节其他腺体激素的分泌，包括那些与青春期启动有关的腺体的激素分泌。

促性腺激素释放激素（gonadotropin-releasing hormone，GnRH）

由下丘脑释放的激素，引发脑垂体释放促性腺激素。

瘦素（leptin）

一种由脂肪组织分泌的蛋白质，会引发激素变化。

少年来说，他们的青春期会延迟。

　　脑垂体腺和促性腺激素　GnRH 的增加会影响**脑垂体腺**（pituitary gland），这是位于大脑底部的约 1.3 厘米的腺体。GnRH 被称为"促性腺激素释放激素"是很合适的，因为那正是它在进入脑垂体腺时所做的事——引起两种被称为**促性腺激素**（gonadotropins）的激素的分泌，这两种促性腺激素分别是**促卵泡激素**（follicle-stimulating hormone，FSH）和**促黄体激素**（luteinizing hormone，LH）。FSH 和 LH 刺激"**配子**"（gamete，即女性的卵巢中的卵细胞和男性的睾丸中的精子）的发育。FSH 和 LH 还会影响卵巢和睾丸分泌性激素，稍后我会详细介绍。

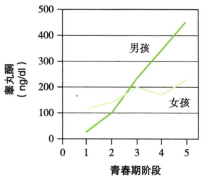

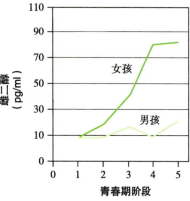

图 2-2　**青春期期间激素变化的性别差异**

　　性腺和性激素　卵巢和睾丸也被称为**生殖腺**（gonads）或性腺。受到脑垂体腺释放的 FSH 和 LH 的刺激后，生殖腺会增加**性激素**（sex hormones）的分泌量。性激素有两类：**雌性激素**（estrogens）和**雄性激素**（androgens）。就青春期发育而言，最重要的雌性激素是**雌二醇**（estradiol），最重要的雄性激素是**睾丸酮**（testosterone）。这些激素的增加是引发青春期的大部分明显的身体变化的原因，如女性中的乳房发育和男性中的胡须生长。

　　男性和女性的体内都会产生雌二醇和睾丸酮，在整个儿童期，男孩和女孩体内的两种激素的水平大致相同。然而，一旦青春期开始，这种平衡就会被打破，女性会比男性产生更多的雌二醇，而男性会比女性产生更多的睾丸酮（见图

脑垂体腺（pituitary gland）

位于大脑底部的大约 1.3 厘米的腺体，可以释放促性腺激素，为有性生殖做准备。

促性腺激素（gonadotropins）

刺激配子发育的激素（促卵泡激素和促黄体激素）。

促卵泡激素（follicle-stimulating，FSH）

与 LH 一起刺激配子的发育，影响卵巢和睾丸中的性激素的分泌。

促黄体激素（luteinizing hormone，LH）

与 FSH 一起刺激配子的发育，影响卵巢和睾丸中的性激素的分泌。

配子（gamete）

依性别而不同的细胞，与生殖（女性下卵巢中的卵细胞和男性的睾丸中的精子）有关。

生殖腺（gonads）

卵巢和睾丸，也称为性腺。

2–2）。到十五六岁时，在女性中，雌二醇的分泌量约为青春期前的 8 倍，而在男性中该激素的分泌量仅为青春期前的 2 倍。同样，在男性中，睾丸酮的分泌量是青春期前的 20 倍，而在女性中它为青春期前的 4 倍左右。

雄性激素不仅通过性腺产生，也会通过肾上腺产生。在青春期，脑垂体腺会增加一种被称为促肾上腺皮质激素（adrenocorticotropic hormone，ACTH）的分泌量，这会引起肾上腺增加雄性激素的分泌量。肾上腺释放的雄性激素与睾丸释放的雄性激素具有相同的作用，都有助于如体毛增加这样的发育变化。

内分泌系统中的反馈回路　从婴儿期开始，下丘脑、脑垂体腺、生殖腺和肾上腺之间就会形成一个反馈回路（feedback loop），该反馈回路监测并调节性激素的水平（见图 2–3）。下丘脑会监测血液中的雄性激素和雌性激素的水平，当性激素达到

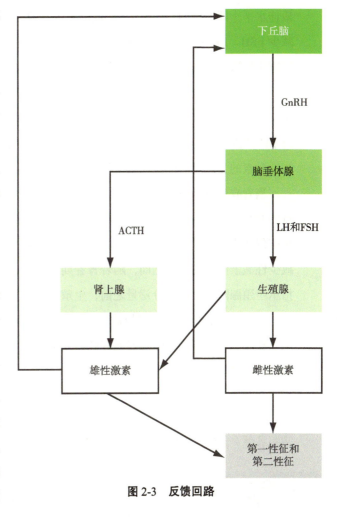

图 2-3　反馈回路

性激素（sex hormones）

引起第一性征和第二性征发育的雄性激素和雌性激素。

雌性激素（estrogens）

从青春期开始在女性体内水平特别高的性激素，是引起女性出现第一性征和第二性征的主要原因。

雄性激素（androgens）

从青春期开始在男性体内水平特别高的性激素，是引起男性出现第一性征和第二性征的主要原因。

雌二醇（estradiol）

女孩青春期发育中最重要的雌性激素。

睾丸酮（testosterone）

男孩青春期发育中最重要的雄性激素。

促肾上腺皮质激素（adrenocorticotropic hormone，ACTH）

引起肾上腺的雄性激素分泌量增多的激素。

反馈回路（feedback loop）

包括下丘脑、脑垂体腺和生殖腺在内的激素系统，监测和调节性激素的水平。

最佳水平［即所谓的设定点（set point）］时，下丘脑会减少 GnRH 的分泌量。脑垂体腺会通过减少 FSH、LH 和 ACTH 的分泌量对 GnRH 的减少做出反应，而生殖腺和肾上腺反过来又会通过减少性激素的分泌量来对更低水平的 FSH 和 LH 做出反应。

关于设定点，一个常用的比喻是恒温器。如果将恒温器设置为 21 摄氏度，那么当温度降至 21 摄氏度以下时，炉子就会自行点燃。炉子给房间加热，温度就会升高，当温度再次达到 21 摄氏度时，炉子就会熄灭。同样，当你体内的性激素水平降至设定点以下时，生殖腺会增加性激素的分泌量。一旦性激素水平再次上升至设定点，其分泌量就会下降。

当青春期开始时，下丘脑中的雄性激素和雌性激素的设定点会升高，男性的雄性激素设定点的升高要高于女性，而女性的雌性激素设定点的升高要高于男性。换句话说，在儿童期，生殖腺仅产生相对少量的性激素，性激素水平达到设定点之后下丘脑会向生殖腺发出信号，使之减少性激素的分泌量。然而，随着青春期的开始，下丘脑中的性激素的设定点升高，在下丘脑指示生殖腺降低性激素分泌量之前，生殖腺会一直增加性激素的分泌量。我们还拿恒温器打比方：在儿童期，恒温器就好像被设定为 4 摄氏度，因此性激素分泌的"加热"（功能）只是偶尔被触发。在青春期，恒温器就好像被设定为 27 摄氏度，性激素分泌的"加热"（功能）也会相应地增强。

青春期的身体生长

学习目标 2：解释男孩和女孩的生长突增有何不同，并确定经历快速生长的身体部位的顺序。

女孩通常比男孩早两年开始青春期生长突增。

在上一节中我们讨论了性激素水平的升高会引发青少年的身体的各种剧变，其中一个变化就是身体的生长速度。在儿童早期，身体发展较平稳，在青春期到来时，生长会突然激增。实际上，无论是对男孩还是对女孩来说，青春期的早期信号之一就是青春期生长突增（adolescent growth spurt）。图 2-4 显示了个体从出生到 19 岁时的典型的身高增长速率，其中包括青春期生长突增。在身高增长速率峰值（peak height velocity），青春期生长突增达到最大值，女孩每年长高约 9.0 厘米，男孩每年长高约 10.5 厘米。无论是在男孩中还是在女孩中，身高增长速率峰值的生长率都是自两岁以来最高的。

如图 2-4 所示，女孩的生长突增通常比男孩早两年

设定点（set point）

体内性激素的最佳水平，达到这一点时，反馈回路中的腺体的反应会引起性激素分泌量的减少。

开始，女孩也会早两年到达身高增长速率峰值。在青春期身体发育的其他方面也是如此：女孩大约比男孩早成熟两年。在生长突增开始之前的整个儿童期，男孩的平均身高比同龄女孩略高。在青春期早期（11~13 岁）的头两年时间里，女孩的平均身高高于男孩，因为在这两年她们开始生长突增，而男孩还没有。然而，女孩更早成熟也导致她们成年时的身高更矮，因为青春期生长突增也标志着身高增长开始结束。由于女孩更早开始生长突增，她们达到最终身高的时间也更早——平均大约在 15 岁，而男孩大约在 17 岁。

> **批判性思考**
>
> 　　在青春期女孩比男孩早两年成熟，这会造成哪些社会和心理结果？

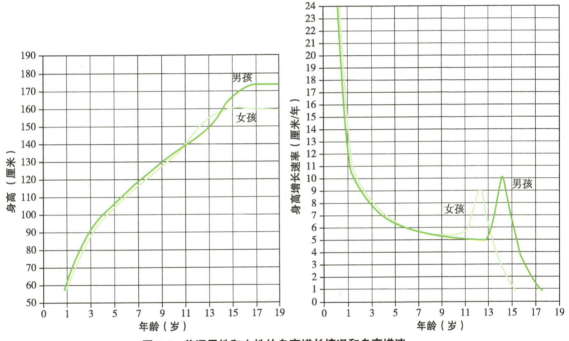

图 2-4　普通男性和女性的身高增长情况和身高增速

　　在青春期生长突增期间，并非身体的所有部位都以相同的速度生长。在这个时期，一定程度的**非同步性**（asynchronicity）生长说明了为什么某些青少年在青春期早期看起来"身材瘦长"——因为身体某些部位的生长速度比其他部位更快。**肢端部位**（extremities）——脚、手和头——最先开始生长突增，其次是胳膊和腿。头部的某些部位比其他部位长得更快。前额变得高且宽，嘴巴变宽，嘴唇变得更丰满，下巴、耳朵和鼻子变得突出。躯干、胸部和肩膀是最

非同步性（asynchronicity）

在青春期身体的不同部位生长不均。

肢端部位（extremities）

脚、手和头。

晚开始生长突增的身体部分，因此也是最后达到生长终点的部位。

除了生长突增，在青春期还会出现肌肉的突然增长，这主要是因为睾丸酮的增加。因为在男孩中睾丸酮增加得更多，他们肌肉增长得也更多。如图 2–5 所示，在青春期之前，男孩和女孩的肌肉量相似。

如图 2-5 所示，在青春期，个体体内的脂肪含量也会增加，但女孩体内脂肪的增加量要大于男孩。由于肌肉和脂肪增长方面的性别差异，到青春期结束时，男孩的肌肉脂肪比约为 3：1，而女孩的肌肉脂肪比为 5：4。在青春期还会出现其他的体型方面的性别差异。女孩和男孩的臀部和肩膀都会变宽，但女孩的臀部比肩膀变宽更多，而男孩的肩膀比臀部变宽更多。

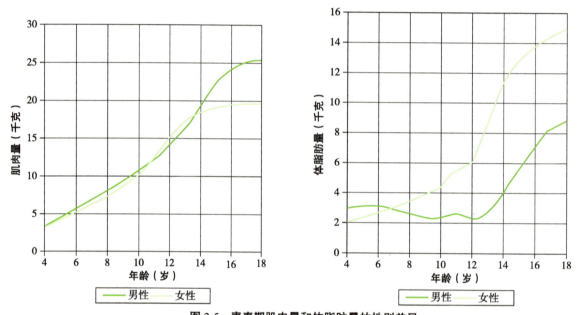

图 2-5　青春期肌肉量和体脂肪量的性别差异

青春期的生理巨变：性成熟与身体机能

青春期使身体发生改变，为有性生殖做准备。青春期涉及两种类型的性别特征，即第一性征和第二性征。青春期也会使身体机能发生改变，使力量和耐力增强。当这些变化完成后，在成年初显期期，我们的身体能力会达到顶峰。

第一性征

学习目标 3：解释第一性征和第二性征的区别。

除了到目前为止所描述的身体发育方面的变化之外，随着性激素在青春期增加，青少年的

第一性征（primary sex characteristics）

卵子和精子的产生以及性器官的发育。

身体还会发生另外两种变化。第一性征（primary sex characteristics）涉及卵子和精子的产生以及性器官的发育。第二性征（secondary sex characteristics）是指青春期期间的其他的身体变化，不包括与生殖直接相关的特征。

卵子和精子的产生　　如前所述，在青春期，性激素的增加会导致卵子在女性的卵巢中发育，以及精子在男性的睾丸中产生。男性和女性的配子的发育完全不同。在出生时女性的每个卵巢中已有大约 40 万个未成熟的卵子。到了青春期，每个卵巢中的卵子数已下降至大约 8 万个。一旦女孩出现月经初潮（menarche，第一次月经）并开始有月经周期，每隔 28 天左右就有一个卵泡发育为成熟的卵细胞，或卵子（ovum，复数为 ova）。女性在她们的整个生育期会排出约 400 个卵子。

与女性不同，在出生时男性的睾丸中没有精子，男性直到青春期才会产生精子。男孩第一次产生精子称为首次生精（spermarche），一般在 12 岁时发生。一旦生精，男孩就会以惊人的数量产生精子。男性的一次射精通常包含 3000 万至 5 亿个精子，这意味着一个正常男性每天会产生数百万个精子。如果你是一位男士，那么在阅读本章内容的这段时间里，你可能会产生超过 100 万个精子，即使你的阅读速度很快！

为什么这么多？一个原因是，女性的身体环境对精子并不友好。女性的免疫系统会将精子视为异物，并立即开始攻击它们。另一个原因是，以精子的大小，它们要到达卵子有很长的路要走。它们必须沿着女性生殖器官的各种结构前进并顺利通过。因此，让数量巨大的精子游向卵子是有好处的，因为这会增加精子在合适的时间到达卵子完成受精的可能性。

男性和女性的生殖解剖结构　　在青春期发生的变化使身体为有性生殖做好准备，而作为准备的一部分，在青春期性器官会经历许多重要的变化。男性的阴茎和睾丸明显增大，阴茎的长度和直径会翻倍。睾丸的急剧生长反映了数百万个精子的产生。

女性的外部性器官被称为外阴（vulva），包括大阴唇（labia majora）、小阴唇（labia minora）和阴蒂（clitoris）。外阴在青春期发育明显。卵巢的大小和重量也大大增加。正如睾丸因精子的产生而生长一样，卵巢的生长也反映了成熟卵子的生长。此外，在青春期子宫的长

第二性征（secondary sex characteristics）
不与生殖直接相关的青春期间的身体变化。

月经初潮（menarche）
第一次月经。

卵子（ovum）
大约每隔 28 天从卵巢中的卵泡发育而来的成熟的卵细胞。

首次生精（spermarche）
青春期期间男孩睾丸中的精子的发育的开始。

外阴（vulva）
女性外部性器官，包括大阴唇、小阴唇和阴蒂。

度也会翻倍。阴道的长度也会增加，颜色也会变深。

如前所述，卵子以一个月为周期被排出。两个卵巢通常是按月交替排出卵子，这个月由一个卵巢排卵，下个月由另一个卵巢排卵。卵子沿着输卵管移动，然后到达子宫。在此期间，子宫中的血液内膜增厚，为接受可能出现的受精卵并为之提供营养做准备。如果精子在卵子向子宫行进的过程中使卵子受精，那么受精卵会立即开始分裂。到达子宫时，它会植入子宫壁并继续发育。如果卵子没有受精，那么它会在月经期间随着子宫内膜血液一起排出。

尽管月经初潮是女孩的第一次月经，但它不等同于第一次排卵。在月经初潮后的最初两年，女孩的大部分月经周期并不涉及排卵，到第三年和第四年，只有大约三分之一到一半的月经周期涉及排卵。只有在月经初潮四年之后，女孩才会在每个月经周期都排卵。早期的不规律排卵导致一些性行为活跃的青春期女孩认为自己不会怀孕，这是一个令人遗憾的误解。在月经初潮后的最初四年中，受孕可能是不稳定且不可预测的，但肯定是有可能发生的。男孩在首次生精和产生能够使卵子受精的精子之间是否有类似的滞后尚不清楚。

第二性征

学习目标 4： 提供男孩和女孩的第二性征发育的典型顺序。

所有的第一性征都与生殖直接相关。除这些变化外，在青春期还会发生许多其他的身体变化，但它们与生殖没有直接关系。这些变化被称为第二性征。

某些第二性征只针对男性或只针对女性，但大多数发生在女（男）性身上的变化也会在某种程度上发生在男（女）性身上。男性和女性的阴部和腋下都会长体毛。两者也都会长胡须——你知道男性会长胡须，但你可能没有意识到在青春期女性的脸上也会长出毛发，只不过量很少。同样，在男性的胳膊上和腿上毛量的增加更为明显，但是在青春期女性的四肢也会长出更多的毛。男孩的胸脯上也开始长毛，有时甚至肩膀和后背上也会长毛，而女孩通常不会。

男性和女性的皮肤都会经历各种变化。皮肤中的汗腺分泌物增多，使皮肤更油腻，更容易长粉刺，同时导致体味更重。由于声带变长，男性和女性的嗓音都会变得更加低沉，而男性的声调下降得更多。

即使是乳房发育这一显然发生在女性身上的第二性征，也会发生在相当一部分男性身上。大约四分之一的男孩在青春期中期会经历乳房增大。这可能会引起青春期男孩的恐慌和焦虑，但通常情况下，肿大的乳房会在一年之内消退。

对于女孩来说，乳房会经历一系列可预测的发育阶段。乳房发育的最早迹象是**乳蕾**

乳蕾（breast buds）
青春期女孩的乳房的第一次略微增大。

乳晕（areola）
乳头周围的区域，在青春期变大。

（breast buds）略微变大，这也是在大多数女孩身上较早出现的青春期外显体征之一。在乳房发育的早期阶段，乳头周围的区域（称为乳晕，areola）也会变大。在乳房发育的后期，乳房继续变大，乳晕首先与乳头一起隆起，在乳房上方形成一个小丘，然后逐渐变回与乳房相同的水平，而乳头仍保持突出。

批判性思考

青春期涉及性发育成熟。在上面描述的第二性征中，哪些特征在你所处的文化中被认为可以增强男性和女性之间的性兴趣和性吸引力？哪些不会？

青春期事件的发生顺序

学习目标 5： 描述青春期事件的典型顺序，并说明青春期事件的顺序、启动时间和持续时间为何因人而异。

青春期由许多事件和过程组成，通常持续数年（见图 2-6）。就青春期事件的发生时间而言，个体之间存在很大的差异。在发达国家的年轻人中，第一个青春期事件早的在女孩 7 岁、男孩 9 岁或 10 岁时可能就发生了，晚的可能在 13 岁时发生。从第一个青春期事件开始到青春期发育完成，其持续时间短则一年半，长则 6 年。因此，在十三四岁时，一些青少年可能已经完成青春期发育，而一些则才刚刚开始。由于青少年经历青春期最初事件的年龄不同，其青春期发育的速度也不同，因此仅靠年龄很难预测青少年的青春期发育情况。

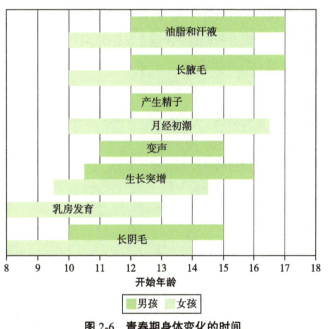

图 2-6 **青春期身体变化的时间**

与青春期开始的年龄或完成青春期发育的时间相比，青春期事件发生的顺序更具一致性。对于女孩来说，柔软的阴毛通常是青春期开始的最初信号，紧接着是乳蕾。下一个事件通常是生长突增，伴随着性器官和生殖器官的生长。对大多数女孩来说，月经初潮、腋毛的发育以及皮肤油脂和汗液的增加都出现在青春期较晚的阶段。

对男孩来说，青春期的第一个外显体征通常是睾丸的生长，伴随着或紧跟着阴毛的生长。在这些事件之后（通常大约一年后），开始出现生长突增和阴茎增长，同时声音开始变得低沉。大多数男孩的首次生精发生在 12~14 岁。和女孩一样，男孩的腋毛的生长以及皮肤油脂和汗液的增加也出现在青春期较晚的阶段。在男孩中，长胡须也是青春期期间较晚出现的发育事件之一，通常始于青春期的首个外显事件后约两年。

我们在这部分提到的几乎所有研究都是以西方白人青少年为研究对象的。实际上，我们的有关青春期的身体生长和身体机能的信息主要来自坦纳（J. M. Tanner）及其同事的研究，这些研究大多是在 40~50 年前针对收养家庭中的英国青少年进行的。坦纳的发现被许多有关美国白人青少年的研究所证实，但是对于世界上其他种族和文化群体我们没有类似的详细信息。

有三项研究表明，在其他人群中青春期发育事件的顺序可能存在差异。在肯尼亚的基库尤（Kikuyu）文化中，男孩会先于女孩出现第一个青春期身体变化，这与西方的模式相反。有研究者在针对中国女孩的研究中发现，大多数女孩在乳蕾发育大约两年之后，阴毛才开始出现，只比月经初潮早几个月。这与坦纳在研究中发现的女孩的发育模式形成了鲜明的对比，在他的研究中女孩通常在乳蕾发育的同时开始出现阴毛的生长，通常比月经初潮早两年。此外，在一项美国的研究中发现，许多非裔美国女孩的乳蕾和阴毛的发育显著早于白人女孩。8 岁时，将近 50% 的非裔美国女孩乳房或阴毛开始发育，或者两者同时开始发育，而在白人女孩中这种情况的比例只有 15%。即使在黑人女孩和白人女孩的月经初潮年龄相似的情况下也是如此。此类的研究表明，进一步调查青春期事件的发展速度、启动时间和发生顺序方面的文化差异非常重要。

在相似的环境下，青春期事件的发生顺序和启动时间的差异似乎是由基因造成的。两个人的基因越相似，他们的青春期事件的启动时间往往越相近，而最为相近的是同卵双胞胎。但是，这里的关键是"在相似的环境下"，现实中，无论是在同一个国家还是在不同的国家，青少年所经历的环境都有很大差异。这些差异会对青春期的启动时间产生深远的影响，在下一节中我们会对此详细介绍。

身体机能的变化

学习目标 6：描述身体机能在青春期是如何变化的，并对比青春期和成年初显期的身体机能。

除了第一性征和第二性征，青春期期间身体机能也会发生巨大变化。

心脏、肺和身体活动能力　无论是男孩还是女孩，在青春期其心脏都会变大——平均而言，重量几乎翻倍——心率会下降，但是男孩的心脏的重量比女孩增长得更多，而且他们的心率会降到更低的水平。到 17 岁时，女孩的平均心率每分钟要比男孩快 5 次。肺也发生了类似的变化。**肺活量**（vital capacity）是衡量肺的大小的一项指标，它是指深呼吸后可以呼出的空气量。在青春期，男孩和女孩的肺活量都迅速增加，但男孩比女孩增加得更多。

这些身体发育和身体机能方面的性别差异引发了青春期及以后的力量和运动能力方面的性

肺活量（vital capacity）

深呼吸后可以呼出的空气量，在青春期肺活量会迅速增加，尤其是男孩。

别差异。在青春期之前，男孩和女孩的力量和运动能力大致相当，但在青春期，男孩会超过女孩，而且这种差异在整个成年期仍然存在。

在许多文化中，人们对（青少年参与）体育活动的期望也存在性别差异，人们有时不鼓励青春期少女参加体育运动，以使她们符合文化观念中的对"女性化"的定义。男孩在青春期进行体育锻炼的可能性更大，这种性别差异导致青春期男孩和女孩的运动能力有所不同。即使在最近几年，情况仍然如此，尽管从儿童期开始，针对女孩的有组织的体育活动有所增加。世界卫生组织（WHO）针对西方 26 个国家的 15 岁儿童进行的一项调查发现，在每个国家，男孩比女孩更有可能报告他们每周至少在校外进行两次剧烈运动。总体来说，大约四分之三的男孩每周至少锻炼两次，而在女孩中这一比例约为二分之一。在控制运动量的研究中，男孩的肌肉脂肪比仍然高于女孩，但差异不像未控制运动量的研究那样大。

肥胖　虽然年轻人在青春期体重增加是正常且健康的，但对于许多年轻人来说，他们的体重的增加大大超出了健康的范围。肥胖已成为发达国家的一个主要健康问题，而且也正在成为发展中国家的问题。肥胖被定义为超过特定**体质指数**（body mass index，BMI），该指数是身高与体重的比率。肥胖的 BMI 阈值由医疗机构确定，并因年龄而异。总体而言，在世界上最富裕的地区（北美和欧洲），超重和肥胖率最高。在发达国家中，美国的肥胖率尤其高。如**图**

2-7 所示，美国 15 岁人群中的超重和肥胖率远高于其他发达国家。1966—1980 年期间，美国 12~19 岁青少年中被划定为肥胖的人数的比例从 5% 急剧上升至大约 20%。肥胖青少年的瘦素水平更高，因此，肥胖可能促成了近几十年来非裔和拉丁裔美国女孩的青春期提前。

是什么原因导致了美国青少年中令人不安的肥胖趋势？这与饮食和锻炼有关，这一点毫不奇怪。近三分之一的美国青少年

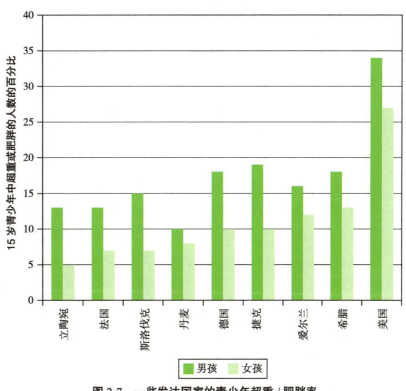

图 2-7　一些发达国家的青少年超重 / 肥胖率

体质指数（body mass index，BMI）

身高与体重的比率，肥胖的 BMI 阈值由医疗机构确定，并因年龄而异。

每天至少吃一顿快餐，快餐中通常含有大量的脂肪和糖，热量极高。此外，近年来，随着汉堡、饮料以及薯条变成"超大份"，快餐的分量急剧增加。与大多数发达国家相比，美国人的生活方式更加依赖汽车，因此美国青少年乘坐汽车的时间更多，而步行或骑自行车的时间更少。美国青少年的运动量少于医学专家建议的运动量，而非裔美国女性的运动量尤其低。

从儿童中期到青春期美国青少年的体育活动急剧下降。在一项研究中，研究者让参与者佩戴"加速度计"（一种用于测量运动的装置）一周。无论在工作日还是在周末，9岁的儿童每天进行大约3小时的体育锻炼。然而，从9岁到15岁，体育锻炼的时间稳步下降，到15岁时，工作日的体育锻炼时间减少到不足1小时，而在周末只有半个小时。

研究发现，肥胖与看电视有关，但是美国青少年看电视的时间与其他工业化国家的青少年差不多，因此看电视无法解释肥胖的跨国差异。电脑游戏也受到诟病，但是电脑游戏在青少年肥胖率差异很大的各个国家中同样受到欢迎。有研究发现肥胖会在家族中延续——如果父母肥胖，那么青少年肥胖的风险更高，这说明肥胖可能与遗传有关，但这不能解释近几十年来肥胖人数的陡增。

有一个趋势有助于说明最近美国肥胖人数的增加，那就是学校里销售软饮料和垃圾食品的机器越来越多。在美国，只有四分之一的小学允许使用自动售货机，但是在中学阶段这一比例上升至三分之二，而在高中阶段该比例上升至将近90%。通常，软饮料公司会付款给学校，以获准在学校放置自动售货机，而资金匮乏的学校通常很容易被说服。软饮料公司还向诸如美国男孩女孩俱乐部（Boys and Girls Clubs of America）和基督教青年会这样的课外青年组织提供资金，以便能够向参加活动的青少年推销商品。有些人开始批评这种做法，但是和学校一样，很少有青年组织能抗拒金钱的诱惑。

青少年肥胖问题令人担忧，不仅因为它在青少年时期是不健康的，而且因为它能预测长期的健康问题。大约80%的肥胖青少年在成年后仍然肥胖。成年期的肥胖会导致多种健康风险，包括糖尿病、中风和心脏病。为了解决该问题，医学专家们已经开发出旨在减少儿童期和青春期肥胖的干预计划，这些计划通常是由学校来实施。成功的计划涉及多种要素，包括营养教育、饮食评估、学校膳食调整，以及增加体育锻炼的努力。但是，这样的计划也面临多重阻碍，特别是来自那些认为没必要改变的青少年及不愿参与更多的父母的抵制。

成年初显期的身体机能　尽管大多数人在青春期末期就达到了他们的最高身高，但从其他方面来说，身体机能的高峰期是成年初显期，而不是青春期。即使身高达到最高，骨密度仍会继续增长，并在20多岁达到峰值骨量。一种被称为**最大摄氧量**（maximum oxygen uptake）或 $VO_{2\,max}$ 的体能指标也在20多岁时达到峰值，它反映了人体吸入氧气并将其传输到各个器官的能力。同样，**心输出量**（cardiac output），即从心脏流出的血液量，在25岁时达到峰值。在20

最大摄氧量（maximum oxygen uptake）

测量人体吸入氧气并将之输送到各个器官的能力的一种方法，这一能力在20岁出头时达到顶峰。

岁出头时，反应用时也比生命中的其他任何时期都短。针对男性握力的研究显示出相同的模式——在 20 多岁时达到顶峰，然后逐渐下降。总之，对于大多数人来说，成年初显期是他们处于健康和力量顶点的生命时期。

对于大多数人来说，身体机能的高峰期在成年初显期。图为美国奥运冠军西蒙妮·比尔斯（Simone Biles）。

证明这一点的一个方法是（探究）体育活动方面的最佳表现时间。有几项研究针对运动员表现最佳的年龄展开了调查。研究发现，表现最佳的年龄因运动而异，其中游泳运动员的最佳表现年龄最小（青少年期后期），高尔夫球运动员的最佳表现年龄最大（大约 31 岁）。然而，对于大多数运动而言，最佳表现年龄是 20 多岁。

成年初显期也是个体在一生中最不容易患身体疾病的一个时期。在现代尤其如此，疫苗和医疗大大降低了诸如小儿麻痹症之类主要出现在这个年纪的疾病的风险。初显期成人不再易患儿童期的常见疾病，他们也还没有到容易患癌症和心脏病等疾病的时候（除了极个别现象），在成年后期这些疾病的患病率会升高。在成年初显期，人的免疫系统最有效。因此，十八九岁和 20 岁出头时，个体住院次数最少，卧病在家的天数最少。因此，从许多方面来看，成年初显期是一个非常健康的时期。

但是，这并不是全部事实。许多初显期成人的生活方式通常包含很多有害健康的因素，如营养不良、睡眠不足，以及因试图兼顾学业和工作或几份工作而产生的巨大压力。美国和芬兰的纵向研究发现，从青少年期到成年初显期，人们进行体力活动、参加体育运动和体育锻炼的时间有所减少。

此外，在美国和其他发达国家，十八九岁和 20 岁出头是个人行为引起的各种疾病、伤害和死亡的最高发年龄。车祸是发达国家初显期成人的首要致死原因，由车祸造成的伤亡人数在 20 岁出头的年龄阶段比其他任何生命时期都要高。谋杀是发达国家初显期成人的另一个常见致死原因。在 20 岁出头，性传播疾病（包括 HIV）的染病率最高。大多数类型的物质使用和物质滥用也在 20 岁出头时达到顶峰。

我们将在第 13 章中讨论这些问题的原因。值得注意的是，近几十年来健康专家已经达成

心输出量（cardiac output）

心脏泵出的血液量，在 25 岁时达到顶峰。

共识，在十几岁和 20 岁出头时出现的大多数身体健康问题的根源在于年轻人的行为。因此，强调健康促进（health promotion）的计划变得越来越普遍。健康促进计划通常强调鼓励年轻人改变可能给自己带来危险的行为（如超速驾驶、无保护性行为、酗酒），从而预防问题的发生。许多这种计划都是针对青春期初期的，因为人们认为这是行为模式建立的时期，这些行为模式可能会持续到青春期后期、成年初显期及以后。到目前为止，此类计划的效果参差不齐，第 13 章中有更详细的介绍。

文化对青春期的反应

无论身处何种文化，所有人都会经历青春期出现的身体变化和生理变化。但是，在以下两个方面，文化会产生重要影响。饮食文化及健康和营养水平会影响青春期的启动时间。更重要的是，文化以不同的方式定义青春期变化的含义和重要性。这些文化定义反过来影响青少年解释和经历青春期的方式。下面我们首先讨论文化与青春期启动时间，然后讨论文化与青春期的含义，接下来讨论社会和个人对青春期的反应，并重点关注相对早熟和相对晚熟青少年之间的差异。

文化与青春期启动时间

学习目标 7： 解释文化如何影响青春期的启动时间。

文化是如何影响青春期的启动时间的？文化的定义包含一个群体的科学技术，科学技术又包含食品生产和医疗服务。在整个儿童期，食品生产在多大程度上为其提供了足够的营养，医疗服务在多大程度上保障了其健康，青春期启动年龄在很大程度上会受到这两个因素的影响。一般而言，在良好的营养和医疗服务广泛存在的文化中，青春期开始的时间较早。

关于科学技术对青春期启动时间的影响，有说服力的证据来自历史记录，这些记录显示在过去的 150 年里，西方国家的女性的月经初潮平均年龄持续下降。这种出现在人群中的、随着时间而发生的变化被称为长期趋势（secular trend）。如图 2-8 所示，每个有记录的西方国家都出现了月经初潮年龄下行的长期趋势。月经初潮并非青春期启动的最佳指标——如前所述，大多数女孩的首个青春期外显特征要比月经初潮早得多，当然月经初潮不适用于男孩。但是，月经初潮是一个指示其他事件的开始的良好指标，而且一个合理的假设是，如果女性的青春期年龄出现了下行的长期趋势，那么男性的情况也应如此。月经初潮也是我们唯一的有数十年记

健康促进（health promotion）
通过鼓励年轻人改变可能带来危险的行为来减少年轻人的健康问题的计划。

长期趋势（secular trend）
一个人群的特征随时间而发生的变化。

录的青春期发育领域。学者们认为，月经初潮年龄出现下行长期趋势是因为过去 150 年的营养和医疗方面的改善。由于医学进步减少了疾病，食品生产增强了营养，因此青春期来得更早了。

关于营养和医疗对青春期启动时间的影响，进一步的证据来自当前对不同文化的比较。环顾世界，我们发现发达国家的月经初潮平均年龄最低，而这些国家的营养和医疗保健水平最高。就美国女孩来说，目前她们的月经初潮平均年龄为 12.5 岁。相比之下，有些发展中

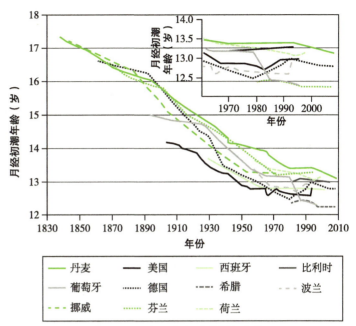

图 2-8　月经初潮年龄的长期趋势

国家的月经初潮平均年龄更高，这些国家的营养供给可能有限，医疗保健通常稀缺或根本不存在。在近几十年经历经济快速发展的国家中，如中国和韩国，月经初潮的平均年龄也出现了相应的下降。

非洲女孩和非裔美国女孩之间的对比很能说明问题。在非洲国家，月经初潮的平均年龄差异很大，但没有一个国家的比美国女孩低。在一些非洲国家，月经初潮的平均年龄高达 15 岁、16 岁，甚至 17 岁，而非裔美国女孩的初潮平均年龄仅为 12.2 岁。与非洲女孩相比，非裔美国女孩的月经初潮年龄较低，这可能是由非裔美国女孩的明显更优越的营养和医疗保健水平所致。

研究还显示，在同一个国家或地区内部（参见图 2-9），来自富裕家庭的青春期女孩比来自相对贫穷的家庭的女孩更早来月经。同样，我们可以推断，经济差异导致这些女孩得到的营养和医疗保健方面存在差异，进而影响了月经初潮的时间。

鉴于在一个多世纪中，发达国家的月经初潮年龄的长期趋势一直在稳步下降，是否有可能有一天女孩会在儿童中期甚至更早就发生月经初潮？显然不会。大约自 1970 年以来，在大多数发达国家，月经初潮的中位数年龄就差不多稳定下来了。尽管有一些证据表明，自那时起乳房和阴毛发育的下行长期趋势可能一直在持续，但人类女性似乎在月经初潮年龄上存在一个基因设立的**反应区间**（reaction range）。这意味着基因为月经初潮的可能的开始时间设立了一个区间，而环境会在该区间内决定月经初潮的实际时间。

反应区间（reaction range）

该术语的含义是基因设立了一个可能的发育范围，而环境决定了在该范围内发育何时发生。

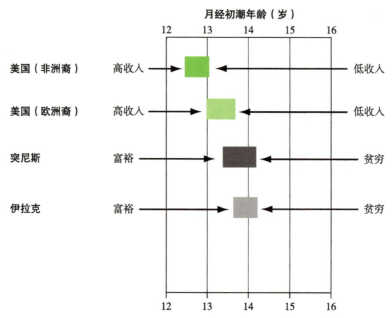

图 2-9　各地月经初潮年龄与社会经济地位的关系

注：为什么月经初潮的年龄与财富呈反向相关？

一般而言，环境越健康，月经初潮出现的时间越早。但是，反应区间是有界限的：即使在相对不健康的条件下，大多数女孩最终也会出现月经初潮，而即使在最佳的健康条件下，月经初潮的年龄也不会降低至下限之外。由于近几十年来发达国家的月经初潮的时间几乎没有变化，因此这些国家的女孩似乎已经达到她们的月经初潮反应区间的年龄下限。

就营养而言，大量证据表明，如果女孩从事的活动（如芭蕾舞和体操）要求其保持低体重，那么她们月经初潮的时间会较晚，而且开始行经后，月经周期也不规律。身体把她们的低体重当作营养不良做出反应，从而推迟月经初潮出现的时间。

尽管近几十年来发达国家的月经初潮的典型年龄已趋于稳定，但令人们越来越担忧的是，青春期的其他变化的开始年龄仍在继续下降。例如，10%的美国白人女孩、15%的拉丁裔女孩和23%的非裔美国女孩在7岁时乳房就开始发育。造成这种情况的主要原因似乎是肥胖率的上升。如前文所述，青春期是由体内脂肪的增加发起的。但是，研究者们也正在考虑内分泌干扰物（endocrine disruptors）的可能的作用，如塑料中的有害化学物质和牛奶中添加的雄性激素，这些可能是青春期提前的诱因。目前关于内分泌干扰物的作用的证据不一，但研究仍在继续。

批判性思考

女孩在八九岁时就出现青春期的体征（如乳房开始发育），你认为这可能会带来哪些潜在的社会和心理问题？

文化对青春期的反应：青春期仪式

学习目标 8： 确定青春期仪式在不同文化中的流行率，并解释这些仪式的功能。

在历史上的很多文化中，尤其是在传统文化中，人们用仪式来庆祝青春期，这标志着儿童期的结束和青春期的开始。谢莱吉尔和巴里分析了 186 种传统文化中的关于青少年发育的信息，他们报告称，其中的大多数文化在青春期开始时都有某种进入青春期的仪式：68% 的文化有男孩青春期仪式，79% 的文化有女孩青春期仪式。

对女孩而言，月经初潮是最常得到庆祝的青春期事件。在许多文化中，月经初潮会开启一个持续女性整个生育年龄的、与月经有关的、每月一次的仪式。文化间一个明显的共同点是对经血力量的坚定的信仰。人们通常认为经血会危及农作物的生长和生命、牲畜的健康、猎人的成功以及他人（尤其是经期妇女的丈夫）的健康和福祉。因此，经期妇女的行动常常受到限制，包括食物的制备和食用、社会活动、宗教仪式、沐浴、上学和性行为等。

然而，关于经血的观念并非都是消极的。经血也经常被认为具有积极的力量。

在非洲国家加纳的阿桑特（Asante）文化中，有一个典型的关于月经文化的矛盾心理的例子。在阿桑特人中，经期妇女受制于许多严格的规定，这些规定涉及她们可以去什么地方、可以做什么，违反这些禁忌的女性可能会被处死。然而，阿桑特人也会以盛大的仪式来庆祝女孩的月经初潮。月经初潮的女孩在公众注目下坐在华盖之下（这是通常只有皇室成员才能享有的荣誉），其他人来到她的面前向她表示祝贺，送给她礼物，并以她的名义载歌载舞。即便在其他时间，人们对它充满了恐惧和担忧，但在这种场合下，人们是在庆祝月经。

正统犹太教的宗教仪式的做法也有类似的矛盾性，但近几十年来它一直朝着更加积极的平衡状态转变。从传统上来说，当女孩告诉其母亲她们有了月经初潮时，母亲会按照惯例突然扇她们一个耳光。扇耳光的目的是要告知女儿，作为一名女性，将来会有很多困难等待着她。月经初潮之后，正统犹太教女性必须在每次月经结束后一周进行一次被称为**浸礼**（mikveh）的仪式性沐浴，以洗去被认为与月经有关的不洁。如今，巴掌礼已经消失，浸礼仍然存在，但是今天的浸礼有了更多积极的含义。正统犹太教女性报告称，这使她们感到自己与其他犹太教女性（她们目前的犹太朋友以及历史上的犹太女性）产生了某种联系。

男性的青春期仪式并不像女性的青春期仪式那样关注某个生理事件，但是男孩的仪式与女孩的仪式有一些共同的特征。具体来说，它们通常要求男孩表

在传统文化中，人们通常会举行一种仪式来庆祝月经初潮。图为西非坚布（N'Jembe）部落的女孩在为这种仪式的开场做准备。

现出勇气、力量和耐力。传统文化中的日常生活通常需要男人具有从事作战、打猎、钓鱼和参与其他工作的能力，因此这些仪式可以被解释为人们借此让他们知道（文化）对成年男人的要求并测试他们是否能适应成年时期的挑战。

男孩的仪式通常很暴力，要求男孩屈从，有时会有各种各样的放血活动。例如，在新几内亚的萨比亚（Sambia）部落，男孩爬到"发起者"的背上，后者跑着穿过一群年长男人，这些人会对男孩进行夹道鞭笞，直到男孩的背被打得出血。在埃塞俄比亚的阿姆哈拉（Amhara）部落，男孩被迫参加鞭打搏斗，在比赛中他们相互对峙，并划破对方的脸和身体。有些男孩甚至用炽热的炭烬灼伤胳膊，以此来证明自己的毅力。在新墨西哥州的特瓦人（Tewa，也被称为普韦布洛印第安人）部落中，在12~15岁时，男孩被从家中带走，在仪式中被"净化"，然后被扒光衣服并被人用鞭子抽打后背，直到后背出血并留下永久的疤痕。在非洲和亚洲的许多部落文化中，男孩到了青春期就会公开接受割礼。

男孩的青春期仪式通常要求他们经受身体上的痛苦。图为非洲南部科萨（Xhosa）部落的青少年在进行传统的棍棒战。

如果你在西方长大，这些仪式听起来可能很残酷，但是这些文化中的成年人都认为，这些仪式对于男孩来说是必不可少的，仪式使他们从儿童期过渡到成年期，并准备好面对生活的挑战。然而，近几十年来，随着全球化的发展，在所有文化中，这些仪式变得越来越不常见甚至完全消失了。由于受到全球化的影响，传统文化正在迅速发生变化，传统的青春期仪式似乎不再与年轻人的未来有关。然而，在许多非洲文化中，公开对男孩行割礼仍然是一个青春期仪式。

> **批判性思考**
>
> 西方文化中是否有与传统文化中的青春期仪式类似的仪式？西方文化中的人们是否应该比现在更多地去了解和庆祝青春期？如果是，为什么？他们应该如何做？

社会和个人对青春期的反应

西方没有像传统文化中那样的青春期仪式。尽管如此，和在传统文化中一样，在西方，青少年所处的社会环境中的人们也会对标志着青春期和性发育成熟的身体变化做出反应。反过来，青少年在某种程度上根据其社会环境中的人们提供的信息来形成对青春期的个人反应。下面，我们首先讨论青春期开始时父母与青少年之间的关系的变化，然后讨论青少年对青春期的个人反应。

亲子关系和青春期

学习目标 9：比较和对比在不同文化中青春期对家庭关系的影响。

　　当年轻人进入青春期时，他们身上发生的蜕变不仅会影响他们个人，而且会影响他们与最亲近的人的关系，特别是与父母的关系。就像青少年必须适应身体中发生的变化一样，父母也必须适应孩子即将变成一个新的人这一事实。

　　青春期期间青少年与父母的关系是如何变化的？对美国主流文化中的青少年及其父母的研究发现，在大多数情况下，当青春期的变化变得明显时，这一关系往往会变得冷淡。冲突增加，亲密感降低。当青春期来临时，父母和青少年在彼此面前似乎感到不太自在，尤其在身体亲密度方面（出现变化）。一项特别有创意的研究表明了这种变化。研究者在一家购物中心和一个游乐园观察了 122 对母子，孩子的年龄在 6 岁至 18 岁之间。研究者对每一对母子观察 30 秒，记录他们是在交谈、微笑、对视，还是互相触摸。该研究最显著的结果如图 2–10 所示，与年纪更小的孩子相比，处于青春期早期（11~14 岁）的孩子和母亲之间的相互触摸要少得多，而处于青春期晚期（15~18 岁）的孩子和母亲的相互触摸更少。处于青春期早期的孩子和母亲的交谈要多于年纪更小的孩子，这表明随着青春期的到来，亲子之间的沟通方式由触摸式转向交谈式。

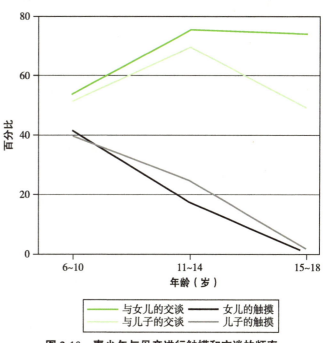

图 2-10　青少年与母亲进行触摸和交谈的频率

　　其他研究发现，青春期期间的身体变化，不仅仅是年龄的变化，导致了父母与青少年的关系发生改变。如果孩子进入青春期相对较早，那么他们与父母的关系就会相对较早发生改变。如果孩子进入青春期相对较晚，那么他们与父母的关系就会相对较晚发生改变。例如，一项针对 10~15 岁个体的研究发现，无论年龄大小，进入青春期的人与母亲的亲密度更低，父亲对他们的接纳度也更低。研究还发现，那些早熟的青少年特别容易与父母发生冲突。

为什么进入青春期会导致亲子关系发生变化？目前答案尚不确定。人们提出了各种解释，这些解释主要集中于一点，即孩子达到性成熟会导致亲子关系疏远。然而，如果这一解释是正确的，那么我们可以预期，在几乎所有的文化中都会出现青少年与其父母之间的关系疏远，但事实并非如此。实际上，发现在青春期发生关系疏远的研究主要是针对双亲美国白人家庭的研究和一项针对非裔美国人家庭的研究。在拉丁裔家庭或母亲作为家长的单亲家庭中，关系疏远并非如此常见。

在传统文化中，关系疏远也并不常见。谢莱吉尔和巴里对传统文化的调查发现，传统文化中的女孩在青春期通常与母亲关系更亲密，因为她们经常一起劳作。此外，在几乎所有文化中，男女青少年与母亲的关系都比与父亲的关系更亲近。如果青春期亲子关系的疏远是由乱伦禁忌导致的，那么我们可以预期在青春期儿子会与父亲更亲近，而不是母亲。因此，尚未解决的问题似乎是，当孩子进入青春期时，美国主流文化中的哪些因素导致了父母与孩子之间的关系疏远？

关于父母和青春期的另一个发现是，在有继父或其他与该女孩没有血缘关系的成年男性的家庭中，女孩的青春期往往更早开始。研究发现，在其他哺乳动物中也存在这种情况：与无血缘关系的成年雄性接触会引发雌性进入青春期。为何无血缘关系的男性会引发女孩进入青春期尚不清楚。研究发现，家庭压力和冲突与女孩的青春期提前有关。同样，其原因尚不清楚。

个人对月经初潮和首次遗精的反应

学习目标 10： 描述文化差异如何影响青少年对月经初潮和首次遗精的反应。

尽管对于大多数女孩来说，月经初潮发生在青春期的较晚阶段，但是她们对月经初潮的反应受到了研究者的极大关注。这可能是因为，相比于女性在青春期出现的其他变化，月经初潮是一个更为重大的事件。阴毛的生长、乳房的发育以及大多数其他在青春期出现的变化都是逐渐发生的，每天的变化几乎察觉不到，而月经初潮是在某一天突然来临的，前一天几乎没有什么预兆。同样的，对科学家来说，月经初潮更容易测量，确定月经初潮何时开始要比确定其他渐进式的变化何时开始容易得多。此外，月经初潮还具有特殊意义，它意味着排卵的开始和生殖成熟的到来。当然，男孩的首次遗精也具有相似的意义，但针对它的研究要少得多，这可能是因为它与手淫有关，与大多数文化一样，在西方手淫是一个忌讳的话题。

女孩们对月经初潮是什么反应？几乎所有关于该主题的研究都是针对美国主流文化中的女孩进行的。简而言之，她们的反应是：大体上是积极的，但有一些矛盾心理。布鲁克斯－冈恩和鲁布尔在一项针对600多个女孩的研究中发现，女孩们经常报告称月经初潮使她们感觉自己"长大了"。许多女孩还表示，她们欢迎月经初潮的到来，因为这使她们能够赶上那些已经来月经的同龄人，而且表明她们有了生育能力。对女孩进行的追踪研究发现，月经初潮会带来社会成熟度、在同伴中的威信以及自尊心的提升。

每次来月经……我都有一种感觉，尽管它令人痛苦、不愉快又肮脏，但我有了一个甜蜜的秘密，这就是为什么尽管它在某种程度上对我来说是件烦人的事，但我一直渴望能让我再次感受到内心的这个秘密的时刻。

——安妮·弗兰克（Anne Frank），《安妮日记》（*Diary of a Young Girl*）

然而，并非所有人对月经初潮的反应都是积极的。文化和生理学都可能影响女孩的反应。文化可能不会给女孩提供任何信息来帮助她们预先做好准备，或者会导致她们对它产生消极的预期。在 19 世纪的美国社会中，许多女孩在月经初潮来临前对其一无所知，当它不期而至时，她们常常会感到震惊和恐惧。来自土耳其、马来西亚和威尔士的农村地区的人类学研究的证据表明，在这些迥异的文化中，即便是现在，女孩通常仍得不到任何信息帮助她们为月经初潮做准备，结果当月经初潮来临时她们会感到恐惧和惊愕。

一项涵盖 14 项研究、涉及多个文化的研究综述得出的结论是，大多数女孩在月经初潮到来之前与母亲谈论过月经，或者从朋友那里或学校获得过相关信息，但是那些没有为月经初潮做好准备的女孩的月经初潮体验更为消极。比其他人更早成熟的女孩更有可能没有为月经初潮做好准备，因为对她们来说月经初潮比其他女孩到来得早，所以她们不太可能从同伴那里了解月经初潮，而她们的母亲也不太可能告诉她们有关月经初潮的事。

即使女孩在月经初潮到来之前就得到了一些信息，在某些文化中，这些信息可能会使她们对月经形成负面的看法。例如，在一项针对中国女孩的研究中，大多数月经初潮前的女孩都预期月经会是一件烦人的、令人困惑和尴尬的事情，而只有 10% 的女孩预期自己会感到高兴或兴奋。在那些接受了中国传统文化中有关月经的看法（如女人在月经期间不应洗头或吃凉东西、在经期或之后更容易生病）的女孩中，对月经初潮的负面预期尤其多。一项针对墨西哥月经初潮前女孩的研究发现，基于类似的对月经的消极文化观念，她们对月经初潮也有类似的负面预期。研究还表明，当月经初潮来临时，那些受到来自母亲、同伴或其他来源的影响而预期月经令人不愉快的女孩报告的不适感更强。

有关女孩对月经初潮反应的研究结果生动地表明，文化在多大程度上为女孩提供月经初潮的相关知识并塑造其对月经初潮的预期可能对女孩的月经初潮体验有重要影响。然而，研究也表明，大多数女孩和成年女性会在一定程度上体验到与月经有关的生理上的不适。在青春期女孩中，大多数人报告了某种程度的经前期综合征（premenstrual syndrome，PMS），即在月经来临前一周出现的、行为上、情感上和身体上的症状的总和。各种研究发现，二分之一到四分之三的少女会经历与月经周期有关的不适，症状包括肚子疼、腰酸、头痛、疲劳、抑郁以及一般性不适。最常见的不适是肚子疼，30%~50% 的女孩和成年女性会肚子疼。即使在那些月经初

经前期综合征（premenstrual syndrome，PMS）

在月经来临前一周出现的行为上、情感上和身体上的症状的总和。

潮体验大体积极的女孩中，许多人也觉得处理经血很麻烦，而且在每月的月经期她们必须随身携带卫生巾。另外，还有一些女孩报告称不喜欢月经导致的活动受限。

从这个角度来看，我们更容易理解女孩在月经开始时经常会产生的矛盾心理。她们喜欢看到自己正朝着生殖成熟的方向正常发展，但她们可能不喜欢每个月的月经带来的不适和实际要求。然而，青春期女孩和成年女性对月经的身体反应差异很大。在极端情况下，一小部分女孩和成年女性会经历严重的经前症状，严重到它足以干扰她们的日常生活，而有些人根本没有任何症状，在这两个极端之间有很大的可变性。饮食不良、压力大、饮酒、睡眠不足和缺乏运动都会使 PMS 症状更加严重。但对很多女性来说性高潮会缓解经前肚子疼。药物也是治疗肚子疼的有效方法。

对男孩来说，也许与月经初潮最接近的现象是第一次射精，有时被称为**首次遗精**（semenarche）[不要把它与前面介绍过的首次生精（spermarche）混淆]。关于该主题的研究很少。三项小规模研究发现，男孩对首次遗精的反应不一。他们喜欢它带来的愉悦感，这使他们感到自己更加成熟了，这就像女孩的月经初潮体验一样。但是，男孩也存在矛盾心理。许多人报告称，内疚、惊讶或恐惧是该体验的一部分。现在，西方国家的大多数女孩在月经初潮来临之前就已经了解了一些信息，但是父母很少与男孩谈论首次遗精。

文化当然会影响男孩对首次遗精的理解，首次遗精可能是通过"梦遗"或性自慰发生的。在西方，与性自慰有关的羞耻和谴责有很长的历史。也许由于这个原因，美国男孩在经历首次遗精后往往不愿告诉任何人。然而，对尼日利亚男孩的一项研究发现，男孩往往在首次遗精发生后不久就会告诉他们的朋友，这也许反映了在尼日利亚文化中与性自慰有关的羞耻较少。

批判性思考

你会建议为当今青少年的月经初潮和首次遗精做哪些准备？在他们多大时开始做准备？如果学校提供有关月经初潮和首次遗精的信息，那么这些信息中是否应该包括针对这些事件与性行为之间关系的讨论？

青春期启动时间的早与晚

学习目标 11：概述男孩和女孩对相对较早或较晚进入青春期的反应及其性别差异。

所有人都认为我有问题，因为直到十五六岁时，我看起来仍然只有十岁。对我来说，那真是一段糟糕的经历，因为周围的每个人都在变化，而我还保持原样。我的头脑在发生变化，但身体没有。我的父母甚至要带我去看医生，看我是不是畸形什么的。不过他们没那么做，去年我终于开始成长了。我的声音还有其他所有方面都开始发生变化，因此我想我还是正常的，但是我想我得过一段时间才会觉得自己与其他人没什么区别。

——**史蒂文，17 岁**

在某些方面，社会和个人对青春期的反应是交织在一起的。也就是说，决定青少年对青春期的反应的一个因素是其他人的反应。在发达国家，青少年能够敏锐地意识到的其他人的反应的一个方面是，与同龄人相比他们的青春期是早还是晚。

在同一文化中，青春期启动时间似乎主要基于遗传因素。母亲的月经初潮年龄在很大程度上预示着女儿月经初潮的年龄。然而，如前所述，有证据表明

同一年龄段的青少年的身体成熟程度各不相同。学校的年龄分级如何加剧了这些差异？

压力或较高的社会经济地位等环境因素可能会引发青春期提前。

青春期启动时间在发达国家尤其重要。传统文化中的青春期仪式的一个有趣的特点是，是否有资格参加青春期仪式通常不取决于年龄，而取决于青春期的成熟度。对于与月经初潮有关的仪式而言，这显而易见——女孩在第一次来月经时参加这个仪式。然而，男孩是否参加青春期仪式也是基于成熟度而不是年龄。通常，部落的成年人会根据男孩的身体成熟程度以及他们对男孩的心理和社会成熟度的看法来决定男孩何时可以参加仪式。因此，到达青春期的年龄的确无关紧要，最终每个人都会到达。

然而，在发达国家实际年龄的意义更为重大，这表现为学校体系按 **年龄分级**（age-graded），即按年龄而不是发育的成熟度来划分儿童。例如，七年级包括所有 12 岁或 13 岁的孩子，但是他们的青春期发育程度可能存在很大差异，有的孩子还没有经历过任何青春期变化，有的孩子正在达到完全成熟。他们每天待在同一个教室好几小时，这会加剧他们之间的相互比较，使他们明显感觉到与他人相比，他们的青春期是早了，晚了，还是"准时"。

在过去的半个世纪，人们对西方青少年的早熟和晚熟进行了大量的研究。结果很复杂，且因性别而异，早熟或晚熟的短期影响似乎与长期影响不同。发育所涉及的方面不同（身体形象、受欢迎程度、学业表现或行为问题），其影响也不同。为了理清这些差异，我们分别来看针对男孩和女孩的研究结果。

女孩的早熟和晚熟　早熟尤其会对女孩产生不利影响。一些西方国家的研究一致表明，早熟的女孩面临诸多风险，包括情绪低落、消极体像、饮食障碍、物质使用、违法犯罪、攻击行为、学业问题，以及与父母的冲突。

为什么在西方早熟对于女孩来说如此成问题？一个原因与身体外貌的文化价值观有关。由

年龄分级（age-graded）

按照年龄进行组织，例如，在学校中。

于早熟通常会导致个子矮、体形胖，西方文化在女性外貌上推崇纤瘦，因此这是个缺点。这有助于解释为什么在早熟的女孩中情绪低落、消极体像和饮食失调的发生率更高。值得注意的是，非裔和拉丁裔美国女孩没有表现出早熟带来的这些影响，可能是因为她们不太会把高挑、纤瘦作为女性的理想体形。

造成女孩早熟问题的第二个原因是，女孩身体发育早会引起年龄较大的男孩的注意，这些男孩会把她们介绍给一群年龄较大的朋友，并带着她们进行物质使用、违法犯罪和过早性行为。因此，如果在早熟女孩中这些行为的发生率高于同龄的其他女孩，这可能是因为她们的行为更像比她们年龄更大的朋友的缘故。

晚熟女孩很少遇到早熟女孩遇到的问题，尽管她们在其他女孩已经开始发育而自己还没有发育时会被取笑并遭受消极体像的困扰。然而，到十八九岁时，她们的身体形象往往比其他女孩更好，这可能是因为她们最后更可能长成瘦削的体形，这在西方主流文化中被认为是有吸引力的。

关于女孩早熟的长期影响的研究得出的结果不一致。有些研究发现，大多数负面影响到十八九岁时逐渐减少。但是，一项英国的研究和一项瑞典的研究发现，早熟的女孩结婚生育也更早。此外，一项美国的研究报告称，在接近 30 岁时，早熟的女性比"准时"进入青春期的女性有更多的心理问题和社会问题。因此，似乎有必要对早熟的长期影响进行更多的研究。

> **批判性思考**
>
> 鉴于早熟女孩往往会遇到一些困难，你认为家庭、社区或学校可以为她们提供哪些帮助？

男孩的早熟和晚熟　与早熟对女孩产生极大的负面影响不同，早熟对男孩的影响在某些方面是积极的，而在另一些方面则是消极的。早熟的男孩往往比其他男孩具有更好的身体形象，并且更受欢迎。这可能是因为早熟的男孩比其他男孩更早达到生长突增的状态，肌肉发展得也更早，这使他们在体育活动中具有明显的优势，而体育活动通常对中学阶段男生的威望至关重要。此外，胡须、低沉的嗓音和其他第二性征的较早发育可能会使早熟的男孩对女孩更具吸引力。早熟的男孩可能还有一个长期的优势。一项对早熟男孩进行的长达 40 年的追踪研究发现，与晚熟男孩相比，他们在事业上取得的成就更大，对婚姻的满意度更高。

但是，男孩早熟所带来的并非都是好事。与早熟的女孩一样，早熟的男孩往往更早参与犯罪、性行为和物质使用。一些研究报告称，早熟的男孩尽管身体形象更积极，但情绪困扰的发生率也更高。晚熟的男孩的学习成绩也较差。有证据表明，到成年初显期后，晚熟的男孩会出现更高水平的物质使用和行为异常。

总而言之，早熟和晚熟对男孩和女孩的影响差异很大。对于女孩而言，早熟会使她们面临许多风险，而晚熟则不会。对于男孩来说，早熟和晚熟都会使他们面临风险，但早熟还有一些好处。早熟女孩的问题似乎部分源于她们与年龄较大的男孩的联系，但导致早熟和晚熟男孩的问题的根源尚不清楚。

请注意，到目前为止，几乎所有关于青春期启动时间的研究都是以西方国家主流文化中的青少年为研究对象。我在本章的前面曾指出，早熟或晚熟的影响可能是由于这些国家的年龄分级所致，但目前我们不知道在学校没有年龄分级的文化中，青少年会对青春期的启动时间做出什么反应。

生理发育与环境：基因型→环境效应理论

数十年来，在社会科学领域，学者们一直在争论生理和环境在人类发展中的相对重要性。在这场先天与后天的争论中，有些学者声称人类行为可以用生理因素（先天）来解释，环境的影响很小，而另一些学者则声称生理因素无关紧要，人类行为可以用环境因素（后天）来解释。到 21 世纪初，大多数学者已经达成共识，即生理因素和环境因素在人类发展中都起着关键作用，尽管他们仍在争论先天与后天的相对作用强度。接下来我将介绍有关先天因素如何影响后天因素的一个令人信服的理论。

被动型、唤起型和主动型基因型→环境效应

学习目标 12：对比被动型、唤起型和主动型基因型→环境效应。

鉴于在青春期和成年初显期发生的重大生理变化，有关先天与后天的争论（nature-nurture debate）可能尤其与这两个人生阶段相关。在本书中我会时不时用到一个有影响力的关于先天与后天的关系的理论，即基因型→环境效应理论（theory of genotype → environment effects）。根据这一理论，基因型（一个人的遗传基因）和环境都会为人类发展做出极其重要的贡献。但是，由于我们的基因实际上会影响我们所经历的环境，因此我们很难说清基因和环境的相对优势。这就是在"基因型→环境效应"这一术语中使用箭头的原因。我们在很大程度上根据我们的基因型来创建我们自己的环境。这些基因型→环境效应有三种形式：被动型、唤起型和主动型。

被动型基因型→环境效应（passive genotype → environment effects）发生在有血缘关系的家庭中，因为父母既为孩子提供了基因也为他们提供了环境。虽然这看起来显而易见，但是这对我们如何看待发展有着深远的影响。以一位父亲和他的女儿为例：爸爸从小就很擅长画画，

先天与后天的争论（nature-nurture debate）
关于生理因素和环境因素在人类发展中的相对重要性的争论。

基因型→环境效应理论（theory of genotype → environment effects）
该理论认为基因和环境都会为人类发展做出极其重要的贡献，但是因为我们的基因实际上会影响我们经历的环境，所以我们很难将两者拆分开。

现在他的职业是商业插图师。他送给小女孩的第一套生日礼物中有一套画画用的蜡笔和彩色铅笔，她似乎很喜欢。随着她的年龄的增长，他为她提供的材料越来越复杂。当她看起来已经准备好学习绘画技能时，他会教她。进入青春期时，她自己已经是一位训练有素的艺术家了，她为学校俱乐部和社交活动绘制了许多美术作品。后来她上了大学，读建筑学专业，再后来她成为了一名建筑师。我们很容易看出她是如何变得如此擅长绘画的，她有一个能激发她的绘画能力的环境，对吧？

先别这么快下结论。父亲的确为她提供了一个能够激发她的绘画能力的环境，但他也为她提供了一半的基因。如果有任何有助于绘画能力的基因，例如，促进空间推理和精细运动协调的基因，那么她很可能也从爸爸那里得到了。关键是，在一个有血缘关系的家庭中，我们很难将基因的影响与环境的影响区分开，因为父母会同时提供这两种影响，而且父母可能会提供一种环境，这种环境加强了他们通过基因提供给孩子的那些倾向。

因此，当你阅读有关有血缘关系的家庭中的父母和青少年的研究时，如果那些研究声称父母的行为是造成青少年的特征的原因，那么你应该持怀疑态度。在第 1 章中我曾提到，相关关系并不意味着因果关系！父母的行为与青少年的特征之间存在相关性，并不意味着父母的行为导致青少年具有这些特征。它们之间有可能涉及因果关系，但是在有血缘关系的家庭中我们很难说清楚这种关系。这种相关性可能是由于亲生父母与青少年之间的基因相似性，而不是由于亲生父母所提供的环境。

解开这一谜团的一个好方法是运用收养研究。这些研究避免了被动型基因型→环境效应的问题，因为一对父母为青少年提供了基因，另一对父母提供了环境。因此，当青少年与养父母而不是亲生父母更相似时，这种相似性很有可能是由养父母提供的环境造成的，而当青少年与亲生父母而不是养父母更相似时，基因很可能发挥了重要作用。我们会在后面章节中介绍具体的收养研究。

唤起型基因型→环境效应（evocative genotype → environment effects）是指一个人的遗传特征唤起其环境中的其他人的反应。如果你有一个儿子，他 3 岁时就开始阅读，并且他似乎很喜欢阅读，那么你可能会给他买更多的书。如果你有一个女儿，她 12 岁时就能在 6 米外精准跳投，那么你可能会把她送到篮球夏令营。你是否曾临时代人照看婴儿或在有很多孩子的环境中照顾孩子？如果是这样，你可能会发现孩子们在社交性、合作性和顺从性方面存在差异。反过来，你可能会发现你对他们的反应有所不同，你的反应取决于孩子的特点。这就是唤起型基

被动型基因型→环境效应（passive genotype → environment effects）

在有血缘关系的家庭中，父母为孩子既提供基因也提供环境，因此我们很难区分环境和基因对孩子的发展的影响。

唤起型基因型→环境效应（evocative genotype → environment effects）

是指一个人的遗传特征唤起其环境中的其他人的反应。

因型→环境效应——它加上了一个重要假设，即诸如阅读能力、运动能力和社交能力等特征至少部分基于基因。

主动型基因型→环境效应（active genotype → environment effects）是指人们寻找与其基因型特征相匹配的环境。能轻松阅读的儿童可能希望收到书籍作为生日礼物，天生对音乐敏感的青少年可能会要求上钢琴课，一直有阅读困难的初显期成人可能会选择在高中毕业后开始全职工作，而不是去上大学。主动型基因型→环境效应背后的假设是，人们被那些与其遗传特征相匹配的环境所吸引。

随着时间变化的基因型→环境效应

学习目标 13：解释为什么基因型→环境效应会随时间发生变化。

　　三种基因型→环境效应在儿童期、青春期和成年初显期都在起作用，但是它们的相对平衡会随时间而变化。在儿童期，被动型基因型→环境效应尤为明显，而主动型基因型→环境效应相对较弱。这是因为孩子越小，父母越能控制孩子所经历的日常环境，而孩子寻求家庭之外的环境的影响的自主性就越少。但是，随着年龄的增长，尤其是当孩子进入青春期和成年初显期时，这种平衡会发生变化。父母的控制减少，因此被动型基因型→环境效应也变小。自主性增加，因此主动型基因型→环境效应也增加。从儿童期到成年初显期，唤起型基因型→环境效应保持相对稳定。

　　基因型→环境效应理论并没有被人类发展学者普遍接受。事实上，它一直是该领域的激烈争论的根源。有些学者质疑该理论的这一主张，即诸如社交能力、阅读能力和体育能力等特征大体上是基于遗传的。然而，这是当前关于人类发展的重要的新理论之一，要了解青春期和成年初显期的发展，你应该熟悉该理论。我认为该理论很有启发性，在后面的章节我会反复提到它。

当青少年拥有与父母相似的技能或兴趣时，这一相似性是由环境造成的还是由遗传造成的？

> ### 知识的运用
>
> 　　考虑一下你的一项与父母为你提供的基因和环境有关的能力，并描述不同类型的基因型→环境效应在你的这一能力的发展中可能起的作用。

主动型基因型→环境效应（active genotype → environment effects）
是指人们寻找与其基因型特征相匹配的环境。

第 **3** 章

认知基础

学习目标

1. 解释皮亚杰认知发展理论的观点，包括心理结构、成熟、图式、同化和顺应。

2. 概述皮亚杰提出的认知发展的前三个阶段。

3. 说明形式运算与具体运算有何不同。

4. 以元认知、隐喻和讽刺为例，描述青少年期的思维如何变得更加抽象和复杂。

5. 总结对皮亚杰的理论的主要批评以及皮亚杰的回应。

6. 描述实用主义及其如何影响青少年期到成年初显期的思维。

7. 描述反思判断以及二元思维和多元思维之间的区别。

8. 指出信息加工取向与皮亚杰的认知发展取向有何不同。

9. 比较和对比选择性注意和分配性注意。

10. 区分短时记忆、长时记忆和工作记忆，并说明青少年如何使用助记法。

11. 举例说明自动化，并解释执行功能在青少年期如何发展。

12. 总结对信息加工取向的批评。

13. 描述青少年期的批判性思维的特点，以及如何在学校中促进批判性思维。

14. 说明青少年期的决策能力是如何变化的，包括在风险判断方面。

15. 解释什么是社会认知，以及说认知发展是"组织核心"意味着什么。

16. 描述塞尔曼观点采择理论的各个阶段，并解释"心理理论"与观点采择之间的关系。

17. 描述假想观众和个人神话如何反映青少年的认知发展。

18. 描述评估智力的主要方法。

19. 说明收养研究如何展现从儿童期到青少年期基因型→环境效应的表现。

20. 解释维果茨基的理论中的最近发展区与脚手架理论之间的关系。

21. 列出多元智能理论中的智力类型，并解释在测量它们方面存在哪些局限。

22. 描述青少年期期间大脑中发生的突触过度生成（或繁茂）和突触修剪的过程。

23. 解释小脑中的髓鞘的生成和改变如何使青少年具有新的认知能力。

24. 总结灰质和白质在成年初显期及以后如何发生变化，以及使成年初显期成为高潜力和高风险阶段的神经系统变化。

- 纳莫有一个难题。一天凌晨，他和几个朋友站在南太平洋的特鲁克岛的岸边。他的朋友们（都是十八九岁）计划今天出海捕鱼，但是当纳莫望向大海时，他发现了一些使他不安的迹象。云彩的运动和颜色，以及海浪的高度和活动都预示着暴风雨即将来临。他看了看他们的装备——鱼叉、单电机小型舷外挂机摩托艇（没有桨也没有帆）和一些饮料。如果当初计划时考虑了安全问题，他们至少应带上桨，但是他知道出海的魅力有很大一部分是冒险，这使他们有机会展示自己的胆量。小摩托艇、不确定的天气和他们捕鱼时游泳的地方常见的大鲨鱼为他们提供了充分的机会考验自己的勇气。当他把预期的挑战与他们的能力进行比较时，他相信他们能应对这些挑战。打消这些疑虑后，他跳上小艇，他们出发了。

- 埃尔克有一个难题。她正坐在德国不来梅的一家医院的办公室里，分析一位正接受卵巢囊肿治疗的患者的病历。有些地方不太对劲——虽然诊断是卵巢囊肿，但是患者的某些激素的水平比正常水平高得多，这表明除了囊肿之外还有其他问题。22岁的埃尔克已经学医三年，她学到了很多东西，但是她很清楚在知识和经验方面，她没法和医生比。她在想，要不要把自己的想法告诉医生们？

- 迈克有一个难题。他正坐在加利福尼亚州旧金山市的一个八年级教室里，苦苦思考着面前的数学考卷中的问题。第一道题是："艾米在班长选举中获得了70%的选票。如果她的对手获得了剩余的21票，那么在选举中有多少人投票？"迈克盯着这道题，努力回忆这道题的解法。昨天晚上他做了道一模一样的题，怎么做来着？他想不起来了，

他的注意力开始转向其他主题——本周五将进行的篮球赛，上学途中他在 iPod 上听的
Twenty One Pilots 乐队的歌，坐在他前面两排的那名穿白裙子的女生的腿——哇！"十
分钟，"从教室前面传来老师的声音，"还有十分钟交卷。"他惊慌不已，再次专注于眼
前那道题。

世界各地的青少年和初显期成人都会在日常生活中面临智力挑战。尽管他们的权利和责任
通常少于成年人，但是他们面对的挑战在类型和程度上与成年人相似。在发达国家，青少年面
临的许多智力挑战都发生在学校环境中。但是，正如我们将看到的那样，青春期和成年初显期
的认知发展变化会影响他们的生活的方方面面，而不仅仅是学习成绩。

本章中我们将讨论青少年和初显期成人的思维方式如何变化、他们如何解决问题，以及
他们的记忆力和注意力如何变化。这些变化都是认知发展的一部分。我们首先介绍让·皮亚杰
（Jean Piaget）的认知发展理论以及基于该理论的一些研究。皮亚杰的理论描述了儿童期和青少年
期期间心理结构和问题解决能力的一般变化。之后我们将讨论在成年初显期出现的一些认知变化，
然后是信息加工理论和相关研究。信息加工理论与皮亚杰的理论的不同之处在于，后者描述认
知发展的一般变化，而信息加工理论侧重对特定认知能力（如注意力和记忆力）的详细研究。

在本章的后面我们将探讨认知能力在批判性思维和决策中的实际运用，以及如何将认知发
展的思想应用于社会主题。之后我们将讨论主要的智力测验和使用这些测验来调查青少年和初
显期成人的认知发展的研究。最后，我们将介绍有关青少年期和成年初显期的大脑发育的令人
兴奋的新发现。

皮亚杰的认知发展理论

让我们先回顾一下皮亚杰的理论，以此开始我们对
青少年和初显期成人的认知发展的探索。

皮亚杰的理论的基本观点

学习目标 1： 解释皮亚杰认知发展理论的观点，包括心
理结构、成熟、图式、同化和顺应。

瑞士发展心理学家让·皮亚杰。

毫无疑问，从婴儿期到青少年期的最有影响力的**认知发展**（cognitive development）理论是
由瑞士心理学家**让·皮亚杰**（Jean Piaget）提出的。皮亚杰从小就对自然界的运行方式很着迷，

认知发展（cognitive development）
人们的想法、解决问题的方式，以及记忆力和注意力随着时间的推移而发生变化的过程。

让·皮亚杰（Jean Piaget）
有影响力的瑞士发展心理学家，因其认知理论和道德发展理论而广为人知。

在十几岁时就发表了有关软体动物的文章。

21 岁时，皮亚杰因软体动物方面的研究而获得博士学位，之后，他将研究兴趣转向了人类发展。他从事了一份与儿童智力测验有关的工作，他对儿童们给出的错误答案很感兴趣。在他看来，同龄儿童在回答问题时其给出正确答案的方式相似，不仅如此，他们还会给出相似的错误答案。他推断错误回答模式的年龄差异反映了不同年龄的儿童思考问题的方式的差异。他认为年长儿童不仅比年幼儿童知道得更多，而且他们的思维方式也不同。

这一见解成为皮亚杰在此后的 60 多年中开展的大部分工作的基础。皮亚杰的观察使他相信，认知发展具有明显的阶段性，每个阶段的儿童对世界的思考方式都不同。认知阶段（cognitive stages）的概念意味着每个人的认知能力被组织成一个连贯的心理结构（mental structure）。如果一个人在思考生活的某个方面时处于思维的某一阶段，那么他在思考生活的其他方面时也应该处于这一思维阶段，因为所有思维都是同一心理结构的一部分。由于皮亚杰关注认知如何随着年龄而发生变化，因此他的方法（以及追随他的那些人的方法）被称为认知发展取向（cognitive-developmental approach）。

根据皮亚杰的观点，个体从一个阶段发展到下一阶段的驱动力是成熟（maturation）。在我们的基因型中都有一个认知发展的处方，它可以使我们为特定年龄段的特定变化做好准备。一个正常的环境对认知发展是必要的，但是环境对认知发展的影响是有限的。无论你的教学技巧多么先进，你也无法向 8 岁的孩子教授只有 13 岁的孩子才能学会的东西。同样，当 8 岁的孩子长到 13 岁时，生理成熟的过程会使他（她）理解世界就像典型的 13 岁孩子一样容易，并且不需要任何特殊的教导。

皮亚杰强调成熟的重要性，这与其他理论家的观点形成了鲜明的对比。其他理论家认为，发展没有内在的限制，或者认为环境刺激能够超越内在限制。对成熟的强调使皮亚杰将成熟描绘为一个主动的过程，在这一过程中，儿童在环境中寻找与他们的思维成熟度相匹配的信息和刺激。这与其他理论家（如行为主义者）的观点形成鲜明的对比，后者认为环境通过奖励和惩罚作用于儿童，而不是将儿童视为活动主体。

皮亚杰提出，对现实的主动建构是通过使用格式（schemes）实现的，格式是组织和解释

认知阶段（cognitive stages）

各种能力以一种连贯的、相互关联的方式组织起来的一段时期。

心理结构（mental structure）

各种认知能力组成一个单一的模式，生活各个方面的思维都是这一结构的反映。

认知发展取向（cognitive-developmental approach）

理解认知的方法，强调在不同年龄段发生的变化。

成熟（maturation）

各种能力基于基因的发展而发展，只受到有限的环境影响的过程。

信息的结构。对于婴儿而言，其格式是基于感知和运动过程，如吮吸和抓握，但是在婴儿期之后，格式变得具有符号性和表征性，如语言、想法和概念。

格式的运用涉及两个过程：**同化**（assimilation）和**顺应**（accommodation）。同化指改变新信息以适应现有格式，而顺应指改变图式以适应新信息。同化和顺应通常以不同的程度同时发生，它们是"同一枚认知硬币的两面"。例如，一个习惯了母乳喂养的婴儿在学习吸吮奶瓶上的奶嘴时可能主要使用同化，较少使用顺应，但是如果是吸吮球或拨浪鼓，婴儿将可能较少使用同化而更多地使用顺应。

其他年龄段的人在加工认知信息时也会同时使用同化和顺应。举一个现成的例子——你在阅读本书的过程中，有些东西可能听起来很熟悉，这源于你自己的经验或之前的阅读，因此你可以轻松地将它们同化到你已知的内容中。而其他信息，尤其是有关其他文化而非你自己的文化的信息，会与你已形成的格式相矛盾，这就需要你使用顺应来扩展自己的知识以及对青少年期和成年初显期发展的认识。

儿童期和青少年期的认知发展阶段

学习目标 2：概述皮亚杰提出的认知发展的前三个阶段。

根据他自己的研究理论及其与同事巴贝尔·英海尔德（Barbel Inhelder）的合作，皮亚杰提出了一个认知发展理论，以描述儿童在成长过程中其思维经历的各个阶段（见**表 3-1**）。皮亚杰将生命的最初两年称为**感知运动阶段**（sensorimotor stage）。这一阶段的认知发展包括学习如何使感官活动（如观察物体在视野中移动）与运动活动（如伸手去抓住物体）相协调。

表 3-1　皮亚杰的认知发展阶段

年龄（岁）	阶段	特点
0~2	感知运动	学习协调感知活动与运动活动
2~7	前运算	能够使用符号表征（如语言），但使用心理运算的能力有限
7~11	具体运算	能够进行心理运算，但只能在具体的、直接的体验中进行；难以进行假设性思考
11~15/20	形式运算	能够进行抽象逻辑思维，能够提出假设并系统地检验假设；思维更为复杂，可以对思维进行思考（元认知）

格式（schemes）
组织和解释信息的结构。

同化（assimilation）
改变新信息以适应现有图式的认知过程。

顺应（accommodation）
改变图式以适应新信息的认知过程。

感知运动阶段（sensorimotor stage）
生命的最初两年所处的认知阶段，学习如何协调感官活动和运动活动。

之后，2~7 岁是前运算阶段（preoperational stage）。在这一阶段，儿童可以用符号来表征世界，如使用语言或在游戏中用一把扫帚代表一匹马。然而，这一阶段的儿童使用心理运算（mental operation）的能力仍然非常有限，心理运算是指他们在头脑中操纵物体并以一种能够准确反映世界如何运作的方式对物体进行推理的能力。例如，这个年龄段的儿童很容易被南瓜变成马车或青蛙变成王子的故事所吸引。因为他们对世界的了解有限，所以在他们看来这些故事不只是幻想，它们有可能真的发生。

下一个阶段是具体运算（concrete operations），大约是从 7 岁到 11 岁。在这一阶段，儿童变得更加善于运用心理运算，这种技能帮助人们对世界形成更深入的了解。例如，儿童认识到，如果把一个杯子里的水倒入另一个细长的杯子中，那么水的总量保持不变。在心理上，他们能够逆转这一行动并得出结论，水的总量不会因为水被倒进另一个容器而发生改变。然而，这一阶段的儿童专注于可以在物理环境中进行体验和操纵的具体事物，他们很难将其推理转移到要求他们系统地思考可能性和假设的情境和问题上。这是他们在下一个阶段——"形式运算"——要做的事。

青少年期的形式运算

学习目标 3：说明形式运算与具体运算有何不同。

根据皮亚杰的观点，形式运算（formal operations）阶段大约从 11 岁开始，在 15~20 岁完成，因此这是与青少年期认知发展最相关的阶段。处于具体运算阶段的儿童能够胜任需要逻辑思维和系统性思考的简单任务，但是形式运算可以使青少年对涉及多个变量的复杂任务和问题进行推理。本质上，形式运算涉及科学思考能力的发展，以及将严谨的科学方法应用于认知任务的能力的发展。

为说明其中的原理，让我们看一下皮亚杰用来测试儿童是否已从具体运算阶段发展到形式运算阶段的一项任务。这一任务被称为钟摆问题（pendulum problem）。研究者向儿童和青少年

前运算阶段（preoperational stage）

2~7 岁的认知阶段，在该阶段儿童逐渐能够用符号表征世界（如通过使用语言），但是心理运算能力仍有限。

心理运算（mental operation）

对物体进行操纵和推理的认知活动。

具体运算（concrete operations）

7~11 岁的认知阶段，在该阶段儿童学习使用心理运算，但仅限于将其应用于具体的、可观察的情境，而非假设的情境。

形式运算（formal operations）

该认知阶段从 11 岁开始，在这一阶段人们学会系统地思考可能性和假设。

展示一个钟摆（在一根绳子上悬挂重物，然后让它开始摆动），要求他们试着想出是什么因素决定了钟摆摆动的速度。是物体的重量？是绳子的长度？是放开物体的高度？是掉落时承受的力量？研究者给了他们不同重量的物体和不同长度的绳子供他们思考时使用。

钟摆问题，这项任务被用于测量青少年的认知发展，其优缺点是什么？

处于具体运算阶段的儿童往往通过随意的尝试来解决问题，他们经常一次更改多个变量。他们可能会尝试在最长的绳子上挂上最重的物体，并用中等力度从中等高度放开，然后又在最短的绳子上挂上中等重量的物体，并用较小的力度从中等高度放开。当摆速变化时，他们很难说出是什么原因引起了变化，因为他们改变的变量不止一个。因此如果他们碰巧说出正确答案，即绳子的长度，他们也很难说清楚为什么。在皮亚杰看来，这一点至关重要。每个阶段的认知进步不仅反映为儿童为问题设计的解决办法，还反映为他们对解决办法的解释。

只有通过形式运算，我们才能找到类似问题的正确答案，才能解释为什么它是正确答案。以形式运算方式进行思考的人可能会使用科学实验中的那种假设性思维来解决钟摆问题。"让我想想，有可能是因为重量。让我尝试改变重量，其他因素都不变。不对，速度没变。也许是绳子的长度——当我改变绳子的长度而不改变其他因素时，速度似乎有变化，绳子越短，摆动的速度越快；我再试试改变高度——速度没有变化；再试试改变力度，也没有变化。所以说，是长度，只有改变长度会导致速度发生变化。"形式运算思考者在改变一个变量时，会让其他变量保持不变，然后系统地测试不同的可能性。通过这一过程，形式运算思考者不仅能得出正确的答案，而且能够对答案进行解释。皮亚杰将这种思维能力称为**假设 – 演绎推理**（hypothetical-deductive reasoning），这一能力是皮亚杰的形式运算概念的核心。

在皮亚杰以及其他许多人的研究中，青少年在解决钟摆问题和类似任务方面明显要比未进入青少年期的儿童好得多。在这些任务上从具体运算到形式运算的过渡期通常为 11~14 岁。

批判性思考

请举一个真实的例子来说明你是如何使用假设 – 演绎推理的？

钟摆问题（pendulum problem）

皮亚杰提出的针对形式运算的经典测试，要求人们弄清是什么因素决定了钟摆摆动的速度。

假设 – 演绎推理（hypothetical-deductive reasoning）

形式运算思考者系统地测试某个问题可能的解决办法并得出有说服力的、可以作出解释的答案，皮亚杰将这一过程称为假设 – 演绎推理。

青少年的思维：更抽象，更复杂

学习目标 4： 以元认知、隐喻和讽刺为例，描述青少年期的思维如何变得更加抽象和复杂。

皮亚杰评估青少年是否达到形式运算阶段所使用的问题本质上都是科学问题，都涉及形成假设、系统地检验假设，以及根据结果进行推论（即得出结论）的能力。然而，形式运算的其他很多方面则较少侧重科学思维，而更多地侧重逻辑推理或应用推理。这包括抽象思维（abstract thinking）能力、对思维的思考（即元认知，metacognition）能力，以及复杂思维（complex thinking）能力的发展。皮亚杰讨论了所有这些能力，但从那以后，其他学者也对这些能力进行了大量研究。

抽象的事物严格来说是心理概念或心理过程，你无法通过感官直接体验它，如时间、友谊和信仰，它们都是抽象概念。在本书的第 1 章和第 2 章中我们向你介绍了几个抽象概念，包括文化、西方以及青少年期本身。你无法实实在在地看到、听到、品尝或触摸这些东西，它们仅作为思想而存在。抽象常常与具体形成对比，具体的事物是指你可以通过感官体验到的事物。这一对比在这里尤其合适，因为形式运算之前的阶段被称为具体运算。处在具体运算阶段的儿童只能将逻辑应用于他们可以直接地、具体地体验到的事物，而形式运算的能力包括以抽象的方式思考并将逻辑应用于心理运算的能力。

假设我告诉你 A = B 且 B = C，然后我问你，A = C 吗？即使你不知道 A、B 和 C 代表什么，作为一名大学生，你能轻易地看出答案是肯定的。但是，处于具体运算阶段的儿童往往会被这个问题难住。他们需要知道 A、B 和 C 代表什么，而你知道它们是什么并不重要。无论 A、B 和 C 代表什么，相同的逻辑都适用。

但是抽象思维不仅包括解决这种逻辑难题的能力，它还包括思考抽象概念（如正义、自由、善良、邪恶和时间）的能力。进入青少年期后，青少年具有了理解和使用抽象概念的能力，这使他们能够参与有关政治、道德和宗教的讨论，这些在他们年幼时是不能参与的。最近的关于大脑发育的研究表明，抽象思维能力是基于青少年期后期和成年初显期期间大脑中的生长突增，这种生长突增会加强额叶皮层与大脑其他部分之间的联结。我们将在本章的后面进一步讨论大脑的发育。

元认知 青少年用形式运算思维能力思考的抽象内容之一就是他们自己的思想。他们以一种儿童所没有的方式意识到自己的思维过程，这种能力使他们能够对这些过程进行监控和推

抽象思维（abstract thinking）

运用符号、观点和概念进行的思考。

元认知（metacognition）

"对思维进行思考"的能力，它使青少年和初显期成人能够对自己的思维过程进行推理和监控。

复杂思维（complex thinking）

考虑到多个联系和多种解释的思维，例如，个体在使用隐喻和讽刺时的思维方式。

理。这种"对思考进行思考"的能力（或元认知）使青少年能够更有效地学习和解决问题。事实上，一项研究表明，向青少年教授元认知策略可以提高他们的学习成绩。

元认知最初在青少年期开始发展，但在成年初显期及以后它继续发展。一项研究比较了不同年龄的青少年和成年人。研究者给他们提出了几个问题，要求他们进行"有声思维"，以便研究者记录他们的元认知过程。从青少年期到成年初显期，从成年初显期到中年期，对思维过程的自我意识一直在增长，然后它在成年晚期开始下降。最近的一项研究也发现了存在于青少年期到中年期之间的类似的模式。

在你阅读时，你很可能会在某种程度上使用元认知；在准备考试时几乎可以肯定，你会使用元认知。当你逐句阅读时，你可能会监控自己的理解力并问自己："这句话是什么意思？它与前面那句话有什么联系？我怎样才能确保自己记住它的意思？"在你准备考试时，你会仔细翻阅需要掌握的材料，问自己是否知道那些概念的含义，并确定哪些内容对你来说最重要。

元认知不仅适用于学习和问题解决，还适用于社会主题——思考你对他人的看法以及他人对你的看法。在本章后面的"社会认知"部分，我们将探讨这些主题。

隐喻 形式运算思维也比具体运算思维更为复杂。具体运算思维者往往专注于事物的一个方面，通常是最明显的方面，但是形式运算思维者更可能以更为复杂的方式看待事物，并感知到某个情境或某个想法的多个方面。这种复杂性体现为对隐喻和讽刺的使用。

通过形式运算，青少年能够理解比他们早先能够理解的隐喻更为微妙的隐喻。隐喻之所以复杂，是因为它们具有多种含义——它们不仅有具体的字面意思，还有不太明显的、更为微妙的意思。诗歌和小说中充满了隐喻。例如，莎士比亚的戏剧《理查三世》的开头的那段话。格洛斯特公爵向约克公爵致意：

> 吾等不满之冬，
>
> 已被约克的红日照耀成光荣之夏；
>
> 笼罩着我们王室的片片乌云，
>
> 已被埋入大海深处。

从字面上看，这段话是关于天气的变化的，但它更深层的含义当然是关于情绪状态的变化。格洛斯特的情绪随着约克的到来而变得高涨。青少年能够理解诸如此类的多重含义，而儿童通常无法做到。

一项研究调查了 11~29 岁的青少年和初显期成人对隐喻的理解。该研究将"一只烂苹果坏了一桶好苹果"之类的谚语作为隐喻。处于青少年早期的孩子倾向于用具体的语言来描述隐喻的含义。例如，11 岁的青少年这样描述："有一大桶苹果，一个女人拿起一只烂苹果，烂苹果里面有虫子，虫子钻进了其他苹果里。"处于青少年晚期和成年初显期的年轻人对隐喻的理解变得更加抽象，并且更加关注它们的社会意义。例如，21 岁的年轻人这样描述，"一句糟糕的评论可能破坏整个谈话。"

最近，临床心理学家提出，使用隐喻可能是一种对青少年进行心理治疗的有效方法，有时用更直接的方式与他们沟通很难。同样，瑞典最近的一项研究报告称，使用隐喻是预防青少年患抑郁症的干预措施的一个有效部分。

讽刺　讽刺是复杂型交流的另一个例子。与隐喻一样，对讽刺的解释可能不只有一种。有人在向你打招呼时对你说："裤子很漂亮。"这句话的字面意思是对你的时尚品味的称赞，但它可能会有另一种完全不同的含义："多么难看的裤子！你看起来像个傻瓜。"这得看这句话是谁说的，是用什么方式说的。青少年已能够逐渐理解（和使用）儿童还无法理解和使用的讽刺，因此讽刺经常出现在青少年的对话中。使用讽刺的媒体，如《幽默》（*Mad*）杂志和电视节目《辛普森一家》（*The Simpsons*），在青少年中比在其他年龄组中更受欢迎，这也许是因为青少年喜欢使用他们刚发展的理解讽刺的能力。

一项研究调查了从儿童中期到青少年期个体对嘲讽的理解是如何变化的。研究者向各个年龄段的参与者呈现一些故事，让他们判断某个言论是真诚的、虚伪的，还是讽刺性的（例如，"你的新发型看起来很棒"）。9 岁或更小的儿童很难辨别出讽刺性的话语，但是 13 岁的孩子的表现好于 9 岁的孩子，大学生的表现好于 13 岁的孩子。

另一项研究使用了一种不寻常的方法来考察青少年对幽默（包括讽刺）的使用。研究者关注的是生活在困难条件下的青少年，这些困难条件包括贫穷、家庭冲突，以及父母的物质滥用。他们用摄像机跟踪青少年的"生活中的一天"，记录青少年的活动和谈话。他们发现，青少年会出于多种目的使用讽刺，例如，谈论社会敏感话题和社会情境，以及重申与朋友的关系。研究者得出的结论是，讽刺性幽默是青少年的心理弹性（resilience）的一个方面，可以帮助他们应对充满挑战的社会环境。

皮亚杰的理论的局限性

学习目标 5：总结对皮亚杰的理论的主要批评以及皮亚杰的回应。

皮亚杰的认知发展理论多年来一直受到很多关注，在皮亚杰提出其理论后的数十年时间里，他的理论一直是从出生到青少年期的认知发展的主导理论。但是，这并不意味着该理论在各个方面都得到了验证。在皮亚杰的理论中，形式运算理论受到的批评最多，需要做出修改的地方也最多。皮亚杰的形式运算理论的局限可以分为相关的两类：形式运算的个体差异和青少年认知发展的文化基础。

形式运算的个体差异　在本章的前面我们提到过，皮亚杰的认知发展理论强调成熟。尽管皮亚杰承认在某种程度上（成熟）存在**个体差异**（individual differences），尤其是从一个阶段过渡到下一阶段的时间点，但皮亚杰坚持认为大多数人会在相同的年龄经历相同的阶段，因为他们经历着相同的成熟过程。每个 8 岁的孩子都处于具体运算阶段；每个 15 岁的孩子都应当是形式运算思考者。此外，皮亚杰的阶段论意味着 15 岁的孩子应该在生活的各个方面都进行形式运算推理，因为无论面对的是什么性质的问题，孩子都应使用相同的心理结构。

　　大量研究表明，这些观点是不正确的，特别是关于形式运算的观点。在青少年期甚至成年期，人们使用形式运算的程度存在很大的个体差异。有些青少年和成年人会在多种情境下使用形式运算，有些人则有选择地使用，还有一些人似乎很少使用或根本不使用。对这一领域的研究的回顾发现，在任何一个皮亚杰的形式运算任务中，处于青少年晚期的年轻人和成年人的成功率仅为 40%~60%，成功率具体取决于任务和个人因素，例如，教育背景。因此，即使在成年初显期及之后，仍有很大一部分人对形式运算的使用情况并不一致，或者根本不使用形式运算。

　　即使是具有形式运算能力的人也倾向于在拥有很多经验和知识的问题和情境中有选择地使用这种能力。例如，下棋经验丰富的青少年可能会把形式运算思维运用于下棋攻略，即使他们在诸如钟摆问题等标准的皮亚杰任务中表现不佳。一个有汽车工作经验的青少年可能会发现在汽车领域运用形式运算原则很容易，但是他们却很难完成需要形式运算的课堂任务。

　　科学和数学教育提供的一种特殊经验对形式运算的发展也很重要。上过数学和科学课程的青少年比其他青少年更有可能表现出形式运算思维，尤其是当这些课程涉及动手实践时。考虑到进行形式运算需要的推理的类型，这是有道理的。对形式运算非常重要的假设－演绎推理是科学课的一部分，它构成了科学方法的基础。如果青少年接受过有关这种思维的系统指导，他们的这种类型的思维就更容易得到发展，而且他们在科学课的问题中运用假设－演绎思维的次数越多，就越有可能在那些评估形式运算的任务中表现良好，这一点儿也不奇怪。

　　格雷（Gray）认为皮亚杰低估了使用形式运算所需的努力、精力和知识。在格雷看来，具体运算足以应付大多数日常任务和问题，另外由于形式运算非常困难且费力，因此即使有这种能力，人们通常也不会使用它。形式运算可能对科学思维有用，但是大多数人不会花时间和精力将其运用于日常生活的各个方面。当人们遇到问题时，他们通常不需要理解问题的本质，他们只想解决问题。因此，形式运算的概念不足以描述大多数人——青少年和成年人——在日常生活中如何解决实际问题，以及如何进行因果推论。

在传统文化中，实践活动有时需要形式运算。图为秘鲁的一名少女在学习编织小地毯。

　　文化与形式运算　不同的文化在其成员是否达到

个体差异（individual differences）

关注组内个体的不同之处的研究取向，如在智力测验成绩上的不同。

形式运算阶段这一问题上存在很大差异。在许多文化中，大多数人似乎都没有形式运算思维（运用皮亚杰的任务进行测量），在那些没有正规学校教育的文化中尤其如此。

皮亚杰对这些批评的回应是，尽管所有人都具有形式运算思维的潜力，但他们首先（或只是可能）将其运用于他们的文化为他们提供了最多的经验和专业知识的领域。换句话说，让所有文化中的人都来做钟摆问题之类的任务可能是没有意义的，因为这些材料和任务对他们来说可能是陌生的。但是，如果使用的是他们熟悉并且与他们的日常生活相关的材料和任务，你可能会发现他们在这些条件下表现出了形式运算思维。

诸如"文化焦点"专栏中描述的那类研究表明，皮亚杰关于青少年期认知发展的思想可以被应用于非西方文化，只要这些思想适合每种文化中的生活方式。学者们普遍支持这一主张，即形式运算阶段是人类普遍具有的潜能，但它在每种文化中的形式源自该文化中的人面对的认知要求。然而，在每一种文化中，青少年和成年人表现出形式运算的程度存在很大差异，有的人会在很多情况下使用，有的人很少使用或根本不使用。

批判性思考

如果关于政治、道德和宗教的思想的形成需要抽象思维，那么为什么即使在数学和科学教育很少的文化中也存在这样的思想？

文化焦点

因纽特人的形式运算

直到最近几十年，加拿大北极地区的因纽特（以前称为"爱斯基摩"）儿童和青少年从未上过学。如果让因纽特青少年试着去完成形式运算任务，他们很可能会做得很糟糕。

但是，他们是否拥有并使用形式运算思维？我们来看一下男孩和女孩在 12 岁或 13 岁时所做的工作的类型。

男孩	女孩
管理雪橇犬队伍	切开新冻上的冰
推拉陷在雪里的雪橇	取水
准备狩猎用的弓箭、鱼叉和长矛	收集生火用的苔藓
帮助搭建雪屋	照顾婴幼儿
帮助搭建兽皮帐篷	缝补
猎杀北极熊、海豹等	鞣制兽皮
钓鱼	煮饭

并非所有这些任务都需要形式运算。让青少年（而不是儿童）来做这些事可能是合适

的，因为他们比儿童体形大，能更好地完成许多任务，如取水和帮助移动陷在雪里的雪橇。然而，有些任务可能需要形式运算思维。

以青少年期男孩与父亲一起（或有时独自）打猎为例。要想成功，男孩需要仔细考虑打猎涉及的方方面面，并通过经验检验他的狩猎知识。如果某次打猎不成功，他会问自己为什么。是因为他选择的地点？是因为他携带的装备？是因为他使用的跟踪方法？还是因为其他原因？下一次打猎时，他可能会改变其中的一个或多个因素，看看自己是否有进步。这就是假设–演绎推理，即改变和检验不同的变量以找到解决问题的方法。

再以青少年期女孩学习鞣制兽皮为例。鞣制兽皮是一个复杂的过程，涉及多个复杂步骤。从 14 岁左右开

因纽特人的生活中的许多日常任务都需要形式运算。

始，女孩就独自承担起了这项任务。如果女孩采用的方法不正确（有时会发生这种情况），兽皮就毁了，她的家人会对她很失望、很生气。她会问自己哪一步做错了。她会在脑子里重新尝试该过程的各个步骤，试图找出自己的错误。这也是形式运算思维，即在脑子里考虑各种假设，以确定一个需要验证的假设。

在最近几十年，全球化波及因纽特人，青少年大部分时间都在学校里度过，而不是和父母一起工作。因此，他们比以往拥有了更多的机会。有些人在高中毕业后就去附近较大的城市接受各种专业训练。目前，他们面临着与加拿大主流文化中的青少年相同的认知要求。

然而，和全球化过程中经常发生的情况一样，全球化也给因纽特人带来了一些负面影响。许多青少年觉得上学枯燥乏味，（学习的内容）与他们的生活无关。为寻找刺激，有些人会酗酒、吸毒或入店行窃。因纽特年轻人不仅要面对从儿童期向成年期的过渡，而且要面对两种不相容的生活方式之间的转变，这种转变并不容易。

成年初显期的认知发展：后形式思维

在皮亚杰的理论中，形式运算是认知发展的终点。个体一旦完全具备形式运算能力，最晚到 20 岁就会达到认知成熟。然而，正如皮亚杰的形式运算理论的许多方面一样，这一观点

后形式思维（postformal thinking）
超越形式运算的思维类型，包括进一步意识到现实情况的复杂性，例如，使用实用主义和反思判断。

已因研究而改变。事实上，研究表明，在成年初显期，认知能力的发展通常以重要的方式持续着。

实用主义

学习目标 6：描述实用主义及其如何影响青少年期到成年初显期的思维。

科学研究激发了形式运算之后的认知发展理论，即后形式思维（postformal thinking）。在成年初显期，后形式思维的两个最值得注意的方面涉及在实用主义和反思判断方面的进步。

实用主义（pragmatism）涉及使逻辑思维适应现实生活中的实际约束。一些学者提出了强调实用主义的后形式思维理论。所有这些理论都提出，正常成年人在生活中面临的问题往往包含着形式运算逻辑无法解决的复杂性和矛盾性。

按照拉布维－维夫（Labouvie-Vief）的观点，成年初显期的认知发展与青少年期思维的区别在于前者更能认识到逻辑思维的实际局限性。在拉布维－维夫看来，青少年夸大了逻辑思维在现实生活中的有效程度，而初显期成人越来越认识到，在解决生活中的大多数问题时，必须考虑社会因素和特定情境中的特定因素。

例如，在一项研究中，拉布维－维夫向青少年和初显期成人呈现了一些故事，要求他们预测接下来会发生什么。有一个故事讲的是一名男子喜欢喝酒，尤其会在聚会上喝多。他的妻子警告他，如果他再喝醉酒回家，她就带着孩子离开他。一段时间后，他去参加员工聚会，聚会结束后他醉醺醺地回到家。她会怎么做？

拉布维－维夫发现，青少年倾向于严格按照形式运算的逻辑回答：妻子说过，如果丈夫再一次喝醉回家，她就离开他。这次他又喝醉了，因此她会离开他。而初显期成人会考虑到这种情况下的多种可能性。他有没有道歉并求她不要离开他？她说她要离开他，她是认真的吗？她有地方可去吗？她是否考虑过可能对孩子产生的影响？初显期成人并不是严格地按照逻辑给出一个明确的错误答案或正确答案，而是倾向于采用后形式思维，即他们能认识到现实生活中的问题经常存在很多复杂性和不确定性。然而，拉布维－维夫强调指出，后形式思维与形式思维一样，并不是每个人都会继续朝着更高的认知复杂度发展，许多人在成年初显期及之后的阶段仍然在使用更早期的、更具体的思维。

迈克尔·巴塞基（Michael Basseches）提出了一个类似的成年初显期认知发展理论。与拉布维－维夫一样，巴塞基认为，成年初显期的认知发展涉及一种认识，即形式逻辑很少能被应用于大多数人在日常生活中遇到的问题。辩证思维（dialectical thought）是巴塞基使用的一个术语，它指的是在成年初显期得到发展的一种思维，包括逐步意识到问题通常没有明确的解决办法，而且两种相反的策略或观点可能各有优点。例如，在不知道下一份工作是否会更加令人

实用主义（pragmatism）

使逻辑思维适应实际情况的实际约束的思维类型。

满意的情况下，人们不得不决定是否辞掉一份自己不喜欢的工作。

某些文化可能比其他文化更能促进辩证思维。彭（Peng）和尼斯贝特（Nisbett）指出，中国文化能够促进辩证思维，这是因为中国传统文化提倡调和矛盾，通过寻求中间立场来融合对立的观点。而欧美人的方法倾向于以一种使相互矛盾的观点两极分化的方式来应用逻辑，以便确定哪种方法是正确的。

为了支持这一理论，彭和尼斯贝特对中美大学生进行了比较研究。他们发现，中国学生比美国学生更喜欢包含矛盾的辩证谚语。中国学生也更喜欢包含争论和反驳的辩论，而不是使用传统的西方逻辑的争论。此外，在面对两个明显矛盾的观点时，美国学生倾向于拥抱其中一个而拒绝另一个，而中国学生对两个观点都有一定的包容度，并试图调和它们。

> **知识的运用**
>
> 想一想你最近在生活中遇到的一个问题。你能将拉布维－维夫和巴塞基的观点应用于该问题吗？

反思判断

学习目标 7：描述反思判断以及二元思维和多元思维之间的区别。

反思判断（reflective judgment）是评估论据和论点的准确性和逻辑一致性的能力，这是在成年初显期发展的另一种认知能力。威廉·佩里（William Perry）提出了一个关于成年初显期的反思判断的发展的、有影响力的理论，他的理论基于他对十八九岁至 20 岁出头的大学生进行的研究。根据佩里的研究，青少年和一年级大学生倾向于进行**二元思维**（dualistic thinking），即他们经常以两极分化的方式看待情况和问题——一个行为非对即错，没有中间情况；一个命题非真即假，不管细微差别或被应用于何种情况。从这个意义上讲，他们缺乏反思判断。但是，对于大多数人来说，反思判断在十八九岁时开始发展。首先出现的阶段是**多元思维**

辩证思维（dialectical thought）

在成年初显期发展的一种思维类型，个体越来越意识到大多数问题不只有一个解决方案，并且问题通常必须在缺少关键信息的情况下加以解决。

反思判断（reflective judgment）

评估论据和论点的准确性和逻辑一致性的能力。

二元思维（dualistic thinking）

以两极分化的、绝对的、非黑即白的眼光看待情况和问题的认知倾向。

多元思维（multiple thinking）

一种认知倾向，即认识到关于每个问题都有两个或更多个合理的观点，而且证明一个观点是唯一真实或正确的很难。

大学环境的哪些方面能促进反思判断？

（multiple thinking）阶段，在这一阶段，初显期成人认为每个故事都有两面或更多方面，每个问题都有两个或更多个合理的观点，而且证明一个观点是唯一真实或正确的很难。在这一阶段，人们倾向于平等地对待所有观点，甚至断言要针对一个观点是否比另一个观点更合理来做出判断是不可能的。

根据佩里的理论，到20岁出头时，多元思维发展成为**相对主义**（relativism）。与处于多元思维阶段的人一样，相对主义者也能够认识到不同观点的合理性。但是，相对主义者会试图比较不同观点的优点，而不是否认一种观点可能比另一种观点更具说服力。最后，到大学毕业时，许多初显期成人进入**承诺**（commitment）阶段，在这一阶段，他们会坚持他们认为最合理的某些观点，同时，如果有新证据，他们也会重新评估他们的观点。

关于反思判断的研究表明，在成年初显期反思判断可能会出现重大进展。然而，在成年初显期取得的进展似乎更多是由教育而不是成熟引发的，也就是说，在成年初显期，上大学的人比没上大学的人在反思判断方面有更大的进步。此外，佩里及其同事也承认，在重视多元主义并且教育制度促进人对不同观点的包容的文化中，反思判断的发展可能更为普遍。但是，到目前为止，有关反思判断的跨文化研究很少。

> **批判性思考**
>
> 美国宪法规定一个人可以当选总统的最低年龄是35岁，你认为为什么宪法这样规定？在这个年龄之前，一个人的哪些认知能力还没有充分发展，使之不具备执政能力？

信息加工取向

皮亚杰以及延续他的理论和研究的学者们的方法描述了青少年和初显期成人是如何发展假设－演绎推理、抽象思维和反思判断等能力的。其重点在于这些一般认知能力的发展如何反映在年轻人完成诸如钟摆问题之类的特定任务的表现中。皮亚杰还强调认知能力随年龄而变化，

相对主义（relativism）

一种认知能力，即既能认识到相互矛盾的观点的合理性，又能比较各自的优点。

承诺（commitment）

一种认知状态，即坚持自己认为最合理的某些观点，同时，如果有新证据，也会重新评估自己的观点。

从尚未进入青少年期到青少年期，从具体运算到形式运算。然而，研究认知功能的另一个主要取向关注发生在各个年龄段的过程。

信息加工取向的基础

信息加工取向（information-processing approach）对青少年期的认知发展的解释与认知发展取向有很大不同。信息加工取向不把认知发展视为**不连续的**（discontinuous），即不像皮亚杰那样把认知发展分成不同的阶段，而将认知变化视为**连续的**（continuous），即渐进的、平稳的。但是，信息加工取向通常没有发展焦点。它不关注心理结构和思维方式如何随着年龄而变化，而关注所有年龄段都存在的思维过程。尽管如此，还是有一些信息加工研究将青少年或初显期成人与其他年龄段的人进行了比较。

信息加工取向的原始模型是计算机。信息加工取向的研究者和理论家试图将人类的思维分解为不同的部分，就像将计算机的功能分为**注意**（attention）、**加工**（processing）和**记忆**（memory）能力一样。在钟摆问题中，采取信息加工取向的人会考察青少年如何将注意力集中于与问题最相关的方面、如何加工每一次尝试的结果、如何记住结果，以及如何想起前面几次尝试的结果并与最近一次尝试进行比较。因为信息加工取向将思维过程分解为不同的组成部分，因此，信息加工取向是一种**成分取向**（componential approach）。

信息加工取向的最新模型不再是基于简单的计算机类比，它认识到大脑比任何计算机都要复杂。在人类思维中，不同的组成部分是同时运行的（如**图 3-1** 所示），而不是像计算机中的组件一样逐步运行。但是，信息加工取向仍聚焦于思维过程的组成部分，尤其是注意和记忆。

下面介绍信息加工的各个组成部分，以及它们在青少年期和成年初显

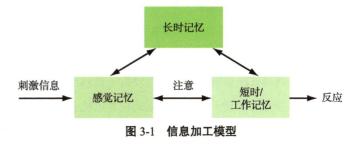

图 3-1　信息加工模型

注：注意和记忆是关键组成部分。

信息加工取向（information-processing approach）

一种理解认知的方法，试图描述思维过程的步骤以及每个步骤如何与下一个步骤相关联。

不连续的（discontinuous）

一种发展观，即将发展过程分为不同阶段，而不是将发展视为一个渐进的、连续的过程。

连续的（continuous）

一种发展观，即将发展视为渐进的、连续的过程，而不是将发展过程分为不同的阶段。

成分取向（componential approach）

对认知的信息加工取向的描述，它表示该取向将思维过程分解为不同的组成部分。

期如何变化。在所有方面，青少年的表现都优于年幼的儿童，在某些方面，初显期成人的表现优于青少年。

注意

学习目标 9：比较和对比选择性注意和分配性注意。

信息加工始于进入感官的刺激信息（见图 3-1），但是你看到、听到和触摸到的大部分信息都没有得到进一步加工。例如，在你阅读这部分时，你的周围可能会有声音，你的视野中可能有其他物像，你的身体可能会有某种感觉，但是如果你专注于自己阅读的内容，这些信息大部分只是进入感觉记忆，你加工的唯一信息是你把注意集中于其中的信息。

如果同一个房间的某个人正在看电视，你还能看得下去教科书吗？如果在聚会上你周围的音乐声和谈话声非常嘈杂，你还能与人交谈吗？这些任务都需要**选择性注意**（selective attention）——专注于相关信息、忽略不相关信息的能力。在需要选择性注意的任务上，青少年往往优于未进入青少年期的儿童，而初显期成人优于青少年。在需要**分配性注意**（divided attention）的任务上（如一边读书一边听音乐），青少年也比尚未进入青少年期的儿童更加熟练。但分配性注意可能导致学习效率降低，不如专心致志做一件事，即使对青少年来说也是如此。一项研究发现，看电视会干扰青少年做家庭作业，但听音乐不会。

在青少年期，选择性注意和分配性注意的能力会提高。分配性注意会妨碍学习吗？

选择性注意的一个方面是分析一系列信息并选择其中最重要的部分进一步注意的能力。例如，当你在课堂上听课时，你的注意可能会有波动。你可能会对呈现的信息进行监控，根据你对信息的重要性的判断来提高或降低你的注意水平。选择性注意的这一方面也是解决问题的关键部分。解决任何问题的初始步骤之一就是确定将注意集中到哪里。例如，如果你的计算机无法启动，那么你要做的第一件事就是确定问题的原因——是显示器、连接，还是计算机本身。在关注问题的最相关方面上，青少年优于儿童。对于有学习障碍的儿童和青少年来说，选择性注意尤其是一个问题。

选择性注意（selective attention）
专注于相关信息、忽略不相关信息的能力。

分配性注意（divided attention）
同时专注于多项任务的能力。

信息的存储和提取：短时记忆和长时记忆

学习目标 10：区分短时记忆、长时记忆和工作记忆，并说明青少年如何使用助记法。

　　记忆是信息加工的关键部分，甚至可能是最重要的部分。如果你无法将信息加工的结果存储在记忆中，并在需要时将其调取出来，那么把注意转移到某事物上并对其进行信息加工没有多大用处。由于记忆对于学习非常重要，因此大量研究都关注这一问题。

　　学者们在短时记忆和长时记忆之间做出了重要区分。**短时记忆**（short-term memory）是对当前正在注意的信息的记忆，短时记忆的容量有限，并且只能将信息保留 30 秒或更短的时间。**长时记忆**（long-term memory）是对需要长期存储的信息的记忆，因此在一段未将注意力集中于此的时间后，你可以再次使用它。长时记忆的容量是无限的，而且信息可以永久保留。你可能会想起你在十年前或更早经历过的事情，它们仍能从长时记忆中被提取出来。在儿童期和青少年期之间，短时记忆和长时记忆都会得到显著改善。

　　短时记忆有两种。一种类型涉及新信息的输入和存储，这种短时记忆容量有限。针对短时记忆能力的最常见测试方法是背诵数字或单词列表，通过逐渐增加数量可以检测一个人能准确记住多少。如果我给你呈现数字列表 "1、6、2、9"，你可能很容易就能记住。再试试这个数字列表："8、7、1、5、3、9、2、4、1"，这次没那么容易了吧？但是，你现在做这类测试肯定比你在 8 岁或 10 岁时做得更好。短时记忆能力在整个儿童期和青少年期一直在增长，直到十五六岁时，该能力大约在 16 岁以后保持稳定，平均容量为 7 个信息组块。

　　另一种短时记忆是**工作记忆**（working memory）。工作记忆是一个"心理工作台"，在你工作的时候，你可以在这里保存信息。这是你在做决策、解决问题，以及理解书面和口头语言的过程中对信息进行分析和推理的地方。这些信息可能是新信息，也可能是从长时记忆中提取出来的信息，或者是两者的某种组合。一个人的工作记忆的容量与整体智力高度相关。与面向新信息的短时记忆的容量一样，工作记忆的容量从儿童期到青少年期都在增长，之后趋于稳定。

短时记忆（short-term memory）
对当前正在注意的信息的记忆。

长时记忆（long-term memory）
对需要长期存储的信息的记忆，因此可以在一段时间没有将注意力集中于此的情况下再次使用它。

工作记忆（working memory）
短时记忆的一个方面，指的是信息在被理解和分析信息时存储的地方。

罗伯特·斯腾伯格（Robert Sternberg）及其同事进行的一项实验表明，在儿童期和青少年期之间工作记忆出现增长。他们向三年级、六年级、九年级学生和大学生呈现了一些类比推理，如"太阳对于月亮，就像睡着对于……"

1. 星星
2. 床
3. 醒着
4. 夜晚

结果显示答案的准确率随着年龄的增长有所提高，尤其是在较小的学生（三年级和六年级）和较大的学生（九年级和大学生）之间。斯腾伯格将这些差异归因于短时工作记忆的容量，因为类比会占用大量的短时记忆空间。当你考虑其他可能的配对（"睡着对于星星……睡着对于床……"）并分析它们的关系时，你必须把第一组词（"太阳对于月亮"）及其关系的性质一直保留在工作记忆中。在青少年期之前，儿童没有足够的工作记忆容量来有效地完成这样的任务（你也许想知道答案，正确答案是"醒着"）。

在青少年期，长时记忆也会增强。与未进入青少年期的儿童相比，青少年更有可能使用**助记法**（mnemonic devices，也称记忆策略），例如，将信息组织成连贯的模式。想想当你坐下来阅读教科书的某一章时你会怎么做。多年来你可能已经形成各种不同的组织策略（如果还没有，最好形成一些），例如，编写章节大纲、做笔记，以及将信息分类等。以这些方式规划你的阅读，你的记忆效果（和学习效果）会更好。

长时记忆在青少年期增强的另一个原因是，青少年比儿童拥有更多的经验和知识，而这些优势会提高长时记忆的有效性。拥有更多知识有助于你学习新信息并将其存储在长时记忆中。这是短时记忆和长时记忆的主要区别。由于短时记忆的容量有限，因此其中已有的信息越多，向其中添加新信息的效率就越低。但是，长时记忆的容量是无限的，你知道得越多，学习新信息就越容易。

你可以将记忆中已有的信息与新信息建立起联系，这样新信息更可能被记住，学习起来也会更容易。例如，如果你已经学过有关儿童发展或人类发展的课程，那么本章中介绍的一些概念（如具体运算）和名人（如皮亚杰）你可能会很熟悉。如果是这样，你会比那些以前从未学习过相关课程的人更容易记住遇到的新信息，因为你可以在新信息和已有知识之间建立联系。请注意这与皮亚杰的同化和顺应概念之间的关系：长时记忆中的信息越多，你能同化的新信息就越多，需要顺应的就越少。

助记法（mnemonic devices）

记忆策略。

信息加工：速度、自动化和执行功能

学习目标 11：举例说明自动化，并解释执行功能在青少年期如何发展。

信息加工的其他三个方面在青少年期也有提高。青少年的信息加工速度通常比儿童更快。谈到速度，我们可以以电子游戏为例。青少年通常比儿童更擅长此类游戏，因为游戏通常要求玩家对不断变化的情况做出反应，而在这些变化发生时青少年的信息加工速度更快。在涉及字母匹配等任务的实验情境中，信息加工速度从 10 岁时到十八九岁时会持续提高，在这个年龄段的初期提高最快。

电子游戏需要信息加工速度。

信息加工的另一个方面是**自动化**（automaticity），即在进行信息加工时个体需要投入多少认知努力。假如我给你几个计算题：100 除以 20，60 减 18，7 乘以 9，你很可能不需要写下来，也不需要费什么劲就能算出来，这在一定程度上是因为你在生活中做过很多这样的题，（信息加工）几乎达到了自动化程度，尚未进入青少年期的儿童还远远达不到这种程度。

与青少年期前的孩子相比，青少年在各个方面都显示出更高的自动化处理能力。但是，自动化不仅仅取决于年龄，它更多取决于经验。对国际象棋棋手的研究表明了这一点，研究发现专家棋手在对棋盘布局信息进行加工时自动化水平较高，这使他们能够比新手更好地记住棋盘布局，更快、更有效地进行分析。此外，儿童或青少年专家棋手在棋盘布局信息加工方面比新手成年人表现出更高的自动化水平，即使这些成年人在其他认知测验中比他们做得更好。

自动化与速度和工作记忆的容量密切相关。认知任务的自动化水平越高，完成任务的速度就越快。同样，完成一项任务的自动化水平越高，它占用的工作记忆的容量就越小，从而为其他任务留出了更多空间。例如，你可以一边看电视一边阅读杂志，但如果让你一边看电视一边填写纳税申报表，你可能会觉得很难。这是因为对你来说，阅读纳税申报表上的语言（满是仅在纳税申报表上能看到的术语）没有阅读杂志上的语言的自动化水平高。

想一个你在今天的某一个任务中使用自动化的例子。

自动化（automaticity）
在加工特定信息时人们需要投入的认知努力程度。

最后，青少年在**执行功能**（executive functioning）方面也有提高，执行功能是指控制和管理认知过程的能力。执行功能使你把注意、记忆、计划和推理等认知能力整合成连贯的思想和行为。执行功能的提高使青少年能够完成许多年幼的儿童无法完成的认知任务，例如，儿童无法应对驾驶汽车或在零售商店当店员所涉及的认知挑战。但是，在如何看待青少年的能力以及赋予他们什么责任方面，存在着明显的文化差异。如果你生活在发达国家，你很可能不会让你12 岁的孩子整天在工厂工作或进城摆摊卖茶叶。然而，在许多文化中，青少年到 12 岁时每天都要承担这类工作，其中一些工作可能需要大量的执行功能。

就发达国家的儿童而言，执行功能对学业成功很重要。执行功能可以帮助青少年对完成任务所需的工作进行组织。在测试情境中，执行功能使他们能够专注于问题最重要的方面，忽略不相关的信息。青少年期的执行功能方面的问题会导致其他问题，如抑郁症和学习困难。

为了评估从儿童早期到老年期的执行功能，研究者使用了一些简短的任务（少于 5 分钟）。一个常见的任务是维度变化卡片分类（dimensional change card sort，DCCS）。被用于此任务的卡片上呈现有结合了两个维度（如红色圆圈和蓝色正方形）的图案。人们首先要根据一个维度（如颜色）进行分类，然后再按另一个维度（如形状）进行分类。维度切换需要使用执行功能，当年幼的儿童被要求切换到第二个维度时，他们通常会继续按第一个维度进行分类。但是，随着年龄的增长，我们专注于任务或问题的最相关特征的能力会增强。**图 3-2** 是一项使用卡片分类任务的研究的结果，参与者的年龄在 8 岁到 85 岁之间。从图中可以看出，参与者的成绩在儿童期和青少年期不断提高，到成年初显期（25~29 岁）达到顶峰。

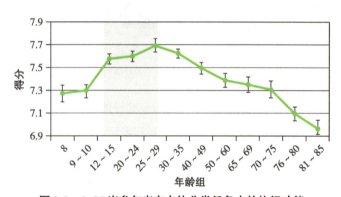

图 3-2　8~85 岁参与者在卡片分类任务中的执行功能

信息加工取向的局限性

学习目标 12：总结对信息加工取向的批评。

与皮亚杰的认知发展理论一样，信息加工取向也受到了批评。批评者指出，信息加工理论家和研究者犯了**还原主义**（reductionism）错误，即把一个现象分解为几个单独的部分，以至于现象作为一个整体的意义和连贯性丧失了。从这个角度来看，信息加工学者视为优势的地

执行功能（executive functioning）
控制和管理自己的认知过程的能力。

还原主义（reductionism）
把一个现象分解为几个单独的部分，以至于丢失了现象作为一个整体的意义和连贯性。

方——专注于认知过程的各个组成部分——实际上是一个弱点。用一位批评者的话来说，信息加工取向导致学者们得出一个错误的结论："行为表现只是一系列特定过程的序列执行。"（原书强调了"只是"）

在批评者看来，采用还原主义的方法使信息加工学者失去了皮亚杰的理论中的整体观。也就是说，他们没有把人类的认知看作一个整体，而是看作孤立的部分。信息加工学者曾经偏爱的计算机类比是错误的，因为人类不是计算机。计算机没有自我反思能力，也意识不到它们的认知过程是如何被集成、组织和监控的。批评者认为，由于自我反思和自我意识是人类认知的核心，因此忽视这些导致了信息加工取向的不合时宜。

计算机也缺乏情绪。在一些学者看来，我们在考虑认知功能时必须考虑情绪。有证据表明，与未进入青少年期的儿童或成年人相比，青少年的情绪往往更加强烈和多变，因此，就青少年期的认知而言，情绪似乎是一个特别重要的因素。在一项研究中，研究者向高中生、大学生和成年人呈现了三个进退两难的困境。这三个困境旨在引发参与者不同程度的情绪卷入。低卷入困境涉及对两个虚拟国家之间的一场战争的不一致的描述，而高卷入困境涉及父母与青少年期的儿子在儿子是否应与他们一起探望祖父母这一问题上的冲突，以及一对男女针对他们意外怀孕后是否应该流产这一问题的观点不一致。研究者发现，高中生和大学生在高卷入困境中比在低卷入困境中表现出更少的高级推理，而成年人在这三个困境中的推理水平相差无几。这项研究表明情绪会影响认知，同时也表明情绪对青少年和初显期成人的认知的影响可能大于对成年人的认知的影响。最近的脑研究似乎支持这一结论。

历史焦点

成年初显期的性别和认知发展

在历史上的大多数文化中，女性在得到促进认知发展的教育机会方面会比男性受到更多的限制。在美国和其他西方国家，这一问题尤其适用于成年初显期。从历史上看，对女性应接受高等教育的观点有大量的讨论，这一观点也遭遇了很大的阻力。18 世纪和 19 世纪的许多人强烈反对允许女性上大学的想法。

历史学家琳达·科尔伯（Linda Kerber）划分了历史上的女性高等教育的三个时期。第一个时期是从 1700 年到 1775 年。在这一时期，女性的读写能力有所提高（与男性一样），但是没有一所学院或大学接收女生。当然，在那个时代接受高等教育的男性也很少，但至少有权势的贵族男性有这个机会，而女性则完全没有。

第二个时期是从 1776 年到 1833 年，科尔伯称其为"对女性心智能力的大辩论时代"。在这一时期，人们就女性是否具有从高等教育中获益的认知能力这一问题进行了激烈的辩论。在这一时期的最后一年，即 1833 年，第一批女性进入欧柏林学院（Oberlin College）接受高等教育，欧柏林学院在建校时是一所女子学院。

第三个时期是从 1833 年到 1875 年，这一时期的特征是女性接受高等教育的机会不断增加。到 1875 年，数十所高校接收了女生，而关于是否应允许女性接受高等教育的争论，人们也转向了支持者。

反对年轻女性接受高等教育的理由主要有两个。一个理由是，对年轻女性进行"过多"教育对她们来说很危险，因为这会破坏她们的女性特质，这可能使她们疲惫不堪，甚至生病。另一个理由是，女性在智力上不如男性，因此让她们接受高等教育是一种浪费。

第一种主张，即认为智力刺激对年轻女性有害，在 18 世纪尤为普遍，在那个世纪有一首流行的诗歌。

> 女孩为什么要博学且明智？
>
> 读书只会让她们变得近视。
>
> 勤奋好学的眼睛黯淡无光。
>
> 阅读只会为皱纹铺平道路。

大约在同一时期，一位颇具影响力的波士顿牧师宣称："有男性心智的女性通常也有男性的举止，健硕的身躯无法激发温柔的感情。"

这一观点在 19 世纪继续存在，但是随着女性开始突破高等教育的障碍，一些男性声称女性在"科学上"表现出认知上的劣势。在 19 世纪出现了许多科学活动，也出现了许多伪科学。最糟糕的伪科学试图确定在智力上存在基于生物学的群体差异。即使那些在其他方面受人尊敬的科学家，在涉及智力问题时，也受到了伪科学推理的影响。保罗·布罗卡（Paul Broca）可能是 19 世纪神经学方面最重要的人物，他声称女性较小的大脑表明了她们智力上的劣势。他非常清楚大脑的大小与体形的大小有关，女性较小的大脑只反映了她们的身形较小，而不是智力低下，但是他对女性的认知能力的偏见使他这样说服自己：

> 我们可能会问，女性的大脑较小是否是因为她们的身形较小……但我们不要忘记，一般而言女性的智力要比男性差一些……因此，我们可以假设女性的大脑相对较小，部分是因为其身体上的劣势，部分是因为其智力上的劣势。

伪科学的主张甚至比这更糟糕。社会心理学奠基人之一法国学者古斯塔夫·勒庞（Gustave Le Bon）评论道：

> 在智商最高的种族中，例如，巴黎人，有很多女性的大脑的体积更接近大猩猩的大脑，而不是发达的男性大脑。这种劣势是如此明显，以至于任何人都无法对它提出片刻的质疑，只有劣势的程度是值得讨论的。所有研究过女性智力的心理学家……今天都认识到，她们代表着人类最低劣的进化形态，与文明社会的成年男性相比，她们更接近儿童和野蛮人。她们反复无常、没有定性、缺少思想和逻辑，也没有推理能

力。当然，也有一些杰出的女性，
她们比普通的男性还要优越，但是
那样的女性如同怪物一样，她们就
像长了两只脑袋的大猩猩一样少见。
因此，我们可能完全忽略她们。

要知道，布罗卡和勒庞并没有被视
为怪人或傻瓜，他们是那个时代的两个
最重要的学者。他们反映并影响了当时
许多人对女性的认知能力的态度。

在 19 世纪，人们对女性的智力有强烈的偏见。

现在西方的情况发生了变化。在所有的西方国家中，女性的教育成就几乎在所有方面
都超过了男性（United Nations Development Programme，UNDP）。但是，在世界上的大多
数国家，女性接受的教育少于男性。此外，在西方，对女性的认知能力的某些偏见仍然存
在。我们将在后面有关性别和学校的章节中讨论这些内容。

实践认知：批判性思维和决策

一些关于青少年期和成年初显期的认知发展的研究特别关注认知在现实生活中如何运行，
以及如何将认知应用于实际情况。关于青少年期和成年初显期的实践认知的两个研究领域是批
判性思维和决策。

批判性思维的发展

学习目标 13： 描述青少年期的批判性思维的特点，以及如何在学校中促进批判性思维。

到目前为止，我们所描述的青少年期期间的认知发展变化有可能使青少年具备批判性思维
（critical thinking）能力，批判性思维不仅包括记忆信息，还包括分析信息、判断信息的意义、
将其与其他信息联系，以及考虑它是有效的还是无效的。

根据认知心理学家丹尼尔·基廷（Daniel Keating）的观点，青少年期的认知发展通过几种
方式提供了批判性思维的潜力。首先，在长时记忆中有了更广泛的不同领域的知识可用，由于
人们有了更多的以前的知识用于比较，因此分析和判断新信息的能力得以增强。其次，同时思
考不同类别的知识的能力增强了，这使人们考虑新的知识组合成为可能。最后，人们有了更多

批判性思维（critical thinking）

这种思维不仅包括记忆信息，还包括分析信息、判断信息的意义、将其与其他信息联系，以及考虑
它是有效的还是无效的。

可用于运用知识或获取知识的元认知策略，如计划和监控自己的理解，这些策略使人们对所学内容进行更多的批判性思维成为可能。

然而，基廷和其他人强调，批判性思维能力并非在青少年期自动发展或必然发展。相反，青少年期的批判性思维需要在儿童期获得的技能和知识基础，以及在青少年期获得的促进和重视批判性思维的教育环境。根据基廷的观点，获得特定知识和学习批判性思维技能是两个互补的目标。批判性思维会促进个体对某个主题的知识的获得，因为它会引起人们对基本解释的渴望，而对某个主题的知识的获得使批判性思维成为可能，因为它提供了分析和批判所需的知识。

鉴于批判性思维在学习过程中的潜在益处，人们可能希望批判性思维技能成为学校教学的首要目标。但是，美国教育体制的观察者普遍认为，美国的学校在促进批判性思维方面做得很差。对青少年的批判性思维技能的评估通常发现，很少有青少年已经发展出这些技能并能熟练使用，这在某种程度上是因为在课堂上这些技能的发展很少得到促进。许多中学的教学不是促进知识和批判性思维的互补发展，而是促进对具体事实的机械记忆，其有限的目标是学生在考试前能够记住这些事实。

促进批判性思维需要小班教学，要求课堂环境中的师生集中讨论成为常态。这些特点并不是美国中学的典型特征，研究发现亚洲各国的中学也特别强调机械记忆，不注重培养批判性思维。一些学者认为，欧洲各国的中学在提供促进批判性思维的课堂环境方面做得更好。在促进批判性思维方面，美国的大学也往往比美国的中学更成功，尤其是在相对较小的班级中。在本书中，每章中的"批判性思考"版块旨在促进人们培养批判性思维，这些问题也为你提供了批判性思考的示例。

> **批判性思考**
>
> 你的高中是否成功地促进了批判性思维？如果没有，你认为原因是什么？促进批判性思维存在哪些实际障碍？

青少年能做出适当的决策吗

学习目标 14： 说明青少年期的决策能力是如何变化的，包括在风险判断方面。

我们在第 1 章中看到，独立做决策是各种文化中的大多数青少年和初显期成人所认为的成为一名成年人所需的重要特质之一。关于青少年是否具备做出适当的决策的认知能力，研究能告诉我们什么？这一问题的答案具有重要意义，因为许多社会中的青少年面临着这样的决定——是否使用物质（包括酒精和香烟）、何时开始性行为，以及选择哪种教育路径。

对于使用避孕工具、堕胎或寻求各种医学治疗，青少年是否应该有独立做决策的权力？对这一问题的辩论还具有政治和法律意义。美国的许多州禁止青少年（18 岁以下）就医学治疗做出独立决定。同样，未满 18 岁的青少年签订的法律合同不具有与 18 岁及以上的人签订的合同相同的约束力。青少年可以随时否认一个合同，而成年人不可以。此外，青少年犯罪所适用的法律制度与成年人犯罪所适用的法律制度不同，对青少年犯罪的处理通常更为宽容，这反映出一种观点，即青少年不应像成年人一样对错误的决定承担责任。在美国，各州在日益缩小这种差异，在许多罪行上青少年与成年人适用于相同的法规，但大多数州在法律体系中至少保留了某些区分，承认青少年的决策能力与成年人之间存在差异。

研究表明，决策能力会随着年龄的增长而发生显著变化。与尚未进入青少年期的儿童相比，早期青少年通常能发现更广泛的可能的选择，能更好地预见选择的后果，并能更好地评估、整合信息。然而，在上述所有方面，早期青少年都不如晚期青少年或初显期成人熟练。

例如，路易斯（Lewis）向八年级、十年级和十二年级的青少年呈现了有关医疗程序决策的假设情境。十二年级的学生比十年级或八年级的学生更有可能提到需要考虑的风险（从高年级到低年级该比例分别为 83%、50% 和 40%）、建议咨询外部专家（62%、46% 和 21%），以及预见可能的后果（42%、25% 和 11%）。

大多数对青少年和成年人进行比较的研究发现，在那些能立即获得结果反馈（奖励和损失）的"热门任务"上，青少年会比成年人冒更大的风险。与成年人相比，青少年似乎更容易受到强烈的情绪和朋友的影响。换句话说，即使青少年在做决策方面能够表现出与成年人相同的认知能力，青少年也可能会做出不同的决定，因为与成年人相比，青少年更容易受到心理社会因素（如当时的情绪、被同伴接纳的愿望）的影响。

青少年有能力做出重大决策吗（例如，针对医疗和法律问题）？

研究表明，青少年的决策能力会受到心理社会不成熟的影响，尤其是 15 岁及以下的青少年。

应当强调的是，决策方面的学者们甚至认为，即使在成年期，人们的决策过程也很少是完全基于理性的，而且由于推理错误或社会和情绪因素的影响，决策过程往往是不准确的。从儿童期到青少年期再到成年初显期及以后，决策能力可能会一直发展，但在所有年龄段，决策过程往往都会出现错误和失真。

批判性思考

应当允许多大年龄的年轻人自己决定是否文身、是否采取节育措施，以及是否独立生活？根据此处介绍的决策概念说明你的理由。

社会认知

认知是我们理解物质世界的基础，但认知也有助于我们对社会世界的理解。

什么是社会认知

学习目标 15：解释什么是社会认知，以及说认知发展是"组织核心"意味着什么。

本书在比较靠前的章节中讨论认知发展，这是因为这一发展领域为许多其他方面提供了基础，从家庭关系和友谊到学业成绩和冒险行为。青少年期的认知发展起着组织核心（organizational core）的作用，它影响着所有思维领域，不论主题是什么。

这意味着我们讨论过的与物质世界有关的认知概念也可以应用于社会主题。社会认知（social cognition）是对他人、社会关系和社会制度的思维方式。由于社会认知（就像一般认知发展一样）反映在青少年发展的许多其他领域中，因此在本书中我们会不断讨论社会认知。在这里我们只讨论社会认知的两个方面：观点采择和青少年的自我中心主义。

观点采择

学习目标 16：描述塞尔曼观点采择理论的几个阶段，并解释"心理理论"与观点采择之间的关系。

你最近有没有和幼儿交谈过？如果交谈多，你可能会发现，当谈话的重点是他们而不是你时，交谈往往会进行得很顺畅。幼儿倾向于认为，围绕他们的主题不仅他们自己感兴趣，其他人也会很感兴趣，他们很少想到问一问自己，自己的兴趣可能与他人的兴趣有何不同。随着儿童进入青少年期，他们越来越能做到观点采择（perspective taking），这是一种理解他人的思想和感觉的能力。当然，即使对于成年人来说理解他人的思想和感觉也是一个挑战。但是随着年龄的增长，大多数人在这方面都会有所提高，青少年期是发展观点采择的一个非常重要的时期。

罗伯特·塞尔曼（Robert Sellman）是观点采择发展方面的一位重要的早期理论家和研究者。他基于自己的研究提出了一个理论，描述了从儿童期早期到青少年期观点采择是如何经历一系列阶段而发展起来的。塞尔曼认为，在这一过程中，儿童期的自我中心主义逐渐发展为青

组织核心（organizational core）
被专门用于描述认知发展的术语，意思是认知发展影响着所有的思维领域，不论主题是什么。

社会认知（social cognition）
对他人、社会关系和社会制度的思维方式。

观点采择（perspective taking）
理解他人思想和感觉的能力。

少年期的成熟的观点采择能力。

在他的研究中塞尔曼主要使用了访谈法。在访谈中，他向儿童和青少年提供假设情境，要求他们就此发表评论。例如，"米勒医生刚刚完成他的医生培训，他想在另一个城市设一间办公室，并希望吸引更多的患者。但他没有多少启动资金。找到办公室后，他在考虑是花很多钱装修，铺漂亮的地毯，买精美的家具和昂贵的灯，还是简单装修一下，不铺地毯，只用简单的家具和简单的灯。"

然后，他通过提问引出能够表明观点采择的回答，所问的问题涉及医生对吸引新患者的想法，以及患者和整个社会对医生的行为的看法。例如，"你认为社会对医生花钱把办公室装修得很漂亮以吸引患者的做法有什么看法？"

塞尔曼的研究表明，在进入青少年期之前，儿童的观点采择能力从很多方面来说都是有限的。幼儿很难区分自己的观点和他人的观点。到 6~8 岁时，儿童开始学习观点采择技能，但还是不能对观点进行比较。在尚未进入青少年期时（8~10 岁），大多数儿童会明白其他人可能会有与自己不同的观点。他们还会认识到，采择他人的观点可以帮助他们理解他人的意图和行动。

根据塞尔曼的理论，在青少年期早期，即 10~12 岁时，儿童刚开始具备**相互观点采择**（mutual perspective taking）的能力，也就是说，早期青少年认识到，他们与他人的观点采择是相互的，就像你认识到另一个人的观点与你的观点不同，你也认识到他人也明白你的观点与他们的观点不同一样。此外，与幼儿不同，早期青少年已经开始能够想象他们的观点和另一个人的观点在第三人看来是怎样的。在上面的米勒医生的例子中，如果回答者能够说出医生对于他人如何看待他和他的患者的认识，那么就说明他表现出相互观点采择阶段的能力。

根据塞尔曼的理论，社会认知在青少年期后期进一步发展。相互观点采择之后便是**社会和习俗观点采择**（social and conventional system perspective taking），这意味着青少年开始认识到，他们和其他人的社会观点不仅受到彼此之间的相互作用的影响，而且还受到他们在较大的社会中的角色的影响。在米勒医生的例子中，如果青少年能够理解社会如何看待医生的角色，以及这种看法将如何影响医生及其患者的观点，这表明他们已进入社会和习俗观点采择阶段。

总体而言，塞尔曼的研究表明，从儿童期到青少年期观点采择能力不断提高。然而，他的研究也表明，年龄和观点采择能力之间的联系并不紧密。青少年到达相互观点采择阶段的年龄早则 11 岁，晚则 20 岁。请注意，这与我们先前在讨论形式运算时的发现相似。在这两个领域

相互观点采择（mutual perspective taking）

通常在青少年早期出现的观点采择阶段，在该阶段中人们认识到自己与他人的观点采择是相互的，即双方都意识到对方能够考虑他们的观点。

社会和习俗观点采择（social and conventional system perspective taking）

认识到自己和他人的社会观点不仅受到彼此之间的相互作用的影响，而且受到他们在较大的社会中的角色的影响。

个体差异很大，各个特定年龄段的人的认知能力的差异也很大。

其他关于观点采择的研究发现，它在青少年的同伴关系中起着重要作用。例如，研究发现，青少年的观点采择能力与他们在同龄人中的受欢迎程度以及是否能成功结交新朋友有关。能够采择他人的观点，有助于青少年意识到他们的言行是如何使他人高兴或不高兴的。观点采择也与青少年如何对待他人有关。一项对巴西青少年的研究发现，观点采择能力可以预测同情心和 亲社会（prosocial）行为，即友善和体贴的行为。由于观点采择可以提高这些特质，因此观点采择能力强的人也善于结交朋友，这一点很容易理解。同样，一项对墨西哥裔美国青少年的研究发现，家庭关系亲密的文化价值观增强了青少年的观点采择能力，进而促进了他们的亲社会行为。

与观点采择相关的一个概念是 心理理论（theory of mind），心理理论是将心理状态归因于自己和他人的能力，包括信念、思想和感觉。到目前为止，大多数使用心理理论的研究都是针对幼儿的，并着眼于观察儿童最初是如何形成这样一种理解的，即他人具有独立于他们自己的精神生活。但是有些研究正在转向青少年期，例如，一项使用脑活动测量技术的研究发现，从儿童期到青少年期对心理理论的理解的加深与进行心理理论任务时额叶皮层活动的增加有关。另一项研究考察了青少年的关于家庭生活的心理理论，研究发现青少年能相当准确地描述父母关于婚姻关系的想法和感受。最近的研究开始探索在成年初显期观点采择和心理理论的进一步发展，包括这些发展所基于的大脑发育特征。

青少年的自我中心主义

学习目标 17：描述假想观众和个人神话如何反映青少年的认知发展。

记得在我上高中时有段时间，每个人都穿着盖尔斯牌牛仔裤。那时我很穷，拿不出 50 或 75 美元买一条牛仔裤，所以我就没买。每次当我穿着其他牌子的牛仔裤在走廊上听到有人在我背后窃窃私语或窃笑时，我坚信他们是在嘲笑我，因为我没有穿盖尔斯牌牛仔裤。真可悲——现在我有两条盖尔斯牌牛仔裤，可没有人在乎了，包括我自己。

——道恩，20 岁

在青少年期早期，我认为（或假装）电影摄制组在跟着我，录下我所做的一切。他们之所以选择我，是因为我是学校中最受欢迎的女孩，过着最有趣的生活。至少我当时是那么认为的！

——丹尼斯，21 岁

亲社会（prosocial）

促进他人的幸福。

心理理论（theory of mind）

将心理状态归因于自己和他人的能力，包括信念、思想和感觉。

上高中时，我们一帮人会在晚上去湖边的悬崖上抹黑往下跳。通常每个人都喝了酒。为了增加危险性，每个人还必须躲开一块岩石，它在悬崖下约 20 米的地方向外伸出了大约 2 米。我们认识的一个家伙，18 岁，在往下跳的时候绊倒了，结果掉在岩石上摔断脖子死了。我们所有人都认为他一定做了什么愚蠢的事情，这不可能发生在我们身上。

——瑞恩，22 岁

我们看到，在学习采择他人观点的过程中，与幼儿相比，青少年变得不那么以自我为中心了。然而，青少年期的认知发展也导致了青少年期所特有的新型自我中心主义。

在本章的前面我们提到，青少年期的认知发展包括元认知（对思维进行思考的能力）的发展。这一发展包括既思考自己的想法也思考他人的想法的能力。在这些能力最初发展时，青少年可能难以区分对自己的想法的思考和对他人的想法的思考，从而导致了一种独特的**青少年自我中心主义**（adolescent egocentrism）。关于青少年自我中心主义的观点最早由皮亚杰提出，由大卫·艾尔金德（David Elkind）进一步发展。艾尔金德认为，青少年自我中心主义包含两个方面，即假想观众和个人神话。

假想观众　**假想观众**（imaginary audience）是由于青少年区分对自己的想法的思考和对他人的想法的思考的能力有限造成的。因为他们对自己关注过多并且会敏锐地意识到自己在他人眼里是什么形象，所以他们得出结论，他人也一定对他们非常关注。他们夸大了他人对他们的关注程度，因此想象出了一批全神贯注于其外表和行为的观众。在当今时代，社交媒体的使用可能会加剧青少年的这种感觉——他们是假想观众的中心。

假想观众使青少年比处于形式运算阶段之前时有了更多的自我意识。你是否还记得你在七八年级时，有一天醒来发现额头上长出一颗小痘痘，或者你发现自己的裤子上有芥末渍并纳闷儿是什么时候弄上

青少年经常感觉假想观众在敏锐地察觉他们的外表和行为。

的，或者你在课堂上说了一句话引得哄堂大笑（尽管你没打算搞笑）？当然，这样的经历对成年人来说也不好玩，但是在青少年期它们往往更糟糕，因为"假想观众"似乎让"每个人"都知道了你的糗事，并且他们会记住这些事很长时间。

青少年自我中心主义（adolescent egocentrism）

自我中心主义的一种类型，青少年很难区分对自己的想法的思考和对他人的想法的思考。

假想观众（imaginary audience）

相信别人会敏锐地觉察到并关注自己的外表和行为。

假想观众并不会在青少年期结束后消失。成年人也存在一定程度的自我中心主义。成人也会为他们的行为假想出（有时会夸大）观众。只不过在青少年期，个体区分自己的观点和他人观点的能力尚不发达。

个人神话　艾尔金德认为，**个人神话**（personal fable）建立在假想观众的基础上。相信假想观众高度关注你的外表和行为，会导致你相信你一定有什么特别的、独特的地方——否则其他人为什么会如此关注你？青少年认为他们的个人经历和个人命运是独一无二的，这种信念就是个人神话。

当个人神话使青少年认为没人拥有其独特的经历，进而感觉"没有人理解我"时，个人神话就可能成为青少年期烦恼的根源。当青少年想象着自己独特的个人命运可以让自己实现梦想时——成为摇滚音乐家、职业运动员、好莱坞明星，或者只是在所选领域取得成功——个人神话也可能成为青少年期的远大志向的源泉。当青少年的独特感使他们相信无保护性行为和酒后驾车等行为的不良后果"不会发生在我身上"时，个人神话也可能助长青少年的冒险行为。在艾尔金德及其同事的一项研究中，个人神话得分从青少年早期到中期有所升高，而且与参与冒险行为（如物质使用）相关。男孩在个人神话得分和冒险行为报告方面均高于女孩。

与假想观众一样，个人神话会随着年龄的增长而减少，但对于我们大多数人来说，个人神话永远不会完全消失。即便是大多数成年人也喜欢认为，他们的个人经历和个人命运即使并非独一无二，也有一些特别之处。但是个人神话在青少年期往往比在之后的年龄段更强，因为随着年龄的增长，我们的经历以及与他人的交谈使我们意识到我们的思想和感觉并不像我们想象得那么特别。

> **知识的运用**
>
> 　　你是否认为大多数初显期成人已摆脱青少年自我中心主义？请举出一个你在同伴身上看到的或自己经历过的假想观众和个人神话的例子。

与个人神话相关的一个概念是**乐观偏差**（optimistic bias）。与个人神话相比，人们对乐观偏差的研究更加广泛。乐观偏差的思想来自健康心理学，涉及个人神话的一个特定方面，即认为事故、疾病和其他不幸更有可能发生在别人身上而不是我们自己身上的倾向。该领域的研究发现，青少年和成年人都对挑战健康的冒险行为（如酒后驾驶或吸烟）存在乐观偏差，但青少年的乐观偏差往往比成年人更强烈。

例如，在一项研究中，青少年吸烟者、成年吸烟者和不吸烟者被问及吸烟对他人和自己的

个人神话（personal fable）

相信自己的独特性，常常感觉冒险不会发生危险。

乐观偏差（optimistic bias）

认为事故、疾病和其他不幸更有可能发生在他人身上而不是自己身上的倾向。

危害。从图 3-3 中可以看出，无论是吸烟者还是不吸烟者，绝大多数青少年和成年人都认为，对"大多数人"来说吸烟会使人上瘾而且是致命的。然而，当谈到吸烟对自己的危害时，他们则表现出乐观偏差。吸烟者比不吸烟者更有可能相信他们不会因吸烟 30~40 年而死。

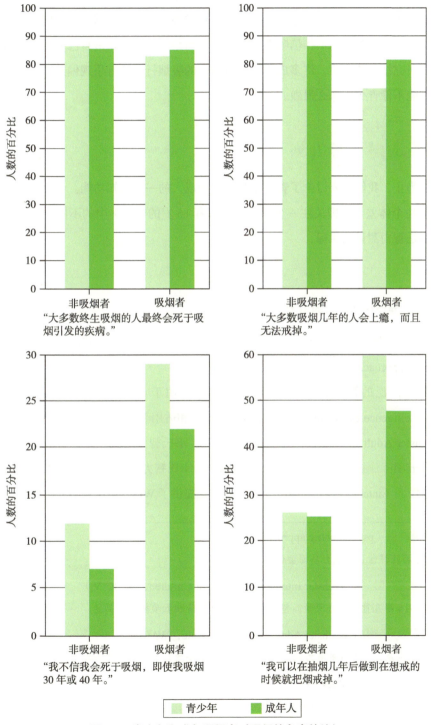

图 3-3　青少年和成年吸烟者对吸烟的危害的认知

注：这项研究是否表明了青少年期的乐观偏向？

尽管如此，大多数吸烟者仍认为，如果吸烟的时间足够长，那么吸烟对他们个人来说最终将是致命的。对吸烟真正的乐观偏差似乎与成瘾有关。尽管绝大多数青少年和成年人都认为"大多数吸烟几年的人会上瘾并且无法戒掉烟瘾"，但是 48% 的成年吸烟者和 60% 的青少年吸烟者认为"我可以在吸烟几年后做到想戒就戒掉"。这些结果表明，尽管吸烟有害健康是众所周知的，但青少年还是吸烟，其原因之一是他们对成瘾持一种乐观态度。他们不相信自己最终会死于吸烟，不是因为他们不相信吸烟是致命的，而是因为他们相信自己会在吸烟致死之前就把烟戒掉。研究结果还表明，许多成年人也对他们的吸烟行为持有乐观偏差，但是成年人中的这种偏差可能不像青少年那么强烈。

心理测量取向：智力测验

到目前为止，我们主要讨论了青少年和初显期成人的一般认知功能。考察认知发展的另一种方法是关注个体差异，即关注一个群体（如所有 16 岁的个体）中的不同个体在认知能力上的差异。这是智力测量的目标。

测量智力

学习目标 18：描述评估智力的主要方法。

采用智力测验评估认知能力从而尝试理解人类的认知的方法被称为心理测量取向（psychometric approach）。

使用最为广泛的智力测验是韦氏量表，包括适用于 6~16 岁儿童的韦氏儿童智力量表（Wechsler Intelligence Scale for Children，WISC-V）和适用于 16 岁及以上人群的韦氏成人智力量表（Wechsler Adult Intelligence Scale，WAIS-V）。韦氏智力测验包含六项言语分测验（verbal subtests）和五项操作分测验（performance subtests）。韦氏智力测量的结果可以提供言语智商、操作智商和总智商（intelligence quotient，IQ）。表 3-2 提供了 WISC-V 和 WAIS-V 的更多具体信息。

心理测量取向（psychometric approach）
通过智力测验评估认知能力从而尝试理解人类的认知。

韦氏儿童智力量表（Wechsler Intelligence Scale for Children，WISC-V）
适用于 6~16 岁儿童的智力测验，包括六项言语分测验和五项操作分测验。

韦氏成人智力量表（Wechsler Adult Intelligence Scale，WAIS-V）
适用于 16 岁及以上人群的智力测验，包括六项言语分测验和五项操作分测验。

言语分测验（verbal subtests）
韦氏智力测验中考察言语能力的分测验。

操作分测验（performance subtests）
韦氏智力测验中考察注意、空间知觉和加工速度等能力的分测验。

表 3-2　韦氏成人智力量表示例项目

言语分测验
常识：常识性问题，例如，"《哈克贝利·费恩历险记》是谁写的？"
词汇：下定义，例如，"'制定'（formulate）这个词是什么意思？"
相似性：描述两个事物之间的关系，例如，"苹果和橘子有什么相似之处？""书籍和电影有什么相似之处？"
算术：口算题，例如，"以每小时 30 千米的速度行驶 140 千米需要多少小时？"
理解：实践知识，例如，"为什么在邮寄信件时使用邮政编码很重要？"
数字广度：短时记忆测验。主试念出长度递增的数字序列，要求被试重复。

操作分测验
对于所有操作测验，其得分既取决于回答的准确性，也取决于回答的速度。
图片排列：提供描述各种活动的卡片，要求被试重新排列图片，使之组成一个有意义的故事。
图画填充：提供绘有某个物体或场景的卡片，其中缺少某些内容，要求被试指出缺少什么（例如，一只狗只有三条腿）。
矩阵推理：展示缺少一个部分的图形，要求被试从五个选择中选择一个来补全图形。
积木：提供一些积木，积木有两个面为白色，两个面为红色，另外还有两个面为一半红色一半白色。展示绘有几何图案的卡片，要求被试按照卡片上的图案排列积木。
数字符号：在纸的上面呈现数字和对应的符号，在纸的下面呈现符号序列，每个符号的下方有一个空白方框，要求被试把代表符号的数字填在方框中。

　　人们对韦氏智力量表的开发进行了大量研究。这种研究的一个目标是建立**年龄常模**（age norms），建立年龄常模是指通过测试来自各个地域和社会阶层的大规模随机样本来确定每个年龄的典型分数。个体的智商得分是通过将个体在测试中的表现与同龄人的"常模"或典型得分进行比较确定的。**中位数**（median）——样本分数的一半高于它、另一半低于它的那个点——被定为 100 分，其他分数根据它们相对于中位数的高低来确定。

　　正如"研究焦点"专栏中所指出的那样，智商测验的**相对分数**（relative performance）是稳定的——儿童期得分高于平均水平的人往往青少年期和成年期得分也高于平均水平，而儿童期得分低于平均水平的人往往青少年期和成年期得分也低于平均水平。然而，从青少年期中期

智商（intelligence quotient，IQ）
标准化测试测出的一个人的智力水平。

年龄常模（age norms）
开发心理测验的技术，通过对来自各个地域和社会阶层的大量随机样本进行测试确定每个年龄段的典型分数。

中位数（median）
在分数分布中，总体的一半比之高、一半比之低的那个分数。

相对分数（relative performance）
在智商测验中，通过将分数与同龄的其他人的分数相比得到的分数。

到成年早期，**绝对分数**（absolute performance）会出现一些有趣的变化模式。图 3-4 显示了在一项纵向研究中，16 岁到 38 岁的个体在韦氏成人智力量表（WAIS）分测验中的得分的变化情况。需要注意的是，言语分测验的绝对分数从 16 岁到 38 岁一般都会提高，而操作分测验的绝对分数往往在 25 岁左右达到顶峰，之后便开始下降。

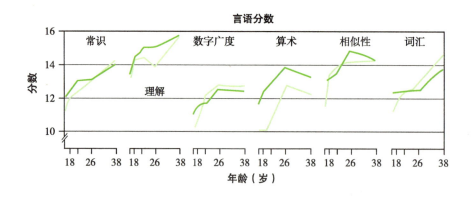

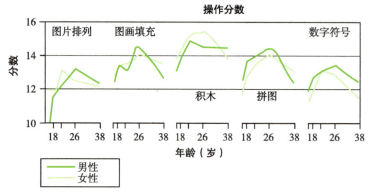

图 3-4 从 16 岁到 38 岁智力分测验分数的变化

这些模式反映出一些学者对流体智力和晶体智力的区分。**流体智力**（fluid intelligence）是指涉及分析信息的速度、加工信息的速度，以及对信息做出反应的速度等方面的心理能力，这是操作分测验旨在评估的能力。智商测验表明，这种智力在成年初显期达到顶峰，然后开始下降。而**晶体智力**（crystallized intelligence）是指基于经验积累的知识以及增强的判断力。常识、理解和词汇等分测验评估这种智力，这些分测验的绝对分数往往会在 20 多岁和 30 多岁及以后提高。

绝对分数（absolute performance）
在智商测验中，通过将分数与其他人的分数（不论年龄）相比得到的分数。

流体智力（fluid intelligence）
是指分析信息的速度、加工信息的速度，以及对信息做出反应的速度等方面的心理能力。

晶体智力（crystallized intelligence）
指基于经验积累的知识以及增强的判断力。

智力测验和青少年的发展

学习目标 19：说明收养研究如何展现从儿童期到青少年期基因型→环境效应的表现。

自从智力测验出现以来，已经有大量使用智力测验的研究。就青少年期而言，最值得关注的结果涉及收养研究。

正如我们在第 1 章中所述，收养研究利用的是自然实验。自然实验是一种自然存在的情境（换句话说，研究者不对情境进行控制），可以为敏锐的观察者提供有价值的科学信息。收养之所以是一种自然实验，是因为与大多数家庭不同，收养家庭中的孩子是由与他们没有血缘关系的成年人抚养长大的。这消除了我们在第 2 章中讨论的被动型基因型→环境效应的问题。在有血缘关系的家庭中，由于父母既提供了基因也提供了环境，因此我们很难知道父母与孩子之间的相似性在多大程度上是由基因或环境引起的。养父母与被领养的孩子之间的相似性很可能是由父母提供的环境带来的，因为父母和孩子没有血缘关系。被领养的孩子与其亲生父母之间的相似性很可能是由基因引发的，因为孩子的成长环境不是亲生父母提供的。

研究焦点

韦氏智力测验

韦氏量表是使用最为广泛的智力测验。儿童和早期青少年（6~16 岁）通常使用韦氏儿童智力量表（WISC-V），年龄较大的青少年和成年人（16 岁以上）通常使用韦氏成人智力量表（WAIS-V）。量表名称中的"V"表示这是该测验的第五版。

在开发韦氏智力测验的研究中，两个重要的考虑因素是信度和效度。正如我们在第 1 章中所述，信度是对回答的一致程度的测量。信度有很多种，但是其中最重要的一种是**重测信度**（test-retest reliability），重测信度考察人们某一次测试的得分是否与另一次测试的得分相似。韦氏智力测验具有很高的重测信度，随着被试年龄的增长，这种信度也会提高。对于大多数人来说，大约在 10 岁以后，智商得分几乎没有变化。

当然，这并不意味着你的心智能力在 10 岁以后永远不会提高！你要知道，智商是一个相对分数，它表明了你与相同年龄的其他人相比较的情况。因此，在 10 岁时智商为 100 分的人在 20 岁时很可能还是 100 分左右，即使他们答对了更多的题，这是因为他们的同龄人在 20 岁时答对的题也比在 10 岁时多。有些人在儿童期或青少年期智商会发生巨大变化，有的人的变好有的人的变差，但更典型的模式是智商得分保持稳定。

研究工具的效度是指它在多大程度上能够测量其声称要测量的内容。对于智商测验来说，其效度问题是智商测验真的能测量智力吗？效度问题比信度问题更难回答，而且智商

重测信度（test-retest reliability）

信度的一种类型，考察人们某一次测试的得分是否与另一次测试的得分相似。

测验的效度一直在学者和公众中存在很大争议。总体来说，目前可以得出的结论是，智商测验具有相当好的 **预测效度**（predictive validity），也就是说，青少年期的高智商得分预示着成年初显期的较高的学历，以及成年早期及以后的职业成功。青少年期的高智商预示了成年期的与教育和职业无关的方面的积极结果，例如，离婚或酗酒的可能性较低。

对被收养的孩子从出生到青少年期进行追踪的研究发现了一个有趣的模式。在儿童期早期和中期，被收养的孩子的智商和他们的养父母的智商存在显著相关。但是，当被收养的孩子到达青少年期时，尽管他们生活在同一个家庭的时间更长了，但两者的智商之间的相关性却下降了。怎么会这样？

这可能是因为随着年龄的增长，直接的家庭环境对智力发展的影响逐渐下降，同时主动型基因型→环境效应逐渐增强，即青少年选择自己的环境影响的程度增强。在儿童期早期和中期，父母对孩子所经历的环境有很大的控制。父母决定着孩子用多长时间做家庭作业、看多长时间的电视、周末有什么娱乐活动、与谁一起玩等等。但是，青少年会自己做出许多这样的决定。父母仍然对青少年有重要影响，但是青少年比儿童拥有更大的自主权，他们在花多少时间做作业、将多少空闲时间用于阅读或看电视，以及与谁交朋友等问题上有更大的发言权。所有这些决定都有助于智力的发展，因此与较小的被收养儿童相比，青少年在智商上与养父母的相似度更低。

一个特别有趣的研究领域是 **跨种族收养**（transracial adoption），涉及白人父母收养黑人的孩子。与智商测验有关的最激烈的争议是智商的种族差异。从儿童期到成年期，非裔美国人和拉丁裔美国人在使用最广泛的智商测验中的得分通常低于白人。但是关于这些群体差异的根源，学者们之间存在很大的分歧。有些学者认为，这些差异是遗传/种族在智力方面存在差异的结果，而有些学者则认为，这些差异只是反映了智商测验与从主流文化中获得的知识有关这一事实，白人比少数族裔更有可能在这种文化中成长。跨种族收养代表一种特别的自然实验，因为它涉及在白人主导的主流文化中养育非裔美国儿童。

这些研究有什么发现？总体而言这些研究表明，当黑人孩子在白人收养家庭中成长时，他们的智商与白人的平均智商一样高或高于后者。在青少年期，他们的智商得分有所下降，但仍然相对较高。这表明白人与非裔美国人在智商上的总体差异是文化和社会阶级差异的结果，而不是遗传因素的结果。

预测效度（predictive validity）
在纵向研究中，在时间点1的变量预测在时间点2的结果的能力。

跨种族收养（transracial adoption）
一个种族的孩子被另一个种族的父母收养。

认知发展的文化取向

学习目标 20：解释维果茨基的理论中的最近发展区与脚手架理论之间的关系。

本章中所讨论的有关认知发展的三个主要观点——认知发展、信息加工和心理测量——虽然在许多方面存在差异，但都低估了文化在认知发展中的作用。从这些视角发展理论和开展研究的目的是发现适用于所有时代和所有的文化中的所有人的认知发展原则，换句话说，就是剥离文化对认知的影响，确定人类认知的普遍特征。

但是，近年来认知的文化取向受到儿童期和青少年期学者越来越多的关注。这种取向建立在心理学家**列夫·维果茨基**（Lev Vygotsky）的思想的基础上。维果茨基在 37 岁时就死于结核病，数十年来他关于认知发展的观点被翻译成了其他国家的文字并得到了其他国家的学者的认可。在过去的 20 年中，他的工作才在西方学者中引起广泛反响，但是随着人们对人类发展的文化基础的兴趣不断增长，他的影响力也越来越大。

维果茨基认为，认知发展始终是一个社会文化过程。图为海地的一位父亲在教他的儿子如何做鞋。

维果茨基的理论通常被称为社会文化理论，因为在他看来，认知发展本质上既是社会过程，也是文化过程。说认知发展是社会过程，是因为儿童通过与他人的互动来学习，并且儿童需要他人的帮助来学习他们需要知道的东西。说认知发展是文化过程，是因为儿童需要了解的内容取决于他们生活于其中的文化。正如我们在本章的前面所述，从在南太平洋潜水叉鱼的技能到因纽特人在严酷北极环境中生存的技能，再到学校教授的语言和科学推理技能，青少年必须掌握的知识存在明显的文化差异。

维果茨基最有影响力的两个观点是最近发展区和脚手架理论。**最近发展区**（zone of proximal development）是青少年独立解决问题的实际发展水平与其在成年人或有能力的同伴的指导下达到的解决问题的水平之间的差距。维果茨基认为，如果儿童和青少年得到的指导最靠近他们的最近发展区，那么他们的学习效果最好。所以他们通常在一开始需要帮助，之后逐渐能够独立完成任务。例如，学习乐器的青少年如果完全自学，可能会感到茫然不知所措，但是

列夫·维果茨基（Lev Vygotsky）

心理学家，强调认知发展的文化基础。

最近发展区（zone of proximal development）

个体独立解决问题的实际发展水平与其在成年人或有能力的同伴的指导下达到的解决问题的水平之间的差距。

如果有一个会弹乐器的人给予指导，他们就能取得进步。

脚手架理论（scaffolding）是指在最近发展区为青少年提供帮助的程度。维果茨基认为，随着儿童完成任务的能力越来越强，脚手架应逐渐减少。当儿童和青少年开始学习一项任务时，他们需要教师的大量指导和参与，但是随着他们不断获得知识和技能，教师应逐渐减少直接的指导。这些思想强调了维果茨基的理论中的学习的社会属性。在维果茨基看来，学习始终是通过社会过程发生的，即拥有知识的人与正在获取知识的人之间的互动。

一个关于脚手架和最近发展区的例子来自塔农（Tanon）的研究，塔农研究了位于非洲西海岸的象牙海岸的迪奥拉（Dioula）文化中男性青少年的纺织技能。迪奥拉经济的重要组成部分是制作并销售设计精美的手工织物。纺织训练从 10~12 岁开始，持续数年。男孩看着父亲纺织长大，但是在青少年早期，他们就开始自己学习纺织。纺织技能的传授是通过脚手架进行的：男孩先尝试纺织一个简单的图案，父亲纠正他的错误，然后男孩再次尝试。男孩掌握简单的图案后，父亲再给他一个较为复杂的图案，这样就提高了最近发展区的上限，通过使男孩持续接受挑战，他的技能也就不断提高。随着男孩越来越熟练，父亲提供的脚手架就会逐渐减少。最终，男孩有了自己的织机，但是他还要继续向父亲请教好几年才能完全独立纺织。

批判性思考

从你自己的文化中举一个涉及脚手架和最近发展区的学习的例子。

有一位学者对维果茨基的理论的拓展起到了重要作用，她就是拉特·罗格夫（Barbara Rogoff）。她的引导式参与（guided participation）概念是指两个人（通常一个是成年人，另一个是儿童或青少年）在参与具有文化价值的活动时的教学互动。学习过程中的指导就是"文化和社会价值观以及社会伙伴所提供的方向"。这与维果茨基的脚手架概念类似，只不过罗格夫更加明确地强调文化价值在决定儿童和青少年学习什么以及如何学习方面的重要性。

例如，在一项研究中，罗格夫及其同事对一群美国青少年早期的女童子军进行了观察，她们在出售和分发女童子军饼干并以此作为一项筹款项目。女孩对项目的参与反映了脚手架和引导性参与——女孩在开始时只是观察，后来逐渐转向积极参与，最后承担起更大的销售管理责任（例如，计算每个顾客应该给多少钱，记录哪些顾客已付款，哪些还未付款）。该项目表明了认知发展的社会文化基础。女孩的学习是社会性的，因为她们是通过与年龄较大的女孩、妈妈、队长，甚至顾客（有时会帮她们算钱）共同参与销售饼干来学习的。她们的学习也是文化性的，因为这涉及参与有文化价值的活动以及隐含的文化价值的表达，如效率、竞争、合作和

脚手架理论（scaffolding）

在最近发展区为学习者提供帮助的程度，随着学习者的技能的发展而逐渐减少。

引导式参与（guided participation）

两个人（通常一个是成年人，另一个是儿童或青少年）在参与具有文化价值的活动时的教学互动。

责任感。

人们对认知发展的文化取向的日益浓厚的兴趣，是一个更广阔的视角的一部分，这一视角被称为文化心理学（cultural psychology）。从这一视角来看，认知与文化密不可分。文化心理学家不是试图剥离文化对认知的影响，而是试图研究文化与认知之间的相互关系以及文化对认知发展的深远影响。文化心理学家不是尝试开发认知能力测验来研究适用于思维的各个方面的潜在结构，而是尝试分析人们在日常活动中如何使用认知技能。文化心理学正被应用于越来越广泛的主题，但到目前为止，其主要焦点仍然是文化和认知。

尽管文化心理学在兴起，但是目前采用认知发展、信息加工和心理测量取向的研究远远超过采用文化取向的研究。然而，在未来几年文化取向对青少年认知的重要性有望提高。

关于智力的其他观点：多元智能理论

学习目标 21：列出多元智能理论中的智力类型，并解释在测量它们方面存在哪些局限。

在西方历史的许多世纪中，智力一直被认为是一个人的知识和推理能力的水平。这种智力概念是构建智力测验的基础，也是大多数人所持的智力观。在一项研究中，学者和非学者指出了他们认为的聪明人所特有的能力。学者（研究智力的心理学家）和非学者（来自各种背景的人）的回答相似。他们都认为智力主要由语言能力（如"丰富的词汇量""较强的阅读理解力"）和解决问题的能力（如"进行逻辑推理""将知识应用于当前情境"）组成。

然而近年来，有学者提出了其他智力理论。这些理论试图提出一个比传统智力概念范围更广的智力概念，其中的一个最有影响力的智力理论是由霍华德·加德纳（Howard Gardner）提出的。加德纳的多元智能理论（theory of multiple intelligences）包括九种类型的智力。加德纳认为，智力测验只能评估语言智力和逻辑数学这两种智力。其他智力是空间智力（三维思维能力）、音乐智力、存在智力（对关于人类存在的深层问题的敏感性）、身体运动智力（运动员和舞者擅长的那种智力）、自然观察智力（理解自然现象的能力）、人际交往智力（理解他人以及与他人交往的能力）、自我认知智力（理解自我的能力）。为了证明这些不同类型的智力的存在，加德纳认为，每种智力都涉及不同的认知技能，每种智力都可能因大脑特定部位的损伤而被破坏，而且每种智力都会有天才和白痴专家（法语中对智力低下但在某一专业领域具有非凡能力的人的称呼）两种极端。

加德纳认为，学校应该更加重视全部九种智力的发展，并为每个孩子的个人智力量身定制计划。他提出了评估不同智力的方法，例如，让人尝试唱一首歌、弹奏一种乐器或谱一首乐曲

文化心理学（cultural psychology）

人类心理学取向，强调心理功能与其所发生的文化密不可分。

多元智能理论（theory of multiple intelligences）

霍华德·加德纳的理论，该理论认为人有九种不同的智力。

根据霍华德·加德纳的理论，像泰勒·斯威夫特（Taylor Swift）这样的歌手可以被描述为具有很高的音乐智力。

来测量音乐智力。然而，加德纳和其他人都没有开发出既可靠又有效的方法来对他提出的各种智力进行分析。还有人批评加德纳把智力的范围扩展得过于宽泛。如果某个青少年学习弹钢琴的速度比同龄人快，那么这是音乐"智力"的表现，还是音乐天赋？加德纳本人对丹尼尔·戈尔曼（Daniel Goleman）等人提出的"情绪智力"概念提出了批评，他很有力地提出，共情以及与他人合作的能力最好被视为"情绪敏感性"而不是智力。但是，加德纳提出的"人际交往智力"和"自我认知智力"受到了类似的批评。

> **批判性思考**
>
> 你是否同意加德纳描述的心智能力都是不同类型的智力？如果不赞同，你会删除哪些智力类型？你还想增加哪些类型？

其他智力理论的潜在问题是如何定义智力的问题。如果将智力简单定义为学业成功所需的心智能力，那么传统的概念化智力和测量智力的方法是成功的。但是，如果希望更广泛地定义智力，把人类所有的心智能力都包括在内，那么传统的取向可能显得过于狭窄，而加德纳的多元智能取向可能更具有优势。

青少年期和成年初显期的大脑发育

近年来，关于青少年期和成年初显期神经系统发育的研究激增，这些研究使人们对这两个时期的发展有了新的认识。其中有一些关于十几岁、二十多岁的个体的大脑的发育的惊人发现。

新的激增期

学习目标 22：描述青少年期期间大脑中发生的突触过度生成（或繁茂）和突触修剪的过程。

功能性磁共振成像（functional magnetic resonanced image，fMRI）
一种在某项活动进行的过程中测量大脑功能的技术。

突触（synapses）
两个神经细胞之间的传输点。

神经元（neurons）
神经系统（包括大脑）的细胞。

研究技术，尤其是功能性磁共振成像（functional magnetic resonanced image，fMRI），使人们能够更深入地了解大脑是如何发育的，因为这些技术能够显示在完成认知任务（如解数学题）时大脑的不同部位如何起作用。这种研究能够揭示我们在本章中讨论的决策和反思判断等领域中的各种变化的潜在神经基础。

长期以来人们知道，在 6 岁时大脑的大小已经达到成年人的 95%。然而，就大脑发育而言，大脑的大小并不代表一切。神经元（neurons）（脑细胞）之间的连接或突触（synapses）（见图 3-5）也同样重要，甚至可能更重要。现在科学家已经知道，在青少年期开始时（10~12 岁），神经元突触的连接会变得更密集，神经科学家将这一过程称为过度生成或繁茂（overproduction or exuberance）。几十年来，人们一直认为突触过度生成出现在胎儿发育期以及生命的最初 18 个月里，但是现在事实证明，在青少年早期存在一个新的突触过度生成时期。突触连接的过度生成发生于大脑灰质（gray matter，灰质位于大脑的表层）的许多部位，但主要集中在额叶（frontal lobes），这一部分正好位于前额后面。额叶参与大脑的大多数高级功能，例如，提前计划、解决问题和进行道德判断。

在青少年早期会出现突触过度生成，这一发现出人意料，而且很有意思，但接下来的事情同样很有趣。突触的过度生成在大约 11 岁或 12 岁时达到顶峰，但此时我们的认知能力显然还没有达到顶峰。在接下来的几年会发生大量的突触

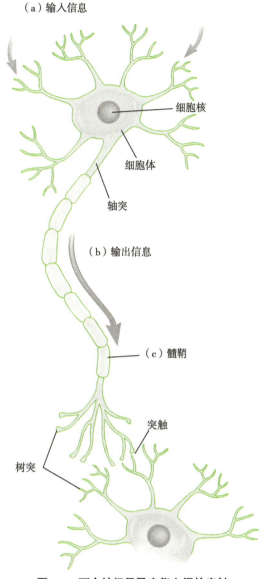

（a）输入信息

细胞核

细胞体

轴突

（b）输出信息

（c）髓鞘

突触

树突

图 3-5　两个神经元及它们之间的突触

过度生成或繁茂（overproduction or exuberance）
大脑中的突触连接的快速增长。

额叶（frontal lobes）
正好位于前额后面的大脑部位，已知参与大脑的提前计划和分析复杂问题等高级功能。

突触修剪（synaptic pruning）
突触过度生成后出现的大脑中的突触数量的减少，这是使大脑运作得更快、更有效但灵活性降低的过程。

修剪（synaptic pruning），在这一过程中突触的过度生成大大减少。事实上，在 12~20 岁，大脑一般会因突触修剪失去 7%~10% 的灰质。"用进废退"似乎是其工作原理——被使用的突触保留，没被使用的突触消失。使用 fMRI 方法的研究表明，突触修剪在高智力青少年中特别迅速。

突触修剪可以让大脑更有效地工作，因为大脑通路变得更加专门化。想象一下，你必须开车到某个地方，你可以走不同的小路，也可以走一条平坦的高速公路。如果走高速公路，你到达目的地的速度会更快。突触修剪就像放弃许多小路，选择平坦的高速公路。但是，由于大脑以这种方式实现了专门化，因此它也变得不那么灵活，不太容易接受改变。

小脑的进一步髓鞘化和生长

学习目标 23：解释小脑中的髓鞘的生成和改变如何使青少年具有新的认知能力。

髓鞘化（myelination）是青少年期神经系统发育的另一个重要过程。髓鞘是包裹神经元的主要部分的一层脂肪膜（图 3-5），其作用是将脑电信号限制在神经通路中，并提高它们的传输速度。髓鞘化和突触修剪使青少年期的执行功能变得更好。以前人们认为髓鞘化也是在青少年期之前结束，但现在发现这种现象会持续到十几岁。这是青少年期期间大脑变得更快、更有效的另一个标志。但是，和突触修剪一样，髓鞘化也使大脑变得不那么容易改变。

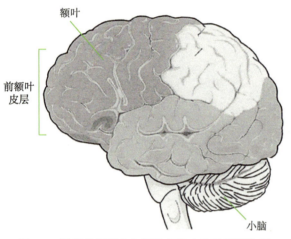

额叶

前额叶皮层

小脑

图 3-6 最近关于青少年期脑部发育的最重要发现涉及额叶和小脑

最后，对研究青少年期大脑发育的研究者来说，最近另一个惊人的发现是小脑（cerebellum）的发育（见图 3-6）。这也许是最大的惊喜，因为小脑位于大脑的下后方，远远低于大脑皮层。长期以来人们一直认为小脑只参与诸如运动之类的基本功能，但是现在人们发现，小脑对于许多高级功能也很重要，例如，数学、音乐、决策、社交技能，以及对幽默的理解。研究还表明，小脑在青少年期和成年初显期一直在发育。事实上，它是最后一个停止发

髓鞘化（myelination）

髓鞘生长的过程，髓鞘是包裹神经元的主要部分的一层脂肪膜，其作用是将脑电信号限制在神经通路中，并提高它们的传输速度。

小脑（cerebellum）

位于大脑的下方后，远远低于大脑皮层，长期以来人们一直认为小脑只参与诸如运动之类的基本功能，但是现在人们发现小脑对数学、音乐、决策和社交技能等许多高级功能也很重要。

育的脑结构，它直到 25 岁左右才会完成突触过度生成和修剪，甚至在额叶之后。

成年初显期灰质和白质的变化

学习目标 24：总结灰质和白质在成年初显期及以后如何发生变化，以及使成年初显期成为高潜力和高风险阶段的神经系统变化。

很明显，青少年期是大脑的动态发展期。那么成年初显期呢？它是大脑发育的稳定期，还是大脑持续成熟和重组期？

你可能会料到，鉴于成年初显期期间出现的行为、自我认知和认知功能方面发生的许多变化，成年初显期也是大脑发育发生巨大变化的时期。研究表明，通过持续的髓鞘化、突触修剪和形成新连接，成年初显期期间大脑结构会发生变化。

神经科学家对大脑中的灰质（gray matter）和白质（white matter）进行了区分。灰质由脑细胞组成，白质由有髓鞘的轴突以及脑细胞之间的其他连接组成。对大脑内容进行分析的研究发现，从 20 多岁一直到 30 岁出头，大脑中的灰质减少，白质增加，延续了发生于青少年期的过程。灰质和白质的这些变化反映为成年初显期期间大脑加工信息的速度和效率的提高。40 岁以后，白质迅速减少，人在需要快速的大脑功能的任务上的表现也随之下降。

在成年初显期，大脑某些部位的发育尤其活跃。值得注意的是，额叶的一部分（称为前额叶皮层，prefrontal cortex，见图 3-6）与脑部涉及情绪和动机的部位建立了至关重要的新连接。这些新连接表明，在成年初显期个体对情绪的自我控制能力正在增强。在大脑皮层的不同部分之间还建立了新的连接，这些连接可以促进多种信息源的融合以支持推理、计划和决策能力。总之，成年初显期期间大脑发育的变化似乎都表明了大脑的持续成熟，这使更高级的认知功能的发展成为可能。

然而，神经科学家也已开始研究导致初显期成人特别容易患精神障碍的大脑发育的某些方面。值得注意的是，各种心理问题发作的中位数年龄出现在成年初显期，包括焦虑症、抑郁症、双相情感障碍和精神分裂症。难道大脑发育的变化使一些初显期成人在这段时间内更容易受到影响？最近的研究发现了有趣的线索。例如，越来越多的证据表明，成年初显期的灰质的异常快速的突触修剪与精神分裂症、焦虑症和抑郁症的发生有关。此外，这可能存在与环境之间的相互作用，即过快的突触修剪可能会增加个体对压力的敏感性，这使个体容易患上这些疾

灰质（gray matter）

大脑的最外层，主要由神经元和无髓鞘的树突组成。

白质（white matter）

由有髓鞘的轴突组成的大脑部位。

前额叶皮层（prefrontal cortex）

额叶的最前部，参与计划和推理等人类特有的功能。

病。这将是今后几年值得关注的重要研究领域，因为它有可能有助于对这些精神疾病的早期识别和预防。

那么根据这些新的研究，我们可以就青少年期和成年初显期的大脑发育得出什么结论？首先，很明显，大脑的生长比我们过去知道的要多得多，而且与我们过去所知的非常的不同。其次，这些新发现在许多方面证实了我们从使用其他方法的研究中得到的知识，即青少年的思维方式不同于儿童，它比儿童的思维更高级，但他们的认知发展尚未达到成熟。他们在决策、预见其行动的后果，以及解决复杂问题等方面的能力不像成年人那样强，他们的大脑发育已基本成熟。最后，在青少年期和成年初显期的大脑发育过程中，既有得也有失。使思维更快、更有效的神经系统变化也使思维更加僵化、更不灵活。在青少年期之后，人们更容易对复杂的问题做出成熟的判断，但是对学习新事物保持开放的神经学选项减少了。然而，在大多数情况下，青少年期和成年初显期的神经变化会显著提高认知能力。

你认为最近的大脑研究对如何教育青少年和初显期成人有什么启示？

第**4**章

文化信仰

∨ 学习目标

1. 界定文化信仰，解释文化信仰如何反映文化的符号遗产。

2. 描述社会化的过程及其三个主要结果。

3. 界定个人主义和集体主义，解释两者如何促进独立自我和相互依存自我。

4. 区分广义和狭义社会化，说明两者与个人主义和集体主义的关系。

5. 确定社会化的八个来源，描述每个来源的广义和狭义形式。

6. 说明对土著青少年的律法教学如何代表文化信仰的社会化。

7. 总结两项"米德尔顿"研究中的价值观的变化。

8. 界定风俗情结，举例说明风俗情结对青少年期的影响。

9. 描述美国移民群体在文化信仰上的主要差异。

10. 说明美国青少年的宗教信仰和宗教行为的特征，包括道德治疗性自然神论。

11. 总结美国青少年与初显期成人在宗教信仰和宗教行为方面的异同。

12. 描述科尔伯格提出的道德发展的三个水平和六个阶段以及支持该理论的证据。

13. 确定从文化方面对科尔伯格的道德发展理论进行批评的要点。

14. 描述道德发展的世界观理论，包括三种伦理和模板模式。

15. 描述阿德尔森的关于青少年早期到晚期的认知变化如何引发政治信仰变化的观点。

16. 从发展角度解释为什么初显期成人很可能参与政治运动。

- 年轻人应该毫无异议地接受父母的权威，还是父母有义务在孩子到了青春期和成年初显期后，将他们视为平等的人或接近平等的人？

- 在做出关于未来的决定时，应先考虑年轻人的个人愿望和抱负，还是先考虑家庭的幸福？

- 年轻人应当在婚前与各种各样的人谈恋爱以增加亲密关系经验，还是应当在结婚前不谈恋爱，到了结婚的年龄让父母为他们安排一门亲事？

- 年轻人的婚前性行为是否可以被接受？人们对女孩和男孩的婚前性行为的接受程度是否有所不同？

你很可能对上述每一个问题都有自己的看法，而且你对这些问题的看法可能是你所在文化中的人们的典型看法。然而，无论你的文化持何种观点，肯定会有与其他文化明显不同的观点。对于青少年和初显期成人的行为标准，不同文化的观念之间有很大差异。

本书始终强调理解青少年期和成年初显期发展的文化取向。正如我们在第2章和第3章中所看到的，甚至生理发育和认知发展也会受到文化的深刻影响。本书的每一章都强调个体发展的文化基础，并举例说明了不同文化中的青少年和初显期成人的差异和相似之处。

我们在本章中重点讨论文化信仰。要全面了解青少年期和成年初显期的发展，为什么需要考虑文化信仰？其中一个原因是文化信仰构成了文化中所发生的社会化的各个方面的基础。父母为青少年设定的规则和责任、学校教授的材料和学校的办学方式、文化为限制年轻人的行为而制定的各种法律，所有这些都建立在这些文化信仰上：在道德上什么是对的，什么是错的；哪些行为应得到奖励，哪些应受到惩罚，以及做一个好人意味着什么。

关注文化信仰的第二个原因是，在许多文化中青少年期和成年初显期是传播这些文化信仰知识的关键时期。正如我们在上一章中所看到的，青少年期带来了认知发展的变化，这使人们能够掌握抽象的思想和概念，人们在年幼时不具备这种能力。文化信仰是抽象的，通常包含关于善与恶、对与错、恶行与美德等问题的观点。各个文化通常选择在青少年期教授这些文化信仰，这一事实反映了一种普遍的直觉性认识，即这一时期为学习和接受文化信仰的成熟时期。

本章首先讨论文化信仰在青少年社会化中的作用，接下来将讨论文化信仰的特定方面，包括宗教信仰、道德信仰和政治信仰。

文化信仰和社会化

在进行深入讨论之前，我们先了解一下"文化信仰"这一术语的含义。

界定文化信仰

学习目标 1： 界定文化信仰，解释文化信仰如何反映文化的符号遗产。

　　文化信仰（cultural beliefs）是某个文化普遍持有的规范和道德标准，是对行为设定期望的是非标准。这些信仰通常植根于文化的**符号遗产**（symbolic inheritance），即一系列关于人、社会、自然和神性的"隐性和显性的观念和理解"。因此，文化信仰既包括构成文化的符号遗产的信仰，也包括从这些信仰中产生的规范和道德标准。

　　文化信仰体系包括适合特定个体的**角色**（roles）。所有的文化中都有**性别角色**（gender roles），即在工作种类、外貌和其他行为方面将女性与男性区分开来的信念。文化中可能也有与年龄相关的角色——例如，人们可能期望一名男性在年轻时成为一名战士，但他到中年就要放弃这个角色，成为一名咨询顾问。文化中可能也有涉及社会地位和社会阶级的角色。例如，在英国，工人阶级的年轻人有独特的着装（涉及很多皮革和牛仔布）、语言（很多俚语和脏话）和行为（经常打斗和喝酒）。在青少年期，各地的年轻人都会逐渐认识到他们的文化中有关这些角色的信念，这部分是由于他们的抽象思维和自我反思认知能力增强，部分是由于青少年期的到来意味着他们离成年的门槛越来越近，不久后年轻人就得适应其文化对成年人的角色要求。

　　一个文化的符号遗产是其规范和标准的基础。符号遗产通常包括关于人类生命的终极意义以及一个人的生命在纷繁复杂的世界中所处的地位的信仰。有时，这些信仰是宗教性的，包括关于个体的灵魂从何而来以及死后去往何处的观念（灵魂的概念——一种区别于肉体的无形的人类个体——是几乎所有文化中普遍存在的宗教信仰）。有时，这些信仰是政治性的，涉及

文化信仰（cultural beliefs）

某个文化中人们对对与错、人生中什么最重要，以及应该如何生活等问题的主导性信仰，也可能包括有关生命来自哪里、如何起源，以及死亡会发生什么等问题的信仰。

符号遗产（symbolic inheritance）

用以指导特定文化中的人们生活的一系列关于人、社会、自然和神性的思想和理解，既可以是隐性的，也可以是显性的，它通过故事、歌曲、仪式、神圣的物体和地点象征性地表达出来。

角色（roles）

某个文化中的社会定位，包括个人行为、社会地位以及与他人关系方面的规范，例如，涉及性别、年龄和社会阶层的角色。

性别角色（gender roles）

在工作种类、外貌和其他行为方面将女性与男性区分开来的信念。

个人如何成为一场走向必然结局的伟大历史运动的一部分。有时，这些信仰来自家族和社会团体，个人的生命的意义源于其在一个更大的组织中的地位，该组织在其出生前就已存在，在其去世后继续存在。对每一个文化来说，青少年期是传播与生命的终极意义有关的信仰并鼓励年轻人由衷信奉这些信仰的重要时期。

知识的运用

想一个你拥有的能够反映你的文化的符号遗产的物件。

社会化的过程和结果

学习目标 2：描述社会化的过程及其三个主要结果。

文化信仰的一个重要方面是一套具体涉及抚养儿童、青少年和初显期成人的标准的信仰。是应该教导年轻人独立、自立、遵循自己的愿望而不是遵守团体的准则，还是应该告诉他们家庭和社区的需要和要求高于个人的需要和愿望？是应该允许并鼓励年轻人表达自我，哪怕其言行可能会冒犯其他人，还是应该向每个人施加压力——必要时强迫他们——遵守公认的文化准则？

所有的文化都将这些问题的答案作为其文化信仰的一部分，而不同的文化对这些问题的回答千差万别。这些答案的核心是关于社会化（socialization）的文化信仰，社会化是指人们习得所在文化中的行为和信仰的过程。社会化过程有三个主要结果。第一个结果是自我管理（self-regulation），即运用自我控制克制冲动、遵守社会规范的能力，自我管理包括良心的发展，良心是你是否充分遵守社会规范的内在监控器。当良心判定你没有充分遵守社会规范时，你会感到内疚。第二个结果是角色准备（role preparation），包括为职业角色、性别角色，以及体系中角色（如婚姻和亲子关系）做的准备。第三个结果是培养意义的来源（sources of meaning），意义来源表明什么重要、应珍视什么、应为什么而活。人类是唯一关注自身存在的生物，与其他动物不同，鉴于我们终有一死这一事实，我们能够反思自己生命的有限性和生活的意义。意义

社会化（socialization）

人们习得所在文化中的行为和信仰的过程。

自我管理（self-regulation）

运用自我控制克制冲动、遵守社会规范的能力。

角色准备（role preparation）

社会化的一个结果，包括为职业角色、性别角色，以及体系中角色（如婚姻和亲子关系）做的准备。

意义的来源（sources of meaning）

人们在社会化过程中习得的观点和信仰，它表明什么重要、应珍视什么、应为什么而活，以及如何为个人生命的有限性提供解释和安慰。

的来源为人们面对存在问题（existential questions）提供了安慰、指导和希望。

社会化过程的三个主要结果：自我调节；角色准备；意义的来源。

通常是文化告诉个体哪种大背景为其生活提供意义，或者在某些情况下，文化会提供一些选项，个体从中进行选择。无论是何种情况，个体依赖于文化提供意义的可能性。

——鲍迈斯特（Baumeister）

社会化的这三个结果在所有文化中都是相同的。为了生存和发展，为了代代相传，文化必须向其成员传授这些内容。然而，这并不意味着文化会明确地表达这些目标，也不意味着文化成员会清楚地意识到这些目标是社会化的结果。通过指导年轻人的实践和行为，文化通过隐性的方式教给人们关于应该相信什么、重视什么的知识。例如，要求学生在学校穿校服，这件事教给学生的是，遵守团体标准比个人表达更为重要。

对于社会化的每一个结果，青少年期和成年初显期都是重要的发展时期。自我管理是个体从婴儿期开始学习的，在青少年期增加了一个新的维度，因为在青少年期随着发育期的到来以及性成熟的发展，克制性冲动变得更为重要。此外，随着发育期的发展，年轻人变得身强力壮，文化确保他们学会自我管理显得更为重要，这样他们就不会扰乱或危害他人的生活。在青少年期和成年初显期，角色准备也变得更加紧迫。这几年对于年轻人为即将承担作为成年人的职业角色和社会角色做准备至关重要。青少年期和成年初显期是发展意义的来源的关键时期，因为青少年具备了新的能力，能够掌握和理解关于价值观和信仰的抽象概念，这些抽象概念是文化所传承的人生意义的一部分。

批判性思考

你认为所有文化的信仰同样好、同样符合事实，还是认为某些文化的信仰比其他文化的信仰更好、更符合事实？请举例说明你的观点。如果你认为某些文化的信仰比其他文化的信仰更好、更符合事实，那么你的评价是基于什么标准？为什么？

文化焦点

男孩和女孩的成人礼

在犹太人的传统中，年满 13 岁时的一个重要事件标志着青少年即将承担与犹太教信仰相关的新责任。这一事件就是已有 2000 多年历史的**男孩成人礼**（Bar Mitzvah）。随着时代的变迁，成人礼的细节已经发生变化，如今各犹太教堂的仪式也不尽相同。例如，直到不久前，只有男孩才参加成人礼。然而，今天很多女孩也参加（虽然男孩更常见）。针对女孩的仪式被称为**女孩成人礼**（Bat Mitzvah）。根据青年与宗教全国性调查（the National Survey of Youth and Religion）（本章的后面会介绍），在美国 73% 的犹太青少年参加男孩或女孩成人礼。

尽管各个犹太教堂的仪式有所不同，但是男孩和女孩成人礼包含一些相同的仪式。

- 《托拉》（*The Tora*）代代相传，这既是字面意义，也是象征性意义 [《托拉》由《希伯来圣经》（*Hebrew Bible*）的前五卷书组成，这五卷也被基督徒称为《旧约全书》（*Old Testament*）]。受礼人的父母和祖父母陪着受礼人来到教堂前面，从约柜（《托拉》通常存放在里面）中取出《托拉》，由祖父母传递给父母，再传给受礼人。
- 受礼人手捧《托拉》绕教堂一圈，人们用手或祈祷书或祈祷披巾触碰《托拉》，然后亲吻它们。当受礼人拿着《托拉》绕教堂一周时，会众保持站立。
- 受礼人把《托拉》送回教堂前面，通常由年幼的孩子把《托拉》打开。
- 受礼人朗诵《托拉》的相关章节。
- 受礼人接受父母和拉比的祝福。
- 受礼人就犹太教义的某个方面做简短发言，发言的重点通常是其从刚刚朗诵的《托拉》的某些章节中得到的启示。
- 以一场盛宴庆祝成人礼。

按照犹太教传统，男孩和女孩完成成人礼意味着他们现在可以充分参与群体的宗教活动。成人礼之后，年轻人就可以成

为什么在青少年期举行男孩和女孩成人礼？

男孩成人礼（Bar Mitzvah）
针对 13 岁男孩的犹太教宗教仪式，标志着青少年应履行新的责任。

女孩成人礼（Bat Mitzvah）
针对 13 岁女孩的犹太教宗教仪式，标志着青少年应履行新的责任。

为最少由 10 人组成的宗教仪式团队的成员。另外，他们现在也与成年人一样有义务完成相同的宗教仪式，在确定某人是否违反犹太律法的会议中，他们的言辞是有效力的。

请注意成人礼仪式中如何融入了文化信仰。在仪式上，当祖父母和父母将《托拉》传递给新入教者，这种信仰就从一代传给了下一代。手捧《托拉》绕教堂一圈接受祝福，标志着新入教者背负起了传承这些信仰的新责任。新入教者还诵读圣书中的内容，这一行为——在群体成员面前大声宣告他们共同信仰的一部分——对于获得群体成员的完整身份至关重要。

文化价值观：个人主义和集体主义

学习目标 3：界定个人主义和集体主义，解释两者如何促进独立自我和相互依存自我。

尽管所有文化都有相似的社会化结果，但是不同的文化在社会化价值观上存在很大差异。就社会化的文化价值观而言，一个中心问题是在希望子女发展的特征方面文化更加重视独立性和自我表达，还是更加重视服从和一致性。有时人们将这一问题描述为个人主义和集体主义之间的对比，个人主义文化更重视独立性和自我表达，而集体主义文化更重视服从和一致性。

在过去的 30 年中，人们对个人主义和集体主义进行了大量研究，尤其对西方主流文化与东方文化（如中国、日本和韩国等）进行了对比。学者们研究了不同文化背景下的人们在价值观和信仰上的差异，这些研究一致发现西方文化中的人们更加崇尚个人主义，东方文化中的人们更加崇尚集体主义。学者们还讨论了个人主义和集体主义文化中的自我的发展。集体主义文化促进**相互依存自我**（interdependent self）的发展，因此人们高度重视合作、相互支持、和谐的社会关系，以及对集体的贡献。相反，个人主义文化促进**独立自我**（independent self）的发展，因此人们高度重视独立性、个人自由和个人成就。

冒尖的钉子挨锤敲。

——**日本谚语**

个人主义和集体主义是理解文化信仰的差异的有用概念，但是大多数文化信仰不是非此即彼的"纯粹类型"，而是两种类型不同程度的结合。尽管个人主义的西方与集体主义的东方之间的对比在研究中得到了很好的体现，但有些学者指出，大多数西方文化也有集体主义的成

相互依存自我（interdependent self）
通常出现在集体主义文化中的自我概念，自我被认为由角色以及与群体的关系定义。

独立自我（independent self）
通常出现在个人主义文化中的自我概念，自我被认为独立于与他人的关系而存在，强调独立性、个人自由和个人成就。

分，而大多数东方文化也有个人主义的成分。在东方文化中，这种融合变得越来越复杂，因为随着全球化的蔓延，这些文化受到了西方的影响。

广义和狭义社会化

学习目标 4： 区分广义和狭义社会化，说明两者与个人主义和集体主义的关系。

本书将从广义和狭义社会化的角度讨论个人主义文化和集体主义文化的社会化模式之间的差异。以**广义社会化**（broad socialization）为特征的文化偏向个人主义，这些文化鼓励个人的独特性、独立性和自我表达。以**狭义社会化**（narrow socialization）为特征的文化偏向集体主义，这些文化将服从和一致性视为最高价值观，不鼓励人们偏离文化期望。个人主义和集体主义描述文化的价值观和信仰之间的一般差异；广义和狭义社会化描述文化成员接受个人主义（广义）或集体主义（狭义）文化的价值观和信仰的过程。

广义和狭义是指文化允许或鼓励的个体差异的范围——在广义社会化中它相对宽泛，在狭义社会化中它相对狭窄。所有的社会化都会在一定程度上限制个人的喜好和倾向。正如斯卡尔（Scarr）指出的那样："文化为发展提供了一系列机会，文化定义了理想的、'正常'的个体差异的界限……文化定义了可接受和受鼓励的个体差异的范围和焦点。"社会化总是意味着界限的建立，但是不同文化施加限制的程度是不同的，而文化施加限制的程度是广义和狭义社会化之间的主要区别。

集体主义在亚洲文化中占据重要位置。

因为西方文化信仰强调个人主义，所以西方文化偏向于广义社会化。西方在生活的各个方面强调个人主义的历史由来已久，其中也包括有关社会化的文化信仰。相比之下，非西方文化中的社会化偏向于狭义社会化，即更加强调促进家庭和社区的福祉，而不是促进个人的福祉，并且通常包括基于性别、年龄和其他特征的权力等级制度。

大多数偏向狭义社会化的文化在经济上没有西方发达。这些文化强调狭义社会化，部分原因是年轻人的工作对于家庭的生存必不可少，要求顺从和一致性是为了确保年轻人做出必要的贡献。然而，狭义社会化也是某些高度工业化的亚洲文化（如日本）的特征，尽管这些社会

广义社会化（broad socialization）
个人主义文化中的人们习得个人主义（包括崇尚个人独特性、独立性和自我表达的价值观）的过程。

狭义社会化（narrow socialization）
集体主义文化中的人们习得集体主义（包括崇尚服从和一致性的价值观）的过程。

中的社会化可能正随着全球化而变得越来越广泛。

如果我们说某个文化中的社会化是广义社会化，这并不意味着该文化中的每个人都对个人主义的可取性抱有相同的信念。这只意味着整个文化可以被描述为偏向广义社会化，但该文化中的每个人的信念可能有所不同。我们应把广义和狭义社会化概念看作是指代社会化的本质区别的一种简单的、方便记忆的方式，但并非世界上的每种文化都完全符合的某一类别。

同样需要明确指出的是，个人主义–集体主义和狭义–广义社会化的概念并不暗含道德评价。每种一般类型的社会化都包含正反两面。在广义社会化条件下，由于它鼓励个人主义，因此人们可能会更有创造力，但也会有更高程度的孤独感，社会问题和混乱无序的现象也更多。在狭义社会化条件下，人们可能会有更强的集体认同感，社会具有良好的社会秩序，但代价是它更大程度地压制了个人的独特性。两种形式的社会化各有利弊。

批判性思考

你是否赞成广义社会化和狭义社会化各有利弊这一观点？请解释你的看法。

社会化的来源

学习目标 5：确定社会化的八个来源，描述每个来源的广义和狭义形式。

社会化涉及文化的许多方面。谈到社会化，你可能很容易想到父母，通常情况下父母确实是社会化过程的核心。然而，社会化也有其他来源。社会化的来源包括家庭（不仅仅是父母，还有兄弟姐妹和大家庭）、同龄人和朋友、学校、社区、职场、媒体、法律体系和文化信仰体系。一般而言，在青少年期家庭对社会化的影响逐渐减少，而同龄人／朋友、学校、社区、媒体和法律体系的影响逐渐增强。在成年初显期，西方主流文化中的大多数年轻人会从家中搬出去住，家庭对社会化的影响进一步减少。尽管在青少年期和成年初显期家庭对社会化的影响力不像之前那么大，但家庭的影响仍然很重要。

本书中有一章专门介绍社会化的来源，包括家庭、同龄人和朋友、学校、职场和媒体。有关社区和法律体系中的社会化的信息将在其他的章节介绍。表 4–1 总结了广义社会化和狭义社会化。

表 4-1 广义社会化和狭义社会化

来源	广义社会化	狭义社会化
家庭	对青少年的行为的限制很少，青少年有大量的不与家人在一起的时间，父母鼓励青少年独立和自立	高度重视家庭责任和义务，青少年应尊重、服从家中的成年人，强调对家庭的责任比个人的自主或成就更重要
同龄人／朋友	青少年可以根据相似的个人兴趣和吸引力与不同种族和社会阶层的人交朋友	成年人控制青少年的交友选择，部分原因是不赞成与不同种族或社会阶层的青少年交朋友

（续表）

来源	广义社会化	狭义社会化
学校	教师促进学生的个性化发展，努力让课程适应每个学生的需求和喜好，不强调秩序，不强调服从教师和学校的权威者，不要求穿校服，没有着装规定	强调学习标准化课程，而不是培养独立性和批判性思维，在教室里有严格的纪律约束，可能有严格的着装要求
社区	社区成员彼此不太了解，成年社区成员很少或几乎不对青少年的社会化进行控制，相对于遵守社区的期望和标准，更加重视个体的独立性和自我表达	社区成员彼此了解并且有共同的文化信仰，高度重视遵守社区的标准和期望，特立独行会受到质疑和排斥
职场	允许年轻人在各种可能的职业中进行选择，职场通常鼓励创造力和个人成就	年轻人的工作选择受成年人（如父母、政府机构）的约束，职场要求服从，不鼓励挑战现状的创新思维
媒体	有各种各样的媒体，媒体的内容大多不受政府机构的管制，媒体促进个体欲望和冲动性的满足	媒体受到政府的高度控制，媒体的内容通常为不会威胁到共同道德标准的、社会可接受的主题
法律体系	法律对行为的限制很少，高度重视个体自我表达的权利，对大多数犯罪的处罚都很轻	法律限制很多行为，包括性行为和政治表达，以迅速和严厉的惩罚作为后盾
文化信仰	个人主义，独立性，自我表达	集体主义，服从，一致性

同一文化可能在不同来源的社会化方面存在差异——例如，某个文化可能在家庭社会化方面是相对广义的，但在学校社会化方面是狭义的。但是，同一文化中不同来源的社会化通常是一致的，因为文化信仰体系是其他来源的社会化的基础。在某个文化中，父母、教师、社区领导者和其他主体会开展共同的社会化实践，因为他们对于什么对儿童和青少年最有利拥有共同的文化信仰。

文化信仰社会化的例子

学习目标 6： 说明对土著青少年的律法教学如何代表文化信仰的社会化。

到目前为止，我们对文化信仰和不同形式的社会化的讨论是抽象的，我们描述了文化信仰的性质，并区分了文化对待社会化的两种普遍方式。下面介绍一个文化信仰社会化的具体例子，借此阐明上述观点。

人类学家维多利亚·伯班克（Victoria Burbank）写了一部关于澳大利亚土著青少年的民族志。直到 20 世纪初，这些土著居民仍是游牧者和采集者，他们没有固定的住所，而是根据季节的变化以及是否能获得食物（如鱼和海龟）从一个地方搬迁到另一个地方。他们几乎没有什么财产，通过就地取材搭建住所和制作工具。

在这些土著居民中，传统的青少年社会化的一个关键部分是通过仪式传授一系列被称为律法的文化信仰。律法的内容包括解释世界是如何开始的以及如何进行各种宗教仪式，如标志着青春期男孩进入成年期的割礼仪式。律法还包括有关如何处理人际关系的道德戒律。例如，谁可以和谁发生性关系以及谁可以和谁结婚取决于人们所属的家庭和氏族，对于这些都有复杂的规定。此外，人们认为最好由父母包办婚姻，而不是由年轻人自己选择结婚对象。

律法的内容先后通过三个公众仪式得以展示，每个仪式代表青少年男孩成为成年人的过程中的一个阶段（虽然男孩和女孩都学习律法，但只有男孩参加成人仪式）。在仪式中，人们向男孩传授律法的各个方面，通过歌曲、舞蹈和表演者身体上的彩绘来呈现体现律法内容的故事。整个社区的人都会参加。仪式结束后，青少年男孩经历一段漫长的隔离生活，在此期间他们只能吃很少的东西，几乎不能与任何人接触。在学习了律法并经历一段时间的隔离后，他们在社区中就会拥有新的、更高的地位。

在传统的律法教学中，我们可以看到我们所讨论的社会化和文化信仰原则的示例。律法是土著居民的符号遗产的核心，它包含个人、社会和神化力量之间的关系。通过明确性接触规则，律法强调自我管理，特别是在性欲方面。有关角色的内容也被作为律法的一部分来教授，青少年男孩学习他们作为成年男人必须遵循的行为准则。律法还通过解释世界的起源以及为青少年提供在社区中明确且安全的位置而成为意义的来源。

律法表达的文化信仰是集体主义价值观。律法教导青少年，他们对他人有义务，他们必须允许他人做出影响他们的重要决定，例如，他们应当与谁结婚。他们的信仰是集体主义价值观，土著居民的社会化是狭义社会化，强调对律法和长者的遵守和服从。青少年男孩不能自己决定是否参加律法的仪式，他们必须参加，否则就会受到批评。

然而，与传统文化中的许多做法一样，青少年与律法之间的关系受到了全球化的巨大影响。那些仪式仍然存在，青少年仍然参加。但是，仪式结束后的男孩的隔离期以前是两个月，现在只有一周。此外，青少年对学习和实践律法的信仰和规则越来越抗拒。对于他们中的许多人来说，律法似乎与他们所生活的世界毫无关系，他们的世界里不再是游猎和采集，而是学校、复杂的经济和现代媒体。青少年现在不仅基于律法而且基于他们的体验来形成信仰，这些体验使他们的信仰更加具有个人主义色彩。他们通过学校和媒体了解了世界上的其他地方，这使他们中的许多人开始质疑本土文化实践，如包办婚姻。

近年来，年轻的土著居民也开始出现许多现代青少年期和成年期问题，如未婚先孕、吸烟和犯罪行为。作为自我管理、角色和意义的来源，律法的影响力已经减弱。而对年轻的土著居民来说，他们的新问题表明还没有什么东西能够取代律法的地位。

西方文化信仰的社会化

学习目标 7： 总结两项"米德尔顿"研究中的价值观的变化。

你能记起在儿童期或青少年期直接受文化信仰教育的经历吗？如果你在西方长大，这对你来说可能会很难。在西方没有教授个人主义的正式仪式。从某种意义上说，那样做与个人主义的整体精神背道而驰，因为仪式暗示一种标准的做事方式，而个人主义强调脱离标准方式的独立性。你会在成年人对待青少年的做法中发现隐性教授个人主义的证据，例如，父母允许青少年拥有的自由或青少年可以在学校选择的各种课程。我们将在后面章节讨论反映个人主义的实践，但是我们有哪些反映个人主义文化信仰的证据？

一个有趣的证据来自海伦·林德（Helen Lynd）和罗伯特·林德（Robert Lynd）在 20 世纪 20 年代进行的一项著名研究，该研究描述了一个典型美国社区（他们当时称之为"米德尔顿"，实际上是印第安纳州的曼西）中的生活。林德夫妇研究了"米德尔顿"生活的许多方面，包括当地妇女认为应培养孩子养成的最重要的品质。50 年后，另一个研究团队返回"米德尔顿"，询问了当地居民许多相同的问题，包括有关育儿观的问题。

表 4-2　1928 年和 1978 年"米德尔顿"妇女的育儿观

	1928	1978
对教会的忠诚	50	22
严格服从	45	17
有礼貌	31	23
独立性	25	76
宽容	6	47

注：1928 年和 1978 年，"米德尔顿"妇女从 15 个价值观中选出三个他们认为孩子最应该学习的价值观，此表显示的是每个价值观所占的百分比。

从表 4-2 中可以看出，结果表明，在 20 世纪美国主流文化中的育儿观念发生了巨大变化。服从和忠于教会等狭义社会化价值观的重要性下降，而独立和宽容等广义社会化价值观成为父母育儿观的核心。这种变化反映在"米德尔顿"青少年（特别是女孩）的行为的变化上。近期，青春期女孩变得更独立，不在家的时间更多，更少依靠父母提供金钱和性方面的信息。其他研究已证实 20 世纪美国主流文化中的这一文化信仰趋势，即从服从和遵守转向个人主义。

尽管美国长期以来重视个人主义，但在过去的一个世纪，个人主义信仰变得更加强烈。今天，美国主流文化中的青少年正在一个比以往更加重视个人主义的时代中成长。在 21 世纪，这种个人主义价值观在美国仍然很强劲。

> **知识的运用**
>
> 你是否有过直接接受文化信仰教育的经历，例如，成人礼、主日学校或坚信礼？如果有，那么这些经历是你形成当前的信仰的基础吗？如果没有，那么你认为你当前的信仰是如何形成的？

青少年期的文化信仰

文化信仰有时会在仪式中明显地表现出来，但通常情况下文化信仰隐藏在日常生活的文化习惯的背后。对于移民家庭的青少年而言，形成文化信仰更加复杂、更具挑战性，因为在他们的移民文化与他们现在所生活的社会之间通常会存在信仰差异。

文化信仰与风俗情结

学习目标 8： 界定风俗情结，举例说明风俗情结对青少年期的影响。

在某些文化中，有些事件（如第 2 章描述的青春期仪式）描述了成年人明确持有并有意传授给年轻人的文化信仰。然而，文化信仰也反映在人们的日常活动中，即使他们没有意识到这一点。个体发展的每一个方面都受到其所处的文化背景的影响，每一种行为方式都反映出了文化信仰的某些内容。

这意味着青少年期和成年初显期的发展和行为的每一个方面都可以被作为一个**风俗情结**（custom complex）进行分析，这一术语是 50 多年前由约翰·怀廷（John Whiting）和欧文·蔡尔德（Irvin Child）提出的，他们指出风俗情结"由某个习惯性做法以及与之相关的信仰、价值观、处罚、规则、动机和满足感组成"。最近，学者们将风俗情结置于文化心理学这一不断发展的领域的中心，文化心理学从心理学和人类学相结合的角度来研究人类的发展。

简而言之，风俗情结由一个文化中的某个典型惯例和该惯例所基于的文化信仰组成。我将在本书的多个地方使用这一术语，在此我们以约会为例进一步说明什么是风俗情结。

> **批判性思考**
>
> 举例说明你在自己的文化中经历过的一个风俗情结，描述该习惯性行为或惯例如何反映文化信仰。

你可能习惯于认为约会是**个体发育**（ontogenetic）的结果，在所有文化中约会是"正常"发育的一部分。当青少年长到 13 岁、14 岁或 15 岁时，开始约会是"很自然"的事情。但是，把约会作为一个风俗情结进行的分析表明，约会不仅是发育的一个必然组成部分，而且是一个反映某些文化信仰的风俗情结。首先我们应当指出，约会绝不是一个普遍的做法。约会在美国比在欧洲更普遍，而且大多数非西方文化不鼓励约会，尽管因受到全球化的影响，这种行为在非西方文化中有所增加。即使在美国，约会也是最近才出现的行为。在 20 世纪前，美国的年轻人通常不约

约会为何是一个风俗情结？

风俗情结（custom complex）

某个习惯性做法以及与之相关的信仰、价值观、处罚、规则、动机和满足感，即一种文化中的规范性惯例以及为该惯例提供基础的文化信仰。

个体发育（ontogenetic）

在正常的成熟过程中自然发生的事情，即它是由先天过程驱动的，而不是由环境刺激或特定的文化实践驱动的。

会，而是在成年人的安排和监控下求婚。

风俗情结既包括典型的惯例，也包括构成该惯例的基础的文化信仰。构成西方约会惯例的基础的文化信仰是什么？约会反映的第一个文化信仰是，应当让青少年和初显期成人在很大程度上拥有独立的闲暇时间，这不同于某些文化中的年轻人应当与家人共度休闲时光的文化信仰。约会反映的第二个文化信仰是，年轻人应当有权力自己选择希望与之建立亲密关系的人，这不同于某些文化中的年轻人应该让父母为他们做出这些决定的文化信仰。约会反映的第三个文化信仰是，年轻人在结婚前有一定程度的性经历是可以接受的，并且是健康的。这不同于某些文化中的年轻人只有在结婚后才可以开始性行为的文化信仰。

青春期和成年初显期发展的各个方面都可以用这种方法进行分析。家庭关系、同伴关系、学校经历……所有这些都是由各种风俗情结组成的，这些风俗情结反映了年轻人生活于其中的文化信仰。因此，在后面的章节中我将把"风俗情结"概念作为揭示和探索构成社会化的基础的文化信仰的一种方式。

多元文化社会中的文化信仰

学习目标 9：描述美国移民群体在文化信仰上的主要差异。

我们在描述文化信仰时，不应把文化与国家混淆。许多国家包含多种文化，具有多种不同的文化信仰。因此，我在本书中谈及国家时的表述是"美国文化信仰体系"，但在谈及文化信仰时的表述是"美国主流文化的文化信仰"和"美国社会内部少数族裔的文化信仰"。

许多研究表明，与美国主流文化的文化信仰相比，美国少数族裔文化的文化信仰更少倾向于个人主义，更多倾向于集体主义。非裔美国人家庭比白人家庭更加重视集体主义价值观，例如，服从和尊重长者。拉丁裔美国人特别强调对父母的服从和对家庭的义务。拉丁裔家庭中的青少年通常接受父母的权威，并对家庭充满强烈的责任感和依恋感。与美国主流文化中的青少年相比，亚裔美国青少年也更多表现出集体主义方面的信仰，较少表现出个人主义方面的信仰。他们花费更多的时间做家务，并且像拉丁裔青少年一样，对家庭表现出强烈的责任感。就成为成年人意味着什么这一问题，几乎所有的亚裔初显期成人都认为，能够在经济上供养父母至关重要。这种信念是他们的集体主义价值观的一个方面。

在大多数其他西方国家，也有许多少数族裔的文化信仰比西方主流文化更明显地倾向于集体主义，更少地倾向于个人主义，例如，加拿大的因纽特人、新西兰的毛利人、德国的土耳其少数族裔、法国的阿尔及利亚少数族裔、英国的巴基斯坦少数族裔——还有很多其他例子。在每种情况下，少数族裔的文化信仰都比西方主流文化中的文化信仰具有更多的集体主义色彩和更少的个人主义色彩。

如前所述，由于文化信仰通常为所有其他来源的社会化奠定了基础，因此不同来源的社会化之间通常具有很大的一致性。但是，当年轻人体验到的不同来源的社会化之间存在不一致时，会是什么情况？当年轻人属于少数族裔，其信仰与主流文化的信仰不同时，又会是什么情况？在这种情况下，他们可能会发现自己在家庭中接触到的社交化，不同于他们从学校、媒体和法律体系等来源体验到的社交化，因为家庭之外的社会化来源往往由主流文化控制。

拉丁裔美国家庭比美国主流文化家庭更崇尚集体主义。

因为美国自诞生起就是一个拥有多元文化的社会，所以在美国历史上许多青少年都经历过这种矛盾的社会化环境。近几十年来，新的移民潮使美国少数族裔尤其是拉丁裔和亚裔人口的比例急剧增加。据预测，到 2050 年，欧洲背景的美国白人将不再是美国社会的主流人群。在其他西方国家中，来自非西方国家的移民的数量在最近几十年中也有所增加，并且在未来几十年有望进一步增加。加拿大的移民政策尤其宽松，在过去的十年中加拿大接收了许多来自亚洲国家的人。在整个西方，少数族裔文化中的人们的地位和福祉很可能是 21 世纪的重要问题。

东西方的碰撞：在澳大利亚和美国的华裔青少年

当青少年处于这两种文化中时，东西方文化信仰的差异就会形成一个特别有趣且复杂的社会化环境。雪莉·费尔德曼（Shirley Feldman）及其同事对移民到澳大利亚或美国的中国移民家庭中的青少年的状况进行了研究。样本包括**第一代移民家庭**（first-generation families，青少年及其父母在中国出生）和**第二代移民家庭**（second-generation families，青少年在西方国家出生，但其父母和祖父母在中国出生）的青少年。为了进行比较，费尔德曼及其同事还研究了澳大利亚和美国的白人青少年以及中国青少年。这些青少年的年龄为 15~18 岁，上 10~11 年级。他们完成了关于价值观和信仰各个方面的多个问卷，包括关于个人主义 – 集体主义的调查问卷。

结果表明，即使是美国和澳大利亚的第一代中国移民家庭中的青少年，他们的价值观和信仰也更接近西方白人青少年的价值观和信仰，而不是中国青少年的价值观和信仰。生活在西方的第一代中国移民家庭中的青少年与中国青少年的不同之处在于，他们对传统（如参加传统仪式）的重视程度较低，而对外部成功（如获得财富和社会认可）的重视程度较高。第一代和第二代中国移民家庭中的青少年之间几乎没有差异，而这两个群体与西方白人青少年之间也几乎没有差异。

第一代移民家庭（first-generation families）

在一个国家出生，然后移民到另一个国家的那些人的身份。

第二代移民家庭（second-generation families）

在当前居住的国家出生，但父母在其他国家出生的那些人的身份。

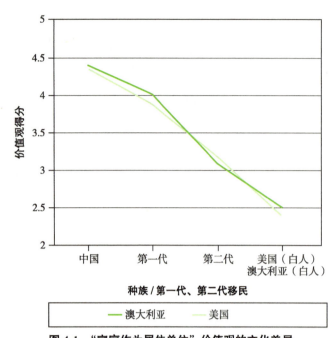

纵轴：价值观得分

横轴：种族 / 第一代、第二代移民

横轴标签：中国　第一代　第二代　美国（白人）澳大利亚（白人）

图例：—— 澳大利亚　—— 美国

图 4-1 "家庭作为居住单位"价值观的文化差异

生活在西方国家的华裔青少年仍然保持的一个集体主义价值观与费尔德曼及其同事所说的"家庭作为居住单位"这一变量有关，其中包括这样一种信念，即年迈的父母应与成年子女同住，而子女应与父母同住直至他们结婚。然而，如图 4-1 所示，随着他们逐渐适应美国和澳大利亚主流文化，这一价值观的强度逐步下降。与第一代或第二代中国移民家庭中的青少年相比，中国的青少年更有可能认同这些信念。此外，第一代中国移民家庭中的青少年比第二代中国移民家庭中的青少年更有可能持有这些信念。然而，即使是第二代中国移民家庭中的青少年，也比西方白人青少年更有可能持有这些信念。

总体而言，这项研究的结果表明，许多第一代和第二代中国移民家庭中的青少年信奉的是他们所处的西方文化中的个人主义信仰，而不是他们及其家庭的原文化中的信仰。其他研究也表明了这一点，这些研究发现移民父母与青少年子女之间的信仰差异是导致父母与青少年子女发生冲突的一个根源。当青少年抵制父母的信仰并接纳与父母不同的信仰时，父母可能会感到失望和威胁。从更广的意义上来讲，这些研究提供了很好的例子，说明了将社会化概念化为一个有多种来源的文化过程的重要性，这些来源不仅包括家庭，还包括同龄人、学校、社区和媒体——而所有这些来源最终都植根于文化信仰。尽管中国移民家庭中的青少年在新的国家继续与家人同住，但他们的信仰和价值观发生了变化，因为他们每天都在家庭之外受到社会化影响。

> **批判性思考**
>
> 本节指出，在中国文化中年迈的父母通常与成年子女同住。为什么说这是一个风俗情结的例子？

宗教信仰

在整个人类历史上的大多数文化中，文化信仰主要采取宗教信仰的形式。尽管宗教信仰的内容极为多样，但几乎所有的文化中都有某种形式的宗教信仰。这些信仰通常包括对世界是如何开始的以及我们死后会发生什么的解释。

宗教信仰体系通常也包含与三个主要结果（自我管理、角色准备和意义的来源）有关的社会化规约。宗教通常为行为制定规范，这些规范包含各种自律规则。例如，犹太教的十诫规定了明确的自律规则——不可杀人，不可偷盗，不可觊觎人妻，等等。就角色准备而言，宗教信仰体系尤其强调性别角色。大多数宗教信仰体系都包含有关男性和女性的不同角色的观念。例如，罗马天主教只允许男性成为神父，不允许女性成为神父。就意义的来源而言，宗教信仰体系包含有关每个个体的生命与超自然世界之间的关系的重要性的观念，这一超自然世界包含神灵、超自然力量或祖先的灵魂。本节首先讨论青少年的宗教信仰，然后讨论从青春期到成年初显期个体的宗教信仰和宗教参与度如何逐渐下降。

青少年期的宗教信仰

学习目标 10：说明美国青少年的宗教信仰和宗教行为的特征，包括道德治疗性自然神论。

总体而言，发达国家的青少年和初显期成人不如传统文化中相同年龄段的人虔诚。一些发达国家（如日本和欧洲国家）倾向于高度世俗化（secular），即这些国家以非宗教信仰和价值观为基础。在过去的两个世纪，宗教的影响在发达国家中逐渐减弱。欧洲青少年中对宗教信仰和习俗的遵守率尤其低。例如，最近对德国、英国和荷兰的青少年进行的一项调查发现，他们很少参加宗教活动，宗教信仰在他们的生活中无足轻重，移民家庭的青少年除外，这些青少年要虔诚得多。

美国人几乎比任何其他发达国家的人都更加虔信宗教，这反映在美国青少年和初显期成人的生活中。最近，一项有关美国青少年宗教信仰的规模最大、范围最广的研究已完成。这项研究名为全国青年与宗教调查（National Survey of Youth and Religion，NSYR），涉及来自美国各地的所有主要种族的 3000 多名年龄在 13~17 岁的青少年，研究对其中 267 名青少年进行了质性访谈。NSYR 的结果表明，对于相当大比例的美国青少年来说，宗教在他们的生活中占据着重要地位。

> **批判性思考**
> 你认为为什么美国人通常比其他发达国家的人更加虔信宗教？

根据 NSYR 的结果显示，84% 的 13~17 岁美国青少年信仰上帝（或一个普世圣灵），65% 的人每周至少祈祷一次，51% 的人表示宗教信仰对他们的日常生活至关重要，71% 的人感觉自己与上帝有某种程度的亲近，63% 的人相信天使的存在，71% 的人相信末日审判，到时有些人会得到上帝的奖赏，而有些人则会受到惩罚。

世俗化（secular）
基于非宗教信仰和价值观。

参加宗教活动的美国青少年的比例低于报告宗教信仰的美国青少年的比例，但是相当一部分青少年报告称，自己每月至少参加两次宗教仪式。51% 的青少年称他们每月至少上一次主日学校，而 38% 的青少年称他们加入了一个教会青年团体。即使他们的实际参与程度可能不如他们报告的参与程度那么高，但这些数字仍表明美国青少年对宗教的看法非常积极。

尽管宗教对许多美国青少年很重要，但 NSYR 的负责人得出结论认为，对大多数人而言宗教不如生活中的许多其他部分（包括学校、友谊、媒体和工作）重要。正如社会学家克里斯汀·史密斯（Christian Smith）和梅琳达·丹顿（Melinda Denton）所说："对于大多数美国青少年来说，宗教每周会在桌子的尽头的一个很小的位置上出现，很短的时间（如果有的话）。"此外，美国青少年的宗教信仰往往并不遵循他们声称遵循的传统宗教教义。

因此，对于当今大多数美国青少年而言，与其说宗教是关于罪恶、恩典和救赎的传统观念，不如说它与如何成为一个好人并感到幸福有关。

许多美国青少年笃信宗教，但也有许多人不信教。是什么导致了青少年在宗教信仰上的差异？NSYR 和其他一些研究针对这个问题所提供的信息是一致的。家庭特征是一个重要的影响因素。若父母谈论宗教问题并参与宗教活动，那么青少年更有可能接受宗教。若父母的宗教信仰不一致或父母离婚，那么青少年信教的可能性较小。另一个影响因素是种族。在美国社会中，非裔美国人的宗教信仰和宗教实践往往比白人更加强烈。总体而言，在过去的几十年中，除非裔美国青少年外，宗教在美国青少年的生活中变得不那么重要了。

为什么非裔美国青少年的宗教信仰特别强烈？

非裔美国青少年的信教率相对较高，这有助于解释为什么他们的酒精和药物使用率如此低。然而，宗教信仰与青少年的积极结果之间的相关性不仅仅存在于少数族裔中。无论在何种文化中，更加笃信宗教的美国青少年报告的抑郁程度都较低，有婚前性行为、吸毒或违法行为的个体的比率较低。对于生活在最糟糕的社区的青少年来说，宗教参与的保护价值尤其巨大。笃信宗教的青少年往往与父母的关系更好，包括与母亲和与父亲的关系。此外，重视宗教的青少年比其他青少年更有可能为其社区进行志愿服务。在其他文化中也是如此——宗教参与与各种积极结果有关。

在美国的研究中，宗教发展通常被描绘成一个个人主义的过程，青少年和初显期成人从一系列选项中决定他们的信仰是什么。然而，在全球范围内，宗教发展是一件涉及整个社区的事。

宗教信仰在成年初显期的衰落

学习目标 11： 总结美国青少年与初显期成人在宗教信仰和宗教行为方面的异同。

在美国的研究中，从青少年期到成年初显期个体的宗教虔诚度通常会下降。在整个青少年期，宗教参与度和宗教信仰虔诚度都会下降，在青少年晚期和二十岁出头时最低。这一模式可能反映了美国社会中的个人主义。初显期成人通常认为他们需要脱离父母的宗教信仰和宗教习俗，以证明他们已经达到了自己决定自己的信仰和价值观的程度。

与青少年期一样，在成年初显期，宗教信仰也高度个性化。很少有人接受标准的宗教教义。相反，他们采用一种"自助餐式"的方式对待自己的宗教信仰，其宗教信仰部分是从父母那里学到的，部分是从其他来源学到的。因此，宗教派别对于大多数人来说没有什么意义。他们可以说自己是"天主教徒"或"犹太教徒"，而他们实际上并不相信传统信仰中的很多内容，也没有参加过宗教活动。实际上，有 38% 的"新教徒"和 35% 的"天主教徒"称他们从未参加过宗教活动。这种对待宗教的个性化方法导致了成年初显期的宗教信仰的多样性，就宗教信仰而言，初显期成人大致可分为四类（见**表 4–3**）。

表 4-3　NSYR 中初显期成人的宗教信仰

坚定的传统主义者（15%）：这些初显期成人坚持传统的、保守的信仰。
选择性信奉者（30%）：在宗教方面，这些初显期成人接受他们想要的东西，而忽略其余的东西。也就是说，他们只相信他们的宗教信仰中能吸引他们的部分。
精神开放者（15%）：该类别的初显期成人认为"应该信仰某个东西"，某个神或某种精神力量，但他们不确定该信仰什么。
宗教冷漠/敌对者（40%）：不可知论者、无神论者，还有那些表示对宗教没有看法或没考虑过宗教信仰的初显期成人，都属于这一类别。有些人坚决反对宗教，但对于大多数该类别的年轻人来说，宗教与他们的生活不相干。

与青少年期一样，成年初显期的宗教信仰往往与其他许多积极特征相关。NSYR 发现，初显期成人的宗教信仰和参与度与较高的幸福感以及较低的危险行为参与率有关。另一项对非裔和欧洲裔美国初显期成人进行比较的研究报告称，非裔美国人更可能依靠宗教信仰来应对压力，因此与欧洲裔初显期成人相比，他们的焦虑症状更少。这与针对青少年期和其他年龄阶段的研究结果一致，表明非裔美国人比白人对宗教更虔诚。

反映在最近的一项对美国几代人的宗教信仰进行比较的研究反映了今天的初显期成人对宗教机构的怀疑。所有这些研究都显示出一个相同的、确凿无疑的模式：年轻人在宗教信仰的各个方面都不如年长者虔诚，而且宗教信仰一代比一代衰落。

皮尤研究中心（Pew Research Center）经常对宗教进行调查，它也是皮尤宗教与公共生活论坛（Pew Forum on Religion & Public Life）的一部分。其中最惊人的一个发现是，有很高比例的 18~29 岁青少年被归为"不信教"（即他们认为自己不是任何宗教派别或宗教组织的成员）一类。这类人在宗教研究者中也被称为"无宗教信仰者"（the nones），因为当被问及他们信仰什么宗教时，他们会以某种"无"的形式回答——无神论者、不可知论者、有精神信仰但无宗教信仰，或者仅仅是无宗教信仰。如**图 4–2** 所示，皮尤研究中心的调查显示在 18~29 岁的年

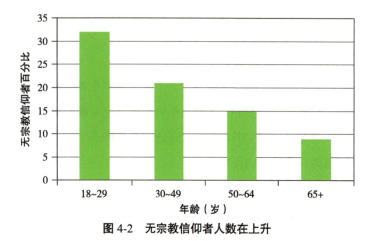

图 4-2　无宗教信仰者人数在上升

轻人中约有三分之一（32%）的人是"无宗教信仰者"，这一比例远高于其父母那一代人或其祖父母那一代人。

　　尽管在美国，无宗教信仰者的人数可能在上升，但在青春期和成年初显期，欧洲各国人往往不如美国人虔诚。在我最近对丹麦初显期成人进行的访谈研究中，只有 24% 的人表示他们有宗教信仰或精神信仰。其余的人要么将自己描述为不可知论者、无神论者，要么描述为没有宗教信仰。

　　尽管如此，仍有 62% 的丹麦初显期成人相信某种形式的来世。他们对来世可能的呈现形式含糊不清。在有些人看来，说死亡是存在的终结是不合逻辑的（"人只要一死，就什么都结束了，我很难接受这一点"）。而对有些人来说，相信人死后不再有生命在情感上令人无法接受（"如果你家有人去世了，就什么都没有了，我不能容忍这样的想法"）。还有一些人表示，相信灵魂会以某种形式继续存在。（"我们的灵魂不可能就这么消失，它会在某一个地方继续生存，但我不知道它如何生存"）。

　　在我对美国初显期成人进行的研究中，有关来世的信仰多种多样，68% 的人相信某种来世，这与丹麦研究中的比例非常接近。在这 68% 的人中，有关来世的信仰五花八门，有些人信奉传统的天堂地狱观，有些人信奉轮回转世，有些人只是相信"灵魂永在"。

　　奇怪的是，尽管有关来世的信仰是大多数宗教教义的一个核心部分，但很少有其他有关青少年和初显期成人的宗教信仰的研究包含有关来世信仰的问题。上述研究结果表明，进一步深入研究青少年期和成年初显期个体的来世信仰可能会得出令人信服、令人惊讶的结果。

文化信仰与道德发展

　　宗教信仰通常是一个文化的道德体系的基础，但道德信仰也可能有其他来源。早期的研究强调认知发展是道德的基础，但最近的研究则强调道德发展中的文化差异性。下面我们先讨论科尔伯格的认知理论，然后讨论文化取向。

科尔伯格的理论

学习目标 12：描述科尔伯格提出的道德发展的三个水平和六个阶段以及支持该理论的证据。

　　劳伦斯·科尔伯格（Lawrence Kohlberg）认为道德发展以认知发展为基础，因此，无论身处哪种文化中，随着认知能力的发展，个体的道德思维都会以可预测的方式发生变化。在研究中，他向人们展示了一些假设的道德情境，并让他们说明在那些情况下，他们认为什么样的行为是对的，什么样的行为是错的。

科尔伯格最初研究了来自芝加哥的中产阶级和工人阶级家庭的 72 个 10 岁、13 岁和 16 岁男孩的道德判断。他给男孩们呈现了一系列虚构的困境，每一个困境都是为了引出他们的道德推理而设计的。其中一个困境如下。

> 在第二次世界大战期间，有个城市经常被敌人轰炸。因此，每个男人都负责一个岗哨，在爆炸发生后他要马上到岗哨帮助扑灭炸弹引起的大火，并营救正在燃烧的建筑物中的人员。一个名叫迪辛的人被指派负责一个消防车岗哨，该岗哨就在他工作的地方附近，因此在白天他可以很快到达那里，但是这个地方离他家很远。有一天，轰炸非常猛烈，迪辛离开他的工作场所的掩蔽处，朝着他的消防车岗哨走去。但是，当他看到这座城市到处燃烧着熊熊大火时，他开始担心他的家人。于是，他决定先回家，看看家人是否安全，尽管他的家离这儿很远而他负责的岗哨就在附近，而且有人已被指派保护他的家人所在的区域。他离开岗哨去保护他的家人，这样做是对还是错？为什么？

每次访谈中科尔伯格都会要求参与者对三个这样的故事发表看法。对科尔伯格来说，了解人们的道德发展水平的关键不在于他们对人们面临困境时的行为的判断，而在于他们如何解释自己的判断。科尔伯格构建了一种分类方法，将人们的解释分为三个道德发展水平，每个水平包含两个阶段（见表 4–4）。

表 4-4　科尔伯格的道德发展阶段

第 1 水平：前习俗推理。 道德推理是基于对外部奖励和惩罚的可能性的认识。	• **第 1 阶段**：惩罚和服从导向。应遵守规则，以免受到当权者的惩罚。 • **第 2 阶段**：个人主义和目标导向。凡是能满足自己的需求且有时能满足他人需求的，以及能为自己带来回报的都是正确的。
第 2 水平：习俗推理。 道德推理相比第一层次较少以自我为中心，而是强调遵从他人的道德期望，包括来自传统和权威的规则。	• **第 3 阶段**：人际和谐导向。在此阶段，强调对他人的关爱和忠诚，认为遵从他人对某个角色（如"好丈夫"或"好女孩"）的期待是正确的。 • **第 4 阶段**：社会制度导向。通过社会秩序、法律和正义之类的概念来解释道德判断。
第 3 水平：后习俗推理。 道德推理是基于个人的独立判断，而不是基于他人的判断。什么是正确的源于个人对客观、普遍原则的理解，而不是个人（如在第 1 层次时）或群体（如在第 2 层次时）的主观认知。	• **第 5 阶段**：社区权利和个体权利导向。认为如果社会的法律和规则成为自由和正义等理想的障碍，那么可以质疑和改变这些法律和规则。 • **第 6 阶段**：普遍道德原则导向。道德推理是基于建立在普遍原则基础上的独立道德准则。认为当法律或社会习俗与这些原则相抵触时，违反法律或习俗要比违反普遍原则更好。

前习俗推理（preconventional reasoning）
科尔伯格的道德发展理论中的一个水平，在该层次道德推理基于对外部奖励和惩罚的可能性的认识。

习俗推理（conventional reasoning）
科尔伯格的道德发展理论中的一个水平，在该层次个体强调遵从他人的道德期望。

科尔伯格对最初的一批青春期男孩进行了长达 20 年的追踪，每隔 3 年或 4 年就对他们进行一次访谈。科尔伯格及其同事还进行了许多其他有关青少年期和成年初显期的道德推理的研究。这些研究的结果在许多重要方面证实了科尔伯格的道德发展理论。

- 道德推理所处的阶段会随着年龄而提高。到 10 岁时，大多数参与者处于第 2 阶段或在从第 1 阶段向第 2 阶段过渡；到 13 岁时，大多数人在从第 2 阶段向第 3 阶段过渡；到 16~18 岁时，大多数人处于第 3 阶段或在向第 4 阶段过渡；到 20~22 岁时，处于第 3 阶段、在向第 4 阶段过渡或已到达第 4 阶段的参与者达到 90%。然而，即使在 20 年后，当所有最初的参与者都 30 多岁时，他们中也很少有人到达第 5 阶段，而且没有一个人到达第 6 阶段。科尔伯格最终将第 6 阶段从他的编码系统中删除了。
- 道德发展按照预期的方式进行，即参与者不会跳过某个阶段，而是从一个阶段发展到下一个阶段。
- 研究发现道德发展是累积性的，即很少有参与者会随着时间的推移而下滑到较低阶段。除了少数例外，他们要么停留在同一阶段，要么进入下一个阶段。

科尔伯格及其同事的研究还表明，道德发展与社会经济地位（SES）、智力和教育水平相关。中产阶级男孩往往比同龄的工人阶级男孩处于更高的道德发展阶段，智商较高的男孩往往比智商较低的男孩处于更高的阶段，受过大学教育的男孩往往比没有受过大学教育的男孩处于更高的阶段。

科尔伯格最初的研究样本仅包括男性，他的前学生卡罗尔·吉利根（Carol Gilligan）对此提出批评，声称他的理论偏向男性，忽视了女性。吉利根声称，女孩与男孩有着不同的道德"声音"，她们遵循着把关系放在首位的"关爱"伦理，而不是男孩所偏爱的抽象"正义"伦理。但是，没有证据支持吉利根的这一说法，即科尔伯格的分类系统偏向男性。劳伦斯·沃克（Lawrence Walker）对这一主张进行了最全面的检验，分析了 108 项使用科尔伯格的分类体系评估道德发展阶段的研究得出的结果。沃克从统计学上综合了各种研究的结果，以考察男性和女性的得分是否存在总体差异。结果表明，按照科尔伯格的分类系统的评估，男女之间没有显著差异。

基于科尔伯格理论的研究还包括在土耳其、日本、肯尼亚、以色列和印度等地进行的跨文化研究。这些研究很多都集中考察青少年期和成年初显期的道德发展。总体来说，这些研究证实了科尔伯格的假设，即道德（按照他的系统分类）随着年龄的增长而发展。此外，与美国的研究一样，其他文化中的纵向研究的参与者也很少会退回到一个更早的阶段或跳过某个道德推理阶段。

后习俗推理（postconventional reasoning）

科尔伯格的道德发展理论中的一个水平，在该层次道德推理是基于个体的独立判断，而不是基于自私的考虑或基于他人所认为的对错。

对科尔伯格的理论的批评

学习目标 13： 确定从文化方面对科尔伯格的道德发展理论进行批评的要点。

尽管科尔伯格并不否认文化对道德发展有一定的影响，但他认为文化的影响仅限于文化如何为个体提供达到最高道德发展水平的机会。在科尔伯格看来，认知发展是道德发展的基础。正如认知发展只沿着一条道路（在适当的环境条件下）进行一样，道德发展也只有一条自然的成熟之路。随着个体的发育，个体的思维逐渐发展，他们不可避免地会沿着那条唯一的道路发展下去。因此，道德推理的最高水平也是最理性的。充分的教育使形式运算得以发展，个体会意识到较低层次的道德推理的不足和不合理性，从而接受对道德问题的最高层次的、最理性的思维方式。通过能够采择道德情境所涉及的每一方的观点，个体可以学会做出客观的、普遍有效的后习俗判断。

然而，对道德发展采取文化取向的学者们对这些假设提出了质疑。文化心理学家理查德·史威德（Richard Shweder）对此提出了最广泛和最深刻的批评。史威德认为，科尔伯格描述的后习俗道德推理不是唯一的理性道德准则，也不比其他类型的道德思维更高级或更发达。在史威德看来，科尔伯格的分类系统偏向最高社会阶层中接受最高层次的西方教育的"西方精英"的个人主义思想。与吉利根一样，史威德反对科尔伯格单独将抽象的个人主义归类为道德推理的最高形式。

史威德指出，在使用科尔伯格的分类系统开展的研究中，很少有人被归为后习俗思维者。如前所述，在有关不同文化中的道德思维的研究中，在西方以外很少有人被归为后习俗思维层次，即使是在西方达到后习俗思维的人中也很少见。然而史威德认为，这并不是因为世界上的大多数人都没有充分发展其理性思维能力。相反，其原因在于科尔伯格的分类系统，在于该系统把什么归为理性道德思维的最高层次。

尽管科尔伯格声称，后习俗思维理应依赖普遍道德原则（它构成了判断对与错的基础），不管个体或群体的观点是什么。但事实上，在科尔伯格的分类系统中，只有一种特定的客观原则被归为后习俗思维，即那些反映了一种世俗的、个人主义的、西方的道德思维方式的原则。史威德认为，实际上许多文化中的人们在其道德推理中时常参照普遍原则。然而，由于他们认为这些原则是由传统或宗教确立的，所以科尔伯格的分类系统将他们的推理归为习俗推理。史威德认为这是该分类系统的一个长期偏见。

这种偏见使得大多数文化中的人们很难被归为道德发展的最高水平，即第 3 水平，因为西方以外的大多数文化中的人们都会诉诸传统或宗教权威。然而，史威德认为，信奉由宗教神圣权威建立并通过传统传承的客观原则并不比信奉基于世俗主义和个人主义的客观原则缺少理性。如果否认这一点，那就是假设所有的理性思维者都必须是无神论者，或者假设接受被认为具有超强道德理解力的人（神或上帝）所说的真理是不理性的。在史威德看来，这两个论断都是站不住脚的。

史威德用一项研究的数据支持他的观点，该研究将美国儿童、青少年和成人与印度相似年龄的人群进行了对比。在这里，我重点介绍针对青少年（11~13 岁）的结果，但是针对各个年龄段的人群的结果都相似。史威德及其同事在研究道德推理时采用的方法与科尔伯格采用的方法不同。他们不是针对假设的情境对人们进行询问，而是针对在一个或两个国家中普遍存在的现实生活中的特定习俗（表 4–5 中列出了这些习俗的示例）。科尔伯格假设在道德推理中只有个体如何解释道德判断才是最重要的，史威德及其同事认为这种假设是错误的，因此他们采用的方法是记录参与者将每种习俗视为对还是错。因为他们认为依据科尔伯格的分类系统将参照传统或神圣权威归为习俗推理是错误的，所以如果参与者参照了普遍道德原则，即使这些原则基于传统或宗教信仰，他们也将其道德推理归为后习俗推理。

表 4-5　美国和印度青少年对道德问题的看法

不一致：印度人认为是正确的，美国人认为是错误的
父亲的遗产更多由儿子而非女儿继承
丈夫因妻子不服从他的命令而殴打她
父亲因儿子逃学而殴打他
不一致：印度人认为是错误的，美国人认为是正确的
妇女在经期与丈夫睡在同一张床上
25 岁的儿子在与父亲说话时直呼其名
经常吃牛肉
一致：印度人和美国人都认为是错误的
兄弟姐妹乱伦
踢一只正在路边睡觉的狗
父亲要求儿子偷邻居的花园里的花，男孩照做了

从表 4–5 中可以看到，印度和美国的青少年对行为的看法常常不一致。研究发现在年幼的儿童和成年人中也存在类似的模式。史威德认为，这些明显的分歧令人质疑科尔伯格的观点——在所有的文化中个体的道德发展都经历着与年龄相关的相似阶段。相反，儿童在早期就学会了其文化所特有的道德信仰，这些信仰在青少年期就已根深蒂固，并在成年期保持稳定。在每一种文化中，不管在哪个年龄阶段，人们关于对与错的信念高度一致，但如果进行跨文化比较，所有年龄阶段的印度人与美国人的一致程度都很低。

尽管印度人和美国人经常对各种做法是对还是错持不同意见，但他们使用的道德推理的类型有很高的相似性。然而，与使用科尔伯格分类系统得出的研究发现（在任何一种文化中，后习俗推理都很少见）正相反，史威德及其同事发现，后习俗推理是两国儿童、青少年和成年人的大多数道德推理陈述的特征。这是因为当人们基于任何类型的普遍道德义务（包括基于传统或宗教信仰的道德义务）进行推理时，史威德都将之归为后习俗道德推理。科尔伯格的分类系统会将大多数这类陈述归为习俗推理，或者不对之进行编码。史威德得出结论，科尔伯格的编码系统偏向西方价值观。在史威德看来，道德推理不仅反映了个体的认知发展水平，而且总是植根于文化信仰。

批判性思考

阅读了科尔伯格的理论以及史威德对该理论的批评后，你觉得哪个更有说服力？为什么？

从世界观角度看待道德发展

学习目标 14： 描述道德发展的世界观理论，包括三种伦理和模板模式。

除了批评科尔伯格，史威德及其同事提出了一个新的道德发展理论，来取代科尔伯格的理论。这一新理论主要是由史威德以前的学生莱恩·詹森（Lene Jensen）创立的。詹森认为，道德的根本性基础是一个人的**世界观**（worldview）。世界观是一套信仰，它解释了做人的意义、应如何处理人际关系，以及应如何解决人的问题。世界观是道德推理的基础（解释行为是对还是错的依据）。道德推理的结果是道德评价（对行为是对还是错的判断），而道德评价又规定了道德行为。道德行为会强化世界观。图 4–3 阐述了世界观理论。

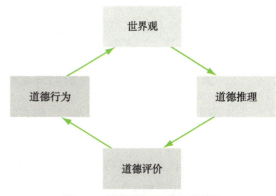

图 4-3　道德发展的世界观理论

在相关研究中，詹森根据不同的世界观，按照三种"伦理"对人们对道德问题的回答进行编码。

自主伦理（Ethic of Autonomy）将个体定义为首要道德权威。只要个体的行为不会对他人造成伤害，他们就被认为有权按照自己的意愿行事。

社区伦理（Ethic of Community）将个体定义为对社会团体具有义务和责任的社会团体成员。在这种伦理中，家庭、社区和其他群体中的角色责任是道德判断的基础。

神性伦理（Ethic of Divinity）将个体定义为遵守神圣权威的规定的精神实体。这种伦理包含基于传统宗教权威和宗教文本的道德观点。

最近使用这三种伦理开展的一些研究集中在青少年身上。例如，印度的一项研究发现，青少年比父母更多使用自主伦理，而父母更多使用社区伦理。青少年与父母都很少使用神性伦理。美国的一项研究比较了儿童、青少年和成年人，该研究发现与儿童相比，青少年和成年人更少使用自主伦理，更多使用社区伦理。芬兰的一项研究发现，大多数青少年在道德推理中使用了自主伦理和社区伦理相结合的方式，但在宗教方面较为保守的青少年最常使用的是神性伦理。有关这三种伦理的研究才刚刚开始，在不同的文化中，这三种伦理的使用情况在整个生命周期中是如何变化的还有待观察。

这些研究结果表明了文化对三种伦理在国家内部的使用情况和在不同国家中的使用情况的影响。那么文化对这三种伦理的发展有什么影响？这三种伦理从童年到成年的发展轨迹如图 4–4 所示。自主伦理推理出现于儿童早期，在整个青少年期和成年期都保持相对稳定。在整个

世界观（worldview）

一套文化信仰，解释做人的意义、应如何处理人际关系，以及应如何解决人的问题。

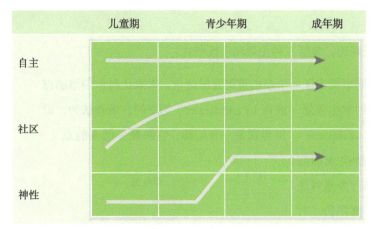

图 4-4　道德推理的三种伦理的文化发展模板

生命过程中，社区伦理推理会不断增加，而神性伦理在儿童中通常较少被使用，但在青少年期会增加，其使用情况与成年人相似。这些轨迹是基于对三种伦理的研究以及心理学和人类学的其他研究领域中的大量发现。

但是，与科尔伯格的道德发展阶段理论不同，这三种伦理的发展轨迹并不适用于所有人。相反，它们被视为模板（templates），即它们描述了一般的发展模式，而该模式必然受到文化的影响。例如，在高度重视社会和谐的集体主义文化中，社区伦理很可能在儿童早期就已出现，在青少年期和成年初显期急速增加，在成年期达到很高的水平。而在更加注重个人主义的文化中，社区伦理推理在青少年期可能不那么普遍，这反映出人们认为个人的权利比群体的利益更为重要。

> **知识的运用**
>
> 思考一下你最近在生活中经历的一个道德困境。你做出了什么决定？你为什么要那样决定？根据科尔伯格的分类系统，你针对该困境的道德推理属于哪个水平？根据詹森的三种伦理理论，你的推理属于哪一种？

政治信仰

文化信仰也包括政治信仰，如不同的政治制度有何有利和不利特征、什么样的政治安排是公平或不公平的，以及应在多大程度上允许言论自由和新闻自由等。由于政治思维通常涉及对抽象概念（如正义、人权和财富分配）的思考，因此我们可以预测政治思维在青少年期会朝着更为抽象和复杂的方向发展，与宗教思维和道德思维的发展轨迹类似。对政治思维的发展的研究似乎支持这种解释。然而，这一领域的研究很有限，不能为政治思维的文化基础提供足够的支撑。本节首先回顾有关青少年的政治观点的认知研究，然后讨论成年初显期的政治信仰和政治行为的独特方面。

模板（templates）
人类的三种伦理的基本道德发展模式，因特定文化中的信仰和价值观而变化。

认知变化与政治信仰

学习目标 15：描述阿德尔森的关于青少年早期到晚期的认知变化如何引发政治信仰变化的观点。

在青少年期期间的政治发展方面做了大量工作的一位学者是约瑟夫·阿德尔森（Joseph Adelson）。阿德尔森的研究沿用了科尔伯格的方法。他运用假设情境来引出青少年对政治安排和政治观点的思考，并从青少年的认知变化的角度来解释其政治发展。

阿德尔森的主要假设情境如下："想象一下，有 1000 名男性和女性，他们对该国目前的状况不满意，他们决定购买太平洋上的一个岛屿，并搬到那里去生活，在岛上他们得自己制订法律和政府形式。"基于这种假设情境，研究者向青少年询问有关其政治观点的许多问题。每个青少年都被问到人们在该岛上可能采取的各种政府形式（民主制、君主制等）的优点以及法律的目的和执行情况。研究要求青少年考虑的问题包括：如果政府想在岛上修建一条路，而拟建道路所占地块的一部分由某个人所有，但他拒绝出售该地块，那么政府该怎么办；如果政府颁布了禁止吸烟的法律，可人们继续吸烟，那么政府该怎么办；面对该岛上的少数族裔公民的权利问题政府应如何处理。

阿德尔森及其同事研究了与年龄、性别、社会阶层和智商与政治发展的关系，他们发现只有年龄这一变量与政治思想有关。他们对 11~18 岁青少年的研究发现，青少年的政治思想在 12~13 岁开始发生深刻的转变，到 15~16 岁时转变完成。这一转变涉及三个主要变化：阿德尔森所说的"认知模式"的变化、对威权政体的支持的急剧下降，以及意识形态能力的发展。

认知模式的变化包括与形式运算的发展有关的若干变化，例如，更多地使用抽象概念、将法律视为人类建构的事物而不是不容改变的事物的倾向。年龄较大的青少年比年龄较小的青少年更有可能使用抽象的概念而不是具体的例子。例如，当被问及法律的目的时，年龄较大的青少年的典型回答是"确保安全和行使政府职能"，而年龄较小的青少年会说法律是必要的，"这样人们就不会去偷窃或杀人"。

认知方式的变化也导致青少年对法律的看法发生变化。年龄最小的青少年认为法律是永恒、不变的。然而，到 15 岁左右，青少年更有可能将法律视为社会建构的产物，如果受其统治的人民希望改变法律，那么这些法律是可以改变的。阿德尔森认为，这反映了形式运算的发展，青少年越来越不将法律视为具体的事物，越来越将其视为可能会发生变化的社会安排。这类似于科尔伯格在其道德发展理论中描述的从第 1 水平思维（强调固定的道德准则）向第 2 水平思维转变（强调道德和法律规则的可变性和社会建构性）。科尔伯格和阿德尔森都发现青少年在 10~15 岁会发生道德推理方面的变化。

阿德尔森及其同事观察到的出现在青少年早期和晚期之间的第二个主要变化是威权主义政治观点的急剧下降。年龄较小的青少年往往非常专制。例如，为了执行一项禁止吸烟的法律，他们批准了雇用警察提供情报以及在人们家中的壁橱里安插间谍等程序！阿德尔森指出："关于犯罪和惩罚的诸多问题，他们总是提出一种解决方案：惩罚，如果惩罚还不够，则加重惩罚。"年龄较大的青少年的想法则更加复杂，他们试图在法律目标与个人权利之间，以及在长期成本和收益与短期成本和收益等因素之间取得平衡。根据这项研究中使用的威权主义指数，年龄最小的参与者中有 85% 的人被评为最高类别，而该比例在 17 岁和 18 岁的青少年中只有17%。

第三个关键变化涉及发展意识形态的能力。这意味着年龄较大的青少年建立了一套信仰，作为其政治态度的基础。在解决阿德尔森的问题时，他们谈到的原则反映了个人权利和社区权利相结合这一信念的原则，他们不是像年龄较小的青少年那样只局限于即刻的、具体的解决方案。

最近关于青少年期政治思维发展的研究证实了阿德尔森的许多研究结果。例如，朱迪斯·托内尔－普尔特（Judith Torney-Purta）描述了青少年期的政治思维如何变得越来越抽象和复杂，如何从青少年早期的具体、简单的观点发展到青少年晚期的更加连贯、抽象的思想体系。一些学者的研究证实了阿德尔森的这一发现，即在青少年期威权主义会下降。例如，从儿童期到青少年期，个体对相反的或冒犯性的政治观点的容忍度会增加，并在青少年晚期达到峰值。最近关于政治发展的研究也将互联网视为国际知识的来源，在教师的指导下，互联网可以提高青少年对政治观点的容忍度和观点采择能力。

批判性思考

你认为青少年和初显期成人的政治思维可能有何不同（如果有的话）？请提出一个假设并解释你将如何验证它。

与科尔伯格一样，阿德尔森试图确立适用于各地年轻人的以阶段划分的发展路径。然而，阿尔德森和其他人都没有尝试将他的想法应用于不同的文化。阿德尔森及其同事研究了三个不同国家的青少年，但是他们研究的三个国家（美国、英国和德国）很相像，它们有着相似的法律和政治制度。如果他们问沙特阿拉伯青少年或澳大利亚土著青少年类似的问题，他们会发现什么？这些文化中的青少年的政治思想很可能反映了他们的社会的主导政治思想，因此它们与美国青少年的政治思想不同。古希腊哲学家亚里士多德认为专制优于民主，有些人天生就是奴隶，女性在几乎所有方面都不如男性。亚里士多德是不是还不如如今的 16 岁的孩子思维发达、富有逻辑？这不太可能。更有可能的是，他与我们一样，反映的是他所在的时间和地点的政治信仰。

初显期成人的政治参与

学习目标 16： 从发展角度解释为什么初显期成人很可能参与政治运动。

关于成年初显期的政治思想方面的研究很少，但是在欧洲各国以及加拿大和美国，按照投票率和参与政党活动等传统标准，初显期成人的政治参与率非常低。与成年人和前几代年轻人相比，初显期成人的传统政治参与度往往更低。他们倾向于对政客的动机持怀疑态度，认为政党的活动与他们的生活无关。一项针对来自八个欧洲国家的年轻人进行的研究发现，在青少年期和成年初显期，他们对政治权威和政治体系的信任度都很低。

但是，不应将拒绝参与传统政治视为他们对改善其社区、社会和整个世界的状况缺乏兴趣。相反，西方的初显期成人比老年人更有可能参与致力于环境保护、反对战争、反对种族主义等特定问题的组织。在一项针对美国大学新生的全国性调查中，只有 24% 的人说他们对政治感兴趣，但事实上，有 84% 的人做过志愿者工作，有 50% 的人参加了政治示威活动。由于经常对传统的政治程序感到失望及被排斥，初显期成人选择将精力投向对他们而言重要的特定领域，他们认为在这些领域，他们更有可能看到真正的进步。

此外，初显期成人经常参与极端政治运动。极端政治团体的领导者通常是中年人或老年人，但他们最狂热的追随者往往是初显期成人。历史上有很多这样的例子。这些例子涉及破坏和暴力，但初显期成人在和平政治运动中也很突出。

为什么初显期成人特别容易参与极端政治运动？其中一个原因是，与其他年龄段的人相比，他们的社会关系和义务较少。儿童和青少年可能会有父母阻止他们参与。年轻的成年人、中年人和年长者可能会由于对依赖于他们的那些人（尤其是配偶和孩子）的承诺而不敢参与。然而，初显期成人的社会承诺较少，比其他年龄段的人有更多自由，这种自由使得其中一些人能够参与极端的政治运动。

另一种可能性是他们的参与与自我认同有关。前文中曾谈到，成年初显期的重要发展特征之一是，这是自我认同探索期。自我认同探索的一个方面是意识形态或世界观。成年初显期是人们寻找解释世界的思想框架的时期，有些初显期成人可能会被极端政治运动所提供的明确答案所吸引。拥抱极端政治思想可能会缓解思想探索的不确定性和怀疑带来的不适。尽管如此，这些解释回避了一个问题：只有少数初显期成人参与了这些极端运动，为什么是他们而不是其他人？

第**5**章

心理性别

学习目标

1. 区分心理性别和性别。

2. 总结传统文化中的少女的性别角色，包括从中童期到青少年期性别期待如何发生变化。

3. 列举传统文化中少年的男性气质的三个必要条件，并解释使少年的成年之路不同于少女的关键因素。

4. 解释在发展中国家经济的发展如何影响人们的性别角色。

5. 与现代少女相比，美国历史上对少女的性别期待怎样支持又限制了她们的成长。

6. 描述在美国历史上关于男性自我控制和自我表达的价值观念的变化。

7. 概述 20 世纪 70 年代以来美国社会中的心理性别信仰的转变。

8. 描述从中童期到青少年期性别社会化如何改变。

9. 描述在家庭中、同龄人间和学校里有差异的性别社会化的表现。

10. 概述少女如何回应社交媒体中的性别社会化。

11. 对比青少年男女的性别社会化引发的主要问题有什么不同。

12. 解释性别图示如何引导人们对男性和女性应有的行为期待。

13. 将表达性和工具性特征的概念与关于青少年中理想男性和女性的认识的研究结合起来。

14. 描述跨性别青少年面临的挑战以及他们是如何应对的。

15. 解释在各自特定的文化历史中非裔、拉丁裔和亚裔美国人的性别角色是如何形成的。

16. 解释为什么合理性证据有限，性别刻板印象却仍然存在。

特里脱光了衣服，他感到有些紧张和不安，也觉得自己有点愚蠢。摄影师也许已经见过上千次裸体，现在不过是又多一次而已，毕竟她是专业人员。他在健身房通过有氧运动练就了一副好身材——为什么不炫耀一下呢？"我应该感到自豪。"特里想到这里，迅速地披上了细心的摄影师递给他的长袍。一曝光在工作室的灯光下，特里又有些怀疑和不安，但这种感觉很快消失了，他脱掉了长袍。摄影师提出拍摄坐姿，特里配合地坐下，但垂下双手盖住了敏感的私处。摄影师温和地说："把手放在膝盖上。"她的确很专业，懂得如何让她的模特放松。

或许你已经猜到，讲这个故事的目的是为了证实我们大脑中的男性和女性角色很容易滑入我们已有的设想中，如果发现固有的性别刻板印象被证实是错误的，我们会非常惊讶。对于大多数人来说，从性别的角度思考这个世界是如此容易，以至于我们都没有意识到我们对性别的设想对我们的认知有多么深刻的影响。在听说熟识的人刚生了小孩后，人们问的第一句话就是"是男孩还是女孩？"从一个人出生开始——甚至从出生前开始，因为现在有产前检查——性别决定了我们对人的品性、能力，以及行为方式的认知。在青少年期，随着性成熟的到来，性别意识和与性别有关的各种社交压力变得更为突出。

在这本书的每一章中，心理性别都是很重要的议题。从家庭关系、学校表现，到性行为，性别的异同都值得我们关注。心理性别对多个方面的发展都很重要，在本章中我们也会集中讨论心理性别在青少年期和成年初显期发展中的基础性作用。需要解决的问题有很多：不同的文化在性别方面对青少年有什么具体的要求？心理性别对青少年社会化的重要性体现在哪些方面？性别社会化在家庭和其他社交场景中是如何呈现的？青少年遵从或者拒绝遵从该文化对性别角色行为的期待的后果是什么？这些问题将在本章中讨论。

鉴于与性别相关的内容与本书所有章节中的内容相关，在本章中我们主要讲述青少年性别社会化的文化和历史模式，其中包括西方现代社会的性别社会化，这将是后面的章节中的内容的基础。接着我们会讨论成年初显期的性别刻板印象，以及为什么支持性证据很少但性别刻板印象仍然存在。最后我们将关注全球化如何改变传统文化对青少年和初显期成人的性别期待。

传统文化中的青少年及心理性别

与西方文化相比，传统文化中的性别角色和性别期待更多地渗透到生活中的方方面面。传统文化中的少男少女各自有不同的生活，并且很少出现在对方的生活中。人们对他们在青少年期的行为和在成年后从事的工作的期待不同，因此他们的日常生活也少有重合。另外，人们对男性和女性的性别要求在他们进入青少年期后都会加强，人们几乎不允许异常行为出现。在社会化受限的文化中，关于性别期待的社会化是受限最多的。

我们先讨论传统文化中人们对女孩的性别期待以及对男孩的性别期待。在进入讨论之前，我们首先需要区分心理性别和性别的概念。

心理性别与性别

学习目标 1：区分心理性别和性别。

通常社会学家使用**性别**（sex）指代男女的生物学特点。而**心理性别**（gender）指男女的社会类别。使用"性别"一词意味着男性和女性的特征可能是由文化和社会的期待影响和认知带来的。例如，男性在青少年期长出更多肌肉，而女性在青少年期胸部开始发育，这就是性别差异。然而，青少年期的女孩的身体映像往往比青少年期的男孩更负面，这就是心理性别差异。我们将在本章重点讲述心理性别。

所有文化对于男性和女性的恰当的外观形象、角色和行为都有自己的观念。文化向儿童和青少年传达性别期待的过程就是**性别社会化**（gender socialization）。性别社会化有多种途径，包括家庭、朋友和同龄人、学校和媒体。在本章中我们将会谈到性别社会化的所有途径。

从女孩到女人

学习目标 2：总结传统文化中的少女的性别角色，包括从中童期到青少年期性别期待如何发生变化。

在传统文化中，女孩从很早就跟在母亲身边劳作。在 6~7 岁时她们就开始帮忙照看弟弟妹妹或者堂兄弟姐妹。从 6~7 岁甚至更早些时候起，她们就开始帮助妈妈做饭、洗衣服、捡柴，以及干其他家务活。到青少年期时，女孩通常会与母亲一起劳作，成为母亲的搭档。母亲对女

性别（sex）
生物学上对男性和女性的分类。

心理性别（gender）
根据文化观念和活动而不是生物学结果划定的男性和女性的社会类别。

性别社会化（gender socialization）
文化向儿童和青少年传达性别期待的过程。

儿的影响很明显，到青少年期时女儿已经熟练掌握照料小孩和操持家务的技能，她们为家庭所做的几乎和母亲相差无几。

在传统文化中，青少年期期间出现的一个重要的性别差异就是：男孩与家人的联系变少，与同龄人相处的时间更多；女孩与母亲仍保持亲密关系并且每天的大部分时间都与母亲度过。这种差异之所以存在部分是因为女孩与母亲一起劳作的时间比男孩与父亲一起劳作的时间更多。即使男孩与父亲一起劳作，与相同情形下的女孩和母亲相比，男孩与父亲的交流更少，也不够亲密。母亲和女儿之间的依赖关系并不表明女孩被母亲压制或像孩子一样依赖母亲。例如，谢莱吉（Schlegel）研究了美国本土部落霍皮族（Hopi），发现族内的母女关系在其一生中都非常亲密，而青少年期女孩也异常自信和坚定。

然而，在传统文化中，男孩的社会化在青少年期变得更广阔，而女孩的社会化仍如同以前一样狭窄，甚至更狭窄。有一些学者认为："到了青少年期，世界为男孩敞开了大门，却为女孩增添了束缚。男孩可以开始享受成为男人的优势，女孩却需要开始忍受成为女人的新的约束。"在母亲和其他成年女性的陪伴下，少女的生活仍处在权力阶层中。由于成年女性的成年人地位和年龄，女孩会受到所有成年女性的约束。

另外一个导致少女的社会化狭窄的原因是，与男性相比，女性的性萌芽受到更加严格的管束。通常，传统文化中的少年被允许甚至被期待在婚前有一些性经验。在一些文化中，女孩也是如此，但就女孩而言，不同的文化间存在着更大的差异。有的文化允许或鼓励女孩在婚前性生活活跃，但有的文化会以死刑处罚婚前失贞的女孩，还有许多文化的要求介于以上两者之间。当社会期待少女是处女而少年不是处男时，少年可能会通过妓女或对少年感兴趣的年长女性获取性经验。然而，这种双重标准会使少年和少女间出现人际关系和性方面的紧张，少年会强迫少女放松性抵抗，女孩则担心如果她们屈服，羞愧和屈辱会落在她的身上（男孩不受影响）。

齐纳斯（Chinas）的著作中提到了传统文化中的人们对少女的性别期待，他举了墨西哥村落里的少女和成年女性的例子。正如他描述的那样，女孩在到达青少年期后，其社会化变得更加狭窄。在青少年期以前，女孩经常被派去镇上的户外集市买食物。在此过程中，女孩变成了精明的购物者，在找零钱和加减法方面非常熟练。然而，墨西哥文化很看重女孩婚前的贞洁，因此，一旦女孩们到了青少年期就不再被允许单独去城里的商场，并且被严格看管，以减少婚前性行为的可能性。

少女在村里的主要活动就是学习操持家务。她们在中童期学习照料孩子（通常是女孩的弟弟或妹妹），但是到了青少年期后，她们开始学

传统文化中少女经常与母亲共同劳作。图为在印度的一个村庄里一位母亲在和女儿一起做面包。

习操持家务的技能，例如，做墨西哥面饼、缝纫和刺绣。在青少年期女孩的生活中不包括上学，即使她们有机会去上学，也只是在 6 岁或 7 岁时学习一年，能识字即可。相反，男孩大多都会上学至 12 岁甚至更晚。

在 10 岁到 16 岁期间，女孩几乎没有机会与男孩接触，甚至连和男孩说话都是不合规矩的。在小村子里，女孩的行为一直处于父母、兄弟，或者其他认识女孩的成年人的监督之下。但是，到 16 岁时，女孩被认为达到了适婚年龄，女孩获准在一位年长女性——母亲、阿姨或祖母的陪伴和监督下去参加公共节日。她们也可以参加每周日晚上的散步活动（paseo）。村里的人们会聚集在广场，绕着广场散步，走在外沿的人沿着一个方向，走在内沿的人沿着相反方向。这就给年轻人提供了见面甚至聊上几句的机会，这个机会非常难得。

如果有男孩看中了某个女孩，他就会在周日晚上等在女孩家门口，期待有机会护送女孩去散步。这一点很关键，尽管总是男孩发起追求，但是女孩有权力接受或拒绝。如果被拒绝，男孩就不得不放弃追求；如果女孩答应，他们就会被认为订婚了。因此，男孩几乎会在每个有空的晚上等在女孩家门口，期待着女孩的出现，期待能有机会和女孩说几句话。几个月后，男方代表会去向女孩的父母提亲。虽然人们不会直接询问女孩的意见，但是女孩同意男孩的追求就已经间接表明了她的态度。

齐纳斯对墨西哥村庄中的女孩的描述体现了传统文化中的少女的社会化涉及的一些主题：较早的工作责任、与成年女性监管人的亲密关系，以及在青少年期为婚姻和成年期的与特定性别相关的工作做准备。传统文化中的男孩的社会化与女孩相似有一些相似之处，也有一些不同之处，我们将在下一部分讨论。

> **知识的运用**
>
> 将齐纳斯描述的墨西哥村庄里的人们对少女的性别期待和自己所处文化中的情况做比较，并说明有哪些相同点和不同点。

从男孩到男人

学习目标 3：列举传统文化中少年的男性气质的三个必要条件，并解释使少年的成长之路不同于少女的关键因素。

传统文化对男孩和女孩的性别期待的最明显的区别就是男孩必须努力才能成为男人，而女孩主要是通过经历一些生理变化成为女人。的确，女孩在成年以前就需要掌握各种技能，并具备女性的性格特征。但是，在大多数传统文化中，女性气质被认为是女孩在青少年期自然获得的，月经初潮通常被视为女孩成为女人的标志。少年没有类似的代表成年的标志，所以男孩成年的过程中总是充满危险及很可能的失败。

在许多文化中针对失败的男人都有特定的词，这一点令人吃惊。例如，在西班牙语中，失

在传统文化中少年必须学习供养、保护和繁衍后代。图为非洲中部姆布蒂族男孩在学习打猎。

败的男人被称为 "flojo"（意思是软弱的、懒惰的和没用的）。在许多其他语言中也有类似的词汇。（你的语言中也许有不少例子）。相反，尽管有许多贬低女性的词汇，却没有像 "flojo" 这样暗指 "失败的男人" 的词汇暗指 "失败的女人"。

所以，传统文化中的少年要怎么做才能成为男人，避免被称为 "失败的男人" 的耻辱呢？人类学家大卫·吉尔摩（David Gilmore）在《男人的塑造：男性气质的文化概念》（*Manhood in the Making: Cultural Concept of Masculinity*）一书中针对这一问题分析了世界上的不同的传统文化。他得出结论：在大多数文化中，少年在被认可成为男人前必须具备三种能力："供养""保护"和"生育"。供养（provide）是指他必须证明自己已经具备一个成年男人应具备的赚钱能力，这使他能够养活妻子和孩子。例如，如果成年男人以捕鱼为生，少年就必须证明他已经学会了捕鱼的技能，并能够供养一个家庭。

其次，少年也必须学会保护（protect），也就是说他要证明自己能够保护自己的家庭、亲人、宗族及其所属群体免遭敌人或野兽的攻击。他可以通过学习搏杀和使用武器来掌握保护的能力。在人类历史上，人类群体间的冲突是大多数文化中都存在的事实，所以保护技能是普遍需求。

最后，少年还必须学习生育（procreate），也就是说他在婚前要有一些性经验。获得性经验不是为了展示他的性魅力，而是为了证明他在婚后有足够的性能力来生儿育女。

在传统文化中获得男性气质不仅要求男孩具备以上三方面的技能，而且还要具备一定的"性格品质"，以确保这些技能有用、有效。在学习供养方面，男孩除了要掌握必要的赚钱能力外，还要具备勤奋、有毅力的品质；在学习保护方面，男孩除了学习搏杀和使用武器的技能外，还要培养勇敢、坚韧的性格品质；在学习生育方面，男孩不仅仅要学习性行为，也要学习

供养（provide）
传统文化中的男性气质要求成年男人在经济上能养活自己和妻儿。

保护（protect）
传统文化中的男性气质要求成年男人能保护自己的家庭和群体不受外人和动物的袭击。

生育（procreate）
传统文化中的男性气质要求成年男人能生儿育女。

获得性机会所需要的自信、大胆等品质。

吉尔摩在他的书中列举了许多展现不同文化对男性气质的要求的好例子。例如，在巴西中部的偏远地区，居住着"梅海拉库"（Mehinaku）民族。他们所处的位置非常偏僻，也是世界上为数不多的几乎未受全球化影响的民族。除了偶尔会有传教士或者人类学家拜访，到目前他们一直与世隔绝。

在梅海拉库，对于少年来说，学习供养意味着掌握打猎和捕鱼技能，这是他们民族的男性主要的两种赚钱活动（女性则负责打理菜园、照顾孩子和操持家务）。由于当地的食物供给有限，打猎和捕鱼都需要踏上长途征程，有时需要几天，有时甚至需要几周。因此，学习供养不仅需要掌握必要的打猎和捕鱼技能，还需要具备勤劳、有毅力、勇敢等性格品质（因为远征途中很可能有危险情况）。那些因为懒惰、软弱和恐惧而没能陪同父亲去远征的少年，会被嘲笑是"小女孩"，也会被告知不会有女人喜欢他们。

批判性思考

你认为所有的传统文化对男性的要求是不是都包含"供养""保护"和"生育"这三个标准呢？这种对青少年男性的要求是不是也以某种形式存在于你所处的文化中呢？你所处的文化中还有没有其他的男孩成为男人的标准呢？

学习保护意味着学会通过搏斗和使用武器来对付临近部落的竞争者。梅海拉库族民们爱好和平，对邻居也没有敌意，但附近的部落会定期来攻击他们，所以梅海拉库的男人们需要武装自己才能保护妻子和孩子。另外，他们在寻找食物的征程中也需要学会保护自己，因为随时可能会遇见一些更加好斗的部落。

作为他们学习保护的准备工作的一部分，梅海拉库的男孩和男人们几乎每天都会有摔跤比赛。这些比赛竞争非常激烈，经常赢得比赛的男人在部落中的地位会上升，而屡次失败的人不仅会感到十分丢脸，他的地位还会受到威胁。摔跤比赛给少年也带来了巨大的压力：如果不能在比赛场上表现良好，他们便会被质疑能否成为真正的男人，少女选中自己做未来丈夫的可能性也会降低。

我们有时候会看到男人以男人的方式做一些事情，我们不该对他们太苛刻。我们应该拿对自然界的其他生物一样的眼光看待他们，比如蛇。他们可能会做一些在现代文明社会看来不合时宜的事情，但他们只是在遵循千百万年来根深蒂固的行为模式。如果我们对他们有足够的耐心，理解他们，如果我们努力找到他们这么做的原因，也许我们可以成功改正他们的行为，使之与现代社会更加相符。当然，我这里说的"他们"是指蛇，而男人不可救药。

——戴夫·巴里（Dave Barry）

在学习生育方面，性是梅海拉库民族的少年和男人最常谈论的一个话题。他们会开玩笑或吹牛，但同时也非常担心在性方面的失败。因为在小群体中，任何失败很快会被传开。阳痿对他们来说非常可怕，因此他们通过各种神秘仪式来预防或治疗。同供养和保护的技能一样，在生育方面少年也承担着很大的压力，一旦不举，他们就会被嘲笑甚至被排斥。

关于梅海拉库的男性气质，还有一个与其他文化的相似之处值得一提。无论是男人还是男孩，他们的休闲时间都应该是和同性在一起的，而不是与母亲、妻子、孩子待在家。少年和成年男人每天都会聚集在公共的广场上聊天、摔跤、集思广益，而少女和女人们一般都被禁止进入这些公共场所。如果一个男人总是喜欢跟女性待在一起，即使这名女性是自己的妻子，他也会被嘲笑是"垃圾庭院男人"，即被认为不是真正的男人（这便是一个形容"失败男人"的一个好例子）。同样，这也给青少年男孩带来了很大的压力，他们不得不去遵守这样的行为准则。无论他们内心的真实想法如何，男性狭窄的性别角色社会化都要求男性去遵守这样的准则。

我们从梅海拉库的少年的性别社会化过程中可以很清楚地了解到供养、保护和生育的主旨。这个例子也描绘出了传统文化中的性别社会化所要求的行为标准给少年带来的极大压力以及如若失败他们可能面临的可怕后果。在传统文化中，无论对于男孩还是女孩来说，青少年期都是澄清和重视性别角色的重要阶段。在接下来的这一部分内容中，我们可以看到，美国社会中长久以来也存在对青少年期性别角色的特殊重视。

心理性别与全球化

学习目标 4： 解释在发展中国家经济的发展如何影响人们的性别角色。

近几十年来，在全球化的影响下，墨西哥乡村地区和巴西热带雨林的梅海拉库民族的生活也发生了巨大变化，青少年的性别社会化也随之发生了改变。然而，在发展中国家的大部分地区，女孩的学习和工作机会不仅少于国内男孩，也少于西方国家的女孩。在许多发展中国家，青少年女孩上中学的机会比男孩少，因为青少年接受教育需要家庭牺牲潜在的不可或缺的劳动力（有时家庭还要为子女上学交学费）。与男孩相比，家庭更不愿意为女孩做这样的牺牲，一方面是因为女孩在婚后要离开家庭，而男孩仍然会留在原来的家庭中或临近的地方，成为扩展家庭。

但是，随着全球化的进程，传统文化逐渐工业化，逐渐同世界经济接轨，女孩受到歧视的情况可能会逐渐

在传统文化中，男孩比女孩有更多的机会上中学。图为巴基斯坦的一所学校。

发生变化。传统性别角色的形成部分是由于在前工业经济时期男人和女人的工作类型很大程度上由男女生理上的差异决定。男性体形更高大，体格更强壮，所以他们在打猎和捕鱼方面更有优势；而女性生理上的生育能力将她们的主要角色被限制为生育和抚养孩子。如果她们没有办法通过避孕来控制生育，那么她们很有可能从青少年晚期直到 30 多岁都在怀孕和哺乳中度过。

随着经济体系越来越发达，越来越复杂，大脑发达变得比肌肉强壮更重要，男性生理上的优势不再适用于需要良好的分析和处理信息的能力的工作。经济的发展也使得现代人有了多种避孕的方式，因此女性的角色也不再仅仅局限于生育和抚养孩子。由于传统文化很可能继续受到经济发展的影响，性别角色也可能变得更加平等。有证据表明，全世界都在发生这样的变化，虽然在一些地方进展可能较缓慢。也有证据表明，性别角色平等的倾向在青少年群体中尤为明显，有研究表明发展中国家的青少年在性别角色方面的观念不像成年人那样保守。

在发达国家，现代少女有着过去西方历史上任何时期的女性都没想到的机会。对女性的职业限制已经不存在，她们可以从事医生、律师、教授、工程师、会计师、运动员，或者其他的她们向往的职业。但同时，正如我们在本章中也提到过的那样，一切并不是那么简单。直接或间接的性别角色社会化经常会使少女远离与数学或科学相关的职业。不过，也有不少数据显示情况已在发生变化。医学、商业和法律等行业的女性的比例比 20 年前要高很多，与 50 年或者 100 年前相比，这一数据更是变化显著。但我们很难预测类似的变化会不会发生在一些男性主导的领域，如工程或者建筑领域。然而，即使做着相似的工作，女性的收入仍然比男性低，这也说明要实现性别平等我们还有很长的路要走。

美国历史中的青少年及心理性别

正如我们对传统文化中的青少年的观察揭示出的男性和女性社会化之间的极大差异一样，美国历史中的青少年期也存在相似的模式。同传统文化一样，在美国社会的历史进程中，从女孩成长为女人的过程往往和从男孩成长为男人的过程大相径庭。

从女孩到女人

学习目标 5：与现代少女相比，美国历史上对少女的性别期待怎样支持又限制了她们的成长。

我太讨厌肥胖了！我发誓到上学的时候我一定要减到 54 千克！三个月内减 13 千克，要么成功，要么半路死掉！

——*1926 年摘抄自一个 15 岁美国女孩的日记*

成长在 18 世纪至 19 世纪的美国中产阶级家庭的少女，承受着比当今美国女孩更多的限制性的性别期待。就职业角色而言，她们被允许学习或进入的领域相当狭窄。除了教师、护士，或者裁缝，其他行业很少被认为适合女性。事实上，没有一个职业被认为最适合女性，所以年轻女性应该将精力集中在自己未来要承担的妻子的角色和母亲的角色上。

少女同时也受到文化中的关于女性的观念的束缚，尤其年轻女性，被认为是脆弱且无知的。她们不被鼓励追求职业的关键原因在于脑力劳动被认为不利于女性的"健康"。这种观点和当时有关经期的认识有关——脑力劳动会将女性的能量转向她的脑部而远离她的子宫，从而导致她经期紊乱并威胁她的健康。认为从生物学角度而言女性不能胜任脑力劳动的观点实际上来源于心理性别差异（根植于文化信仰），这是将心理性别差异当作生理性别差异的一个很好的例子。同样，女孩也被认为身体太弱，不适合重要的体力劳动。

认为少女不能胜任繁重的工作的观点与传统文化中的性别期待形成了鲜明对比。传统文化中的少女在母亲身边承担着接近成年人分量的工作。但是那种免于劳作的情况主要是针对那些成长在美国中产阶级的少女。直到 19 世纪中期美国家庭仍以小户农民为主，而这些家庭中的少女的生活与在传统文化下的同龄人的生活十分相似，她们每天在母亲身边做一些有用的且必要的家庭劳动。另外，19 世纪至 20 世纪早期的美国少女也在那些随着工业化进程涌现出的工厂中工作。

性是美国社会历史上对中产阶级女孩生活进行严格限制的又一个方面。直到 20 世纪 20 年代，美国社会仍然认为婚前贞洁至关重要。虽然人们很少提及"处女膜"（hymen）这个词，但少女会一直被教育她们拥有的"珠宝"或"宝贝"只能在新婚之夜献出。直至结婚，年轻女性都尽可能地保持着身体上和精神上的纯洁。

为了尽可能地保证女孩的纯洁，很多青少年女孩甚至连月经初潮的含义都不知道，因为没人教育或告知。据历史学家估计，在 20 世纪之前超过半数的美国少女对于月经初潮毫无准备。正如我们在第 2 章中提及的，如果一个女孩不懂月经是什么，月经初潮来临时她将何等震惊。

母亲们认为，对这些问题闭口不谈就可以尽可能久地保护自己的女儿远离黑暗且神秘的性。直到 20 世纪 20 年代（也被称作第一次美国性革命的 10 年），贞洁才开始失去其近乎神圣的地位。直到 20 世纪 40 年代，大部分美国女孩才开始在月经初潮到来之前从学校、母亲和其他途径获知月经初潮的含义。

美国历史上还有一个束缚少女的方面就是外表。我们在第 2 章中讨论过对于进入青少年期的女孩来说，要实现现代理想女性形象的"苗条"有多困难，但这种对女性外表的非理性期待由来已久。直到 20 世纪初，大多数西方中产阶级的少女或成年女性仍然穿着某种形式的束身衣，束身衣通过特殊的设

MADAME GRISWOLD'S
Patent Skirt Supporting
CORSETS
and Skirt Sup-
porters. Horse
Shoe Embroid-
ered Coutille
Corsets.
Various
Styles
and
lengths.

CANVASSERS WANTED

For Circulars and Price List send to
MADAME GRISWOLD,
7 Temple Pl., Boston. 923 Broadway, N. Y.

直到 20 世纪 20 年代，美国中产阶级女孩仍然从青春期就开始穿束身衣。

计来支撑胸部并束紧腰部，使腰看起来尽可能细。直到 20 世纪 20 年代，束身衣才不再流行，取而代之的是胸罩。但从这个年代开始，人们又对女性的外表有了新的要求——除去腿部和腋下的毛发逐渐成为美国女性的日常习惯，而节食也渐渐成为获得苗条的、男生式平板身材的主要途径。

在 20 世纪 50 年代，男生式平板身材已经过时，大胸开始流行。从这个时期的少女的日记的内容我们可以看出，她们非常关注胸罩、胸，以及各种可能的丰胸方法，包括锻炼计划、丰胸霜，甚至是将乳房暴露在月光下的方法。每个时期的少女都有各自的社会化的理想女性形象，她们会不懈努力去实现这样的形象，但青少年期的正常生理发展过程通常会使这些女孩更难实现这些理想形象，她们常常因此受挫。

然而，相较于现代社会，历史上女孩成长为女人的过程也有一些优势，历史学家琼·雅各布·布伦伯格（Joan Jacobs Brumberg）写了一本思想深刻的书——《身体研究：一部美国女孩的私密历史》（*The Body Project: An Intimate History of American Girls*）。布伦伯格在书中承认并详细描述了 18 世纪与 19 世纪的美国社会的女孩如何被束缚、被庇护，以及如何极大程度地忽视了自己身体的成长，但她同时也指出，当时的女性从很多的志愿团体中获益良多，比如基督教女青年会、女童子军、美国营火少女团等。在这些志愿团体里，成年女性为这些少女提供了"保护伞"。在这些团体里，他们关注的焦点不是自身的外表，而是志愿服务——帮助青少年女孩和成年女性建立良好关系，培养女孩的性格品质，包括自控力、为他人服务的意识，以及对上帝的信仰。布伦伯格观察到的情形如下。

> 无论是基督教徒还是犹太教徒，黑人还是白人，志愿者还是专家，这个时代的大部分女性都秉承着一种道德准则，那就是：所有的年长女性对同性的晚辈都有一种特殊的责任。这种监护是以保护所有女孩为基础的，而不仅仅是自己的女儿。这种对晚辈的指导包括很多方面，从有关性成熟的知识到如何掌控男人。虽然这项道德准则掺杂了许多与性行为及其后果有关的严苛的指令……但同时也为美国社区生活带来了合作的基调。无论在美国的大城还是小镇，中产阶级家庭的主妇和年轻成年女性承担着对女孩的世俗举止方面的指导和监督工作，比如教女孩如何缝纫、刺绣或插花，或者帮助她们为贫困家庭发放募集的食物和衣物。所有出现在这些场景中的成员都是由叽叽喳喳的女孩和充满关怀的成年女性共同组成的，相同的性别和相同的工作内容将她们紧密联系在一起。

在布伦伯格看来，现代的少女受到的约束更少，但她们也更脆弱，也更难很好地融入家庭以外的成年女性的生活中去。

批判性思考

能否为现代少女重建过去成年女性为少女提供的"保护伞"？现代少女是否会认为那样的保护约束过多？

从男孩到男人

学习目标 6：描述在美国历史上关于男性自我控制和自我表达的价值观念的变化。

如同对少女的性别期待一样，在过去的两个世纪，社会对少年的性别期待也发生了翻天覆地的变化，但某些方面一直保持不变。在历史学家安东尼·诺顿多（Anthony Rotundo）的《美国男人》（*American Manhood*）一书中，他描述了自美国独立战争以来，美国人对"从男孩成为男人"这个阶段的观点发生了怎样的变化。

据诺顿多所述，北美殖民地在 17 世纪和 18 世纪由很多小型、密集且很大程度上建立在宗教基础上的社区组成，诺顿多把这个时期的男人称作社区男人（communal manhood）。在这个时代，对少年的性别期待集中于如何为个体在成年时期在工作和结婚方面的角色做好准备。诺顿多之所以把他们称作"社区男人"，是因为在这个时期为社区和家庭的责任做准备被看得比努力获取个人成就和经济效益更重要，尤其重要的一点是为成为"一家之主"做准备，因为成年男性需要成为自己的妻子和子女的供养者和保护者。我们可以发现在强调学习供养和保护这一点上，美国和传统文化国家出奇地一致。

在 19 世纪，随着美国社会越来越城市化，年轻男人越来越多地在青少年晚期离开家乡去各个国家、各个城市独自生活、打拼，与家人的联系逐渐减少，诺顿多将这个时期的男人称作自立的男人（self-made manhood）。这是美国历史上个人主义突飞猛进的一个时期，在从男孩成长为男人的过程中，男性被期待要在青少年期和成年初显期从家庭中独立出来，而不是一直依赖其他家庭成员。虽然承担起供养者和保护者的角色依然重要，但社会同时开始强调男孩要成为男人也必须发展一些个人主义的性格特质。于是，"性格决定期"在当时成了一个流行术语，形容从兴致昂扬但缺乏纪律感的男孩变成自我控制力强、意志坚强且能独立做决定的男人的阶段。

对男孩和女孩的性别期待的发展过程有一个历史性的相似之处：在 19 世纪期间，各种类型的召集同性别年轻人一起活动的志愿团体在美国兴起。关于女性的团体我们在上面已经介绍过，而对于男性，这些活动团体包括文学社团（年轻男性们可以一起讨论他们在读的书籍）、辩论社团、宗教小组、非正式军事协会、兄弟会，以及基督教男青年会等。同女孩一样，男孩的这些团体也强调培养自控力、为他人服务的意识，以及对上帝的信仰。但男孩的团体不像女孩的团体那样需要成年人来组织管理，而大都由青少年或成年初显期的男性自己运作。可能也

社区男人（communal manhood）

安东尼·诺顿多对 17 世纪和 18 世纪的北美殖民地的男人的命名。对这个时代的青少年男孩的性别期待集中于如何为个体在成年时期在工作和结婚方面的角色做好准备。

自立的男人（self-made manhood）

安东尼·诺顿多对 19 世纪的美国男人的命名。在这个时期，男孩要成为男人，必须在青少年期和成年初显期从家庭中独立出来。

正是因为这个原因，尽管他们承诺会自我控制，但是在男性的团体里面，不仅有冷静的兄弟情谊，偶尔也存在喧闹的狂欢、粗暴的争斗，甚至在一些团体里还会出现打架和酗酒的现象。

年轻男性的团体同时也重视高强度的体力活动。由于大城市人口剧增，很多人担心在城市成长的男孩会变得柔弱无力。所以他们主张为年轻男性准备诸如军事训练、竞技运动和野营等活动。他们相信男孩要成为真正的男人，意味着他要变得坚强和强壮。

19 世纪，志愿团体在男孩和女孩中都很受欢迎。图为基督教男青年会的男青年。

诺顿多将 20 世纪称作**激情的男人**（passionate manhood）的时代，个人主义思潮在这个时期日益蔓延。虽然 19 世纪个人主义思想在美国社会已经占据相当重要的地位，但是当时人们仍然要求少年学习自我控制和自我批评，以便他们能够控制自己的冲动从而成为真正的男人。与此相反的是，激烈的情绪（比如愤怒、性欲）在 20 世纪的美国社会被更多的人接受，甚至被看作男人典范的一部分。自我表达和自我享受替代自我控制和自我批评，成了男孩成长为男人的过程中最重要的品质。

知识的运用

在了解了青少年的性别期待历史后，你如何看到性别期待随着历史的发展而在 21 世纪发展变化？为什么？

美国文化中心理性别信仰的近期发展

学习目标 7：概述 20 世纪 70 年代以来美国社会中的心理性别信仰的转变。

成长在美国社会的青少年和初显期成人对于心理性别有什么样的文化信仰呢？美国社会综合调查（GSS）在对全国成年人做年度调查时发现，近 10 年来性别趋向平等主义，如**图 5-1**所示。与 1977 年相比，现代美国的成年人不再认为男性更适合政治，也不再认为女性就该操持家务；相反，更多的人赞同职业女性能与儿童建立温暖的关系的观点，不赞同母亲工作会导致学龄前儿童的生活更糟糕的说法。

激情的男人（passionate manhood）

安东尼·诺顿多对 20 世纪的美国男人的命名。在这个时期，自我表达和自我享受替代自我控制和自我批评，成了男孩成长为男人的过程中最重要的品质。

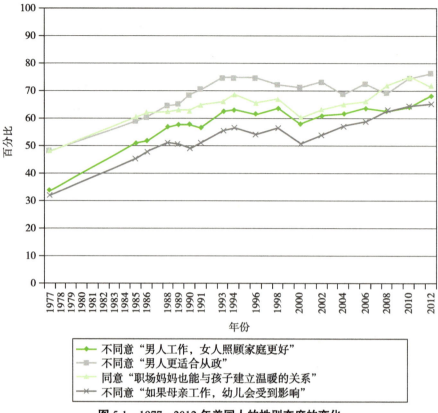

图 5-1　1977—2012 年美国人的性别态度的变化

但同时，GSS 的结果也显示，仍然有相当多的美国人（根据具体问题的不同，大约占总调查人群的四分之一到三分之一）执着于传统文化中的性别角色观念：男人应该掌权，应该在外打拼；女人应该专注于照顾子女和料理家庭。在本章接下来的这部分，我们将讨论一些关于性别社会化和性别刻板印象的研究，它们也显示在现代美国社会中仍然存在着一部分人信仰并执着于传统的性别角色。

西方的社会化和心理性别

到目前为止，我们已经探讨过传统文化和历史上的美国社会的心理性别社会化。那么在当今美国社会的主流文化以及相似的西方文化中情况又是如何呢？在这些文化中青少年的心理性别社会化是如何进行的？要回答这些问题，我们首先来看看从童年期到青少年期他们的心理性别社会化是如何进行的，然后我们再分析在考虑到家庭、同伴、学校、媒体的情况下，美国文化是如何看待心理性别发展和心理性别社会化的。

心理性别强化假说

学习目标 8： 描述从中童期到青少年期性别社会化如何改变。

心理学家约翰·希尔（John Hill）和玛丽·爱伦·林奇（Mary Ellen Lynch）提出，青少年期是性别社会化的一个重要时期，对女孩来说尤其如此。他们提出的心理性别强化假说（gender intensification hypothesis）认为，在从童年期向青少年期过渡期间，男性和女性的心理和行为差异尤其明显，因为会有很大的社会压力要求他们遵从社会要求的性别角色内容。希尔和林奇相信，男孩和女孩在青少年期的发展过程中出现的诸多变化更多是由这种强大的社会压力而不是青少年期的生理变化引起的。而且他们认为青少年期女性的性别社会化强度比男性要高很多，它体现在成长过程中的各个方面。

为了支持他们的假设，希尔和林奇提出了许多论点和论据。青少年期的女孩会比男孩有更强的对外表的自我意识，因为外表吸引力已经变成女性性别角色中非常重要的一个部分。另外，女孩比男孩更喜欢并擅长建立亲密的友谊。希尔和林奇认为，这是因为对青少年来说，建立亲密的友谊符合女性的性别角色，而不符合男性的性别角色。

自从希尔和林奇提出了这个假设，许多支持性的研究渐渐出现了。其中一项研究发现男孩和女孩在青少年期受到的性别刻板印象的影响都比童年期要多。性别强化尤其体现在外表上。一项美国纵向研究发现青少年期男孩和女孩对青少年期体重的增加持不同观点：与男孩相比，女孩对体重的相对增加表现得更不满意，青少年期期间女孩的不满逐年增加，到了青少年末期，许多女孩对体重的正常增加也表现出不满。

性别社会化：家庭、同伴和学校

学习目标 9：描述在家庭中、同龄人间和学校里有差异的性别社会化的表现。

在上一章中我们讲述了社会化过程中的文化差异，但社会化的差异在同种文化内同样存在，尤其是男孩和女孩的社会化过程。有差异的性别社会化（differential gender socialization）这个术语被专门用于描述对男性和女性的适宜的态度和行为的期待的不同引发的社会化过程的不同。我们已经在本章中探讨过在传统文化中和美国历史上男性和女性的社会化的差异有多么巨大，在当代西方社会，这种差异虽然变小了，但仍然会以各种形式出现。我们将在接下来的章节中具体讲述家庭、同伴和学校对于有差异的性别社会化是如何产生影响的，我们将接下来的这部分内容作为序言。

在几乎所有文化中，有差异的性别社会化在孩子很小的时候就开始了。父母给男孩和女孩的打扮不同，给的玩具不同，对他们的卧室的布置也不同。一项研究发现，人们在美国商场

心理性别强化假说（gender intensification hypothesis）

这个假说认为男孩和女孩在青少年期发生的诸多变化更多的是由希望他们遵从传统性别角色的强大社会压力而引起的。

有差异的性别社会化（differential gender socialization）

此术语被用于形容对男性和女性的适宜的态度和行为的期待不同所引发的男性和女性的性别社会化过程的不同。

为什么遵从传统性别角色的压力在青少年期会加强？

中见到的 90% 的婴儿穿的衣服都是与特定性别有关的颜色和款式。在一项经典的实验研究中，成年人被要求陪一个不认识的 10 个月大的婴儿玩耍，一部分人被告知这是个女孩，一部分人被告知这是个男孩，还有一部分人没有获得任何关于性别的信息。实验提供了三种玩具：橡胶足球、玩偶和塑胶奶头。当被试认为这是个男孩时，50% 的男性和 80% 的女性都会选择用橡胶足球来陪婴儿玩耍。当被试认为这是个女孩时，89% 的男性和 73% 的女性会选择玩偶。

在儿童长大的过程中，父母、同伴和老师都会鼓励孩子们做符合自己的性别角色的事情。很多研究都证明父母会鼓励自己的子女去做符合特定性别的活动，阻止他们做不符合自己的性别的活动。在童年早期，大多数儿童都只跟同性别的小伙伴一起玩。那些做出不符合自己的性别的活动的儿童（尤其是男孩）会受到同伴的嘲笑，也会在同伴中变得不受欢迎。

在童年中期，性别角色通常会暂时变得比较灵活。但是，由于青少年期的性别强化，有差异的性别社会化变得更加明显。在去哪儿以及和谁一起玩方面，父母对女孩的管教和限制比对男孩要严格得多。同伴会嘲笑和疏远那些不按照性别角色期待生活的青少年们，比如选择吹长笛的男孩，或者身着不时髦的衣服且不化妆的女孩。

在学校方面，研究发现，老师向学生强调的大多还是传统的性别角色信息，无论是男老师还是女老师。具体来说，老师通常会假设男孩和女孩生来不同，他们的兴趣和能力也不同，男孩更好斗、更喜欢支配，而女孩则更安静、更顺从。近几十年，女孩在学业上获得了卓越成就，如今她们在学校里的表现几乎已经全面超过男孩。但青少年和初显期成人的教育机会和职业选择仍然体现出性别差异，女孩更倾向于踏入传统的女性行业，比如护理、照料孩子等，而男孩更有可能去追求传统意义上的男性职业，比如工程师和科学家。

这些差异或多或少是由于学校的性别社会化教育造成的，它从小学开始，贯穿大学及研究生教育。例如，研究发现，在大学的课堂上，男教师比女教师更有可能在词汇联想测验中表现出对女学生的"内隐偏见"（例如对"女科学家"一词反应冷淡或不悦），也更认同明显的性别刻板印象（比如"在数学方面女性不如男性学得好"）。女孩在科学方面的兴趣得到的同伴支持也比男孩少，这可能也是女孩在高中和大学时期继续学习科学的可能性更小的原因。关于学校和性别我们将在第 10 章详细讨论。

　　这些关于家庭中和学校里的有差异的社会化的研究结果并不意味着父母和老师有意地区别对待青少年期的男孩和女孩。有时候可能确实是有意的，但大多数时候有差异的社会化的出现仅仅是因为他们对男性女性具有不同的期待，而这是他们自己经历的性别社会化的结果。在青少年期男孩和女孩接受有差异的性别社会化的过程中，他们的父母和老师很容易反映出自己对性别的文化信仰，通常来说，他们甚至根本没有意识到自己做了些什么。

　　在这一点上，我们对年轻人自己如何看待性别社会化过程了解得太少，未来的研究可能会探究这个问题。在初显期成人这一群体中研究这一问题将会尤其有趣。在之前的讨论里我们已经指出在成年初显期关于世界观的探讨会很普遍，在这一时期个体的批判性思维能力也比青少年期时更强。这是否意味着成年初显期的年轻人会开始思考自己国家的文化中的性别期待问题？成年初显期的年轻人是否受性别角色的约束较少？他们是否更喜欢双性性格？这一看法是否只在某些年轻人、某些同伴群体、某些文化中存在？

> **知识的运用**
>
> 　　结合自身经历，举例说明儿童期、青少年期和成年初显期的有差异的性别社会化。

媒体与心理性别

学习目标 10：概述少女如何回应社会媒体中的性别社会化。

　　在当今社会，尤其是在发达国家，性别社会化不仅在父母身上、同伴间、朋友中和学校里存在，在媒体中也存在。电视节目、电影和青少年最喜欢的流行歌曲宣传了许多关于性别的刻板印象，我们将在第 12 章中看到关于媒体的内容。然而，近些年社交媒体在青少年和初显期成人当中被更多地使用。社交媒体中的性别社会化已经得到研究的关注，特别是有关外表和体形的方面。

　　许多研究发现，"传统媒体"的消费（比如电视和杂志）和身体形象之间存在联系，尤其是在青少年期女孩中。几项针对少女杂志的内容的分析表明这些杂志一直重点关注外表。在文章中，最常见的话题就是时尚，其次是美容（比如怎样画眼影），大多数关于"健康"的文章都是关于减肥和控制体重的。总体来说，杂志中有一半的内容聚焦于外表。这一比例实际上低估了人们对外表的关注，因为它不包括广告。少女杂志的近一半空间都是广告，而这些广告几乎都是专门介绍时装、化妆品和减肥计划的。

　　研究人员得出的结论是，接触传统媒体中不现实的偶像形象会对女孩的身体形象产生负面影响。对 47 项研究的总结发现女孩阅读有关外表的杂志越多，她们对自己的外表就越不满意。然而，社交媒体的使用是否也会让少女对自己的身体形象和身体吸引力产生不安全感？杂志上呈现的不现实完美形象多是被"美化"的模特，人们使用摄影技术去除了模特所有的外表缺陷。但是，社交媒体上的头像大多是人们晒出的自己、家人和朋友的照片，其中有漂亮的也有不漂亮的。也许有人会说社交媒体的使用相对不会给女性对身体形象和外表的自我评价带来消极影响。

但是，目前的研究一致发现了消极影响。这一发现在澳大利亚、荷兰和美国的成年人和初显期成人中，是一致的。这些研究证实个体每天使用 Facebook（流行的网络社交媒体）的时间与对外表的关注度有关。少女及年轻女性使用 Facebook 的时间越长，她们对自己的外表可能越不满意，并且越想要更瘦。似乎是 Facebook 上的照片加剧了她们对自己外表的不满。当她们在 Facebook 上看到"朋友"的照片时，少女和年轻女性通常会进行比较并对自己的外表得出消极的结论。

这项研究的重点是女性，因为相对于男性而言，外貌是女性性别社会化中更为重要的一部分。此外，少女和年轻女性也更容易出现饮食失调的问题；人们担心媒体对外表的关注增加了饮食失调的风险。然而，最近的一项针对荷兰青少年男孩的研究发现，他们使用 Facebook 的情况和对自我形象的否定之间有着相似的联系。Facebook 面临着来自新媒体的竞争，因此，了解过去的性别话题是否会在新媒体中盛行非常重要。

作为问题来源的心理性别社会化

学习目标 11： 对比青少年男女的性别社会化引发的主要问题有什么不同。

为什么攻击性对于青少年期的男孩来说更成问题?

无论对男孩还是女孩来说，在青少年期经历的高强度性别社会化都可能成为问题的来源。对女孩来说，对外表的关注是女性性别角色的核心，这会给女孩带来各种各样的压力。与男孩相比，女孩在青少年期更容易对自己的身体形成消极映像。另外，由于"瘦"已经成为女性的理想形象的一部分，这导致大多数美国女孩会在青少年期节食。在一些极端情况下，女孩会出现严重的饮食障碍，从而威胁到她们的健康甚至生命。那些超重或被同龄人认为外表没有吸引力的少女会遭到无情的嘲笑。这些嘲笑不仅来自男孩，也来自其他女孩。即使在青少年期过去很久之后，近一半的成年女性仍会对自己的外表表示不满。

对男孩来说，他们在青少年期的性别角色容易引发的核心问题是攻击性。从婴儿期开始男孩就比女孩更加具有攻击性，一部分是由生物学原因造成的，还有一部分是由性别社会化造成的。青少年期间，男孩在同龄人之中被认为应该在语言上具有攻击性，可以经常用半玩笑的形式辱骂别的男孩。大多数时候，这些辱骂与男子气质有关，少年经常会用类似"软骨头""胆小鬼"等侮辱性的话表示对某个男孩的男子气质的质疑。由此我们可以看出，不仅仅是传统文化下的少年面临着被他人侮辱为失败男人的压力。这些被侮辱的男孩通常会采用同样的言语攻击来回敬对方，必要的时候甚至会转向身体攻击。那些在运动中把身体攻击性表现得最成功的男孩通常在同伴中享有最高的地位。

由男性角色对攻击性的强调引发的问题很多。攻击性已经被用作在少年中建立社会等级，地位低的男孩会经常被别的男孩欺负和辱骂。而且，攻击性也会在青少年和初显期成人中引发许多问题行为，比如恣意破坏公共财产、危险驾驶、打架斗殴和犯罪。约瑟夫·普莱克（Joseph Pleck）发现那些将攻击性看作男性性别角色的一部分的少年更容易参与到问题行为中。普莱克等在 1998 年对美国 15~19 岁男孩开展的调查的结果显示，那些赞同类似"年轻男人即使不高大，也应该强壮"的话的男孩，比其他男孩更容易出现学业困难、酗酒、物质使用，以及危险的性行为等问题。

也许你会感到困惑：既然性别社会化给青少年和初显期成人带来了很多负面影响，性别角色又限制了年轻人发挥潜能，为什么从古至今所有文化都非常重视性别社会化、非常强调对性别角色的遵从？或许答案就在于性别角色为我们提供了了解世界运转的方式的框架。由于青少年和初显期成人刚刚达到性成熟，他们非常渴望了解怎样才能吸引未来的伴侣。性别图式和性别角色恰好提供了这些信息。

认知与心理性别

学习目标 12： 解释性别图示如何引导人们对男性和女性应有的行为期待。

社会化和认知发展的交互作用影响青少年对心理性别的认识。我们在第 4 章中讨论过劳伦斯·科尔伯格的道德发展理论，科尔伯格还提出了另一个关于心理性别发展的相当有影响力的理论，叫作**心理性别的认知发展理论**（cognitive-developmental theory of gender）。科尔伯

儿童从幼时开始对很多东西有了性别方面的区分，尽管在儿童中期时这些认知会更灵活变化。

心理性别的认知发展理论（cognitive-developmental theory of gender）
科尔伯格的理论，他在皮亚杰的认知发展理论的基础上提出，性别是人们组织外部世界的信息的基本方式之一，儿童在理解性别的过程中经历了一系列可预测的阶段。

在皮亚杰的认知发展理论的基础上，专门针对心理性别的发展进行了深入探讨。根据科尔伯格的理论，心理性别是组织有关世界的观点的一种基本方式。

儿童在大约 3 岁时，开始理解**性别认同**（gender identity），也就是说他们开始意识到自己是男还是女。一旦儿童开始具有性别认同，他们便开始使用性别来组织从周围世界获取的一切信息，比如说确定一些玩具"是女孩应该玩的"，另外一些"是男孩应该玩的"；一些衣服"是男孩穿的"，另外一些"是女孩穿的"。到了四五岁时，适合不同性别的物品范畴逐渐扩大，包括玩具、衣服、活动、物品和职业。

另外，依据认知发展理论，儿童倾向于使自己的行为与自己所属的范畴保持一致，科尔伯格将此倾向称为**自我社会化**（self-socialization）。男孩们越来越坚持做那些被认为是男孩应该做的事情，避免做那些被认为是女孩应该做的事情；女孩们也同样会避免做那些被认为适合男孩而不适合女孩的事情。到了青少年早期性别期待变得更加明确，并成为性别强化过程的一部分。

认知发展理论如何解释性别强化呢？青少年期认知发展的标志性特点是形式运算，包括自我反省和理想化。因此，达到青少年期意味着青少年会开始问自己成为一个男人或女人意味着什么，也会开始评判一个人是否符合其文化下的性别期待。一旦青少年能够熟练地反思这些问题，他们便越来越在意自己或者他人是否遵从性别规范。性成熟是使青少年期性别角色明确化的另一个重要原因，因为性成熟会让青少年在社会交往时更加注意自己和别人的性别。另外，父母和同伴都为青少年遵循性别规范带来了更多的压力。

另一个运用皮亚杰的思想的性别认知理论是**性别图式理论**（gender schema theory）。同科尔伯格一样，性别图式理论也将性别看作人们组织外部世界的信息的基本方式之一。

根据性别图式理论，从童年早期开始，性别便是我们重要的基本图式之一。当我们进入青少年期时，在社会化的基础上，我们已经学会将各种各样的活动、物品和性格特点分类为"男性的"或是"女性的"。当然我们不止是对一些显而易见的东西分类，实际上我们还会对一些并不是生来就标有"男性的"或"女性的"标签的东西进行分类，这些都是在后来的性别社会化过程中才形成的概念。比如在中国传统文化中，"月亮"是"女性的"，"太阳"是"男性的"；

性别认同（gender identity）
从 3 岁左右起，儿童开始对自己是男是女形成认识。

自我社会化（self-socialization）
在性别社会化过程中儿童倾向于使自己的行为与他们学到的性别规范保持一致。

性别图式理论（gender schema theory）
该理论将性别看作人们组织外部世界的信息的基本方式之一。

图式（schema）
用以组织和解释信息的心理结构。

在很多文化中，"长发"是"女性的"，"短发"是"男性的"。

性别图式会影响我们对他人的行为的解释，以及我们对他人的行为期待。从下面这个有名的故事里我们可以体会到这一点："一个小男孩和他的爸爸遭遇了一场很严重的车祸，父亲在事故中不幸丧生，小男孩被送到了医院急救，小男孩被匆忙送到手术台上后，主刀医生看见他的样貌时立刻说：'我不能给他做手术！他是我儿子！'"

如果小男孩的父亲在事故中丧生了，那么小男孩又怎么可能是主刀医生的儿子？答案当然是那个医生是小男孩的母亲。但是大家在读这个故事时的第一反应都是感到困惑，因为我们的性别图式已经让我们事先假设这个医生是男性（你可以尝试给别人讲讲这个故事，但其效果可能已经不如以前了，因为现在已经出现了相当多的女医生）。我们在本章的开篇讲述的故事是另外一个很好的例子。性别图式会引导人们事先假设模特是女性而摄影师是男性，所以当人们发现自己错了的时候会异常惊讶。我们通常倾向于注意那些符合性别图式的信息，而忽视那些不符合性别图式的信息。

桑德拉·贝姆（Sandra Bem）是性别图式理论的重要奠基者之一，她强调人们不仅将性别图式应用于自己周围的世界，还将其应用于自身。一旦人们从自己的文化中学到了性别图式，便会对自己的行为和态度加以监控和塑造，使之符合其文化下的男性或女性规范。贝姆认为，通过这种方式，"文化神话便成了自我实现的预言"。因此，贝姆和科尔伯格一样，认为性别发展是自我社会化的一部分，因此人们会努力使自己符合他们从所处文化中获知的性别期待。

虽然从某些方面来说，性别规范对于认识世界是非常有用的，但它们也可能具有误导性，因为它们过度简化了现实生活的复杂性。虽然男女之间存在整体差异，但在每个群体内，几乎每个特征都存在着巨大的可变性。当你思考你生活中的性别问题时，当你阅读社会科学研究时，当你阅读这篇文章时，你都能找到一些关于性别特征的广泛描述——男性更［　］，女性更［　］——以批判的眼光来看待那些观点是明智的。

> **批判性思考**
>
> 请举出一个你所处文化中的与性别相关的习俗，其中包含反映你的文化中与性别角色相关的文化信仰的文化行为。

男性化、女性化和双性性格

学习目标 13：将表达性和工具性特征的概念与关于青少年对理想男性和女性的认识的研究结合起来。

女孩应该成为她们希望成为的样子。过去女孩不能参加体育运动。但是现在女孩能参加体育运动，并且体育运动能使身体强健。如果有男孩欺负你，你可以打倒他们。

——一名 10 岁的中国女孩

男孩不应该感到害怕或担心。我认为这种说法很愚蠢，因为人都有情感。但的确，他们常说，一个男人就应该一直假装没什么能难倒他。

——一名 18 岁的美国男孩

青少年期的心理性别强化意味着青少年越来越能够用男性和女性的标准来判断自己和他人。但是青少年期男孩和女孩认为什么样的特点和行为是男性化或女性化的呢？他们在男性化或女性化方面对自己的评价与他们对自我的整体感觉又有什么样的联系呢？

表 5–1 展示的是美国主流文化中的大多数人认为的有关男性化和女性化的形容词，全部节选自世界上使用最广泛的性别角色认知量表——"贝姆性别角色量表"（the Bem Sex Role Inventory，BSRI）。BSRI 最初是基于大学生对最受欢迎的美国男性或女性特质的评分开发的，但之后人们在其他年龄群体里也发现了相似的反应，包括青少年群体。一项针对 30 个国家的年轻人的跨文化研究发现，不同国家的年轻人对性别角色的认知相似，而且一致性非常高。

量表中的这些项目呈现出相当明显的模式。大体上，对女性化特质的描述涉及养育（如富有同情心的、慈悲的、温和的等）或服从（如易屈服的、说话温柔的、天真烂漫的等）。相反地，对男性化特质的描述则与独立（如自立的、自给自足的、个人主义的等）和攻击（独断的、强劲的、有支配欲的等）相关。学者根据这些特质之间的差异，

表 5-1　男性化和女性化特征（摘自贝姆性别角色量表）

男性化	女性化
自立的	易屈服的
坚持自己想法的	开朗的
独立的	害羞的
运动的	情感丰富的
独断的	值得取悦的
个性强的	忠诚的
强劲的	女性的
善于分析的	富有同情心的
有领导力的	对他人细心的
愿意冒险的	善解人意的
易做出决定的	慈悲的
自给自足的	乐于安慰他人受伤的情感的
有支配欲的	说话温柔的
男性的	温暖的
愿意表明立场的	温柔的
攻击性的	易受骗的
像个领导的	孩子气的
个人主义的	不使用尖刻语言的
乐于竞争的	喜欢孩子的
有野心的	温和的

将女性化的特质归类为**表达性特质**（expressive traits），而将男性化的特质归类为**工具性特质**（instrumental traits）。

表达性特质（expressive traits）
诸如温和的、易屈服的这样的性格特点，通常被用于形容女性，强调情感和关系。

青少年对男性化和女性化的看法还体现在他们的性别理想上，即他们对理想中的男性或女性持怎样的看法。心理学家朱迪丝·吉本斯（Judith Gibbons）对青少年的性别理想进行了很多跨文化研究，结果显示世界各地青少年的观点有很多相似之处。吉本斯和她的同事对来自欧洲、中美洲、亚洲和非洲等地的近 20 个国家的 12000 名 11~19 岁的青少年进行了调查，让他们对 10 个性格特点在理想男性或理想女性中的重要性进行评分。

几乎在所有国家，理想男性和理想女性的最重要特质是一致的，最不重要的特质也是如此。理想男性和女性的最重要特质都是"诚实善良"，而"有钱"和"受欢迎的"这两个特质的排名则比较靠后。但是理想男性和理想女性之间还是存在一些差异的。几乎所有国家的调查对象都认为有一个好工作对理想男性来说更重要，而拥有好的外表则对理想女性来说更重要。

大体上，青少年期男孩和女孩对理想男性和理想女性的看法相似，但差异仍然存在，比如女孩比男孩更倾向于认为理想男性应该喜欢小孩，而理想女性应该拥有一份好的工作；而男孩会比女孩更倾向于认为理想女性应该长得好看。青少年期男孩和女孩对性别理想的看法的异同与针对成年人的性别理想的跨文化研究的结论大都类似。

但是我们一定要简单地用"男性化的"或者"女性化的"去单维度判断别人吗？如果一个青少年期女孩有"女性化的"特质，是不是就意味着她的"男性化的"特质一定很少呢？反之，对男孩来说，是不是具有"男性化的"特质就意味着没有"女性化的"特质呢？一些学者不同意这样的说法，认为健康的人格应该既有男性化特质也有女性化特质。**双性性格**（androgyny）是用于描述在一个人身上有男性化特质和女性化特质的结合的术语。

双性性格这个概念最初在 20 世纪 70 年代开始流行。20 世纪 60 年代的**女权运动**（women's movement）让很多西方人开始重新考虑男性角色和女性角色的内涵，其结果之一是：男性化和女性化之间不应该是完全对立的，而应该互相促进对方的发展。在这种观念下，我们没有理由不允许男人既独立（男性化的）又参与养育（女性化的），也不会再批评女人既慈悲（女性化的）又有野心（男性化的）。双性性格的人可能在表 5-1 中的左右两列的特质上对自己的评价都较高。

双性性格的拥护者认为，拥有双性性格的人比单纯男性化或女性化的人更好，因为双性性格的人拥有更全面的特质类型来应对日常生活中的问题。一些情况可能需要我们温和（女性化的），另一些情况又需要我们独断（男性化的）。总体来说，最好的情况便是我们在工作的时候有野心（男性化的），而在家庭中情感丰富（女性化的）。

工具性特质（instrumental traits）

诸如自立的、强劲的这样的性格特点，通常被用于形容男性，强调行动和成就。

双性性格（androgyny）

"男性化"人格特质和"女性化"人格特质的结合。

女权运动（women's movement）

20 世纪 60 年代兴起的、力争为女性赢得更多权利和机会的社会运动。

但是这些结论是不是对青少年也适用呢？双性性格对他们来说也更好吗？这个答案比较复杂。大多数研究证据表明，与男孩相比，拥有双性性格更容易让女孩产生更积极的自我形象，即双性性格的女孩比纯女性化或纯男性化的女孩拥有更积极的自我形象，而纯男性化的男孩比纯女性化或双性性格的男孩拥有更积极的自我形象。

为什么会出现这样的情况呢？可能的原因之一是青少年对自己的看法的标准之一是符合文化期望。而女权运动促使西方的人们更加喜欢双性性格的女性。相比于50年前，现在的社会对有野心的、独立的、擅长运动的，或者拥有其他男性化特质的女性更加接纳了。然而，人们仍然希望男性说话不要太温柔、太柔弱，或者表现出其他女性化特质。青少年看待自己和他人的标准是是否符合文化性别期待。研究发现，双性性格女孩的同伴接纳度也比男性化的男孩更高。对初显期成人来说，情况也是如此，双性性格的女人和男性化的男人更受同伴欢迎，而不符合性别规范的男性则会受到排斥。对青少年和初显期成人来说，他们对性别相关行为的评估都反映了其文化中的性别期待和价值观。

同时，这些结论也表明，对于美国男孩来说，他们实现男性化比女孩实现女性化更不安全，更加充满潜在的失败，传统文化中的男孩也是如此。因此，兼具男性和女性性格被认为是不符合需要的，他们本人也这样想。还有一些学者认为，虽然女权运动将女性的社会地位提高了不少，但男性在美国社会中仍然占据着比女性更高的社会地位。所以，如果一个女孩表现得"像男孩"，那么她对自我的认识和在同伴中的地位都会提高，这是因为她将自己与地位更高的群体（即男性）联系了起来；但是如果是一个男孩表现得"像女孩"，那么他对自我的认识和在同伴中的地位都会有所降低，因为他将自己与地位更低的群体（即女性）联系在了一起。

历史焦点

20世纪60年代的女权运动

为什么初显期成人站在20世纪60年代女权运动的最前线？

女权运动旨在为女性争取平等的权利和机会，在美国已经有较长的历史，最早可以追溯到一个世纪前，那时女性第一次组织起来争取平等的选举权。20世纪60年代是女权运动的一个特别重要的时期，在那个时期，社会在很多方面发生了相当剧烈的变化，比如民权运动、向贫困宣战、性革命等，女权运动也在这些变化之列。现代美国社会给予少女和初显期成年女性的教育机会和工作机会比以前高出许多倍，这在根源上也应归功于 20 世纪 60 年代的女权运动带来的性别角色态度的改变。

下文是在那个时期发生的一些女权运动的关键事件。

- 1963 年：有 300 年历史的哈佛大学第一次为女性颁发学位。

- 1964 年：1964 年的民权法案提出了一项禁止性别歧视的条款。这个条款最初是法案的反对者添加上去的，希望靠这一条推翻整个法案。然而，这个条款成为女性合法权利在接下来的 10 年得到实质性改善的关键基础。

- 1966 年：全美妇女组织（NOW）成立，至今仍然是女权运动的领导组织。

- 1968 年：女权运动者抗议了亚特兰大和新泽西的美国小姐比赛，抗议者举着印有类似"像检阅牛一样检阅女性，是对人类的侮辱"的口号的条幅。而且在观众席外很多女性将各种代表着仅视女性为性对象的物品丢弃到了"自由垃圾桶"中，包括内衣、高跟鞋、卷发器、化妆品，以及诸如《时尚》（Cosmopolitan）和《花花公子》（Playboy）的杂志等。在给比赛冠军加冕皇冠时，阳台上的女权运动者又举出了所有"解放女性"字样的条幅。由于美国小姐的比赛是电视现场直播，所以这场抗议在全社会掀起了轩然大波，引起了公众非常大的注意，也为女权运动带来了正面和负面的关注。

- 1970 年：为了庆祝允许女性投票的第 19 条修正法案颁布 50 周年，NOW 赞助了一场全美范围的女性权利罢工运动，数千名城市女性在全美各地为争取女性的平等权利举行游行。

关于初显期成年女性的议题是 20 世纪 60 年代的女权运动的重要组成部分，对美国小姐比赛的抗议就是例证之一。而且在整个运动中最活跃最突出的也都是年轻女性。那段时期的重要的书籍之一是凯特·米利特（Kate Millett）写的《性政治》（Sexual Politics），当时她还是个研究生。她对美国社会的性别歧视进行了抨击，当时该书成了遍及大街小巷的畅销书，也给予了那个时代的所有女权运动者无穷的精神鼓舞。

但是，20 世纪 60 年代的女权运动对少女和初显期成年女性的重要性并不仅仅在于她们当时参与并发挥了重要作用，更重要的是成长在现代社会的年轻女性可以拥有比当年的美国女性更多的机会，受到的来自性别角色的制约也少得多。这些都要感谢 20 世纪 60 年代的女权运动带来的巨大改变。虽然美国社会中现在仍然存在各式各样的性别歧视，但至少成长在现代的年轻女性拥有了前辈们无法想象的大量的教育、职业和休闲机会。

性别非主流和跨性别青少年

学习目标 14： 描述跨性别青少年面临的挑战以及他们是如何应对的。

现在，有些研究心理性别的学者认为我们需要超越简单的男女二元划分。可选项正在增多，心理学研究越来越多地以超越两性的方式解决性别问题。

如前面所述，性别身份指一个人将自己归类为男性或女性。心理学研究正在增加对性别行为和自我身份认同超出两性范围的青少年和初显期成人的研究。**性别非主流化**（gender nonconforming）指的是典型的男性或女性的行为表现出的双性化程度超出了传统的性别规范。我们也看到双性化，尤其是女孩双性化，越来越常见，越来越多地得到人们的接纳。学者们呼吁给予非主流性别的年轻人更多关注，因为他们处在骚扰和社会排斥的危险中。与此同时，研究者指出性别非主流化和同性恋存在着文化关联，但对性别非主流化的异性恋者也需要进行研究。

跨性别者（transgender）指的是自我身份认同与生理性别不匹配。历史上有过很多研究关注**变性人**（transsexuals），即心理性别和生理性别完全不一致的人，他可能会通过身体上的改变来解决这种错位，从穿具有异性特征的服饰到接受变性手术。但是"跨性别者"一词的意义也包括更为模糊的现象，例如，不希望将自己归类为任何性别的年轻人。

关于心理性别变性化如何开始、何时出现，以及为什么会出现的研究目前是有限的。大多数研究关注心理性别变性过程中出现的问题及风险。到目前为止，我们在本章中看到，在所有文化中，心理性别仍然是组织信息和认识世界的一种基本方式。或许也正是此原因使人们对不遵守传统性别规范的人感到害怕，因此心理性别变性的青少年和初显期成人面临着被语言和身体攻击的风险。针对 15 万多名美国大学生的大规模调查发现，24% 的被认定为跨性别者、变性人、性别非主流化、性别疑问者等的大学生在入学后都曾经历过性别伤害。不仅如此，心理性别变性的年轻人在约会时也会遭遇到暴力。与其他青少年相比，他们更容易无家可归，因为父母拒绝接纳他们。同时，这些年轻人自杀的风险也更高。

虽然大多数研究重点关注的是心理性别变性年轻人面临的问题，最近的两项研究则将重点放在了他们的适应力上。在其中的一项研究中，心理性别变性的年轻人称他们经常会被同伴攻击，其中三分之二的人遭遇过语言上污蔑，三分之一的人遭受过身体上的侵害。但是，大多数人在面对攻击时表现出了极大的适应能力，包括在自尊和个人自主方面。另一项研究关注了有色人种中的心理性别变性年轻人，主要问题有："针对种族偏见和性别偏见等焦点问题时有色人种中的年轻人是如何描述日常生活中的情况的？"所有被调查者都曾遇到过种族歧视，他们也具有适应能力。对他们来说，找到性别非主流化年轻人的群体，以及借助社会媒体使他们的有色人种跨性别者的身份得到肯定才是重要的。

性别非主流化（gender nonconforming）
个体属于典型的男性或女性，但在行为上表现出的双性化程度超出了传统的性别规范。

跨性别者（transgender）
自我身份认同与生理性别不一致的人。

变性人（transsexuals）
心理性别和生理性别完全不相符的人，他们往往通过改变身体方面的表现解决这一困境，从穿带有异性特质的服装到接受变性手术。

美国少数民族群体的性别角色

学习目标 15：解释在各自特定的文化历史中非裔、拉丁裔和亚裔美国人的性别角色是如何形成的。

关于男孩，我认为最难的事情之一是他们必须变得强壮。你不得不挽回面子，不得不跟他人争辩到底。男孩（比女孩）更缺乏忍耐力。时刻准备打架的状态与我们的学校和城市的环境密切相关。

——来自波士顿的一所主要由非裔和拉丁裔学生组成的中学的老师

美国少数民族文化中的性别角色与美国主流文化中的性别角色在很多方面都存在差别。那么这些少数民族中的年轻人又经历着什么样的性别角色社会化呢？

非裔美国人

有学者声称，非裔美国女性的性别角色中的很多性格特点反映了黑人女性在历史上所面临的困难和挑战，从奴隶时期至今，这些特点包括自力更生、果断、自信和坚毅不屈。在黑人少女中，我们也会发现相似的优点，她们比白人女孩更加自信，而且不那么过分关注外表和长相。

黑人男性的性别角色同样也以另外一种方式反映了非裔美国人的历史。几个世纪以来，美国社会的黑人常常在男子气质方面受到侮辱，从在奴隶时期被作为附属财产，到在美国某些地方任何年龄的黑人男性都被贬低为"男孩"，直到近些年这些侮辱才被制止。甚至直到今天，低文化水平和高失业率都使得黑人男性很难实现传统文化中的"供养者"角色。

有一些学者认为，由于这些屈辱，很多年轻的黑人男性形成了男性角色中的一些极端的性格特质，包括体格强壮、冒险和攻击性，其目的都是在遭到类似的侮辱时能够证明自己的男子气质。理查德·梅杰斯（Richard Majors）将美国城市地区的年轻黑人常用的一套语言和动作描述为"酷造型"（cool pose）。"酷造型"是为了表达力量、坚韧和超然，其风格极具创造力，在很多场合人们都能见到这种炫目的表演，从街头到篮球场再到教室，表演中传达着骄傲和自信。梅杰斯认为，虽然这种带有攻击性的男子气质可以帮助年轻黑人男性捍卫自己的自尊和尊严，但同时也会伤害他们的人际关系，因为这种声明要求他们不表达情绪或者其他可能使他们变脆弱的各类需求。与"酷造型"相关的这些性别角色、态度和行为通常与高违纪率及犯罪率相关，还可能会导致学习困难。

近些年来，一些美国城区的非裔美国成年男性尝试着为年轻男性塑造另外一种可选择的理想男性形象，这种形象强调责任感和勤奋而非攻击性。在美国最古老的非裔美国人大学兄弟会"阿尔法·斐·阿尔法"（Alpha Phi Alpha）组织的一项重大项目中，他们将全美各分会的志愿校友与身处高风险社区的非裔美国男孩配对。这些社区的男孩通常都没有父亲在身边，事实上将近 70% 的非裔美国儿童都出生在单身母亲家庭。配对完成之后这些指导者需要尝试给自己

年轻黑人男性有时用"酷造型"来防御对他们的男子气质的威胁。

负责的男孩提供男性角色指导和积极的男性角色模范，并且在他们的学业表现方面给予帮助和鼓励。项目中有一个很有特色的环节，所有参加的男孩都会有一个严肃的仪式，在仪式上他们庄严地宣读如下的"男人誓言"。

我们出生时是男性，但还没有成为男人。

当我们学会关于男子气质的艺术和科学时，才能成为真正的男人。

我们发誓努力摆脱童年期和男孩气，努力成为男人。

我们发誓要以最好的方式寻求关于自己、关于万能的神、关于家人，以及关于社区的知识。

我们发誓要成为男子气质的典范、兄弟情谊的典范，

成为兄弟的兄弟、姐妹的兄弟，以及我们所属社区和组织的兄弟。

我们发誓遵循 7R 原则生活：正义（Righteousness）、尊重（Respect）、责任（Responsibility）、约束（Restraint）、互惠（Reciprocity）、规律（Rhythm）和救赎（Redemption）。

我们明白人的一生充满艰辛，但我们接受挑战，为了我们自己，为了你，为了生命，也为了未来。

我们可以发现上文中的誓言充满着浓郁的宗教气息，比如"正义"和"救赎"这样的词汇。在整个仪式中人们都非常强调宗教——男孩们被要求去教堂至少参与三种教堂活动。这也反映出了我们在第 4 章中讨论过的非裔美国文化中的强烈宗教气息。我们可以把这个仪式看成我们为男子气质建立明确的规则的努力，就像之前讨论过的传统文化中的成为男人的标准一样。虽然还没有关于这个项目的成效的研究结果，但对其他指导项目的研究表明，由于各个项目的特点不同，其有效性也大相径庭。

拉丁裔美国人

拉丁裔美国人的性别角色一直以来都延续着我们在本章的前面提过的传统文化中的性别角色的特点，直至近些年来才出现少许变化。女人的角色集中于照顾孩子、料理家庭，以及为丈夫提供情感支持。历史上，天主教在拉丁裔文化中有很强的影响力，女性被教育要效仿圣母玛利亚，学会顺从和自我否定，这种文化信仰被称为玛利亚主义（marianismo）。而男性的性别角色则主要受到大男子主义（machismo）意识形态的指导，强调男性应该掌控女性。男性被

玛利亚主义（marianismo）

常见于天主教文化中的一种信仰，认为女性应该像圣母玛利亚一样顺从和自我否定。

大男子主义（machismo）

男子气概的意识形态，常见于拉丁裔文化中，强调男性对女性的主导和支配。

认为应该是毫无争议的一家之主，妻子和子女都应该尊重和服从一家之主。拉丁裔文化相当强调男子气质中较传统的那些方面，要供养家庭、保护家人不受伤害，并有能力生育众多子女以组成一个大家庭。

但是，近些年来有迹象表明拉丁裔文化中的性别期待开始出现变化，至少在对女性角色的尊重方面。现在拉丁裔女性的雇用率与白人女性比例相当，而且拉丁裔的女权运动刚刚兴起。这种运动并不反对传统文化中的对妻子和母亲角色的重要性的强调，但开始重视这些角色本身，并且开始为女性角色增加新内容。一项研究表明，虽然拉丁裔青少年女孩相当清楚自己文化中的传统的性别角色的内容，但她们仍然会努力争取在与家人、同伴和老师的关系中协调出一个不那么传统的、更复杂的、更个人化的女性性别角色。

亚裔美国人

同拉丁裔美国人一样，亚裔美国青少年常常会受到父母从原来的文化中带来的传统性别角色社会化的影响。另外，亚裔美国人还会受到媒体刻板印象的影响，持这些刻板印象的人认为亚裔美国女人顺从且"有异国情调"，而相对于其他文化的男人，亚裔美国男人则是高智商的、低体育能力的、低男子气质的。由于这些刻板印象，亚裔美国少年常常在性别角色上感到自卑。

与拉丁裔的青少年一样，许多亚裔青少年也抵制他们文化中的刻板印象。最近的一项针对亚裔加拿大少女的研究显示，她们对温柔、顺从等传统的女性特质兴致不高。相反，她们更在乎经济独立、勤奋，以及未来的家庭目标。相似的是，一项关于亚裔美国男孩的研究发现，他们当中的许多人决定努力获得与他们民族的文化中的刻板印象相反的男性特质。

处于美国少数民族文化中的青少年和初显期成人面对的不仅仅是自己的文化，还以各种方式受到美国主流文化的影响，比如学校、媒体、可能属于主流文化的朋友和同伴。这些影响可能会促使美国少数民族文化中的年轻人形成混合自己的文化和主流文化中的性别角色的性别期待。但是，在向主流文化中的性别角色转变过程中，他们可能常常会与更加传统的父母产生冲突，尤其是女孩，尤其是在关于独立、约会、性的问题上。我们在第 9 章讨论约会和性时会深入探讨这个话题。

成年初显期的性别刻板印象

学习目标 16：解释为什么合理性依据有限，性别刻板印象却仍然存在。

考虑到在美国社会男性和女性在童年期和青少年期经历不同的性别社会化过程，我们不难理解到了成年初显期，人们对男性和女性的性别社会化也有不同的期待。大多数关于成年期性别期待的研究数据都是社会心理学家对大学本科生进行研究得到的，所以大多数相关研究得到的都是有关初显期成人对性别的看法的数据。社会心理学家特别关注性别刻板印象。**刻板印象**（stereotype）是指仅仅因为个体属于某个群体就认为他具备某些特征。性别刻板印象则是指仅仅因为某人是男性或女性而认为他（她）一定具备某些性格特点。性别刻板印象可以被视为性别图式的一部分，性别图式包括对物体（裙子是"女性的"）、活动（踢足球是"男性的"）和人的看法，而性别刻板印象则专门指对人的看法。

关于成年初显期的一个特别有趣的领域是有关大学生对于工作的性别刻板印象的研究。大体上，这方面的研究表明，大学生通常认为女性的工作绩效不如男性的。在一项经典研究中，高德伯格（Goldberg）让女大学生评价一些文章的质量，并告诉她们这些文章是由各个领域的专业人士写的。一些文章涉及刻板印象中的女性领域，如营养学；一些文章涉及刻板印象中的男性领域，如城市规划；还有一些文章属于中性领域。每篇文章有两个相似的版本，一个版本的作者是男性，另一个版本的作者是女性。结果显示，女性对男性作者的文章的评分比对女性作者的文章的评分高，即使文章被认为属于"女性的"领域。另外一个研究在男性和女性被调查中都得出了与高德伯格的研究相似的结论。虽然并不是所有研究都发现男性的作品得到的评价比女性的作品高，但如果两者之间出现差异的话，人们偏向于给予男性的作品更高的评价。最新的几项研究都持续发现了工作方面的强烈的性别刻板印象。

批判性思考

你认为你的教授们在评价你的作业时有没有考虑到性别因素？这与所涉及的领域相关吗？

与性别相关的评估同时还受到评价者和年龄的影响。我们之前也提到过，这个领域中的大部分研究涉及的对象都是大学生，但有一项研究在青少年早期、青少年晚期和大学生之间进行了对比。在实验过程中，每个被调查者都会拿到一则关于某普通或优秀的男性候选人的描述，其中一个候选人的行为表现与男性性别刻板印象一致，另一个候选人的行为表现与男性性别刻板印象相反。接着研究者问每位被调查者会选择哪位候选人、其他人选择这位候选人的可能性有多大，以及如果这位候选人被选上他会有多成功。青少年比成年初显期的大学生要更加中意那位表现符合性别刻板印象的候选人。而青少年早期和青少年晚期的被调查者之间不存在显著差异。从这项研究的结果我们可以看出：从青少年期到成年初显期性别刻板印象的影响可能会减弱。

虽然在成长过程中青少年期和成年初显期的男孩和女孩在各个方面都存在一些性别差异，但在多数情况下这些差异并不大。虽然很多研究都发现男性和女性存在很多统计学上的显著差异，但事实上在大多数特征上，男性和女性的相似之处多于不同之处。例如，即使整体而言少女与父母在情感上比少年更亲密，但实际上也有很多少年与父母非常亲密，甚至比典型的少女

刻板印象（stereotype）

仅仅因为个体属于某个群体就认为个体具有某些特征的一种观念。

更亲密。

大多数人类特征都呈现出**正态分布**（normal distribution）或**钟形曲线**（bell curve），即一小部分人的得分会比大多数人高，还有一小部分人的得分会比大多数人低，而大部分人的得分都是处于接近平均数的中间段。以身高为例，你有一个身高 1.4 米的朋友，还有一个身高 2.1 米的朋友，但你的其他朋友大部分身高在 1.5 米到 1.8 米之间。

虽然男性和女性的确存在差异，但在大多数特征上两条曲线的重叠部分要远多于不同的部分（不只是青少年群体，对儿童和成人来说也是如此）。举例来说，**图 5–2** 显示的是某项著名研究中发现的青少年男孩和女孩在数学成绩上的性别差异。从图中你可以发现，两条曲线的重叠部分所占的比例大于不同的部分。当人们听到"青少年男孩的数学成绩显著好于女孩"这样的描述时，会倾向于想象出两条重叠很少甚至完全分离的分布曲线，根本不可能想到事实上性别之间相似的部分大于性别之间有差异的部分。所以，当你以后看到研究报告中（包括本书中）提及"性别差异显著"时，一定要记住，大多数情况下，男性和女性的分布可能存在很大的重叠部分。

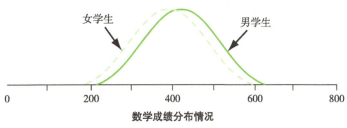

图 5-2　钟形曲线的重叠

虽然在此研究中男学生和女学生的数学成绩分布存在统计学上的显著差异，但两个群体的数学成绩实际上存在很大程度的重叠。

那么，为什么会存在那么多性别刻板印象方面的差异呢？为什么人们仍然坚信男女在很多方面完全不同，甚至是完全相反的呢？可能有如下两个原因。第一个原因可以溯源到性别图式的发展。性别图式可以通过我们的性别期待来塑造我们注意、解释和记忆信息的方式。一旦我们开始形成男性和女性存在差异的想法，我们就会更加倾向于去注意到那些证实我们的期望的事件和信息，并忽略或无视那些不符合我们期望的信息。例如，有几项关于儿童和青少年的研究发现男孩女孩都认为符合性别刻板印象的人和活动比不符合性别刻板印象的人和活动要更好，在性别刻板印象已经根深蒂固的男孩女孩中这种倾向最强烈。针对大学生的研究还发现当他们面前出现相同数量的符合性别刻板印象的表现和不符合性别刻板印象的表现时，他们一致对符合性别刻板印象的表现评分更高。这些研究解释了性别图式如何使我们将注意力放在符合性别期待的表现上，使得我们高估相关行为与其性别的一致性。

我们坚持认为男性和女性在能力方面有性别差异的第二个原因是，男性和女性的社会角色似乎会促使这样的想法。根据**社会角色理论**（social roles theory），社会赋予男性和女性的角色

正态分布或钟形曲线（normal distribution or bell curve）

代表人类大部分特征的分布情况的一条钟状的曲线，大部分人都处于平均数附近，而越靠近极端高或极端低的位置，人数越少。

会促进或压抑其不同能力的形成。不同的性别社会化会导致男性和女性发展出不同的技能和态度，继而产生不同的行为。这些行为的不同似乎也更加符合不同的性别角色。

举例来说，照顾小孩在大多数文化（包括美国主流文化）中是女性性别角色的重要组成部分。在美国主流文化中，女孩从儿童期就被赠予玩偶，有的女孩从儿童期就开始承担部分照顾弟弟妹妹的任务，当她们到达青少年早期时，女孩们开始了解到，照顾小孩可以成为女性以后的谋生方式之一；相反，男孩开始了解到，照顾小孩是女孩的事而不是男孩应该做的。成年初显期时，女性更有可能进入儿童保育行业工作，可能也更有可能进入大学学习儿童早期教育专业。有了自己的小孩之后，年轻女性也比年轻男性有更大的可能放弃工作全职养育小孩。

知识的运用

想一想关于青少年男女学生在数学成绩上呈现出的高度重叠的钟形曲线，请尝试使用性别角色理论来解释为什么在工程、建筑等方面女性参与人数如此之少。

因此，由于有差异的性别社会化过程，加上在成长过程中，女孩一直将照顾小孩视为未来可能的角色之一，而男孩不会，所以女孩更容易发展与照顾小孩相关的技能和态度。与此同时，这些技能和态度的发展也会促使她们在青少年期和成年初显期更加擅长和喜欢做这些事情，也会更愿意将自己的个人生活和职业生活投入到儿童保育方面。因此，男性和女性在照顾小孩方面的行为差异也证实了关于女性"天生"就更加充满爱心且擅长抚养孩子的文化信仰。通过这个例子我们可以注意到，当我们发现男性和女性在某些事情上存在差异时，我们会倾向于认为这一定是因为男女天生不同，而忽略了这些行为会被有差异的性别社会化以及文化所赋予的社会角色所影响。

研究焦点

性别差异的元分析

从事与青少年期与成年初显期有关的研究通常意味着通过诸如问卷调查或访谈的方法收集数据。然而，有时候某些学者会将其他学者已经收集完成的各种研究的数据整合在一起，以通过分析获得对某一领域的研究的概貌的方法来探讨某个研究问题。元分析（meta-analysis）就是将很多研究的数据整合成一个系统的统计分析的统计技术。这种技术在有关

社会角色理论（social roles theory）
此理论认为男性和女性的社会角色会促进或压抑人们的不同能力的形成，所以男性和女性会分别发展出不同的技能和态度，从而导致特定性别行为的出现。

元分析（meta-analysis）
将很多研究的数据整合成一个系统的统计分析的统计技术。

性别差异的研究中被频繁使用，部分原因在于在性别差异领域已经有大量的研究成果发表。同时，元分析的方法可以被应用于任何已有一定数量的研究的课题上。

使用元分析可以说明群体之间是否存在差异（例如，男性和女性），并进一步表明这种差异的大小。群体之间的这种差异被称为效应量（effect size），通常用字母 d 来表示。在元分析中，每个研究的效应量是通过一个组（例如，男性）的平均值减去另一组（例如，女性）的平均值再除以两个组合并后的组内标准差。组内标准差是表征每组的组内存在差异的程度的一个指标。这些分析中的惯例是 d 值为 0.2 代表一个较小的效应量，0.5 代表中等的效应量，0.8 代表一个较大的效应量。首先，针对每个研究分别计算出 d 值，接着计算出元分析中包括的研究的 d 值的平均值。

2020 年的一项研究对有关 8 年级青少年的数学成绩的研究进行了性别差异综合元分析，它涵盖了 69 个国家，结果发现在所有的国家青少年在数学成绩方面没有性别差异，d 值甚至达不到最小的效应量。然而，即使男孩和女孩在数学成绩上的表现没有差别，但他们对数学的学习态度存在一定的性别差异，即男孩对自己的数学学习能力表现得更自信，女孩则表现得更担心。

通过元分析发现的最有趣的事情就是一个国家的其他主要领域的性别平等程度能预测出数学成绩和对数学的学习态度方面的性别差异。具体来说就是，入学招生时男女生地位平等度越高，女性从事研究工作和入职政府机关的百分比越高，女孩的数学学习成绩就越好，她们学习数学的态度也越积极。

由此得出的结论是在大多数地区青少年男女的数学学习成绩没有性别差异，但如果出现差异则应归因于该文化中性别平等的观念和实践。

效应量（effect size）

元分析中两组之间的差异，用字母 d 表示。

第6章

自我

学习目标

1. 总结不同文化中的自我的概念之间的差异。

2. 描述青少年可能拥有的不同类型的自我，并解释它们之间的差异如何反映青少年的认知发展。

3. 将民族差异考虑在内，解释从前青少年期到青少年期自尊如何变化以及为什么变化。

4. 列举哈特的八个自尊领域，并确定其中哪一个对青少年期的全球化自尊影响最大。

5. 解释为什么有些青少年自尊水平高，而有些青少年自尊水平低。

6. 总结青少年情绪易变的证据。

7. 评价女孩在青少年期失去"声音"的说法。

8. 总结青少年在独处时的情绪状态。

9. 根据埃里克森的自我认同发展理论来解释青少年期期间自我认同如何发展，以及认同发展偏离正轨的可能的原因和方式。

10. 把埃里克森的自我认同发展理论与大多数研究所基于的自我认同状态模型联系起来。

11. 从后现代理论的角度来评价埃里克森的理论，注意该理论在性别和文化方面的局限性。

12. 描述菲尼的青少年期民族自我认同模型。

13. 解释全球化如何影响青少年期和成年初显期的自我认同的发展。

由 J.D. 塞林格（J. D. Salinger）所著的《麦田里的守望者》（*The Catcher in the Rye*）也许是最著名的关于青少年期的小说。它完全由主人公霍尔顿·考尔菲德（Holden Caulfield）的冗长的、自我反省式的独白构成。霍尔顿在与某个人说话，但是我们永远不知道那个人是谁——也许是一个心理学家。他讲述了一个长长的有关他生命中的戏剧性的 24 小时的故事。故事以他突然离开就读的学校开始，他感觉和同学们很疏远，对他们的虚伪和浅薄感到恶心。由于害怕回家——这已经不是他第一次在学校里惹麻烦了——他来到了纽约，在这里他遭遇了一系列的不幸，经历了心理和生理上的崩溃。

在这本书中，霍尔顿向读者讲述了整个复杂的（常常是滑稽的）故事。然而，霍尔顿的故事的焦点并不是这些事情，而是霍尔顿自己。他在尝试着理解自己是谁，以及如何融入他周围的世界，一个让他感到困惑、满是伤痕和悲伤的世界。他不想进入成年人的世界，因为在他看来几乎所有的成年人都是乏味或堕落的。他非常喜欢孩子们的世界。通过这本书，他表达了对儿童的天真和可爱的看法，这些看法充满柔情和浪漫。他正在成长的自我意识使他倍受打击，因为在他看来，它已经把他从他童年的纯真"伊甸园"中震了出来。

霍尔顿不是一个典型的青少年。在《麦田里的守望者》中，正是他非典型的敏感和机智使他成了一个引人注目的人物。此外，在自我问题如何成为青少年期发展的前沿的问题方面，他提供了一个好例子。他会对自己成熟与否进行自我反省（"相对我的年龄来说，我的行为很幼稚……"）。他对自己的评价有时很消极（"我很会说谎……"）。他有欢欣鼓舞的时刻，但是孤独和伤心的时刻更多，在这些时刻他沉思生命和死亡的残酷。他试着去解决有关自我认同的问题——他是谁，他想要什么样的生活，他总结说（至少现在）他希望将来能成为一个"麦田里的守望者"，即正在玩耍的孩子们的保护者。

霍尔顿在他的独白中呈现的问题就是我们在这章中将要解决的关于自我的各种问题。我们在第 3 章中讨论认知发展时看到，人们在进入青少年期后会形成自我反思的能力。青少年能够用年幼的孩子没有的方式来思考他们自己。在青少年期发展的抽象思维能力包括问自己关于自我的抽象问题，例如，我是一个什么样的人？什么样的特点使我成为现在的样子？我擅长什么？我不擅长什么？其他人是如何看我的？我在将来可能会拥有什么样的生活？年幼的孩子也能问这些问题，但是只能用一种简单的方式。随着认知能力的发展，青少年现在能够更加清晰地问这些问题，也能够想出更复杂、更有见地的答案。

这种增强的自我反省的认知能力带来了多种结果。它意味着青少年的自我概念的改变，即针对问题"我是什么样的人"的答案发生改变。它意味着青少年的自尊的改变，即他们评估自己作为一个人的基本价值的能力发生改变。它意味着青少年对情绪的理解的改变，因为他们变得更关注自己的情绪，对自己和其他人的理解也在增强，这影响了他们的日常情绪生活。它也意味着青少年的自我认同的改变，即对他们的能力和特点的看法发生改变，使这些看法与社会提供给他们的机会相适应的方式发生了改变。所有这些改变都会延续到成年初显期，但是自我认同问题对成年初显期尤其重要，甚至在很多方面其对成年初显期的重要性超过了青少年期。

在这一章中我们将讨论自我的这些方面，在结尾部分我们会谈到全球化对发展中国家青少年的自我认同的发展的影响。首先，我们用文化的方法来研究自我的概念。虽然青少年期期间的自我反省的增强是正常认知发展的一部分，但是年轻人所处的文化对他们感受这一变化有着深远的影响。

自我概念

随着年龄的增长，人们对自我的认同会发生改变，但是自我认同在我们的一生中都会受到我们所处的文化的影响。在所有文化中，青少年期期间的自我概念都变得更复杂、更难懂了。

文化和自我

学习目标 1：总结不同文化中的自我的概念之间的差异。

我们在第 4 章中介绍的个人主义文化和集体主义文化之间、广义和狭义的社会价值观之间的一般区别在我们对自我进行考量时将发挥作用，在论及不同文化中的自我的概念的差异时，它们也许尤为重要。正如我们在第 4 章中提到的，讨论自我概念中的文化差异时，学者们通常会对个人主义文化所推崇的"独立自我"（independent self）和集体主义文化所推崇的"互依自我"（interdependent self）进行区分。

促进独立的、个人主义的自我的文化也会鼓励和促进关于自我的反思。在这样的文化中，为自己着想、把自己作为一个独立的人来看、高度评价自己被看作是一件好事（当然需要保持在一定的范围内——没有任何文化会推崇自私或自我中心主义）。美国人尤其以他们的个人主义和对以自我为导向的问题的关注而闻名。正是美国人首先发明了"自尊"（self-esteem）这个词（威廉·詹姆斯于 19 世纪末提出），美国也被视为一个重视并能促进独立自我的地方。

然而，不是所有的文化都以这种方式看待自我或以相同的程度重视自我。在以狭义社会化为特征的集体主义文化中，相互依赖的自我概念盛行。在这些文化中，集体（家庭、亲属群体、民族群体、国家、宗教机构等）的利益优先，被排在个人需要之前。这就意味着，在这些文化中，自视过高并不是一件好事。那些自视甚高、自尊心强的人会威胁群体的和谐，因为他们可能会为了追求个人的利益而不顾所属群体的利益。

因此，在社会化过程中，这些文化中的儿童和青少年的自尊被削弱了，并学会了把其他人的利益与需要看得至少和他们自己的利益与需要一样重要。这意味着，到了青少年期，"自我"在很大程度上被定义为与其他人的关系，而不是一个独立的存在。这就是独立自我和相互依赖的自我的含义。在这些文化观中，我们不能脱离社会角色和义务去理解自我。

在这一章中，我们将更详细地了解关于自我的不同的思维方式。在整个章节中，请记住，不同的文化因其成员对自我的社会化思考方式的不同而不同。

> **批判性思考**
>
> 基于目前我们在这本书中学到的，你认为传统文化中促进互依自我的发展的经济原因是什么？

青少年期的自我的类型

学习目标 2：描述青少年可能拥有的不同类型的自我，并解释它们之间的差异如何反映青少年的认知发展。

青少年对自己的看法在各个方面都和年幼的孩子不同。在第 3 章中我们曾讨论过，青少年期期间发生的自我理解的变化在更普遍的认知功能的变化上有自己的基础。就像青少年的认知发展的总体趋势一样，青少年的自我概念变得更抽象、更复杂了。

更抽象

正如我们在第 3 章中讲过的，说某事物抽象是指它是一个概念、一种观点，或者某个不能通过感官直接体验到的东西。对于青少年来说，自我就像是这样一种概念，他们以新的方式感知着自己的性格特点。

苏珊·哈特（Susan Harter）对从儿童期到青少年期自我概念的发展开展了大量研究。她认为，随着年龄的增长，儿童更少使用具体的词语描述自己（"我有只叫巴斯特的狗和一个叫嘉莉的姐姐"），更多地从特质的角度描述自己（"我很聪明，但我也脑腆"）。青少年变得更加注重自我概念中的特质，而特质也变得更抽象，因为他们从无形的个性特征方面来描述自己。例如，下面是一项有关自我概念的研究中的一个 15 岁女孩对自己的描述。

> 作为一个人，我是什么样子的呢？真复杂！我敏感、友善、外向、受欢迎、宽容，同时我也脑腆、自我中心，甚至令人厌恶……我是一个非常开朗的人，尤其是在和我的朋友在一起时……在家里，在我的父母周围，我更有可能焦虑。

注意上文中出现的所有抽象概念："敏感""外向""开朗""高兴""焦虑"等。青少年的抽象能力使这类的描述成为可能。

在青少年的自我概念中，这种抽象能力的一个方面是他们能够区分**实际自我**（actual self）

和可能自我（possible self）。学者们又区分出两种可能自我：理想型自我（ideal self）和恐惧型自我（feared self）。理想型自我是青少年想要成为的那个人 [例如，一个青少年想成为极受同伴欢迎的人，或在艺术（如音乐）上非常成功的人]。恐惧型自我是青少年推测他可能成为但害怕成为的那个人（例如，青少年害怕变成酒鬼，或者害怕变得像某个名誉扫地的亲戚或朋友）。两种可能自我都需要青少年的抽象思维，即可能自我只是一个抽象概念、是存在于青少年的头脑中的想法。

　　思考实际自我、理想型自我和恐惧型自我的能力是一种认知成就，但是这种能力在某方面也会令人不安。如果你能想象出一个理想型自我，你就会注意到实际自我和理想型自我之间的差异，即你是什么样和你想成为什么样之间的差异。这个差异如果足够大，则可能引发挫败感、不满和抑郁。研究已经发现，实际自我和理想型自我之间的差异的大小与青少年期和成年初显期的抑郁情绪有关。

　　然而，实际自我和可能自我的意识为一些青少年提供了朝着自己的理想型自我努力和避免成为恐惧型自我的动机。有一项干预研究旨在鼓励青少年发展学术方面的可能自我，研究发现，与控制组相比，干预组的青少年的学习主动性和成绩有所提高，而抑郁和在学校里的不当行为减少。

　　初显期成人也常常被对可能自我的憧憬所激励。其实，我们在第 1 章中提及的成年初显期的一个显著特点就是"充满可能性"。一项澳大利亚的研究发现，成年初显期早期（17~22 岁）是一个有着"伟大梦想"（grand dreams）的时期，人们梦想着变得富有，拥有一份极富魅力的工作。但是过了成年初显期（28~33 岁），人们对可能自我的憧憬会变得更加现实。美国的一项全国性调查发现，有 82% 的 18~29 岁青年人一致认为"在我生命中的这一阶段，似乎一切皆有可能"。

　　大多数研究过这个主题的学者认为，青少年同时有理想型自我和恐惧型自我是最健康的。有研究对犯罪青少年 (delinquent adolescents) 和其他青少年进行了比较，发现非犯罪青少年往往能在理想型自我和恐惧型自我之间保持平衡。相反，犯罪青少年具有恐惧型自我，但与其他青少年相比，他们缺少一个明确的理想型自我的概念去为之奋斗。

实际自我（actual self）
一个人对自我的本来面目的感知，与可能自我相对。

可能自我（possible self）
一个人感知到的可能的自我，可能包括理想型自我和恐惧型自我。

理想型自我（ideal self）
青少年想成为的那个人。

恐惧型自我（feared self）
一个人想象出的自我，可能成为但又害怕成为的那个自我。

更复杂

青少年的自我理解的第二个方面是它变得更复杂。这同样是基于一项更普遍的认知能力的获得，即形式运算能力，它帮助青少年感知情况或思想的多个方面。学者们已经发现，青少年的自我概念变得更复杂，尤其是从青少年早期到青少年中期。哈特进行过一项研究，她让 7 年级、9 年级和 11 年级的青少年分别描述自己。结果显示，从 7 年级到 9 年级青少年用矛盾的方式（如害羞和风趣）描述他们自己的程度陡增，然后在 11 年级略有下降。

哈特和她的合作者们发现，认识到他们人格和行为中的这些矛盾可能会使青少年感到迷惑，因为他们试图从不同情境中出现的他们自己的不同方面中整理出 "真实的我"（the real me）。然而，青少年矛盾的描述并不一定意味着他们对两种矛盾描述中的哪一种适合于他们的实际自我感到困惑。在某种程度上，矛盾表明青少年比年幼的孩子更能认识到他们的情感和行为可以每天改变，可以随着情境而改变。青少年也许会说，"当我身处不认识我的人中间时我会害羞，但是当我和朋友在一起时，我很放松甚至有些疯狂"，而不是像年幼的孩子那样简单地说 "我害羞"。

日益复杂的自我概念的一个相关方面是当青少年展示虚假型自我（false self）的时候他们能够意识到。虚假型自我是一种他们呈现给其他人的自我，但是他们知道那并不代表他们真正的想法和感受。你认为青少年最有可能向谁展示他们的虚假型自我——朋友、父母或约会对象？哈特和其他人做的研究表明青少年最有可能向他们的约会对象呈现虚假型自我，而最不可能向亲密的朋友和父母呈现虚假型自我。哈特的研究中的大部分青少年表示他们有时候不喜欢呈现虚假型自我，但是很多人也说某种程度的虚假型自我行为是可以接受的，甚至是可取的，例如，去打动某个人或隐藏他们不想被其他人看见的自我的某些方面。最近有研究开始关注人们在社交媒体（如 Facebook）上展示出的实际自我和虚假型自我，我们将在第 12 章中谈到这个话题。

> **批判性思考**
>
> 你认为为什么虚假型自我最可能被呈现给约会对象？随着约会对象成为男朋友或女朋友，虚假型自我会渐渐被丢弃吗？

自尊

美国社会文化对自尊的关注使得近几十年美国学者们在青少年的自尊方面开展了大量研究。这些研究阐明了许多问题，包括从前青少年期到青少年期自尊的变化、自尊的不同方面，

虚假型自我（false self）
一个人呈现给其他人的自我，同时这个人也意识到它并不代表他或她实际的想法和感受。

以及哪些因素会对自尊产生影响等。

从前青少年期到青少年期自尊

学习目标 3： 将民族差异考虑在内，解释从前青少年期到青少年期自尊如何变化以及为什么变化。

　　自尊（self-esteem）是一个人的整体价值感和幸福感。"自我映像"（self-image）、"自我概念"（self-concept）和"自我知觉"（self-perception）是几个密切相关的术语，指的是人们观察和评估自己的方式。

　　几项关于自尊的纵向研究追踪了从前青少年期到青少年期或从青少年期到成年初显期的样本，这些研究均发现，自尊在青少年早期下降，然后在青少年后期和成年初显期升高（见图6-1）。很多发展方面的原因解释了为什么自尊可能遵循着在青少年早期下降、在青少年后期和成年初显期升高这样的模式。我们已经从青少年认知发展的角度讨论过"假想观众"，它使青少年产生自我意识，当他们在青少年早期第一次体验它时，他们的自尊会降低。也就是说，当青少年想象着别人特别看重他们的外表、言谈和举止时，他们可能怀疑或害怕其他人会严厉地评判他们。

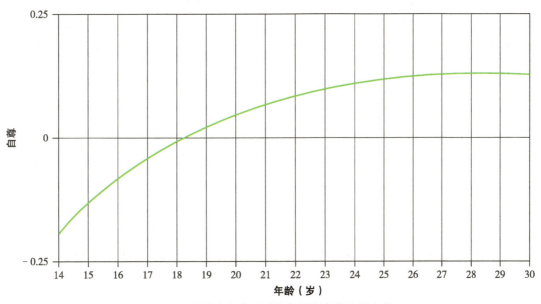

图 6-1　从青少年期到成年初显期自尊逐渐上升

　　他们也许是正确的。西方文化中的青少年往往具有很强的同伴导向倾向，他们高度重视同伴的意见，尤其在一些日常事务上，如他们该如何打扮，在社会情境中他们该说什么。但是，正如我们在第 3 章中提到的，他们的同伴已经发展出了新的认知能力，这使得他们能自如地讽

自尊（self-esteem）

一个人的整体价值感和幸福感。

刺或嘲笑那些似乎很奇怪或笨拙或不酷的同伴。所以，更强的同伴导向、对同伴的评价具有更强的自我意识和同伴潜在的恶劣评价的结合导致了青少年期早期自尊的降低。由于在青少年后期和成年初显期同伴的评价变得不再那么重要，自尊在这一时期便升高了。

大多数关于青少年自尊的研究认为较高的自尊是好事，自尊较低是需要解决的问题。值得记住的是，关于自尊的看法在不同的文化间差异很大。例如，在传统的亚洲文化中，自我批评是一种美德。美国人关注自尊是美国个人主义的一部分。

非裔美国青少年比其他种族青少年自尊更高。

自尊的多样性也存在于美国不同的民族群体中。尽管遭受了几个世纪的奴役、歧视和种族主义，但非裔美国人往往比其他少数民族群体有更高的自尊。从儿童期到青少年期和成年初显期，这一差异会随着年龄的增长而增加，尽管他们的自尊会因为遭受种族歧视而受到伤害。白人青少年往往比拉丁裔、亚裔和美国原住民有更高的自尊。对不同种族群体的青少年的自尊进行比较的研究发现，亚裔美国人的自尊常常是最低的。这些民族差异的根源在于文化差异，在非裔美国人的文化中自尊最受推崇，在亚裔美国人文化中自尊最不受推崇。亚洲文化所青睐的互依自我往往不鼓励高自我评价，鼓励关注别人的需求和对别人的关切。

> **批判性思考**
>
> 你会提出什么样的假设来解释上面描述的青少年自尊中的民族差异？你将怎样检验你的假设？

自尊的不同方面

学习目标 4： 列举哈特的八个自尊领域，并确定其中哪一个对青少年期的全球化自尊影响最大。

随着学者们对自尊的研究，他们认为，除了整体自尊外，自尊还有不同的方面。莫里斯·罗森伯格（Morris Rosenberg）编制了被广泛使用的"罗森伯格自尊量表"（Rosenberg Self-Esteem Scale），并区分了基线自尊和气压式自尊。**基线自尊**（baseline self-esteem）是一个人稳定、持久的价值感和幸福感。有高基线自尊的人偶尔也会有糟糕的一天，他们觉得自己无能，

基线自尊（baseline self-esteem）
一个人的稳定、持久的价值感和幸福感。

或者进行自我批评，但他们仍然有高基线自尊，因为在大多数时间里他们还是会积极地评价自己。相反，有低基线自尊的人可能会持续地认为自己很差，即使有一段时间事情进展顺利，并且他们对自己有了积极的感觉。

气压式自尊（barometric self-esteem）是人们在一天当中，随着对不同的想法、体验和互动的反应而产生的价值感和幸福感的波动。罗森伯格认为，青少年早期是气压式自尊变化特别剧烈的时期。青少年可能在早餐上与父母发生分歧，感到很难过；然后到了学校，在课前和朋友开了一些玩笑，感觉很好；之后发现生物学测试的分数很低，又感觉很痛苦；接着从一个充满魅力的意中人那里得到一个微笑，又感觉好极了——这些全部发生在短短几小时内。

经验抽样法（The Experience Sampling Method，ESM）研究证实了罗森伯格的理论，在这些研究中，青少年戴着带蜂鸣器的手表，当铃响时记录他们的情绪和行为，通过记录典型的一天，青少年显示了快速的情绪波动。ESM 研究发现，成年人和前青少年期的个体的情绪也会有变化，但是变化的频率和强度与青少年不同。在青少年早期情绪的变化最大。最近的一项研究使用了 ESM 的一种变体，荷兰青少年在网上记录他们每天的情绪波动，有快乐、悲伤、愤怒，每年 3 次，每次持续 5 天，参与者从 13 岁时开始记录，一直到 18 岁。该研究同样发现，情绪波动逐年减小。

其他研究也证实了青少年的自尊也取决于与谁在一起。此外，青少年的气压式自尊的波动幅度有所不同，有些人的气压式自尊具有跨情境和跨时间的稳定性，而有些人的气压式自尊变化非常剧烈。他们的社会关系越安全越愉快，他们的自尊就越稳定。

苏哪·哈特还研究了青少年自尊的其他方面，她在"青少年自我知觉量表"（Self-Perception Profile for Adolescents）中区分了青少年自我映像的八个领域：

- 学术能力；
- 社会认可；
- 运动能力；
- 生理外貌；
- 工作能力；
- 爱的吸引；
- 行为操守；
- 亲密友谊。

在本章的"研究焦点"专栏里我们提供了每个分量表的项目举例，以及关于量表的更多信息。除了自尊的具体领域的八个子量表以外，哈特的量表也包含一个总体（整体）自尊分量表。

气压式自尊（barometric self-esteem）
人们在一天当中，随着对不同的想法、体验和互动的反应产生的价值感和幸福感的波动。

哈特的研究表明，青少年不需要在所有的领域都有积极的自我映像才能有较高的总体自尊，每个领域的自我映像是否影响总体自尊取决于青少年是否把那个领域看得很重要。例如，有些青少年认为自己的运动能力较弱，但是只有当擅长运动对他们来说很重要时，运动能力才会影响他们的总体自尊。不过，对于大多数青少年而言，某些自尊领域比其他领域更重要，我们将会在下一节看到。

自尊和生理外貌

你认为在青少年期，哈特的八个自我映像中的哪个最重要？哈特和其他人的研究已经发现，生理外貌与总体自尊的相关最密切，之后是来自同伴的社会认可。在初显期成人中，研究者也已经发现了生理外貌和自尊之间的类似的联系。

青少年女孩比男孩更可能强调以生理外貌作为自尊的基础。这种性别差异很大程度上解释了大部分西方文化中的发生在青少年期的自尊的性别差异。在青少年期，女孩比男孩有着更消极的身体映像且更关注她们的生理外貌。与男孩相比，她们对自己的身材更不满意，大部分女孩都认为自己太胖，并尝试着节食。女孩往往消极地评价她们的生理外貌，因为生理外貌是她们的总体自尊的中心，所以在青少年期女孩的自尊往往比男孩更低。

生理外貌作为自尊来源的突出性也有助于解释女孩的自尊在她们进入青少年早期时尤其可能会下降的原因。因为，我们在第2章中已经看到，女孩在进入青少年期时对于发生在她们的生理外貌上的变化常常很矛盾。进入青少年期意味着变得更有女人味，这是很好的，但是更有女人味意味着某些地方会发胖，在一些文化中这是不好的。美国女性的理想体形是苗条的体形，到了身体发育得更丰满的年龄，青少年女孩很难对自己感觉良好。到了青少年期也就意味着要面对来自潜在伴侣和其他人的评价，外表吸引力构成了这个评价的主要标准，对于女孩来说尤其如此，这进一步促使外表吸引力成为自尊的来源。

女孩会把自己的身体与她们的文化理想进行比较，并找到她们想要的。节食和对身体不满意已经成为青少年期的正常反应……女孩都害怕会发胖，好像她们就应该那样做。女孩在她们学校的大厅里会听到关于胖女孩的言论。没有人觉得自己已经够瘦了。由于关于身体的内疚和羞耻，年轻女性总是处于戒备状态……几乎所有的少女都觉得自己胖，担心自己的体重和饮食，在她们吃饭的时候会有负罪感。

——玛丽·皮弗（Mary Pipher），《复活奥菲莉亚：拯救青少年女孩的自我》
（*Reviving Ophelia: Saving the Selves of Adolescent Girls*）

我们应该强调，发现青少年期女孩自尊下降和在对外貌的知觉方面存在性别差异的研究主要集中在白人青少年身上。有证据表明非裔美国女孩对她们的外貌的评价与白人女孩非常不同。在一项对初中和高中女生的研究中，40%的非裔美国女孩对她们的体形满意，相比之下，在白人女孩中该比例只有20%。对外貌的知觉方面的民族差异有助于解释为什么在青少年期

白人女孩的自尊往往比男孩低，而在美国的少数民族群体中情况正好相反。然而，一些证据表明，黑人和亚洲女性会根据肤色来评价她们自己，而那些有着相对较深的皮肤的女性会对她们的吸引力存在消极的看法。

成年初显期的自尊

虽然从前青少年期到青少年期自尊往往会下降，但是对于大部分人而言，自尊在成年初显期会升高。图 6-1 显示了这种模式。有很多原因可以解释为什么自尊在这一时期上升了。生理外貌对于青少年的自尊很重要，到了成年初显期大部分人已经经过了青少年期的尴尬的变化，可能对自己的外貌更满意了。来自父母的接纳和支持也有利于自尊的上升，从青少年期到成年初显期个体与父母的关系普遍改善且冲突减少。同伴和朋友对自尊也很重要，进入成年初显期意味着离开中学时代的社会压力，在中学时代同伴评价是日常生活的一部分，而且很可能很严苛。

到了成年初显期也通常意味着对日常生活中的社会环境有了更多的控制，这使初显期成人能够寻求他们喜欢的情境而回避他们厌恶的情境，在某种程度上，这是青少年无法做到的。

研究焦点

哈特的青少年自我认知量表

苏珊·哈特的"青少年自我认知量表"（Self-Perception Profile for Adolescents）是使用最广泛的衡量青少年期自我的工具。这个量表包括 9 个分量表，每个分量表 5 个项目，总共 45 个项目。前 8 个分量表评估自我映像的具体领域，第 9 个分量表评估整体（"总体"）自我价值。项目的形式是呈现两种关于"青少年"的陈述。青少年选择哪种陈述更适合自己，以及陈述是"有点符合我"还是"非常符合我"。表 6-1 展示了几个分量表的项目示例。

要注意，在一些项目中，表示高自尊的回答出现在前面（在"但是"之前），而在其他项目中，表示高自尊的回答出现在后面（在"但是"之后）。形成这种差异的目的是为了避免反应偏差（response bias），即对所有项目选择相同的回答的趋势。如果表示高自尊的回答总是出现在项目的前面，那么在完成几个项目之后，青少年可能会开始简单地勾选第一个框而不再仔细阅读项目。以这样的方式排列项目有助于避免反应偏差。

信度和效度是对所有量表的两个质量要求。为了确定分量表的信度，哈特计算了每个分量表的内部一致性（internal consistency）。内部一致性表示在一个量表或分量表中参与

反应偏差（response bias）
在问卷填写时，倾向于对所有项目选择同样的回答。

内部一致性（internal consistency）
一种统计计算方法，表示在一个量表或分量表中不同的项目被参与者以类似的方式回答的程度。

者对不同的项目采用类似的方式回答的程度。哈特的分量表显示出了较高的内部一致性，这就意味着青少年如果在一个分量表的项目上报告积极的自我认知，那么往往会在该分量表的其他项目上报告积极的自我认知，在一个分量表的一个项目上报告消极的自我认知的青少年往往也会在该分量表的其他项目上报告消极的自我认知。

量表的效度怎么样？回顾第 1 章，量表的效度是指真正测量到想要测量的东西的程度。确定效度的一种方法是看看使用量表得到的结果与使用其他方法得到的结果是否一致。使用哈特的量表的研究已经发现，在生理外貌和总体自我价值上，女孩对自己的评价比男孩更低，但是在亲密的友谊上女孩对自己的评价比男孩更高。这些研究的结果与来自其他研究的结果一致，这似乎支持了哈特的量表的有效性。然而，哈特的研究主要针对美国中产阶级的青少年。这个量表对其他文化中的青少年可能不那么有效，尤其是东方文化。

表 6-1　来自青少年自我认知量表的项目示例

社会认可
一些青少年非常受同龄人的欢迎，但是另一些青少年不是很受欢迎
生理外貌
一些青少年认为自己非常好看，但是另一些青少年认为自己不是很好看
爱的吸引
一些青少年觉得他们的同龄人会爱上他们，但是另一些青少年会怀疑他们能否吸引同龄人
亲密友谊
一些青少年能够交到真正亲密的朋友，但是另一些青少年发现交到真正亲密的朋友很难
总体自我价值
一些青少年在大多数时间里对自己很满意，但是另一些青少年常常对自己不满意

例如，青少年必须上学，他们别无选择，即使他们不喜欢上学或学习不好，而糟糕的学习成绩会不断减弱他们的自尊。但是，成年初显期的年轻人可以离开学校，去参加使自己感到满意或开心的工作，从而增强他们的自尊。

自尊的原因和影响

学习目标 5：解释为什么有些青少年自尊水平高，而有些青少年自尊水平低。

为什么有些青少年自尊水平高，而有些则自尊水平较低？感觉自己被其他人接纳和支持——尤其是父母和同伴——被理论家和研究者确定为最重要的影响因素。正如我们在前面提到的，由于同伴在青少年的社会世界里变得特别突出，与更早的年龄段相比，在青少年期同伴对青少年的自尊有更大的影响，但是父母的影响也很重要。虽然青少年往往花较少的时间与他们的父母在一起，而且比青少年期之前与父母有更多的冲突，但是青少年与父母的关系对他们认识自己仍然很关键。如果父母给予了青少年爱和鼓励，那么青少年的自尊会提升；如果父母贬低青少年或对他们很冷漠，那么青少年会用更低的自尊回应。来自家庭之外的成年人的支持，尤其是老师，也对形成高自尊有帮助。

研究已经发现，学校的表现也与青少年期的自尊有关，对亚裔美国青少年尤其如此。但是，哪个是第一位？是青少年在学校表现得好从而获得了自尊，还是自尊直接影响了青少年在学校的表现？在 20 世纪 60 年代和 70 年代，美国教育中的突出的信念是，自尊更多的是青少年在学校表现良好的原因而不是结果。

人们提出了许多方案尝试提高学生的自尊，希望通过表扬他们和尝试教他们表扬自己来提高他们的学校表现。然而，学者们最后得出的结论是，这些方案都没有用。更多新的研究已经表明自尊和学校表现相辅相成：儿童和青少年在学校做得好可以提高他们的自尊，反过来给他们自信能进一步促进他们在学校里获得成功。自尊有可能过低也有可能过高：自尊膨胀的青少年——他们对自己的评价比父母、老师和同伴对他们的评价要更积极——与同伴相比，在课堂上往往会出现更大的行为问题。提升青少年与学校有关的自尊的最好方法是教给他们知识和技能，这是使他们在课堂上真正获得成就的基础。

在其他功能领域，自尊的影响是存在争议的。有些学者认为自尊有着广泛的影响，然而另一些学者认为与在学校表现方面的发现一样，其他领域的功能是自尊的原因而不是自尊的结果。研究表明，自尊的影响可能取决于个体在哪些领域的自尊高，以及在哪些领域的自尊低。青少年在家庭和学校领域的自尊低且在同伴领域的自尊高与青少年的多种危险行为有关，在男性与女性中皆是如此。

知识的运用

美国人普遍认为拥有高自尊是健康的。自尊有可能过高吗？如果有可能，你将如何分辨何时自尊达到临界点？这个临界点是主观的吗？是简单地基于每个人的意见吗？或者你能客观地定义这个点吗？

情绪自我

在关于自我的问题中，青少年面对的是如何理解和管理他们的情绪的问题。关于青少年期的最古老、最持久的观察结果是，青少年期是一个情绪高涨的时期。早在 2000 年前，古希腊哲学家亚里士多德就观察到，年轻人"受天性驱使，就如醉汉受酒精驱使"。大约 250 年前，法国哲学家让－雅克·卢梭（Jean-Jacques Rousseau）有相似的观察结果：青少年期和发育期"像暴风雨前的

消极情绪在青少年中更普遍。

咆哮的海浪，以激情昂扬的响声宣布着剧烈的变革"。大约在同一时间，卢梭开始写作，一种德国文学类型发展起来，它被称为"狂飙突进运动"(sturm und drang)——德语中的"暴风骤雨"的意思。在这些故事中，年轻人在他们十几岁或 20 岁出头时体验着愤怒、悲伤和浪漫的激情等极端情绪。今天，大部分美国父母也把青少年期看作一个情绪剧烈波动的时期。但是我们不能仅仅因为这些有关青少年期的观点很常见就认为这些是正确的。"暴风雨"的问题我们在第 1 章中已经介绍过，在这里我们将进行更加详细的分析。

青少年的情绪：暴风骤雨

学习目标 6： 总结青少年情绪易变的证据。

对于这些历史上流行的关于青少年情绪的观点的有效性，当代研究能告诉我们什么呢？或许关于这个问题的最好的数据源就是 ESM 研究，在这些研究中人们记录一天中的任意一个听到"哔哔声"的时刻的情绪和体验。使用 ESM 方法解决青少年的情绪问题尤其有价值，因为它要求青少年在多个具体的时间点评估情绪，而不是让青少年对他们的情绪波动做整体判断。此外，ESM 研究也被用于前青少年期的个体或成年人。因此，通过比较不同的群体报告的情绪模式，我们可以得到一个很好的结果，该结果可以反映青少年是否比前青少年期个体或成年人报告了更多的极端情绪。

结果表明他们确实是这样的。青少年报告感觉"难为情"和"窘迫"的频率比他们的父母多两倍或三倍，青少年也比他们的父母更可能感到尴尬、孤独、焦虑和被忽视。青少年的情绪也比前青少年期的儿童更消极。通过比较前青少年期的 5 年级儿童与 8 年级的青少年，拉尔森（Larson）和理查兹（Richards）描述了情绪上的"失宠"（fall from grace），它就发生在这个时间段，体验为"非常高兴"的时间的比例下降到 50%，相似的比例下降发生在报告感觉"好极了""骄傲"和"有可控感"的时间上。随着儿童期的结束和青少年期的开始，其结果是一个全面的"童年幸福的通货紧缩"。这一发现与我们在前面描述的自尊的下降一致。

大脑的发育可能导致了青少年的情绪性。一项研究比较了青少年（10~18 岁）与初显期成人和年轻成人（20~40 岁），研究人员向被调查者展示表现出强烈情绪的面孔图片。当青少年加工图片中的情绪信息时，杏仁核的活动水平特别高，而杏仁核是大脑中参与情绪的主要部分。前额叶的活动水平相对较低，因为大脑的这个部分涉及更高的功能，如推理和规划。对于成年人情况正好相反。这似乎表明青少年对情绪刺激的反应更多是通过心而不是通过脑，而成年人往往用更加克制的、理性的方式回应。研究也表明青少年期期间荷尔蒙的变化增加了青少年早期的情绪性。

然而，大部分学者把这些情绪的改变归因于认知和环境因素而非生物学改变。根据拉尔森和理查兹的研究，青少年新发展的抽象推理能力"让他们看到隐藏在表面之下的持久威胁他们的幸福的情况和设想"。拉尔森和理查兹还认为，在青少年期经历的多方面的生活变化和多个个人转变（如青少年期的开始、学校的改变和第一次爱和性的经历）导致了青少年的情绪波动。此外，拉尔森和理查兹强调，除了青少年遇到的潜在的压力事件，他们如何体验和解释这些潜在的压力事件也是他们出现情绪波动的基础。即使在面对相同或相似的事件时，青少年也会比前青少年期的个体或成年人报告更多的极端情绪和负面情绪。

在青少年期期间情绪性是如何变化的？拉尔森和理查兹在 4 年后对他们的原 ESM 研究中的 5 年级到 8 年级的样本进行了评估，而此时他们是 9 年级到 12 年级的学生。如图 6-2 所示，他们发现积极情绪状态的下降持续到 9 年级和 10 年级，之后积极情绪状态趋于平稳。他们还发现，较

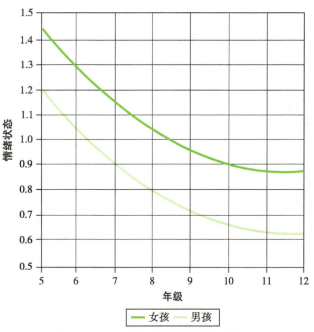

图 6-2 5~12 年级个体的平均情绪状态

大的青少年情绪波动较小，即从一个时间段到下一个时间段，他们的情绪变化不那么极端。

批判性思考

青少年女孩的整体自尊比男孩更低，而男孩的平均情绪状态比女孩更低。这是一个相互矛盾的结果吗？这些研究结果是否有可能都是真实的？

其他文化怎么样？青少年的情绪性是特殊的美国现象，还是普遍存在于其他文化中？能回答这个问题的研究很有限。只有在印度的一项研究中，ESM 方法被用于青少年和他们的父母。结果表明，和在美国一样，在印度，青少年比他们的父母报告更多的极端情绪。

有少数研究考察了初显期成人的情绪性，但是一项纵向研究发现，从 18 岁到 25 岁，个体的负面情绪（如感到压抑或愤怒）减少。这一发现与有关自尊的研究非常吻合，它显示对于大多数人来说，从青少年期到成年初显期自我变得更快乐，并且情绪也更稳定。

性别和情绪自我：青少年期女孩会失去她们的"声音"吗

学习目标 7：评价女孩在青少年期失去"声音"的说法。

关于青少年期女孩的自我发展的最有影响力的理论家是卡罗尔·吉利根（Carol Gilligan）。吉利根和她的同事提出青少年期自我存在性别差异。他们认为青少年早期是自我发展的一个关键转折点，在这一时期，男孩学会了发表自己的意见，而女孩则失去了她们的"声音"，变得寡言和没有安全感。

根据吉利根的观点，从幼年起男孩和女孩对社会关系就有不同的情绪反应。她认为女孩从

吉利根认为，女孩到青少年期时会有失去自信的危险。

小就对人际关系的细微差别更敏感，对社会互动的微妙之处也更细心，她们更感兴趣的是在与他人的关系中培养亲密情感。与男孩相比，女孩有一种"不同的声音"，这不反映在她们对道德问题的看法上，这更普遍地反映在她们对人际关系的看法上。

吉利根认为，青少年早期是至关重要的，因为就在这个时候，女孩意识到在美国主流文化对女性的性别期待中有不可调和的矛盾。一方面，女孩认识到独立和自信在她们的文化中是被看重的，在她们的文化中有野心和竞争力的人在教育和职业生涯中更可能得到奖励。另一方面，她们察觉到她们的文化主要看重女性的外貌和女性化特质，例如，抚育和照顾其他人；当她们表现出文化中回报最高的特质（如独立和有竞争力）时，该文化会认为她们是自私的女孩和女人而拒绝接受她们。结果，女孩在青少年早期通常会屈服于所处文化中的性别社会化，变得更加没有安全感，担心她们的能力，也更有可能为了被社会接受而减弱"声音"。吉利根认为，在最极端的情况下，女孩的"声音"的减弱反映为女孩进入青少年期时的抑郁和进食障碍等问题的升级。

但是，这些批评家认为吉利根夸大了青少年期女孩和男孩之间的差异。例如，女孩的自尊在青少年早期下降了，这是事实，但是男孩的自尊也下降了，吉利根很少承认这一点。还有一条相关的批评是针对吉利根的研究方法的。和她的关于道德发展的研究一样，她对青少年期自我的性别差异的研究很少包括男孩。她研究女孩，然后假设在女孩中发现的模式与在男孩中发现的模式存在种种不同。她也通常只以她和她的同事们进行的访谈的摘录的形式介绍她的研究结果，并评论这些摘录。批评家发现这个方法弱化了方法论，人们很难判断其信度和效度。

虽然吉利根的研究方法可能存在一定的缺陷，但是其他研究者使用更加严格的方法探讨了她提出的问题。在一项研究中，苏珊·哈特和她的同事们检验了吉利根的个体在青少年期失去"声音"的观点，但是他们的研究对象同时包括男孩和女孩。哈特和同事们通过向青少年发放问卷来测量他们发出"声音"（表达意见、不同意等）的程度，他们使用另一份问卷来测量他们自我报告的阳刚与阴柔的程度。结果为吉利根的理论提供了一些支持，有"女人味"的女孩报告的发出"声音"的程度比男孩低。相反，那些双性性格的女孩——报告同时拥有阳刚与阴柔特质的女孩——在发出"声音"的程度上与男孩相等。然而，哈特的研究不支持吉利根提出的女孩的"声音"会随着她们进入青少年期而减少的说法。只有更"女人味"的女孩才会在发出"声音"的程度上比男孩低，一般的女孩并非如此。

知识的运用

基于你的经验和观察，你同意吉利根提出的女孩在青少年期失去她们的"声音"的观点吗？男孩呢？

孤独的自我

学习目标 8： 总结青少年在独处时的情绪状态。

　　青少年经常进行自我反省，他们常常是自己一个人，这是他们能够思考他们的自我概念、自尊、情绪状态的原因之一，对美国青少年的时间使用情况的研究表明，他们花费四分之一的时间独处，这部分时间比他们与家人或朋友在一起的时间更多。

　　关于青少年对孤独的体验，ESM 研究提供了一些有趣的数据。这些研究发现，有相当比例的青少年将独处的时间花在自己的卧室里，卧室的大门紧闭。对他们来说这是孤独的时间吗？是的，但它也是有意义的。在他们独处的时间里，他们的情绪往往比较低落——与其他时间相比，他们更可能感到身体虚弱、孤独和伤心。然而，他们独处一段时间后，他们的情绪往往会上升。拉尔森和理查兹认为，青少年用他们独处的时间来管理情绪并进行自我反省。他们听音乐，躺在床上，对着镜子修饰自己，沉思，和朋友们发短信，幻想。当独处时间结束的时候，他们往往感觉精神焕发，准备好了再次面对日常生活中的明枪暗箭。

　　拉尔森和理查兹提供了一个少女的独处体验的例子，它颇具启发性。她有四分之一的时间在独处，这是一个典型的比例。在独处的时间里她常常报告感觉孤独。她为自己的容貌哀叹，她反复思量为何除了自己以外似乎其他的女孩都有男朋友。然而，她写道："我喜欢独自一个人，我不用让我的父母担心或烦恼。我已经注意到当我独处的时候我可能感觉更好。"然后她用大写字母的形式补充说，"并不总是如此。"这反映了她的矛盾心理。

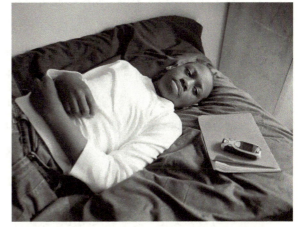

青少年独处的时间比与家人和朋友在一起的时间更多。

　　所以，独处可能是具有建设性的，只要青少年独处的时间不要太多。研究已经发现在有不寻常的高比例的独处时间的青少年中往往存在更高比例的学校问题、抑郁和其他心理问题。然而，这些研究发现在很少独处的青少年中也存在更高比例的学校问题和抑郁。适量的独处时间对青少年是有益的，因为，正如拉尔森和理查兹所观察到的那样，"漫长的一天结束了，在这一天里他们的情绪被同伴、老师和家庭成员所左右，此时，用一段时间去反省、重组和探索，可能正是他们所需要的"。

　　就像独处并不一定意味着孤独一样，一个人在周围有很多人时仍可能是孤独的。罗伯特·魏斯（Robert Weiss）在两种孤独类型之间进行了一个有影响力的重要区分。**社会性孤独**（social loneliness）发生在人们感觉他们缺少足够数量的社会交往和关系时。相反，**情绪性孤独**

社会性孤独（social loneliness）

人们感觉他们缺少足够数量的社会交往和关系时的情形。

（emotional loneliness）发生在人们感觉他们已经拥有的关系不够亲近和亲密时。因此，社会性孤独反映了个人在社会交往和关系的"数量"上的赤字，然而，情绪性孤独反映了一个人在关系的情绪性"质量"上的赤字。年轻人可能会在他们十几岁和 20 岁出头时体验到这两种孤独类型或其中之一。

成年初显期是一个独处时间特别多的时期。根据对生命全程的时间使用情况的研究，年龄为 19~29 岁的年轻人会比其他人（除了老年人外）花更多的休闲时间独处，他们在生产活动（学校和工作）中独处的时间比 40 岁以下的其他年龄段的人都多。初显期成人也已经被发现比青少年或成年人报告存在更大的孤独感，为什么这些年轻人更加孤独？在许多西方国家，大部分初显期成人到了 18 岁或 19 岁会离开家去上大学或独立生活。这一举动可能有许多好处，如可以让初显期成人更独立，可以要求他们为他们的日常生活承担更多的责任，但是这也意味着他们不再被包裹在相对安全的家庭环境中。他们可能对于自己可以独立处理很多事很高兴，但是，他们可能会发现，自己感觉孤独的时候往往比住在家里时更多。在发达国家，大部分年轻人没有步入婚姻殿堂——情绪支持和陪伴通常是与婚姻相伴的——直到他们 25 岁左右或快 30 岁。对于许多年轻人来说，成年初显期是处在家人的陪伴和婚姻（或其他一些长期伙伴的陪伴）之间的时期。在最近几年，短信、电子邮件和社交网站已经成为初显期成人维持社会联系和支持的普遍方式，正如我们将在第 12 章中看到的。

在大学环境中，初显期成人很少体验到社会性孤独，但是情绪性孤独普遍存在。研究发现大学第一年对于初显期成人是一段特别孤独的时期，即使他们在这一时期遇见了很多新的人。住在宿舍里的大一新生可能在一天中的每一时刻身边都有人——睡觉、吃饭、学习、工作和上课——但是，如果那些社会联系不能使人在感情上感到满足，他们仍会感觉孤独。

批判性思考

与西方文化中的年轻人相比，你认为传统文化中的年轻人可能体验到的孤独会更多还是更少？

自我认同

我正在探索我是谁……因为我不确定。因为直至 7 年级，我都还只是个孩子。我曾经是我，我从来没有真正想过这个问题。但是现在我已经想了很多，我必须做出决定，我想成为谁。

——康拉德，13 岁

情绪性孤独（emotional loneliness）

人们感觉他们已经拥有的关系不够亲近和亲密时的情形。

因为青少年期和成年初显期是自我认同发展的关键时期，所以理论家和研究者们都对这个主题给予了相当多的关注。在这一部分，我们将首先了解埃里克森的青少年自我认同危机理论，然后在已经开展的研究中探索埃里克森的理论。之后，我们将思考性别和文化在青少年自我认同发展中的作用，尤其是民族自我认同的作用。

所有人在某些时刻都会把自己的存在想象成独一无二的、不可替代的、珍贵的存在。这种想法在青少年期总会出现……从孩提时代到青年时期，青少年在无限丰富的世界面前总会摇摆不定，停不下来。他对自己的身份感到震惊，进而进行反思：当他倚靠在河边思考时，他会问自己，河面上随水波变形的那张脸是否是他自己的。他的存在的独特性在他还是孩子时仅仅是一种直觉，而现在这成了一个问题。

——奥克特维尔·帕兹（Ocatavio Paz）

埃里克森的理论

学习目标 9： 根据埃里克森的自我认同发展理论来解释青少年期期间自我认同如何发展，以及认同发展偏离正轨的可能的原因和方式。

青少年期的一个最显著特点就是它是一段思考你是谁、你的生命将去向哪里、你相信什么，以及你的生命将如何融入你周围世界的时期。这些是关于**自我认同**（identity）的所有问题。自我反省是青少年期的新生能力，被用来考虑可能的自我认同问题。青少年能够用抽象的、"第三方"的、年幼的孩子不能使用的方式思考他们自己。从青少年期直至整个成年初显期，探索融进了自我认同的各种方面，积累为承诺，从而为成年生活奠定基础。

埃里克·埃里克森（Erik Erikson）是青少年发展研究史上最有影响力的学者。事实上，他已经对从婴儿时期到老年阶段的人类发展研究产生了实质性影响。他利用自己作为教师、心理分析学家、美国本地人中的人种学家和退伍军人的治疗师的丰富经验，发展了一个跨越生命全程的综合的人类发展理论。然而，埃里克森的工作的首要重点是青少年期，青少年的发展是他的影响力最大的领域。

在埃里克森的人类发展理论中，每一个生命阶段都有独特的发展任务或"危机"，他在他的经典著作《童年期与社会》（*Childhood and Society*）中进行了描述。每一个危机都有潜在的健康发展路径和不健康的路径。例如，埃里克森把婴儿期看作"信任对不信任"（trust versus untrust）时期。在埃里克森的理论中，当婴儿至少对一个人确立了安全的信任感，而这个人能提供他所期望的保护和关爱时，婴儿的发展就会遵循一个健康的路径。不健康的路径是不信

自我认同（identity）

个体对他们的特质和能力、他们的信仰和价值观、他们与其他人的关系和他们的生命如何融入周围的世界的认识。

埃里克·埃里克森认为青少年期主要的发展问题是自我认同对自我认同混乱。

任，它源自个体未能建立起安全的信任感。

埃里克森认为，生命的每个阶段都有一个核心危机。在青少年期，危机是自我认同对自我认同混乱（identity versus identity confusion）。在青少年期健康的路径包括确定一种清晰和明确的意识——你是谁和你怎样融入周围的世界。不健康的路径就是自我认同混乱，个体无法形成一个稳定和安全的自我认同。自我认同的形成包括反思你的特质、能力和兴趣是什么，然后在你的文化提供的生活选择的范围中筛选、尝试各种可能性，最后做出承诺。自我认同的形成的重点领域是爱情、工作和意识形态（信仰和价值观）。埃里克森认为，如果到青少年期结束时，个体在这些领域建立承诺的尝试失败，这就是自我认同混乱。

埃里克森并未断言青少年期是可能出现自我认同问题的唯一时段，他并不认为一旦青少年期结束，自我认同问题就会得到解决，并不再出现。自我认同问题存在于生命的早期——从儿童第一次认识到他们独立于其他人而存在的时刻，一直到青少年期结束后很久，因为成年人仍会继续问自己他们是谁，以及他们怎样融入周围的世界。正如埃里克森所观察到的："自我认同感并非一旦被得到就永久保持……它一直在不断地被失去和获得。"

历史焦点

年轻人路德

埃里克·埃里克森的心理史学（psychohistory）研究是他在人类发展领域的创新贡献之一，心理史学是对重要历史人物的心理分析。他最广泛的心理史学作品是他对20世纪中叶的印度独立运动的领导者莫罕达斯·K.甘地（Mohandas K.Gandhi）以及16世纪的神学家和宗教改革的领导者马丁·路德（Martin Luher）的成长的分析。鉴于本书的目的，我们特别感兴趣的是他对路德的研究，因为他专注于路德在青少年期和成年初显期的发展。事实上，这本关于路德的书的书名是《年轻人路德》（*Young Man Luther*）。

自我认同对自我认同混乱（identity versus identity confusion）
埃里克森用于描述青少年生活中的典型危机的术语。青少年个体会选择健康的路径，确定一种清晰和明确的意识——你是谁和你怎样融入周围的世界，或者选择不健康的路径，无法形成稳定和安全的自我认同。

心理史学（psychohistory）
对重要历史人物的心理分析。

根据埃里克森的观点，在路德形成自我认同的过程中有两件事特别重要。第一件事发生在 1505 年，当路德 21 岁的时候，他开始学习法律。从儿童期开始，他的父亲就下令让他成为律师，实现他父亲的梦想。然而，在他即将开始法学院第一个学期的学习之前，他在前往录取他的大学的路上遭遇了剧烈的暴风雨。一道闪电击中了离他躲避暴风雨处很近的地面，甚至把他震倒在地上。他祈求圣安妮的保护，并承诺如果他幸免于难他将出家为僧。暴风雨减弱了，几天后路德遵照他对圣安妮的诺言进了修道院——他没有通知他的父亲，他的父亲知道他的所作所为后非常愤怒。

第二件事发生在两年后，路德 23 岁。他与同门僧侣正在修道院合唱团听一段《圣经》朗诵，内容描述了耶稣治愈一个被魔鬼附体的人。突然，路德扑倒在地上，呓语和咆哮道："不是我！不是我！"埃里克森（和其他人）把这件事解释为路德深感恐惧，他害怕自己可能永远无法去除自己的道德和精神缺陷感，无论他做什么，无论他是一个多么好的僧人。通过叫喊"不是我"，路德"表明自己被附体了，即使他尝试最大声地否认它"。埃里克森和其他人认为这件事在路德的自我认同的发展中是很关键的。他的"对于自己的不足他什么都做不了"的感觉就足以使他变得神圣，这最终导致他拒绝了天主教所强调的人要靠做善事来获准进入天堂，他基于信仰本身就足以造就一个人的想法，创建了一个新的宗教学说。

埃里克森的路德研究说明了他有关自我认同的形成的几个方面。第一，自我认同形成的中心是自我认同危机。最近，理论家和研究者们趋向于使用术语"探索"（exploration）而不是"危机"（crisis）来描述自我认同形成的过程，但是，埃里克森有意使用"危机"这个术语。就像他在《年轻人路德》中所写的：

> "只有在个人的或历史的危机中，人类的人格是相互关联的因素的敏感组合这一点才变得明显……在一些年轻人中，在一些阶层中，在历史上的某个时期，这场危机的影响将微乎其微；在另一些人、阶层和时期中，这场危机将被明确地标示为一个关键时期，这是一种"重生"，它往往会因普遍的神经质或普遍的思想动荡而恶化……如此看来，路德是一个处于危险中的年轻人，他被冲突困扰着。"

年轻时的马丁·路德。

因此，埃里克森认为，第一，路德的青少年期包括了两种危机事件，是自我认同危机的极端例子，并且所有的青少年都会经历其中一种。

第二，埃里克森对路德的研究显示了他对自我认同发展的文化和历史背景的敏感。在这本书中，埃里克森强调路德不寻常的人格与他所生活的历史和文化环境是匹配的。如果路德在不同的时间和地方长大，那么他将会发展出非常不一样的自我认同。在分析路德时，埃里克森指出了在个人自我认同发展中自省和评估他或她的个人能力和倾向的重要性，以及向外寻找社会和文化环境中存在的可能性的重要性。成功的自我认同的发展在于用环境中提供的可能性和机会调和个体的能力和欲望。

第三，在描述路德的发展时埃里克森指出，自我认同形成在自我认同危机中达到了一个关键点，但是它开始于那个时间点之前，而且持续到该时间点之后。在解释路德时，埃里克森不仅描述了他的青少年期和成年初显期，而且还描述了他的儿童期，尤其是他与他慈爱但刚愎自用的父亲的关系。埃里克森也描述了路德的自我认同是如何持续发展直至贯穿他的成年期的。两次关键的危机发生在他 20 岁出头时，但直到他 30 岁出头时他才脱离天主教会，并确立了一个新的独立的基督教形式。在接下来的几十年中，随着他结婚并有了孩子，他的自我认同进一步发展，其宗教思想也持续发展。

不过，埃里克森把青少年期看作自我认同问题最突出、最重要的发展时期。埃里克森认为在青少年期确定清晰的自我认同是重要的，它是成年人的生活中的最初承诺的基础，也为以后的发展阶段奠定了基础。埃里克森认为在所有阶段情况都是如此：经由健康路径的发展会为下一个阶段的发展提供一个稳定的基础，然而经由不健康路径的发展不仅在本阶段是个问题，而且还是下一个阶段的不可靠的基础。

青少年如何发展健康的自我认同？埃里克森认为，自我认同的形成部分建立在青少年在儿童期积累的**认同**（identifications）的基础上。儿童长大成人后，他们认同自己的父母和其他亲人——儿童喜爱和敬佩他们，想要像他们一样。当青少年期来临的时候，青少年会反思他们的认同，拒绝一些人，接受另一些人。那些留下来的东西被融入青少年的自我，当然，它们结合了青少年的个人特质。因此，青少年创造了一个自我，他们一定程度上是根据父母、朋友和他们在儿童期爱的亲人来塑造自己，但不是简单地模仿他们，而是把一部分他们所喜爱的人的行为和态度整合进他们自己的人格。

埃里克森认为，有助于自我认同形成的其他关键过程是探索各种可能的生活选择。埃里克森常常把青少年期描述为涉及**心理社会性延缓**（psychosocial moratorium）的时期。在这个时期，作为成年人的责任被推迟，年轻人可以尝试各种可能的自我。因此，坠入爱河是自我认同形成的一部分，因为在这个过程中你会通过与他人的亲密互动获得清晰的自我认识。尝试各种

认同（identifications）
与其他人形成的关系，对另一个人的爱会引导个体想成为对方那样的人，尤其是在儿童期。

心理社会性延缓（psychosocial moratorium）
埃里克森提出的术语，指年轻人在青少年期尝试各种可能的自我，从而使其作为成年人的责任被推迟的时期。

可能的工作——对于大学生，尝试各种可能的专业——也是自我认同形成的一部分，因为这些探索给你提供了一个清晰的认识——你擅长什么，你真正喜欢什么。埃里克森也把对意识形态的探索看作自我认同形成的一部分。他们通过学习和加入组织来"尝试"一系列宗教或政治信仰。选择一个特定的信仰，让青少年能够清楚他们信仰什么，他们希望怎样生活。在埃里克森的观点中，心理社会性延缓不是所有社会的特征，只有在那些拥有个人主义价值观的社会中个人的选择才是被支持的。

在西方社会，大部分的年轻人在经过心理社会性延缓期的探索后进入成年期，从而解决了更持久的对爱情、工作和意识形态的选择问题。然而，有些年轻人发现整理出生活提供给他们的可能性很困难——同伴已经确立了一个安全的自我认同，而他们仍然处于自我认同混乱的状态。埃里克森认为，对于这样的青少年而言，这可能是他们在前一发展阶段没有完成适应的结果。就像自我认同形成为成年期的进一步的发展提供基础一样，儿童期的发展为青少年期的发展提供了基础。如果任何早期阶段的发展出现了不寻常的问题，那么自我认同混乱就可能是青少年发展的结果。对于其他青少年，自我认同混乱也许是他们不能对自己获得的选择进行整理和在它们之间做出决定的结果。

根据埃里克森的观点，在更极端的情况下，这样的青少年可能发展出 **消极自我认同**（negative identity），"这种认同很反常，作为其基础的认同和角色在发展的关键期向他们呈现的是相当不受欢迎的或危险的东西"。这样的青少年拒绝社会提供的爱情、工作和意识形态的可接受的可能性范围，相反他们刻意地拥抱那些被自己所处的社会认为是不可接受的、奇怪的、可鄙和有攻击性的东西。

关于自我认同的研究

学习目标 10：把埃里克森的自我认同发展理论与大多数研究所基于的自我认同状态模型联系起来。

埃里克森主要是一个理论家和治疗师，而不是一个研究者，但是他的思想在过去 50 年给很多的研究带来了启发。詹姆斯·马希耳（James Marcia）是最有影响力的埃里克森的诠释者。马希耳构建了一种叫作"自我认同状态访谈"（identity status interview）的测量，把青少年的自我认同状态分为四种：扩散（diffusion）、延迟（moratorium）、早闭（foreclosure）和完成（achievement）。这种分类被称为 **自我认同状态模型**（identity status model），它也被学者们用于编制量表以调查青少年自我认同发展。

消极自我认同（negative identity）
埃里克森提出的术语，这种自我认同以一个人看到的被描绘成最不受欢迎或危险的东西为基础。

自我认同状态模型（identity status model）
一种概念化和研究自我认同发展的方法，它把人分成四种自我认同类型：早闭、扩散、延迟和完成。

如**表 6-2** 所示，每一种分类都涉及探索和承诺的不同组合。埃里克森使用自我认同危机（identity crisis）这一术语来描述青年人构建自我认同的过程，但是马希耳和当前的学者喜欢"探索"（exploration）这个词。危机意味着这个过程本身就涉及痛苦和挣扎，而探索则意味着更积极的可能性调查。

表 6-2　四种自我认同状态

探究		承诺	
		是	否
	是	完成	延迟
	否	早闭	扩散

自我认同弥散（identity diffusion）是无探索和无承诺相结合的一种状态。处于自我认同扩散状态的青少年在提供给他们的选择中不会做出任何承诺。此外，探索还没有发生。这个阶段的青少年没有认真地尝试理清潜在的选择并做出长期的承诺。

自我认同延迟（identity moratorium）涉及探索但无承诺。这是一个积极尝试不同人格、职业和意识形态的可能性的阶段。这个分类以我们在前面讨论过的埃里克森的心理社会性延缓的观点为基础。尝试不同的可能性、筛选、摒弃、选择，青少年借上述过程判断在他们得到的可能性中哪些最适合他们。

自我认同感是一种有意识的感觉吗？当然有时它似乎是非常有意识的。在内在需要和必然的外在需求之间，尚未尝试的个体可能成为极端的自我认同的受害者，这是许多青年人典型的"自我意识"形式的核心。如果自我认同完成的过程被延长（这是一个能带来创造性增益的因素），那么这种对"自我映像"的关注同样将盛行。因此，当我们正要获得自我认同并带着些许惊讶［在有些电影中被称为"双花"(double take) 的惊吓］开始熟悉它时，或者当我们正要陷入一个危机并感受到自我认同混乱的侵犯时，我们最清楚我们的自我认同。

——埃里克·埃里克森

自我认同早闭（identity foreclosure）的青少年虽然没有尝试过各种可能性，还是致力于一定的选择——承诺，但无探索。这常常是他们的父母的强大影响力带来的结果。马希耳和其他

自我认同危机（identity crisis）
埃里克森提出的术语，指青少年在自我认同的过程中体验到激烈的挣扎的时期。

自我认同弥散（identity diffusion）
一种自我认同状态，是无探索和无承诺的结合。在自我认同形成的可用路径之间没有做出承诺，没有认真地尝试理清潜在的选择并做出长期的承诺。

自我认同延迟（identity moratorium）
一种自我认同状态，涉及探索但无承诺，年轻人尝试人格、职业和意识形态的各种可能性的阶段。

自我认同早闭（identity foreclosure）
一种自我认同状态，这个状态的年轻人虽然没有尝试过各种可能性，但还是致力于一定的选择——承诺，但无探索。

大部分学者往往把探索看作形成健康自我认同的一个必需的部分，因此，他们把早闭看作是不健康的。我们将稍后讨论这个问题。

最后，结合探索和承诺的分类是自我认同完成（identity achievement）。自我认同完成是对做出了明确的个人、职业和意识形态选择的年轻人的分类。自我认同完成的前一个时期是只发生探索的自我认同延迟的时期。如果承诺发生而无探索，则个体被认为是自我认同早闭，而不是自我认同完成。

在使用自我认同状态模型的许多研究中有两个极为突出的发现。一个是青少年的自我认同状态往往与他们在其他方面的发展有关。自我认同完成和延迟状态与发展的各种有利方面显著相关。在这些自我认同发展的范畴中的青少年比在早闭或扩散范畴中的青少年更可能是自主的、愿意合作的和擅长解决问题的。自我认同完成类型的青少年比延迟类型的青少年在某些方面获评更好。正如您所料想的那样，延迟类型的青少年可能比完成类型的青少年对自己的意见更犹豫不决和不确定。

相反，自我认同扩散和早闭类型的青少年往往在其他领域也很少有良好的发展。扩散被认为是最不好的自我认同状态，其可以被用来预测以后的心理问题。与处于完成或延迟状态的青少年相比，扩散状态中的青少年自尊更低和自我控制力更弱。扩散状态也与高焦虑、冷漠，以及断开与父母的关系有关。

早闭状态与发展的其他方面的关系更复杂。早闭状态的青少年往往在顺从他人、恪守常规和服从权威上比其他状态的青少年得分更高。来自西方主流文化的研究者普遍认为这些特点是消极结果，但是在很多非西方文化中它们是美德。有着早闭状态的青少年往往也会与他们的父母有着特殊的亲密关系，这可能导致他们接受父母的价值观和指导而不经历探索时期（就像完成状态的青少年所经历的那样）。同样，这有时也被某些心理学家认为是负面的，因为这些心理学家相信要发展成熟的自我认同个体必须经历探索时期，但是，这种观点在一定程度上依赖于个人主义和独立思考的价值观。

关于自我认同形成的研究中的另一个突出的发现就是达到自我认同完成所需要的时间比学者预期的更长。事实上，对于大部分年轻人而言——即使不是全部——这个状态在成年初显期或成年期而不是在青少年期达到。研究对 12~18 岁的青少年进行了比较，发现虽然属于自我认同扩散类型的青少年的比例随着年龄的增加而减少，属于自我认同完成类型的青少年的比例随着年龄的增加而增加，但是即使到了成年初显期，早期被归类为自我认同完成类型的年轻人也少于一半。图 6-3 显示的是这种模式的一个例子，它是美国的一项研究的结果。荷兰的一项针对 12~27 岁的被调查者的研究报告了类似的结果。

自我认同完成（identity achievement）

经过了一段探索可能的选择的时期，做出了明确的个人、职业和意识形态选择的年轻人的自我认同状态。

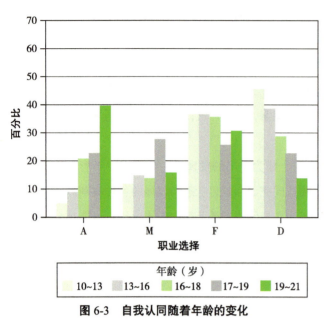

图 6-3 自我认同随着年龄的变化

注：数字表示每一个自我认同状态类型在每一个年龄段的百分比。A=完成，M=延迟，F=早闭，D=扩散。

针对大学生的研究发现，自我认同的完成也发生在大学4年当中，但是主要是在职业自我认同这一具体领域，而不是一般的自我认同。有些研究指出，自我认同完成对那些没有进入大学的初显期成人可能来得更快，也许因为在大学环境中年轻人的关于他们自己的观点被挑战，他们对先前的想法的质疑被鼓励。然而，即使是不处于大学环境中的初显期成人在21岁之前也达不到自我认同完成。

成年初显期现在被很多自我认同研究者认为是自我认同发展的一个特别重要的时期。甚至在40年前，埃里克森就观察到，在工业化社会中，年轻人需要越来越长的时间来形成自我认同。他评论说"青少年期的延长"在这样的社会中变得越来越普遍，这会导致自我认同形成的延长，"在此期间，年轻的成年人通过自由的角色实验可能会在他的社会的某些部分找到一个适合的位置"。考虑到自埃里克森在20世纪60年代提出这一理论以来，社会已经发生了很多变化，包括更晚的结婚与生育年龄和更长的受教育时间，因此与该理论提出的那个时期相比，埃里克森的理论更适用于今天的年轻人。的确，成年初显期是生命的一个独特时期的概念在相当程度上是基于这样一个事实：在最近的几十年里，十八九岁到20岁出头已经成为越来越多的年轻人的一个"自由角色实验"的时期。相比于前几代人，现在的成年人的自我认同完成来得更晚，因为初显期成人用他们从十八九岁到20岁出头的这几年在爱情、工作和意识形态上进行自我认同探索。

关于自我认同理论和研究的批评和阐述

学习目标 11：从后现代理论的角度来评价埃里克森的理论，注意该理论在性别和文化方面的局限性。

埃里克森的理论已经统治自我认同理论和研究领域超过半个世纪，像任何长期存在的理论一样，随着时间的推移它也受到了批评并且已经被修改。三种最突出的批评是：针对自我认同状态模型的批评、针对性别方面的批评和针对文化方面的批评。自我认同理论和研究领域的两个重要主题是：针对少数民族群体中的民族自我认同的研究和对于全球化如何影响自我认同发展的分析。在下面的部分我们将探讨每个主题。

自我认同状态模型：一种后现代主义的视角

最近几年，自我认同状态模型已受到越来越多的学者的批评，这些学者把它看作狭隘的、过时的有关自我认同形成的模型。在这些批评家看来，自我认同几乎不具备自我认同模型所描绘的那种稳定性和统一性，自我认同也并非是个体经过一系列可预测的阶段的发展后，最终在青少年后期或成年初显期形成的。按照批评者的观点，如今最常见的自我认同形式是后现代自我认同（postmodern identity），它是由不同的元素构成的，这些元素并不总是会形成一个统一的、一致的自我。

后现代自我认同在不同的背景中不尽相同，所以人们可能会对朋友、家人、合作者和其他人显示不同的自我认同。它也会持续地变化，变化不仅仅出现在青少年期和成年初显期，而且出现在整个生命过程中，因为人们会给他们的自我认同增加新的因素，并丢弃其他的因素。正如我们在第 1 章中指出的那样，全球化理论家已经提出了一个相似的主题，他们认为世界各地的年轻人日益发展出一种复杂的自我认同，这种自我认同结合了来自他们的文化和全球媒体文化的因素，随着这些文化的改变而改变。自我认同状态模型继续统治关于青少年期和成年初显期的自我认同的研究，但是后现代主义批评可能会带来新的方法，这将扩大我们对自我认同的理解。

知识的运用

自我认同状态模型和后现代自我认同理论中的哪一个更适合你自己的自我认同感？你将如何设计一个研究来检验后现代自我认同理论家的主张？

性别和自我认同

对自我认同理论和研究的另一种批评涉及性别角色。埃里克森一直受到批评的一个原因是他偏向男性发展。埃里克森相信，在一定程度上"解剖即命运"，意思是在心理发展中有性别差异，包括自我认同发展。特别是，他相信女人的生理（其代表是子宫的"内部空间"和生育能力）使她们倾向于与他人的关系；然而，男人的生理使他们倾向于独立的、工具性的活动。在埃里克森的理论中，青少年期自我认同形成意味着成为单独的和独立于他人的人。所以，根据卡罗尔·吉利根和其他人的看法，埃里克森提出了一个在青少年期追求独立自我认同的男性目标，并把它作为正常发展的健康标准。而少女强调与他人的关系，这是一种不太理想的、偏离了正常标准的发展。

直到最近，研究常常发现在自我认同发展中存在性别差异，尤其是在对职业的探索中。一些证据表明女性比男性更愿意压抑她们的职业探索以维持关系，即比起男性，女性似乎不太愿

后现代自我认同（postmodern identity）

一种因情境和时间的不同而变化的复杂的自我认同。

意利用教育或职业机遇，因为这将要求她们搬到很远的地方，而那意味着离开她们的父母、朋友或伴侣。

在埃里克森的理论中，这意味着对女性来说亲密关系常常优先于自我认同，而对于男性，自我认同往往摆在亲密关系之前。埃里克森认为，**亲密对孤独**（intimacy versus isolation）是成年早期的主要问题。确定亲密关系意味着在亲密关系中把你新形成的自我认同与另一个人合并。另一个选择就是孤独，其特征在于不能形成持久的亲密关系。关于自我认同和亲密性之间的关系的研究往往侧重于性别差异。直到10年前，大部分研究表明：对于女性，形成自我认同和确定亲密关系的发展过程同时发生，而男性往往在确定亲密关系之前就完成了自我认同。

然而，最近的研究发现在自我认同和亲密性的关系模式中没有性别差异。这一发现已经被美国、荷兰、澳大利亚和以色列的样本所证实。这个变化的出现可能是由于在西方国家性别日益平等，正如我们在第5章中指出的那样。

文化和自我认同

埃里克·埃里克森的文化背景呈现出多样化的特点——他的父母是丹麦人，他在德国长大，他成年后主要生活在美国——他敏锐地意识到文化与自我认同形成的关系。作为一个人种学者，他花费时间研究美洲原住民苏族和尤罗克部落，在《童年期与社会》（*Childhood and Society*）中有一章专门介绍这些部落中的青少年的自我认同的发展。然而，几乎所有受埃里克森的理论启发的研究都是在美国白人中产阶级青少年中进行的。关于其他文化中的青少年的自我认同发展我们知道些什么呢？

尽管埃里克森在历史和文化背景中为他的理论寻求基础，然而，他在有关自我认同发展的讨论中假设了一个独立的自我，这个自我允许青少年自由地选择爱情、工作和意识形态。埃里克森的自我认同理论的焦点是，年轻人作为独立个体是如何发展出他们自己的理解的。然而，正如我们已经讨论过的那样，这个自我的概念是西方独有的，在历史上也是最近才有的。直到最近，在大多数文化中，自我一直被理解为是（与他人）相互依存的，是在与他人的关系中被定义的，而不是独立的。甚至今天，埃里克森的关于在青少年期个体的自我认同问题突出的主张，可能

埃里克森认为，年轻女性把亲密关系看得比自我认同发展更重要，但是最近的调查发现在这一点上没有性别差异。

亲密对孤独（intimacy versus isolation）

埃里克森描述成年早期的中心问题的术语，即人们面临着是致力于与他人建立亲密关系还是因不能形成持久的亲密关系而变得孤独的选择。

对现代西方青少年比对其他文化中的青少年更适用。

一个相关的文化观察是心理社会性延缓时期，这个时期是被埃里克森看作自我认同形成的标准部分的探索时期，它在一些文化中比在另一些文化中有更多的可能。在今天的工业化社会中，童年期或青少年期的孩子们很少经受迫使他们成为经济贡献者的压力。在这些社会中，人们通常允许年轻人在青少年期或成年初显期有一个较长的心理社会性延缓时期，以使他们在爱情、工作和意识形态方面尝试各种可能的生活选择。然而，在传统文化中青少年的经历常常大不相同。在不允许约会、婚姻由父母安排或者被他们强烈影响的文化中，对爱情的探索受到明确限制，甚至不可能存在。在经济简单、只能提供相当有限的选择范围的文化中，对工作的探索受到限制。

在传统文化中，在对爱情和工作的探索方面女孩受到的限制比男孩更严重。关于爱情，正如我们在第 5 章中指出的那样，大多数文化鼓励青少年男孩有一定程度的性体验，但是对于女孩，性体验可能会被限制或禁止。关于工作，在大多数传统文化中，在人类历史上的大部分时间里，青少年期的女孩们的角色已被她们的文化指定为妻子和母亲，这基本上是她们唯一的选择。

在意识形态方面情况也是如此，心理社会性延缓在人类文化中一直是个例外，而不是标准。大多数文化一直期望年轻人长大后去相信成年人教他们相信的，不要质疑。仅仅是在最近，主要是在工业化的西方国家，这种期望才发生改变，独立思考、决定自己的信仰和独立地做生活的选择已经被青少年和初显期成人视为理想。

自我认同探索在传统文化中非常受限，尤其对女孩而言。图为赞比亚女孩在种地。

与过去的青少年和传统文化中的青少年相比，对于现代的西方年轻人来说，自我认同发展是一个更漫长、更复杂的过程。正如我们将在本章的后面看到的那样，随着全球工业化的进程的推进和西方个人主义价值观通过全球化对传统文化产生影响，这在世界上的其他地方也会逐渐成为现实。

民族自我认同

学习目标 12： 描述菲尼的青少年期民族自我认同模型。

在讨论自我认同时，我们已经注意到，在埃里克森的理论中，自我认同形成的三个关键领域是爱情、工作和意识形态。对工业化社会中的一个庞大且比例不断增长的青少年群体而言，意识形态的一个方面是信仰，即成为一个身处主流文化占主导地位的社会中的少数族裔成员意味着什么。我们之所以提出这个问题，是因为从发展中国家到工业化社会的移民不断增加，

具有双文化背景的青少年能根据所在群体改变自我认同。

并且学者已经开始更加关注发展中的文化问题。

像其他有关自我认同的问题一样，民族自我认同的问题走到了青少年期的最前沿是因为青少年的认知能力得到了发展。其中一个方面，不断增长的能力反映在少数民族的青少年中可能是他们会清楚地意识到作为少数群体的成员对他们意味着什么。指称群体的词语如"非裔美国人""华裔加拿大人"和"土耳其裔荷兰人"具有了新的意义，因为青少年现在可以思考这些词语是什么意思，用于指称他们族群的这个词语如何适用于他们自己。随着他们的能力不断增强，他们也会去思考其他人会怎么想他们，能更敏锐地觉察到其他人可能持有的关于他们族群的偏见和刻板印象。

因为身为少数民族成员的青少年和初显期成人不得不面对这样一个问题：与那些属于主流文化的青少年和初显期成人相比，对于他们来说自我认同的发展可能更复杂。例如，爱情领域的自我认同发展。爱情——伴随着约会和性——对少数民族的青少年来说是一个特别容易出现文化冲突的领域。在西方主流文化中，在爱情中尝试不同的可能性是自我认同发展的一部分，即与不同的人形成感情上的亲密关系和获得性体验。然而，这种模式与很多少数民族群体的价值观存在尖锐的冲突。例如，在大部分亚裔美国人群体中，消遣性约会不被支持，婚前性体验被认为是可耻的——尤其是对于女性而言。与此类似，在拉丁裔美国人中，女孩在青少年期获得性体验被认为是错误的，她们往往会被父母和兄弟高度限制以防止她们违反这一准则。这些民族群体中的年轻人在调和他们的民族群体对这些问题的价值观与主流文化的价值观时面临一个挑战，通过学校、媒体和同伴，他们不可避免地接触到了主流文化。

表 6-3　四种可能的民族认同状态

主流文化中的自我认同状态	少数民族的自我认同状态	
	高	低
高	双文化	同化
低	分离	边缘化

举例

同化："我真的不认为自己是亚裔美国人，我就是美国人。"

分离："我不是两种文化的混合体，我只是个黑人。"

边缘化："当我与印度朋友在一起时，我觉得自己是白人；当我与白人朋友在一起时，我觉得自己是印度人。我真的不觉得我属于任何一种文化。"

双文化："既是墨西哥人又是美国人意味着拥有两种文化中最好的部分。你可以在不同的情形中利用二者不同的优势。"

那么，在西方社会中少数民族的青少年的自我认同是如何发展的呢？他们发展的自我认同在何种程度上反映主流价值观，在何种程度上保留少数民族的价值观？学者简·菲尼（Jean Phinney）已经在这些问题上做了大量的工作。在其研究的基础上，菲尼已经总结了少数民族的青少年对他们的民族文化的四种不同的反应（见表6-3）。

同化（assimilation）是一种选择，指抛弃民族文化而采纳主流文化的价值观和生活方式。这是一种途径，它体现了美国社会作为一个"大熔炉"能够把不同出身的人融合到一个国家文化的思想。**边缘化**（marginality）指一个人排斥自己的民族文化，但也感觉被主流文化排斥。一些青少年很少认同他们的父母辈和祖父母辈的文化，但他们也没有感到被美国社会接受和整合。**分离**（separation）是一种方法，指只和自己族群的成员联系，同时排斥主流文化。**双文化**（biculturalism）指发展双重的自我认同，一个基于自身的民族群体，一个基于主流文化。做一个双文化者意味着在民族文化和主流文化之间来回摇摆，在适当的时候改变自我认同。

在少数民族青少年中，这些民族自我认同状态中的哪一种最普遍？在墨西哥裔和亚裔美国人以及一些欧洲少数民族群体中，例如，荷兰的土耳其青少年和英国的巴基斯坦青少年，双文化状态是最普遍的。然而，在非裔美国人青少年中，分离是最普遍的民族自我认同状态，边缘化在美洲原住民之间是很普遍的（参见"文化焦点"专栏）。当然，每一个民族群体都具有多样性，群体内部包含各种不同的民族自我认同状态的青少年。

少数民族青少年往往更关注自己的民族自我认同。例如，在一项研究中，在主要是非拉丁裔学生的学校就读的拉丁裔青少年，比在主要是拉丁裔或拉丁裔和非拉丁裔占比均衡的学校就读的拉丁裔青少年报告了更高的民族自我认同水平。最近，菲尼已经提出成年初显期可能是发展民族自我认同的重要时期，因为初显期成人常常会进入全新的环境（新学校、新工作，也可能是新的生活状况），可能会与他们的民族群体之外的人有更多的接触，因此提高了他们的民族自我认同意识。

强大的民族自我认同与青少年期和成年初显期发展的其他方面有关系吗？在大多数情况下，明确的民族自我认同似乎在青少年的生活中发挥积极作用。有研究发现，强烈的民族自我认同意识与其他积极方面相关，如较高的整体幸福感、较高的学业成就和更低的危险行为比例。

一些学者认为对于非裔美国青少年来说，在民族自我认同中培养自豪感是他们形成自我认同的重要部分，尤其是在他们可能因肤色受到歧视的社会中。然而，另一些学者认为，促进民族自我认同可能导致青少年采取分离的自我认同方式，即把自己与主流文化隔断，这种方式会

同化（assimilation）

在民族自我认同的形成中，抛弃民族文化，采纳主流文化。

边缘化（marginality）

在民族自我认同的形成中，拒斥自己民族的文化，但是也感到被主流文化排斥。

分离（separation）

在民族自我认同的形成中，只与自己族群的成员联系，拒斥主流文化。

双文化（biculturalism）

在民族自我认同的形成中，发展双重的自我认同，一个基于自身的民族群体，一个基于主流文化。

抑制他们的个人成长。这些学者担忧的是，一些少数民族青少年可能会把自己定义为反对主流文化者从而发展消极的自我认同——埃里克森的术语——这可能会阻碍他们发展自己积极的自我认同。

分离是（至少部分是）少数民族在美国社会中常常面对歧视和偏见的结果，对于这一点年轻人到了青少年期会更充分地认识到。随着他们的家庭在美国的时间增长，他们的种族歧视意识也可能增强了。研究中有一个有趣的发现，与家庭在美国已经生活了一代人的时间或更长时间的青少年相比，在国外出生的青少年往往更加相信在美国机会均等。这表明，新移民可能期望他们或他们的孩子被同化进美国这个"大熔炉"，但是一代或两代人之后，他们中的许多人会遭遇美国社会中的种族歧视，导致他们出现分离的自我认同。非裔美国青少年往往比来自其他族群的青少年更赞成分离，或许是因为他们大部分来自在美国已经生活了很多代且经历了长期的奴役、种族主义和歧视的家庭。

自我认同和全球化

学习目标 13：解释全球化如何影响青少年期和成年初显期的自我认同的发展。

近几年，一个日益突出的自我认同问题是全球化如何影响自我认同，尤其是在青少年和初显期成人中。作为与全球化有关的问题，自我认同的两个方面比较突出。第一，正如我们在第1章中指出的那样，由于全球化，现在全世界更多的年轻人发展了双文化自我认同，即他们的自我认同的一部分植根于他们的当地文化，另一部分来自对全球文化的认识。例如，印度有一个不断增长的、富有朝气的高科技经济领域，它主要由年轻人领导。然而，即使那些受过良好教育的年轻人已经成了全球经济的正式成员，他们中的大多数仍然喜欢印度传统的包办婚姻，他们也普遍期望遵照印度的传统照顾他们处于晚年的父母。因此，他们有一种参与全球经济和在高科技快节奏的世界中取得成功的自我认同，而他们的另一种自我认同植根于他们出于对家庭和个人生活的尊重而保持的印度传统。

虽然，发展双文化自我认同意味着在拥有一种全球化自我认同的同时保留本土的自我认同，但毫无疑问，很多文化正在被全球化改变，特别是在被全球媒体的引进、自由市场经济、民主机构、正规学校教育时间的增加，以及步入婚姻和生儿育女阶段的时间的推迟改变。这些变化常常改变了传统文化中的习俗和信仰，可能导致双文化自我认同比混合自我认同（hybrid identity）更少，而混合自我认同是将本土文化与全球文化元素结合起来的自我认同。

第一，越来越多的移民是推动全球化的力量之一，对于那些移民中的年轻人，自我认同变得更复杂。他们可能结合他们的本土文化和他们的移民目的地的当地文化来发展自我认同，全球文化连同各种混合导致了多元文化自我认同或复杂的混合自我认同。此外，生活在有外来移

混合自我认同（hybrid identity）

将各种文化因素融合在一起的自我认同。

民的文化中的人可能会把外来移民文化的各个方面纳入自己的自我认同。因此，正如赫曼斯（Hermans）和肯潘（Kempen）所指出的那样，对于全世界越来越多的年轻人，"不同的文化是在多元表达自我发挥作用的集体声音中的一部分"。

第二，全球化似乎导致了传统文化中的年轻人的自我认同混乱增加——边缘化的自我认同（在菲尼的结构中）。由于本土文化在应对全球化的过程中发生了变化，大多数年轻人会设法去适应这些变化，从而发展出双文化自我认同或混合自我认同，这为生活在本土文化中和参与全球文化提供了基础。然而，对于一些年轻人来说，适应发生在他们的文化中的快速变化更困难，他们认识到的作为全球文化的一部分的形象、价值观和机遇破坏了他们在本土文化的习俗价值观中获得的信念。同时，他们似乎还没能接触到全球文化的方式，这些方式与他们从直接经验所获取的一切相比太陌生了。他们可能会体验到边缘化自我认同，而不是双文化自我认同，他们被排除在本土文化和全球文化之外，不属于其中任何一种。

年轻人中的自我认同混乱可能体现在诸如抑郁、自杀等问题中。随着不同的文化迅速走向全球化，在身处其中的年轻人中自杀的情况急剧增加。这些问题的加剧似乎表明，对于传统文化中的一些年轻人来说，在全球化引发的社会快速变化的背景下，他们在形成稳定的自我认同方面存在困难。这是否意味着传统文化中的年轻人比西方的年轻人更可能体验到自我认同混乱？这一问题仍有待研究。

文化焦点

土著美国人的自我

土著美国人中的年轻人比其他美国少数民族群体中的年轻人在很多方面遭遇了更大的困难。在酒精、香烟和非法药物的使用上，他们有着最高的发生率；他们有着最高的辍学率和最高的少女怀孕率。尤其令人担忧的是，15 岁到 24 岁的土著美国年轻人的自杀率是白人的 3 倍。自杀是年轻的土著美国人死亡的首要原因。土生土长的加拿大人的违禁品使用、辍学、少女怀孕和自杀的水平与土著美国人相似。

在很大程度上，学者认为，土著美国年轻人的困难来源于自我的问题。土著美国青少年的自尊大大低于其他少数民族群体的青少年。有研究发现在青少年期和初显成人期形成自我认同对于土著美国年轻人来说，有点困难，他们试图调和自身的土著文化的社会化与占主导地位的白人主流文化的影响和需求。

土著美国青少年的自我问题的原因部分是历史方面的，部分是当代方面的。从历史上看，在 19 世纪，随着大批欧洲裔美国人广泛定居在美国大部分地区，土著美国人的栖息地被侵占，他们的文化也被这些欧洲裔美国人消灭了。他们的文化被彻底破坏，美国政府屡屡背叛他们，很多人被杀害，他们被迫离开他们的故乡，并最终被驱赶到这个国家最荒凉的地方定居。直到今天，对他们的文化生活的实质性破坏仍影响着他们中的年轻人的社会化和发展。

在 20 世纪，更多的政府行为增加并延长了土著美国人遭受的文化破坏。在 20 世纪的大部分时间里，土著人儿童就读的学校不是由他们社区的成年人而是由联邦机构印第安人事务局（Bureau of Indian Affairs，BIA）管理的。这些学校的目的就是完成对土著人儿童和青少年的同化并相应地湮没他们对自己的文化信仰、价值观、知识和习俗的依恋。那些孩子在求学阶段往往就读于寄宿制学校，这些寄宿制学校将他们与他们的家庭和社区完全隔离开来。

鉴于这些条件以及构建自我需要一种文化基础的事实，很多土著年轻人发现他们很难构建一个稳定一致的自我。20 世纪 70 年代，这些教育实践最终在美国政府立法通过让土著美国人真正掌控他们的学校时发生了改变。尽管如此，就像一个世纪以前土著美国人失去土地和被迫进入禁伐区一样，土著美国人文化一直遭受着来自官方学校的文化湮没行为的伤害。

今天，对土著年轻人的自我的威胁仍然来自文化破坏导致的历史遗留问题和他们惨淡的前景。他们很难形成双文化自我认同。土著人文化和美国主流文化不容易被结合，因为对于许多年轻的土著美国人来说，接受白人社会，即使是将美国主流文化作为双文化自我认同的一部分，也就等于出卖自己人而罔顾已经忍受的痛苦。同时，政府破坏土著人的文化社会化的做法在过去的 20 世纪是有效的，所以很多年轻人无法分享他们的文化中的传统信仰或了解关于他们的文化的传统生活方式。

因此，许多年轻的土著人发现他们自己处在边缘化的民族自我认同状态，与主流文化和他们自己的文化都疏远，他们生活在两个世界之间，且两者都不属于自己。

在他们的社区中，形势是严峻的，在土著人中，失业和贫穷的人的比例极高，白人主流文化没有接受他们，也没有被他们接受。使用禁用品、辍学、少女怀孕和自杀的高比例反映了他们在这些条件下构建自我的困难。虽然最近一些好的迹象已经出现——例如，大学入学比例的上升——但总体而言，年轻土著人的前景依然非常暗淡。

第7章

家庭关系

学习目标

1. 描述家庭系统的不平衡原则和子系统原则。

2. 描述父母在中年期的发展模式以及这些模式如何影响他们与青少年和初显期成人之间的关系。

3. 明确青少年期期间兄弟姐妹之间的关系的五种常见模式。

4. 解释为什么传统文化中的青少年与扩展性大家庭中的成员间的关系更为亲密。

5. 总结教养风格模式，并解释教养风格如何代表民俗情结。

6. 列举父母的教养风格与青少年的多方面发展有关的研究。

7. 解释有关相互作用、差别教养和非共享环境的理论和研究如何使父母的教养风格对青少年的影响复杂化。

8. 明确将美国式教养风格模式应用于其他文化中的局限性，亚裔和拉丁裔的独特文化不包含在此模式中。

9. 总结婴儿期依恋的两种主要形式及其对青少年发展的影响。

10. 描述青少年期个体与父母的冲突如何变化，明确在美国及其他国家此冲突的主要来源。

11. 解释为什么从青少年期到成年初显期个体与父母的冲突通常会减少。

12. 概括在过去 200 年里西方国家的青少年的家庭生活发生的主要变化。

13. 列举在过去 50 年里西方国家的青少年的家庭生活发生的主要变化。

14. 区分家庭结构和家庭过程，用家庭过程来解释青少年对父母离婚、再婚以及单亲家庭和双职工家庭的不同反应。

15. 解释为什么青少年不支持父母再婚，即使再婚在许多方面对母亲有利。

16. 确定影响青少年对双职工父母的反应的变量。

17. 描述身体虐待和性虐待的原因及后果。

18. 区分发达国家的离家出走的孩子和发展中国家的"街头儿童"。

去年我真的非常沮丧。我的男朋友不停地说我应该和妈妈好好谈谈，所以我照办了。妈妈让我感觉好受多了……现在妈妈和我真的非常亲密。

——琴，17 岁

（妈妈）说："我再也不想听了，回你的房间去。"我认为，妈妈不应该不管我的感受，对我那样说话，我觉得那是不对的。

——14 岁女孩

一切和往常一样，但是突然爸爸和妈妈开始争吵……很快，爸爸来找我说："嗯，你知道，现在我和你妈妈之间出现了问题，我想我必须离开了。"然后我们都哭了……我不想哭，我试着不哭，但我忍不住。

——戈登，17 岁

在高中甚至在初中时，我和父母的关系非常差。妈妈很少和我说话，爸爸和我几乎每天都有冲突。但是，不知道为什么，在过去的 4 年里，我成功地找到了与父母相处的方法。我非常爱他们。时间和年龄就能改变一段关系，真是奇妙。

——狄安娜，22 岁

家庭生活，它可能是我们最深刻的依恋的来源，也可能是最痛苦的冲突的来源。青少年和初显期成人要获得更多自主，必然要从家庭转向更大的世界，并在家庭以外建立新的依恋，年轻人和他们的父母都需要不断调整自己。这种调整并非一帆风顺，当年轻人及其父母对这种自主性的增长步调和范围持不同看法时，就会产生冲突。在西方国家，许多青少年和初显期成人的家庭生活因为父母离婚和再婚变得更复杂，许多年轻人发现应对这种调整非常困难。

尽管情况十分复杂，但对许多年轻人来说，家庭依然是他们获得爱、支持、保护和安全感的重要来源。家庭成员，尤其是父母，受到大多数青少年和初显期成人的尊重，这些孩子和他们有最亲密的依恋关系，例如，在对 42 个发达国家所做的研究中，15 岁的青少年中有 90% 的人感觉和妈妈聊天很"随意"；有 78% 的人说和爸爸聊天很"随意"。青少年和初显期成人也把他们的核心道德价值观归因于父母的影响。

在本章中，我们将探讨青少年和初显期成人的家庭生活的各个方面。我们将从青少年成长的家庭系统的各个方面开始，包括父母在中年期的发展、兄弟姐妹间的关系、几代同堂的家庭中的成员间的关系。然后，我们将集中关注青少年的家庭系统中最重要的关系。我们将讨论父母不同的教养风格对青少年发展的影响，并观察青少年对父母的依恋，也将讨论初显期成人与父母的关系。

在本章的后半部分，我们将讨论年轻人与父母之间的关系所面临的挑战和困难，以及青少年与父母发生冲突的基础。我们也将看一看青少年的家庭生活的历史背景，包括在过去 200 年里家庭生活的变化，以及新近的变化，如离婚率的增加，再婚、单亲家庭及双职工家庭的增加，并探讨这些变化如何影响青少年的发展。在本章的结尾部分，我们将讨论家庭中出现身体虐待和性虐待的原因和影响，以及美国和世界各地的流浪街头的青少年所面临的问题。

青少年的家庭关系

尽管现在的家庭比人类历史上的大多数时期的家庭更小，但是青少年的家庭关系仍然复杂多样。除父母以外，多数青少年都会有至少一个兄弟姐妹，在几世同堂的家庭中还要处理与其他成员如祖父母的关系。想要了解青少年的家庭关系，我们有必要了解家庭的各部分如何作为一个系统运转，还要了解青少年的父母的发展。

家庭系统中的青少年

学习目标 1： 描述家庭系统的不平衡原则和子系统原则。

一个有用的框架可以使家庭成员间相互交往的复杂方式变得容易理解，这就是**家庭系统法**（family systems approach）。根据这种方法，要理解家庭的功能，就必须理解家庭内部的每种关系如何影响整个家庭。家庭系统由许多子系统组成。例如，在一个由父母双亲和处于青少年期的孩子组成的家庭中，子系统就是由母亲和青少年、父亲和青少年、父亲和母亲的双人组合构成的。在非独生子女家庭或家庭关系密切的几代同堂的大家庭中，家庭系统有更为复杂的子系

家庭系统法（family systems approach）

用于理解家庭功能的一种方法，强调家庭内部的每种关系如何影响整个家庭。

统网络，包括**二元关系**（dyadic relationship，指两个人之间的关系），也包括三个人或更多人的各种可能的组合。

家庭系统法基于两个重要原则。第一个原则是，每个子系统都会影响家庭的其他子系统。例如，父母之间冲突水平高，不仅影响他们之间的关系，也会影响他们各自与青少年之间的关系。

第二个与家庭系统法相关的原则是任何家庭成员或家庭子系统的变化都会造成一段时间的**失衡**（disequilibrium），直到家庭系统适应了这种变化。当儿童进入青少年期时，伴随青少年的发展变化家庭出现严重失衡是正常的、不可避免的。儿童经历的重要变化是青少年期来临和生理成熟，这一般会使他们与父母的关系失衡，就像我们在第 2 章中讨论的那样。青少年的认知发展也会带来变化并导致失衡，因为青少年的认知发展会影响他们对父母的看法。随着青少年逐渐成年，离家造成的失衡通常会使他们与父母的关系好转。他们的父母也在变化，这也会影响他们与孩子的关系，从而导致失衡出现。此外，其他在青少年期或成年初显期可能发生的非正常变化也可能是引起失衡的根源，比如，父母离异，青少年自己或父母亲存在心理问题。无论是面对正常的变化还是不正常的变化，想要重建平衡都需要家庭系统的调整。

知识的运用

回忆你在青少年期或成年初显期时家庭出现失衡的例子。各个家庭成员是如何适应这种失衡状态的？

在以下这部分，我们将讨论影响青少年发展的三种家庭系统：父母在中年期的发展变化、兄弟姐妹间的关系、几世同堂的大家庭中的成员间的关系。

父母在中年期的发展变化

学习目标 2： 描述父母在中年期的发展模式以及这些模式如何影响他们与青少年和初显期成人之间的关系。

我觉得这是生活中的最佳时刻，我很清楚自己在做什么、想要什么，我能做出更好的决定。我喜欢读书、购物和旅行。太棒了！但是我也担心孩子们的将来和幸福。

——**罗莎，48 岁，一个青少年和一个初显期成人的母亲**

对大多数父母来说，孩子们在青少年期和成年初显期的发展和他们自己在中年期的发展是

二元关系（dyadic relationship）

两个人之间的关系。

失衡（disequilibrium）

在家庭系统法中，该术语指需要家庭成员去适应的变化。

重叠的。在第 1 章中我们提到，现如今在发达国家人们结婚和生第一个孩子的平均年龄相当晚，通常是 30 岁左右。如果青少年期从 10 岁开始，也就是说，在发达国家，当第一个孩子进入青少年期时大多数父母已接近 40 岁，40 岁通常被认为是中年期的开始。当然，在大多数发达国家也有相当一部分人在十几岁或四五十岁时生第一个孩子。但如果我们认为中年期是从 40 岁到 60 岁

大多数青少年的父母到中年期时在生活的许多方面都达到了最佳状态。

的话，那么即使是生孩子特别早或特别晚的父母，孩子的青少年期或成年初显期的发展变化也可能与他们自己的中年期的发展变化相重叠。

中年期的哪些发展变化会对家庭系统产生影响呢？研究发现，对大多数人来说，在大多数方面中年期都是人生的一个特别令人满意和特别愉快的阶段。尽管大多数人在进入中年期时体能、健康状况、创造力、身体吸引力方面会出现下降，但在智慧、能力、心理健康、获得他人的尊重方面会获得提升。尽管人们普遍认为中年期是中年危机（midlife crisis）阶段，但对大多数人来说中年期在各方面都是人生最好的阶段。

在很多方面，情况都是如此。在中年期人的工作满意度达到顶峰，工作地位和在权力方面的感受也如此，赚钱的能力不断增强，因此那些在孩子小的时候经济上有困难的夫妇到了中年期不再有经济上的压力。对于男人和女人来说，性别角色不再那么严格，变得更为灵活，不仅在西方，这一点在其他文化中也是如此。

到中年期时，人的个性会变得更为灵活，适应力更强。例如，一项针对德国的中年期成年人的研究发现，在 40 多岁和 50 多岁时，大多数人在研究者们称作"灵活的目标调整"的方面稳步上升，他们在"我能够轻松地适应情境的变化"这样的题目中给出了肯定的回答。当孩子进入青少年期时，大多数父母能更灵活地调整教养方式来适应孩子们的发展变化及其不断增加的自主性。对中年期的研究结果表明，青少年不断增强的自主性受到大多数父母的欢迎，因为这可以让父母有更多的时间来享受他们自己的生活。

在一般文化中人们讨论最多的变化是空巢综合征（empty-nest syndrome），它指的是在最小的孩子离家的时候中年期父母必须做出调整。尽管普遍的刻板印象是这是父母很艰难的一段时

中年危机（midlife crisis）

根据大多数研究，最普遍的看法是大多数人在 40 岁后会经历一个危机，如果个体感到不满意，就会不断地重新审视生活及突然发生的重大变化。

期，但实际上大多数父母都能够很轻松地应对。例如，在美国的一项针对 18~29 岁父母对孩子离家的反应的调查中，84% 的人报告"我很想他 / 她"，61% 的人一致赞同"我很高兴能有更多时间陪伴我的伴侣"，60% 的人称"我很高兴能有更多属于自己的时间"。一般而言，当孩子进入成年初显期搬离家庭时，父母的婚姻满意度和总体生活满意度会提高。家庭系统失衡不一定是消极的，对大多数父母来说，由孩子离家引起的家庭系统失衡都是积极的。

> **批判性思考**
> 你认为孩子在离家时父母为什么会赞成？

　　尽管对大多数成年人来说进入中年期都是积极的，但是进入中年期和进入其他年龄阶段一样，每个人的情况都不相同。对从事需要体力和耐力的蓝领职业（如在建筑或工厂工作）的男性来说，在中年期他们的工作能力越来越难以保持，工作满意度下降。只有四分之一的离婚发生在 40 岁以后，但是在中年期离婚的人比年轻时离婚的人在情感上和经济上都会更加艰难，对于女性尤其如此。简而言之，我们在评价父母的中年期发展对青少年期和成年初显期的孩子所处的家庭系统产生的影响时，需要考虑父母的生活的具体特点。

兄弟姐妹之间的关系

学习目标 3：明确青少年期期间兄弟姐妹之间的关系的五种常见模式。

　　大约 80% 的美国青少年（在其他发达国家也有相同的比例）的家庭系统中包括与至少一个兄弟姐妹之间的关系，在发展中国家，有兄弟姐妹的家庭的比例甚至更高，这些地方的出生率高，独生子女家庭极少。

　　青少年与兄弟姐妹之间的关系可以被分为五种常见模式。在**照看关系**（caregiver relationship）中，孩子担负起父母的职责，这种照看关系在姐姐和弟弟妹妹之间最常见，在西方文化和非西方文化中情况都是如此。在**哥们儿关系**（buddy relationship）中，兄弟姐妹之间像朋友一样，他们喜欢对方，喜欢在一起。在**紧张关系**（critical relationship）中，兄弟姐妹之间出现冲突和嘲弄的概率很高。在**竞争关系**（rival relationship）中，兄弟姐妹之间互相竞争、

照看关系（caregiver relationship）
兄弟姐妹中的一个担负起照看的职责。

哥们儿关系（buddy relationship）
兄弟姐妹间像朋友一样的关系。

紧张关系（critical relationship）
兄弟姐妹间的关系以高概率的冲突和嘲弄为特点。

竞争关系（rival relationship）
兄弟姐妹间互相竞争并比较各自的成功。

互相比较各自的成功。最后，在**随意关系**（casual relationship）中，兄弟姐妹之间的关系在情感上不紧密，互相之间的联系很少。

青少年与兄弟姐妹之间的关系可以是其中任何一种形式，或者是其中几种形式的结合。兄弟姐妹之间存在紧张关系很常见，实际上，在一项比较青少年与兄弟姐妹的关系和与父母、祖父母、教师及朋友之间的关系的研究中，青少年报告他们与兄弟姐妹之间的冲突比与其他任何人之间

青少年与兄弟姐妹之间的冲突比他与其他人更多。

的冲突都更为频繁，冲突的常见来源包括职责、物品占有（如未经允许拿走兄弟姐妹的衣服）、家务、骂人、侵犯隐私权，以及自认为受到了父母的不平等对待。

然而，即使青少年与兄弟姐妹之间的冲突比与其他任何人更多，但是他们在青少年期与兄弟姐妹之间的冲突仍比小时候少。从童年期到青少年期，青少年与兄弟姐妹一起度过的时间逐渐减少，因此他们之间的关系变得更加随意，情感上的紧张度降低。随着青少年卷入与朋友的关系及与外界建立雇佣关系，他们在家庭以外的时间逐渐增多，与兄弟姐妹在一起的时间减少，发生冲突的概率降低。

> **批判性思考**
>
> 到目前为止，关于兄弟姐妹之间的关系的研究很少。基于你自己的观察和经历，你认为研究哪些问题可以明确个体与兄弟姐妹间的关系从青少年期到初显成年期的变化？

然而，许多青少年与他们的兄弟姐妹之间是哥们儿关系，并认为和他们很亲密。当要求他们列出生活中最为重要的人时，大多数青少年列出了他的兄弟姐妹，他们通常是其情感支持的重要来源。有两个或两个以上兄弟姐妹的青少年，与其中一个比与其他的兄弟姐妹更亲密。对于与他们"最喜欢的"兄弟姐妹的亲密度，青少年的评级和对他们与最好的朋友的关系亲密度的评级类似。但是，整体来说，青少年对其与兄弟姐妹之间的亲密度的评级比对其与父母和朋友的亲密度的评级要低。

离婚家庭中的青少年兄弟姐妹之间的关系通常会经历高强度的敌意和温暖。在父母离婚期间，他们比非离婚家庭的青少年报告的冲突水平更高，但他们报告的亲密度也更高，因为在这个压力很大的阶段，他们彼此相互支持，冲突平息后他们之间的亲密度一般还会持续。这就是

随意关系（casual relationship）

兄弟姐妹间的感情不深厚，相互之间几乎不联系。

在很多传统文化中，青少年通常要照顾他们的弟妹。图为一个肯尼亚少女和她的弟弟。

家庭中的一个子系统（父母之间的关系）如何影响另一个子系统（兄弟姐妹之间的关系）的非常好的例子。

随着成年初显期的兄弟姐妹中一人或两人离开家庭，兄弟姐妹不经常见面，他们之间的关系也会变得更加疏远。但是，一项关于以色列的青少年和初显期成人的研究发现，初显期成人与兄弟姐妹在一起的时间比青少年更少，却感觉与他们在情感上的关系更亲密、更温暖，初显期成人报告的冲突和对抗的强度比青少年更低。质性分析表明，初显期成人对他们与兄弟姐妹之间的关系的看法比青少年更为成熟，能更好地理解兄弟姐妹的需要和观点。

在传统文化中，照看关系是兄弟姐妹之间的关系的最常见的形式。传统文化中的青少年通常都有照看孩子的责任。谢莱吉尔（Schlegel）和巴里（Barry）对传统文化中的青少年的分析显示，80%以上的青少年都有照顾弟妹的责任。这种责任会提高兄弟姐妹间的关系的亲密度。因为在传统文化中日常活动都按性别区分，所以兄弟之间或姐妹之间在一起的时间更多，亲密度也更高，兄弟姐妹之间的照看关系在非裔美国人家庭中也很常见，一部分原因是许多非裔美国人家庭是单亲妈妈与孩子的组合，这个家庭系统要依靠大的孩子照顾小的孩子。

研究焦点

青少年的家庭生活的日常节奏

几乎在这本书的每一章里，我都会提到用"经验抽样法"进行的研究，这些研究要求被调查者戴着带蜂鸣器的手表，研究人员会在一天中随机呼叫他们，让他们记录自己的想法、感受以及行为。该方法是研究青少年生活的一个非常有创意而又不同寻常的方法。人们采用这种方法得到的最有趣、最重要的研究结果聚焦于青少年和家庭成员之间的交往和关系。现在，我们来详细地看看经验抽样法研究。

里德·拉尔森（Reed Larson）和玛奈丝·理查兹（Maryse Richards）采用经验抽样法对青少年及其家庭做了大量研究。他们在经典著作《各种现实：母亲、父亲和青少年的情感生活》（*Divergent Realities: The Emotional Lives of Mothers, Fathers, and Adolescents*）中描述了一项研究成果。研究对象包含一个由483个5~9年级的美国青少年构成的样本，和一个由 55 个 5~8 年级学生及其父母构成的样本。这些青少年都有父母双亲，都来自白人家庭。在开展研究的这个星期中，在早上 7：30 到晚上 9：30 之间，三口之家的成员（青少年、母亲、父亲）会同时收到蜂鸣器呼叫，每天大约 30 次（最近，拉尔森和理查兹已经发表了一篇有关对该样本进行的跟踪研究的文章。他们也发表了采用经验抽样法对非裔美国家庭进行的研究的结果）。

当收到呼叫时，家庭成员要停止一切正在做的事情，在为该项研究准备的笔记本上记录各种信息。这个笔记本上记录着有关他们在收到呼叫时所处的客观情境的各项内容：在哪儿、和谁在一起、正在做什么。笔记里面也包含有关主观状态的内容：他们感到幸福或不幸福、高兴或烦躁、友好或愤怒的程度，以及感觉到匆忙、疲劳和竞争的等级。研究结果提供了"一个情绪相册……（青少年）及其父母在一周中出现的一系列情绪的快照"。

这些研究结果告诉了我们有关美国青少年家庭生活的日常节奏的哪些内容呢？该研究最惊人的发现是青少年和父母在一天中一起共同度过的时间实际上非常少。父母各自平均有大约一个小时在和孩子一起活动。他们在一起时的最常见的活动就是看电视。从 5 年级到 9 年级，青少年与家人共同度过的时间量下降了 50%，从 9 年级到 12 年级该时间量下降得更快，如图 7-1 所示。相反，从 5 年级到 9 年级，青少年单独待在自己的房间里的时间增加。

该研究也发现了父母与青少年的关系中的一些有趣的性别差异。母亲对孩子的卷入程度比父亲更深，无论在好的方面还是在坏的方面。对于母亲

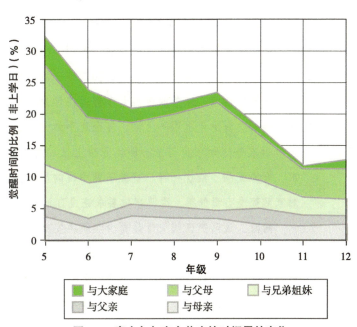

图 7-1　青少年与家人共度的时间量的变化

和青少年之间的交往，双方基本上都给出了积极评价，尤其是对于像一起聊天、一起外出、一起吃饭这样的经历。青少年，尤其是女孩，与母亲的关系比与父亲更为亲密，他们与母亲谈论更多关于人际关系的问题和其他个人问题。但是，从 5 年级到 9 年级青少年对母亲的消极感受会快速增加，一些积极情绪减少。例如，感觉与母亲"非常亲密"的青少年与母亲的交往时间所占的比例从 5 年级的 68% 下降到 9 年级的 28%，尽管当母亲的权威没有实现想要的结果时，母亲经常要求父亲介入，但他们与母亲的冲突比与父亲多，从 5 年级到 9 年级青少年与母亲之间的冲突的次数在增加。

对父亲来说，他们只是轻微地涉入青少年的生活，这就如拉尔森和理查兹说的"模糊

的存在"，在他们与青少年度过的大部分时间里，母亲也在场，母亲总是更直接地参与到青少年的生活中，她通常是处在"教养"的前线，而对父亲来说，教养更像是一种自愿的休闲活动。父亲平均每天只有 12 分钟与青少年一起度过，其中 40% 的时间还是一起看电视，父亲和青少年很少聊天，即使聊天，最常见的话题也是运动。

> **批判性思考**
>
> 　　你为什么认为对于青少年的生活，父亲的参与没有母亲那么多？现在，这一代青少年长大成人、为人父母以后，你认为这种情况还会持续吗？

　　在父亲和青少年共同度过的不多的时间里，父亲报告自己的情绪很好。相反，从 5 年级到 9 年级，青少年对与父亲共同度过的时间的积极感受却在下降，女孩尤其如此。与青少年在一起的时候，父亲倾向于起主导作用，青少年通常不喜欢这一点。父亲可能喜欢与孩子一起度过的这些时间，但是到了 9 年级青少年对此就不这么认为了。青少年的这种"迥然不同的感受"在父亲与青少年的相处中尤为明显。

　　拉尔森和理查兹采用"六点钟的碰撞"（the Six O'Clock Crash）这一说法来描述傍晚时父母下班后回到家里所要面对的接二连三的问题：相互问候、准备晚餐、做家务、处理白天堆积的情绪。家务的重担大多都落在母亲而不是父亲身上，即使父母在白天的工作时间一样长。青少年也帮不上忙，甚至还不如父亲。青少年做的家务只有父亲的一半，而父亲做的家务比母亲少得多。即使能帮上忙，青少年也是极不情愿的。他们拒绝父母的要求，好像受到了侵扰一样。就像研究中说的那样："这些青少年中的许多人，尤其是男孩，对家庭都没有责任感，因此当被要求完成自己的那份任务时他们觉得很厌烦。"

　　同时，该研究证明父母是青少年获得安慰和安全感的重要来源，青少年把在一天当中积累的情绪带回家，如果父母反应积极，关心他们，青少年的情绪就会得到改善，消极情绪减少；相反，如果青少年认为父母反应不积极，不关心他们，消极感受就会加深。

　　总体来说，该研究证明父母在青少年的生活中一直都很重要。由于该研究也包含了父亲、母亲以及青少年的观点，因此该研究结果让人们生动地感知到了家庭系统内的相互联系的情绪以及家庭系统的各方面。

　　在传统文化中，青少年兄弟姐妹之间的冲突较少，因为年龄是地位的决定因素。哥哥姐姐有凌驾于弟弟妹妹之上的权威，仅仅是因为他们的年龄更大。哥哥姐姐被认为有实施权威的权利，所以他们之间的冲突较少，尽管有时候年龄小的孩子会抵制哥哥姐姐的权威，还有，传统文化中的兄弟姐妹通常在经济上互相依靠，这就意味着他们都愿意保持和谐的关系。例如，研究者对尼日利亚青少年的人种学研究描述了他们如何依靠哥哥姐姐提供关系帮助他们找到工作。

几世同堂的家庭关系

学习目标 4： 解释为什么传统文化中的青少年与扩展性大家庭中的成员间的关系更为亲密。

在传统文化中，年轻男人结婚后大都留在家里，女人搬到新婚丈夫的家里住。这种做法到目前为止还存在。在亚洲和非洲的主流传统文化中，这仍然是比较典型的模式。因此，这些文化中的儿童通常在大家庭中成长，他们不仅有父母和兄弟姐妹，还有祖父母，以及叔叔、婶婶和堂／表兄弟姐妹。

这样的居住安排提升了青少年和家庭之间的亲密度。跨文化分析显示，传统文化中的青少年与祖父母之间的日常接触和与父母的接触一样多，青少年与祖父母甚至比与父母更为亲近。也许这是因为父母通常会对青少年施加权威，这增加了青少年与父母之间的矛盾情绪，相反祖父母不太可能对他们施加权威，而是更关注养育和支持他们。

对美国少数民族文化中的青少年的研究也发现了类似的亲密度模式。亚裔美国青少年一般在祖父母身边长大，他们住在一起或住得很近，他们报告从祖父母那里获得了很多养育或支持。许多墨西哥裔美国青少年的祖父母和他们住在一起，几代同堂的亲密家庭关系在墨西哥文化中被看得很重。

非裔美国人家庭中也有几代同堂的传统。有些研究描述了几代同堂的非裔美国人大家庭的成员相互提供支持、分享财务资源并共同承担养育子女的责任的情形。大约 70% 的非裔美国青少年来自单亲家庭，大家庭的支持对减少单亲家庭的情感和经济压力尤其重要。这种支持的影响在青少年的生活中得到了印证。例如，在几代同堂的非裔美国人家庭中大家庭的支持与青少年的问题行为之间呈负相关，与他们在学校的成绩呈正相关。

在西方主流文化中，几代同堂的大家庭的成员在青少年的生活中也是非常重要的人物。大约 80% 的美国青少年认为在大家庭中至少有一位成员对他们来说非常重要，并且青少年与祖父母的亲密度与他们的心理幸福感呈正相关。但是，在大多数美国人当中，青少年与大家庭成员的接触相对来说并不多，一部分原因是他们的大家庭成员住得比较远。美国青少年与大家庭成员的接触比欧洲国家的青少年要少很多，因为在欧洲国家他们住得很近。此外，从童年期到青少年期他们与大家庭成员之间的亲密度明显下降。

在离婚家庭中这种模式有所不同，孩子在青少年期与（外）祖父母的接触没有减少而是增加了，尤其是与（外）祖父。这就说明在这些家庭中（外）祖父在某种程度上承担了父亲的角色，因为如果父亲在的话，（外）祖父就不会花这么多的时间陪孩子们。离婚家庭的母亲和青少年可能更需要（外）祖父的支持和帮助，因为离异家庭通常都存在经济和情感压力。

教养风格多样化

正如我们在第 4 章中讨论的那样，父母在儿童乃至青少年的社会化过程中扮演着重要角色。从很大程度上来讲，父母从他们学过的文化信仰中，尤其是从关于个人主义和集体主义价值观的信仰中，形成了他们为人父母的教养风格。因此，教养风格综合反映了文化信仰的习俗特点。但是，同一种文化里也有不同的教养风格，这取决于父母个人的价值观，以及儿童和青少年对父母的教养如何回应。

教养风格

学习目标 5：总结教养风格模式，并解释教养风格如何代表民俗情结。

我的妈妈"宽容"极了，她从不制订规则。我可以在外面待到凌晨两三点，没人过问。我 16 岁时开始饮酒。我仍然很生气，我的妈妈甚至没有为我做过任何安排。

——萝拉，青少年的母亲

我的父母来自其他国家——完全不同的文化。在家里他们不允许我做任何事情，我不能买我自己想要的东西、不能去我想去的地方、不能穿我想穿的衣服。甚至我在高三时，我做事还要获得父母的许可。

——青少年的母亲

我的父母总是与我讨论一些问题，并与我一起找解决办法。

——一个 15 岁的男孩

由于父母在儿童的发展中起着非常重要的作用，社会学家做了大量关于亲子关系的质量以及父母的养育方式的影响的研究。这种研究的一个分支就是对教养风格（parenting style）的研究，即父母对孩子的养育方式的种类及其影响。50 多年来，学者们一直在进行这方面的研究，研究结果也相当一致。实际上，所有研究父母教养风格的著名学者都是从两个维度进行描述的：要求性（demandingness）和反应性（responsiveness）［也称为控制性（control）和温暖性（warmth）］。父母的要求性是指父母制订孩子的行为规则并要求他们服从的程度。父母的反应性是指父母对孩子的需求的敏感程度，以及表达爱、温暖和关心的程度。

许多学者把这两个维度结合起来描述不同种类的父母教养风格。多年来，最有名的父母教养风格分类方法是由戴安娜·鲍姆林德（Diana Baumrind）提出的。她的一项关于美国中产阶

教养风格（parenting style）
父母在与孩子相关的问题上的行为表现模式。

要求性（demandingness）
父母为孩子的行为设定规则和期望并要求他们遵守。

反应性（responsiveness）
父母对孩子的需要的敏感程度，以及表达对孩子的爱、温暖和关心的程度。

级家庭的研究和其他受她的观点启发的学者的研究发现了四种不同的父母教养风格，如表 7-1
所示。

权威型父母（authoritative parents）的要求性高，
反应性也高。他们给孩子设定清晰的规则和期望。此
外，他们还清楚地告诉孩子不遵守这些规定的后果，
必要的时候他们会把这些后果延迟。然而，权威型父
母并不是简单地"制订条例"并严格实施。权威型父
母最明显的特点是会向孩子"解释"这些规定的原因

表 7-1　父母的教养风格和教养的两个维度

		要求性	
		高	低
反应性	高	权威	放任
	低	专制	忽视

以及他们的期望，还愿意和孩子们就这些纪律进行讨论，有时候会谈判和妥协。权威型父母也
会对孩子表示关心并给予孩子温暖，还会对孩子的需要做出反应。

专制型父母（authoritarian parents）的要求性高，但反应性低。他们要求孩子服从，当孩
子不服从时会对其进行惩罚而毫不妥协。在权威型父母中常见的口头的讨价还价在专制型父母
眼中是绝不允许的。他们希望孩子遵守规定，没有任何争议，也没有任何不满意。他们极少表
达对孩子的爱，也极少给予温暖。他们对孩子提出要求但并不重视反应性，他们极少表现出情
感依恋，甚至有些敌意。

放任型父母（permissive parents）的要求性低而反应性高。他们对孩子的行为很少有明确
的期望，他们也很少处罚他们。相反，他们强调的是反应性。他们相信孩子需要真正的"无条
件的"爱。他们认为纪律和控制会阻碍孩子发展他们所希望的创造性和表达自我能力的健康倾
向。他们为孩子们提供爱与温暖，给孩子充分的自由做他们喜欢的事情。

忽视型父母（disengaged parents）的要求性和反应性都很低，他们的目的是尽量减少他们
在养育方面投入的时间和情感，因此，他们对孩子的要求很少，几乎不去纠正孩子的行为或很
少去限制孩子，他们也很少表达对孩子的爱和关心，他们似乎对孩子没有情感依恋。

这四种父母教养风格可以被理解为风俗情结。正如我们在第 4 章中所描述的那样，"风俗

权威型父母（authoritative parents）

　　*一种教养风格，父母的要求性高且反应性高，例如，他们爱孩子，但也会为孩子的行为设定明确的
标准并向孩子解释其原因。*

专制型父母（authoritarian parents）

　　*一种教养风格，父母的要求性高但反应性低，例如，他们要求孩子们服从，孩子们不服从时他们会
毫不妥协地惩罚他们，对孩子极少表现出温暖和慈爱。*

放任型父母（permissive parents）

　　*一种教养风格，父母的要求性低但反应性高，他们对孩子表现出爱和情感，但对他们的行为没有
约束。*

忽视型父母（disengaged parents）

　　一种教养风格，父母的要求性和反应性都低，对孩子的发展不太关注。

情结"包括典型的文化惯例及潜在的看法。我们在前面描述的父母教养风格反映了什么看法呢？一项有关父母养育孩子的目的的研究表明，美国父母很看重独立性，把它看作一种品质，希望孩子在这方面得到提高。专制型教养会阻碍孩子的独立性的发展，但是另外三种教养风格，权威型、放任型和忽视型，反映了父母的看法，即他们认为青少年学会自主（autonomy）是有益的。也就是说，他们认为孩子要学会自己思考并对自己的行为负责。

权威型教养风格的父母以积极的方式促进孩子自主性的发展，他们通过鼓励讨论和给予－索取的方式教会青少年独立思考和做出成熟的决定。放任型父母和忽视型父母以消极的方式促进孩子的自主性的发展，也就是说，他们对孩子的限制比较少，让他们有很多自主权而不受父母的指导。我们在下一部分将会看到，父母的不同的教养风格将如何造成青少年的自主性的差异，以及会对青少年的发展产生怎样的影响。这几种教养风格在美国青少年的家庭中占主导地位，也反映了在美国的文化信仰中个人主义占主导地位。文化信仰是青少年在家庭和其他地方实现社会化的基础。

父母教养风格对青少年的影响

学习目标 6： 列举父母的教养风格与青少年的多方面发展有关的研究。

关于父母的教养风格对青少年的发展的影响有大量研究。表 7–2 是对这些研究的概括。一般来说，权威型父母与积极结果呈正相关（至少以美国人的标准来说是积极结果）。父母为权威型教养风格的青少年一般都很独立、自信、富有创造性、善于交际。他们在学习方面表现很好，并且与同伴和其他成年人相处融洽。权威型教养方式可以帮助青少年发展乐观和自我调整方面的心理素质，这些特征反过来对很多行为都有积极的影响。

其他几种父母教养风格都与某些负面结果相关，负面结果的类型因父母教养风格而有所不同。父母为专制型教养风格的青少年依赖性强、被动、喜欢按规矩行事。他们通常不如其他青少年自信，不太有创造性，社会适应性也不太好。父母是放任型教养风格的青少年一般不成熟，缺乏责任感。他们比其他青少年更容易听从同伴的指令。父母是忽视型教养风格的青少年一般都容易冲动。一方面是由于他们自己易冲动，另一方面是因为忽视型父母很少监控孩子的活动，因此他们出现问题行为的可能性更高，如违法犯罪、过早性行为、乱用违禁品和酗酒。

权威型父母更有益于青少年的发展，这有很多原因。与儿童期相比，青少年期是一个能够实施更多自主性和进行更多自我调整的人生阶段。为了能够在青少年期之后逐渐进入成年人的角色，他们需要获得更多的自主性，具备更多的责任感。同时，他们缺乏社会经验，缺少成年人拥有的那种对冲动和能力的体验，因此，过多的自主性会让他们失去目标，甚至给他们造成伤害。权威型父母既允许青少年拥有足够的自主性来发展能力，同时也要求他们以负责任的方

自主（autonomy）

独立自主、能够为自己着想的特质。

式去实践不断增加的自主性，他们要求青少年在两者之间达到平衡。其他几种教养风格要么不允许孩子发展足够的自主性，要么没有要求他们承担与健康发展相关联的责任。

表 7-2　与父母的教养风格相关的各种结果

权威型	专制型	放任型	忽视型
独立	依赖	不负责任	冲动
创造性	消极	服从	失职
自信	服从	不成熟	早期性行为、服用违禁品
擅于社交			

权威型父母既有要求性又有反应性，他们对孩子表现出喜爱、情感依恋、爱和关心，能够满足青少年的需求并使其获得心理幸福感。父母的反应性有助于青少年学会相信自己的价值。这也会让青少年对父母认同，与父母拥有共同的价值观，以父母赞同的方式做事。其他几种教养风格要么缺乏反应性，要么具有反应性却没有适当水平的要求性。

父母教养风格不一致也与对青少年的负面影响相关。有关青少年教育的大多数研究只对父亲或母亲进行评分，或把父母亲的评分结合在一起，但是考察父母之间的差异的研究结果却发现了很有趣的现象。例如，有研究者让 5 年级、8 年级和 11 年级学生就各方面情况对父母进行评分。父母可以分成两大类：权威型和放任型。5 年级学生对父母亲基本持相似的看法，只有 9% 的人把他们分成不同的类别。但是认为父母之间存在差异的学生的比例会随着年龄增加，在 8 年级学生中达到了 23%，在 11 年级学生中达到了 31%。认为父母的教养风格不一致的青少年比认为父母都是权威型或都是放任型的青少年的自尊更低，在校的表现更差。

父母的教养方式不一致可能反映出他们的婚姻不和谐。一项历时 6 年的研究发现，在这 6 年间婚姻质量下降的夫妻在教养风格上也越来越不同。在这里我们又一次看到了家庭系统法的重要性，婚姻伴侣之间的关系会影响家庭系统中的其他关系，包括父亲或母亲与青少年之间的关系。

> **知识的运用**
>
> 你在青少年期时父母的教养风格属于哪种类型？你的兄弟姐妹（如果有的话）对父母的教养风格的归类和你一样吗？他们的教养风格对你有多大影响？你能从他们身上学到哪些教养行为呢？

教养效果真的在青少年身上起作用了吗

更复杂的教养影响图

学习目标 7： 解释有关相互影响、差别教养和非共享环境等理论和研究如何使父母的教养风格对青少年的影响复杂化。

尽管父母对青少年的教养必然会对他们产生深远的影响，但这个过程并非像我们所说的因果模式这样简单。有时候关于教养的讨论听起来好像是教养风格。A 自然而然地、不可避免地会教育出 X 型青少年。但是，到目前为止很多研究已经确定父母教养风格与青少年发展之间的关系比这要复杂得多。青少年不仅受到父母的影响，也会反过来影响父母。学者们把这个原则称作亲子间的相互影响（reciprocal effects）或双向影响（bidirectional effects）。

回想一下我们在第 2 章中讨论的基因→环境交互作用。青少年并不像台球那样朝着推动的方向可预见地前进。他们有自己的人格和愿望，这些会影响到父母和孩子之间的关系。因此，青少年可能会唤起父母的某些行为。特别有攻击性的青少年可能会唤起专制型教养风格，因为父母发现对规则的权威解释会被他们忽略。由于青少年不断丧失父母的信任，父母对他们的反应性就会降低。性格温和的青少年可能会唤起放任型教养风格，因为父母发现对不太可能做任何极端无理的事情的青少年没有必要制订具体的规则。

涉及兄弟姐妹的研究表明，同一个家庭内的青少年及其兄弟姐妹通常对父母针对他们的教养行为有截然不同的解释。这可能是由于差别教养（differential parenting）的原因，意思是在同一个家庭内，父母对孩子的教养通常会有所区别。

因此，青少年可能认为父母是要求性和反应性都很高的典型的权威型父母，但他的兄弟姐妹有可能把父母描述成霸道的、对他们漠不关心的专制型父母。青少年如何看待父母的教养行为，会影响其回馈的行为：认为父母是权威型教养风格的青少年一般都更幸福，在很多方面也做得更好。这里也请注意相互影响可能起到的作用。父母会以不同的方式对待青少年，这是因为对于父母的规则和指导，青少年的抵抗和服从程度不同。

该研究是否会让人对父母的教养风格影响青少年这一说法产生怀疑呢？不会的，但是我们要对这个说法进行适当的修改。什么对孩子最好？父母对此确实有自己的看法，也会想办法通过自己的行为把这些想法表达出来。然而，父母真正的想法既受到他们认为的对孩子最好的东西的影响，也会受到孩子对他们的做法及教养方式的反应的影响。如果青少年对你提供的要求性和反应性做出反应，具有权威型教养风格的家长会比较轻松；但是如果你的爱被孩子拒绝，你的规定及你提出的理由被孩子忽视，父母就不这么轻松了。如果父母通过讲道理和展开讨论来努力说服孩子，而孩子对此充耳不闻，那么父母可能会要求他们服从（变得更加专制），也可能会放弃尝试（变成放任或忽视型）。

有一项大规模的研究项目更加深入地考察了青少年家庭生活的复杂性。该项目研究了来自美国各地的 720 个家庭，每个家庭都有两个同性别的兄弟姐妹，包括同卵双胞胎、异卵双胞

相互影响（reciprocal effects）

又称双向影响，在亲子关系中，孩子不仅受到父母的影响，反过来也会对他们的父母产生影响。

双向影响（bidirectional effects）

又称相互影响，在亲子关系中，孩子不仅受到父母的影响，反过来也会对他们的父母产生影响。

差别教养（differential parenting）

同一家庭中，父母对孩子们采取不同的教养行为。

胎、同父同母的兄弟姐妹、同父异母或同母异父的兄弟姐妹、生物学上没有联系的继兄弟姐妹。该研究设计让研究者可以考察基因和环境对青少年的影响，以及同一个家庭内部的兄弟姐妹之间的不同的体验等问题。该研究使用的方法包括问卷、访谈、录制家庭视频，以及收集青少年在家庭以外的社交方面的信息。在该研究开始和结束的时候他们的平均年龄是 12 岁和 15 岁，研究者对这些家庭进行了 3 年的跟踪研究。

同一个家庭的兄弟姐妹经常会报告不同的与父母在一起时的体验。

就"温暖"和"否定性维度"而言，我们可以看到差别教养的证据。也就是说，同一个家庭内的青少年在"温度"和"否定性维度"方面对父母的评价通常有所不同。换句话说，差别教养会造成**非共享的环境影响**（non-shared environmental influences），即兄弟姐妹会体验到截然不同的家庭环境，这些差异造成的后果会在青少年的行为和心理功能方面体现出来。还有，基因似乎对父母的影响更大，两个兄弟姐妹在基因方面越相似，父母对他们的行为在否定性方面的表现越相似。这似乎明确了基因与环境之间存在交互作用，因为这暗示着父母的否定性是由青少年的基因引起的行为造成的。

此外，父母和青少年通常在报告教养行为方面也有所不同，父母自己比青少年报告了更多的温暖和更少的否定性。越是年龄较小的青少年，在对父母的教养行为的报告方面，与父母越是不同。这就提示综合有关教养行为的多个报告是很重要的，这方面的研究不能像大多数研究那样只采用青少年的报告。

美国的教养风格之外：其他文化中的教养行为

学习目标 8： 明确将美国式教养风格模式应用于其他文化中的局限性，亚裔和拉丁裔的独特文化不包含在此模式中。

几乎所有关于教养风格的研究都是在美国进行的，这些研究大多关注的是美国主流文化家庭。那么如果我们走出美国经验看看周围的世界，尤其是在非西方文化中，父母与青少年之间的关系如何呢？

可能最惊人的差异是在非西方文化中权威型教养风格很少见。请记住，权威型父母最明显的特点是他们并不依赖父母角色的权威性来让孩子听从他们的要求和指导。他们并不是简单地

非共享的环境影响（non-shared environmental influences）

同一家庭中，兄弟姐妹之间感受到不同的影响，如父母对不同的孩子采取不同的教养行为。

制订法则让孩子去遵守。相反，权威型父母会向孩子解释这样做的原因，并会对如何指导孩子的行为进行讨论。

但在西方以外的其他文化中，这是一个极其少见的青少年社会化的方法。在传统文化中，父母期望他们的权威被服从，他们不需要青少年提出质疑，也不需要对青少年做出解释。在西方文化以外，无论是在非工业化传统文化中，还是在工业化的传统文化中，情况都是如此，在亚洲，如日本、越南和韩国，这个情况最为突出。就如我们在第 1 章中提到的，亚洲文化强调子女的孝道，它的意思是说孩子整个一生都要尊重、服从父母。相比于西方文化，在其他传统文化中，父母的角色也承载着更多的、与生俱来的权威。父母对为什么他们应该被尊重和服从不需要给出理由。他们是父母，孩子是孩子，这个简单的事实就是他们要被看作权威的充分理由。

这是否意味着在传统文化中典型的教养风格是专制型呢？不是的，尽管学者们有时候会得出这样的错误结论。请记住，专制型教养风格是高要求性和低反应性的结合。传统文化中的父母要求性高，他们对孩子的要求性通常比西方文化中的父母更具有不可妥协的特点。但是认为传统文化中的父母反应性低，也是不对的。相反，非工业化传统文化中的父母和青少年通常会建立一种在西方家庭中几乎不可能有的亲密感，因为他们朝夕相处、相互支持（男孩与父亲、女孩与母亲），这种方式在工业化社会的经济结构中是很难实现的。在亚洲的工业化传统文化中，父母和青少年之间也会保持这种强烈的亲密感，他们相互依赖、共同参与活动并履行各自的义务。

但是，父母的反应性在非西方文化中可能是通过完全不同的方式表达的。例如，非西方文化中的父母很少表扬孩子，在许多亚洲文化中父母和青少年之间很少公开表达爱和温暖。那么非西方文化中的青少年的父母反应性高吗？他们对处于青少年期的孩子有深深的情感依恋吗？他们爱自己的孩子吗？他们关心孩子们的心理幸福感吗？毫无疑问，答案是肯定的。

如果我们把非西方文化中的父母称作专制者，那么我们应该把这些父母称作什么呢？事实上，他们并不适合我们前面提到的父母教养风格。一般来说，他们与权威型父母更接近，因为他们的要求性高，反应性也高。但是，他们的要求性与美国或其他西方国家的权威型父母大不相同。

把其他文化考虑进教养风格模型，对非西方传统文化和少数民族文化来说都很难，而这两者都是美国社会的一部分。研究表明，非裔美国人、拉丁裔美国人和亚裔美国人父母不太可能像白人父母那样被分类为权威型父母，而更可能被分类为专制型父母。但是，想要解释清楚比较困难。如果这些研究中的父母反应性高，不可妥协的要求性也高，拒绝对要求孩子们遵守的规则进行讨论和解释，那么他们并不符合研究者们提到的权威型或专制型教养风格类型。

亚裔美国心理学家们提出权威型和专制型教养风格类型不能被轻易用于亚裔美国人父母身上。他们指出研究者们可能误解了亚裔美国人的教养风格，错误地认为他们是专制型父母，因为它表现出一定程度和某种类型的要求性。这在亚裔家庭中很典型，但不了解亚洲文化信仰的白人研究者认为这是错的。美国的亚裔青少年没有表现出与专制型教养风格相关的负效应。相反，与白人青少年相比，他们的学习成绩更好，发生行为问题的概率更低，出现心理问题的概率也更低。此外，美国的亚裔青少年和初显期成人与家人之间的互相依赖的态度与学业成绩高相关，也与问题发生率低相关。这就表明文化背景对预测父母教养风格对于青少年的影响十分重要。

拉丁裔美国人父母总是被分类为专制型父母。拉丁文化信仰体系赋予了"尊重"额外的含义，强调对父母和年长者（尤其是父亲）的尊重和服从，父母的角色被认为是权威的，父母无须向孩子解释规则的原因。但是，这并不意味着这些父母是专制型的教养风格。拉丁文化中的另一个核心信仰是**家庭主义**（familismo），强调家庭生活中的爱、亲密感和相互之间的责任。这一点听起来几乎不像是专制型父母中常见的冷漠的态度和敌对的特征，实际上，研究证实家庭主义对拉丁裔美国青少年的影响是积极的。

文化焦点

印度的年轻人及他们的家庭生活

印度人口超过 10 亿。到 21 世纪中叶，印度人口被预测将达到 15 亿，预计大约是美国人口的 4 倍。印度是一个多样化的国家，有各种各样的宗教、语言和地区文化。但学者们普遍认为各城邦的家庭文化有相似性。印度家庭的特色是传统文化中的年轻人的家庭生活的一个很好的例证。

印度家庭的很多特色与本书中讨论的其他传统文化一致——集体主义价值观很强；家庭幸福感和成功被认为比个人的幸福感和成功更重要；十分强调牺牲精神，孩子们很小的时候就被教育要为了家庭这个整体放弃自己的想法。家庭成员间在情感上、社交上以及经济上的相互依赖在整个生命中都会被强调。

和大多数传统文化一样，印度家庭有一个基于年龄的清晰的等级制度。印度文化强调个体要尊重比自己年长的人。甚至对于童年时期的孩子来说也是如此，年龄大的孩子被认为拥有凌驾于比他年龄小的孩子之上的权威；成年后，年长的人仅凭其年龄就能得到比他年龄小的人的尊重和顺从。年轻的新婚夫妇通常不去建立单独的住处，而是与公婆住在一起。许多有孩子的家庭里面有祖父母，还有叔叔、婶婶和堂／表兄弟姐妹。这种模式随着印度社会的不断城市化也在发生变化，几代同堂的大家庭在市区不如在农村地区那么常见。但是，现在 80% 的印度人住在乡村，并且一般都按照传统家庭模式居住。

传统的印度家庭的最明显的特色是父母（尤其是父亲）被孩子们认为是神，这种看法受到狂热的追捧。印度人信奉的印度教中有很多权力不同的神，因此印度人的看法不同于

家庭主义（familismo）

拉丁文化中的家庭生活特征的概念，强调家庭生活中的爱、亲密和相互之间的责任。

西方意义中的父亲就像是"上帝"的说法。然而，"父亲就像是神"这种比喻对孩子来说有效地象征着父亲在家庭中的权威性。

印度家庭的这些特点对青少年和初显期成人的成长有重要意义。父母与生俱来的权威性以及强调对比自己年长者的尊重，意味着父母能够得到青少年和初显期成人的服从。传统的印度家庭很少对规则进行解释，很少对做出的决定进行讨论，而解释规则、讨论决定正是西方权威型家庭的父母与青少年之间的关系的特点。不管是父母解释制订规则的原因，还是年轻人要求参与做家庭决定，都被认为是对父母与生俱来的权威的冒犯。这并不是说他们是西方社会科学家所描述的教养风格体系中的专制型父母。相反，在印度家庭中，温暖、爱和情感被认为是很强烈的。

印度家庭中的父母对青少年和初显期成人的期望与西方家庭中的父母对青少年和初显期成人的期望是不一样的。印度青少年的大部分业余时间不是和朋友而是和家人一起度过的，约会和婚前性行为几乎不存在。大多数婚姻由父母安排，而不是由年轻人自己独立选择，初显期成人在结婚之前一直和父母住在一起。

家庭的这些做法对印度青少年和初显期成人的成长会产生什么影响呢？西方读者会认为印度家庭的这些做法是"不健康的"，等级制、家长制的特点使年轻人的自主性受到压制。然而，印度家庭的社会化与其他文化形式的社会化一样，既有代价又有益处。对于印度的年轻人来说，很显然他们要付出的代价是个人自主性，他们在十几岁、二十几岁（及以上）时要服从父母，不能质疑父母的权威和判新，自己在爱情和工作方面的重要人生决定受父母的控制，这都意味着在印度家庭中年轻人的自主性受到约束。

印度青少年从亲密的家庭关系中获益。

但是，印度家庭的这些做法也有明显的好处，年轻人在亲密的、互相依赖的家庭中成长，他们在进入成年人角色时拥有家庭的支持和指导。由于他们尊重父母的年龄和经验，所以他们很重视父母提出的有关他们的职业和婚姻问题的建议。印度年轻人对家庭有着强烈的依赖感，所以在形成个人认同时不会孤独或脆弱。印度青少年的犯罪率，以及抑郁、自杀的比率低于西方国家的青少年。

和其他传统文化一样，印度文化也受到了全球化的影响。服装、语言和音乐的影响在年轻人中很普遍。在市区的中产阶级家庭中，以父母为权威的传统印度模式正在发生变化，父母与青少年孩子之间的讨论和协商越来越多。然而，印度年轻人仍然对强调亲密家庭的印度传统引以为豪，也希望这种传统持续下去。

对父母的依恋

学习目标 9：总结婴儿期依恋的两种主要形式及其对青少年发展的影响。

（我的父母）总在我身边，我觉得自己随时可以去找他们，他们的话总能让我觉得好受多了。

——一个 17 岁的女孩

如果我碰到特别糟糕的麻烦，我的朋友们会非常害怕并赶紧离开，但是父母总会帮助我。

——德旺，非裔美国青少年

我们注意到青少年一直在说父母是他们生命中最重要的人，大多数青少年在青少年期和成年初显期时与父母在情感上很亲密。**依恋理论**（attachment theory）是描述父母和孩子之间的情感关系的很有影响力的理论。该理论最早由英国的精神病专家约翰·鲍尔比（John Bowlby）提出，他指出，就如同其他哺乳动物一样，父母与孩子之间的依恋是有进化基础的，物种中易受攻击的年幼成员需要同能够照顾和保护他们的成年人接近。美国心理学家玛丽·安斯沃斯（Mary Ainsworth）观察了母亲与婴儿之间的交往，并描述了两种依恋类型：**安全型依恋**（secure attachment），即在情况良好时婴儿把母亲当作"他们探索外界的安全基地"，在他们受到惊吓或威胁时婴儿把母亲当作可以寻求安慰的人；**不安全型依恋**（insecure attachment），即婴儿在探索环境时表现得小心谨慎，在母亲试图提供安慰时拒绝或回避母亲。

尽管早期关于依恋的研究和理论绝大多数都重点关注婴儿期，但是鲍尔比和安斯沃斯认为个体在婴儿期与**主要看护人**（primary caregiver，一般是母亲，但也不一定）形成的依恋是个体一生中与他人的依恋关系的基础。鲍尔比引用了西格蒙德·弗洛伊德的一个短语来描述这个概念，弗洛伊德指出个体与母亲的关系是"个体（未来）恋爱关系的原型"。根据鲍尔比指出的，在与主要看护人的交往过程中，婴儿会形成一个**内部工作模型**（internal working model），这影

依恋理论（attachment theory）

最早由英国精神病专家约翰·鲍尔比提出的理论。人类和其他哺乳动物一样，父母和孩子之间的依恋是有进化基础的，物种中易受攻击的年幼成员需要同能够照顾和保护他们的成年人接近。

安全型依恋（secure attachment）

对看护者的依恋类型。当情况良好时婴儿把看护者当作"他们探索外界的安全基地"，当受到惊吓或威胁时婴儿把看护者当作可以寻求安慰的人。

不安全型依恋（insecure attachment）

对看护人的依恋类型。这些婴儿胆小、害怕探索环境，当看护人试图提供安慰时会表现出拒绝或回避。

主要看护人（primary caregiver）

主要负责照顾婴幼儿的人。

对父母的安全型依恋与青少年的幸福的许多方面相关。

响着其一生中与他人的关系中的期望和交往情况。这就表明，在青少年期和成年初显期，与他人的关系的质量，从与朋友、老师、浪漫伴侣的关系的质量到他们与自己的孩子的关系的质量，都会受到他们在婴儿期所经历的与父母的依恋质量的影响。

这个说法很有煽动性，也很有意思。它能否经得起研究的检验呢？首先，大量研究表明，青少年对父母的安全型依恋有很强的影响。对父母的安全型依恋与青少年的心理幸福感的各方面相关，包括自尊、身体健康和心理健康。对父母有安全型依恋的青少年与朋友和爱人的关系也更亲密，并且它可以预测他们在成年初显期的各方面的结果，包括教育和职业成就、心理问题、与爱人的关系的质量，以及违法行为问题。

依恋理论的另一个预设问题是青少年的自主性和亲近感（relatedness）可以并存。根据依恋理论，自主性（能够自我引导）和亲近感（在情感上感觉与父母很亲密）在与父母的关系中应该是并存的，而并非彼此相反的作用力。也就是说，在婴儿期和青少年期，如果孩子们觉得与父母很亲密，自信于拥有父母的爱与关心，他们在成长过程中就能形成一种健康的自主感。安全型依恋不会引发青少年对父母的依赖延长，而是给孩子提供自信心走向外部世界，把依恋对象当作"探索外部世界的安全基地"。

依恋理论的这个预测得到了研究的支持。自主性强、自信的青少年一般都报告与父母很亲密、感情深厚。在青少年期很难建立自主性的青少年与父母的亲近感很难维持在健康水平。自主性和亲近感之间的不平衡（如某一个方面很少，或两者都很少）与各种消极结果相关，如心理问题和食用违禁品的问题。

但这些研究并没有真正检验到依恋理论的核心，依恋理论认为婴儿期依恋是今后所有依恋关系的基础，包括青少年期和成年初显期的依恋。对于这个问题，研究明确了哪些内容呢？到目前为止，几个关于依恋的纵向研究已经对样本进行了从婴儿期到青少年期的跟踪，这些研究为依恋理论的预测提供了丰富的支持。沃特斯（Waters）及其同事们报告样本中的 72% 的孩子

内部工作模型（internal working model）

在依恋理论中用来表示认知框架的术语，个体在婴儿期与主要看护人之间的交往是其与他人的关系中的期望和交往的基础。

亲近感（relatedness）

与他人在情感上的亲密感。

在 21 岁时的依恋类型的分类与 1 岁时的一致。还有一个研究发现，个体在婴儿期和童年早期与父母分离的时间越长，在青少年期与父母的安全型依恋越少。这与依恋理论一致，依恋理论认为早期与父母的分离会造成个体在未来情感发展上存在困难。

另一个研究发现，婴儿期的依恋分类可以预测 10 岁和 15 岁时与他人交往的质量。最初的婴儿期研究中的孩子们到 10 岁时，研究者们邀请他们参加夏令营，并观察他们与同伴之间的关系。10 岁时，在婴儿期有安全型依恋的孩子被认为善于社交、更自信、不太依赖其他成员。5 年后，研究者安排了营地重聚，再次对孩子们进行评价。15 岁时，在婴儿期为安全型依恋的青少年更愿意公开表达情感，更可能与同伴形成亲密关系。但在最近的跟踪研究中，这些研究者发现个体在婴儿期对父母的安全型依恋和在 19 岁时没有连续性。而且，一项综合了 127 项依恋的纵向研究的元分析得出的结论是对婴儿期的依恋分类的预测能力会随着时间的推移而减弱，到青少年末期和成年初显期时几乎全部消失。

近年来，大多数依恋研究者都修改了婴儿期依恋是今后人际关系基础的说法。取而代之的是，他们认为婴儿期的依恋是仍在建立中的倾向和期望，之后在儿童期、青少年期及以后的经历都可能对此加以修正。关于依恋的看法也是双向的，即依恋的质量既取决于父母的行为，也取决于孩子自己的气质和行为。

父母与青少年之间的冲突

学习目标 10： 描述青少年期个体与父母的冲突如何变化，明确在美国及其他国家此冲突的主要来源。

我的女儿有两种截然不同的性格。在外面她说话甜美、让人开心、有礼貌；但是她回到家后，我一说她不能做什么或者有什么不对，她就会立刻大发脾气。

——一位 16 岁女孩的母亲

我上高中时，父亲对我要求很严格，给我制订了许多规定，我通常什么也不能做。我渐渐长大并开始对男孩子感兴趣，父亲对此感到非常担心，因此他制订了严格的规定。我们经常争吵。他规定我到 16 岁时才可以约会，他说这就意味着"你到 16 岁时才可以和男孩子说话"。他不让我去任何地方。

——丹妮尔，19 岁

尽管儿童和青少年一般会形成对父母的依恋，但是家庭生活并非总是一帆风顺，有青少年的家庭更是如此。由于各种原因，青少年期是与父母的关系很难处理的一段时间。

父母与青少年之间的冲突的程度不应该被夸大。早期的关于青少年期的理论，如 G. 斯坦尼·霍尔（G. Stanley Hall）和安娜·弗洛伊德（Anna Freud）指出，青少年叛逆，父母和青少年之间会经历好几年的冲突，这是很普遍的、无法避免的现象。安娜·弗洛伊德甚至还坚称青少年与父母的关系中如果没有这种焦虑，他们就无法正常成长。

现在，研究青少年期的学者不再这样认为了。过去几十年来，大量研究表明这种说法是不对的。实际上，青少年与父母在对生活的看法的很多重要方面是相同的，他们对彼此有着深深的爱和尊重。20 世纪 60 年代的两项研究最早试图否定父母和青少年之间普遍存在激烈的冲突的看法，它们也是最重要的研究。这两项研究发现，大多数青少年都喜欢父母，并且信任、崇拜他们。这两项研究也发现，青少年与父母经常持不同意见，但是他们争吵的通常都是诸如宵禁、装束打扮、衣服、家用汽车的使用等小问题，这些争论并没有威胁到父母和青少年之间的依恋。

更新的研究确认了这一模式。这些研究报告青少年爱父母、关心父母，也自信父母对他们有同样的感觉。就像早期的研究一样，新近的研究也发现，父母和青少年之间的争吵大多是关于宵禁、衣服、音乐喜好之类的小问题。父母和青少年对这些问题可能持有不同意见并发生争吵，但是他们对关键的问题，如教育的重要性、努力工作的价值，以及对诚实和值得信任的渴望等重要的价值观方面的问题，通常持相同的看法。

但是，我们也不要被家庭和谐的乐观描述冲昏头脑。研究也表明，与青少年期之前相比，个体与父母的冲突在青少年早期急剧增加，且持续几年都保持高水平，之后在青少年后期减少。图 7-2 显示的是青少年期的冲突模式，结果来自一个纵向研究，该研究观察了母亲和儿子于 8 年间在 5 个特定时间里的交往情况的视频。一项加拿大的研究发现，40% 的青少年报告与父母一周至少争吵一次。"一般"青少年与父母发生冲突的概率比父母婚姻"不幸福"的家庭中的青少年更高。在青少年期出现的冲突在母亲与女儿之间尤其频繁和激烈。青少年和父母的冲突在青少年早期比在青少年期之前更加频繁；到青少年中期，孩子与父母的冲突不是太频繁，

母亲和青少年期的女儿之间的冲突频繁又激烈。

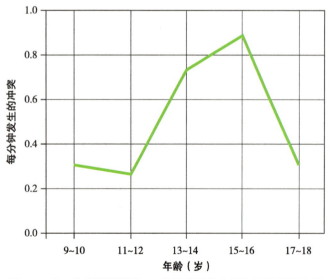

图 7-2 从 8 年间拍摄的共 30 分钟的录像中观察到的母子之间每分钟发生的冲突

但却更激烈了。只有在青少年后期和成年初显期时，孩子与父母的冲突才明显减少。

可能是由于这些冲突，父母把青少年期看成是孩子们成长过程中的最艰难的阶段。在一项荷兰的研究中，56% 的父母认为最为艰难的时期是孩子的青少年期，5% 的父母认为是婴儿期，14% 的父母认为是孩子蹒跚学步的时期。尽管中年期对成年人来说是很有收获且令人满意的时期，但是对他们当中的很多人来说，对与孩子之间的关系的满意度在孩子进入青少年期时有所下降。随着父母与青少年之间的冲突水平增加，亲密程度也下降了。

与父母之间的冲突的来源

为什么父母和青少年之间的争吵比之前更多呢？为什么个体在青少年早期与父母的冲突水平更高呢？对此的解释是青少年期的生物学和认知上的变化。在生物学方面，个体在青少年期身体逐渐变得高大强壮，父母很难再以自己在身形上的高大把他们的权威强加于人。还有，青少年期意味着性成熟，也就意味着性方面的问题可能成为冲突的来源，至少是间接的来源，这在童年期是不会出现的。早熟的青少年与父母之间的冲突比"准时"发育的青少年更多，这可能是因为对他们来说，性方面的问题出现得更早。

在认知方面，抽象思维能力和思维的复杂性程度提高，使青少年比父母更善于辩论，父母在与他们的争吵中很难迅速占据上风。心理学家朱迪丝·斯梅塔纳（Judith Smetana）认为，冲突也反映了青少年与父母对青少年的自主性的范围有不同的看法和解释。父母经常把冲突的问题看成是父母的权威，而青少年把这些问题看作个人选择。斯梅塔纳的研究表明，父母和青少年通常对谁在这些问题上有权威持有不同意见（尤其是处于青少年早期的孩子），如衣服和发型、对朋友的选择、卧室是否整齐（或凌乱）。父母一般认为这些问题应该由他们来决定，至少要受他们的影响，或者由他们来设定界限；但青少年倾向于把这些问题看作他们自己的个人选择，因此这些问题应该由他们自己来决定。冲突的最高峰出现在青少年早期，大概是因为在这段时间青少年开始追求更高程度的自主性，所以父母需要调整自己，以适应青少年的成熟及他们对自主权的争取。在斯梅塔纳和其他研究青少年与家庭的学者看来，青少年与父母之间的冲突是积极的、有用的，因为它可以促进青少年拥有更多自主权的家庭系统形成新的平衡。

父母想要保护孩子，想要阻止来自外界的一切危险。但是青少年充满好奇。他们渴望有机会去探索外面的世界。因此我们不难理解，为什么在一个家庭里，相互爱护对方的家人会生气、恼火，偶尔还会激怒对方。

——阿黛尔·费伯（Adele Faber）、伊莱恩·梅兹立希（Elane Mazlish）
《如何说孩子才会听，怎么听孩子才肯说》
（*How to talk so teens will listen and listen so teens will talk*）

尽管父母与青少年之间的大多数冲突都是因为一些鸡毛蒜皮的小事，但有些问题从表面上看虽然琐碎而不重要，但实际上它们潜藏着严重的问题。例如，在美国，大多数父母与青少年

很少就性方面的问题进行交流。在艾滋病和其他性传播疾病盛行的时代，如果大多数父母对青少年的性行为不关心，那么这真的很令人吃惊。然而这些父母觉得直接和青少年期的孩子谈论性的问题，是一件难以启齿的事。因此，当他们说"你不要穿成那样去上学"时，他们想要表达的意思是"你穿成那样太富有挑逗性了"。当他们说"我认为你不应该和他约会"，他们真正想说的是"他看上去一副饥渴的样子，我担心他是想和你发生性关系，我担心你也想这样做"。"要在 11 点之前回家"，这句话的意思就是"电影 10 点结束，我不希望你们在电影结束之后和你回家之前有时间发生性关系"。

性问题并不是唯一一个使父母与孩子用这种间接的方式争吵的问题，"我不喜欢最近与你来往的这群朋友"，这句话的意思可能就是"他们看上去像是做坏事的人，我担心他们想说服你去做坏事"。关于宵禁问题的争吵可能反映出父母想要说："你越早回来，你和朋友就越不可能喝太多的啤酒，发生车祸的可能性也就越小。"

由此可见，尽管这些争吵起源于微不足道的小事情，但这些小事情有可能发展成有关生命和死亡这样的严肃问题的争吵。由于青少年出现冒险行为的概率较高，父母对青少年的安全和心理幸福感的关心完全在情理之中（也可参见第 13 章），但是他们也知道美国的主流文化希望他们在孩子进入青少年期时放松对孩子的控制。因此，他们通过看上去不算太严重的问题间接地表达他们对青少年的关心。

知识的运用

把风俗情结这一概念应用到美国主流文化中的亲子冲突，冲突的典型主题如何反映某些文化信仰？

在非西方文化中，青少年和父母在经济上相互依赖，从而使冲突降至最低。图中是孟加拉国的一名男孩和父亲一起在稻田犁地。

文化及与父母之间的冲突

尽管青少年期个体会出现一系列生物学和认知上的变化，这是他们与父母之间发生冲突的基础，但并不意味着这样的冲突很普遍、很"自然而然"。各种文化中的青少年都会发生生物学和认知上的变化，但是青少年与父母之间的冲突并不具有典型性。文化的影响是潜移默化的，以完全不同的方式影响着青少年的发展。父母与青少年之间的冲突与这本书中讲述的其他问题都是如此。

在传统文化中，青少年和父母很少会发生频繁、琐碎的小冲突，但这种小冲突在美国主流文化中的青少年与父母的关系中很典型。在传统文化中，家庭成员在经济上互相依赖。在许多文化中，家庭成员每天都有大量时间一起度过，在家族企业中一起度过。儿童和青少年依靠父母来获取生活必需品，父母依靠孩子贡献的劳动力，所有的家庭成员通常都要互相帮助、扶持。在这种情况下，家庭成员在经济上的相互依赖性很强，这使得保持家庭和谐很重要。

但在传统文化中，青少年和父母之间的冲突水平更低不仅仅是由于经济方面和日常生活结构方面的原因。青少年和父母之间的冲突水平较低的情况不仅存在于非工业化传统文化中，也存在于工业化程度高的传统文化之中，如日本文化、韩国文化以及亚裔美国人和拉丁裔美国人的文化，另外在美国社会中也有这种现象。这一点表明，比经济因素更重要的原因是关于父母的权威和青少年独立性的适当程度的文化信仰。就如我们在前面讨论的那样，传统文化中的父母角色比西方文化中的具有更大的权威性，因此，这些文化中的青少年不太可能向父母表达不同意见和不满。

> **批判性思考**
>
> 　你认为传统文化中的青少年和父母之间的冲突会受到全球化怎样的影响？

这并不意味着传统文化中的青少年有时不想抗拒或公然反抗父母的权威。和西方的青少年一样，他们在青少年期经历生物学和认知上的变化，容易产生对父母的权威的抗拒。但是社会化不仅影响人们的做事方式，也影响人们的文化信仰以及看待世界的方式。在一些青少年成长的文化中，父母和其他年长者的地位与权威被以直接或间接的方式不断强调，因此，尽管这些青少年在生物学和认知上已经不断成熟，但他们在青少年期不太可能质疑父母的权威，因为这样的质疑并不是他们的文化信仰的一部分。所以，即使他们不同意父母的意见，他们也会因为自己的责任和对父母的尊重而不表达出来。

我们在理解传统文化中的青少年与父母的关系时，最关键的一点是，独立性对西方青少年来说非常重要，但它在非西方文化中并没有受到如此程度的推崇。在西方，如我们看到的，调整青少年自主性的增加的步调通常是父母与青少年之间冲突的来源。但是，在西方，父母和青少年一致认为独立性是青少年进入成年期的终极目的。在西方，人们认为每个人都应该在成年初显期完成这一点：不再住在父母家，不再从经济上依赖父母，而是学会独立，成为自立的个体。青少年自主性的步伐加快是父母和青少年争吵的根源，冲突的产生不是因为父母不想让他们独立，而是因为在他们向目标努力靠近时，双方都看重的自立的终极目的要求他们不断去适应和调整他们的关系。文化期望他们能够独立和自立，青少年的自主性的增加为他们做好了在这种文化中生活的准备。在西方，父母和青少年之间的典型的讨论、谈判和争吵也有助于让青少年为参与政治多元的、民主的社会做好准备。

在西方之外的其他文化中，独立性并没有被看成是青少年发展的结果。在经济上、社会上甚至心理上，家庭成员之间的相互依赖比独立性更重要，不仅在青少年期是这样，在整个成年期也是如此。在斯科拉格尔（Schlegel）和巴瑞（Barry）看来，传统文化中的家庭成员在经济上互相依赖，因此"如我们所知，独立性不仅应被认为是以自我为中心，也应被认为是鲁莽"。自主性的增加使西方青少年为个人主义文化中的成年生活做好了准备。在传统文化中，学会压抑自己的不同意见，屈服于父母的权威，也可以让青少年为成年生活做好准备。相互依赖是最重要的价值观，在家庭等级制里每个人都被明确地指派了角色和职责。

离开父母的巢穴（也可能再回来）：初显期成人与父母的关系

学习目标 11： 解释为什么从青少年期到成年初显期个体与父母的冲突通常会减少。

上高中时，我想方设法避免和父母谈话，因为那时候我认为他们想要知道的很多事情都与他们无关。现在我发现，由于我不住在家里，父母对我的生活知之甚少。他们不问我太多的问题，因此我也喜欢和他们聊天。

——塔拉，23 岁

上高中时，我很粗鲁，不体谅别人，总和妈妈吵架。自从我上大学后，我认识到妈妈对我来说真的很重要，她总是为我想尽办法。我长大了，开始真正欣赏她了。

——迈特，21 岁

他们仍然是我的父母，但是只是父母——我不知道"友谊"是不是合适的词，但是我和他们一起外出时我喜欢和他们在一起，他们扮演的不太像是父母的角色。这不是一种约束，而更像是一种很舒服的友谊。

——南希，28 岁

过去几年来，我和父亲的关系很亲密。在我上大学之前，我和父亲是明确的父子关系。现在他更像是我的导师或朋友。总体来说，父母和我之间的相互尊重越来越多。

——鲁克，20 岁

在西方主流文化中，大多数年轻人在成年初显期的时候都会搬离父母的家。在美国，年轻人一般在 18 岁到 19 岁离开家。这些初显期成人指出他们离家的最普遍的原因是去上大学、与朋友合住或仅仅是想要独立。

当年轻人要搬离父母家时，家庭系统内出现的分裂需要家庭成员调整、适应。如我们所见，一般来说父母适应得很好，实际上他们报告说，一旦孩子们离开家，他们的婚姻满意度和生活满意度都在提高。成年初显期的孩子搬出去住之后，父母和他们之间的关系如何呢？他们之间的关系会受到怎样的影响呢？

一般情况下，一旦年轻人搬离父母家，父母和成年初显期的孩子之间的关系就会有所改善。至少在这种情况下，不在家住让青少年的心情变得更愉悦。大量研究已经证实，初显期成人报告，在离开家之后他们与父母更亲密，而且消极感受减少。此外，搬出父母家的初显期成人比那些和父母住在一起的与父母相处得更好一些。例如，杜柏斯（Dubas）和皮特森（Petersen）对一个由 246 个 13~21 岁的年轻人组成的样本进行了跟踪研究。21 岁时搬到离父母一个小时（车程）以上的地方的年轻人报告的与父母的亲密水平最高，也最重视父母的意见。继续住在家里的初显期成人与父母的关系最差，搬离父母家但与之相距不到一个小时车程的年轻人与父母的关系居中。

初显期成人离家后与父母的关系会有所改善。

　　这些该怎么解释呢？有些学者提出，离家在外会让年轻人更懂得欣赏父母。另一个因素是年轻人可能更喜欢不一起住的人。初显期成人一旦搬离父母家，便不再经历与父母之间的日复一日的摩擦，这些摩擦是他们住在一起时难以避免的。他们可以控制与父母交往的频率和时间，这在与父母住在一起时无法做到。他们可以在周末、假期去看望父母，与父母一起吃饭，享受共同的时光；他们仍然可以保持对自己日常生活的完全的控制，就像我的研究中一个 24 岁的女性说的那样："我不想和他们说话的时候可以不说，想说的时候就说。"

　　在美国，尽管大多数初显期成人在不到 20 岁时搬出父母家，但也有相当比例（大约四分之一）的孩子还和父母住在一起，直到他们 20 岁出头。在拉丁裔美国人、黑人以及亚裔美国人中，和父母住在一起的现象更为常见。这是因为他们更强调家庭亲密感和相互依赖，不重视独立性的价值观。例如，我的研究中有一名初显期成人与她的华裔美国人母亲和墨西哥裔美国人父亲住在一起，直到她从大学毕业。她很喜欢这种方式，与父母住在一起让她可以和父母保持亲密接触。"我喜欢住在家里。我很尊重父母，所以和他们住在一起是我很喜欢做的事情之一。"她说，"再说了，住在家里免费啊！"对拉丁裔和亚裔美国人来说，和父母住在一起的另一个原因是针对年轻女孩的，因为他们很重视女孩在婚前保持贞洁。

　　在美国，大约 40% 的初显期成人在搬出父母家之后至少有一次"返巢"的经历。他们搬回父母家有多方面的原因。对于离家去上大学的年轻人来说，搬回父母家是他们在大学毕业或是辍学之后的过渡方式。这样他们可以有机会决定下一步做什么：去读研究生，或者找个离家近或离家远的工作。对那些以离家的方式追求独立的人来说，其中一些人可能会觉得独立性的光芒很快就暗淡了，做自己想做的事的自由很快就被需要照顾家庭和自己支付各种账单的负担所压倒。初显期成人也提出了其他一些搬回父母家住的原因，比如离婚或是服兵役。在这些情况下，搬回家住对年轻人度过这个过渡期很有吸引力，这让他们在再次回到社会之前能够振作起来。

　　初显期成人搬回父母家住之后，他们和父母会有各种不同的反应。对有些人来说，回到父母家是受欢迎的，这种过渡阶段可以很轻松地度过。如果父母认识到孩子变得成熟，把他们当作成年人而不是青少年对待，他们的过渡就可能会很成功。但是，对有些人来说，回家住的这个过渡阶段相当不平稳。父母会觉得很享受独占住宅的快乐，他们不用再抚养孩子或对他们负责任。初显期成人会发现很难在习惯自己处理自己的生活一段时间之后再次让父母来监控自己的日常生活。在我的研究中，玛丽搬回家住以后发现，当她和男朋友一起出去时母亲会熬夜等她回家，就像她读高中时那样，这让她感到很难过。他们并没有公开为此争吵，但是这让玛丽感觉"妈妈像是侵入了我的领地"。对很多初显期成人来说，搬回父母家住会造成矛盾心理，尽管他们不愿意回到有依赖性的孩子这样的附属性角色中，但他们很感激父母提供给他们的支持。可能出于这种矛盾的心理，他们回到家住的时间很短暂，三分之二的人一年之内会再次搬出去住。

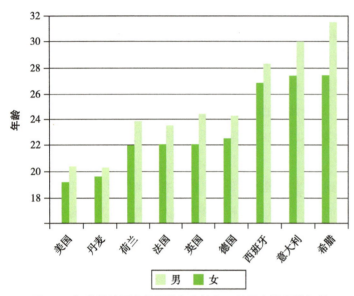

图 7-3　部分发达国家的男性和女性离开父母家的平均年龄

在欧洲国家，成年初显期的孩子与父母一起住的时间一般比美国的初显期成人更长，尤其是在南欧和东欧国家。图 7-3 是各欧洲国家与美国的对比。有许多现实原因可以解释为什么在欧洲成年初显期的孩子和父母住在一起的时间更长。欧洲学生在上大学以后继续住在家里的可能性更大。在欧洲，不上大学的初显期成人很难找到或负担得起属于自己的公寓。更为重要的是，欧洲的文化价值观强调家庭内部的相互支持，同时又允许年轻人有很大的自主性。欧洲的年轻人发现，和父母住在一起可以比自己单独住享受更高标准的生活，同时拥有相当大的自主性。意大利就是一个很好的例子。94% 的 15~24 岁的意大利人与父母住在一起，在欧盟国家中该比例是最高的。然而，他们当中只有 8% 的人认为这样的生活安排不好，在欧盟国家中这一比例是最低的。欧洲的许多成年初显期的孩子在 20 岁出头时还一直心安理得地住在家里，不是生活要求他们必须如此，而是他们自己选择如此。

　　他们从青少年期到成年初显期与父母的关系发生变化的原因，比单纯的搬出父母家、待在家里或再次搬回父母家要复杂得多。成年初显期的孩子也更能理解父母。如我们所见，从某些方面来看，青少年期是以自我为中心的时期，孩子在此阶段通常很难接受父母的观点。他们有时候会冷酷无情地盯着父母，放大他们的不足，对他们做得不够好的地方动不动就发火。随着不断成熟，他们开始能够体会成年人的感受，开始理解父母的看法，逐渐明白父母也是人，和他们一样是各种特质的综合体，有优点也有缺点。

　　在父母如何看待自己的孩子方面，以及如何看待孩子与自己的关系方面，变化不断出现。

他们的孩子行为的监督者和家庭规则的实施者的角色减弱，逐渐与孩子形成一种更放松、更亲切的关系。父母和孩子之间关系的变化使他们可以建立一种新的亲密感，他们的关系比以往更为开放，而且他们相互尊重。他们以成年人、朋友、平等或近乎平等的身份相处。当然，也有例外。有些父母发现，他们的"宝贝"很难长大，有些成年初显期的孩子不愿意接受成年人希望他们担负的独立自主的责任。但大多数情况下，初显期成人及其父母都能够且愿意适应这种新的近乎平等的关系。

总之，美国和欧洲各国的研究表明，尽管成年初显期的孩子自主性更强，但还保持着与父母的亲密感，甚至亲密感还在增加。这一点类似于我们所看到的青少年模式。对于青少年和初显期成人来说，自主性和亲密感是他们与父母之间关系的互补的维度，而非相互对立的维度。

历史变化与家庭

现在，为了更好地理解青少年和初显期成人的家庭关系，我们有必要了解现在的家庭生活模式的历史演变。在过去两个世纪，西方社会发生的许多变化都对家庭有重要影响。我们来简单地回顾一下这些变化，并思考每个变化如何影响青少年和初显期成人的家庭生活。我们将着重关注美国的情况，但是在过去的两个世纪中，其他发达国家和现在的发展中国家也在经历着类似的变化。我们先讨论在过去的 200 年里发生的变化，然后再关注在过去的 50 年里发生的变化。

过去两个世纪发生的变化

学习目标 12：概括在过去 200 年里西方国家的青少年的家庭生活发生的主要变化。

在过去两个世纪，影响家庭生活的 3 个变化是出生率降低、寿命延长、乡村居住占据主导地位转向城市居住占主导地位。与现在的年轻人不同，200 年前的年轻人一般都在大家庭中长大，在 19 世纪，平均每个美国女人生 8 个孩子！那时候，孩子在婴儿期或童年早期夭折是很常见的现象，年龄最大的青少年要承担照顾弟弟妹妹的责任。现在，平均每位母亲只生 2 个孩子。在这方面，200 年前的西方国家的青少年的家庭生活与现在很多传统文化中的青少年的生活相似。

人的寿命延长是另一个影响年

从 1830 年至今，农业家庭的比例从 70% 下降到 2% 以下。

轻人的家庭生活的变化。大约在 1900 年，人的平均寿命是 45 岁；现在人的平均寿命是 75 岁左右，并且还在延长。过去的人的寿命较短，在人年轻的时候或处于中年期时，其婚姻经常因为配偶的去世而结束。因此，青少年经常会经历父母去世以及寡居的父母再婚的情况。

城镇化水平的提高也会造成家庭生活发生变化。大约 200 年前，大多数人在家庭农场生活和工作。在 1830 年，近 70% 的美国儿童在农场家庭生活。到 1930 年，这个数字已经降到 30%，而现在该数字不足 2%。这就意味着 200 年前大多数青少年是在乡村地区的农场家庭中长大的，其日常生活围绕着农活，他们大多数时间与家人一起度过。后来人们搬离农场，越来越多的人搬到城市。成年初显期的孩子通常较早离开在农场的家前往大城市，这就意味着他们可以得到新的教育机会和就业机会，同时也有更多机会接触到婚前性行为、喝酒以及都市生活的其他诱惑。

社会的每一个变化都会影响年轻人的家庭生活。总体来看，我们可以说家庭起作用的范围大大缩小，很多功能被其他社会机构代替。在我们这个时代，家庭主要提供情绪或情感功能（affective functions），即家庭更应该给家庭成员提供爱、抚养和情感。

表 7-3 中列出的是家庭曾经的功能及现在承担这些功能的社会机构。你会看到，唯一仍然由家庭承担的功能是情感功能。尽管家庭在其他方面也起作用，但发挥这些功能的主要环境已经转移到了家庭以外。居住在发达国家的大多数年轻人在教育、医疗方面不再依赖父母，也不再依靠家庭产业为他们留出职位或提供娱乐。年轻人主要是向父母寻求爱、情感支持，以及某种程度上的道德引导。

表 7-3　家庭功能的变化

功能	支持机构 （19 世纪）	支持机构 （21 世纪）
教育	家庭	学校
宗教	家庭	教会
医疗	家庭	专业医疗机构
经济支持	家庭	雇主
休闲娱乐	家庭	娱乐产业
情感	家庭	家庭

过去的 50 年

学习目标 13： 列举在过去 50 年里西方国家的青少年的家庭生活发生的主要变化。

现在的家庭生活不仅与 200 年前截然不同，与 50 年前相比也发生了巨大变化。在这期间，最大的变化是离婚率升高，单亲家庭的孩子的比例增加，父母都上班挣钱养家的家庭越来越多。我们再来看看这些变化，同时关注其对青少年和初显期成人成长的影响。

离婚率升高

50 年前，美国社会中离婚的情况比现在少很多。实际上，从 1950 年到 1960 年间离婚率还出现了下降（见图 7-4）。但从 1960 年到 1975 年间离婚率几乎翻倍，从 1980 年至今离婚率

情感功能（affective functions）
家庭的情感功能，关于爱、抚育和依恋。

又稍有下降。美国是世界上离婚率较高的国家之一。现在的离婚率非常高，年轻人中有近一半的人在十几岁时经历过父母离异。此外，离婚的人中有四分之三以上的人最终又再婚了，四分之一的年轻人在 18 岁时会住在继父母家中。在美国，非裔美国人的离婚率最高；高中及以下学历的人的离婚率高于大学或更高学历的人。

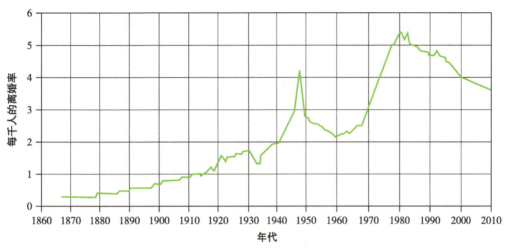

图 7-4　美国离婚率的变化

单亲家庭的比例增加，离婚率升高同时也会造成单亲家庭的比例增加。尽管大多数离婚的人还会再婚，但是两次婚姻之间有一段时间是单亲父母在抚养孩子。在大约 90% 的离婚家庭中，母亲是**监护人**（custodial parent），监护人是指离婚后与孩子同住的家长。

由于离异造成的单亲家庭的数量增加，婚外生育孩子的比例也在增加。在美国社会中的白人家庭和黑人家庭中都出现了这样的情况，但黑人家庭尤其突出。现在大约 40% 的白人家庭和 70% 的黑人家庭是单亲母亲家庭。把离异的单亲家庭比例和未婚的单亲父母家庭的比例结合后我们发现，只有 20% 的黑人和 40% 的白人在年满 18 岁之前一直与亲生父母生活在一起。

双职工家庭的比例增加

在 19 世纪和 20 世纪早期，工业化的兴起让大多数人走出家门或农场，到工厂、大公司和政府组织去工作。过去做这些工作的几乎都是男人，女性很少在工业化的企业中工作。在 19 世纪，女性被指定的工作范围是家庭，被指定的角色是照顾家人生活的人，她们是丈夫和孩子在工业化社会的复杂环境和挫折世界中的避难所。

大约 50 年前，随着**双职工家庭**（dual-earner families）的增多，这种趋势发生了变化，母亲也随着父亲外出工作。在过去 50 年里，家有学龄期孩子的女性的就业率不断增加，如图 7-5

监护人（custodial parent）
离婚后与孩子同住的父亲或母亲。

双职工家庭（dual-earner families）
父母双方都工作的家庭。

所示。青少年的母亲外出工作的可能性比年龄更小的孩子的母亲更大。其原因是我们之前讨论的离婚率的升高和单亲家庭的增加，使得母亲成为家庭收入的唯一来源。另外，非离异家庭的母亲也会去工作来维持适当的家庭收入水平。

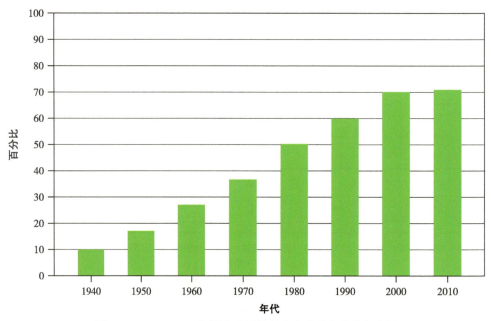

图 7-5　1940—2010 年间有孩子的母亲在劳动力中所占比例

当然，家庭生活的变化也有非经济方面的原因。在过去 50 年里被否定的许多教育和职业机会向女性开放了。研究表明，大多数全职母亲在有足够的金钱之后还会继续工作。专业领域的女性和在饭店、工厂工作的女性大都报告她们对工作很投入，在享受家庭角色的同时也享受工作的角色，并且渴望继续工作。

父母离婚、再婚、单亲家庭和双职工家庭的影响

我们回顾了当今美国家庭的历史背景，现在再来看看父母离婚、再婚、单亲家庭和双职工家庭与年轻人的行为及对家庭生活的看法有何相关。

父母离婚

学习目标 14：区分家庭结构和家庭过程，用家庭过程来解释青少年对父母离婚、再婚以及单亲家庭和双职工家庭的不同反应。

我 15 岁时父母分居了。我和母亲住在一起，但会在星期天去看父亲。我们会一起去玩，比如看电影，这类活动可以减少我们的交往压力……父母现在离婚了，父亲每个星期天晚上会给我打电话。我们聊聊学校、我的工作，以及一些新闻里的事。但是当我需要建议或只是想聊聊天的时候，

我总是给妈妈打电话。她更了解我的日常生活，和她在一起我感到很舒服。我和父亲的关系更勉强一些，因为他对我的生活近况不甚了解，甚至有一段时间他完全不了解我的生活。

——马瑞林，21 岁

我的父母离婚了，因此家里的经济情况不好。父亲是精神病患者，也不支付子女的抚养费。上初中时我想得到其他孩子拥有的东西，比如丽资克莱本品牌的钱包、设计师服装等。我经常缠着母亲要钱，有时候逼得她直掉眼泪，因为她想给我这些东西却买不起。

——杜恩，20 岁

由于在过去 50 年里许多国家的离婚率很高，而且在迅速上升，学者们投入了大量的精力来探讨离婚的影响。在许多国家，研究持续发现离异家庭的年轻人与非离异家庭的年轻人相比出现各种消极结果的风险更高，包括行为问题、心理痛苦，以及学习成绩问题。在行为问题方面，离异家庭的青少年比非离异家庭的青少年酗酒的风险更高，发生初次性行为的时间更早。在抑郁方面，离异家庭的青少年更容易出现抑郁和退缩问题。认为自己受到父母之间的情感冲突的影响的青少年在父母离异之后更可能感到焦虑和抑郁。离异家庭的青少年报告他们有心理问题的可能性及接受心理健康治疗的可能性更大。在学习成绩方面，与非离异家庭的年轻人相比，离异家庭的年轻人在学校的表现更不如同伴，上大学的可能性也更小。

父母间的冲突会给儿童和青少年带来各种问题。

历史焦点

经济大萧条时期青少年的家庭生活

大萧条是 20 世纪最严重的经济灾难，开始于 1929 年的美国股票市场大跳水，并很快波及整个世界。1932 年，美国进入大萧条的最低谷时期，股票已经跌至 1929 年市值的 11%，成千上万的公司倒闭，银行关门。三分之一的成年男子失业，无家可归和营养不良的人随处可见。一般家庭的收入下降了 40%。

这些历史事件对青少年的成长有何影响呢？社会学家葛兰·艾德（Glen Elder）和他的同事们分析了一项纵向研究的数据，该研究从 20 世纪 30 年代早期开始对家庭进行跟踪。广为人知的"奥克兰成长研究"（Oakland Growth Study）对 1920—1921 年出生的 167 名青少年进行了跟踪研究，从 1932 年（这些青少年 11 岁到 12 岁时）开始直到 1939 年（他们 18 岁或 19 岁时）为止。在 20 世纪 50 年代和 60 年代人们又进行了跟踪研究。他们都来自白人家庭，其中半数以上在大萧条之前都是中产阶级家庭。

这些家庭在大萧条期间在经济上遭受的损失各不相同。许多学者对在大萧条期间"被剥夺了财产的"家庭和"未被剥夺财产的"家庭进行了比较。大多数被剥夺了财产的家庭的收入比 1929 年时下降了一半或更多。未被剥夺财产的家庭的收入比 1929 年时平均减少了 20%，当然他们的收入减少得也很多，但是不像那些被剥夺财产的家庭那样具有毁灭性。

在大萧条期间，青少年通常会做兼职来贴补家用。图为 1933 年康涅狄格州的一名女孩。

家庭经济上的困难以多种方式影响着青少年的家庭生活。大萧条时期经济的巨变给家庭关系带来了相当大的压力，尤其是对贫困家庭。许多贫困家庭的父亲由于没有能力找到工作养家糊口，会觉得挫败和羞耻，因此与妻子和孩子的关系变得越来越糟。父亲对孩子的惩罚越来越多，对妻子更容易生气和烦躁，对孩子也是如此。父亲越来越爱发脾气，总是惩罚他们，孩子的社交表现和心理幸福感可能会有所下降。

对其他家庭成员来说，经济困难的影响更为复杂，令人惊讶的是家庭经济困难也会产生积极影响。随着贫困家庭中的父亲的地位的降低，母亲的地位得到提高。一般来说，贫困家庭的母亲在她们处于青少年期的孩子看来比父亲更有权威、更有支持性、更有吸引力。

经济上的贫困将成年人的责任过早地带到了青少年的生活中。到 14 岁或 15 岁时，贫困家庭的青少年做兼职工作的可能性比那些非贫困家庭的青少年更大，大约三分之二的贫困家庭男孩以及近一半的贫困家庭女孩已经在工作了。例如，艾德的研究中的一个男孩会在放学后去学校的餐厅刷盘子，再去监督 6 个男孩送报纸的情况。青少年女孩通常做临时保姆的工作或在当地的商店当店员。他们的收入通常被用于家庭开销。贫困家庭也需要青少年做更多的家务，尤其是女孩，因为这些家庭中的母亲去工作的可能性更大。贫困家庭的青少年比非贫困家庭的青少年更早结婚。

过早地承担家庭责任对青少年的影响一般来说是积极的。外出工作的青少年在花钱的时候比那些不去工作的青少年更有责任感，做事更有活力、更勤奋。总体来说，贫困家庭的青少年在家庭生活中起着非常重要的作用。尽管他们需要过早地承担家庭责任，但是这些责任对家庭来说十分重要，也很有意义。

但过早地承担家庭责任也会有一些消极影响，对贫困家庭的女孩来说尤其如此。贫困家庭的女孩会比非贫困家庭的女孩表现出更多的忧郁情绪，社交能力更差，感受到更多的不如意。对被父亲排斥的女孩来说这些影响尤其强烈。贫困家庭的女孩参加约会这类的社交活动的可能性比非贫困家庭的女孩更小，因为她们要承担更多的家务。

总而言之，艾德的研究结果表明历史事件和青少年的家庭生活之间有交互作用。该研究也表明在极端逆境中，许多青少年具有很强的心理弹性，在逆境中也会茁壮成长，甚至会因为身处逆境而更出色。

一般来说，相比年龄更小的孩子，青少年会更少受到父母离异的消极影响，这可能是因为青少年不那么依赖父母，与家庭以外的同伴们相处的时间更多，理解事物的认知能力更强，能够更好地适应家里发生的事情。但是，即使在父母离异多年以后，很多青少年以及初显期成人的有关这种痛苦的记忆和感觉仍挥之不去。在成年初显期，父母离异可能会影响人们在未来的亲密关系。在预测自己的婚姻时，离异家庭的初显期成人对进入婚姻表现出谨慎，尤其想避免结婚后再离婚。然而，来自离异家庭的年轻人出现离婚的可能性更大。

尽管有关父母离异的影响的研究发现是一致的，但是青少年和初显期成人在如何对父母的离异做出反应以及如何恢复方面大不相同。知道青少年是否来自离异家庭本身有助于我们确定他们在健康成长还是在努力挣扎。年轻人的父母离异，这只是告诉了我们与家庭结构有关的内容。**家庭结构**（family structure）是学者们用来指家庭的外在特征的术语：父母是否已婚，家里住了几个成年人和孩子，家庭成员之间是否存在生物学关系（如继父母家庭），等等。但近年来，研究离婚问题的学者们重点关注的是**家庭过程**（family process），也就是说，家庭成员之间的关系的质量、相互间的温暖或敌意的程度等。所以我们不能局限在离婚为什么对儿童和青少年有消极影响这样的简单问题上，而应该考虑更复杂、更有意义的问题，如离婚对家庭过程有何影响，以及家庭过程如何对儿童和青少年产生影响，这一点很重要。

关于离婚对儿童和青少年的影响，家庭过程的最重要的方面大概就是他们身处父母的冲突之中。离婚指婚姻关系的解散，对大多数成年人来说，婚姻关系是他们的情感生活和个人自我认同的核心。因为婚姻关系承载着大量的希望，如果随着时间的推移夫妻双方没有发生激烈的冲突，婚姻关系很难崩溃。住在发生离婚现象的家里，儿童和青少年在父母离婚之前、期间或之后可能都会身处父母之间的敌意和相互指责之中，这种经历是痛苦的、烦闷的、令人受

家庭结构（family structure）
家庭的外在特点，如父母是否已婚。

家庭过程（family process）
家庭成员之间的关系的质量。

伤的。

在非离婚家庭，父母之间的冲突对儿童的成长也有伤害性的影响。实际上，大量研究表明冲突水平高的非离异家庭的青少年和初显期成人比冲突水平低的离异家庭青少年和成年人适应能力更差。一项纵向研究表明，青少年在父母离婚后出现的问题在父母离婚前很长时间就开始了，这些问题是由于父母之间激烈的冲突造成的。因此，是身处父母的冲突之中，而不单单是父母离婚的具体事件，对儿童和青少年造成了很大的伤害。

在考虑离婚对青少年的影响时，家庭过程的第二个重要方面是父母离婚会影响父母的教养行为。对大多数成年人来说，离婚是很令人烦闷、痛苦的事情，会影响到生活的方方面面，包括如何执行父母的角色。这种压力尤其会落在母亲身上。作为家庭中唯一的家长，母亲不得不承担起先前由父亲分担的教养责任。由于父亲的收入不再直接负担家庭开销，母亲外出工作的负担增加，除此之外，母亲还需要去应付漏雨的屋顶、生病的宠物、坏了的汽车，以及日常生活中的各种其他压力。

因此，母亲对孩子的教养在离婚之后会发生变化是可以理解的，通常来说，它会变得更加糟糕。尤其是在离婚后的第一年，母亲没有离婚之前或是离婚几年以后那样慈爱，而是更加放任孩子，教养行为没有了一贯性。离异家庭的青少年在某些问题上比非离异家庭的青少年有更多的自由，例如，如何花钱、在外面可以待到多晚等。但是年龄较小的青少年发现自己拥有过多的，甚至已经超出了自己的应付能力的自由。

父母离婚后教养方式发生的变化的另一个方面是母亲会依靠青少年，并把他们当作知己。这对青少年来说既是坏事也是好事。他们会觉得和母亲更亲密了，同时发现听母亲诉说父母婚姻中出现的麻烦以及母亲在离异后的困难之处很难。初显期成人可以更好地应付这个角色。

在和父亲之间的关系方面，在大多数家庭，孩子与父亲的接触在父母离婚之后的几年内逐渐减少。到他们 15 岁时，美国离异家庭的青少年一般住在离父亲大约 650 千米以外的地方，近一半人会有超过一年的时间没有见过父亲。即便父亲在离异后和青少年保持亲密的联系，父亲也会抱怨很难安排和孩子的见面，因为青少年自己要参与的各种活动不断增多。而且，在父母离婚之后，父亲通常是年轻人怨恨和责备的目标。父母离婚时，孩子在选择和谁在一起时通常会感到很大的压力，因为在父母离异之前，母亲通常与孩子更亲近，孩子的同情心和忠诚更多地倾向于母亲。因此，与非离异家庭的青少年相比，离异家庭的青少年对父亲的消极感情更多，积极感情更少。

在考虑离婚对年轻人的影响时，我们需要考虑的第三个方面是离婚导致经济压力增加。由于父亲的收入不再被直接用于家庭开销，离异后由母亲主导的家庭会出现经济情况紧张。离婚后由母亲主导的家庭的收入平均减少 40%~50%。儿童和青少年在父母离异后出现的各种问题也可能是由于这些经济问题引起的。

> **批判性思考**
>
> 　　除了以上提到的各种因素，你能否想出其他的可能影响青少年对父母离异的反应的因素，无论好坏？

　　有几个因素可以帮助改善离婚对青少年孩子的负面影响。与母亲保持良好关系的青少年在父母离异之后仍然能够健康成长。如果父母在离异后能够保持礼貌关系，在交往时没有敌意，那么儿童和青少年受父母离异的消极影响的可能性更小。一个重要的相关因素就是父母各自的家庭教养方式的连续性。如果父母相互之间保持教养行为的一致性，并且能够更好地进行沟通，那么他们对孩子的教养就能做得更好，青少年就能从中受益。

　　当然，离婚后的父母通常对彼此怀有敌意，让他们保持交流和教养行为的连续性很难。由于在离婚期间和离婚后父母之间的冲突会对儿童和青少年造成伤害，近几十年来，离婚调解（divorce mediation）已经成为一种将父母离婚对孩子的伤害降低到最小的方式。在离婚调解中，专业调解员会与要离婚的父母见面，帮助他们就对母亲的经济支持以及双方都可接受的父亲看望孩子的时间安排达成协议。研究表明，调解可以解决大多数本来要上法庭的案例，并使离异父母和孩子之间以及离婚父母之间的关系得到改善，即使是在离婚多年以后。

　　与离异家庭中的青少年一样，未婚家庭和单亲家庭中的青少年出现各种问题的风险更高，包括学业成绩差、心理问题（如抑郁、焦虑）和行为问题（如违禁品滥用和过早的性行为）。然而，家庭过程至少与家庭结构一样重要，离异家庭也是如此。许多未婚单亲家庭中的父母与青少年之间相互关爱、信任和支持，因此这些家庭中的青少年能够像父母健全家庭中的青少年一样表现良好，甚至更好。

　　同时，只从父母的角度关注家庭结构会引发误解。在本章的前面我们已经提到，非裔美国人传统上都居住在大家庭里，与祖父母、叔叔、婶婶和堂兄弟姐妹住在一起。有研究发现大家庭结构能够给单亲非裔美国人家庭提供重要的帮助，包括分享情感上和经济上的支持，以及分担为人父母的责任。大家庭中的成员不仅直接给予青少年帮助，并且通过支持单亲父母更好的发挥父母的作用来间接地帮助青少年。

再婚

学习目标 15：解释为什么青少年不支持父母再婚，即使再婚在许多方面对母亲有利。

　　有段时间（我的继父）想尽办法与我接触，我总说他这是"想方设法做我的爸爸"，你知道，他不是用好的方式，而是用很糟糕的方式。我觉得他在想办法使唤我，他没有权力这样做。那时候只有我和妈妈，我不喜欢别人走进我们的生活。因此我从一开始就认为我们永远也无法和睦相处。

离婚调解（divorce mediation）

专业调解员帮助正在离婚的父母协商，并以双方可接受的方式达成一致的一种方式。

我们都尽量刻意回避对方。

——李恩，23 岁

（我的继父）是个很有意思的人。他一直是这样，但我们并不感激他。我认为所有孩子都是如此。真的，我直到长大以后才懂得感激父母，回顾过去，我认为"哇，父母真的了不起"。

——李莉安，24 岁

青少年在父母离异之后出现各种问题，最相关的因素有父母之间的冲突、父母教养的间断，以及经济压力，你可能会认为母亲再婚可以大大提高离异家庭的青少年的心理幸福感（这里我只关注母亲再婚的情况，因为通常是母亲享有孩子的抚养权）。母亲和她的新任丈夫刚结婚，因此假设他们相处得很好。在这种情况下我们可以期望母亲的教养行为是连续一致的，因为她的个人生活更幸福了。她不再独自扮演家长的角色，新任丈夫可以帮助她教养孩子并承担家务。在经济压力方面，再婚可以减轻家庭的经济压力，因为继父的收入可以被用于家庭开销。

尽管母亲再婚有一些有利的方面，但研究发现青少年在母亲再婚后情况更糟。一般来说，与非离异家庭的青少年相比，继父母家庭的青少年出现各种问题的可能性更大，包括抑郁、焦虑及行为失调。继父母家庭的青少年的学业成绩比非离异家庭的青少年更差，在有些研究中也比离异家庭的孩子更差。无论是与非离异家庭相比还是与离婚家庭的青少年相比，继父母家庭的青少年卷入犯罪活动的可能性都更大。

此外，尽管在父母离婚以后，青少年出现的问题比年龄更小的孩子更少，但是父母再婚以后情况恰好相反，青少年为适应父母再婚而出现的问题比年龄更小的孩子更多。青少年女孩对母亲再婚的反应尤其消极。原因并不清楚，但一种可能性就是女孩在父母离异之后与母亲建立了更亲密的关系，而这种亲密关系被母亲的再婚打破了。

为什么青少年不赞成母亲再婚呢？研究再婚的学者们强调，尽管母亲再婚看起来似乎对儿童和青少年是积极的，但再婚同时代表着家庭系统又一次被打破，青少年需要再次适应这种很有压力的改变。父母离婚后，家庭成员最艰难的时间通常是离婚后的一年。此后，家庭成员逐渐适应，两年后，家庭功能大有改善。母亲再婚则打破了这种新的平衡。

父母再婚后，家庭成员不得不适应新的家庭结构，把另一个新成员整合到已经遭受离婚压力打击的家庭系统中。这种整合的不稳定性在一项研究中得到阐释，在这项研究中许多继父和青少年在列举家庭成员时都互不提对方，甚至在再婚两年以后仍是如此！当继父走进他们的家庭时，青少年和他们的母亲通常会感到"截然不同的现实"，母亲觉得更幸福，因为得到了丈夫的爱和支持，但青少年认为继父是不受欢迎的入侵者。

青少年对父母离婚和再婚的反应各不相同，但我们必须承认家庭过程以及家庭结构对他们的影响。家庭过程的关键问题是继父对青少年实施权威的程度。一位继父如果试图提醒青少年宵禁时间是晚上 11 点，或是轮到青少年洗衣服了，那么他可能会受到孩子的令人难堪的反驳："你又不是我父亲！"年龄较小的孩子更愿意接受继父的权威，但青少年一般会抵制或拒绝。

继父母与青少年之间的关系除了存在继父的权威问题之外，还存在很多其他障碍。对青少年期这个年龄段来说，孩子很难建立对继父母的依恋，因为这时候他们在家的时间很少，他们越来越多地转向同伴。青少年（以及年龄更小的孩子）也可能已经有了忠诚度，担心建立对继父的依恋是对亲生父亲的背叛。青少年已经到了性成熟阶段，因此他们觉得很难欢迎母亲的新的婚姻伴侣进入家庭。他们比年龄小的孩子更容易意识到母亲和继父之间的性关系，并对此感到很不舒服。

所有这些因素都说明对继父和青少年来说，建立良好的关系是一个难以应对的挑战。但是，许多继父和青少年确实成功地应对了这些挑战，建立了温暖的、相互尊重的关系。在成年初显期，孩子与继父母的关系通常会得到较大程度的改善。就像和父母在一起时一样，初显期成人开始把继父母更多地看作普通人，而不仅是继父母。初显期成人和继父母一旦不住在一起就可以控制（或限制）接触的时间，从而能够相处得更好。

双职工家庭

学习目标 16： 确定影响青少年对双职工父母的反应的变量。

在大多数西方家庭，父母亲每天都会外出一段时间。由于父母对儿童和青少年的社会化极其重要，学者们把他们的注意力又转向了这些问题：青少年在父母都外出工作时会发生什么事？青少年的成长会出现什么结果？

多数情况下，与父母亲中的一方外出工作的家庭相比较，双职工家庭并不会给青少年带来更大的影响。例如，ESM 研究表明，在母亲与青少年孩子共同度过的时间的数量和质量方面，双职工家庭和母亲不工作的家庭之间不存在差异。

在某些研究中，父母外出工作的时间量是一个重要变量。父母双方都是全职工作的青少年，不管是男孩还是女孩，比父母亲中有一人只在部分时间工作的青少年更容易出现各种问题。对从青少年放学后到父亲或母亲下班回到家之间的这几个小时进行分析后，研究人员发现不受父母和其他成年人监护的青少年出现问题的风险更高。这些青少年更可能出现社交孤独感、沮丧、吸毒和酗酒的问题。

考虑双职工家庭的影响的另一个关键变量是父母与青少年之间的关系的质量。如果父母从远处对他们保持监管，如让孩子通过电话告诉他们自己到家了，双职工

现在大多数美国青少年生活都在双职工家庭中。

家庭的青少年可能发展得更好。如果父母双方在工作的同时保持对孩子适当水平的要求性和反应性，他们的青少年孩子一般来说都会成长得更好。当父母与青少年在一起时，与理解青少年相比，父母陪伴青少年的时间的多少显得不那么重要。

家庭功能中的问题

尽管父母离婚和再婚是青少年情绪不佳的原因，但有些青少年在家庭生活中存在更严重的困难。身体虐待和性虐待尤其具有毁灭性。因为家庭功能失调或贫困等问题，一些青少年过早离家，成为"离家出走者"或"街头流浪儿童"。

家庭中的身体虐待和性虐待

学习目标 17：描述身体虐待和性虐待的原因及后果。

尽管大多数青少年和初显期成人与父母的关系很好，但有些年轻人会遭受父母的身体虐待和性虐待。在美国社会，遭受虐待的青少年的比例很难确定，因为大多数家庭都不愿意让别人知道。但是，研究表明身体虐待发生在青少年身上的可能性比发生在年龄更小的孩子身上的可能性更大。父亲比母亲更可能体罚孩子。性虐待一般发生在青少年期刚开始的时候，然后会一直持续到青少年期。在接下来的部分中我们先来看身体虐待，然后是性虐待。

身体虐待

是什么导致父母对青少年孩子实施身体虐待呢？大家普遍接受的一个研究发现，父母的生活中的家庭压力和问题更容易导致父母出现对儿童和青少年的身体虐待。虐待在贫困家庭中比在中产阶级家庭中出现得更多，在大家庭中比在小家庭中出现得更多，在父母有抑郁、身体不好或酗酒等问题的家庭中，虐待也更容易出现。对孩子实施身体虐待的父母一般不善于教养孩子和应对生活压力。

身体虐待与青少年的生活中的许多困难也有关。受到身体虐待的青少年在与同伴和成年人交往时攻击性更强。这可能是由于他们在看到父母的攻击性行为之后对此进行模仿，也有可能是因为被动型基因→环境效应的作用（例如，实施身体虐待的父母把造成攻击性的基因遗传给孩子）。受到身体虐待的青少年比其他青少年更可能出现反社会行为和物质滥用问题，他们更容易抑郁、焦虑、学习表现不佳、与同伴相处困难。但是，这些后果并非不可避免。许多受到身体虐待的青少年适应能力很强，长大以后成了正常的成年人，而不是对孩子进行身体虐待的父母。

性虐待

青少年受到父母的性虐待的原因与受到身体虐待的原因截然不同。身体虐待更容易发生在男孩而不是女孩身上，而性虐待通常是女孩受到兄弟、父亲或继父的性虐待。与实施身体虐待的父母不同，实施性虐待的父亲通常攻击性不强，他们在成年人中感到不安全，有社交困难。因为他们在与成年人的关系中感觉不舒服，包括与妻子的关系，所以他们宁愿从孩子身上寻求性满足，因为孩子更容易控制。性虐待通常是由这类动机引起的，而不是对失控的情感的表达。相反，对青少年期的女儿进行性虐待的父亲一般都在她们小时候没有和她们在一起生活过。她们更可能受到继父而不是父亲的性虐待，因为继父女之间不存在生物学上的乱伦禁忌。

性虐待的影响比身体虐待的影响更加深远、更为普遍。父母对孩子实施性虐待是对信任的彻底摧毁，父母不但没有给孩子提供关心和保护，反而利用孩子对抚养和保护的需要来满足自己的需要。因此，父母实施性虐待的许多影响在受害者的社交关系中是显而易见的。遭受性虐待的青少年一般都很难信任他人，很难形成稳定的亲密关系。在遭受性虐待期间及很多年以后，受害者都会经历抑郁、焦虑和社交退缩。青少年受害者可能会在性行为中用某种极端的行为做出反应——或是对性接触极度逃避，或是性关系极其随意。性虐待的其他后果还包括物质滥用、各种心理失调、自杀的想法和行为。

批判性思考

从依恋的角度来解释性虐待的影响。

尽管性虐待是父母对孩子做的危害最大的事情，但遭受性虐待的儿童中有三分之一很少或根本没有出现任何症状。女孩受到父亲或继父性虐待的事情暴露之后，母亲的支持对帮助她们从中恢复过来尤其重要。如果母亲向她们解释，安慰并让她们打消疑虑而不是拒绝或指责，那么女儿就能够更好地应对。心理治疗也能够帮助女孩恢复。

过早离家：离家出走的孩子和"街头儿童"

学习目标 18：区分发达国家的离家出走的孩子和发展中国家的"街头儿童"。

在发达国家，未达到合法的成年年龄而离开家的青少年经常被说成是"离家出走"。在有些发展中国家，这样的青少年经常被称为"街头儿童"。离家出走的青少年经常因遭受虐待或家庭功能失调而离开家，而街头儿童往往因为家庭贫困而在街头流浪。

离家出走

我逃学两天，爸爸知道了，用皮带抽了我。我的手和腿上到处都是瘀青。妈妈对此无动于衷，那时候她对我也很生气，因此那个星期五我离家出走了。

——*一个 15 岁女孩*

对有些青少年来说，由于某种原因家庭生活变得不能容忍，所以他们离家出走。据估计，在美国每年有大约 100 万青少年离家出走。这些青少年中大约有四分之一并不是"被父母抛弃"的，也就是说不是父母迫使他们离家出走的。80%~90%的青少年离家后住在 80 千米之内，和亲戚或朋友住在一起，并且每次回家不会超过一个星期。离家在外几个星期、几个月，或者根本不回家的青少年，更容易出现各种问题。

意料之中的是，离家出走的青少年通常与父母的冲突水平高，或者受到过父母的身体虐待或性虐待。例如，在一项针对多伦多的离家出走的青少年的研究中，73%的被调查者受到过父母的身体虐待，51%的被调查者遭到过性虐待。其他与青少年离家出走相关的因素还包括家庭收入低、父母酗酒、父母之间的冲突多，以及父母对青少年的忽视。青少年的性格特征对他们离家出走有很大影响。离家出走的青少年比其他青少年更容易卷入犯罪活动、使用违禁品，他们在学校也总是出现问题。他们更容易出现心理问题，如抑郁和情感孤独，更容易成为同性恋者。

尽管青少年离家出走通常代表着逃离艰难的家庭生活，但这也会导致其他问题。离家出走的青少年更容易成为被剥削和利用的对象。他们中的很多人报告被抢劫、受到身体攻击、受到性攻击，以及营养不良。在绝望中，他们可能通过"为生存而出卖性"来赚钱，即通过性交易获得食物和毒品，或者被迫卖淫、制作色情作品。一项针对390名离家出走的青少年的研究论证了他们可能出现的各种问题。将近一半的人偷过食物，40%以上的人偷过价值超过50美元的东西，46%的人进过监狱至少一次，30%的人曾通过提供性服务赚钱，55%的人使用过有迷幻作用的违禁品，43%的人使用过其他违禁品。其他研究也发现，抑郁和自杀行为在离家出走的青少年中也很常见。有一项研究把无家可归的青少年与其他青少年进行了比较，研究发现无家可归的青少年出现抑郁的可能性是其他青少年的13倍，他们当中有38%的人试图自杀过至少一次。

许多城市都有为离家出走的孩子而设的收容所。一般来说，这些收容所为青少年提供食物、保护和咨询服务。如果青少年愿意，如果回到家里很安全，他们也会帮助青少年与家人取得联系。但是，很多收容所缺少足够的资金，因此很难为所有前来寻求帮助的青少年提供收容服务。

世界各地的"街头儿童"

不只在美国的市区街头能够看到青少年露宿街头。很多"街头儿童"是青少年，几乎在世界上的每一个国家都能找到。据估计，世界范围内的街头儿童的总数可能高达1.5亿人。许多街头儿童都无家可归，但也有一些儿童白天在街头游荡，晚上大多数时候回家睡觉。导致青少年在街头流浪的主要原因在世界各地各不相同，在西方有可能是家庭功能失调，在亚洲和拉丁美洲有可能是贫穷，在非洲有可能是贫穷、战争和（由于艾滋病导致的）家庭破裂。全世界的街头儿童都有更高的风险滥用违禁药品、出现精神健康问题、患上传染性疾病和性传播传染病（STIs）。在这部分，我们将讨论三个国家的街头儿童的生活：印度、巴西和肯尼亚。

据估计，在印度有1000万以上的街头儿童。除了贫穷以外，生活在街头的原因还有家里过于拥挤、遭到了身体虐待，以及父母存在物质滥用的问题。大约有一半的印度街头儿童无家可归。大多数街头儿童以乞讨、做小商贩、擦鞋或洗车为生。他们染上各种疾病的概率很高，如霍乱和伤寒，也更容易受到身体虐待或性虐待。男人们认为在街头流浪的女孩患有艾滋病的可能性比年龄大的女人更小，因此试图让她们卖淫。他们报告经常与父母就收入极低、不遵守规定，以及看电影（在印度是一种很流行的娱乐方式）等问题发生冲突。但是，大多数印度街头儿童也报告他们能感受到家庭的爱和支持。此外，他们一般也会和其他街头儿童形成帮派，帮派联盟可以提供认同感、归属感和支持。尽管生活压力很大，生活很艰难，他们仍会找时间娱乐和休闲。印度的大多数街头儿童没有泄气或消沉，他们表现出很强的适应能力，他们说自己很享受"街头流浪生活的兴奋以及行动和搬家的自由"。

在巴西，每个大城市都有数不清的街头儿童。许多儿童是因为贫穷被迫去街头流浪，去寻找食物、金钱或衣服。有些青少年会在晚上回到家里，把白天在街头募集的钱物带回家。有些青少年不回家，或很少回家。有些青少年经历了一段从家庭到街头的过渡阶段，一开始他们去街头几个小时，与街头的其他孩子交朋友，后来他们在街头的时间越来越长，回家的时间越来越短。他们的日常生活是为生存而努力，他们常常在寻找食物、洗澡的地方、睡觉的地方，同时也受到毒品交易者和警察的骚扰。他们被社会认为是"小罪犯"和"未来的小偷"，他们当中确实有许多人由于令人绝望的境况而从事犯罪、吸毒和色情活动。正如戴沃思（Diversi）和同事们所观

街头儿童的日常生活很艰难。图为巴西里约热内卢的男孩们。

察到的，"在决定与陌生人发生性关系时，对金钱和衣服的需求似乎比怀孕或染上性病这些假想的可能性更加真实；偷来的手表可以换来 5 美元，在肚子饿得咕咕叫的时候这尤其重要，这些都可能压倒在寒冷的房间里被抓的假想"。

街头儿童在非洲的肯尼亚也有很多。在一项对肯尼亚的街头儿童的研究中，奥普特卡（Aptekar）和席爱诺－费德若夫（Ciano-Federoff）对街头男孩和女孩进行了区分。肯尼亚是非西方国家，街头男孩的数量比街头女孩多。奥普特卡和席爱诺－费德若夫发现街头儿童一般都保持着与家庭的联系，并继续与父母住在一起，会把大部分钱带回家，尤其是来自单亲母亲家庭的街头儿童。男孩子们展示出令人印象深刻的智谋，他们建立友谊、利用救助项目、发展认知技能（例如，在一个地方买便宜的东西到另一个地方售卖，以此获取微薄的利润）。相反，街头女孩离家出走通常是为了避免性虐待，她们一旦流浪街头，便与家人没有了联系，也不会与其他女孩建立友谊。在街头，她们主要是在性方面被评价：如果她们被认为没有吸引力，就会被刻意回避；如果她们被认为有吸引力，就会被强迫卖淫。通常，街头男孩帮派的头儿会把几个街头女孩当作"老婆"，给她们提供食物，保护她们不受其他男孩侵犯，以此作为与她们

发生性关系的回报。

　　总体来说，世界各地的街头儿童的适应能力都很强，能够形成认知技能，能够交朋友，在面对极端艰难的情况时还能得到家庭的支持。但是，他们出现疾病和物质滥用等各种严重问题的风险很高，对女孩来说尤其如此，她们出现卖淫问题的风险很高，并且对成年生活的期望很糟糕。

朋友和同伴

学习目标

1. 总结发达国家的青少年期友谊和家庭关系的平衡的转换。

2. 解释发展中国家的青少年与家人的关系及与朋友的关系之间的平衡有什么特点。

3. 解释为什么深厚情感的源泉是朋友，而不是父母。

4. 描述亲密关系在青少年友谊中的作用以及随着年龄增长它如何变化。

5. 把青少年的认知发展与亲密关系在友谊中的重要性的日益增加联系在一起，解释为什么亲密关系对女孩的友谊更重要。

6. 明确友谊从青少年期到成年初显期的变化。

7. 明确让青少年聚在一起产生友谊的相似点。

8. 总结有关友谊对危险行为的影响的研究，解释为什么"影响"很难确定。

9. 列举青少年互相支持的不同方式，以及这种支持如何影响他们的发展。

10. 区分小团体和群体，描述它们的不同功能。

11. 解释为什么在青少年小团体中讽刺和嘲笑很常见，并举出文化差异的例子。

12. 明确关系攻击的概念，并解释为什么关系攻击在女孩中更常见。

13. 描述青少年期和成年初显期的群体的功能和重要性如何变化。

14. 列举群体的文化多样性。

15. 解释如何判断青少年的受欢迎程度，明确与受欢迎有关的主要特点。

16. 明确受欢迎或不受欢迎的状况很难改变的原因，以及针对不受欢迎的状况的有效干预方案的特点。

17. 明确欺凌的概念，描述欺凌在不同的国家的普遍性及其后果。

18. 明确青年文化的构成，解释青年文化的形成原因。

19. 列出青少年期专用语的目的并举例。

20. 解释科技对青年文化的独特性的重要性。

我的朋友们很喜欢我，所以我在跟朋友在一起时也更喜欢自己。我总是和我最好的朋友塞隆一起做一些事情，这让我们更加亲密。如果我们花太多时间去想其他孩子可能不喜欢我们，我们就会感到困惑和低落。

——**12 岁的女孩**

我最好的朋友像我的兄弟一样，我可以告诉他任何事情。如果我要求他保密，他就一定会保密。我知道如果我需要他，他就会来。当我谈到一些问题时，他会帮我出主意，告诉我怎么做。

——**16 岁的男孩**

纵观整个生命阶段，朋友在大多数人的生活中是必不可少的一部分。不论我们处在哪个年龄阶段，我们都会把那些既能与你一起轻松玩闹又可以和你一起严肃对待某些事的人视为朋友。我们寻找能够理解我们的人，我们的一部分依据是那些人是否与我们有着共同兴趣或相似经历。我们信赖自己的朋友，我们知道我们犯错时他们会包容我们，我们陷入迷茫和恐慌时他们会支持我们，给予我们自信。

友谊在整个青少年期以及成年初显期有着特殊而重要的意义，因为在这段时期，年轻人的情感重心开始从家庭成员向家庭以外的人转移。但这并不意味着父母变得不再重要。我们在前面的章节中提到过，在青少年的生活中，父母在很多方面的影响仍是主要的。对大多数成年初显期的人来说，他们仍然非常依赖父母。但是，在大多数文化中，父母的影响力会随着年轻人越来越独立、在家的时间越来越少而逐渐减弱。最终西方国家的大多数年轻人会搬离家庭，某些时候会与恋人建立一段长期的恋爱关系。然而，事实上，在十几岁或者 20 岁出头的成年初显期建立的恋爱关系很难持续到成年期。朋友实际上搭建了一个桥梁，连接了从人们对家庭成员的依恋到最终对恋人的依恋之间的情感。

在青少年期，不仅是亲密的朋友，那些处于更大范围中的同伴群体也变得愈发重要。我们有必要区分"同伴"和"朋友"，因为这两个术语有时会被错误地认为是一回事。同伴仅仅是指在某些方面有相似状态的人。例如，路易斯·阿姆斯特朗（Louis Armstrong）和温顿·马萨利斯（Wynton Marsalis）是同伴，因为他们两人都是伟大的小号演奏者。当社会学家使用"同伴"这个术语时，他们通常指更具体的状态，尤其是年龄。对于青少年来说，同伴包括相同年龄的同学组成的大网络，以及社区成员和同事。在发达国家，青少年通常会参与到初中、高中的复杂的同伴文化中，这一群体通常要比他们在儿童时期的同伴群体更大。在初中和高中阶段，群体等级便已经形成，一些青少年明显地位较高，另一些青少年则被认为低人一等。在某种程度上，这就意味着处在这种境况下的青少年要学习如何在学校同伴文化中生活。

在这一章，我们将探讨青少年与朋友的亲密关系以及在更大范围的同伴文化中的社会关系。我们会从对友谊的考察开始。首先，我们要比较和分析青少年与朋友的关系、与家庭的关系。然后，我们要探索从中童期到青少年期友谊的发展变化，其中，我们尤其要关注青少年友谊中的亲密行为，因为这是青少年友谊的关键。我们也会探讨影响青少年择友的因素，尤其是相似性对青少年择友的影响。随后，我们会讨论"同伴压力"以及"朋友影响"。接下来的内容是对成年初显期的朋友和娱乐活动的讨论。

在本章的第二部分，我们会探讨更大的同伴社会团体，包括小团体和群体。在这部分，我们会讨论使青少年在群体里受欢迎和不受欢迎的特点，包括欺凌。最后，我们会探索人们时常提及的、在价值观和风格上都与成年人不同的"青年文化"。

从家庭向朋友的转变

当个体从中童期发展到青少年期时，大多数人都会经历家人和朋友之间的平衡的转变。在发达国家和发展中国家，个体与家人在一起的时间减少，与朋友在一起的时间延长。在情感方面，朋友也成了深厚情感的主要来源，无论在积极的情感方面还是在消极的情感方面。

发达国家中的从家人向朋友的转变

学习目标 1： 总结发达国家的青少年期友谊和家庭关系的平衡的转换。

在前面的章节中我们已经谈到，在美国主流文化中，从儿童期到青少年期，个体与家庭成员共处的时间逐渐减少，与父母的冲突增加。父母仍然在青少年的生活中扮演重要的角色，但是父母与子女之间的温情和亲密水平则表现出下降的特点。随着逐渐走出青少年期，美国青少年也会逐步远离家庭这个社会领域。

当他们远离自己的父母时，青少年会与朋友有更多的接触。我们已经看到，在大多数文化中，儿童（6~7 岁）会把学校生活的相当一部分时间用来与同伴交往。而在青少年期，他们不仅花更多的时间与同龄人交往，而且这种交往已经不仅限在学校里，还拓展到了他们放学后、

青少年期和成年初显期的友谊尤其重要。

晚上、周末、整个暑假，以及其他校外时间。

一项研究使用经验抽样法调查了青少年与朋友在一起的时间的比例和与父母在一起的时间的比例的变化。正如我们在第 7 章中提到的，青少年与父母在一起的时间从 5 年级到 9 年级缩减了近一半，从 9 年级到 12 年级缩减得更多。相比较而言，青少年与同性朋友的交往时间保持稳定，与异性朋友的交往时间增加。另一项研究使用的方法稍微不同，但是也得到了类似的结论。研究以 5 天为一个周期，在这个周期中研究人员每天都对 13~16 岁的青少年进行访谈，询问他们每天分别花多长时间与朋友和父母互动。结果发现，青少年与父母的互动时间平均每天是 28 分钟，与朋友在一起的时间平均每天是 103 分钟——后者是前者的近 4 倍。到目前为止，使用社交媒体是青少年与朋友保持联系的一种主要方式。在一项对 42 个发达国家所做的调查中研究人员发现，15 岁的青少年中有 57% 的人说他们每天都会与朋友保持社交媒体上的联系。

在青少年期，个体与家庭、朋友的关系的变化不仅表现在时间的多少上，也表现在关系的质量上。青少年与朋友的亲密程度要甚于父母和兄弟姐妹。对青少年来说，朋友变得越来越重要，朋友是他们快乐的源泉，和朋友在一起时他们感觉最舒服，他们在朋友面前可以敞开心扉。荷兰的一项研究发现，82% 的青少年将闲暇时与朋友在一起的活动，视为自己最喜欢的活动。

尤尼斯（Youniss）和斯穆勒（Smollar）做过一个经典研究，他们调查了 1000 多名 12~19 岁的青少年，比较了青少年与父母的关系和与朋友的关系的质量。结果表明，90% 以上的青少年表示他们至少有一个"对他们来说意义非凡"的亲密朋友。另外，大多数（70%）的青少年同意下面的观点：

> 我的朋友比我的父母更理解我；
> 我觉得在当前的生活中，我从朋友身上学到的比从父母身上学到的要多；
> 与和父母在一起相比，我觉得和朋友在一起更能使我表现真实的自己。

尤尼斯和斯穆勒还问过青少年，当生活中遇到各种各样的事情时，他们更愿意和朋友还是和父母商量，结果呈现在图 8-1 之中。当问题涉及与教育和未来就业方向有关的内容时，他们更倾向于和父母商量，但当涉及更私人的问题时，多数人则选择了朋友。

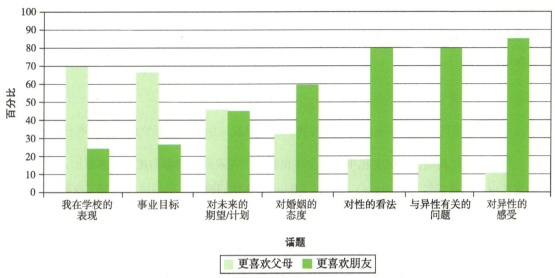

图 8-1 喜欢与朋友或与父母谈论某些话题的青少年的百分比

注：有些被调查者没有给出回应，选择范围不必累加到 100%。

批判性思考

你认为是什么原因导致很多青少年感觉与朋友相比，和父母越来越难亲近？这种现象是文化现象，是发展阶段的特征，还是两者皆是？

另一项研究以 4 年级、7 年级、10 年级学生以及大学生为被调查对象，通过询问哪种关系给他们带来最大的情感支持，研究他们对父母、朋友的定位。对于 4 年级的学生来说，父母是他们最主要的支持者；而到 7 年级的时候——进入青少年期，来自同性朋友的支持和来自父母的支持相当；到了 10 年级，来自同性朋友的支持则胜过了父母。对于处于成年初显期的大学生而言，情况则再次发生变化，恋人成为他们主要的支持来源。

欧洲的关于青少年与父母、朋友的关系的研究和美国的研究得到了相似的结果。例如，一项来自荷兰的研究调查了 15~19 岁的青少年会向谁表达自己内心的想法、自己的私人情感、自己的悲伤和秘密。结果发现，有近一半的青少年的回答是自己最好的朋友或是恋人，只有 20% 的学生的回答是自己的父亲或母亲，或者父母双方（只有 3% 是父亲）。来自欧洲其他国家的研究也证实了青少年在和朋友在一起时最开心，他们倾向于听取朋友的关于人际或娱乐方面的建议，而当涉及教育和职业规划的问题时，他们更倾向于采纳父母的建议。

尽管来自父母的影响减弱，父母仍通过很多间接的方式塑造着青少年的同伴关系，包括父母选择的居住地、子女上学的地方（公立还是私立）、在哪里参加区宗教仪式（或是否参加）。父母决定了青少年将遇到什么样的同伴群体，以及青少年从中选择朋友的同伴圈子。父母也经常会通过鼓励和反对他们与朋友的交往来主动管理青少年的友谊。另外，父母会通过家庭教育影响青少年的个性特征和行为方式，进而影响青少年对朋友的选择。例如，一项对 3700 名青少年的调查发现，如果父母鼓励青少年获得好的学习成绩并监督他们的日常活动，那么青少年就会有更好的成绩和更低水平的违禁品使用，学习成绩和违禁品使用反过来也会影响青少年对朋友的选择。

传统文化中的家庭成员和朋友

学习目标 2： 解释发展中国家的青少年与家人的关系及与朋友的关系之间的平衡有什么特点。

与西方文化相同，传统文化中的青少年也要减少在家庭中的参与度而更多地加入到与同伴的交往中。谢莱吉尔（Schlegel）和巴里（Barry）在他们跨文化的研究中发现了这种模式的跨文化普遍性。

> 在人的生命全程（除了婴儿期），从儿童时期一起打打闹闹的大批玩伴，到后来难以忘怀的、越来越少的同龄密友，都是因为年龄的相似性聚在一起的。当青少年临时从对家庭的强烈认同感中脱离出来时，同伴群体对他们来说有着尤其特殊的意义。个体在儿童时代完全依赖自己的原生家庭，在青少年期则不像过去那样依恋家庭，但也没有成年人般的责任感。当他们在人生的其他阶段也缺乏强烈依恋时，同伴关系可以弥补这种缺失。

虽然青少年与同伴、与家人的关系的模式在各个国家和文化中普遍存在，但根据谢莱吉尔和巴里的描述，现代西方文化中的模式和传统文化中的模式却有所不同，尤其在传统文化中，性别差异很大。具体而言，在传统文化中，男孩与朋友和同伴的交往要比女孩更加深入。青少年女孩和同性成人的接触时间比男孩更多，女孩与母亲的联系和亲密程度比男孩与父母双方的亲密程度都要高。她们和祖母、阿姨、姑姑或其他成年女性的亲密程度比男孩和他们身边的成年男性的亲密程度要高。例如，在墨西哥的玛雅，女孩们每天和其他成年女性待在家里，学习烹饪、缝纫和刺绣，而男孩们在白天会独自或和大家一起在田地干活，到晚上就和村子里的其

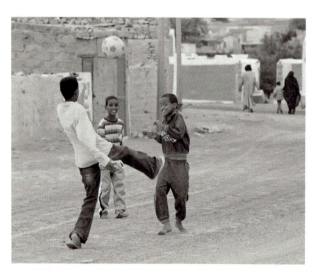

传统文化中，男孩与朋友在一起的时间比女孩更多。图为毛里塔尼亚岛上的男孩在一起玩耍。

他人一起玩。但是，谢莱吉尔和巴里强调，在传统文化中，不论是男孩还是女孩，所有青少年与家人在一起的时间都比西方现代文化中的青少年要多得多，西方的学校教育使青少年走出家庭，进入同伴社交世界，他们每天的大部分时间都和同伴一起。

甚至在大多数青少年也参与学校活动的传统文化中，与西方社会的青少年相比，他们在与朋友和与家庭的社交倾向和情感倾向上仍然偏向家庭。例如，印度青少年更愿意和家人而不是和朋友一起度过闲暇时光。他们如此并不是因为他们被要求这样做，而是

因为印度文化中的集体主义价值观，加之他们喜欢和家人在一起的时光。在巴西青少年眼里，来自父母的情感支持要高于来自朋友的支持。一项针对印度尼西亚和美国青少年的跨文化比较研究发现，在评价陪伴和愉快等级时，印度尼西亚青少年对家庭成员的评价等级要高于朋友。然而，研究也发现，在这两个国家，朋友都是青少年的亲密感最主要的来源。因此，可能的结论是：非西方文化的青少年在形成亲密友谊的同时，也保持了与家庭的亲密关系；而西方青少年与家庭的亲密程度减弱，与朋友的亲密程度增强。

与朋友在一起时的情绪状态：更高的高点，更低的低点

学习目标 3： 解释为什么深厚情感的源泉是朋友，而不是父母。

在一项 ESM 研究中，青少年报告他们最开心的时刻是和朋友在一起的时刻，通常他们和朋友在一起时要比和家人在一起时快乐得多。拉尔森和理查兹发现，两个关键原因导致了这种情况。第一个原因是他们发现自己的密友和自己有着相同的情绪。一个 7 年级的女孩这样描述自己的朋友："面对同样的事，她和我的感觉一样，她总是能理解我是什么意思，而且大多数时候，她也有相同的感受……即便没有相同的感受，她也会说，'我理解你在说什么'。"这个女孩和她的朋友都参加了 ESM 研究，当她们被"呼叫"的时候，她们的情绪通常非常一致，并且往往都是非常积极的情绪。正如在先前的章节中我们所了解的那样，这与她们和父母相处时的情绪形成鲜明的反差。当和父母在一起时青少年经常体验到消极的情绪，这与他们父母的感受之间有巨大的鸿沟：父母享受与青少年在一起的时光，而青少年则觉得心情低落，并希望到别的地方待着。

根据拉尔森和理查兹的观点，青少年与朋友在一起远比跟父母在一起更快乐的第二个原因是：青少年觉得在面对朋友时感觉更自由，更能真实地表现自己，而他们在面对父母时很少这样。也许，这就是友谊的本质，朋友会接纳和喜欢真实的自己。对青少年来说，有时这意味着与人探讨自己内心最深处的情感，尤其是正处于萌芽期的恋爱；有时候这也意味着伴随着青少年充沛的活力，做一些疯狂的、愚蠢的或放纵的事情。拉尔森和理查兹有时会抓拍青少年被"呼叫"的那些瞬间，当青少年们愿意做一些滑稽的动作让彼此开心时，他们的狂喜情绪不断上涨。一个有趣的事是一群男孩在一名男孩家的院子里乱逛，然后他们用水管互相喷水，互相大笑着谩骂。另一个有趣的事情是，一群女孩在半夜的时候，站在桌球台上面，互相揽着一边大笑一边跳舞。如图 8-2 所示，青少

图 8-2　9 至 12 年级美国青少年在一周中的情绪变化图

年们享受着与朋友们在一起的欢乐时光，在周末晚上这种情绪尤其高。这被拉尔森和理查兹称作青少年"一周中的情绪的高点"。

当然，青少年的友谊并不仅仅意味着朋友在情感上给予的支持和在一起的娱乐时光。在 ESM 研究中，朋友也是青少年最消极的情绪的来源，如愤怒、沮丧、悲伤、焦虑。青少年对朋友的强烈依赖和依恋也让他们在情感上十分脆弱，他们非常担心朋友是否喜欢自己以及他们是否足够受欢迎。拉尔森和理查兹指出："在我们的研究中，烦恼、误解、团体中的相互竞争是青少年的生活中常见到的事。"例如，一个男孩迟到了 1.5 小时赴约，他的朋友非常生气，不但排斥他而且好几天都不再理他。而在这段时间，这个男孩大多数时间都是独自一人，并且感觉非常自责、愧疚。"想一想如果换作是我，我一定也非常生气。"这种情绪一直持续到他们和好。虽然如此，总体而言，青少年和朋友在一起时的积极情感要比和父母在一起时多，在整个青少年期，朋友之间的快乐情绪会一直稳定地增长。其他研究使用其他方法也得出相似的发现。

青少年期友谊的发展：亲密的重要性增加

我们已经知道与青少年期之前相比，友谊对青少年来讲要更为重要。但是从儿童晚期到青少年期友谊是怎样发展从而变得越来越重要的呢？青少年期和儿童晚期的友谊在本质上有什么不同呢？

青少年和初显期成人的友谊的亲密性

学习目标 4： 描述亲密关系在青少年友谊中的作用以及随着年龄增长它如何变化。

在我小的时候，（朋友和我）只是一起玩。现在我们一起谈论事情，讨论问题。过去我们只是一起玩，现在你必须开放自己，能够跟身边的朋友谈话。

——15 岁的男孩

当我遭遇困难或遇到什么事情时，我会觉得朋友特别亲近。我能够向他们求助，他们也会帮助我。去年春天，我让朋友知道了我的一切，我告诉了她我的家庭遭遇的困境。我觉得和她很亲近，我喜欢她能够保守我的秘密，她不会告诉其他人。

——13 岁的女孩

我觉得和朋友特别亲密的时刻是我高三去墨西哥旅游的时候。有一天晚上，我和我的朋友待在旅馆里抽着雪茄，无所事事。我们在一起谈论了很多事——我们的生活、我们的计划、我们的梦想。那时候我觉得彼此特别亲近，因为我是一个内敛的人，很少跟别人分享自己的生活和感受。

——19 岁的年轻人

儿童后期的友谊以共同活动为基础，青少年则因为亲密和支持更信赖朋友。

也许，与儿童晚期的友谊相比，青少年期的友谊最明显的特征就是亲密。亲密（intimacy）是两个人互相分享私人的信息、想法和感受的程度。青少年朋友之间相互谈论他们的想法和感受，以及他们的愿望和恐惧，他们帮助彼此去理解自己与父母、老师、同伴之间发生的事情，青少年期的友谊在这些方面都明显要比儿童期的友谊更加深入。

哈里·斯泰克·沙利文（Harry Stack Sullivan）是第一个提出亲密在青少年友谊中非常重要的学者。根据沙利文的观点，个体对亲密的需要在青少年早期尤其强烈。沙利文认为，在10岁左右的时候，大多数儿童开始发展出特殊的友谊，即"一个特殊的同性伙伴变成了你的密友"。儿童在这个时候已经出现了观点采择和共情能力，而这些是这一时期之前的儿童所不具备的，这种能力使他们能够建立友谊、真正地关心朋友，并把他们当作独特的个体，而不仅仅是玩伴。

在青少年早期，与朋友的关系通过很多方式促进着个体的发展。通过分享彼此的想法，朋友促进了个体的观点采择能力的进一步发展。朋友之间的依恋给予了他们尝试从对方角度看问题的动机。朋友们也会公正地评价彼此的优点和不足，在青少年发展形成更准确的关于能力与人格的自我评价时，这些都促进了个体的自我认同的形成。

自沙利文提出自己的观点以来，很多学者的研究都支持亲密在青少年的友谊中很重要的论断。我们已经知道，当倾诉中包含重要的私人信息时，尤其是当这些事涉及恋爱和性时，青少年更多地依赖朋友而不是父母。与儿童相比，青少年更可能向朋友吐露自己的私人信息。当青少年被问及他们想要结交的朋友是什么样，或者他们会称什么样的人为朋友时，他们经常会提到关系中的亲密特征。例如，他们会说，朋友是那个理解你的人，是你能对他说出自己的问题的人。而年幼的儿童很少会提到上面的这些特征，他们更强调一起参与活动，如我们都喜欢打篮球，我们一块儿骑自行车，我们都喜欢玩电脑游戏，等等。青少年还描述他们的朋友是"那个给他们提供情感支持和建议的人，能够帮助他们度过个人困境的人（如和父母吵架或者失

亲密（intimacy）

两个人一起分享个人知识、想法和感受的程度。

恋等）"。

与儿童相比，青少年更加强调友谊中的信任和忠诚的重要性。青少年对他们的朋友的描述是他们不会在背后议论自己，不会对别人说自己的坏话。这与他们强调友谊中的亲密有关。如果你希望向他人打开自己的心扉，吐露一些你不会对其他人说的事情，那么你尤其要确信他们不会用你的秘密来攻击你。实际上，当青少年解释为什么亲密的友谊会结束时，他们经常会提到信任破裂是真正的原因，如不能保守秘密、不能履行诺言、说谎、争夺同一个恋人。

让我们详细了解一下下面的两个研究，它们揭示了青少年友谊中的亲密的发展过程。其中一项研究比较了儿童晚期和青少年早期的亲密的差异，另一项研究比较青少年早期和成年初显期的亲密的不同。在第一项研究中，研究对象是成对的好朋友，包括4年级（儿童晚期）和8年级（青少年早期）学生，被要求提供对方的个人信息，包括背景信息（生日、电话号码等）、喜好（最喜欢的运动、最喜欢的科目等），以及想法和情感（朋友担心的事情、恼怒的事情等）。儿童晚期和青少年早期的学生在提供好友的背景信息方面没什么差异，但是青少年早期的个体知道好友更多的偏好、思想和情感。

想交到朋友，就要闭上一只眼睛。想维持友谊，就要闭上另一只眼睛。

——犹太格言

在另一个研究中，青少年早期（12~13岁）和成年初显期（18~20岁）的被调查者叙述了一段他们感觉和朋友特别亲密的时刻。与青少年早期的被调查者相比，成年初显期的被调查者在其描述中包含了较多的自我表露和较少的共同参与。成年初显期（不是青少年早期）的被调查者的表述又有明显的性别差异，对于女性而言，自我表露促进了她们情感上的亲密。对于男性而言，共同参与活动通常是他们感到情感亲密的基础。在下一节中我们会详细讨论这种性别差异。

解释亲密的重要性：认知和性别

学习目标5： 把青少年的认知发展与亲密关系在友谊中的重要性的日益增加联系在一起，解释为什么亲密关系对女孩的友谊更重要。

解释青少年友谊中的亲密的日益增加的重要性的一种方式就是从认知变化的角度入手。我们在第3章中已经提到青少年期的思维变得抽象且复杂。正如我们在前面讨论到的那样，青少年思维方式的发展不仅会影响青少年解决问题，还会影响他们对社交关系的看法，即社会认知。更强的抽象思维能力使得青少年能够考虑社交关系中的更抽象的品质，例如，爱、忠诚和信任。增强的抽象思维能力可以被运用到青少年的社会关系中。青少年开始了解到人类的关系中的复杂网络、联盟和竞争，他们可以和朋友讨论这些——例如，谁和谁分手了，谁在数学课上出丑了，怎样在英语学习中取得好成绩避免被新老师责罚，等等。谈论这些社会认知话题增加了相互之间的个人私密信息和观点的交流，从而增强了亲密感。

同时我们考虑了很多伴随着青春期发育和性成熟发生的事件，这些事件也会促使个体发展出与朋友的亲密。我们知道青少年在和父母谈论性问题时会很难，因此朋友是最好的选择。很多重大的事情在此阶段发生，包括身体的变化、初恋、初吻等。就这些话题互相分享自己的想法和感受促进了朋友之间的亲密。

性别也是影响亲密的重要因素。尽管青少年期男孩和女孩的认知能力都发展到了相似水平，男孩和女孩也都经历了青少年期的萌动和性成熟，但是他们在青少年期的友谊亲密度上仍然存在差异，女孩的亲密水平比男孩更高。相比于男孩，女孩会花更多时间和朋友聊天，并认为"在一起聊天"是她们的友谊的重要组成部分。女孩在评价她们的友谊时更关注情感、帮助和关怀。女孩比男孩更信任和亲近朋友。相反，男孩更多地强调共同参与活动（如运动或爱好）是友谊的基础。

是什么导致了这些性别差异呢？正如我们在第 5 章中看到的那样，从小时候起，与男孩相比，女孩就更可能被鼓励去开放地表达自己的感受，而男孩公开地谈论自己的感受可能会被别人叫作"懦夫""无用的人"。这种情况在青少年期更加严重，因为男生和女生开始走向性成熟，他们更加关注成为一个男人和成为一个女人意味着什么。喜欢亲密的谈话经常被和女性化联系在一起，因此女孩会培养自己这方面的能力，而男孩则对此心存芥蒂，结果过于封闭自己。

但是，亲密对青少年期男孩们的友谊也非常重要。妮欧布·韦（Niobe Way）曾对贫穷工人阶层家庭的非裔、拉丁裔、亚裔美国男孩的亲密进行研究，结果发现亲密主题包括分享秘密、身体和情感上的保护、表露对家人和朋友的感情。

成年初显期的友谊

学习目标 6： 明确友谊从青少年期到成年初显期的变化。

总体而言，针对青少年期的朋友及同伴群体的研究要远多于成年初显期。尽管如此，很多原因决定了友谊对于成年初显期的个体也非常重要。成年初显期的个体通常会离开自己的家庭，由于与家庭成员的互动已经不再是自己日常生活的主要内容，因此我们可以推测，和朋友的互动与依恋会变得更加重要。同样，大多数成年初显期的个体都尚未成婚，他们没有一个可以给予他们更多鼓励和支持的婚姻伴侣，因此与已婚人士相比，他们会更多地寻求与朋友的联系。

和青少年期以及随后的整个成年期一样，亲密也是成年初显期的友谊的重要成分。但是，成年初显期的友谊和青少年期的友谊仍有很多不同之处，亲密对于青少年期及以后的各个阶段的友谊都特别重要，但是从青少年期到成年初显期，其重要程度在不断提升。

另一个不同之处在于，与青少年期相比，个体在成年初显期更可能形成异性友谊。一项研究以 18~25 岁的初显期成人为研究对象，要求他们详细记录两个星期内的社交活动，任何一

在成年初显期，朋友们在一起度过大量的休闲时间。

个超过 10 分钟的社交活动都要被记录下来。结果表明，随着年龄的增长，成年初显期的个体和异性的互动逐渐多于与同性的互动。

在成年初显期，异性友谊有时会有性的意味，正应了那句美国谚语——"朋友总能带来点甜头"。这种关系最常发生在曾经是恋人的两个人之间，在一方有意发展一段可能的恋情，而另一方无意的情况下这种关系也会出现。误解在这种友谊中也很常见，只有 25% 的人会制订关系的"底线规则"，例如，情感规则（如情感上不要过于依恋）、沟通规则（如诚实的原则、彼此沟通的原则），以及性规则（例如，使用避孕套和一夫一妻制）。

成年初显期的友谊和恋爱关系交叉的另一个方面是随着恋情的发展，友谊的重要性逐步下降。没有恋情时，初显期成人更倾向于依赖朋友的支持和社交活动。然而，当他们开始一段持久且认真的恋情后，他们会在恋爱关系中投入更多的时间和感情，分配较少的精力给朋友。因此，对于大多数初显期成人来说，如果他们在成年初显期早期尚未发展出持久的恋爱关系，那么朋友更重要，而当他们开始投入长期的恋情时，朋友变得不重要。

> **批判性思考**
>
> 成年初显期的恋爱关系如何影响友谊？

成为朋友和成为可能的朋友

在学校和工作场所青少年在大多数时间里都与同伴在一起，但是能成为他们的朋友的同伴很少。什么决定了青少年能否成为彼此的朋友？朋友关系建立后他们如何相互影响对方？

选择朋友

学习目标 7：明确让青少年聚在一起产生友谊的相似点。

为什么人们会成为朋友？大量研究都表明"相似性"是形成友谊的重要原因，在这一点上，青少年和儿童及成年人是一样的。人们倾向于选择那些在年龄、性别或人格特质上与自己相似的人做朋友。在青少年的友谊中，相似性表现在教育取向、媒体与休闲偏好、参与冒险性活动的情况与种族等。

青少年倾向于选择和自己的教育取向具有相似性的朋友，包括对学校的态度、成绩的好坏、学业的目标等。对于成年初显期的人来说也一样，在大学校园里我们时常会看到，一群好朋友汇聚在一起学习，他们都特别重视良好的教育，而另一群好朋友则热衷于聚在一起参加聚会，他们看上去也很开心。在你的朋友们中，有的人可能希望你在生物测验前一天的晚上和他们一起学习，有的人可能宁愿在考前去参

在青少年期和成年初显期，朋友在教育目标上更为相似。

加聚会或者看电视。青少年和初显期成人都倾向于选择在同样的情境中与自己做出相同选择的人做朋友。

青少年友谊中的另一个常见的相似点是对媒体和休闲的偏好。青少年期朋友们更倾向于喜欢同种风格的音乐、穿同样风格的衣服、在课余时间做同样的事情。这些相似性使朋友之间的关系变得融洽，也使他们避免了冲突。一个喜欢说唱音乐的青少年，更可能会与另一个喜欢说唱音乐的青少年成为朋友，而不会选择认为说唱音乐是噪音的青少年做朋友。如果一个人喜欢宅在家里玩电脑，另一个人喜欢户外运动，他们就不大可能成为朋友。

第三个相似性表现在危险行为上，一些青少年会因为某些危险行为而聚在一起成为朋友，如饮酒、吸烟、吸毒、危险驾驶、打架、偷窃、故意毁坏东西等。青少年参与危险行为的程度不同：经常、偶尔、从未有过。因为青少年一般会和朋友一起参与危险行为，所以他们会选择那些与自己一样愿意参与此类活动的人做朋友。在下一节中，我们会详细讨论青少年友谊的这个方面。

尽管对于各个年龄阶段的人来说，相同种族的人都更易成为朋友，但青少年期是友谊的种族界限最分明的一个时期。在儿童期，种族和友谊之间有关系，但不是很强烈，然而，在儿童进入青少年期后，跨种族的友谊变得越来越少，到了青少年晚期，友谊通常在种族之间是相互隔离的。这已经在欧洲各国、以色列、美国得到了证实。

为什么会这样？一个可能的原因是当个体进入青少年期后，他们开始逐渐意识到社会中存在的种族之间的紧张和冲突，这种意识会导致不同种族的青少年之间的相互猜疑与不信任。同样，由于青少年开始形成种族认同感，因此与以前相比，他们会把不同种族之间的差异看得更大。正如我们在第 6 章中提到的，对于正在形成种族认同感的青少年来说，他们会拒绝和另一个种族的人发生联系。

文化焦点

英国女孩之间的跨种族的友谊

在欧洲，大多数年轻人在青年俱乐部里与同伴交往。他们的在校时间都被用来学习，课外活动如运动、跳舞、派对等都是由青年俱乐部举办而不是学校。在大多数西欧国家，绝大多数的年轻人至少参加了一个俱乐部。

海伦娜·伍尔夫（Helena Wulf）是一位瑞典人类学家，她研究了英国伦敦的工人阶层的少女在俱乐部里的跨种族友谊。她的研究主要使用了访谈法，同时也观察了女孩们在俱乐部里的行为，尤其关注了20个13~16岁的黑人女孩和白人女孩之间的友谊。其中黑人女孩都是在伦敦出生的孩子，他们的父母来自前英国殖民地，例如，牙买加和尼日利亚。伍尔夫对俱乐部里的跨种族的友谊尤其感兴趣，她发现这种友谊在俱乐部里非常常见。

这些女孩之间的友谊和种族没什么关系，与美国或者其他国家的青春期女孩的友谊也没什么区别。她们在一起时的最主要的活动就是聊天，谈论男孩们、谈论自己喜欢的男明星（例如，歌手、演员）。她们还谈论很多有关外貌的话题：流行的发型、衣服、化妆品、首饰等。另外一些他们喜欢做的事情有听音乐、在卧室里跳舞、参加派对和青少年夜间俱乐部等。她们偶尔会做出一些危险的行为，如到商店偷窃、使用违禁品等。

跨种族友谊在英国女孩间很常见。

尽管她们享受她们一起参加的活动，但当向伍尔夫谈起她们的友谊时，她们强调的不是她们一起参加的活动，而是一些抽象的品质，尤其是信任。她们告诉伍尔夫，"朋友是你可以向她倾诉自己的问题和烦恼的人，而且她们是你可以信任的人"，或者"你可以告诉她自己的秘密，而且你知道她绝不会告诉其他人"。我们能够看到，这和之前的相关研究中对美国青少年的描绘非常相似。

可是这些女孩同样也非常在意种族问题，他们也经常在她们的友谊中强调这些问题。她们都非常清楚英国社会中普遍存在种族不平等和种族歧视。为了反抗这种问题，她们"抗议大多数黑人处于社会底层的现状"，她们非常强调个人风格里的黑人元素。所以她们尤其喜欢黑人的音乐如雷鬼乐、斯卡和爵士乐。有一些女孩——有白人也有黑人——会把头发编成贴头皮的小辫，很多黑人女孩都这么编。她们的服饰和首饰融合了黑人和白人的风格。伍尔夫说，她们的风格有很多相似之处，"她们都非常关注种族平等，通过青年文化，她们形成了自己的种族平等标准。"

青少年友谊的种族一致性，也反映为在学校、社区的种族隔离。经常在学校和社区见面的青少年，更愿意加入与自己同一种族的团体，在该团体中找到自己的朋友。对于刚移民到一种新文化中的青少年来说，能找到同种族的朋友会令他非常开心。

爱你之所爱，弃你之所恨，才是真正的友谊。

——萨卢斯提乌斯（Sallust），约公元前 50 年

因为种族隔离在社会中长期存在，友谊中的种族隔离也不会随着青少年期的结束而消失。在大学以及整个成年时期，跨越种族的友谊都是比较少见的。实际上青少年友谊中的种族隔离也正是对他们的社会环境的反映。然而，正如我们在本章的"文化焦点"专栏里所展示的那样，一些年轻人还是建立了跨种族的友谊。

朋友的影响：危险行为

学习目标 8：总结有关友谊对危险行为的影响的研究，解释为什么"影响"很难确定。

我感觉自己从未被别人强迫去做什么。意思就是，当有人让我做什么事时，我会回答"不"或"是"或其他的回答，然后他们说"好的"，之后就走开了。我的意思是说，人们说自己被迫吸烟，人们说得太严重。其实不是那样。更像是你害怕被他们嘲笑，或者他们希望你加入，然后你就做了。

——一位 14 岁的女孩

在青少年的同伴关系中，一个最引人关注的主题就是"同伴压力"。研究青少年的学者们在理论和实际研究中都极其重视这个问题。公众普遍（至少在美国）认为，同伴压力是青少年生活中的重要部分，是他们在成长过程中必须学会应对的问题。

对青少年经历的社会影响而言，"朋友的影响"这个词要比"同伴压力"更准确。记住，同伴和朋友是不同的，同伴只是匿名的群体里的那些和你年龄相仿的人，而朋友在情感和社交上都要比同伴重要得多。人们讨论的同伴压力，实际上指的就是朋友的影响。在某个瞬间，当我们看到一个女孩站在一群女孩当中，女孩们把烟递给她，并让她抽一口时，我们可以认为和她一起闲逛的人是她的朋友而不只是她的同伴。如果我们看到一个男孩和他的父母吵架，男孩说想要穿耳洞，而他的父母认为这太古怪，男孩则说"所有人都这么做"，我们可以猜到他所说的所有人是指他的朋友们，而不是整个学校的人。朋友对青少年有着深刻的影响，而来自同伴群体的影响就要弱得多。

当你在思考青少年是如何被朋友影响的这个问题时，你首先想到的是什么？通常人们会认为来自青少年的朋友的影响是消极的。来自朋友的影响经常受到人们指责，是因为它们经常和青少年大量的危险行为相联系，如饮酒、吸毒、吸烟、少年犯罪等。

但事实上，证据表明，朋友的影响不仅表现为鼓励朋友参与危险行为，在阻止个体参与危

险行为时它同样重要。朋友给予青少年情感支持，帮助青少年应对生活中的压力。不论朋友带来的影响是何种形式——鼓励危险行为，或者提供情感支持——这些影响似乎都遵循着相似的发展模式，即在青少年早期逐渐增强，在中期达到最高点，在青少年晚期逐渐减弱。

> **知识的运用**
>
> 　　你自己曾经受到过朋友的影响吗？他们是否迫使你做过一些让你后悔的事情？朋友的影响在多大程度上是积极的（或消极）的？

　　青少年报告的自己的危险行为的概率和朋友的危险行为的概率存在着关联。这些行为包括：饮酒、吸烟、使用违禁药品、性行为、危险驾驶、犯罪活动等。但是这到底意味着什么？难道因为青少年报告的自己的行为和朋友的行为之间存在相关，我们就能得出青少年参与这些行为是受到朋友的影响的结论？仅以此为基础是不能得到这种结论的。我们在第 1 章中提到过，统计中的最简单的最重要的原则是"相关不等于因果"，所以我们不能因为两个事情一起发生，就说一个事件导致了另一个事件。但不幸的是，这个原则在有关青少年与朋友的相似性的研究结论中经常被忽视。

　　我们有两个好理由去质疑研究中的以相关得出因果的情况。第一个原因是，在大多数研究中，报告青少年的行为和朋友的行为的人都是青少年自己。然而，有些研究采用青少年和他们的朋友分别报告行为的方法，结果显示，青少年经常高估朋友与自己（通过朋友的报告）在饮酒、吸烟、使用违禁品、对性的态度等方面的相似性。也许是青少年的自我中心主义使他们感知到自己与朋友有更多的相似性，而实际上这种相似性并没有那么高，这也导致青少年在报告中夸大了自己的危险行为与朋友的危险行为之间的关联。

　　第二个原因也许更加重要。我们质疑将青少年的危险行为与朋友的危险行为的相关解释为因果关系，是因为朋友是**选择性结交**（selective association）的。大多数人（包括成年人）会倾向于选择那些和自己相似的人做朋友。我们之前提到过，朋友之间在很多方面都有着相似之处，一部分的原因是因为人们会选择与自己相似的人作为自己的朋友。因此，青少年自身的危险行为与朋友的危险行为之间存在相关性，可能一部分的（甚至全部的）原因在于相似性，根据相似性选择出来的朋友之间有很多共同的部分，包括危险行为，而它并非是由于受到了对方的危险行为的影响而产生的。对于友谊，一句古语道破了所有真相："物以类聚，人以群分。"

　　幸运的是，几个追踪研究已经帮助我们揭示了这个真相。研究表明，朋友的选择和朋友的影响都会导致青少年表现出相似的冒险行为。实际上，青少年们在成为朋友之前已经有很多相似的此类行为，只不过他们在成为朋友之后，这种相似性更加明显。增加或减少参与危险行为的概率会使朋友之间变得更加契合。这种模式已经在吸烟、饮酒、使用毒品、犯罪、攻击行为

选择性结交（selective association）
大多数人会选择与自己相似的人做朋友。

中得到了证实。

　　我们在前面提到，研究表明朋友能鼓励个体参与危险行为，也能够帮助个体抵制危险行为。这取决于你的朋友是什么样的人，实际上很多青少年非常抵制这些危险行为。在一项研究中，那些不吸烟的青少年表示，他们相信如果自己开始抽烟的话，他们的朋友会反对。在另一项研究中，多数青少年报告朋友会反对而不是赞同自己饮酒。有一项研究比较了朋友的

青少年期朋友间有很多相似之处，包括饮酒、吸烟和违禁品滥用。这种相似性是同伴压力造成的，还是选择性结交造成的呢？

影响的多个方面，青少年报告在可能的五个方面中，朋友让他们"参与危险行为的压力"最小，远低于"参与学校活动的压力"以及"规定衣着和化妆风格的压力"。此研究同时发现，抵制危险行为的压力，要远大于支持它的压力。

　　这并不是说我们要完全忽视朋友的影响在鼓励个体参与危险行为中的作用。不可否认，在某些场合，朋友的影响会导致一些青少年参与某些危险行为，但是我们不能过分夸大这种影响，在解释这类问题时我们要非常谨慎。朋友的影响是某些青少年参与危险行为的故事中的一个情节，但是你看得越仔细，越会发现这种影响很小。

朋友的影响：支持和关怀

学习目标 9：列举青少年互相支持的不同方式，以及这种支持如何影响他们的发展。

　　我 13 岁时遇到了我现在最好的朋友，是他帮助我变成了我希望成为的样子。那时，我一直在想："我不喜欢这些，那我为什么在做这些事呢？"但是我一直在做，例如，努力使我的穿衣打扮给我遇到的每个人留下印象。但是在遇到我的朋友以后，我们互相帮助，使彼此成为我们现在的样子。

——艾森，18 岁

　　哈里·斯泰克·沙利文（Harry Stack Sullivan）倾向于强调青少年友谊的积极方面。在他看来，青少年的亲密友谊对建立自尊非常重要，通过比较自己的观点与朋友的观点，青少年发展了社会认知能力。最近，托马斯·柏恩德（Thomas Berndt）详细列出了青少年友谊可以提供的四种支持。

- **信息性支持**（informational support）指帮助青少年解决个人问题的一些建议和指导，特

信息性支持（informational support）
朋友为了帮助对方解决个人问题而提出的建议和指导。

别是有关朋友、恋人、父母以及学校的问题。因为年龄相仿，青少年经常会有相似的经历。由于朋友的选择往往以相似性为基础，因此经历更加相似。亲密无间的友谊为青少年提供了支持的来源，因为他们可以向那些他们认为能接纳和理解自己的朋友吐露自己最私密的想法和感受。

- **工具性支持**（instrumental support）是指朋友可以用各种方式给你提供帮助。朋友的帮助表现在互相帮忙完成作业，帮忙做琐碎的家务劳动，借钱，等等。

- **陪伴性支持**（companionship support）是指在各种社交活动中你可以和朋友结伴参加。在你年少的时候，你是否有过这样的担忧：担心没有朋友和你一起去参加学校的舞会，或观看大型的篮球赛，或参加一个极受关注的社交派对？在这种场合，青少年朋友会成为彼此忠实的陪伴者，在更日常的情境中也是如此，如有人和你一起吃午餐、一起坐公交等。

- **尊重性支持**（esteem support）是指朋友在青少年成功的时候为他们欢呼庆祝，在他们失败的时候给他们鼓励和安慰。不管事情是好是糟，他们都以"我在你身边"的方式给朋友支持。

知识的运用

结合你个人的经历，为上述四种朋友支持的类型各举一个例子。

这些支持给青少年的发展带来了哪些影响？纵向研究发现，青少年友谊中的支持和关怀会提升青少年的自尊并降低青少年的抑郁症状，并且会提高青少年在学业上的表现。但是，纵向研究也发现，支持性友谊和危险行为之间存在复杂的联系，有时支持性友谊会抑制危险行为。但是当青少年以集体参加危险行为为乐趣时，支持性友谊就会助长危险行为。

尽管青少年的友谊通常发生在同性之间，但在一些文化中，（非恋爱关系的）异性友谊也是个体获取支持的特殊来源。一项研究将量化和质性研究方法结合起来，调查了墨西哥裔美国移民青少年的友谊。研究发现，青少年经常依赖朋友帮助自己解决情绪困扰问题。男孩尤其会从女孩的情感支持中获益，这也许是因为在和女孩的友谊中男孩能更加开放地表达自己的感受。异性友谊在许多文化中越来越普遍，性别角色也变得不再那么严格。

工具性支持（instrumental support）
朋友之间相互帮忙完成各种各样的工作和学习任务。

陪伴性支持（companionship support）
朋友之间相互结伴参加各种各样的社交活动。

尊重性支持（esteem support）
当青少年获得成功时，朋友给予祝贺；当青少年遭遇失败时，朋友给予安慰。

青少年社会群体

到目前为止我们一直在关注亲密的友谊。现在我们转向大规模群体中的朋友和同伴。

小团体和群体

学习目标 10：区分小团体和群体，描述它们的不同功能。

学者们经常把青少年社会团体分为两种类型：小团体和群体。**小团体**（cliques）是由相互熟识的朋友组成的小集体，他们一起行动，从而形成了一种正式的社会团体。小团体没有确切的人数——一般为 3~12 人，但通常人数都比较少，因为只有这样小团体的成员之间才能有深入的了解，感觉自己是在一个有凝聚力的集体里。有时小团体也会由于特殊的共同的活动而形成，例如，维修汽车、玩音乐、打篮球，有时仅仅是为了共享而形成的（例如，一个每天在学校一起吃午餐的小团体）。

群体（crowds）是比小团体规模更大的、基于名声的青少年集体。群体里的青少年不一定是朋友，也不一定经常待在一起。一篇对 44 项关于青少年群体的研究的综述总结了学校中出现的五种典型的群体。

- "学校精英"（也叫红人、预科生）：学校里社会地位最高的一群人。
- "运动健将"（也叫运动员）：喜欢运动的学生，他们至少参加了一个运动社团。
- "学霸"（也叫人才、极客）：热衷于追求好的成绩，在社交上显得愚笨无能。
- "叛逆者"（也叫堕落的人）：游离于学校生活之外的人，因为吸食违禁品和热衷于各种危险行为而被其他同学质疑和疏离。
- "小人物"（也叫普通人、被忽略的人）：不站在任何一边，没什么特色（不管是在好的还是坏的方面），经常被其他学生所忽略。

毫无疑问，这些群体包含了很多小团体和亲密的朋友。然而，群体的主要功能不是为青少年提供开展社交活动和形成友谊的环境，群体主要是帮助学生对自己在学校社会结构中的位置进行定位。换句话说，群体帮助青少年去界定自己的身份和他人的身份。它让你知道，当别人说你是"学霸"时，他们表示的是对你的身份的界定：你热爱学习，并且学习很好，你在学业方面要比在社交方面更成功。如果某人被认为是"叛逆者"，那么那个人很可能使用违禁品、穿着怪异、对学校不屑一顾。

和朋友一样，小团体和群体中的成员也都是在某种程度上具有相似性的个体，包括年龄、

小团体（cliques）
由一些相互熟识的朋友组成的小集体，他们一起行动，从而形成了一种正式的社会团体。

群体（crowds）
人群范围较大的、基于名声而划分的青少年集体。

性别、种族与学习态度、休闲爱好、是否参与危险行为等。但是群体与其说是一群朋友，不如说是一种社会类别，所以它的特征与友谊及小团体都有明显的不同，我们稍后将进行深入探讨。首先，我们来了解一下青少年小团体的典型特点。

小团体中的讽刺和嘲笑

学习目标 11：解释为什么在青少年小团体中讽刺和嘲笑很常见，并举出文化差异的例子。

回顾一下第 3 章——青少年的认知能力不断发展，尤其是复杂的思维能力，这使他们比青少年期前更有能力并更热衷于使用讽刺。讽刺及其更尖锐的形态——嘲笑，是青少年友谊以及小团体成员互动的内容之一。加文（Gavin）和弗曼（Furman）调查了 5~12 年级的学生，他们发现，在青少年小团体里，批判性的评价是他们的社交活动中的常见内容，他们所说的"敌对性互动"中包含讽刺和嘲笑，这种互动方式在青少年中非常普遍。这种互动方式不仅可以与团体内的成员进行，也可以与团体外的人进行，而且与青少年晚期相比，这种互动在青少年早期和中期更加普遍。

研究者对产生这种互动方式的可能的原因进行了说明。敌对性互动方式的功能之一在于促进和建立主导性及支配性地位，高社会地位的学生更多地对别人发出讽刺和嘲笑，而自己被嘲笑得少。敌对性互动还可以使那些偏离团体的成员归队，加强小团体的凝聚力。如果一个男孩在学校穿着一件印着猴子的 T 恤（我的一个朋友就曾这么做过），他的小团体内的朋友嘲笑了他一整天（我们就这么做过），他就知道如果自己还想继续待在团体内，他以后就不能再穿这样的衣服了（他再没穿过）。

另一项研究发现青少年从 10 岁左右起就具备了理解讽刺的能力。在中童期（5~6 岁），儿童已经懂得讽刺不是指其表面含义，但儿童难以识别说话者的真正意图。到 10 岁时，青少年知道了讽刺具有攻击性且充满恶意。

谢莱吉尔和巴里描述了传统文化中的人们使用的一种有趣的嘲笑和讽刺的形式。他们举了几个文化的例子，在这些文化中，男孩使用讽刺和嘲笑来强化那些符合文化标准的行为，并惩罚那些偏离标准的人，他们的嘲讽不仅指向其他青少年，也指向成人。

例如，非洲的俾格米人认为，争吵是不适当的行为。违反禁令的人很可能会在第二天被一群青少年制造的噪音吵醒，他们爬上他的屋子，把他屋顶上的树枝树叶都掀

在美国的高中，运动员组成了最显眼的群体。

掉。美国西南部的霍皮人（Hopi）也有类似的行为——如果一个女人的丈夫夜里不在家，另外一个男人去了这个女人家，这个村子的青少年男孩就会把灰洒在男人到女人家的路上，这样第二天早上所有人都能看到。

历史上也有类似的例子，据吉利斯（Gillis）描述，在 16 世纪和 17 世纪的欧洲，十几岁和二十岁出头的没结婚的青年男子有一种不成文的义务，那就是强化社会规范。他们会通过一些侮辱性的歌和具有嘲笑意味的俚语、手势，公开嘲弄那些没有遵守社会规范的人——通奸者、娶了年轻媳妇的老头、伴侣死后很快再婚的寡妇和鳏夫。在吉利斯的描述中，"一个刚结婚的鳏夫会发现自己被一大群人吵醒，他们拿着他和已故老婆的肖像敲着他的窗户，并把肖像放在驴的背上，牵着驴在街上走，让所有的邻居都看到。"

因此，在一些文化认可的情况下，年轻人被允许做一些在其他情况下成年人可能不会容忍的行为，甚至是犯罪行为。在社会建构的过程中，允许年轻人使用讽刺和嘲笑可以加强社会规范，避免成年人因做这些事而遇到麻烦。

关系攻击

学习目标 12：明确关系攻击的概念，并解释为什么关系攻击在女孩中更常见。

有一天，在聚会上，我碰巧亲了朋友迷恋的一个男生。第二天，全校都知道了，我的朋友——迷恋这个男生的艾米丽命令其他女孩都不要跟我讲话。她们还建了一个网页，在上面造谣，比如说我是同性恋，说我至少和 20 个男生发生过性关系，还说我怀孕了。每次我走过学校礼堂，周围的女生就会对我大喊"荡妇""妓女"以及其他伤人的话。我每天一回家就哭，并且乞求母亲让我转学。我母亲觉得这是女孩之间的正常的事情，而且学校离家比较近，她认为女孩们会逐渐淡忘这件事，变得成熟起来。但她们没有，谩骂和谣言还在继续，我的进食障碍也越来越严重。最终母亲意识到了事情的严重性，在我三年级的时候把我转到了一个教会学校。

——西蒙丝（Simmons）

近年来女孩小团体的讽刺和嘲笑的现象引起了人们的重视。**关系攻击**（relational aggression）是指嘲笑、讽刺、造谣、谩骂、冷漠、排斥等行为。简而言之，关系攻击就是非身体性的攻击，即通过破坏其人际关系来伤害他人。在第 5 章中我们提到过青少年期的男孩经常出现身体攻击的问题，这是因为在性别角色获得的过程中，他们在学习如何成为一个真正的男人。然而有些学者认为，如果在考虑攻击行为时也考虑关系攻击，那么青少年期的男孩和女孩的攻击行为是相当的。男孩也会进行关系攻击，但是女孩的关系攻击更普遍。例如，一项研

关系攻击（relational aggression）

一种非身体性的攻击行为，通过破坏其人际关系来对他人进行攻击。例如，在社交上排斥他们或者散播有关他们的谣言。

究比较了美国和印度尼西亚的 11 岁和 14 岁的青少年，研究发现在两个国家的青少年关系攻击中，女生比男生更加普遍，包括关系操纵、社会排斥、谣言传播等。韩国的一项研究也在中学阶段的男孩和女孩中发现了相似的性别差异。

为什么女孩比男孩表现出更多的关系攻击呢？该领域的专家认为，女孩更倾向于出现关系攻击，是因为女孩的性别社会角色禁止她们直接表现出分歧和冲突。她们"感到"愤怒，但是人们不允许她们公开"表达"，即使是言语上的。其结果是女孩的攻击行为更隐秘、更间接。关系攻击也是确立自己的主导权力的方式。研究表明，群体中的高社会地位的女生会比其他女孩表现出更多的关系攻击。

遭受关系攻击的个体往往会体验到抑郁和孤独。关系攻击对施予攻击的一方也有消极影响，使用关系攻击的青少年和初显期成人经常会出现抑郁和进食障碍。

群体的发展变化

学习目标 13： 描述青少年期和成年初显期的群体的功能和重要性如何变化。

在初中，你是令人讨厌还是能和啦啦队长或足球队员之类的人打成一片？到了高中，这些都不再重要，因为人们不在意你是否属于某个流行群体。

——艾伦，17 岁

回忆过去，你一定记得在中学时学校有不同的群体。现在想想小学，比如 5 年级，你可能发现在小学你很难明确地说出某个群体。群体的划分、群体成员的确认好像在青少年期才变得重要起来。一部分原因可能在于青少年的认知水平的发展。对群体的界定是一种抽象的分类，这些群体具有很多抽象的特征——受欢迎程度、对学校的态度等，并且抽象思维能力的发展是青少年的认知发展的一部分。我们在前面提过，因为在青少年期自我认同变得越来越重要，所以群体对于青少年来说也变得越来越重要。青少年比儿童更关心他们是谁，以及其他人是谁等问题。在青少年期自我认同形成的过程中，群体可以帮助青少年区分自己与他人的不同的特质。

尽管个体在青少年期对群体的关注反映了青少年的发展性特点，例如，认知的发展与自我认同的形成，但文化背景的作用同样重要。在发达国家，绝大多数青少年在 20 岁之前都待在学校，而学校有着严格的年级制度，年龄相同的人一般在一个年级，这使群体划分变得非常重要。由于青少年每天都是与和自己年龄相仿的人交往，因此同伴便成了他们重要的社会参照群体，也就是说，群体影响青少年思考"与他人相比较自己如何"的方式。另外，群体在中学广泛存在，群体的结构可以帮助青少年理解人类社会结构的复杂性。在世界上的很多文化中，青少年大多数时间和家人在一起，或者和不同年龄的人在一起，这时候群体就与他们的生活没太大关系了。

　　对于美国青少年来说，群体是他们社会生活中重要的一部分，尤其是在青少年中期的初始阶段。布拉德福德·布朗（Bradford Brown）和大卫·金尼（David Kinney）及他们的同事对青少年期的不同阶段的群体的结构的变化进行了描述。从青少年早期到中期，群体之间的差异越来越大，群体对青少年的影响也越来越大，而从中期到后期，这种差异和群体的影响力会逐渐减弱（见图 8-3）。

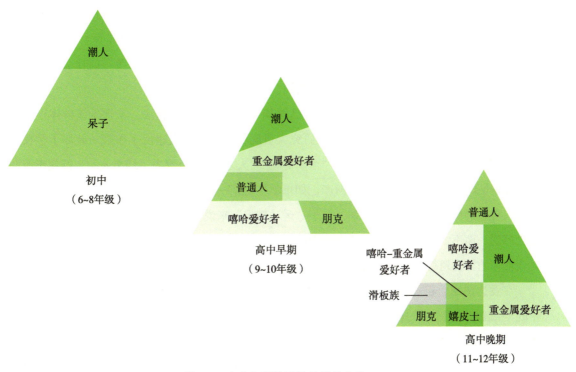

图 8-3　青少年期的群体的结构变化

　　金尼和布朗也指出了在青少年期，群体的角色以及群体的重要性的变化。在青少年中期，群体差异越来越大，群体对青少年的社会认知也越来越重要。在金尼的研究中，9 年级的学生基本都认为在他们的学校中群体确实存在，并认为这些群体对他们的影响非常大。但是到了11 年级，群体的重要性开始减弱，青少年认为群体在界定社会地位和影响社会认知方面的作用越来越小。我们可以发现，这个结果与朋友的影响的研究结果类似，朋友的影响也是在青少年中期时最强，在高中后期逐渐减弱的。

　　学者们认为这种模式反映了青少年的自我认同的发展过程。从青少年早期到中期，自我认同一直是困扰青少年的首要问题，群体结构能帮助青少年进行自我认定。他们归属的群体有典型的特征——穿着、喜爱的音乐、如何度过闲暇时光等，这些都是青少年明确和界定自己身份的方式。而在青少年晚期，他们的自我认同已经形成，他们觉得不必再依赖群体来界定自己，因此，群体的作用也减弱了。这时，他们甚至可能觉得群体会阻碍他们作为一个独特的个体的发展。因为随着美国主流文化中的个人主义逐渐被接受，任一群体成员——即使是群体中的高地位的个体都认为群体妨碍了他们的独立性和独特性。

批判性思考

为什么青少年虽然会常常往别人身上贴群体标签，但却反对把自己归入某一特殊的群体？

虽然如此，在美国和欧洲各国，研究表明，无论是根据自我报告还是他人的报告，群体成员都有很多相同特征。"叛逆者"的危险行为最多（如使用违禁品、少年犯罪等）、学习成绩最差、最不受欢迎。"学霸"的危险行为最少、学习成绩最好。而"学校精英"的社会认可度最高，其危险行为和学习成绩介于上述两者之间。

同时，有证据表明，青少年会依据自己对某一群体的特征的看法，来评价该群体里的成员。一项研究调查了 9 年级的青少年，研究人员问他们如果有人违反了校规（破坏了学校财产），那么惩罚某一群体的学生（如，"运动健将""人才"）是否恰当。结果表示，即使没有明确的证据证明到底是谁破坏了学校财产，如果学生对某一群体存在偏见，那么他们就更可能认为惩罚整个群体是可接受的。例如，对于"运动健将"来说，人们更接受他们因破坏学校财产而受惩罚，而不太接受他们因破坏学校网络而受罚。这表明，青少年对群体的认知会影响他们对该群体的社会道德评价，因为他们觉得这是该群体的一部分。

在发达国家，正式教育的结束也标志着友谊和同伴关系的巨大改变，这通常发生在青少年晚期或 20 岁出头的时候。学校是青少年进行人际交往的主要场所，学习生活的结束使学生离开了学校，离开了这个每天和同龄人互动交往的环境。随着学习生涯的结束，大多数年轻人走进了工作场所，在这里根据年龄区分级别的情况不再存在，或者不再那么严格。在工作环境中，固有的社会等级结构早已存在，因此初显期成人不会再像青少年那样焦急地想在一个社会等级模糊的环境中寻找自己的位置。

50 多年前澳大利亚的社会学家戴克斯特·邓飞（Dexter Dunphy）曾经做过一个经典研究，并描述了青少年小团体的群体结构的发展变化。根据邓飞的研究结果，在第一阶段，青少年早期的社交生活大多发生在同性别的群体中。男孩徘徊在其他男孩周围，女孩徘徊在其他女孩周围，每一个人都与异性群体分开活动并乐在其中。一至两年之后，在第二阶段，男孩和女孩们开始对对方好奇，男孩和女孩们的小团体会在闲暇时间互相接近，即使异性之间并没有太多的互动。想象一下这样的场景：在一场聚会中，或者在一场学校舞会上，或者在当地商场的美食街里，青少年男女的小型团体之间互相观察，但他们很少真正与异性交谈。

在第三阶段，群体的领导者开始恋爱，团体的性别分化开始被打破，其他的男孩和女孩很快也会和领导者一样开始谈恋爱。在第四阶段（15 岁左右），所有的团体和群体都很快地变成了男女混合的群体。在第五阶段（也是最后的阶段），即在青少年晚期，群体中的男孩和女孩开始认真恋爱并成对离去，然后小团体和群体的结构开始破裂，并最终消失。

　　邓飞建立的模型在 50 多年后依然有效吗？可能他对早期阶段的解释比他对后期阶段的解释更适合当代的情况。当前研究证明，在青少年期早期青少年会花大量的时间与同性别的朋友在一起，渐渐地他们都开始在更大的男女混合的群体中花费更多的时间。但是，对于模型是否抓住了早期阶段的本质这一问题人们仍然存有疑问。正如我们所知道的，人们的平均结婚年龄自 1960 年起急剧上升。那时，美国人结婚的平均年龄为女性 20 岁、男性 22 岁，这意味着大多数女性在高中毕业两年后就结婚或订婚。如今的平均结婚年龄为近 30 岁，这意味着大多数人在结婚时已经高中毕业很久了。

　　所以，那时的人很早就结婚是因为他们在高中毕业后就有了亲密爱人，但是在我们这个时代，人们结婚都比较晚。邓飞的模型更适合他所处的年代。在美国西部，大多数年轻人都谈过几次恋爱，恋爱不仅仅发生在高中，高中毕业后他们也会谈恋爱。尽管许多人在高中结束时至少谈过一次恋爱，但他们也很可能会通过参与各种各样的同性或者男女混合团体的活动来维持他们在团体中的资格，这种做法不仅贯穿整个高中，还会一直持续到成年初显期。图 8-4 所展示的研究发现：青少年花在异性团体中的时间总量从 9 年级开始增加，增长的势头一直持续到 12 年级，但即使是在 12 年级，青少年与同性朋友在一起的时间也要多于与异性在一起的时间。

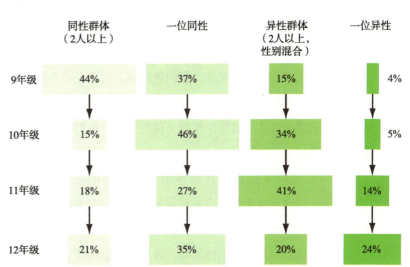

图 8-4　青少年与同性和异性群体或个人共处的时间量

批判性思考

　　关于高中毕业后的小团体和群体的构成的研究几乎没有。根据你的观察和经验，你会对在成年初显期刚显现出的同伴团体关系提出何种假说？

群体的文化多样性

学习目标 14： 列举群体的文化多样性。

　　青少年群体研究显示了美国和世界其他地区的重要的多样性文化。

美国少数民族文化中的群体

　　研究表明，美国少数民族文化中的群体和美国主流文化中的群体有一些有趣的相似和不同之处。关于相似的部分，学者已经发现，在以非白人学生为主的中学里，也有和白人青少年群体一样的群体，如"精英""运动员""书呆子"等。因为和白人青少年一样，这些学校的学生也按年龄分年级，他们经历同样的认知能力的变化，也同样面临自我认同的问题，所以会出现相似的群体。对少数民族青少年而言，群体同样也给他们提供了一个参照，让他们找到自己的位置。

然而有趣的是，在有多种族学生的学校里，不同种族的学生对其他种族内部的群体的划分了解得很少，对自己种族内部的群体知道得却很多。对非亚裔的学生而言，所有的亚裔美国人都属于亚裔群体，但亚裔群体内部被他们自己划分为"亚裔精英""亚裔运动健将"等。另一个有趣的现象是，在有多种族学生的学校里，群体中的成员很少有跨种族结成的小团体和朋友。但是有一个例外——那些对某种运动有共同兴趣且擅长的男孩，要比其他青少年更容易结成多种族的群体。

跨文化的群体

尽管在传统文化中实际上并不存在我们在美国中学里发现的群体，但其中确实存在不同的年轻人的社会团体。

传统文化中往往有一个青少年同伴群体，而不是有不同特点和等级的多样化群体。这种青少年群体很少有年龄上的限制，各种年龄的青少年都属于这个群体。既然它可以被称作同伴群体，那么这说明群体中的青少年每天待在一起，他们认为自己属于这个特定的群体，有明确的群体认同感。

在一些传统文化中，青少年的社交生活的中心点是一个独立的住所——**集体宿舍**（dormitory），这是青少年们睡觉和娱乐的地方。大多数时候，他们不会一直待在这里。青少年会经常与父母一起出去工作，或者和家人一起吃饭，集体宿舍是他们放松、玩乐的地方。

这里所说的娱乐也包括性活动。青少年休息的宿舍为他们的第一次性经历提供了场所。尽管在集体宿舍里男女是分开住的，但他们会互相走动，寻找性刺激。如谢莱吉尔和巴里所说，"宿舍中的情形就像是美国青少年熟知的睡衣派对的放大版，而且宿舍中还有性活动。"这种集体宿舍在非洲、南亚，以及太平洋岛屿文化中非常常见。

在一些传统文化中还有另外的安排——**男人屋**（men's house），这个地方是少年休息以及与离婚或鳏居的成年男子一起消磨时间的地方。已婚男子白天也会待在这里。男人屋的功能与之前提到的青少年集体宿舍相似——这里是休息和娱乐的地方，但在这里不仅有青少年。与其说它是为青少年群体提供休闲的场所，倒不如说它主要是成年男子促进青少年男孩社会化以获得男人的性别角色的地方，这里可以教会他们男人在休闲的时候做些什么。

集体宿舍（dormitory）
存在于一些传统文化中，为青少年们提供休息和娱乐的空间的场所。

男人屋（men's house）
存在于一些传统文化中，是青少年男孩休息以及与离婚或鳏居的成年男子一起消磨时间的地方。

批判性思考

　　比较传统文化中的集体宿舍里的青少年同伴之间的关系与美国大学中的"集体宿舍"里的初显期成人之间的关系。

研究焦点

对青少年群体的参与观察

　　参与观察法（participant observation）是研究青少年群体的一个富有成效的方法。这一研究方法包括在研究过程中与你感兴趣的人一起参与各种各样的活动。研究者不仅要参与活动，而且也要将参与作为一个契机来观察和记录其他人的行为。

　　参与观察法与我们在第 1 章中讨论过的民族志方法有关，人类学家通常使用民族志方法。但是人类学家在使用民族志方法进行研究时通常会与他们的研究对象居住在一起。参与观察法没到那种程度，研究者与他们感兴趣的群体一起参与许多活动，但事实上他们并不需要每天都生活在被观察的群体当中。尽管如此，参与观察法仍吸取了民族志方法的许多长处。两种方法都能让研究者观察到人们在活动中的行为，因为人们在活动中的行为是真实发生的，而不是依靠问卷和访谈得到的。

　　社会学家大卫·金尼（David Kinney）曾经借助参与观察法研究青少年群体。在几年的研究中，金尼融入中学的青少年群体，观察他们的行为。他还通过对青少年进行访谈来支持他所观察到的结果。

　　金尼的参与观察研究在青少年群体的构成以及从初中到高中青少年群体发生什么变化方面给我们提供了最好的信息。例如，他观察到初中群体是如何被简单地划分为受欢迎的群体（潮人）和不受欢迎的群体（呆子），而在高中，青少年趋向于根据共同的爱好和风格进行更丰富的群体划分和定义（如滑板族、重金属乐迷）。

　　当然金尼首先要从学校官方获得允许。大多数情况下，青少年知道金尼并不是他们当中的一员，金尼也并没有掩盖这一事实。然而有效参与又需要尽可能地融入社会环境中，金尼一步一步地完成了这个目标：

> 　　我在各种同伴活动中建立和维持与学生的联系，接受他们的不同观点，通过这些方式，我试图在学校为自己建立一个中立的身份。我穿牛仔裤和休闲衬衫，强调自己是一个在写关于青少年的高中经历的论文的大学生，我通过这些方式尽可能地将自己与其他成年的权威人士区分开。

参与观察法（participant observation）

研究者与研究对象一起参与各种活动，并这一过程中研究他们的一种研究方法。

当然，参与观察青少年对那些看起来年轻的人而言更容易，金尼在开始他的研究的时候，假装自己是一个大学生。一位头发灰白的、上了年纪的学者明显已经度过青少年期很久了，他会很显眼，不得不经历一段困难的时期才能让青少年接受他成为活动的参与者。作为一个年轻学者，金尼能够参与各种各样的青少年团体，不单单是学校中的团体，还包括体育活动、舞会、聚会，他能很快被青少年接受，并且能乐在其中。

受欢迎和不受欢迎

青少年每天与同伴相处，这意味着他们一直受到社会评价的影响。研究者认为，这种评价中的重要的一方面就是对青少年受欢迎或不受欢迎的程度的判断。

什么使一些青少年受欢迎

学习目标 15： 解释如何判断青少年的受欢迎程度，明确与受欢迎有关的主要特点。

我不像其他孩子那样受欢迎。想要受欢迎，你得看上去像那么回事，有正确的外貌打扮，穿能被他们接受的衣服。在我们的学校里，运动健将最令人景仰。我已经不在乎其他孩子怎么想了，至少我会努力劝服自己不去在乎。

——一个 17 岁的女孩

关于同伴群体的研究，人们发现了同一个现象：青少年认同他们中的一些人是受欢迎的，而另一些人是不受欢迎的。受欢迎的高地位群体有各种各样的名称，包括运动健将、潮人和（大众）红人。不受欢迎的低地位群体同样有他们的独特的名称，例如，"书呆子""极客"等。

除了对群体的受欢迎程度的研究之外，大量在个人层面上进行的研究在考察是什么让一些青少年受欢迎而另一些人不受欢迎。通常，这种研究使用社会测量法（sociometry），即让学生评估其他学生的社会地位。

研究人员向学生出示同伴或者同校的其他学生的名字和照片，然后让他们评价看到的人。研究者也许会直接问他们谁受欢迎和谁不受欢迎，或者他们最喜欢谁、最不喜欢谁。另一种方法要间接很多，研究人员通过问学生他们最喜欢或者最不喜欢跟谁在课堂活动中成为一组，或者在社会活动中成为同伴。除了评价受欢迎程度以外，学生也评价其他学生的特点，这些特点被假定与受欢迎或者不受欢迎有关，比如外貌、智力、友善程度和攻击性。

社会测量研究发现，与其他年龄段的受欢迎的那些人一样，受欢迎的青少年也具有某些特

社会测量法（sociometry）

通过让学生评价其他学生的社会地位来评估其他学生的受欢迎或不受欢迎程度的一种研究方法。

点，而这些特点在青少年期的作用尤其明显。外貌和社交技能在所有年龄阶段都与受欢迎程度有关。尽管"书呆子"和"学霸"被贴上了消极的标签，但高智商仍与受欢迎程度相关，与不受欢迎无关。他们之所以被贴上带有污蔑性的标签，并且不受欢迎，原因不在于高智商，而在于这样的人缺乏社交技能并且只关注学习，排斥社会生活。然而，总体来说，社交智力和一般智力相关，高智力通常能使人更好地认识到人们在想什么，以及怎样才能让别人喜欢自己。

在所有的年龄阶段，包括青少年期，我们通常所说的社交技能（social skills）都与是否受欢迎有关。非常受其他人欢迎的人通常是友好、开朗、和善且幽默的人。他们善待他人并且能够敏感地发现别人的需要，能够很好地倾听他人（这说明他们不只是简单地关注自己的需求），并且能够清晰地表达自己的观点。他们热情地参与组织活动，经常在小组活动中起到带头作用，并且能够吸引别人参与进来。他们自信却不自负，也不傲慢。通过这些途径，他们展现出了促使社交成功的技能。

相比之下，不受欢迎的青少年往往缺乏社交技能。学者们研究了那些在童年时期和青少年期受欢迎和不受欢迎的人，划分了两种不受欢迎的类型，这两种类型反映了不同的社交技能缺陷。被拒绝型青少年（rejected adolescents）不被同龄人喜欢，他们之所以不受欢迎通常是因为别人发现他们非常爱挑衅、有破坏性、喜欢争吵。他们往往会忽视别人的想法，当别人不同意他们的观点时，他们会表现出自我中心或者攻击性。在上面提到的运用社会测量法的评价中，其他人不喜欢这类青少年也不想让他们成为团队的成员和同伴。被忽视型青少年（neglected adolescents）不像被拒绝型青少年那样四处树敌，可是他们同样没有朋友。他们是那种几乎无法被同龄人注意到的小人物。因为害羞、退缩，以及不参加团体活动，他们通常很难建立友情，甚至很难进行正常的同伴交往。在社会测量评价中，很少有人会提及喜欢或不喜欢他们，另一些人甚至很难想起来他们是谁。这两种不受欢迎的青少年都缺乏被他人接受和建立持久友谊的必要社交技能。

一个有趣的研究表明，被拒绝型青少年缺乏的社交技能是社会认知，至少在男生中是这样的。这项研究发现，即使是在对方的意图很模糊的时候，攻击性的男孩也会认为其他男孩的行为是有敌意的。通过给儿童和青少年播放录像带并请他们描绘录像带中的模糊的情景的方式，肯尼斯·道奇（Kenneth Dodge）和他的同事得出了这个结论。例如，在播放的录像带中一个男孩撞向一个拿着饮料的男孩，结果饮料被撞洒了。那些被老师和同伴定义为好斗的男孩会

社交技能（social skills）
能成功地处理社交关系并与他人和谐相处的技能。

被拒绝型青少年（rejected adolescents）
同伴非常不喜欢的青少年。

被忽视型青少年（neglected adolescents）
朋友很少或没有朋友的、被大量同伴忽视的青少年。

被忽视型青少年缺乏交朋友所必需的社交技能。

认为碰撞是一个充满敌意的行为，撞的人有意想让饮料洒出来，但是其他男孩更可能认为这只是个意外。道奇的研究表明，这是**社会信息加工**（social information processing）的问题。被拒绝型男孩缺乏一部分社交技能，他们认为世界上到处都是隐藏的敌人，当一件他们认为代表着别人对自己的敌意的事情发生的时候，他们会迅速进行报复。换言之，拥有社交技能意味着，当对方也许并没有敌对的时候，个体能够有正常的怀疑，但却不会认为对方是故意的。

可是，攻击性强并不总是某些青少年不受欢迎的原因。研究人员发现，一些青少年攻击性很强但是社交技能很高。他们是典型的**争议型青少年**（controversial adolescents），因为同伴对他们的反应会很复杂。与其说他们总是受欢迎或者不受欢迎，倒不如说在不同的场合，他们可能会被不同的人或同样的人非常喜欢或者非常不喜欢。最近的一项研究发现，争议型青少年友谊的亲密度和乐趣度都很高，但身体攻击和关系攻击也很多。另一个研究指出争议型青少年要比受欢迎的青少年更可能成为一个叛逆的同伴团体的领导者。

不受欢迎的状况能被改变吗

学习目标 16：明确受欢迎或不受欢迎的状况很难改变的原因，以及针对不受欢迎的状况的有效干预方案的特点。

个体受欢迎或不受欢迎的状况一般从童年期到青少年期会保持一致，当然也有例外。但是总体来说，受欢迎的儿童会变成受欢迎的青少年，不受欢迎的儿童在青少年期仍然不受欢迎。一部分原因可能是因为受欢迎或不受欢迎的特点是相对稳定的，比如，智力和攻击性。在第 3 章中我们已经看到儿童时期的智力水平与青少年期的智力水平高度相关。攻击性，作为区分被拒绝型儿童的特点，从童年到青少年期也会保持一致。家庭环境也会影响社交技能的发展，并且它在童年期的影响和在青少年期是一样的。

社会信息加工（social information processing）
在社交过程中，对他人的行为和意图的解释。

争议型青少年（controversial adolescents）
同时具有攻击性和社交技能的青少年，因此他们能唤起同伴强烈的积极或消极情感。

　　此外，研究此领域的专家强调，在青少年期，无论是受欢迎的人群还是不受欢迎的人群都有某些稳定存在的特质。受欢迎的儿童每天都会让自己受欢迎，其他的孩子喜欢他们，乐意见到他们，并且想要和他们一起。这使他们更自信，也给了他们机会，让他们在日常的接触中继续发展各种社交技能，而这些社交技能是他们受到欢迎的首要原因。因此，受欢迎的儿童会变成受欢迎的青少年是合理的。

　　不幸的是，不受欢迎的人群也有他们的稳定存在的特质。不受欢迎的儿童和青少年在与同伴交往的过程中，或者会令人不快、让人觉得难以相处（比如被拒绝型儿童），或者会顺从和懦弱（比如被忽视型儿童）。这种名声一旦形成就很难改变。即使那些不受欢迎的儿童和青少年改变了他们的行为，也仍然会被否定，因为别人一直这么看。无论是被拒绝型还是被忽视型儿童，都是不受欢迎的，这使他们不太可能被纳入积极的人际交往，而积极的人际交往能帮助他们发展良好的社交技能。

　　尽管不受欢迎的青少年往往有他们的稳定的特质，但事实也并非总是如此。我们中的许多人都记得在童年期或者青少年期时，我们觉得自己不受欢迎——被拒绝，或者被忽视，或者两者都有。如果走运，我们会在那种情况下成长。我们的社交技能得到了发展，或者我们有了新的兴趣和能力，而这些新的兴趣和能力使我们与那些跟我们有共同兴趣的人建立新的社会联系，或者我们转到了可以重新开始的新班级或新学校。不管是哪种原因，很多在儿童晚期或者青少年早期不受欢迎的年轻人，到青少年中后期和之后的时期还是能够拥有令人满意的友谊的。

　　然而，一直不受欢迎会对青少年产生很多负面影响。总体来说，不受欢迎与抑郁、行为问题、学习问题有关。被拒绝型儿童和青少年往往比被忽视型儿童和青少年存在更多的问题。对于被拒绝型青少年来说，攻击性往往是他们拒绝他人以及自身出现其他问题的根本原因。最终，他们会与其他有攻击性的青少年成为朋友，而且与攻击相关的问题出现的概率更高，例如，他们会与同伴、老师和父母出现冲突。他们比其他同伴更容易辍学。被忽视型儿童在青少年期经常会有不同的问题，比如低自尊、孤独、抑郁和酗酒。

　　教育者和心理学家设计了各种干预模式来改善不受欢迎的情况及其影响。由于受欢迎与不受欢迎主要取决于社交技能，因此对不受欢迎群体的干预就是让他们学习社交技能。对于被拒绝型儿童和青少年来说，这意味着学习如何控制和管理愤怒与攻击性。在一个干预方案中，当青少年感到自己失去控制时，研究者教导他们遵循以下六个步骤：

　　（1）停下，冷静，行动前先思考；

（2）重温问题，说出或者写下你的感受；

（3）为结果设立一个积极的目标；

（4）思考达成目标的可行方案；

（5）试着预测可行的方案所能产生的结果；

（6）选择最佳方案并且尝试去做。

这项干预提高了青少年采用建设性问题解决方案的能力。老师也反映说，干预之后，这些青少年在班级里的人际关系得到了改善。

对于被忽视型青少年，则通过训练其交朋友的社交技能来进行干预。干预方法一般是（通过教导、树立榜样和角色扮演）训练青少年融入一个团体，细心友好地倾听及从同伴那里得到积极的关注。研究结果往往表明，干预在某种程度上会改善青少年的同伴关系。

欺凌

学习目标 17：明确欺凌的概念，描述欺凌在不同的国家的普遍性及其后果。

欺凌（bullying）是青少年同伴的拒斥行为的一种极端形式。欺凌由三个部分构成：攻击性（身体上的或言语上的）；重复性（不仅仅是突发事件，而是一种超越时间的模式）；权力失衡（欺凌者的同伴地位要高于受害者）。欺凌开始于童年中期，在青少年早期达到顶峰，并在青少年后期大幅减少。欺凌是各国普遍存在的现象，在欧洲、亚洲和北美的许多国家都能看到。一个标志性的研究以来自 28 个国家的 100 000 名 11~15 岁的青少年为被调查对象，调查了他们是否曾经被欺凌。结果发现，被欺凌的发生概率从瑞士女生的 6% 到立陶宛男生的 41% 不等，在大部分国家被欺凌的发生概率在 10%~20%。这个研究发现，在不同国家，男生通常比女生更有可能成为欺凌者或被欺凌的对象。

欺凌对青少年的成长有许多负面影响。通过对 28 个国家的青少年欺凌的研究发现，有过被欺凌经历的受害者报告了更多的问题，这些问题包括身体症状，如头痛、背疼和难以入睡，同时也包括心理症状，如孤独、无助、焦虑和不快乐。其他的许多研究也得到了相同的结果。另外，欺凌者们也存在高风险的问题。一项加拿大的关于欺凌的研究用 7 年的时间调查了 10~14 岁的青少年，结果发现欺凌者比没欺凌过别人的人报告了更多的心理问题和与父母、同伴的关系问题。

谁是欺凌者，谁被欺凌了？受害者往往是被同伴拒绝与排斥的、地位较低的青少年，因为他们的社会地位低，其他青少年也不愿意去保护他们。欺凌者的社会地位更为复杂：有时他们是地位高的青少年，把欺凌别人当作一种声明和维持自己的高地位的方式，如我们之前描述过的争议型青少年；有时他们是中间地位的青少年，会跟随地位高的欺凌者去欺凌别人，从而避

欺凌（bullying）

在同伴群体中，一方通过对另一方施加攻击性的行为来显示自己的权力。

免成为受害者；有时他们是地位低的青少牛，寻找那些比他们地位还低的人作为欺凌的对象。约有四分之一的欺凌者同时也是受害者。

最新的欺凌的变形是网络欺凌（cyberbullying，也称电子欺凌），欺凌以电子邮件、网络和手机为载体进行。瑞典的一项针对 12~20 岁人群的研究发现，网络欺凌的年龄模式与传统欺凌相似，在青少年早期最强烈，从青少年后期到成年初显期减弱。最近对近 4000 名 6~8 年级的美国青少年的研究发现，11% 的人报告在过去的两个月中曾经成为网络欺凌的受害者；7% 的人表明在这个时期他们既是网络欺凌者也是受害者；4% 的人称他们有过网络欺凌行为。引人注意的是，有一半的受害者不知道欺凌者的身份，这是网络欺凌和其他欺凌的关键性差别。然而，到目前为止，还没有一个得到普遍接受的关于网络欺凌的概念，相关的研究通常只涉及单一的事件。因此，它并不符合传统意义上的欺凌的定义，因为传统的欺凌包括重复性，所以称它为"在线骚扰"可能更为恰当。这是一个刚刚开始得到研究的领域，因此它值得我们进一步观察和探讨。

在很多国家，青少年期的欺凌都很普遍。

青年文化

正如我们在前面的章节中看到的那样，所有的文化都重视青少年这个人生阶段。然而，在 20 世纪，由于青少年普遍被要求上学，法律限制青少年的劳动，并且其他法律把未成年人和成年人进行了区分，青少年与成年人气概被截然分开。发达国家的许多学者认为年轻人现在建立了一种截然不同的文化，并且有他们自己的标准和价值观。

青年文化的价值和特点

学习目标 18：明确青年文化的构成，解释青年文化的形成原因。

到目前为止，本章介绍了友谊的各个方面和同伴团体，比如小团体和群体，以及受欢迎和不受欢迎的问题。除了这些研究领域以外，学者们还撰写了大量关于青年文化（youth culture）

网络欺凌（cyberbullying）

通过电子载体（主要是网络）进行欺凌。

青年文化（youth culture）

整个年轻人群体中的文化，和儿童群体中的文化及成年社会中的文化不同，其特征是享乐主义和不负责任的价值观。

的文章。这种观点认为，通过形成小社会团体——朋友、小团体和群体——年轻人组成了一个完整的、与儿童和成人不同的社会，他们有不同的文化。社会学领域在对青年文化的研究方面已经有很长的历史。社会学家普遍认为，在 20 世纪 20 年代的西方，独特的青年文化首先发展起来（更多关于青年文化发展的细节我们会在本章"历史焦点"专栏中介绍）。

青年文化的特色是什么？它有什么资格成为一种文化？让我们回顾第 1 章，文化是一个群体独特的生活方式，包括信仰和价值观、风俗，以及艺术和科技。塔尔科特·帕森斯（Talcott Parsons）是第一位使用"青年文化"这一术语的社会学家。他认为，青年文化的价值观是"享乐主义"（意思是寻求快乐）和"不负责任"（推迟作为成年人的责任）。他认为青年文化的价值观与成年社会的价值观是相反的。成年人社会强调例行公事、延迟满足和承担责任；青年文化把这些价值观颠倒了过来，他们遵循享乐主义和不负责任。同样，玛扎（Matza）和塞克斯（Sykes）的观点与其相似，他们认为青年文化的基础是隐藏的价值观（subterranean values），比如享乐主义、兴奋、乐于冒险。成年人也有这类价值观，但是成年人会压抑它们，只通过有限的休闲活动来释放，而青少年和初显期成人则开放地表达自己。许多当代的社会学家也都强调享乐主义和追求刺激是青年文化的主要价值观。

这种价值观的倒置当然只是暂时的。帕森斯提出，参与青年文化在西方社会中是一个"通过仪式"。年轻人在进入成年人世界并承担责任之前享受着他们短暂的以享乐主义和不负责任为价值观的生活。这个时期只出现在年轻人与父母相对独立的阶段——特别是从他们离开家庭到他们结婚。帕森斯认为，婚姻代表正式进入成年期，并与青年文化告别。帕森斯那个年代的普遍结婚年龄比现在小得多。这意味着参与青年文化的时间已经大幅延长，并且个体在成年初显期参与青年文化的时间多于青少年期。

我们不是只能通过价值观区分青年文化与成年社会的文化。英国社会学家迈克尔·布雷克（Michael Brake）提出了青年文化风格（style）的三个基本组成部分。

（1）形象（image）指衣服、发型、首饰和其他的外观方面。例如，有些青年人会将环穿在鼻子、肚脐或者眉骨上，而成年人较少如此。

（2）形态（demeanor）指青少年的手势、步伐和姿势具有独特的形态。例如，某些独特的击掌方法（举手击掌）。

（3）俚语（argot）指某些特定的词汇和某种说话方式。比如，用"酷"（cool）来表示一

隐藏的价值观（subterranean values）

诸如享乐、刺激、冒险等价值观，社会学家认为这是青年文化的基础。

风格（style）

青年文化外在的可识别特征，包括外在的形象、形态、俚语。

形象（image）

布雷克对青年文化的描述的一个方面，是指穿衣风格、发型、饰品以及其他的外在形象。

20 世纪 20 年代

20 世纪 50 年代

20 世纪 60 年代

20 世纪 80 年代

青年文化的风格的变化。

21 世纪 10 年代

些合意的人或事，用"冷静下来"（chill out）来表示放松和平静，以及用一些单词和短语来表示脏话和侮辱人的话。

就像我们在第4章中所讨论的那样，在理解青年文化风格的三个成分时，有个方法很有效：它们能组成复杂的个人习惯，即青年文化中的每一个独特的形象、形态和俚语都象征着某些价值观和信仰，这些可以把青年文化从成年人社会中区分出来。例如，穿破烂的牛仔裤和T恤象征着青年文化重视休闲娱乐，反对成年人社会的正式着装。青年的俚语被视为是淫秽的、令人讨厌的，而这些俚语意味着青年对成人的过于现实的态度和期望的反抗。一般来讲，青年文化风格的各个方面都能表现青年人和成年人之间的差别。

为什么青年文化会发展起来？社会学家有各种解释。发展青年文化的一个条件是多元的社会，换句话说，发展青年文化需要一个足够宽容的社会，它允许个人或者团体和别人高度不一致，包括各种偏离整体社会规范的行为和信仰。一些现代的社会学家认为，青年文化的出现是因为个人主义的增强和私下交往的减弱。这种观点认为，青年文化可以帮助青少年建构一个社会无法提供的、连贯的和有意义的世界观。

正如我们所说，帕森斯认为青年文化出现在青年从父母那获得实质性的独立与能够承担成年人责任之间的时期。同样，迈克尔·布雷克认为青年文化为青年人提供了机会去尝试不同的自我认同。

> 青年需要一个空间去探索一种自我认同，它与自身角色和家庭强烈期望的角色截然不同。青年文化为年轻人提供了一个集体认同，青年可以将其作为参照团体从中发展个人的自我认同。它提供了另一个发展脚本的认知原料……它代表了一个自由的领域，在这里可以和同伴一起放松，远离成人的监督和要求。

青年文化不一定完全反对成年人世界。在第7章中我们提到，青少年和父母一般会有很多共同的价值观，比如都认同教育、诚实和努力工作的价值，这与青少年和初显期成人唯一追求的是快乐和享受的想法并无不符。青年和他们的父母都知道这个阶段是暂时的，他们最终会承担起成年人生活的责任。

当然，有人可能会说青年文化不止一种，而是包含许多种青年亚文化。例如，青年亚文化还表现为某些独特的音乐形式，例如，重金属音乐和说唱音乐，一些青少年喜爱，一些青少年则讨厌。

因此，青少年参与青年文化的程度有所不同——一些人根本不参与，一些人适度参与，还

形态（demeanor）
布雷克对青年文化的描述的一个方面，是指年轻人独特的手势、步态、姿势等。

俚语（argot）
青年文化中的某种特定的词汇和说话方式。

有一些人高度参与。青少年期和成年初显期是青年人参与青年文化（或者青年亚文化）的时期，但是大多数青年的真正参与程度很低。

一些学者发现青年文化在全球不断增多。受全球媒体的影响，新青年风格正在世界范围内传播。当然，各个国家的青年参与青年文化的程度有所不同。然而，西方青年文化中的青少年的形象、俚语和媒体对非西方国家的青少年也有影响。同样，西方国家与非西方国家之间也存在相互影响，例如，被称为"漫画"的日本文化产品在全世界都很受欢迎。

> **批判性思考**
>
> 几乎所有关于青年文化的学术研究都是理论性的，而不是实验性的（研究性的）。你会如何设计实验去验证我在此提出的有关青年文化的理论观点？

行话：青年文化的语言

学习目标 19：列出青少年期专用语的目的并举例。

青少年识别谁是或谁不是青年文化中的一分子的一种方式就是通过对方使用的语言加以判断，即迈克·布莱克（Michael Brake）所称的"俚语"。**行话**（slang）是一种不同于官方用语的非正式的词汇和语法的组合。青少年期是行话产生的主要时期。行话的使用是短暂的，并且一代青少年与下一代之间在行话的使用方面存在差异。但是行话的使用可以追溯到几个世纪以前。

使用行话的意义很多，主要旨在创造生动的原创的效果。鉴于其中常见的禁忌和粗俗的词语，行话也是青少年区分青年文化和成年人文化的一种方式，甚至是对成年人规范的挑战。同时，行话的使用情况也象征着青少年是否属于某一个同伴群体或某种青年文化。

例如，一项 20 世纪 80 年代到 20 世纪 90 年代间的来自美国底特律的一所高中的人种志研究表明，那些自我评价为"筋疲力尽"的青少年在他们42%的语言中使用了否定词语（如"我没有无所事事"），该比例比其他群体高很多。这些对学习不感兴趣的青少年似乎特别重视把自己与老师（老师认为行话的语法不恰当）和那些努力上大学的运动健将（他们几乎不会使用这种行话）区分开来。同样，在 20 世纪 90 年代的北部加利福尼亚州的高中里，"笨蛋"女孩如果想要突出自己是聪明的，她们会使用英式发音。通过这种方式，她们让自己远离那些在她们看来有失身份的成年女性规范，也不用像她们的同伴一样为是否受欢迎担忧。

近年来的研究重点关注了全球化如何引领青少年将英语融入他们的行话中。一项针对日本少女群体的研究发现，她们总是自创一些将日语和英语混在一起的杂交语言，例如，"*ikemen getto suru*"（我想要一个很酷的男友）。关于保加利亚的 10 年级青少年的研究也发现当地的青

行话（slang）

一种不同于本族语言的非正式的词汇和语法的组合。

少年非常熟悉而且经常使用美式英语行话。常见的俚语有骂人的话、关于性行为和身体部位的话、诋毁男人和女人的话，也有一些描述男人和女人的积极词语。青少年报告说他们最初是从电影上、电视中和歌词里学到的这些行话，并且靠着说英语行话他们在同伴中赢得了优先地位。一位 10 年级的保加利亚男孩如此解释：

> 我想学习英语俚语。因为每当我跟朋友们说起他们不知道的新词时，他们都会很尊敬地看着我，觉得我是音乐、流行歌曲、电影等方面的专家。

像日本少女一样，保加利亚的青少年也经常会创造夹杂了保加利亚语和英语的混合语言。即使你不懂保加利亚语，你也能翻译下面的例子："*Toi e istinski asshole*"（我是个混蛋）。像这个例子一样，俚语有时很尖酸刻薄，它们被用来讽刺或排斥同伴。但是，行话经常是一种委婉的文字游戏，以一种温和的方式去试探成年人文化的界限。

历史焦点

"怒吼的 20 年代" 和青年文化的兴起

20 世纪 20 年代，青年文化开始在美国和其他西方国家出现。在之前的历史时期可能出现了一些小规模的青年文化，但在 20 世纪 20 年代青年文化第一次成为广泛的社会现象。和现在一样，青年文化的参与者基本上都处于青少年后期和 20 岁出头的成年初显期。

青年文化的关于享乐主义、休闲、追求冒险和刺激的价值观在 20 世纪 20 年代被生动地展现出来，性行为方面的内容尤其明显。在这之前，与性有关的准则是非常严格的，对女孩来说尤其如此。青少年期的少女被教导要保持纯洁无瑕，直到那个带领她们走入婚姻的男人出现。这意味着，女孩不能有性行为，爱抚也是不被允许的，甚至在作为结婚对象的男人出现前连接吻都是被禁止的。约会是没有必要的。取而代之的是一种求爱，某个年轻男子要去年轻女子家拜访她时，他要有强烈的结婚意图。

这种情况在 20 世纪 20 年代发生了巨大的变化。"爱抚晚会"变得流行，男孩和女孩会见面、接吻、抚摸，还可能做得更多。一个中心城镇研究调查了 20 世纪 20 年代的典型的美国中西部小镇上的中学男生和女生，结果发现，近一半的学生称"中学的少男少女大都参加过'爱抚晚会'"这件事是真的。斯科特·菲茨杰拉德（F. Scott Fitzgerald）在小说《人间天堂》（*This Side of Paradise*）里描绘了 20 世纪 20 年代的青年的生活，他写道："没有一个维多利亚时代的母亲——绝大多数是维多利亚时代的母亲——知道是什么原因导致了女儿习惯被亲吻。"其中一个女主角厚颜无耻地承认："我亲吻过许多的男人，我想我会跟更多的男人接吻。"

在 20 世纪 20 年代的青年文化中，爵士乐也是享乐和休闲的一部分。20 世纪 20 年代有时也被称作"爵士时代"，因为爵士乐在当时特别流行，并且爵士乐是第一个获得认可的独特的音乐形式。许多人认为爵士乐能刺激性欲，青年文化的参与者会通过爵士乐寻找刺激，但是成年人认为这非常危险。同样，爵士舞也被认为充满性挑逗。辛辛那提的报纸写道："音乐是性感的，舞伴之间的拥抱——女性的衣着半遮半掩——绝对是不雅的；家庭报纸甚至不去描绘其动作，因为举止不当。"

20 世纪 20 年代的青年文化风格在很多方面都表现出了性规范的变化。女士的裙摆高于地面 18 厘米；在以前被认为是不妥的，但是在当时裙摆短到了很多成年人认为不体面的高度——膝盖。为了强调裸露出来的膝盖和小腿，肉色长筒袜开始流行。对年轻的女士来说，短发变成了最流行的发型。化妆品第一次被广泛使用——胭脂、口红和抗皱霜，人们也开始拔眉、修眉和染眉。

学者认为有特色的青年文化最早在 20 世纪 20 年代形成。

20 世纪 20 年代的青年文化中的俚语也是独特的。"23-skiddoo"和"the bee's knees"被用来描述被今天的年轻人称为"酷"的事物；"spooning"和今天所说的"亲热"是一个意思。

什么样的历史原因导致了青年文化在 20 世纪 20 年代崛起？第一次世界大战正好在 20 世纪 20 年代前结束是一个重要的影响因素。200 多万美国年轻人在青少年后期和 20 来岁的时候奔赴欧洲参加战争。参战使许多青少年离开了狭隘的家庭社会文化、摆脱了所在社区的束缚，他们在重返家庭后拒绝回到旧的限制和禁忌中。

另一个影响因素是西格蒙德·弗洛伊德（Sigmund Freud）思想在战后的流行。弗洛伊德的理论中有一个著名的观点：无拘束的性行为能够促进心理健康。这让很多人认为自我控制好像不仅仅是"假正经"的表现，而且还有害。以前被称赞的词汇现在遭到了人们的责备，甚至嘲笑，例如，"维多利亚式""清教徒""审慎""端庄"。青少年认为这些词汇所代表的价值观已经过时了，也不适合健康的性生活。

导致青年文化崛起的第三个影响因素是女性的地位的变化。19 世纪的美国赋予女性选举权，并在 1920 年形成了相关法律，这一法律促使女性获得了更平等的新地位——即使女性还不是与男性完全平等的。在 20 世纪 20 年代，作为初显期成人，女性更可能进入工作场所，尽管大多数人在结婚之后，或者在有了第一个孩子之后就会辞职。经济收入使年轻女性更独立，也使她们获得了以往没有的社交机会。

最后，越来越多的汽车，特别是有盖的汽车，也对青年文化的发展有影响。1919 年，在美国，只有 10% 的汽车有盖，到了 1927 年，这一数字升至 83%。汽车为中产阶级的青年人提供了逃避父母和邻居的监视的机会，他们能够去参加舞会，或者去千里之外的俱乐部。与现在一样，汽车提供了一个宽敞的、足以发生性行为的空间。

不是所有的青年都参与了青年文化，这在20世纪20年代和今天都是如此。许多（有可能更多）处于青少年期和成年初显期的人仍然遵守着传统的与性或生活中的其他方面有关的道德和行为准则。无论是过去还是现在，青年文化对那些寻求刺激的人、那些生活富裕并且能追求青年文化中的享乐主义和冒险精神的青年往往都很有吸引力。

科技的变化和青年文化的力量

学习目标 20： 解释科技对青年文化的独特性的重要性。

青年文化主要由青年自己创造和传播。青年主要是通过从同伴那里获得线索来学习流行的穿着和发型、流行语、流行音乐和应用的媒体。成年人可能会尝试控制或监控这个过程以降低青年文化对个体的破坏性，或者在向青年人销售流行物品的过程中获得利润，但是，青年是从其他青年那里而不是从成年人那里习得青年文化的。

根据人类学家玛格丽特·米德（Margaret Mead）的观点，在科技加速发展的时期，青年期望从其他青年身上找到有关生活的各个方面的指导。到青年文化最开始形成的时期，米德描述了文化中的科技变革速度如何影响青年接受成年人或其他同伴的教导。在科技发展缓慢的文化里，儿童和青年需要学习的关于如何像成年人那样行动的知识从一代到下一代只会发生了很小的改变。所以，儿童和青年可以从长辈那里习得他们需要知道的知识。例如，如果在一个文化里，多代人的经济支撑都来自于相同的耕作方法，那么长辈们就是有经验的人，青年会希望从他们那里得到有关如何种植、耕作，以及收获庄稼的经验。

然而，从工业革命开始，科技变革的速度每一个世纪都在提高。尤其是在过去的100年里，发达国家的科技发展速度之快使得经济中的最重要的技术随着年代而改变。一个想要学习计算机制表和制图的青少年，可能更愿意向一个懂计算机的朋友寻求建议，而不是找在计算机流行之前就已经退休的祖父母。

知识的运用

你认为你所生活的文化中是否出现了米德所预测的在未来的某一天成年人将向青少年学习的状况？你能举出哪些例子？

米德相信，在未来，随着科技发展的速度持续加快，成年人会向青年学习如何使用最新科技。米德在1928年提出了这个理论，当时离计算机时代还很远，如今，她的很多预言已经在我们的时代应验了。现在，发达国家的青年与计算机、网络一起长大，不久后他们中的很多人的技术水平会远远超过他们的长辈。他们也会比成年人更快地接受新媒体的形式。

个人计算机的发展历史提供了很多青少年和初显期成人带来革命性进展的例子。微软的创始人比尔·盖茨（Bill Gates）开发了 DOS 操作系统，现在这个系统是大多数个人计算机运行的基础，当时他才 20 多岁。史蒂夫·乔布斯（Steve Jobs）十几岁的时候在车库里组装了一台个人计算机，后来他创立了苹果公司。马克·扎克伯格（Mark Elliot Zuckerberg）在他大学时创立了 Facebook。许多年长的、更有经验的经营者和发明者，以及更成熟的公司，例如，IBM都从盖茨、乔布斯、扎克伯格和其他年轻人那里借鉴想法——这是一个标志：米德预测的未来可能已经到来。

但是我们仍然很难相信这一天将要到来，届时大部分知识将由青少年传授给成年人。当然，成年人比青年有更丰富的经验，也花了更长的时间积累知识。到目前为止，上述的例子都是个例。大部分知识还是由成年人传授给青年，青年和初显期成人所接受的学校教育就是以此为目标创建的。尽管在青少年期和成年初显期，青年从同伴那里习得大量的关于青年文化的知识，但是几乎所有青年在成年初显期结束后都会远离青年文化，开始承担成年人生活中的责任。

第9章

爱与性

学习目标

1. 总结发达国家青少年爱情的形式与过去有哪些不同。

2. 描述年龄和性别如何影响青少年及初显期成人爱情的形式。

3. 解释斯腾伯格的爱情理论如何应用到青少年身上。

4. 总结青少年的爱情吸引的基础，指出青少年的爱情通常经历的阶段。

5. 描述爱情结束的原因及分手的后果。

6. 总结西方国家的初显期成人同居的主要形式及不同形式。

7. 对比传统文化社会和现代西方社会的择偶标准的异同。

8. 列举包办婚姻的特点和普遍性，包括现在发生的变化。

9. 明确不同文化对待青少年性行为的不同态度，总结初显期成人的性行为的比率在不同国家的多样性。

10. 对比青少年男女的性脚本的异同，并解释出现差异的原因。

11. 解释性活跃的美国青少年与对性不活跃的青少年之间有什么差异。

12. 概述初显期成人的性行为的特点，包括其与青少年的差异。

13. 描述性骚扰和性胁迫的普遍性及其原因。

14. 解释近几十年社会对同性恋的态度如何变化，以及这些变化如何影响女同性恋、男同性恋、双性恋和变性青少年。

15. 解释为什么青少年的避孕措施不一致，明确青少年怀孕在不同文化中的形式以及出现这些差异的原因。

16. 总结美国不同种族群体青少年怀孕的概率并与其他发达国家进行对比，具体说明青少年期怀孕对母亲、父亲和婴儿本身的影响。

17. 列举最普遍的性传播疾病及治疗方法。

18. 明确有效性教育的主要特点。

爱情的开始、发展和结束

在所有文化中，在青少年期和成年初显期的性成熟都需要经历与家庭外的某人形成亲密关系。发达国家的大多数年轻人在青少年期和成年初显期都会开始及结束几段恋爱关系。

青少年爱情形式的变化

学习目标 1： 总结发达国家青少年爱情的形式与过去有哪些不同。

近几十年来，青少年早期浪漫关系的形式发生了改变。在 20 世纪 70 年代以前，西方文化中青少年的爱情是以"约会"的形式存在的，通常这种关系存在或多或少的正式规则。男孩邀请女孩陪同自己去参加一些明确规定的事件——比如，看一场电影、看一场体育比赛或者参加学校的舞会等。男孩去女孩家里接女孩，那时他会见到女孩的父母，并告诉他们自己何时送女孩回来，然后男孩和女孩就去约会了。在约定回家的时间之前，男孩会把女孩送回家，中途可能会停下来吃点东西或进行亲吻一类的活动。

现代青少年的浪漫关系变得较为不正式，甚至连"约会"这个词都已经过时了，常被"跟某人结伴"（go with）、"跟别人闲逛"（hang out）或"见某人"（see）等词代替。青少年男孩和女孩仍然会一起看电影、看比赛、参加学校舞会等，但是他们通常会非正式地待在一起。正如我们在第 5 章中提到的，在 20 世纪 60 年代的女权主义运动出现之前，西方性别角色的划分是非常清晰的，青少年期的男孩和女孩不能以朋友的身份一起出去闲逛。而现在他们通常在建立浪漫关系之前早就成为朋友了。

现在，欧洲文化背景下的青少年爱情也变得更随意。欧洲的青少年研究者指出，之前那种正式约会几乎已经不存在了。青少年和初显期成人也会出双入对，成为男女朋友，但是他们不再以正式的方式约会，不会在特定的时间做特定的事情以探索彼此是否合拍。他们不是成对出门，而是以一种更典型的方式——不同性别的人组成群体一起出去玩。或者男孩与女孩以简单朋友的关系一起出去，他们不会认为彼此是潜在的男女朋友，男孩无须承担买单的责任，这种外出也不会暗含着二人晚上会发生性活动的可能性。在很多文化中，青少年约会和非正式男女社交是被禁止的，因为有些文化强调婚前女性的贞洁，或者因为成年人希望能够控制青少年最终和谁结婚。

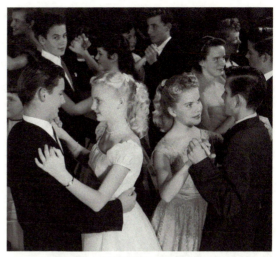

跟以前相比，今天的青少年约会较为不正式。图为 20世纪 50 年代的美国的一所中学舞会的情况。

青少年爱情的发展过程

学习目标 2： 描述年龄和性别如何影响青少年及初显期成人爱情的形式。

随着青少年的成长，他们投入浪漫关系的比例逐渐升高。根据一项全国（美国）研究课题"国家青少年健康研究"（也被称为 **Add Health**）的结果，7 年级青少年报告自己拥有爱情关系的比例是 17%，9 年级的比例是 32%，11 年级的比例上升为 44%。到 11 年级时，即便当时没有处在这种关系中，80% 的青少年从某种程度上也已经历过这种关系。亚洲文化背景下的青少年似乎比欧洲各国、美国非洲裔或拉丁美洲各国的青少年投入第一次浪漫关系的时间晚，而且不鼓励婚前性行为的发生。

青少年报告了如下建立爱情关系的原因：

- 娱乐（乐趣和享受）；
- 学习（提升约会互动技巧）；
- 地位（通过与地位高的人恋爱给他人留下印象）；
- 陪伴（与他人分享快乐的经历）；
- 亲密（与他人建立亲密的情感关系）；
- 追求（寻找能够作为稳定伴侣的人）。

> **批判性思考**
>
> 假如性活动是青少年爱情关系中的一部分，为什么在这项研究列出的理由中，青少年和初显期成人没有提到性活动？

在青少年进入成年初显期之后，他们建立爱情关系的理由开始改变。有一项研究探索了青少年早期（6 年级）、青少年晚期（11 年级）和大学生阶段爱情关系的功能。早期和晚期青少年的观点类似，都认为爱情关系的最重要功能是娱乐，其次是亲密和地位；而大学生群体则认为获得亲密才是最重要的，第二重要的是陪伴，再下来是娱乐和地位。一项更新的研究也得到了类似的结论。

到了青少年晚期和成年初显期，亲密在约会中变得更重要。

青少年想从建立浪漫关系的伴侣身上寻找的目标也随着年龄的增长而发生改变，至少对于男孩是如此。青少年中期，男孩最看重的是对方的身体吸引力，而女孩则强调人际关系的质量，比如，获得支持和亲密；但是到了青少年晚期，男孩和女孩都强调人际关系的质量，他们追求的目标高度相似：支持、亲密、交流、承诺和激情。

在过去的 25 年里，虽然少女们在浪漫关系中变得更加独立，但这并不意味着之前的旧标准完全不适用了。有证据表明，约会脚本（date scripts），也就是指导青少年浪漫关系的互动认知模型，仍然在不同性别个体身上发挥着作用，男孩仍然是更具权势的一方。一般来说，男性仍然遵循着主动型脚本（proactive scripts），女性更多遵循着反应型脚本（reactive scripts）。男性的脚本包括了主动发起浪漫关系、打电话给女孩、提议一起做一些事情、决定去那里、掌握公共场合的主动权（开车），以及发起性接触等；女性的脚本则集中于私人场合（花费大量时间打扮和修饰）、公共场合的反应姿态（在家里等待别人开车来接自己），以及如何应对男性的性提议等。与过去相比，虽然现在女孩主动发起浪漫关系和提出性接触要求的可能性更大，但大多数少女仍不愿意这么做。

如果说现在青少年的浪漫关系通常是从做朋友开始的，那么友谊关系与浪漫关系的区别是什么呢？青少年以积极或消极的方式来区分友谊和爱情的关系。浪漫关系会涉及更强烈的感

约会脚本（date scripts）

关于约会互动形式的认知模型。

主动型脚本（proactive scripts）

约会脚本的一部分，通常男性对此的认识比女性多，包括提出约会、决定去哪里、在公共场合保持主动（如开车和开门）和主动进行性接触等。

反应型脚本（reactive scripts）

约会脚本的一部分，通常女性对此的认识比男性多，主要集中在私人场合的行为（如约会之前花大量时间打扮和修饰），还包括公共场合的约会姿态（如等人开车来接自己、等待他人为自己开门等），以及如何应对男性的性提议等。

情，包括爱和快乐等积极感受，也包括焦虑和痛苦等消极感受。同时，浪漫关系也更可能与性活动有关，虽然有时候青少年在友谊关系中也会发生性活动，在后面章节中我们会探讨这个问题。浪漫关系的价值还体现在能得到爱情对象的关心，以及有一个休闲活动的社交伙伴。与此同时，青少年将浪漫关系看作对自己社交自由的束缚，它会让他们变得情感脆弱，而且爱情比友谊关系更容易出现冲突。经常出现的情况是：友谊和爱情关系的边界很不清晰。如果某段关系中的一个青少年认为他们之间是友谊，而另一个认为是爱情，这种情况的结果就是误解和伤害。

青少年的浪漫经历能产生积极结果，同时也会产生消极结果。拥有浪漫关系的青少年更受欢迎，因为他们一般拥有更积极的自我形象。但浪漫经历能否产生积极结果与青少年的年龄部分相关。对于年纪较小的女孩来说，参与混合性别群体的聚会和舞会等活动可能会带来积极结果，但是投入一段认真的爱情关系则可能带来抑郁情绪等消极结果。让爱情中的少女产生抑郁的一个重要原因是：她们有更大的压力，不得不面对男朋友提出的性要求，但此时她们还没有做好准备。

历史焦点
约会的诞生

"约会"是一个比较新近的文化发明，最早出现于 20 世纪早期的西方社会中。"约会"一词第一次出现是在美国的《从门廊到后座：20 世纪美国的求爱方式》（*From Front Porch to Back Seat: Courtship in Twentieth-Century America*）一书中，该书作者是历史学家贝丝·贝利（Beth Bailey）。贝利提到，20 世纪初美国中产阶级的求爱行为中除了约会之外，还有"拜访"（calling），一个年轻男性会在年轻女性的邀请下去她家里拜访。在女孩家里，男孩会见到女孩的家人，然后他们会被允许单独相处一段时间，地点可能是在会客厅里。他们会一起聊天，吃一点女孩提前准备的点心，女孩可能会为男孩演奏钢琴等。

20 世纪前 20 年，约会越来越流行。到 20 世纪 20 年代早期，约会基本上取代了拜访，成为美国中产阶级青年的主要求爱方式。这种改变几乎变革了美国的求爱模式。约会意味着走出家门去参加共享性活动。这使得求爱地点从家里移到了公共场合——餐馆、剧院和舞厅等。同时，约会还使得青年男女从女方家人的监视状态转变为公共场合的隐匿状态。

那么拜访减少而约会增加的原因是什么呢？这可能跟美国社会发生的很多改变有关。其中一个改变是美国人越来越多地集中到城市地区。在城市里，家庭居住环境空间有限，可能不再具备拜访所需要的会客厅和钢琴等条件。同时城市也提供了比小城镇更多的新鲜刺激、更多的青年走出家门可做的事情。汽车的发明和大规模生产也促进了约会的增加，因为汽车让年轻人有更高的机动性，可以让他们去更远的地方。

约会的出现极大地降低了父母的控制度，给年轻人的性探索创造了新机会。而当拜访还是主流的时候，在家人可能听到的情况下，年轻情侣在会客厅不太可能进行性探索。约会取代拜访的同时，美国爆发了性解放运动，这并非巧合。婚前的性尝试——不包括性交行为——也变得更容易被接受。正是约会提供了新机会，才使得 20 世纪 20 年代的性解放运动成为可能。虽然如此，父母还是通过宵禁手段保留了一定的限制（现在仍然有很多家长在这么做）。

约会出现导致的第二个重要结果是将求爱的主动权从女方转移到了男方。在拜访模式中，发出第一次邀请的是女孩。她可以选择邀请一个男孩来上门拜访自己，或者不让他上门。男孩不能询问女孩是否可以去她家拜访——这被认为是粗鲁的、不符合礼节的。但是在约会模式中，男性变成主动提议开始的人。男孩可以邀请女孩一起约会，而女孩通常不会主动。当然约会也就意味着花钱，而且花的是男孩的钱，这越发增加了男孩在双方关系中的权力。这会促使双方产生一种观点：作为对男方付出的回报，女孩似乎应该满足男方提出的性请求。正如 20 世纪 20 年代的一个男孩写道："如果一个男孩带一个女孩出去约会，并为她花费了 1.2 美元（跟之前那个晚上一样），那么他会期待女孩以爱抚作为回报（而我并没有得到）。"

到了 20 世纪 20 年代，约会成为美国青年流行的求爱方式。

值得注意的是，拜访和早期的约会大多发生在初显期成人身上，而不是青少年身上。拜访被认为是一个很严肃的步骤，更多的是一种缔结婚姻关系的准备仪式，而并非简单的娱乐形式。因为在 20 世纪早期，很少有人会在 25 岁之前结婚，所以那时被邀请上门拜访的男孩年龄大约为 20 岁。在约会取代了拜访之后，年轻人第一次约会时的年龄仍然在 20 岁左右，十几岁的青少年很少被允许单独成对出去。直到 20 世纪中期，随着结婚年龄的降低和高中入学率的上升，约会才开始成为青少年的活动。

最近的一项追踪研究显示，除了青少年早期的女孩，浪漫经历对于其他阶段的青少年也会产生复杂的影响。这项研究调查了 14~16 岁的美国青少年的浪漫经历，探索了他们对爱情的涉入程度（从对爱情发生兴趣到投入认真的关系），并在一年后进行了后续追踪研究。青少年的浪漫经历程度与更高的社会接受程度、建立友谊和爱情关系的能力相关。但是，在西方国家浪

漫经历也与更高的物质滥用和不良行为有关，根据浪漫经历的程度，研究者能够预测一年以后青少年的物质滥用情况。

斯腾伯格的爱情理论

学习目标 3： 解释斯腾伯格的爱情理论如何应用到青少年身上。

在两个青少年共享了浪漫关系经历之后，他们的关系会发展为爱情。最广为人知的爱情理论是由罗伯特·斯腾伯格提出来的（Robert Sternberg）。斯腾伯格认为，爱包括了三种基本成分，这三种成分以不同方式组合会形成不同的爱情类型（见图 9-1）。爱的三种基本成分是激情、亲密和承诺。**激情**（passion）包括了身体的吸引和对性的渴望，同时涉及生理和情感反应，可能跟一系列强烈的情感有关，比如，焦虑、愉悦、愤怒和嫉妒等；**亲密**（intimacy）涉及亲近的感受和情感的依恋，包括相互理解、相互支持，以及彼此交流一些不会跟其他人讨论的问题；**承诺**（commitment）是指对一个人许诺会爱他／她很长时间，经历起起伏伏是爱情的一部分，而承诺就是要做到克服激情和亲密的波动变化来保持一段长期的关系。

图 9-1　斯腾伯格的爱情三角理论

根据斯腾伯格的理论，爱的这三种成分可以组合成为如下七种不同的爱情形式。

- **喜欢**（liking）仅包括了亲密，缺乏激情和承诺。这种爱是大多数友谊的特点。友谊通常会涉及一定程度的亲密，但是不会出现激情，也缺乏长期的承诺。大多数人在一生之中，会有很多朋友不断出现和不断消失。

- **痴迷**（infatuation）仅包括了激情，缺乏亲密和承诺。痴迷涉及大量的生理和情绪唤起，以及高水平的性渴望，但缺乏情感上的亲近和长期的承诺。

- **空洞的爱**（empty love）只有承诺，缺乏激情和亲密。这种爱常见于一对结婚很久的夫妻身上，他们的激情和亲密已经减退，但两人仍然生活在一起。在某些不是夫妻双方决

喜欢（liking）

在斯腾伯格的爱情理论中，喜欢是仅建立在亲密基础上的爱情类型，缺乏激情和承诺。

痴迷（infatuation）

在斯腾伯格的爱情理论中，痴迷是仅建立在激情基础上的爱情类型，缺乏亲密和承诺。

空洞的爱（empty love）

在斯腾伯格的爱情理论中，空洞的爱是仅建立在承诺基础上的爱情类型，缺乏激情和亲密。

定婚姻而是由父母做主的文化背景下，这种情况在刚结婚的夫妻身上也常见。但是那些包办婚姻中的夫妻也可能逐渐在空洞的爱的基础上产生激情和亲密。

- 浪漫的爱（romantic love）结合了激情和亲密，但缺少承诺。这就是人们通常说的"坠入爱河"的感受，这种经历会让人体验到强烈的感情和欢乐，通常持续时间不长。

- 陪伴的爱（companionate love）结合了亲密和承诺，但缺乏激情。常见于婚后夫妻或在一起很久的伴侣身上，他们的激情逐渐减退，但是仍然保持了爱情的其他部分。在一些特殊的友谊和亲密的亲戚关系中也能见到这种爱。

- 愚昧（意思是愚蠢或糊涂）的爱（fatuous love）结合了激情和承诺，但缺乏亲密。这种爱常见于那些刚刚见面就"旋风般"求爱的伴侣身上，他们见面后迅速投入激情，一周之内就结婚，根本没时间了解彼此。

- 完美的爱（consummate love）结合了爱的三种成分。当然，即便一段关系中存在完美的爱，随着时间的推移，激情也会消退，亲密也会减少，承诺也可能会被背叛。但是这种爱代表了很多人的理想状态。

批判性思考

你认为在成年初显期之前，多数人能否获得完美的爱？你认为青少年有这种能力吗？

斯腾伯格的爱情理论该如何运用到青少年身上？当然，对于多数青少年的爱情关系来说，承诺是缺失的，或者是非常初步的。很多青少年的关系仅能维持几周或几个月，极少有人能维持一年或更久，在他们年龄再大点之后可能维持的时间会长一些。这并不意味着青少年缺少承诺的能力，这只是现在发达国家中多数人在 25~30 岁才会结婚的真实反映。在这样的背景下，青少年爱情关系中多见激情和亲密、少见承诺的现象就好理解了。到了成年初显期，当他们开始认真寻找一个可以陪伴自己一生的爱情对象时，承诺就出现了。

一项研究揭示了青少年的爱情中激情、亲密和承诺的相对强度。在这项研究中，虽然多数 15 岁的青少年拥有过持续数月的浪漫关系，但是只有 10% 的人拥有过超过一年的关系（说明承诺较低）。但在关系中，彼此的联系接触经常发生（可能反映了激情）。青少年报告说，几

浪漫的爱（romantic love）

在斯腾伯格的爱情理论中，浪漫的爱是建立在激情和亲密基础上的爱情类型，缺乏承诺。

陪伴的爱（companionate love）

在斯腾伯格的爱情理论中，陪伴的爱是建立在亲密和承诺基础上的爱情类型，缺乏激情。

愚昧的爱（fatuous love）

在斯腾伯格的爱情理论中，愚昧的爱是建立在激情和承诺基础上的爱情类型，缺乏亲密。

完美的爱（consummate love）

在斯腾伯格的爱情理论中，完美的爱是结合了激情、亲密和承诺三种成分的爱情类型。

乎每天都与自己心爱的对象见面或打电话聊天。此外，青少年认为陪伴、亲密和支持是爱情关系的最重要的维度（显示了亲密的重要性），但他们对关系是否有保障（承诺的表现）的要求很低。

　　长期承诺的缺失意味着青少年的爱情类型主要是两种：愚昧的爱和浪漫的爱（这里我没有将喜欢算上，是因为它主要存在于朋友之间，而非爱人之间）。愚昧的爱在青少年之中很常见，部分原因可能是因为青少年缺乏爱的经验，第一次"坠入爱河"让他们产生了激情，并伴随着强烈的情感体验和性渴望，这些明显都是爱情的迹象。比如说，两个青少年上数学课时坐在一起，偶尔彼此微笑，或许课前或课后会互相打闹一下。女孩发现自己一个人躺在床上听爱情歌曲时，脑子里满是男孩的形象；男孩发现自己上课时会偷偷地在笔记本边上写女孩的名字。看上去他们俩产生了感情，这的确可以算是爱情，但缺乏亲密。他们一旦开始交往，就会渴望并期待着爱情带给他们亲密感。

愚蠢的爱和浪漫的爱是青少年爱情中最常见的两种形式。

　　青少年也可以从他们的爱情关系中经历亲密，而激情和亲密组合就产生了浪漫的爱。激情早就已经存在，并伴随着强烈的情感和性渴望，现在又加上了亲密，两个青少年开始共度时光、相互了解，彼此分享属于二人的想法和感受。从青少年期到成年初显期，亲密在浪漫关系中的重要性也在提升。

　　青少年也可能经历完美的爱——那种结合了亲密、激情和承诺的爱情。一些"高中情人"在毕业之后仍然保持了爱情关系，甚至步入了婚姻，共度一生的时光。但是这种情况在青少年中是极少出现的，特别是现在的青少年中。因为结婚的平均年龄是如此之大，所以只有到了成年初显期，他们才会考虑将自己未来几十年的时间承诺给他人。正因为如此，青少年的爱情关系很少能超越愚昧和浪漫的爱，发展为完美的爱。

坠入爱河

学习目标 4： 总结青少年的爱情吸引的基础，指出青少年的爱情通常经历的阶段。

　　"与我结婚的那个人应该与我有同样的信仰和种族。"有时候我这么说，人们会以为我有偏见什么的，但事实并非如此。因为我要遵循很多传统和习俗，我希望那个人也能够理解这些传统及一切。所以我总是在拉丁裔中寻找那个人。由于我是天主教徒，所以我还希望那个人也信仰天主教。

——格洛丽娅，22 岁，拉丁裔

青少年和初显期成人是如何挑选爱情对象的呢？是"异质相吸"还是"物以类聚"？在青少年和初显期成人中，后者比较常见。正如我们在友谊中见到的那样，所有年龄段的人都倾向于和跟自己有相似特点的人建立浪漫关系，比如，相似的智力、社会阶层、民族背景、宗教信仰、人格和身体吸引力等。当然，有时候特点迥然不同的人之间也会相互吸引，即便有些人在很多方面都非常不同（也有可能正是因为不同），他们也会坠入爱河。但在大多数情况下，人们会被与自己相似的人吸引。社会学家称这种现象为一致性确认（consensual validation），意思是人们喜欢找那些与自己有共识或有一致性的人，通过这种一致性来支持或确认自己看待世界的方式。这类似于在前面章节中讨论到的"选择性结交"概念，也就是大多数友谊的基础。

比如，如果你的伴侣与你有同样的宗教信仰，那么你们俩就会互相认可对方持有的信念，以及这些信念所倡导的行为。但是，如果你们一方很虔诚，另一方是个无神论者，那么你们就会发现双方看待世界的方式不同，由此而导致观念和行为上有很多冲突。比如，一方想要参加宗教仪式，而另一方则不屑地认为这纯属浪费时间。大多数人都认为这种冲突很讨厌，所以他们会寻找那些与自己类似的人，让这种频繁出现的冲突最少化。

在最初的吸引发生之后，爱情是如何发展的呢？布拉德福德·布朗（Bradford Brown）提出了一个关于青少年爱情的发展模型，确认了朋友和同伴所扮演的重要角色。布朗的模型包括了四个阶段：起始阶段（initiation phase）、地位阶段（status phase）、感情阶段（affection phase）和联结阶段（bonding phase）。起始阶段通常在青少年早期出现，此时人们对爱情兴趣的初步探索刚开始。这时候的探索通常比较肤浅和短暂，充满了焦虑、担忧，以及激动。焦虑

一致性确认（consensual validation）

社会学研究发现的规律，是一种人际吸引规律，指的是人们喜欢找跟自己的特点和观点有共识或一致的人。

起始阶段（initiation phase）

布朗的青少年爱情发展模型的第一阶段，通常发生在青少年早期，此时人们对爱情兴趣的初步探索刚开始，通常比较肤浅和短暂，充满了焦虑、担忧和激动。

地位阶段（status phase）

布朗的青少年爱情发展模型的第二阶段，青少年开始对自己与潜在的爱情对象的互动技能产生自信，开始建立第一段浪漫关系，他们不仅会评估自己喜欢和吸引对方的程度，还会评估朋友和同伴对这段关系的意见。

感情阶段（affection phase）

布朗的青少年爱情发展模型的第三阶段，青少年开始更好地了解彼此，表达更深的感情，也会发生更多性活动。

联结阶段（bonding phase）

布朗的青少年爱情发展模型的最后阶段，青少年的爱情关系变得更加持久和认真，伴侣开始讨论承诺陪伴彼此一生的可能性。

和担忧部分是由新奇的爱情感受和行为引起的，还有部分原因是青少年意识到这些新鲜感受和行为会被自己的朋友及同伴密切关注，甚至可能招来他们的嘲笑。

在地位阶段，青少年会从与潜在爱情对象的互动中获得自信，开始建立第一段浪漫关系。在建立关系的同时，他们仍然十分关心朋友和同伴的评判。在考虑一个潜在的爱情对象时，他们不仅会评估自己喜欢和吸引对方的程度，还会评估朋友和同伴的意见。同伴群体代表着一个明确的地位等级，青少年通常会选择跟自己群体地位类似的人约会，但是地位较低的青少年也可能会梦想或尝试追求一个比自己地位高的浪漫关系对象——"书呆子爱大红人"是很多青少年电影和电视剧的设定。朋友在地位阶段通常扮演了信使的角色，为了避免受到羞辱或降低地位，一个人可能会主动要求朋友代表自己去询问潜在的爱情对象是否对自己感兴趣。

在感情阶段，青少年开始更好地了解彼此，表达更深的感情，也会发生更多性活动。之前两个阶段大概会持续几周或几天，到了这个阶段关系大概维持几个月。因为这个阶段亲密变得更重要，浪漫关系中会产生更多的情绪。青少年想要管理好这些强烈的情绪，需要面对更大的压力。同伴和朋友的角色也发生了改变。随着关系的发展，同伴变得没那么重要了，地位的重要性也有所降低。但是朋友开始变得更加重要：朋友作为"私人侦探"，可以帮忙监控爱情对象是否忠诚；作为"裁判"，可以在爱情双方发生矛盾时做出评判；作为"支持系统"，在遇到情感问题或复杂问题时可以洗耳恭听。如果一个人将原本用于陪伴朋友的大量时间和亲密投入到爱情对象身上，朋友也可能会怨恨，产生嫉妒心理。

青少年经常选择那些同伴群体地位与自己相似的人作为伴侣。

在联结阶段，爱情关系变得更加持久和认真，伴侣开始讨论承诺陪伴彼此一生的可能性。这个阶段通常出现在成年初显期，而不是青少年期。此时，朋友和同伴的作用减弱，由于爱情对象之间的包容和承诺等因素，他人的意见变得没那么重要了。不管怎样，在一个人跟朋友谈到是否找到了对的人来共度一生等问题时，朋友还会继续提供指导和建议。德国的一项研究支持了布朗的四阶段发展模型。

当爱情变得糟糕时：分手

学习目标 5：描述爱情结束的原因及分手的后果。

青少年期和成年初显期的爱情不仅仅带来了感情和联结，与此同时也带来了焦虑和压力。因为大多数年轻人都经历过很多次爱情关系，所以他们大多数至少经历过一次关系的解体——

分手（breaking up）。

青少年和初显期成人的分手是什么样的？对于青少年来说，自我中心思维可能会导致他们在分手之后陷入强烈的痛苦。自我中心思维的个人神话会让青少年认为自己分手后的深刻痛苦是别人都没有经历过的，而且这种痛苦似乎永远都不会结束。一个刚刚分手的 17 岁女孩写道："我感觉我的人生就此结束了，今后再也不可能有愉快的事情发生了。"但关于青少年分手的系统研究还很少见。

与此相对的是，关于大学生分手经历的研究却有很多。其中最好的一项研究是 20 世纪 70 年代进行的。研究者用两年时间追踪研究了 200 名大学生情侣。在两年结束的时候，45% 的情侣分手了。导致分手的原因有很多。对于那些最后分手的情侣来说，在研究开始时，他们在关系中体验到的亲密和爱就较少，而且他们彼此在年龄、成绩和身体魅力等方面差距也较大。在研究开始时，后来分手的情侣也显得彼此较难保持平衡，比如，其中一方对于关系的承诺水平可能比另一方要高很多。

学生们提出分手的原因还有厌烦和兴趣不同。但是，情侣们对于分手的原因很难达成共识。同样，分手对二人造成的伤害也不同。在我们传统的印象中，女性似乎比男性更容易受到爱情的影响，但该研究发现事实并非如此（很多其他研究也发现类似结果），女性更可能提出结束关系。而且比起被拒绝的女性来说，被拒绝的男性感觉更孤独、痛苦和抑郁。被拒绝的男性比女性更难接受关系的结束，也更难在朋友中面对前女友。

在另一项研究中，斯普莱彻（Sprecher）访问了 101 对已经分手的大学生情侣，得出了 10 个常见的分手原因（见**表 9-1**），与希尔（Hill）及其同事的研究不同，斯普莱彻发现，情侣们会逐渐对分手的原因达成共识。与希尔的研究一样，斯普莱彻的研究也发现厌烦和缺乏共同兴趣是分手的主要原因，此外背景、性态度和对婚姻的看法不同也是导致分手的常见原因。与多数人在亲密关系中体验到的吸引力不同，分手的情侣似乎在曾经的关系中更缺乏一致性。

表 9-1 10 个常见的分手原因

我们没有共同的兴趣
我们交流起来有困难
我们对于性的态度不同
我们对于婚姻有不同的看法
我们的背景不同
我想独立
我对关系感到厌烦
我的伴侣想要独立
我的伴侣对关系感到厌烦
我的伴侣爱上其他人了

爱情会带来强烈的情绪，分手通常会激起悲伤和失落。在一项针对大学生的研究中，超过一半的人在分手两个月后仍然存在中等程度的抑郁。分手也可能带来酒精和物质使用增多等问题。此外，分手还可能导致一方对前任的不必要追求——浪漫骚扰（romantic har assment）问题。一项早期的研究显示，浪漫骚扰被定义为"在对方明确表示终止关系之后，想要继续与对方约会而持续进行的心理和身体虐待"。根据这个定义，研究发现超过一半的女大学生都曾经历过浪漫骚扰问题。浪漫骚扰包括深夜给女方打电话、在女方在家或上班时不断打电话、在公共场合监视和跟踪女方、不断寄送情书、侮辱、身体攻击，甚至威胁要杀掉她等。

研究还指出，骚扰者极少承认自己的行为是骚扰行为。根据他们的说法，他们仅仅是想要尝试冲破女方的抵抗，重建爱情关系而已。

这种骚扰会给女性带来很大的压力。她们会感到高度的恐惧、焦虑和抑郁，会产生胃疼和神经性痉挛等身体症状。女性会想方设法阻止对方的骚扰，比如，无视他们、跟他们讲道理、无礼地对待他们，甚至威胁他们。有些人更换了电话号码或搬了家，有些人会让父母或男朋友去和前任谈或者威胁他们不要再这样。在短期内，这些措施都不太管用，最好的办法是随着时间慢慢过去，最终大部分骚扰者就会放弃。

最近也有研究调查了电子形式的浪漫骚扰，具体来说，就是通过社交媒体进行骚扰。在针对大学生的一项研究中发现，18% 的人报告称曾在 Facebook 上公开骚扰过前任，比如，给前任或前任的新伴侣发送恶意中伤的话。另一项研究发现，在 Facebook 上监督前任使人更难从分手中走出来。持续监督前任 Facebook 动态的初显期成人表现出更强的抑郁，而且更想念他们的前任。

同居

学习目标 6： 总结西方国家的初显期成人同居的主要形式及不同形式。

我认为人们没有在一起生活过就不能结婚。我想要了解她是否会把袜子扔到水池上面、是否会把牙膏盖子盖回去等事情。我要了解她所有的生活小细节。

——皮特，25 岁

在西方国家中，婚姻不再标志着伴侣生活的开始。现在在美国和一些北欧国家，至少有三分之二的初显期成人都有婚前同居（cohabitation）的经历。其中瑞典的同居比例最高，几乎所有瑞典年轻人结婚前都有同居经验。美国年轻人的同居关系持续时间很短，也很不稳定。一项研究发现，在美国，一半的同居关系维持了不到一年，只有十分之一的同居对象五年之后还生活在一起。而欧洲各国的同居伴侣在一起的时间与婚姻伴侣差不多。

但是，欧洲南部和北部的同居情况很不一样。南欧的初显期成人对同居的态度与北欧不同；大多数南欧初显期成人在结婚之前一直住在家里，特别是女性。这可能是因为南欧国家大多信仰天主教，同居被认为是不道德的事情，而北欧国家则不这么认为。

年轻人选择同居的部分原因是想增加婚姻关系持续的可能性。确实，在一项针对 20~29 岁年轻人的全国（美国）性调查中，有 62% 的人都认同"婚前同居是一种避免最终离婚的好方法"。来自离婚家庭的初显期成人更倾向于选择同居，因为他们想要避免与其父母离异同样的命运。但事与愿违的是，婚前同居却与更高水平的离婚率相关。

这可能是因为同居伴侣习惯了住在一起，但在很多方面都保持独立的生活，特别是在经济

同居（cohabitation）
跟一位恋爱对象住在一起，但没有结婚。

方面，所以他们没有做好为彼此妥协的准备，而这正是婚姻所要求的。而且，在同居关系开始之前，那些选择同居的初显期成人就与不愿同居的人不同，这些不同的方面都是与高离婚风险相关的：不信宗教、对婚姻持怀疑态度、更能接受离婚等。但一项研究分析的结论认为，同居本身就增加了离婚的风险，因为同居让伴侣形成了"同居的惯性"，因而更难以在婚姻中共存。

批判性思考

你认为婚前同居与更大的离婚可能性相关的原因是什么？

选择结婚对象

学习目标 7： 对比传统文化社会和现代西方社会的择偶标准的异同。

不管是否在之前有过同居行为，婚姻是全世界大多数青少年和初显期成人的最终目的。最终大多数社会 90% 的人都会结婚。年轻人如何选择结婚对象呢？

在第 5 章关于心理性别的讨论中，我们提到了青少年描述的理想男性和女性应该具备什么特征。对于理想的男性或女性来说，最重要的特征都是"诚实"这样的个人特质，而很少有人会提到"很有钱"或"受欢迎"这类特点。

在一些询问青年寻找结婚对象时最看重的标准的研究中，研究者也发现了类似的结果。心理学家大卫·巴斯（David Buss）对来自 37 个国家的 10 000 名青年的择偶标准进行了大规模的研究。这些国家分布于世界各地，包括非洲、亚洲、东欧和西欧，以及南北美洲。问卷被翻译成 37 种语言，确保"爱情"等词语能够被所有国家的人理解。在很多国家，不识字的年轻人很多，所以只能让人将问卷的题目读出来给他们听。

尽管面对着这么多挑战，研究结果仍揭示出跨国家和跨性别的惊人一致性（见表 9-2）。在所有国家，"彼此吸引（爱）"都被列为结婚的首要条件，接下来的条件是"品格可靠""情绪稳定成熟"和"性情令人愉快"。我们之前还提到人们倾向于寻找与自己背景相似的人作为伴侣，但令人意外的是，研究发现人们认为宗教和政治背景不是很重要。与青少年不认为"很有钱"是理想对象的标准一样，"财务前景良好"也不太重要。

表 9-2　全世界配偶选择中各种特质的重要性

男性特质的排序	女性特质的排序
1. 彼此吸引（爱）	1. 彼此吸引（爱）
2. 品格可靠	2. 品格可靠
3. 情绪稳定成熟	3. 情绪稳定成熟
4. 性情令人愉快	4. 性情令人愉快
5. 健康状况良好	5. 教育以及智力
6. 教育以及智力	6. 容易与之相处
7. 容易与之相处	7. 健康状况良好
8. 渴望家和孩子	8. 渴望家和孩子
9. 举止文雅、整洁	9. 有雄心及勤奋
10. 外貌较好	10. 举止文雅、整洁
11. 有雄心及勤奋	11. 教育程度相似
12. 厨艺好、善持家	12. 财务前景良好
13. 财务前景良好	13. 外貌较好
14. 教育程度相似	14. 社会地位有利
15. 社会地位有利	15. 厨艺好、善持家
16. 童贞（没有性经验）	16. 宗教背景相似
17. 宗教背景相似	17. 政治背景相似
18. 政治背景相似	18. 童贞（没有性经验）

注：数字越小，代表男性和女性认为该特点越重要（平均水平）。

虽然研究显示不同文化存在着显著的共同点，但也发现了很多明显的文化差异。最突出的文化差异就是贞洁问题（在结婚之前不能发生性行为）。在东方文化（如中国、印度和印度尼西亚）和中东文化（伊朗、巴基斯坦和以色列的阿拉伯人）中，贞洁被认为是十分重要的。但是在西方（如芬兰、法国、挪威、德国）文化中，贞洁则没那么重要。

相互吸引——爱是全世界选择对象的理想，因为相互吸引而产生激情似乎是年轻人的一个普遍特征。詹库艾克（Jankowiak）和费斯（Fischer）通过分析"规范跨文化标本"来系统地调查了这一问题。人类学家为标本收集的数据涵盖了 186 种传统文化，代表着世界上六大地域。分析得出的结论是证据显示年轻人只对研究的 186 种文化其中的一种有激情。尽管剩下的 185 种文化在地域、经济特征及许多方面截然不同，年轻爱人都一样体会到了爱情的快乐和绝望，他们讲述著名的爱情故事、唱情歌等。

但是，这并不意味着所有文化中的年轻人都被允许在感觉到相互吸引后就采取行动。相反，作为婚姻基础的浪漫爱情是相当新的一种文化理念。在接下来的章节中我们会看到，在大多数文化的历史上，父母包办了婚姻，而忽略了青少年的激情愿望。

包办婚姻

学习目标 8：列举包办婚姻的特点和普遍性，包括现在发生的变化。

西方文化认为浪漫爱情应该成为婚姻的基础也只是近 300 年来的事情，在其他国家时间则更短。文化通常把婚姻看作两个家庭的联盟，而非两个单独个体的结合。父母和其他成年亲戚通常拥有安排年轻人婚姻的权力，有时候他们会取得年轻人的同意，有时候则不会考虑年轻人的意见。**包办婚姻**（arranged marriage）中最关心的问题通常不是准新郎和准新娘是否相爱（他们甚至互相不认识），也不关心二人性格是否合适。包办婚姻是否令人满意的决定因素是双方家庭的地位、宗教信仰和财富水平是否相当。通常，首要考虑的因素是经济水平。

有包办婚姻传统的文化体现了对于婚姻关系的不同期待。在西方文化中，年轻人希望婚姻能够提供亲密、激情和承诺。在结婚之前，他们就已经离开家庭和亲人，所以希望成年后从结婚对象那里获得亲密的依恋。例如，美国的一项全国调查发现，20 多岁的单身美国人中有 94% 都同意："当你结婚时，首先也是最重要的考虑因素是——希望配偶是自己的灵魂伴侣。"

但是，在很多有包办婚姻传统的文化中，他们对婚姻的要求就少得多。承诺是他们的第一要求，如果最初存在激情或随着时间发展渐渐有了激情那也很好，但是他们很少期待从婚姻中获得亲密。与此相对的是，他们更多地从家庭中寻找亲密，开始是从父母和兄弟姐妹那里获得亲密，后来发展为从自己的孩子那里获得亲密。

近些年来，在全球化的影响之下，很多有包办婚姻传统的文化也开始转变对于婚姻的期

包办婚姻（arranged marriage）
结婚对象不是由结婚双方决定，而是由他人，通常是父母或其他家庭长者决定的婚姻形式。

包办婚姻在如印度等国家仍然很常见。

待。以印度为例，在这个已经有着几千年包办婚姻传统的文化中，现在有 40% 的青少年表示想自己选择伴侣。当然还有剩下的 60% 被包办婚姻，但与之前没有人希望自己选择婚姻相比，这种转变还是很大的。在其他有包办婚姻传统的文化中也存在类似的转变模式。在这些文化中，越来越多的年轻人相信自己应该拥有选择伴侣的自由，或者至少要在父母为自己选择伴侣的过程中发挥作用。全球化增强了年轻人自己选择和追求幸福的个人意识，而这些意识与包办婚姻的传统是相冲突的。

因此，很多文化对包办婚姻的传统进行了修正。现在在大多数东方文化中，半包办婚姻（semi-arranged marriage）成为最主要的一种形式。这种形式指的是父母会影响子女的伴侣选择，而不是不顾孩子的意见替他们决定。父母可能会为子女介绍一个潜在对象，如果年轻人对这位对象的印象很好，他们就会继续约会几次。如果他们认为彼此合适，就会选择结婚。半包办婚姻的另一种形式是年轻人自己选择一位潜在的伴侣，在获得父母的认可之后再约会或考虑结婚。

很难说半包办婚姻会一直持续下去，还是仅仅被作为包办婚姻消失前的过渡。虽然现在半包办婚姻在东方文化中很常见，但越来越多的年轻人能够做到不受父母的影响，自己选择伴侣。相亲服务越来越受欢迎，有些服务是通过互联网进行的。休闲式约会在亚洲文化中仍然很少见，但是比起过去，约会已经更多见了，在将来可能还会进一步增加。

性表现：概率、时间安排和文化多样性

正如我们整本书都在讨论的，青少年期和性成熟的发展是青少年面对的主要任务。我们已经看到，性成熟会对青少年发展产生多方面影响，从与父母的关系到心理性别强化等方面都会发生改变。但是，与青少年和初显期成人发展的其他方面一样，对性问题的讨论也不能脱离文化背景。因为人类受所处文化和社会环境的影响极大，所以我们在考虑性的主题时，只谈性行为是不够的，我们必然要谈到性（sexuality），它不仅包括生理的性发展，还包括与性有关的价值观、感受、关系和行为等方面。因此，我们本节的关注焦点不是性行为，而是性。

文化信仰和青少年的性

学习目标 9：明确不同文化对待青少年性行为的不同态度，总结初显期成人的性行为的比率在不同国家的多样性。

虽然所有文化中的青少年都会经历相似的性成熟发育过程，但文化在很大程度上影响了他们如何看待性问题。50 多年前有一本书极好地描述了这一问题，这本书是《性行为模式》（*Patterns of Sexual Behavior*），作者是福特（Ford）和比奇（Beach）。两位人类学家收集了 200 多种文化中的关于性的信息，在分析的基础上提出了对待青少年性问题的三种文化类型：约束型文化、半约束型文化和纵容型文化。

约束型文化（restrictive cultures）对青少年的婚前性活动进行严令禁止。执行这项禁令的一种方法是从儿童早期一直到青少年期将男孩和女孩严格分离。在世界上的几个地方，从东非到巴西热带雨林地区，从 7 岁开始直到结婚之前，男孩和女孩几乎完全分离，男孩跟父亲和其他男性、女孩跟母亲和其他女性生活在一起。在其他约束型文化中，对婚前性行为的禁止是通过社会规范进行的。有些地区年轻人强烈反对婚前性行为，这也反映了文化对他们的影响。

还有一些国家，对于婚前性行为的处罚形式包含了体罚和当众羞辱。很多阿拉伯国家都采用这种方式。婚前女性的贞洁不仅代表着女性的名誉，还代表着女性家庭的名誉。如果一个未婚女性被人知道她失去了贞洁，那么她家庭里的男性就会惩罚她、鞭打她，甚至可能会杀了她。虽然很多文化认为男性在婚前保持贞操也很重要，但是没有哪一种文化会对婚前男性失贞有如此严重的暴力惩罚。因此，约束型文化对女孩的限制通常比男孩多。在世界范围内，这种对于青少年性问题的双重标准（double standard）是普遍存在的。

> **批判性思考**
>
> 　　这么多文化中都存在对年轻人性问题的双重标准，你认为应该如何解释这个问题？

半约束型文化（semirestrictive cultures）通常对于青少年的婚前性行为也有所限制，但是这种限制并不是强制性的，而且也很容易逃避。这种文化中的成年人通常会忽略婚前性行为，年轻人则会非常谨慎地对待这个问题。但是如果由于婚前性行为而怀孕了，青少年通常会被迫结婚。玛格丽特·米德（Margaret Mead）对于萨摩亚民族的研究就是这样。在米德研究的时

约束型文化（restrictive cultures）
严令禁止青少年在婚前发生性行为的文化。

双重标准（double standard）
针对性行为设立的两种不同规则，一种针对男性，另一种针对女性，通常对女性的标准更加严格。

半约束型文化（semirestrictive cultures）
对青少年的婚前性行为有一定限制，但这种限制不会被强制执行，也很容易逃避。

代，萨摩亚的青少年发生恋爱是很正常的，但是女孩一旦怀孕，就会被要求结婚。

最后，**纵容型文化**（permissive cultures）通常会鼓励和期待青少年发生性行为。事实上，有些纵容型文化甚至会鼓励个体在儿童期就发生性行为，青少年期的性活动只是儿童期性游戏的延续而已。

那么上面哪一种文化类型与现在的美国主流文化最接近呢？在1951年，福特和比奇所著的《性行为模式》一书将美国社会定义为约束型文化。但是在过去的50年里，美国社会对于青少年期性问题的态度发生了很大的变化。无论是成年人还是青少年自己，对青少年期的性的约束都越来越少。半约束型文化或许与今天的美国主流文化更接近。多数美国父母都会用尊重的方式来对待青少年的性行为，特别是当孩子成长到青少年晚期的时候。虽然他们可能不鼓励青少年发生性行为，但他们会允许孩子约会和谈恋爱，这种情况至少表现了他们对于青少年性行为的大致态度。

但是，现在美国主流文化的这种半约束模式也存在矛盾。虽然美国成年人对婚前性行为的接受度从20世纪70年代初的29%增长到了2012年的55%，但仍然有45%的人持反对意见。很多美国人认为到了青少年期和成年初显期发生性交行为是可以的，但也有很多人对此表示反对。

表 9-3　年轻男女有婚前性关系的百分比

国家	年龄	男性	女性
巴西	15~19	73	28
智利	15~19	48	19
哥伦比亚	20	89	65
日本	16~21	15	7
利比里亚	18~21	93	82
尼日利亚	19	86	63
挪威	20	78	86
墨西哥	15~19	44	13
韩国	12~21	17	4
英国	19~20	84	85
美国	20	84	61

人类学家福特和比奇在民族志研究的基础上构建了人类性行为的模式。近些年来，其他社会科学家也就这一问题对全世界属于不同文化的很多国家进行了调查。表9-3中展示了一些研究结果。婚前性行为在西欧国家很普遍，尼日利亚和肯尼亚等非洲国家报告的婚前性行为的水平跟西欧相当；在南美，婚前性行为似乎不太普遍，但巴西和智利等国家的婚前性行为报告存在巨大的性别差异，这或许与男孩夸大了自己的性经验或女性不愿意报告她们的性经历有关（或许两方面的原因都有）；在日本和韩国等亚洲国家，婚前性行为是最少的，这些地方仍然很强调女性在婚前保持贞洁。表中没有包含阿拉伯国家的研究数据（因为阿拉伯国家不允许社会学家询问青少年与性有关的问题），但民族志研究显示这些国家的婚前性行为水平比其他亚洲国家更低，因为他们对违反禁令的女孩有严厉的惩罚。

纵容型文化（permissive cultures）
这种文化鼓励和期待青少年发生性行为。

文化焦点

荷兰年轻人的性

相对美国而言，北欧国家在年轻人性行为方面的观念很不一样。大部分北欧国家对性的看法更开放，对于年长青少年和初显期成人的性卷入也更宽容。但这并不意味着在这些国家年轻人的性问题就很简单。社会学家艾米·斯嘉丽（Amy Schalet）针对北欧年轻人的性问题提出了很有意思的观点。

荷兰的性态度一直以来都很开放，斯嘉丽访问了荷兰某个城市的 60 个青少年（15~18 岁）和他们的父母，访谈的焦点是青少年和父母之间关于性问题的交流，并对收集来的数据进行了多种方式的编码和质性分析。

访谈结果显示，大多数父母能够接受自己的孩子在青少年期卷入性关系。他们相信，青少年十八九岁开始产生性兴趣是正常的，也是自然的。但是这并不意味着父母对子女的性行为完全认可。相对来说，他们只是在特定的条件下接受孩子在青少年期的性行为。其中，年龄是一个重要条件。大多数父母认为 17 岁是可以发生性行为的，但十四五岁就太小了，对于 16 岁是否合适他们有不同意见。他们同时还认为性不应该是随便的、短暂的，而应该是爱情关系的表现方式。斯嘉丽访谈的一位母亲表示，如果她 18 岁的儿子与女朋友在自己家过夜，她不会反对，但是她不同意"儿子只是随便带回来一个女孩，下次再换一个女孩，再下次又换一个。这样我会很不高兴，我不想看到这种情况。"

父母还认为在青少年卷入性关系之前，他们应该先好好了解孩子的伴侣。这样的准备工作可以让他们能够评估孩子的这段关系是否安全、性行为是否健康。斯嘉丽写道："对于父母来说，要相信孩子做好了准备，他们需要见证孩子们的性愿望和依恋情感逐渐发展的过程……当父母能够了解一段关系、关系中的性伴侣以及随着时间发展感情逐渐建立的过程，那么他们更倾向于接受孩子的性活动。"

另一个影响父母是否同意青少年性活动的重要因素是能否采取避孕措施。大多数有性生活的荷兰女孩会使用口服避孕药，与此同时她们还会使用安全套。荷兰的性教育通常从小学阶段就开始了，内容不仅包括人体解剖、生殖和避孕知识，还包括自慰和性快感等。因此，斯嘉丽的观察结果是："荷兰父母在教育孩子采取避孕措施方面有坚实的后盾：教育部门会教导青少年如何避孕，健康相关部门会提供方便而又免费的避孕措施。"

与其他西方国家一样，荷兰也是近 50 年来才开始接受青少年婚前性行为的。斯嘉丽记录到，在 20 世纪 60 年代后期，荷兰成年人仍然认为婚前发生性关系是错误的。到了 80 年代，他们的态度开始有所转变，在全国（荷兰）调查中有 60% 的成年人都表示不再反对相爱的青少年男女发生性关系。现在，有三分之二拥有固定男女朋友的 15~17 岁青少年都表示，父母同意他们跟另一半在自家的卧室中过夜。

当然，即便是在今天，很多父母仍然对于自己的孩子卷入性活动抱有复杂的想法。一些父母担心在青少年的爱情关系中性爱成了过于平常的事情，导致它失去了"特殊性"。即便父母们认为对于 17 岁的青少年来说在爱情关系中发生性行为是很平常、很自然的事情，但这也不意味着他们会一直同意自己的孩子这么做。有时候他们不认可一段关系，有时候他们认为孩子还不够成熟，即便孩子已经 17 岁或 18 岁。还有些时候，父母不同意的原因不好确定。斯嘉丽描述了一位母亲认为 17 岁的女儿和她 19 岁的男朋友拥有"一段发展得很好的关系"，但是她仍然不允许男孩在她家里过夜，即便她知道女儿和男友之间有性关系发生。这位母亲说："我只是不想让家里出现这样一对小夫妻。我感觉如果同意他们在家里过夜，那个男孩肯定就会住下来。这对我们来说过于亲近。我只是感觉这样不对。"

总之，即便在这样一个性观念开放和接受青少年性行为的社会，父母和青少年之间关于性问题的交流仍然没那么简单。

心理性别和性的意义

学习目标 10： 对比青少年男女的性脚本的异同，并解释出现差异的原因。

尽管近几十年婚前性行为的耻辱在西方社会已经消失，但从某种程度上说，西方文化仍然对青少年性问题存在双重标准。与约会一样，西方青年男女有着不同的**性脚本**（sexual scripts）——对于性经验应该遵循什么程序以及如何解释性经验的不同认知框架。简而言之，女孩和男孩都希望男孩"采取主动"（如发起性邀请），而女孩应该对性接触发展到什么程度设定限制。研究发现，女孩比男孩更倾向于建立性脚本，包括浪漫爱情、友谊和亲密情感等；而对于男孩来说，性吸引力比情感因素更重要。年轻男性观看色情作品可能会促成放任型性脚本。

从青少年对自己的第一次性交经验的反应中，我们也可以发现男孩与女孩的脚本存在差异的证据。男孩对第一次性交经验的反应一般是很积极的，他们多数会感觉到兴奋、满足和愉快，而且会很自豪地告诉朋友们。与此不同，女孩更倾向于对自己的第一次性交充满矛盾的感受。几乎一半女孩会将自己的第一次性交归结为情感或爱情，而只有四分之一的男孩会这么认为，在欧洲各国和美国都是如此。但是，女孩很少跟男孩一样能从中获得生理或情感上的满足。虽然很多人也报告说对性感到愉快和兴奋，但女孩比男孩更可能报告说感到害怕、担忧、内疚和担心怀孕，她们也更不愿意告诉朋友自己的经历。这似乎揭示出女孩的性脚本比男孩的性脚本更矛盾，这可能是文化将女孩（但不针对男孩）的婚前性行为看作不道德行为的结果。

性脚本（sexual scripts）

一种认知框架，通常男性与女性的脚本不同，用于理解性经验应该遵循的程序以及如何解释性经验。

女孩可能会怀孕，而男孩不可能怀孕的事实也能部分解释女孩为什么对婚前性行为充满矛盾，特别是对于那些缺乏承诺的关系中的婚前性行为。怀孕对女孩产生的影响要远远大于对男孩的影响——这种影响包括生理、社会性和情感等各个方面。但是，文化态度也会强化生物学差异带来的结果，甚至事实上可能比生物学差异产生的影响更大。在西方国家，很多研究性态度的学者提出，与男孩相比，社会文化更不认可女孩的性行为。由于双重标准的存在，那些有性交经历的女孩比男孩更可能被认为是"坏的"或"不可爱的"，不管是她们自己还是别人都倾向于这么认为。在这种背景下，女孩很难从性经历中获得愉悦和享受。

男性和女性对自己的性经历理解不同。

性活跃青少年的特点

学习目标 11：解释性活跃的美国青少年与对性不活跃的青少年之间有什么差异。

即便是在 9 至 12 年级期间，美国青少年中仍然有一半人没有发生过性交行为，其他人也仅发生过一两次性交行为，但并未维持稳定的性关系。与之前说的一样，美国社会中的不同种族的群体发生性关系的比例很不一样。那些有性经历的青少年与其他人有哪些地方不同呢？还有哪些因素与青少年发生性交的年龄有关？

到了中学阶段，那些没有性经验的青少年与有性经验的青少年在很多方面是相似的，也有一些不同的特点，尽管他们的自尊水平和总体生活满意度都是类似的。那些在中学阶段一直保持处男／女之身的青少年可能在身体发育方面更晚熟，学业表现更好，学业抱负也更大。他们也更保守，更可能参与宗教活动。

在青少年早期（15 岁及以下），有了第一次性经验的青少年与没有性经验的青少年有显著不同。越早发生性关系的青少年越可能是药物和酒精滥用者，也越可能来自单亲家庭或在贫困环境中长大。很多非洲裔美国青少年很早就卷入性关系，可能与非洲裔美国人中的单亲家庭和贫困家庭的比例更高有关。很多学者研究了贫困家庭的非洲裔美国青少年的早期性经验后得出结论，贫困的环境让这些孩子更少对未来抱有很大的希望和做计划，所以他们不会为了避免怀孕和保证自己的前途而避免自己陷入性关系。

有早期性关系的青少年家庭与那些处男／女青少年的家庭关系也有所不同。关于西方国家中父母教养与青少年性行为关系的一种观点是，父母的支持和控制与青少年发生性关系的时间更晚、更安全（特别是避孕措施的采取）有关。同样，父母监控（父母了解孩子的行踪和所作所为）也与更晚发生性关系有关。

但是，关于父母和青少年之间的性话题的交流对第一次发生时间的影响，研究并没有得到一致的结论。一些研究显示，那些经常与母亲谈论性的女孩发生第一次性交的年龄比其他孩子小。但是，其他研究认为，如果青少年认为父母不同意自己在青少年期发生性关系，那么他们发生性行为的时间会更晚。与母亲关系更亲密的青少年更少报告性行为，即使发生性关系也会更多采取避孕措施，也更不可能怀孕。

此外，如果青少年所处的群体内的大部分人都在性方面很活跃，那么群体内部就会形成认同性行为的规则。在这种群体中，处男 / 女就可能会受到群体规则的影响，或在群体内接触到潜在的性伴侣。当然，这其中可能存在选择性相关。那些混在非处女 / 男群体中的处男 / 女可能具有一些与性活跃有关的特点，比如，学业目标更低和宗教信念不虔诚等。

同样，那些发育较早的女孩更容易吸引年龄较大男孩的注意，这也有可能促使她们比其他同龄女孩更早发生性关系。那些有年龄比自己大的男朋友（大三岁或以上）的女孩更有可能性行为活跃，也更可能成为性胁迫的对象。年龄大的男孩更有可能希望恋爱关系中包含性的内容，他们与比自己小的女孩在一起时获得的权力更多，地位也更高，结果导致那些交往了年长男朋友的女孩更可能满足他们的性要求，以此来维持一段能够带来地位的爱情关系。但与其他同龄女孩相比，这些女孩对性也更感兴趣。

初显期成人的性

学习目标 12：概述初显期成人的性行为的特点，包括其与青少年的差异。

许多国家的成年人都认为青少年性行为是个问题，应该被禁止，或者至少应该被控制。广大民众和研究者们都把青少年的性包括在"问题行为"中。一部分原因是意外怀孕和伴随青少年性行为的性传播疾病，还有一部分原因是成年人认为青少年情感不成熟，不应该过早接触性行为。

对于初显期成人来说，无论是成年人还是初显期成人自己都认为性是"生活中正常的一部分"，但这并不意味着成年人完全接受或赞同初显期成人的性。事实上，许多美国父母都不允许他们的初显期成人孩子带爱情伴侣在家中过夜。不过，至少父母对初显期成人的性不像对青少年的性表示那么强烈的反对。大多数初显期成人承认自己在青少年期有过至少一次性活动，几乎没有人希望 25 岁以前结婚，因此他们认为初显期的性是他们正常生活的一部分。

和他们生活中的其他方面一样，初显期成人的性行为也有很多种形式。18~24 岁的美国年轻人中的最常见模式是曾经有过一个伴侣。但是，与任何年龄段的成年人相比，初显期成人更可能有过更多或更少的性伴侣。18~23 岁的年轻人中有三分之一报告曾有过 2 个或更多的性伴侣，约四分之一报告没有过性经验。在 18 岁时，近一半的美国人曾有过至少一次性交；到 25 岁时，几乎所有人都有过至少一次性交，但是那些第一次性交时间较晚的人更像是"主动禁欲者"，而不是"偶尔禁欲者"。也就是说，他们长时间保持处男 / 女是因为他们选择等待，而不是他们没有机会接触性。禁欲的常见原因包括害怕怀孕、害怕性传播疾病、宗教或道德信仰不允许、感觉还没遇到合适的人等。

成年初显期的性最常发生在亲密的爱情关系中。然而，与年龄更大的成年人相比，初显期成人的性更多是娱乐或"勾搭"。在对大学生的调查中发现，约80%的学生报告称有过至少一次随便的性经历，约60%称他们与认识的某人正处于"有益的朋友"关系中，但是没有浪漫的爱情。初显期男性比初显期女性更喜欢娱乐性质的性，更愿意与刚认识几个小时的人发生性关系。在对全国18~29岁年轻人的调查中发现，约一半（52%）的男性赞同情感上没联系的人之间也可以发生性关系，而赞同此说法的女性只有三分之一（33%）。

通常，"勾搭"的插曲是由饮酒引发的。不同的研究表明，四分之一到二分之一的初显期成人报告最近的性活动是在酒后发生的，并且经常饮酒的初显期成人比其他不饮酒的初显期成人更可能有多个性伴侣。大学环境尤其适合"勾搭"——有那么多初显期成人在普通情境中都会聚在一起，经常性地开展社交活动，其中包括饮酒。

性骚扰和性胁迫

学习目标 13：描述性骚扰和性胁迫的普遍性及其原因。

跟爱情一样，性也有黑暗的一面。青少年期和成年初显期的性行为并非总是充满愉悦的，也并非总是自愿的。有两个问题是由性行为引发的：性骚扰和性胁迫。

性骚扰

在青少年期，**性骚扰**（sexual harassment）是同伴交往中经常出现的问题。性骚扰通常包含范围很广的多种行为，从骂人、开玩笑、色眯眯地看等轻微骚扰的形式到强行触摸或性接触等严重骚扰的形式。青少年期的性骚扰出现比例非常高。五分之一的男孩和四分之三的女孩报告曾经遭受过性骚扰。研究显示，性骚扰从5年级到9年级显著增加，到9年级时有一半人报告说曾被同伴性骚扰过。女同性恋、男同性恋、双性恋或者变性人青少年比其他青少年成为被骚扰对象的概率更高。特别是早熟女孩，更容易成为性骚扰的目标，这种骚扰可能来自男孩，也可能来自女孩。

与性或爱情有关的玩笑和调侃是青少年交往中的常见现象，这让我们很难确定有害骚扰与无害玩笑之间的界限。确实，大多数报告说被骚扰的青少年也曾骚扰过别人。由于无法确定何为骚扰，教师和学校里其他目击青少年互动的人可能不愿意干预他们。但是，持续受到性骚扰会给青少年带来极大的痛苦，可能会导致焦虑、抑郁，以及学习成绩下降等结果。

性胁迫

性胁迫（sexual coercion）指的是由于受到语言压力、饮酒、食用违禁品或者遭到身体攻

性骚扰（sexual harassment）

跟性有关的各种不同的威胁、攻击行为，包括从骂人、开玩笑、色眯眯地看等轻微骚扰的形式到强行触摸或性接触等严重骚扰的形式。

性胁迫（sexual coercion）

一种性攻击，指的是一个人（通常是女性）被爱情伴侣、约会对象或熟人强迫发生性关系。

击被迫性接触。研究表明，三分之一的青少年男孩和近一半的青少年女孩报告有过性胁迫。

饮酒是导致性胁迫的一个重要原因。醉酒状态会让女性更难表达自己对性邀请的拒绝，也会让男性更容易忽视或压制女性的抵抗。醉酒会让男性误解女性的行为，比如，将跟他们聊天或跳舞误解为女性对自己有性兴趣。但是，即便是清醒状态的年轻男女也对性胁迫有不同的理解。对于这类事情，年轻男性经常否认他们对女性实施了性胁迫，而是认为年轻女性的穿着打扮或行为暗示了她们想要发生性关系。与此相对的是，年轻女性会否认自己的穿着打扮和行为是在进行性挑逗，认为男性无视自己的口头和行为拒绝，强迫实施性行为。

青少年中的女同性恋、男同性恋、双性恋和变性人

学习目标 14： 解释近几十年社会对同性恋的态度如何变化，以及这些变化如何影响女同性恋、男同性恋、双性恋和变性青少年。

前面我们已经从相互吸引和关系的角度讨论了青少年男女之间的约会、爱情和性。但是对于那些被同性对象吸引的年轻人来说情况是什么样呢？当他们到了约会、恋爱和开始性关系的年龄时，他们的主要表现是什么？

首先，应该注意的问题是如何区分同性吸引、同性性行为和同性性认同之间的差别。美国的一项全国性纵向研究探讨了同性和异性之间的相互吸引和性关系问题，研究者在被调查者 16 岁、17 岁和 22 岁时分别进行问卷调查。如表 9–4 所示，各个年龄段的被调查者所经历的同性吸引都比同性性行为多。到 22 岁时，报告经历过同性吸引的初显期成人比经历过同性性行为或同性恋或双性恋的人多很多，特别是成年初显期的女性。其他一些研究发现，双性吸引、性行为和性认同的比例略高一点，但是多个研究都表明同性吸引比例高于同性性行为，同性性行为又高于同性恋、双性恋和变性人的比例。

青少年期是建立同性恋 / 双性恋认同的重要时期。在以前的西方文化和今天世界上的很多文化中，仍然有很多人对自己的同性恋 / 双性恋身份讳莫如深，因为一旦他们说出这个秘密，就必然会受到歧视和排斥。但现在大多数西方文化中，同性恋 / 双性恋者都开始陆续**出柜**（coming out），这指的是承认自己的性认同，并告知他们的朋友、家庭和其他人。通常，个体在青少年早期开始意识到自己的性取向，到了青少年后期或成年初显期才告诉别人这

表 9-4　同性爱情吸引、性行为和性认同

性取向	女性			男性		
	16 岁	17 岁	22 岁	16 岁	17 岁	22 岁
同性吸引	5%	4%	13%	7%	5%	5%
同性性行为	1%	1%	4%	1%	1%	3%
性认同：女同性恋 / 男同性恋			1%			2%
双性恋：跨性别（LGBT）			3%			1%

注：关于性认同的问题只调查了 22 岁的年轻人。

出柜（coming out）
同性恋者承认自己的同性恋情，并告知他们的朋友、家庭和其他人。

个事实。近年来，"出柜"的平均年龄在下降，从 20 世纪 70 年代的 21 岁下降到现在的 16 岁，这可能跟社会对同性恋的接受程度增长有关。

　　同性恋 / 双性恋者通常会先把身份告诉自己的朋友，只有不到 10% 的人会先告诉父母。"出柜"一般要经历一个很长的过程，信息是逐渐为其他人所知的。很多人的"出柜"永远不彻底，他们只会选择性地告诉一些人。根据一项追踪研究，非洲裔和拉丁裔美国人的"出柜"持续时间比白种人要长，这可能与他们文化中的反同性恋的观念更强有关。

　　由于很多社会都存在同性恋恐惧症（homophobia，害怕和怨恨同性恋者）现象，所以对于青少年来说，承认自己的性认同可能会给自己带来伤害。同性恋 / 双性恋者中出现物质滥用、学习困难、抑郁和离家出走的比例都更高。这些问题都会导致青少年推迟向父母"出柜"的时间。很多父母得知自己的孩子是同性恋 / 双性恋者或变性人后会很沮丧，甚至很愤怒。如果父母知道子女的性认同后不接受这些青少年，就可能出现很严重的后果。一项研究发现，经历过被父母不接受的同性恋 / 双性恋青少年尝试自杀的比例比其他人高 8 倍，高抑郁水平的比例高 6 倍，使用违禁品的比例高 3 倍，发生不安全性行为的比例也比那些父母接受其性取向的同性恋 / 双性恋者高出 3 倍。

　　那些性取向是同性恋 / 双性恋的青少年和初显期成人还可能遭受同伴的虐待。在对美国同性恋 / 双性恋青少年的一项调查中发现，因为他们的性认同，82% 的人报告过去的一年在学校里遭受过言语侮辱，34% 的人报告有过身体伤害。鉴于"出柜"之后可能有这么多不愉快的后果，所以有很多同性恋 / 双性恋青少年隐瞒自己的同性感情和行为就一点都不奇怪了。新近的研究表明，互联网为同性恋 / 双性恋青少年提供了一条探索和理解自己性认同的途径，他们可以通过这种安全可控的途径与其他同性恋 / 双性恋者联系。

　　尽管同性恋恐惧症存在，但是近年来美国社会对于同性恋 / 双性恋的态度仍发生了明显的改变，经历了巨大的文化转变，人们能够用更认可和更宽容的方式看待同性恋者了。

　　美国青少年和初显期成人比其他成年人更能接受性取向多样化，把它看成是正常的行为，很少支持歧视同性恋 / 双性恋的法律。例如，70% 的青少年和初显期成人支持同性恋婚姻，相比之下支持同性恋婚姻的成年美国人只有 39%（见图 9-2）。英国的一项基于对青少年性观念的研究发现，同性恋恐惧有明显下降，对同性恋婚姻的接受度有所增加。

　　总之，同性恋恐惧症仍然普遍存在，青少年期和成年初显期的同性恋者和双性恋者所面对的问题仍然很严重，但是今天的年轻人似乎发展出了一种比父辈、祖辈更有弹性和更宽容的态度。

同性恋恐惧症（homophobia）

对同性恋者的害怕和怨恨。

图 9-2　各代人对同性婚姻的看法

性：避孕及其结果

　　只要有性就可能有孩子。你也许知道这一点，但你也许没想到的是关于青少年的习惯，我们现在这个时代无法预测。正如第 1 章中描述的一样，随着越来越多的人获得更好的营养和医疗服务，在 20 世纪青少年期的年龄逐渐下降。同时，在 20 世纪后半期，人们结婚的平均年龄推迟，尤其是在发达国家。因此，到目前为止发达国家青少年性成熟的时间和他们结婚的时间差十多年。那么各个社会如何对待青少年和初显期成人的性问题呢，包括避孕措施、怀孕、单亲父母和性传播疾病？

采取避孕措施和不避孕

学习目标 15：解释为什么青少年的避孕措施不一致，明确青少年怀孕在不同文化中的形式以及出现这些差异的原因。

　　有的文化鼓励青少年的性行为，有的文化则严格禁止，不同文化看待青少年性问题的方式很不一样。对待青少年怀孕这一问题，不同文化也持有不同的观点。在谢莱吉尔（Schlegel）和巴里（Barry）所描述的 186 个传统文化中，大部分都规定女孩到了 18 岁才能结婚。因为比起发达国家，大多数传统文化中的女孩在十五六岁时经历月经初潮，所以她们大概会在月经初潮之后两年内就结婚。我们在第 2 章中讨论过，女孩来月经之后的两年内排卵通常不规律，在排卵周期建立之前的这段时间里她们更不容易怀孕。这意味着对于传统文化中的大多数少女来说，即便她们在结婚前就发生了性行为，她们的第一个孩子可能仍然是在结婚后生下的。甚至在一些传统文化中，人们会鼓励女孩在结婚前就生孩子，因为这意味着她拥有生育能力，一旦她结了婚就能生更多的孩子。

当然，西方国家的少女处境很不一样。她们月经初潮的时间更早，通常在 12 岁或 13 岁，而且她们结婚的年龄更晚，通常是 25 岁左右或接近 30 岁。由于大多数西方国家的女孩在青少年中后期就开始发生性关系，所以她们从开始性生活到结婚之间有一段很长的时间。而且，西方国家中的女孩如果在青少年期就生了孩子，后果会很严重，这不利于她们的未来发展。西方文化与某些传统文化不同，青少年晚期和 20 岁出头的年龄段通常是接受教育和为职业生涯做准备的重要时期。如果这个年龄段的西方女孩婚前生子，

传统文化中的女孩通常在 18 岁结婚，这时距离她们的月经初潮已有两三年的时间。图为一名尼泊尔的年轻新娘。

那么她们的教育和职业前景都会受到阻碍，下面我们还会讨论这个问题。

当然，与很多传统文化不同，发达国家中的青少年能用多种方法来避免怀孕。至少从理论上来说，他们只要不想生孩子，在发生性关系时就可以采取任何一种效果良好的避孕方法。

但这只是理论，而实际情况是另一回事，特别是在美国。事实上，很多美国青少年不会负责任地坚持采用避孕方法。虽然从 20 世纪 80 年代到 90 年代，青少年采取避孕措施的比例在上升，但是在一项全国调查中只有 60% 的性活跃青少年报告说在最近的性关系中会"一直"使用避孕工具，还有 20%"有时"会使用，20%"从来不"使用。欧洲各国青少年采取避孕措施的水平略高一些，有超过 80% 的人在最近的性关系中采取了避孕措施。

美国青少年采取避孕措施的行为通常是不一致的。如果他们知道如何获取和使用避孕工具，他们为什么会无法一直坚持使用呢？关于这个问题，有一篇经典分析文章出自黛安·莫里森之手。她回顾了很多这方面的文章，得到的答案的核心是：青少年的大多数性活动是"非计划性的"，也是"不频繁的"。青少年通常不会预先计划好在某个特定场合发生性行为。如果那个时刻很容易获得避孕工具，那么他们会使用；但是如果难以获得，他们就只好冒险了。青少年的性行为通常很少，一个月只有一到两次，比成年人少多了，这意味着他们没有为规律的性行为做好准备的习惯。

一些学者提出，青少年期认知发展的特点与采取避孕措施也有关系。形式运算思维能够

增强个体预料未来和计划未来的能力，而很多青少年开始性行为之后才开始发展相应的思维能力。关于青少年采取避孕措施不一致的问题，一项关于低收入白人和非洲裔美国青少年的质性研究确认了四种认知原因：首先，女孩没有明确的避孕意图；其次，他们没有充分考虑意外怀孕的潜在危害；再次，他们缺乏计划，是否接受意外怀孕的决定往往发生在已经怀孕的情况下；最后，即使女孩表达了避孕的愿望，但其行动与目标却不一致。

其他学者还发现很多其他可能会影响青少年采取避孕措施的因素。比起刚进入青少年期的个体，男孩和女孩到了青少年晚期都更倾向于采取避孕措施和拥有一段持续的感情，在学校中的表现也更好。还有一些年轻人拒绝使用避孕工具是因为这会破坏气氛和浪漫的感觉，一些男性拒绝使用避孕套是因为他们认为这会降低性愉悦程度。

文化背景也是影响采取避孕措施的因素。美国是青少年怀孕率最高的国家之一（见图9-3），这并非是因为美国青少年比其他国家的青少年发生的性行为更多。以加拿大为例，他们的青少年怀孕率仅是美国的一半，而两国青少年的性活跃水平几乎是一样的。欧洲国家的青少年（例如，瑞典和丹麦的青少年）的性活跃水平也与美国差不多，但是怀孕率却低得多。

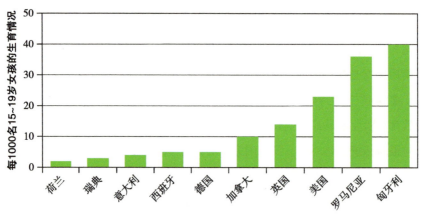

图 9-3　西方国家的青少年生育率

是什么原因导致了这种差异？美国青少年怀孕率高的部分原因是美国的贫穷率比欧洲国家更高。很多研究都发现，来自低收入家庭的青少年更倾向于不使用避孕工具。但是，即便对于中产白人家庭中的青少年来说，婚前怀孕率也比其他多数西方国家高。

很多跨文化研究分析表明，美国青少年无法坚持采取避孕措施的主要原因是，他们接收了很多不同的性信息。之前我们提到过美国社会对于青少年的性行为采取了半约束的方法，青少年期的性行为既不被严格禁止，也不被广泛接受。青少年从不同的社会资源那里得到了不同的信息，包括父母、朋友、学校、媒体、宗教机构，但几乎所有资源都没有清楚地告诉他们婚前性行为是否道德、是否值得赞许。

在这些不同社会资源的影响下，很多美国青少年采取了折中的做法——偶尔发生性行为，但会为此感到内疚，或者至少会感到矛盾，而且不承认自己性活跃。采取避孕措施意味着承认自己性活跃，而且为下一次性行为提前做了计划，所以很多人都不愿意这么做。

有两种国家会拥有较低的青少年怀孕率：一种是鼓励青少年性行为自由的国家，还有一种是严格禁止青少年性行为的国家。例如，丹麦、瑞典和荷兰拥有较低的青少年怀孕率，这是因为他们对青少年的性行为很宽容：媒体上有安全性行为的明确信息，青少年可以轻易获取避孕工具，父母能够接受年龄较大的青少年的性活跃。对这些国家的青少年来说，跟自己的男朋友或女朋友在自己与父母同住的家里过夜是很寻常的事情，而这对于多数美国青少年来说几乎是不可想象的（参见本章"文化焦点"专栏）

而在另外一端，日本、韩国、印度和摩洛哥等约束型国家会严格禁止青少年发生性行为。这些国家的青少年在进入成年初显期之前，约会都是被强烈反对的，而且他们约会都是为了寻找结婚对象而进行的。青少年男孩和女孩单独待在一起的机会很少，发生性关系的时间就更少了。也会有一些青少年听从本性的呼唤而违反禁令，但这种情况很少见，因为禁令的力量是如此强大，打破它产生的耻辱是不可忍受的。

在鼓励青少年性行为自由的国家，青少年怀孕率却很低。图为挪威的两名青少年。

青少年期的怀孕、为人父母和流产

学习目标 16： 总结美国不同种族群体青少年怀孕的概率并与其他发达国家进行对比，具体说明青少年期怀孕对母亲、父亲和婴儿本身的影响。

当避孕失败并最终怀孕时，这些青少年准父母和他们的孩子将会面临什么问题呢？在美国，大约有 30% 的怀孕青少年会选择人工流产，还有 14% 的怀孕青少年会自然流产。在新生儿中，仅有 5% 会被收养，其余的孩子会被他们的少女母亲抚养。孩子的父亲有时会帮忙抚养，但是通常更常见的是由少女母亲的妈妈提供帮助。

在美国，少女母亲每年生育的婴儿约有 50 万个。这看起来数量巨大——事实也是如此，但在美国和其他西方国家，少女生育率从 20 世纪 50 年代中期就开始稳步下降了。那为什么现在的美国社会比 20 世纪 50 年代更关注青少年的怀孕问题呢？这是因为在 20 世纪 50 年代，仅有 15% 的少女母亲是非婚生育，但现在这一数字达到了 87%。在 20 世纪 50 年代和 60 年代，女性结婚的平均年龄仅为 20 岁，这意味着许多女孩在青少年期就已结婚，并很快生了第一个孩子。但现在，女性的平均结婚年龄是 27 岁，已经很少有人会在青少年期就步入婚姻了。如果一个女孩在青少年期就生了孩子，她很可能以后就再也不会结婚了。

美国青少年的生育率在 20 世纪 80 年代末急剧升高，而从 20 世纪 90 年代初期到现在又猛然降低。仅在过去的十年里（2006—2015），青少年生育率下降了近一半。导致这一数字降低的原因很多，例如，性活跃水平的轻微降低、艾滋病防治项目的影响，以及避孕套的大量使用。

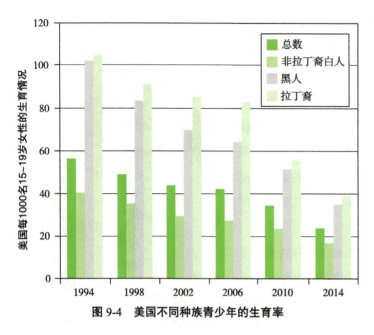

图 9-4　美国不同种族青少年的生育率

近些年来，被调查的群体中拉丁裔美国青少年的生育率最高（见图 9-4）。根据两位研究者的说法，在拉丁文化的性脚本中，男性在双方关系中拥有更强大的权力，爱通常被认为是超越理性的，这使得拉丁裔青少年不太可能采取避孕措施。自 20 世纪 90 年代早期以来，拉丁裔少女的生育率也已下降，但下降幅度没有白人和非洲裔美国青少年那么大。

几十年前，为了避免流言蜚语，以及确保孩子出生在已婚的夫妻的家庭中，青少年怀孕后通常会仓促接受一段强制婚姻（shotgun wedding）。据估计，在 20 世纪 50 年代末，大约一半的美国少女在结婚时已经怀孕。现在，对单身母亲的污名化现象已有所减少（当然没有完全消失）。相当多的怀孕少女即使没有结婚，也很有可能选择生育小孩。图 9-5 显示了这一趋势在过去半个世纪中的表现。

图 9-5　1950—2010 年的总体生育率和非婚生育率

过早为人父母的后果

关注青少年怀孕的一部分原因还涉及少女母亲和她的孩子所面临的诸多实际后果。少女母亲在身体上还不成熟，并且孕前也没有得到恰当的照顾，她们怀孕和生产的风险都很高。世界卫生组织对世界上 29 个国家做了一项研究，结果显示与 20~24 岁的年轻母亲相比，10~19 岁的少女母亲的身体在怀孕时遭受的危害更大，婴儿出生时体重更轻，更容易早产以及初生情况危急。这种情况在发达国家和发展中国家都有。

未婚先育对于母亲的影响还有很多。生育小孩意味着辍学的可能性是同龄人的两倍，更可能找不到工作或无法在高中毕业之后继续读大学，即便与具有相同经济背景的同龄人相比也是如此。与同龄人相比，少女母亲更有可能以后不结婚，即便结婚她们的离婚率也更高。另外，多数少女母亲的情绪和社会性发展远未成熟，她们无法承担作为母亲所需要担负的责任。少女母亲通常怀孕之前就存在诸如学业不佳、行为和心理问题等情况，而成为母亲会使这些问题进一步恶化。

少女母亲的生活最终会回到正轨并和她们的同龄人齐头并进吗？费斯腾伯格、布鲁克斯－甘和摩根做过一个经典研究，他们选取了生活在城市中的 300 名社会经济地位低的少女母亲作为调查对象。从 1966 年她们生第一个孩子开始，每隔几年追踪研究她们及其孩子的情况，直到 1984 年孩子 18 岁为止。研究发现，生孩子五年后，这些母亲在教育、职业和经济状况等方面都落后于同龄人。但是在 18 年后的最后一次追踪研究中，这些母亲的生活情况体现出明显差异；四分之一的母亲依然依靠福利生活，在过去的 18 年时间里，她们的情况大多如此；而另外四分之一的母亲则成为中产阶级，她们拥有足够的教育和职业经验，彻底改善了自己的经济状况；大多数母亲最终完成了高中学业，至少有三分之一的人完成了大学教育。接受教育和步入婚姻与最终获得满意的经济收益相关。

在另一项研究中，李德比特（Leadbeater）和韦（Way）在纽约追踪了 100 多位少女母亲共六年的时间，她们大多是波多黎各裔和非洲裔美国人。在这六年的追踪调查中，63% 的母亲依然依靠福利生活，61% 的母亲至少又生育了另一个孩子，78% 的母亲已经搬出她们父母的家，独自在外居住或与一位伴侣住在一起。这项研究有趣的地方表现在其中 15 位母亲表现出了极强的心理弹性。尽管她们很早就做了母亲，但是这并不妨碍她们六年之后再获得教育和就业的机会，她们在心理和身体健康方面表现良好。她们具有强心理弹性的原因很多，其中包括家庭成员对她们提供情感支持，但同时要求她们表现出负责任的行为，家庭成员或男朋友非常重视教育，她们自己具有很强的成功意志，等等。总之，研究既表明少女成为母亲后会面临诸多困境，又表明其中一部分人有可能最终成功。

针对少年父亲的研究远没有针对少女母亲的多，但现有的研究表明，成为父亲同样会给少年带来各种各样的负面影响。与他们的同龄人相比，少年父亲更容易离婚，受教育水平和收入也可能会更低。他们会面临诸多问题，包括使用违禁品、酗酒、犯罪、焦虑和抑郁。与少女母亲一样，这些问题经常在他们成为父亲之前就已经存在了。一项纵向研究表明，男孩早在 8 岁时的攻击性行为能够预测他在青少年期是否会成为父亲。大多数少年父亲照顾孩子生活的可能性很小。一项研究发现，从少女年母亲的角度来看，仅有三分之一的少年父亲在孩子 3 岁之前很好地照顾过孩子。

少女母亲所生的孩子会受到什么影响呢？这些孩子在生活中遇到困难的可能性会更大，他们甚至在出生之前就已经开始面临各种问题了。仅有五分之一的少女母亲在怀孕前三个月进行过产前体检。这在一定程度上会导致少女母亲所生的小孩更容易早产和出生体重过低。早产和出生体重过低能预测孩子在幼儿期和童年期的各类生理问题和认知问题。少女母亲生育的孩子更有可能在童年期出现行为问题，其中包括在学校表现不良、早年犯罪和过早发生性行为等。

但是研究者也强调，孩子的诸多问题不仅仅因为母亲过于年轻，也源自少女母亲糟糕的经济状况，年轻、非婚而又贫穷的母亲会让孩子面临各种发展问题。如果母亲具备以上三种特征——如大多数少女母亲那样，那么孩子在这样的环境中就很难茁壮成长。

流产

在青少年期生孩子通常会给少女母亲和孩子带来非常糟糕的影响，那么流产的女孩又是什么情况呢？关于这方面的研究结果并不一致，有的研究发现流产的少女母亲抑郁和焦虑的风险更高，有的研究则发现没有影响。然而，很多少女母亲会有负罪感和情绪压力，并且对自己做出的流产决定感到矛盾。在美国，对流产的争议依然很大，特别是涉及青少年时更是如此。截至 2016 年，美国有 38 个州要求出具**父母通告书**（parental notification，青少年在决定流产之前需要告知她们的父母），或**父母许可**（parental consent，青少年在得到父母同意后才能流产）。

成年初显期的意外怀孕和单身母亲

少女怀孕多是由于认知不成熟、文化对待青少年性的态度模糊等，你也许希望成年初显期的意外怀孕率有大幅下降。毕竟，成年初显期比青少年认知上更成熟，人们对 20 多岁时的性行为的看法也不像对青少年期的那样模糊不清，这一点在前面已经谈到。然而，20 多岁女性的流产概率和成为单身母亲的比例比少女更高。在对问题的判断和计划上初显期成人比青少年更成熟，但是在性方面也更活跃。目前，将近 50% 的婴儿出生于单身母亲家庭，这在历史上算是最高比例，而且大多数单身母亲的年龄为 20 多岁。图 9-6 显示，自 20 世纪 70 年代以来，20 多岁的单身母亲的比例急速上升，特别是文化程度极低的女性。

父母通告书（parental notification）
一种法律规定，在美国的一些州，青少年在堕胎之前必须通知其父母。

父母许可（parental consent）
一种法律规定，在美国的一些州，青少年必须获得父母许可才能堕胎。

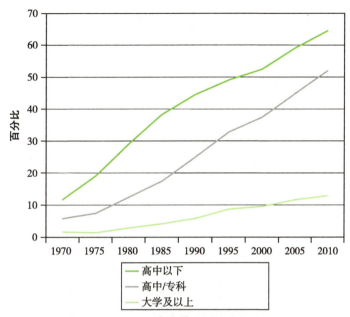

图 9-6　20~29 岁女性非婚生育百分比

　　据统计，70% 的 20 多岁的未婚生育女性怀孕生育都是意外的，但是"意外的"一词并不恰当。通常，怀孕是意外的，但她们也没有采取措施避免发生这一点。"全国预防青少年意外怀孕运动"发表了一篇报道，题目为《雾区：错误认知、奇怪的想法和模棱两可的态度如何让年轻人陷于计划外怀孕的风险》（以下简称《雾区》）。作者在调查中发现，18~29 岁的未婚年轻人中有一半愿意要孩子，"如果事情有转机的话"，即使现在他们赞同避孕很重要；三分之一的年轻人称如果他们怀孕将会感到很"幸福"。因此，准确地说他们不是计划要孩子，只是许多人不反对。这就很容易理解这种模糊的态度为什么导致避孕措施不一致或根本不避孕。在调查的初显期成人中只有一半人每次都采取有效的避孕措施——即使 90% 的人认为怀孕应该计划好。

　　尽管美国人对初显期成人婚前性行为的接受度比对青少年的更高，社会态度不明确掩盖了年轻美国人避孕知识的欠缺。很明显，他们的知识不足。《雾区》的报道揭示了初显期成人的无知和错误观念。18~29 岁的年轻人中有近三分之二说他们对避孕药知道的很少甚至一无所知；约一半的人错误地认为口服避孕药后怀孕的可能性也有 50%（实际概率只有 8%）；约一半的人错误地相信女性口服避孕药后患上癌症或出现其他严重健康危害的风险更高；即使那些常服避孕药的女性，也有将近一半（44%）的人错误地认为女性应该隔几年就停止服用避孕药，以保持身体健康。

　　但是初显期成人理解错误的不仅有避孕药，还有近三分之一的人承认不太了解或不认识避孕套。有些人相信仅依靠女性生理规律就可以避孕，即在女性生理周期内最不易受孕的时间发生性关系，这些人中有 40% 不知道女性最易受孕的时间在两次月经期中间，59% 的女性和 47% 的男性认为至少在那时女性最不容易怀孕（实际概率为 8%）。

最后，同居也是 20 多岁的单身母亲的概率最高的部分原因，因为一半的非婚生育都发生在同居的年轻人身上。如我们所见，同居在美国年轻人中是符合规范的。一对同居的年轻夫妇不坚持避孕或从不避孕而导致怀孕，他们会决定怎么做呢？如果他们不是非常反感有一个孩子，如果他们没有明确的事业目标，如果他们认为流产不道德——这在大学程度文化以下的年轻人中更常见——那么他们就会选择生下并孕育孩子。他们通常认为，既然已经同居，最后就会结婚，那么为什么不能先有了孩子然后再结婚呢？但是，实际上，在 20 多岁时有一个孩子的同居夫妇比有一个孩子的已婚夫妇在孩子 5 岁时分手的概率高 3 倍（39%：13%）。

性传播疾病

学习目标 17：列举最普遍的性传播疾病及治疗方法。

成年初显期不仅是意外怀孕的高峰期，也是**性传播疾病**（sexually transmitted infections, STIs）的高峰期。性传播疾病是指通过性接触传播的传染病，包括衣原体感染、人类乳头瘤病毒（HPV）和人类免疫缺陷病毒（艾滋病）。性传播疾病的高峰期之所以发生在 20 岁出头的成年初显期，是因为多数西方国家的年轻人在这一阶段会有许多性伴侣。有少数年轻人会和很多伴侣发生性关系，同时正如我们所了解的，偶然性与临时性的伴侣之间的"勾搭"在青少年和初显期成人身上非常普遍。即便年轻的恋人发生了性关系，大多数人的恋爱关系也无法维持很久。一般来说，年轻人建立的关系会持续几个月，有时性交也是关系的组成部分，然后他们会分手，继续生活。这样年轻人会获得爱和性的经验。不幸的是，与不同人发生性关系，即便每次只有一个人，也会让青少年面临性传播疾病的巨大危险。无论是在美国还是欧洲各国，初显期成人患性传播疾病的比例都高于其他年龄段的人。

各种性传播疾病的症状和影响很不一样，轻则使人烦躁（如阴虱），重则致人死亡（如艾滋病）。除上述两种极端情况外，许多性传播疾病会提高年轻女性不孕的风险，因为对于多数性传播疾病及其引发的后果来说，女性生殖系统要比男性脆弱得多。关注性传播疾病的另一个原因在于，居住在美国城市地区的非洲裔和拉丁裔美国人患有性传播疾病的比例特别高，导致该现状的其中一部分原因是在这类人群中不安全性行为这类诱发性传播疾病的行为水平比较高。

在我们讨论具体的性传播疾病之前，有必要了解性传播疾病的两个特点：第一，许多患有性传播疾病的病人并**无临床症状**（asymptomatic），意思就是他们没有表现出患病的症状，在

无临床症状（asymptomatic）

性传播疾病常见的一种状态，指的是被感染对象没有任何身体不适的症状，但是却有传染他人的可能性。

潜伏期（latency period）

性传播疾病常见的一段时期，是指患者从感染疾病到表现出症状的这段时间。

这种情况下，他们很容易传染其他人，因为他们并没有意识到自己已经被感染了；第二，许多性传播疾病都有潜伏期（latency period），如疱疹和艾滋病，这一时期可以持续多年。这就意味着患者从被传染到出现症状之间会经历数年，在这期间，他们可能在自己和伴侣没有意识到的情况下传染其他人。

以下是几种主要的性传播疾病：人类乳头瘤病毒（HPV）、衣原体感染和人类免疫缺陷病毒（艾滋病）。

> **批判性思考**
>
> 你认为青少年和初显期成人在了解许多患有性传播疾病的人并无临床症状后，他们会更愿意使用安全套吗？为什么？

性教育

学习目标 18：明确有效性教育的主要特点。

你可能会想，既然青少年和初显期成人怀孕及患性传播疾病的概率这么高，那么在美国性教育问题是不是已经达成广泛的共识？确实，绝大多数美国人支持综合型性教育（comprehensive sexuality education）——适合各个年龄段的教育，包括禁欲和避孕等方面的信息——性教育应该向年轻人介绍如何防止意外怀孕和性传播疾病。但是，到目前为止，美国青少年受到的性教育并不像这样规范。80% 的美国性教育项目都有婚前禁欲的介绍，但是介绍避孕工具及其使用方法的内容还不到一半。

美国的独立教育系统经常采用自己的性教育方式，其时间长度和教学内容都是灵活可变的。这些课程通常仅涉及性发育的解剖学和生理学知识，而且属于生物或体育教育课程的一部分，其间或许会包括一点性传播疾病的知识。仅有不到 10% 的美国青少年在离开高中之前接受过综合型性教育。

对美国性教育课程有效性的分析显示，这类项目通常会丰富青少年的解剖学、生理学和避孕（如果教育内容包括这部分的话）知识。很可惜，从总体上来说，这些课程对青少年与伴侣或父母交流性和避孕问题、性交的频率，以及是否采取避孕措施的影响非常小。但是，由于这类教育在美国各个地区的差异很大，所以讨论性教育的"总体"效果很容易产生误导。仅仅注重传授知识的课程很少能够影响青少年的性行为，但是越来越多的扩展性教育项目取得了非常显著的效果。

一项研究在评估了众多性教育项目后，总结了这些项目的 10 个特征。

综合型性教育（comprehensive sexuality education）

一种从孩子很小的时候就开始的性教育项目，包括详细介绍性发育和性行为的知识，并为那些性活跃的青少年提供便捷、易获取的避孕工具。

（1）仅关注如何减少一种或多种会导致意外怀孕或感染人类免疫缺陷病毒（艾滋病）的性行为。

（2）项目建立在理论方法的基础上，这些理论方法通常被用来应对冒险行为，例如，改变思想和行为的认知行为理论。

（3）介绍有关性行为、避孕套或其他有关避孕的信息，并持续强化这些信息。

（4）介绍关于冒险行为基本的、准确的信息，以及避免怀孕和预防性传播疾病的方法。

（5）指导学生如何应对社会压力，例如，帮助他们反驳经常遇到的诸如"每个人都这样"之类的说法，帮助他们通过同伴支持来应对社会压力。

（6）提供模仿和练习协商及拒绝的技巧，例如，如何说不、如何坚持使用避孕套或其他避孕措施，以及如何确保身体语言和口头言语保持一致。

（7）使用多种教学方法吸引学生，因人而异地使用不同的教育方式。

（8）根据学生的年龄、文化和性经验的差异来设置行为目标，使用差异化的教学方法和教学素材。

（9）为项目的实施提供充足的时间保证（保证几周内至少要有 14 个小时）。

（10）培训那些认同该项目的老师、年轻工作人员或同伴中的领导者（平均不少于 6 小时）。

近年来，美国较关注那些提倡禁欲的性教育，在这方面投入的资金也越来越多，这种性教育不鼓励青少年在结婚之前发生性交行为。就多数情况来看，仅强调禁欲的教育方式在减少青少年性交方面收效甚微。一份回顾了 56 项研究的文献比较了禁欲性教育和综合型性教育之间的差别，发现多数禁欲性教育并没有推迟青少年第一次性交的时间，仅有三分之一的教育项目对青少年的性行为产生了正面影响。相反，三分之二的综合型性教育项目对青少年的性行为产生了明显的正面影响，包括推迟了第一次性交的时间、提高了使用避孕套和采取避孕措施的水平等。

虽然禁欲性教育项目一般都收效甚微，但其中最有效的禁欲性教育项目**不唯禁欲项目**（abstinence-plus programs）在鼓励青少年延迟性交的同时，也为那些选择了性交的青少年讲授避孕知识。批评这类项目的人认为，这种混合型教育所涉及的避孕知识实际上削弱了禁欲信息。但这类项目的成功表明，青少年有能力选择那些最有利于自己的信息。

不唯禁欲项目（abstinence-plus programs）

一种性教育项目，它在鼓励青少年推迟性交的同时，也为那些选择性交的青少年讲授避孕知识。

第**10**章

学校

∨ 学习目标

1. 总结世界各国中学招生的历史。

2. 比较当今世界不同地区的中学的办学形式。

3. 认识世界上某些地区的中学成绩优于其他地区的主要原因。

4. 总结学校规模与青少年校园体验、在校表现之间关系的研究。

5. 定义学校风气，并确定其如何影响中学生的校园体验。

6. 解释家庭期望、父母教育与青少年的学习态度、成绩的关联，以及在这一研究领域建立因果关系的困难。

7. 总结朋友如何影响彼此的学业投入，并区分朋友和同伴的影响。

8. 识别工作和娱乐活动可能影响青少年在校表现的方式，并明确每周工作时间的阈值，超过该阈值就会产生负面影响。

9. 认识美国和亚洲各国对学校应有规定的不同看法，并解释在美国社会中，社会阶级与对学校的文化信仰之间的联系。

10. 阐释美国各族裔群体之间青少年学业表现的差异。

11. 识别女生的学习成绩总体超过男生的原因。

12. 列举天才青少年的卓越特征；说明最常见的学习障碍及治疗方法。

13. 阐述部分青少年辍学的原因。

14. 总结美国高等教育入学率的历史走向，以及当前学生族裔和性别的变化。

15. 识别影响大学留存或退学的因素。

16. 列举克拉克和特罗发现的四种主要的学生亚文化，并评估它们是否仍然适用于现在的学生。

17. 基于学生与长远影响的研究，总结大学教育的优势。

18. 阐述慕课的定义，并分析其在提供高等教育方面的潜在优势与劣势。

19. 描述在中学和大学教育之间采取间隔年教育的普遍性、动机和好处。

　　当今，我们假设青少年期的主要日常活动就是上学。实际上，在发达国家，法律规定青少年上学至少要上到15岁或16岁，而且几乎所有的青少年都要接受更久的教育，好为成年后参加工作做准备。发展中国家越来越富裕，经济不断发展，文化越来越多样，它们也越来越多地遵循同样的路线。然而，中学教育是人类历史上最近才有的进步。就在一个世纪之前，上中学还是比较罕见的。家庭需要青少年对家庭财务做贡献，而在以制造业为主的经济中，大多数工作并不太需要较高的受教育水平。今天，随着世界经济稳步走向以信息、技术和服务为基础的"知识经济"，学校教育往往不会步于中学，还会延续到成年初显期，在世界最发达的经济体中尤为如此。

　　本章中，我们考察了美国与其他国家年轻人在中学和大学阶段的学校经历，以及其历史与现状。本章的开头介绍了中学教育的源起。以这段历史为线索，我们可以研究世界各地的中学教育，包括学业成绩的国际比较。

　　本章还将探讨有效能学校的特点，研究青少年学业成绩与生活的其他方面之间的联系。学者们已经明确，青少年的学习成绩与他们的家庭关系、交友情况、工作和休闲方式有着至关重要的关系。文化信仰也是十分重要的因素，它决定了青少年学业要达到何种标准。

　　正如学校的效能不同，青少年的

美国的中学质量和青少年的学习成绩都存在很大的差异。

学习成绩也有差异，我们会特别关注成绩方面的种族差异和性别差异，这两个领域也一直是许多研究的重点。我们还会关注成绩极端的青少年的特点：天才青少年、有学习障碍的青少年以及辍学的青少年。在本章的末尾，我们将探讨成年初显期的情况，研究当代大学生的特点、大学成功和失败的相关因素以及大学生对自身教育经历的描述。最后，我们会考察高等教育中最近的两项创新：在线课程与"间隔年"。

中学：前世与今生

即使是在现在所谓的"发达国家"，19 世纪时大多数人也都是文盲。直到 20 世纪，也只有少数人会在青少年时期继续上学。那时，他们正在农场、工厂工作，或者打理家里的生意，为家庭经济做贡献。现在，青少年普遍识字，但世界各地的办学制度、学校质量和青少年的教育成绩仍然差异巨大。

中学发展历史概述

学习目标 1： 总结世界各国中学招生的历史。

中学（secondary school）义务教育出现相对较晚。大约 100 年前，美国大多数州仍没有任何法律要求儿童接受小学以上的教育。但在 1890 年至 1920 年，这种局面发生了巨大的转变。在这段时间里，各州开始出台法律规定十几岁的孩子要上学，14~17 岁青少年在校的比例从 1890 年的 5% 上升到 1920 年的 30%。这种趋势并没有就此停止。到 1970 年，14~17 岁的在校生比例已上升到 90%，并在此后一直保持在 90% 以上（见图 10-1）。

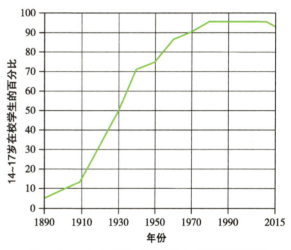

图 10-1 1890 年至今美国高中入学率不断提高

在其他西方国家，近几十年也出现了类似的趋势。学校教育成为青少年的标准体验，越来越多的人在成年初期也继续留在学校。比如，在挪威，1950 年只有 20% 的青少年在 15 岁之后仍然继续在校读书；而如今，16 岁之前的学校教育都是义务教育，超过 90% 的 16~18 岁青少年仍然在校学习。

相比之下，即使是现在，部分发展中国家的青少年也有不能上学的情况。在这些国家，童年以后的教育主要是为城市中产阶级提供的（就像一个世纪前的西方社会一样）。青少年通常

中学（secondary school）

青少年上的学校，通常包括初中和高中。

表 10-1　选定国家的中学入学率变化情况

	1980 年入学情况		2016 年入学情况	
	男性（%）	女性（%）	男性（%）	女性（%）
阿根廷	53	62	86	87
埃及	66	41	90	90
德国	93	87	99	99
印度	39	20	72	77
意大利	73	70	98	98
墨西哥	51	46	76	80
尼日利亚	25	13	47	41
波兰	75	80	98	94
土耳其	44	24	98	96
美国	91	92	86	90

注：百分比反映每个国家适用年龄组初中入学学生的调整后净入学率。

从事生产性劳作，而不是接受学校教育。他们是家庭需要的劳动力，最好是跟随成年人一起工作，学习一些成年人工作所需的技能，而不是去学校接受教育。然而，随着经济的不断发展，在许多国家这种模式正在发生变化。实际上，在全球所有地方，那些 50 年前或更早以前没有工业化的国家，如今都正在实现工业化，并且进入全球经济。这些国家经济发展的成果之一，是青少年越来越能够留在学校继续接受教育。表 10-1 显示了过去 35 年间各国中学入学情况的变化。经济发展引进了农业技术，降低了儿童和青少年的劳动对家庭的必要性，而继续在校接受教育则带来越来越多的经济利益，因为有更多的工作需要在校学习的技能。

在发展中国家，经济发展对青少年教育的影响还体现在读写能力上。当今的青少年与其父母和祖父母相比，读写能力更强。例如，在埃及，88% 的 15~24 岁男性具有读写能力，而在 65 岁及以上的男性中能够读写的只有 30%；在女性中，82% 的 15~24 岁女孩能够读写，而在 65 岁及以上的女性中，该比例仅有 9%。在泰国，97% 的 15~19 岁男性能够读写，而在 65 岁及以上的男性中只有 58% 的人有读写能力；在女性中，95% 的 15~19 岁女孩能够读写，而 65 岁及以上的女性仅有 22% 能够读写。这表明，随着发展中国家经济的不断发展，青少年接受教育的比例将不断上升。

在过去的一个世纪里，在美国，不仅青少年接受中学教育的比例发生了巨大的变化，而且青少年在学校学习的内容也有所改变。研究这些变化有助于了解当代社会对青少年的要求。

在 19 世纪，只有极少数青少年能够上学，中学教育主要是为富人服务的。课程设计主要是为了向年轻人（主要是男性）提供广泛的文科教育——历史、艺术、文学、科学、哲学、拉丁语和希腊语——并没有特定的经济目的。到了 1920 年，随着中学生比例的急剧上升，人们普遍认为需要进行教育改革。中学生来源已由少数特权阶级扩大到美国各个阶级的人民，其中许多是新移民。因此，调整中学教育的内容并适应这种变化很有必要。于是，美国中学教育的

综合性高中（comprehensive high school）

一种形成于 1920 年左右的美国高中形式，如今仍然是主流高中形式。它的功能范围广泛，涉及通识课程、大学预科和职业培训等内容。

核心目标从为教育而教育，转向了以工作和公民培训为重点的、更实际的目标。正是在 20 世纪 20 年代，我们今天所熟知的美国中学的结构体系确立了起来，旨在教育各类青少年，使其适应美国社会生活。综合性高中（comprehensive high school）的教育不再局限于文科，还包括通识教育、大学预科和职业培训等课程。

从 20 世纪 20 年代到 20 世纪中叶，青少年接受中学教育的比例不断增加，高中课程的多样性也不断提升。现在，课程内容已经拓展到为家庭生活和休闲做准备，包括音乐、艺术、健康、体育等课程。如图 10-1 所示，20 世纪末，青少年接受中学教育的比例不断上升，到了 21 世纪初，几乎所有青少年都上中学。

批判性思考

在你看来，高中课程应该只开设数学、英语等学术类课程，还是也应该开设音乐、美术、体育等课程？请说明你的观点。

当你读到美国的国家教育政策时，需要意识到的是，联邦政府并没有多少直接的权力来推行美国学校的政策。与其他发达国家不同，美国大部分教育决策并非由国家控制，而是由地方或州一级的政府制定。美国的情况一直如此。对许多人来说，地方对学校的控制仍然是一个非常重要的问题。

由于学校不是由国家，而是由各州和城市资助和管理的，所以美国的不同的学区在学校课程与规章要求上存在很大的差异。学校质量的高低既取决于学区现有的财政资源，也取决于本州和学区的居民认为什么学习方式对孩子们最好。专家和批评家们可以成立所有他们想成立的委员会，并提出建议，直到他们筋疲力尽，但没有任何一个州或学区有义务遵从这些建议。为了制定全国性的中学教育课程，人们做出了各种努力。最近一次是"共同核心"计划，但每次努力都遭到了部分人的强烈抵制，这些人更希望由地方和州政府来制定教育政策。

世界各地的中学教育

学习目标 2：比较当今世界不同地区的中学的办学形式。

世界各地青少年上的各类中学存在很大的差异，他们接受中学教育的可能性也各不相同。发达国家和发展中国家之间的差别巨大。在发达国家，几乎所有的青少年都在中学就读。相比之下，发展中国家只有约 60% 的青少年上中学（见图 10-2）。此外，发达国家约有 70% 的成年人接受了高等教育（tertiary education），但发展中国家只有 25% 的精英（和富人）可以获得高等教育。在本节中，我们先分析发达国家的中学教育，再考察发展中国家的中学教育。

高等教育（tertiary education）
中学以上的所有教育和培训，包括学院、大学和职业培训。

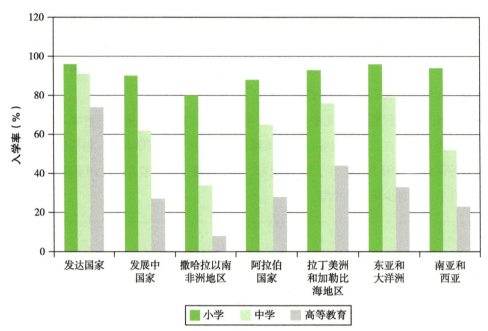

图 10-2　世界各地区的教育入学率（受教育学生人数除以该教育适龄人口数）

历史焦点

高等教育和文化信仰

大体而言，现在西方国家的高校都在颂扬独立思考和知识探索。尽管人们可能会认为这些价值观是高等教育固有的教育使命的一部分，但纵观百年前的高校，我们会发现这些都是基于个人主义文化信仰的价值观。对比当时和现在的大学，我们可以发现美国高等教育以及美国文化信仰的变化之大。这也是德里斯·奥布莱恩（Derris O'Brien）的 1997 年的一篇论文的主题。

一个世纪前，大多数学院和大学的使命都明确建立在宗教信仰的基础上。宗教指导课程不仅是必修课，而且是核心课程。例如，1896—1897 年拉斐特学院的专业目录中规定："在整个学生的教育中，《圣经》必须是学习的核心对象。它是上帝的话语，是上帝赐予其子民启示性的以及绝对可靠的准则，必须被虔诚敬重。"

高等学校不仅要求学习宗教知识，还要求进行宗教实践活动——不仅私立院校如此，公立大学也是如此。比如，北达科他大学每天都要在礼拜堂举行简短的礼拜——所有学生都必须参加——唱赞美诗，诵读《圣经》，朗诵主祷文。缅因大学要求所有学生每天在礼拜堂参加晨祷，缺勤 15% 及以上的祈祷会被校长训诫；如果出勤率没有提高，学生将被教师严厉斥责。

20 世纪，随着宗教机构力量的衰弱，个人主义逐渐增强，成了美国大部分文化信仰的基础，高校逐渐不再提倡宗教信仰。相反，倡导个人主义成为大学教育使命的基础。例如，葛底斯堡学院 1997 年的使命宣言称，该校的目标是帮助学生学会"以开放的心态、个人责任感、相互尊重等积极的价值观来欣赏我们共同的人性……学生在不同的观点中更自由地选择"。这其中所说的价值观主要是个人主义的价值观。同样，北达科他大学也宣称："有关价值观的教育在通识教育中是很重要的——不应追求某种正确的行为方式，而应认识到选择是无法避免的。学生应该认识到他们做出了多少选择，是如何基于价值观进行选择的，以及如何做出明智的选择。"大学使命背后的个人主义价值观再一次显现。当今大多数高等教育的目标并不是要传授某种特定的认识世界的方式，而是教会学生如何作为个体，自己做出"明智的选择"。

发达国家的中学教育　美国的情况不同寻常：只有一种形式作为中学教育的来源，即综合高中。加拿大和日本也以综合高中为标准，但大多数其他发达国家有几种不同类型的学校供青少年选择就读。大多数欧洲国家都有三种类型的中学。第一种是大学预科学校，它在许多方面与美国高中相似，提供各种学术课程，目标是通识教育而不是某种特定职业的教育。然而，在欧洲，这些学校不设置音乐和体育等娱乐主题的课程。在大多数欧洲国家，约有一半的青少年选择这种学校。第二种是职业学校，青少年在这里学习特定职业的相关技能，比如，管道修理或者汽车维修。通常，在欧洲国家，约有四分之一的青少年上这种学校。一些欧洲国家还有第三类中学，即专门针对教师培训、艺术或其他特定目的的专业学校。通常约有四分之一的欧洲青少年选择这种学校。在一些欧洲国家，如德国和瑞士，还存在广泛的学徒制。青少年可以在业余时间去职业学校或专业学校学习，并且在成年人的督导下，花时间在工厂学习一门技艺。我们将在下一章更详细地讨论学徒制。

欧洲的制度的一个结果是，青少年必须在相对较早的年龄就决定其教育和职业的方向。15岁或 16 岁时，青少年就必须决定他们要进入哪种中学，这很可能对他们的一生产生巨大影响。通常，青少年会在与父母和老师商量后，根据个人兴趣和在校表现做出决定。虽然有时青少年会在一两年后转学，上职业学校的青少年也有可能会上大学，但这些情况是十分少见的。不过，近年来，大多数国家已经开始提升该体系的灵活性，为没有上大学预科类高中的年轻人提供另一条上大学的途径。

不论如何，总体上，欧洲的制度倾向于要求较早决定职业方向。莫托拉（Motola）等人的一项研究表明，选择不同类型学校的跟踪时间（欧洲术语称之为"分流"）会影响青少年何时决定自己的职业道路。他们比较了法国和芬兰的 11 年级的青少年。法国青少年从 13 岁开始被追踪，16 岁时他们必须选择分流进 5 个学术项目和 16 个技术项目中，要么进入职业中学，要么成为学徒。相比之下，芬兰青少

在欧洲约有三分之一的青少年上职业学校。图为一名匈牙利学生学习修理汽车。

年16岁前都在综合学校学习，然后升入高中或职业学校。不过，在进入大学或从职业学校毕业之前，他们不需要决定要从事的具体职业。在莫托拉等人的研究中，有明确职业想法的法国青少年是芬兰青少年的3倍（58%：19%）。虽然没有加拿大和美国青少年的可比数据，但是鉴于他们通常在大学二年级结束前（大约20岁）都不必决定专业，而芬兰人必须在大学入学时完成选择，所以他们的职业选择时间可能比芬兰人还要晚。

与欧洲的制度相比，综合性高中的形式更灵活。综合高中的所有学生都可以广泛地选择各种各样的课程。所有青少年都在同样的高中就读，对他们中的大多数人来说，不需要在毕业时就决定自己的职业方向。那时，他们可以选择全职工作，选择进入职业学校接受培训，选择上两年制学院，或者进入四年制学院/大学，或者选择边工作边读书。

不过，综合高中也有很大缺陷。青少年到了十几岁，学习、职业兴趣和能力可能差异巨大，但他们都在同样的学校、同样的班级上学。这使得教师很难找到适合所有青少年水平的教学内容，以唤起学生的学习兴趣；也会使部分青少年感到沮丧，他们可能更希望习得与工作相关的技能，但却不得不继续接受多年的通识教育。

发展中国家的中学教育　在发达国家，青少年在哪里上中学都一样，各校都有充足的资源。相比之下，一些发展中国家的青少年往往很难获得中学教育，而且只有很少的青少年能一直读到毕业（见图10-2）。此外，由于资金不足，学校的质量往往很低（精英私立学校除外）。接下来，我们来看看北非、撒哈拉以南非洲地区、印度、中国和日本以及拉丁美洲地区和国家的中等教育情况。

在一些北非国家，父辈和祖辈的文盲率很高——大多数国家都超过50%——但青少年比他们的父辈和祖辈识字率更高，现在该地区几乎所有国家都实行了世俗教育制度。女童上中学或上大学的可能性比男童小得多，因为家庭需要她们从事家务劳动，她们也往往会在父母的安排下早婚。随着结婚年龄的提高和全球化带来的文化价值改变，女孩的教育程度正在上升。不过，教育的长期利益主要仍由男子享有，因为很少有妇女能在婚后继续工作。

在大多数发展中国家中，男孩比女孩更有可能接受中学教育，不过这种差距正在缩小。图为非洲国家肯尼亚的男孩们。

撒哈拉以南非洲地区是全球中学入学率最低的地区。但是，各国的中学入学率差异很大，从津巴布韦的94%到几内亚和尼日尔的13%。入学率低的原因包括贫困和内战。此外，许多地区尚未工业化，这使得青少年从学校学到的知识用处有限，而农业劳作、动物看管、家务劳动和照顾儿童等都需要青少年劳动力。女孩的中学入学率尤其低，因为人们一般不期望女孩进入工厂，而且她们要比男孩承担更多的做家务和照顾弟妹的责任。

在印度，教育体系与非洲各国相似，因为印度的教育体系也是由殖民政府，也就是由英国遗留下来的。学校是按照英国模式设计的，英语也仍然是政府和高等教育的主要语言。近几十年来，中学的入学率有所增长（见表 10-1），但即使是现在，也只有大约一半的印度青少年接受过中等教育。不同性别、社会阶层和城乡居住地的入学率差异很大。农村地区的贫困女孩处境最为不利，她们很少上中学，近 40% 的女孩甚至不会读写。然而，印度拥有质量高、不断发展的高等教育体系，培养出的毕业生在世界经济中越来越有影响力，特别是在计算机和信息技术领域。

中国和日本的中学教育体系在很多方面都类似，在这两个国家，只有表现最优异的学生会被大学录取。因此，在高中阶段，由于学生们互相竞争，准备大学入学考试，压力巨大。这两个国家的课堂都强调记忆与背诵，学生在校时间都很长，都有各种各样的课余活动，如武术、书法和团队活动。优质教育资源的争夺非常激烈。

如前文所述，与其他发展中地区一样，拉丁美洲近几十年来的中等教育的入学率也有所上升。不过，西方以外大多数地区存在的性别差距，在大多数拉丁美洲国家并不存在。虽然在中学教育权利方面的性别平等明显，但在许多拉美国家，各社会阶层间存在明显差异。公立中学往往人满为患，资金不足。因此，大多数富裕家庭将孩子送到质量更高的私立中学。公立中学的学生辍学率很高，城市地区为 50%，农村地区为 75%。

发展中国家中等教育的记录中重复出现了一些相同的问题。大部分国家在中学录取上存在性别差异（偏向男孩），但性别差距正在缩小，而且所有国家的男女生入学率都在上升。好消息就到此为止了。许多学校资金不足，人满为患。许多国家拥有的教师太少，也没有经过充分的培训。家庭一般必须要为中学教育付学费，这笔费用让很多家庭难以负担。家庭通常还要支付书本费和学杂费。精英阶层往往会接受另一种教育，即在专属的私立学校和资金雄厚的大学里接受教育，而其他人的教育环境则低劣得多。

发达国家和发展中国家的中等教育之间的最为引人注目的差异还是两者之间的教育机会。如果你碰巧出生在一些发展中国家，你可能会上小学，但很难有资源完成中学教育，上大学的机会也很小——如果你是女孩，那么情况尤其如此。相反，假如你恰好出生在发达国家，你读完中学的可能性极大，如果你愿意，你也可以去上大学——尤其是如果你是个女孩的话。不管在何地，教育都是生活中许多美好事物的基础，从收入水平到身心健康，都是如此。然而，对世界上大多数少年和青年而言，在很大程度上，出生时，他们的教育命运就已经注定了：全由他们的出生地决定。

国际对比

学习目标 3：认识世界上某些地区的中学成绩优于其他地区的主要原因。

近 30 年来，国际上一直在发表比较青少年学业表现的对照研究报告。图 10-3 展示了世界各国的青少年的 8 年级成绩的 2016 年数据。该图表明，所在国家的经济发展水平是影响青

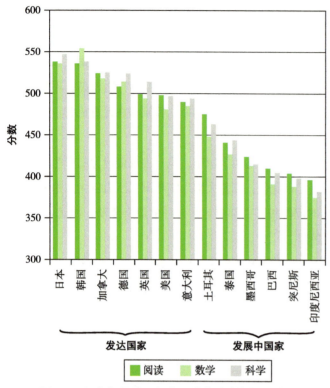

图 10-3　8 年级阅读、数学和科学测试的国际成绩

少年学业成绩的关键因素。阅读、数学、科学三科的成绩模式相似。在这三门学科上，发达国家的表现最优异。非洲、拉丁美洲和亚洲的发展中国家的表现低于国际平均水平。随着经济的发展，墨西哥和土耳其等国家的成绩不断上升。

美国青少年的学习成绩在 20 世纪 70 年代和 80 年代有所下降，但从 90 年代初至今又有所上升。作为人们广泛赞同的针对美国青少年学业成绩最有效的全国性评估，国家教育进步评估（NAEP）自 1970 年以来，对学生在数学、科学、阅读和写作四个领域的表现进行了考察。在整个 20 世纪 70 年代到 80 年代，NAEP 发现 8 年级学生的数学、科学和阅读成绩下降，特别是在"高阶思维"方面——高阶思维要求学生能够解释、分析和评价信息而不仅仅是记忆信息。在 20 世纪 90 年代，学生在 NAEP 各科考试中的成绩都有所上升。在过去的十年中，学生的阅读和科学成绩变化不大，但数学成绩持续上升，并在 2012 年达到了有史以来的最高水平。

> **知识的运用**
>
> 　　根据这里讨论的中学制度的差异，你认为贵国的中学制度的优势和劣势是什么？你建议进行哪些改革？

什么是有效的？有效学校的特点

学校的情况千差万别，有些学校的效果比其他学校好。让我们来看看教育研究告诉我们什么是有效学校的特点。

规模重要吗

学习目标 4： 总结学校规模与青少年校园体验、在校表现之间关系的研究。

对青少年而言，学校和班级的最佳规模是多大？已经有大量的教育研究探讨了这个问题。

在 20 世纪，随着总人口和青少年入学比例的稳步增长，人们倾向于建造越来越大的学校来容纳他们。但是，何种规模的学校对学生是最好的呢？

学校规模的扩大既有优点，也有缺点。规模大的学校会让人感到疏离。一般来说，学校规模越大，学生对老师和整个学校的联系感越低。不过，大学校也有优势，就是能够比小学校提供更多样化的课程。例如，学生可能会从大学校提供的中世纪文学、19 世纪小说和 20 世纪诗歌课程中获益，而不是仅仅只有一门英语文学课程。在学习成绩方面，没有发现其与学校规模有何一致性的关系。

虽然小规模学校的课外活动种类较少，但实际上小学校的学生更有可能参与这些活动。在大型学校，大多数学生止步于做观察者，而不是活动的参与者。在小型学校，竞争职位的学生更少，更有可能被招募，因为一个团队或社团需要人手来填补空缺。因此，小学校的学生更有可能被安排到领导者和责任人的位置上——担任戏剧社副社长、女子合唱团财务主管等。这些学生普遍会报告说，参与这些活动使他们对自己的能力更有信心，感觉自己更被需要、更重要。

考虑所有的情况，学者们已经达成了一个共识，即对青少年来说，最好的学校规模是在 500 到 1000 名学生之间——不要太小，也不要太大，这也许是一个能综合两者优势的规模。

然而，对于班级规模，学者们有不同意见。有些人认为，班级规模与学生的学习成绩之间存在直接的负相关。相反，其他学者发现，在代表性区间——20 至 40 名范围内的变化对学生成绩的影响不大。他们同意，对于有学习困难的学生来说，小规模班级要更胜一筹，因为每个学生可能都需要更多的关注。不过，他们认为将班容量从 40 人减至 20 人，对大多数学生并没有好处，而且这样做会让学校花费大量的资金。

学校风气

学习目标 5： 定义学校风气，并确定其如何影响中学生的校园体验。

尽管许多研究表明，学校规模和班级规模对青少年在校体验有重要影响，但大多数教育学者都会同意，这些因素只在一定范围内显得很重要，如影响学生和教师在课堂上的互动种类。**学校风气**（school climate）是关于这些互动质量的术语。它包含教师如何与学生互动、对学生有何种期望和标准，以及在课堂上采用何种方法教学等。

学校风气这一术语是由迈克尔·路特（Michael Rutter）创造的，他是一位英国精神病学家，对青少年和学校进行了大量的研究。路特和他的同事研究了英国中学里的几千名青少年。他们的研究包括课堂观察，以及记录学生出勤、成绩测试分数和过失行为的自我报告。

学校风气（school climate）

师生之间的互动质量，包括教师如何与学生互动、对学生有什么样的期望和标准、课堂上采用什么样的方法教学等。

学校风气是青少年学校体验的重要指标。

结果显示，学校之间最重要的差异与学校风气有关。在那些教师不仅支持学生、与学生关系密切，但在必要时也会严加管教、对学生的行为和学习成绩抱有高度期望的学校，学生的情况较好。与学校风气欠佳的学生相比，在这类学校就读的学生的出勤率和学业成绩表现更为突出，而犯错率更低。

即使考虑到学生的智商和社会经济背景在统计上的差异，情况依然如此。因此，这意味着好学校的学生并不一定拥有好的社会经济背景。由于学校风气的不同，学校本身对学生的表现也有很大的影响。

另一项大型研究比较了美国的公立学校和私立学校（大多是天主教学校），得出了与路特及其同事相似的结论。这项研究由青少年与教育方面的著名学者詹姆斯·科尔曼（James Coleman）领导，研究的重点是高中生（与路特的研究不同，路特研究的重点是更年幼的青少年）。与路特和他的同事一样，科尔曼和他的同事们发现，在那些对学生抱有高期望、教师具有参与和奉献精神的学校，学生的成绩水平较高，犯罪率较低。无论学校是公立还是私立，情况都是如此，尽管总体上私立学校在学校风气的各个方面比公立学校表现更好。即使在统计上控制了学生的能力和社会阶层背景的差异，研究结果依然成立（与路特的研究结果一致）。

最近的研究已经证实并扩展了路特和科尔曼研究的结果，表明良好的学校风气与青少年较低的抑郁水平及行为问题相关，也与更高水平的动机及参与度有关。一项对一百多所美国中学的十多万名学生的研究发现，学校风气与学生学业、行为和社会情绪结果正相关。一项针对中国和美国青少年的研究报告称，在这两个国家，积极的学校风气（由教师和其他学生支持测评）与成绩呈正相关，与抑郁症状呈负相关。

文化焦点

日本的中学与大学

近几十年来，日本成为美国国际教育比较和研究的焦点，一方面是因为日本是美国的主要经济竞争对手，另一方面是因为日本在国际学术成就竞争中经常处于或接近顶峰。日本儿童和青少年的成绩一直优于美国人，而且这个差距随着年龄的增长（从童年到青少年期）越来越大。此外，98%的日本青少年都从高中毕业，这一比例高于任何西方国家，日本大学的录取率与毕业率都和美国的水平相近。

日本的教育制度在青少年期和成年初显期有什么特点？其中的一个显著特点是学年长。日本青少年每年上中学的时间为243天，比美国青少年（一般为180天左右）、加拿大青少年或任何西欧国家的青少年都要多很多。值得注意的是，日本中学教育各部分课程的衔接非常顺畅。与美国学生相比，日本青少年可选择的课程较少，课程会从一个级别有条理地过渡到下一个级别。每门课程的设置和教科书都是由教育部基于全国学生水平选择的，这样一来，同一年级的所有学生在同一时间学习的东西都是一样的，而且课程之间是相互联系的。例如，在数学课程中，完成了数学 1 的学生已经学习了他们在数学 2 开始时必须掌握的内容。因此，日本教师讲解当前课程的新知识之前，花在复习前置课程内容上的时间比美国教师少得多。然而，日本高中几乎只注重机械记忆和背诵，很少有时间或鼓励学生培养批判性思维。

文化信仰在日本学校实践中也很重要。教师、青少年和家长都相信，所有的孩子都有能力学好教师准备的材料。日本人（以及其他亚洲国家的人民）普遍认为，学业的成败取决于是否努力，而美国人认为能力才最重要。当学生的学业表现不佳时，这些信念会带来巨大的社会压力，迫使他们更加努力——这种压力来自于教师、父母、同龄人以及处于困境中的学生本身。

日本青少年潜在压力的来源主要是高中和大学的全国性入学考试。人类学家托马斯·罗伦（Thomas Rohen）在其关于日本高中的经典民族志中，将之称为日本的"民族执着"。这两次考试本质上决定了年轻人一生的职业命运，因为在日本社会中，能否获得工作取决于一个人所上学校的地位。

为了准备入学考试，大多数日本学生

在日本，中学的学习成绩压力比大学大得多。

不仅认真对待学校学习和作业功课，而且从童年到青少年期，他们还要在课余时间参加补习班或者接受家教指导。这种制度在很大程度上解释了日本儿童和青少年的高水平学业表现。他们刻苦地投入到学校功课中，因为其利害关系太大了，远高于美国。在美国，高等教育体系和就业市场都要开放得多，很少有人在高中毕业时就决定自己的未来职业。

日本青少年获得好成绩有代价吗？出乎意料的是，大多数证据表明，巨大的学业压力并不会使日本儿童和青少年感到不快乐或是产生心理困扰。日本青少年并没有表现出比美国青少年更高的压力、抑郁或身心疾病的发生率，日本青少年的自杀率也比美国青少年低。

但是，包括日本文化在内的亚洲文化普遍忌讳透露个人信息，所以日本青少年可能出于社会的要求而很少讲述压力。很多日本人认为考试体制是年轻人面对的一个难题。日本社会一直对考试体制有争议，很多人反对考试制度，它给年轻人带来了过大的压力，几乎剥夺了他们童年的所有乐趣。由于学时、学年较长，还要参加补习班和接受家教指导，日本青少年的课后休闲以及与朋友社交的时间远远少于美国青少年。20 世纪 90 年代的改革缩短了教学日的长度，并将每周上学的天数从 6 天减少到 5 天，但平均教学日仍然很长，参加补习班也是常态。另外，日本是世界上出生率最低的国家之一（每名妇女生育 1.2 个孩子），随着人口中 18 岁年轻人的数量的减少，高校名额的竞争也稳步下降，不过顶尖高校的竞争依然激烈。

对于日本人来说，大学时期是他们休闲娱乐的时间。一旦他们进入大学，成绩就不再重要了，学业表现的标准也放松了。取而代之的是，他们有"大学允许的 4 年闲暇时间来思考和探索"。到了今天，罗伦观察过后的 30 多年，这一传统仍在延续。日本大学生将大量的时间花在无组织社交、城市漫游以及一起闲逛上。大学生的平均作业时间只有初中或高中生的一半。对于大多数日本人来说，成年初显期这段短暂的时间，是他们从童年到退休唯一相对没有压力的时光。在进入大学之前，他们的考试压力一直非常大，而一旦大学毕业，他们就会进入工作环境，而日本的工作时间是出了名的长。只有在大学时期，他们的责任才相对较少，能自由地享受大量的闲暇时光。

需要注意的是，日本社会正处于剧烈变革的过程中，学校作为社会的一部分，也在发生改变。20 多年的经济停滞使得许多日本人开始怀疑他们的教育体系能否适配当今的经济状况。批评者认为，美国的教育制度是一个有力的对照，它鼓励独立思考和创造性思维，尽管在教学实践中它不如日本制度成功。全球化使日本人比过去更加注重个人主义，日本课堂上的学生不再像以前那样服从纪律，在公司找到一份稳定、高薪的终身职位的前景也不再像经济繁荣时期那样确定。这样的职业前景对于今天更有个性的青少年和初显期成人来说，也没有那么大的吸引力。但不论如何，日本青少年的学习成绩在国际排名中仍然处于顶尖水平，这说明教育体系仍然是日本的主要优势之一。

从这些研究中我们可以得出结论，成功的教育看起来很像成功的父母教养，都是要求性和反应性的结合。不论在课堂上还是在家庭中，温情、清晰的沟通、高标准的行为和适度的控制相结合，似乎都行之有效。然而，与父母教育一样，学校的实践往往根植于一套特定的文化信仰。科尔曼和他的同事认为，私立学校成功的关键原因之一就是家长、教师和学生都持有一套共同的宗教信仰。这些信仰包括尊重权威（包括教师）、体谅他人、与他人合作，以及强调努力发挥个人能力的重要性。学校不必向学生介绍这些信念，也不必说服他们接受这些信念。这些信念是人们在家庭和教堂中教给儿童的，学校只是强化了在这些环境中形成的价值观和态度。

路特和科尔曼的研究表明，良好的学校风气能成功提高青少年在学校的投入度。投入度

投入度（engagement）

对学习有心理投入的品质，包括在课堂上活跃、专心，并努力学习。

（engagement）指心理上投入学习的质量。投入意味着在课堂上保持活跃，全神贯注，真正以学习知识为目的，认真完成作业，而不是只付出最小的努力来凑合。良好的学校风气能提高学生的投入度，进而提高学生的成绩水平。

高中的参与度和成就：课堂之外

虽然学校规模和学校风气对提高青少年的投入度很重要，但青少年的校外生活也影响着他们的在校表现。为全面了解青少年的学校经历，我们有必要研究学校和家庭环境、同伴关系、工作和休闲模式以及文化信仰之间的关系。

家庭环境和学校

学习目标 6：解释家庭期望、父母教育与青少年的学习态度、成绩的关联，以及在这一研究领域建立因果关系的困难。

我们在第 7 章中探讨过，父母的教养方式与青少年发展的各种重要方面有关。教养方式不仅影响父母与青少年之间的关系质量，而且影响青少年生活的各个方面，包括他们对学校的态度和作为学生的表现。

父母对成绩的期望是影响青少年学业表现的因素之一。父母期望高的青少年倾向于达成这些期望，就如他们的高中成绩反映的那样；父母期望较低的青少年往往表现较差。期望值高的父母会更多地参与青少年的教育，协助他们选课、参加学校的项目，还会记录青少年的表现。这种参与有助于青少年的学业成功。

然而，我们应该意识到，这也可能是被动的基因－环境的交互作用。也就是说，实际上高智商的父母不仅对青少年抱有较高的教育期望，而且还为子女的高智商和好成绩提供了遗传方面的贡献。关于父母期望与青少年学业表现的相关性研究并没有控制这种可能性。

父母对青少年教育的参与往往反映了他们的整体教养风格。对于学校及其他方面而言，权威型的父母最有利于青少年的发展。如果青少年的父母既高要求又高响应，那么他们在学校的投入度最高，在学校取得的成就也最高。权威型父母比其他类型的父母更多地参与青少年的教育，直接助力青少年的学业成功。这样的父母也会对青少年的学业表现产生各种间接的有利影响。与其他青少年相比，拥有权威型父母的青少年更有可能发展出自立、坚持和责任感等个人品质，而这些品质又会带来良好的学校表现。

父母是专制型、放任型或者忽视型的青少年，其学校表现往往比拥有权威型父母的青少年差。父母是忽视型的青少年，学习成绩往往最差（低要求性和低反应性）。这些父母对孩子的在校表现知之甚少，对青少年的课余活动也了解很少或一无所知。有这样父母的青少年对自己的能力评价最低，在学校的投入度最小，成绩也最差。

当然，和其他教养方式研究一样，影响因素并不明确，结果也需要慎重解读。这可能是权威型父母能帮助青少年获得良好的学校表现，也可能是学校表现良好的青少年更适应高要求、高反应的教养方式。一些研究表明，学校可以设计有效的方案来提高家长对青少年教育的参与度。当父母参与其中时，青少年的投入度和学习成绩通常也会提高。研究表明，学校的这些方案尤为重要，因为一般来说，父母对青少年教育的参与度会低于他们在子女年幼时的参与度。

同伴、朋友和学校

学习目标 7： 总结朋友如何影响彼此的学业投入，并区分朋友和同伴的影响。

我在这所学校里认识很多人，我有很多朋友，他们会让你失望。你知道，他们会说："哦，好吧，我们今天可以逃课，我们大可以明天再补上。"但永远明日复明日。

——玛丽，17 岁

虽然朋友影响最强烈的领域往往是相对不重要的领域，如衣着、发型、音乐等，但在学校，朋友在某些方面的影响甚至大于父母。一些研究发现，在高中阶段，朋友的影响在学校相关的各种方面都比父母的影响更大：青少年坚持上课的程度、花在家庭作业上的时间、学习的努力程度以及取得的成绩。

研究重点

研究青少年学校经历的两种方法

两项著名的关于青少年在校经历的研究在研究方法上形成了鲜明的对比。劳伦斯·斯腾伯格（Laurence Steinberg）的研究是以问卷为中心的定量研究的经典之作。来看看这项研究的部分特点：

- 2 万名学生参加了研究；
- 这些学生来自两个州（威斯康星州和加利福尼亚州）的 9 所不同学校，这些学校分布在城市、农村和郊区；
- 40% 的样本为非裔美国人、亚裔美国人或拉丁裔美国人；
- 每年采集青少年数据，为期 4 年，以便调查随时间变化的模式；
- 开始收集数据之前，规划和**试点测试**（pilot testing）量表就花了两年时间（试点测试是指在开展大规模研究之前，先在少数潜在的被试身上测试量表，以确认量表具

试点测试（pilot testing）

指在开展大规模研究之前，先在少数潜在的被试身上测试量表，以确认量表具有足够的可靠性和有效性。

有足够的可靠性和有效性）；

- 问卷调查包括青少年的学习态度与信念、学业表现、心理功能和问题行为等方面的内容。问卷还包括青少年对父母教养方式的看法、对同伴在教育及其他方面的态度与行为的看法，以及青少年在工作与休闲方面的态度和行为。

这项研究得到了大量关于青少年的学校投入度、学业表现以及许多其他有用并且有趣的信息，这些内容在斯腾伯格 1996 年的著作以及学术期刊上的许多论文中都有提及。

不同的是，妮奥碧·韦（Niobe Way）在 3 年期间访谈了 24 名来自同一所学校但不同族裔背景的青少年。虽然她的研究在规模上比斯腾伯格的研究小上许多，但她非常了解这些青少年和他们的学校。她的访谈深入了解了他们的在校经历以及学校和他们生活其他方面的交集。例如，我们摘录的一段钱特尔的描述和一段索尼娅的描述。

> "我当时来学校已经有一段时间了，什么也没做。我就只是坐在那儿，好像什么也不想理。当时我和父亲产生了矛盾，然后和男朋友分了手。我什么也不关心了。"

> "有时会很无聊……有时我会睡着……我每天晚上工作到 10 点（在当地的一家药店）。所以，我回到家后特别疲惫，作业的事连想都不愿意想。"

此外，韦自己的人种学研究经历使她对青少年所受教育的质量有了生动而令人不安的认识。

> "我在这所学校工作和研究的时间里，屡次发现教师用整个课时让学生填写工作表，而不是积极地与他们一起讨论课堂内容。我听说过也看到过老师在 50 分钟的课上迟到 15 分钟甚至 20 分钟……我还见过老师在课上读书看报，而学生在睡觉、扔纸条或者互相聊天。我曾听到学生和老师在教室里或楼梯间互相叫骂，互相辱骂对方……我亲眼见过有些老师——尤其是新来的老师——付出巨大的努力，试图为同事和学生创造一个有凝聚力的、支持性的环境，却遭到学校行政人员、教职工及学生的怨恨。"

斯腾伯格所得到的结果是只有大规模研究才能获得的资料；韦的见解只有通过她的质性的、人种学的研究才能获得。这两种研究都很有价值，要想全面了解青少年的发展，两种研究的结合必不可少。

当然，正如我们在第 8 章中所看到的，朋友的影响不一定是负面的，事实上它也可能是相当积极的。成绩好、志向大的朋友可以互相支持和鼓励，以在学校表现得更好。即使考虑到选择性交往（青少年倾向于选择与自己相似的人成为朋友）也是如此。当成绩差的青少年交到成绩好的朋友时，成绩好的人会逐渐对其产生积极的影响，使成绩差的人提高成绩。与朋友成绩

不好的青少年相比，朋友成绩好的低分青少年更有可能上大学。

然而，成绩优异的朋友所产生的影响，似乎与处于成绩优异的学校环境所带来的影响不同。在学校里，如果同龄人的平均成绩水平较低，那么青少年往往比相反环境中的青少年有更强的自我学习意识和更高的学习期望。教育研究者称之为"大鱼小池效应"。青少年会自然地将自己与同学进行比较。如果大部分同学的学习成绩一般或较差，那么稍稍高于平均水平的青少年很可能在学习方面感觉良好——换句话说，他就像一条"大鱼"。然而，在一个平均成绩优异的学校里，同样的青少年很可能会觉得自己的学习能力和前景低人一等。一项对 26 个国家的 10 万多名青少年的研究发现，"大鱼小池效应"在所有 26 个国家都存在：普通学校的青少年显然比重点学校的青少年拥有更强的自我学习意识。

研究表明，关注朋友和同伴对青少年学业成绩的影响还有其他原因。到了初中，许多青少年开始对同伴隐瞒高成就目标。例如，在一项研究中，8 年级的学生表示，他们希望老师知道他们在学校里很努力，但不希望同伴知道，因为他们担心同伴会反对。

在学校，如同在其他领域一样，父母和同伴的影响通常是交织在一起的。一方面，父母会影响青少年对朋友的选择，进而影响青少年的学校表现；另一方面，拥有诋毁学校的朋友可能会使自己的学业成绩变差，即使父母是权威型的青少年也是如此。

工作、休闲和学校

学习目标 8： 识别工作和娱乐活动可能影响青少年在校表现的方式，并明确每周工作时间的阈值，超过该阈值就会产生负面影响。

高中兼职会对学习成绩产生各种损害，尤其那些每周工作超过 10 小时的青少年。当每周工作超过 10 小时的时候，青少年工作时间越长，成绩越低，花在作业上的时间越少，逃课越多，作业方面的作弊越多，对学习的投入越少，学习抱负越低。图 10-4 说明了其中的一些模式。当然，这里涉及一定程度的自我选择——学生可能因为不在乎学业而决定多工作。然而，有证据表明，工作超过 10 小时的影响超出了自我选择。在一项研究中，三分之一的青少年表示他们因为工作而选修了更容易的课程，同样比例的青少年表示他们经常因为工作太累而无法做作业。在 3 年的研究过程中，增加工作时间的学生也报告说他们的学业投入有所下降，而减少工作时间的学生则报告说他们的学习投入增加了。

丰富的休闲活动也会影响青少年对学校和功课的关注。斯腾伯格发现，与朋友的社交是青少年最常见的日常活动。青少年表示，社交——与朋友出去玩和聚会等活动——平均每周有 20 到 25 小时，超过了他们工作的平均时间，也超过了他们花在学习上的时间。相应的，社交时长与在校成绩呈负相关。不过，需要注意的是，参加有组织活动（如体育和音乐）的青少年有更好的学习成绩，而且高中辍学的可能性较小。所以，无组织社交与学业成绩呈负相关，但有组织活动中的结构化休闲似乎有积极的作用。社交媒体也是青少年日常休闲的重要组成部

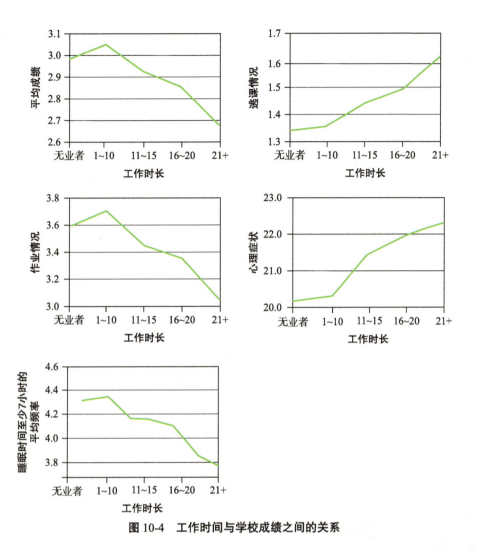

图 10-4　工作时间与学校成绩之间的关系

分，我们将在第 12 章中详细探讨，但到目前为止，社交媒体与学业成绩之间的关系还不确定。

在工作和休闲方面，种族差异十分明显，特别是亚裔美国人。根据斯腾伯格的研究，亚裔美国青少年比其他族裔的青少年更少从事兼职工作，就算他们有兼职，每周工作 10 小时或以上的可能性也更小。与其他族裔的青少年相比，亚裔美国人平均只花一半的时间进行社交。因为他们花在兼职上的时间少，花在社交上的时间也少，花在学业上的课余时间多，所以美国亚裔群体的学业成绩是所有族裔群体（包括白种人）中最高的。

文化信仰与学校

学习目标 9： 认识美国和亚洲各国对学校应有规定的不同看法，并解释在美国社会中，社会阶级与对学校的文化信仰之间的联系。

学校实践与家长、同伴和青少年本身对学校的态度，最终都是植根于文化信仰的，包括什么有价值、什么重要。虽然美国人对他们的教育系统状况公开发表了许多悲观言论，但事实是，在美国，教育——至少在高中阶段——并不像在许多其他发达国家那样受到高度重视。当然，美国人希望看到他们的青少年在与其他国家青少年的国际竞争中表现更好。但是，大多数美国人是否会支持法律规定限制18岁以下的人就业，使其每周工作不超过10小时呢？美国人是否会支持限制高中体育活动的时间，每周也不超过10小时？如果高中老师布置的家庭作业，通常需要学生每天放学后花费三四个小时才能完成，并且高中老师开始让没有达到较高学业标准的学生挂科，美国青少年的父母会高兴吗？

　　所有的证据都表明，这些问题的答案都是响亮的"不"。例如，大多数美国成年人都反对延长学日或学年。虽然美国人重视教育，也希望看到自己的青少年有出色的表现，但对大多数美国人来说，他们的青少年除了要完成课业之外，更重要的是还要有时间去玩乐，有时间发展各种非学业的兴趣活动，这样才能"全面发展"。与亚洲和欧洲国家的中学相比，大多数美国中学都为体育、艺术和音乐教育留有时间，尽管现在这些课程的时间比过去几十年要少。

批判性思考

你认为你们国家对读高中的青少年是否应该有更多的要求？为什么？

　　美国和亚洲国家在教育方面的文化信仰的差异惊人。在亚洲文化中，他们重视教育的传统很悠久。比如，在中国和印度，高度重视教育是几千年来的传统。现代亚洲国家的青少年教育体系正是建立在这一传统之上的。因为教育是如此受重视，学业表现甚至占据青少年生活的首位，所以生活的其他方面则不那么重要，包括交友时间、恋爱体验和组织性活动。我们将在下一节进一步讨论这一传统，尤其重点讨论亚裔美国青少年。

美国亚裔青少年往往有优秀的学习成绩。

　　家庭社会阶层代表了一种文化背景，在了解青少年和学校时必须考虑到这一点。许多研究发现，家庭的社会经济地位与青少年的成绩和分数之间存在正相关，家庭社会经济地位与青少年或初显期成人最终能获得的最高教育水平之间也存在正相关。这些社会阶层的差异早在青少年期之前就出现了。甚至在进入学校之前，中产阶级家庭的儿童在基础学习技能测试中的分数就高于工人阶级和下层阶级的儿童。到了童年中期，这些阶级差异已经形成，而且在中学阶段，学业成绩的阶级差异仍然显著。高中毕业后，刚成年的中产阶级也比较低阶层的初显期成人更有可能上大学。

　　是什么使得社会阶层在预测学业成就中如此重要？社会阶层代表了许多其他有助于获得良好学业成就的家庭的特征。中产阶级的父母往往比下层阶级的父母拥有更高的智商，他们会把这种优势通过基因和环境传给孩子；而智商与学业成就有关。从胎儿期到青少年期，中产阶级的孩子一直可以比下层阶级的孩子得到更好的营养和健康照料；对于社会阶层低的孩子来说，健康问题可能会影响他们的学业表现能力。下层阶级家庭要比中产阶级家庭承受更多的压力，包括重大压力（如失业）和日常的小压力（如汽车抛锚），这些压力与青少年的学业表现呈负相关。一项针对墨西哥、中国和欧美国家的青少年的纵向研究发现，在不同的群体中，家庭压力源都可以预测学业问题。

父母的行为也因社会阶层不同而变化，对青少年的学习成绩也有影响。中产阶级的父母比下层阶级的父母更有可能采取权威型的教养方式，这有助于他们的孩子在学校取得成功。中产阶级父母也比下层阶级父母更有可能指导青少年选课、参加家长会，积极参与青少年的教育。然而，社会阶层是一个很大的范畴，每个社会阶层内部都存在着很大的差异性。下层阶级和中产阶级一样，青少年的学业成绩都受益于权威型父母，受益于父母参与教育并对其学业成绩有较高期望。

中学的学业成就：个体差异

青少年的学业成就不仅与环境有关，也与青少年自身的特质有关。在这方面，成绩的种族差异和性别差异是学者们特别关注的两个问题。我们将首先研究这两个问题，然后探讨处于成绩极端的学生的特点：天才青少年、有学习障碍的青少年和辍学青少年。

种族差异

学习目标 10：阐释美国各族裔群体之间青少年学业表现的差异。

你不一定要上学才会成功，你可以用另一种方式去做……如果你真的辍学了，你仍然可以在生活中取得成功，因为我知道有些人早在 14 岁就辍学了，但是仍然取得了成功。

——托尼，城市里的非裔美国青少年

尽管观察美国青少年总体的学业表现可以提供有趣的视角和信息，但这种总体观察模式会掩盖不同族裔群体之间的巨大差异。众所周知，美国亚裔青少年的学业表现是美国社会所有族裔群体中最好的，其次是白种人，再次是非裔和拉丁裔青少年。这些差异在小学前期就已经存在，到了青少年期就变得更加明显。

是什么原因造成了这些差异？某种程度上，原因在于种族群体的各方面差异，比如，我们已经讨论过的影响成绩的重要因素：社会阶层、教养方式和朋友的影响。在社会阶层方面，非洲裔美国人和拉丁裔美国人比亚裔美国人或白人更有可能生活在贫困中，而不论种族如何，生活贫困都与学习成绩呈负相关。

我们已经看到了父母的期望对青少年的教育成就的重要性，这方面也存在种族差异。如前所述，虽然各族裔群体中的大多数父母都表示高度重视教育，但在亚裔文化中，对教育的重视程度尤为突出，亚裔父母的教育期望值往往高于其他族裔群体的父母。此外，亚裔家长和青少年倾向于相信学业成功主要是靠努力；而其他族裔群体的家长和青少年更倾向于认为学业成功主要是依赖能力。因此，相比其他族裔的父母，亚裔父母更不能接受孩子因为学习能力的固有缺陷而取得平庸或糟糕的学习成绩，他们可能会坚持要求青少年通过更多的努力和更多的时间投入来克服学业困难。

朋友对教育的态度也可以看出种族差异。这些差异与学习成绩的种族差异相对应——亚裔美国人最有可能拥有重视学业的朋友，非裔美国人和拉丁裔美国人最不可能，白人则介于两者之间。具体来说，亚裔美国青少年最有可能和朋友一起学习，最有可能说他们的朋友认为成绩优异很重要，也最有可能会为了跟上朋友的步伐而更加努力地学习。虽然朋友对亚裔美国人的学习成绩的影响通常是积极的，但对其他族裔的青少年来说，这种影响更可能是消极的。

虽然种族群体在社会阶层、教养方式、朋友影响等方面的不同可以解释青少年学业成绩的种族差异，但许多学者认为，还有其他因素在起作用，尤其是美国社会对族裔群体的偏见和歧视。有学者认为，非裔和拉丁裔青少年成绩相对较低，很大程度上是由于这些青少年认为即使他们成绩好，种族偏见也会限制他们的职业成功前景。有学者断言，这种偏见导致许多黑人青少年将争取教育成就视为"装白"。研究发现，认为自己会受到种族歧视等不公平限制的少数族裔青少年的成绩比不相信这一点的少数族裔同龄人低。从 8 年级到高中，许多黑人青少年的教育期望值都在下降，特别是那些来自低社会经济地位家庭的青少年，他们高中毕业后会越来越觉得机会有限。

然而，其他研究表明，非裔、拉丁裔学生与白人和亚裔学生一样，也会认识到学业成就对提升未来职业成功的潜在价值。不同之处在于他们对学业失败的后果有不同看法。非裔、拉丁裔学生普遍认为，在学校里表现良好有助于日后的就业，但他们也倾向于认为，即使没有获得较高的学业成绩，他们也能在事业上取得成功；而白人和亚裔美国人——尤其是亚裔美国学生则倾向于认为，学业失败会带来更严重的负面后果。因此，先前的研究认为非裔、拉丁裔青少年会因为对学业成功的价值持悲观态度，而抑制其学业成就。本研究的观点则相反：这些青少年在学业上努力的动力可能较小，因为他们即使在学业上没有出色的表现，也对未来的成功抱有乐观态度。

是不是真的因为歧视，非裔美国人即使在学校里取得好成绩也没有较好的职业发展？在大多数情况下，答案是否定的。实际上，获得四年制大学学位的非裔美国女性的收入比同样学历的白人女性高出约 20%；拥有大学学位的黑人男性的收入略低于同样学历的白人男性，但他们的收入仍比白人高中毕业生平均高出 35%。

对于近几代才移民美国的青少年来说，一个一致的发现是，他们的学习成绩与其家庭在美国的时间长短有关。人们可以合理地预测，移民家庭在美国的时间越长，青少年在学校的成绩就越好，原因有英语很可能是家中使用的语言，青少年会更熟悉美国学校的期望，父母会更适应与教师和其他学校人员的沟通，等等。

然而，研究表明，情况恰恰相反。亚裔或拉丁裔青少年的家庭移民到美国的时间越久，青少年在学校的成绩往往越糟糕，这就是所谓的**移民悖论**（immigrant paradox）。移民悖论的主要原因似乎是，家庭在美国的时间越长，青少年越可能"美国化"——也就是说，青少年越可能重视兼职和社交，而不是努力追求学业上的优秀。例如，在一项研究中，第一代中国移民青少年在学校里努力学习的积极性非常高，并且偏好要求严格的老师，而第二代移民——他们在美国而不是在中国出生——则更喜欢有趣的老师，并且不愿意为了好成绩而刻苦学习。成为美国人意味着更有可能接纳美国的文化价值观，意味着在青少年期把享受美好时光看得比学业成功重要。

但是，每个族裔群体内部都存在巨大的个体差异。并非所有的亚裔青少年都成绩优异，而许多非裔和拉丁裔美国青少年的学业表现却都很出色。我们已经讨论过的强烈影响学习成绩的父母教养方式——高期望、高参与度等——在各个族裔群体中也有所不同。

性别差异

学习目标 11：识别女生的学习成绩总体超过男生的原因。

正如我们在第 5 章中所讨论的那样，男性和女性之间在智力方面的差异很小。但是，两者在学习成绩方面确实存在性别差异。在大多数情况下，这些差异有利于女性。从小学一年级到高中最后一年级，女孩往往能比男孩取得更好的成绩，怀有更高的学习抱负。女生也更少会有学习障碍，更不可能留级或者高中辍学。有利于女孩的性别差异在非裔青少年中表现得更为明显。女性的优势一直持续到成年。年轻女性更有可能上大学，毕业的可能性也更高。从小学到大学，女性在学业成绩方面的优势不仅存在于美国，还普遍存在于西方各个国家。

是什么原因使得女生在学校的表现优越，而男生的表现相对较差？原因之一是，女孩可能更喜欢学校环境。青少年期的女生比青少年期的男生有更多积极的课堂体验和互动，与老师的关系也更融洽。例如，一项全国性的（美国）调查发现，近三分之一的 7~12 年级男生认为老师没有倾听他们的意见，而只有五分之一的女生这样认为。另一项调查显示，青少年期的女孩与教师接触更多，更能感觉到教师和行政管理人员对她们的关心。第二个原因在课堂之外。青少年期

在各个层次上，女生的学习成绩普遍好于男生。

移民悖论（immigrant paradox）
研究发现，一个移民家庭在美国的代数越多，孩子的学习成绩越差。

的女孩比青少年期的男孩更有可能感受到父母在学业和其他方面的支持，也更能与家庭以外的成年人建立支持关系。男孩更少做家庭作业，看电视较多，读书较少。

过去，男性在青少年期及成年期于数学和科学的领域取得的成就更大，但最新的证据表明，数学和科学领域的性别差异几乎已经消失无踪。女孩和男孩一样可能在中学选择数学课程，而且在课程中的表现和男孩一样好。虽然女性在大学选择工程学或物理学专业的可能性仍然低于男性，但在过去20年，在所有传统上男性主导的领域里，女性的表现都有所提高，这点我们将在本章稍后的部分详细介绍。这些趋势都表明，是性别偏见将女性阻挡在强调数学和科学技能的传统男性领域之外，而这些偏见正在瓦解。

讨论考虑学习成绩和其他领域的性别差异时，我们必须认识到，性别比较是将一半人口与另一半人口进行对比，而每个群体内部都存在很大的差异。总体而言，女孩的学习成绩要比男孩好，但也有许多男孩表现出色，而很多女孩会遇到学业问题。虽然群体差异真实存在，但我们应避免刻板印象，这可能导致我们对某一男性或女性个体的能力与表现持有偏见。

> **批判性思考**
>
> 关于为什么青少年期的女孩在数学和科学方面的成绩不如青少年期的男孩的研究，要远远多于关于为什么男孩在几乎所有其他学业成绩的衡量标准上都比女孩差的研究。你会提出什么假设来解释为什么从小学到刚成年，男孩的学业成绩普遍比女孩差？

成就的极端

学习目标 12：列举天才青少年的卓越特征；说明最常见的学习障碍及治疗方法。

因为美国中学把所有学生都安排在同一所学校，不管他们的能力和兴趣如何，所以学校通常会出台各种政策，来处理学生可能会有的学习能力、特殊才能或困难等问题。在本节我们将研究取得顶尖成就的青少年——天才学生，以及有障碍的学生的特点。我们还将讨论辍学青少年的特点，并研究辍学的预防措施。

天才青少年　近几十年来，**天才学生**（gifted students）项目越来越普遍。传统观点认为，天才学生的标准是智商至少达到130，即人口中智商最高的3%；然而，到了今天，为了回应加德纳的多元智能理论（见第3章），许多学校都承认学生的特殊天赋，设置多种天才项目，比如，在艺术或音乐领域。其他特质，如创造力、领导力和判断力，也被宣扬为天才的特征。

天才儿童和青少年有四个特点。

- **早熟**。天才青少年通常表现出早熟的迹象，这意味着他们的天赋在很小的时候就显现出

天才学生（gifted students）

在学术、艺术或音乐方面有异常卓越能力的学生。

来了。一般来说，他们比普通孩子更早就会阅读、书写和进行简单的数学运算。在音乐、艺术和运动方面的天赋也会在童年显现。那种一个人在童年时期很普通，却在青少年期突然表现出超常智力或其他能力的情况非常罕见。

- **独立**。天才儿童和青少年往往喜欢独立工作。他们需要的指导和支持比其他儿童和青少年少。他们喜欢按照自己的节奏工作、自己解决问题。

- **控制欲**。天才儿童和青少年会表现出强烈的进取心，希望掌握其天赋领域。他们能够长时间专注于面前的主题或挑战。

- **卓越的信息处理能力**。天才儿童和青少年在信息处理方面表现出色（第 3 章中的讨论）。这意味着他们处理信息的速度更快、学习得更快、推理错误更少，能使用更有效的学习策略，其中一些策略可能是他们自己开发的。

许多美国高中为天才学生开设了数学或英语等特定科目的**进阶先修班**（advanced placement classes）。这些班级的教学材料比普通班级难，以便为天才学生提供具有挑战性的课程。修读先修班课程的学生通常会更喜欢这些课程，因为他们认为具有挑战性的材料更有吸引力。先修班课程结束后，通过参加美国国家进阶先修考试并取得好成绩，天才中学生可以获得大学学分。近年来，参加进阶先修课程的人数迅速增加。从 2008 年到 2015 年，参加进阶先修考试的中学生数量增长了 50% 以上。

很多美国高中生都有针对成绩优异学生的进阶先修班。图为进阶先修班的青少年。

把天才儿童和青少年放在普通班级的一个问题是，他们可能会感到无聊，不愿意上学。研究天才的学者发现，普通班级中的天才儿童和青少年往往会被社交孤立。高成就的成年人经常会消极地回忆他们的学校经历，认为那段时期他们感到无聊和沮丧，因为他们没什么东西可学。其他学生可能会嫉恨他们的能力，也讨厌他们对其他学生所学内容的疏离和不感兴趣，对这些表现，学生和老师都能看出来。现在，天才儿童在学校跳级，进入与其能力相称的年级已变得罕见，因为这类儿童往往难以适应被年长儿童包围的环境。进阶先修课程可以让天才青少年在不跳级的情况下，获得具有挑战性的课程内容。

有障碍的青少年 极端成绩的另一种情况是有各种障碍的青少年，这些障碍使他们很难取得学业成功。与学业困难有关的常见障碍是语言障碍、情绪障碍和学习障碍。在本节中，我们将详细讨论**学习障碍**（learning disability），因为这是最常见的障碍类型。

当一名儿童或青少年智力正常，但在某一个或多个学习领域有困难，并且这种困难不能

进阶先修班（advanced placement classes）
为天才中学生开设的班级，有比普通班级更高水平的材料，以提供具有挑战性的课程。

归因于任何其他可以诊断的障碍时，就会被诊断为学习障碍。研究表明，学习障碍可能反映了大脑发育和大脑功能的缺陷。不过，目前对学习障碍的诊断并不是基于神经病学测试，而是基于智力测试得分和学业成绩测试得分之间的差距。美国学校中约有 8% 的青少年被诊断为学习障碍。

男孩有学习障碍的可能性是女孩的两倍。这其中的原因还不是很清楚，但它促成了我们之前所讨论的模式，即女孩在学业上一般比男孩更成功。非裔、拉丁裔美国人比白人和亚裔美国人更有可能有学习障碍。同样，这也是非裔、拉丁裔美国人有更多学业困难的一部分原因。

阅读是有学习障碍的青少年最常出现困难的领域，但他们在书写和数学方面也存在学习障碍。有学习障碍的青少年往往有社交和情绪问题，这又加重了他们的学业困难，使他们的辍学风险也很高。研究发现，处理学习障碍最有效的方式是孩子一入学就马上进行干预。到了青少年期，学习障碍导致的学习问题已经根深蒂固，难以改善。然而，如果由高度负责、积极参与的教师进行干预，就会取得成效。

注意缺陷与多动障碍（attention-deficit hyperactivity disorder，ADHD）是一种学习障碍，包括注意力不集中、过度活跃和易于冲动等问题。ADHD 被归类为学习障碍，约有一半的有学习障碍的青少年被诊断为 ADHD。大多数患有 ADHD 的青少年还存在其他的学习障碍。因为学校内的很多活动都要求学生安静地坐在教室里，所以患有 ADHD 的青少年经常感觉上学是一种紧张、不愉快的经历。

约有 5% 的美国儿童在 17 岁时被诊断为 ADHD。男孩被诊断为 ADHD 的可能性是女孩的两倍以上。ADHD 一般是在儿童时期被诊断出来的，但大多数患有 ADHD 的儿童在青少年期仍有这种障碍。ADHD 的病因尚不清楚，但似乎至少部分与遗传相关，因为近 50% 的患有 ADHD 的儿童和青少年会有兄弟姐妹或父母一方患有该病。

十分之九的患有 ADHD 的美国儿童和青少年会接受药物治疗，以抑制他们的多动问题，帮助他们更好地集中注意力。药物治疗通常能有效控制 ADHD 的症状，但研究发现，药物治疗和行为治疗相结合比单一治疗更有效。有效的行为疗法包括家长训练、课堂干预和暑期项目。

虽然大多数关于 ADHD 的研究是在美国进行的，但有一项大型研究是在欧洲进行的，涉及 10 个国家的 1500 多名儿童和青少年（6~18 岁）。在这项注意缺陷与多动障碍观察研究（ADORE）中，欧洲各地的儿科医生和儿童精神科医生在两年内选取了七个时间点，收集了儿

学习障碍（learning disability）

在学校，当一名儿童或青少年智力正常，但在某一个或多个学习领域有困难，且这种困难不能归因于任何其他可以诊断的障碍时，就会被诊断为学习障碍。

注意缺陷与多动障碍（attention-deficit hyperactivity disorder，ADHD）

该障碍的特点是，注意力难以长时间高度集中，使得自我控制方面出现问题。

童和青少年的观测数据，数据包括诊断、治疗和结果。家长也参与其中，他们的评估结果与儿科医生和儿童精神科医生的高度一致。

在过去 40 年里，拉丁裔和非裔美国青少年的辍学率急剧下降。

与美国的研究一样，ADORE 发现男孩的发病率高于女孩，但各国的比例差异很大，从 3∶1 到 16∶1 不等。男孩和女孩的注意缺陷与多动障碍症状相似，但患有注意缺陷与多动障碍的女孩比男孩更有可能出现额外的情绪问题，也更可能被同龄人欺负，而男孩比女孩更有可能出现额外的行为问题。不论男女，患有 ADHD 都会导致他们常常在与同伴、教师和父母的关系方面出现问题。家长报告说，因为儿童和青少年的 ADHD 行为，他们经常感到压力和紧张，包括经常中断家庭活动和对未来产生担忧。与美国严重依赖药物的治疗方法不同，欧洲各国的治疗方法是多样化的，包括药物治疗（25%）、心理治疗（19%）、药物和心理治疗相结合（25%）、其他治疗方法（10%）和不治疗（21%）。

中学辍学

学习目标 13：阐述部分青少年辍学的原因。

我不喜欢学校。我就是不喜欢，学校里面没有一样东西让我喜欢。在那里，我必须要阅读和写作，还要做其他那些事。我有更好的事情要做，我不想被一些功课束缚住，这些东西我六个星期或者六天就忘光了。我就是觉得这一切都毫无意义。我宁愿去过真正的生活，学习现实生活中的东西，而不是坐在教室里看书，回答老师的问题。

——里奇，17 岁，中学辍学

50 年前，在美国社会，中学辍学并不罕见，也不会严重影响年轻人的职业前景。汽车厂、钢铁厂等制造业企业可以提供很多高薪的工作，使年轻人不需要获得中学学历就能拥有足够的收入。但今天，随着经济从以制造业为主转变为以服务业和信息业为主，低学历的后果要严重得多。未能获得高中文凭的年轻人面临着很高的失业风险。辍学者往往从事低薪的服务性工作。

过去半个世纪以来，随着获得教育重要性的提高，中学辍学的年轻人比例稳步下降。到 2015 年，只有 7% 的 24 岁以下的美国人没有获得高中文凭。实际上，高达约 25% 的人中断了高中教育，但他们中的许多人之后取得了一般同等文凭证书——相当于高中文凭，因此，24 岁以下的总体辍学率降到了 7%。

辍学率存在明显的种族差异。如**图 10-5** 所示，过去 30 年，所有族裔群体的辍学率都有

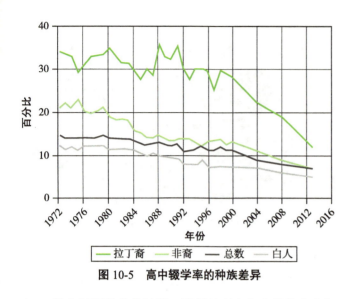

图 10-5　高中辍学率的种族差异

所下降。拉丁裔的辍学率相对较高，为12%，但自2000年以来，他们的辍学率下降了50%以上，是所有群体中下降最快的；非裔美国人的辍学率在过去30年中也经历了急剧下降，目前他们的辍学率仅为7%；白人（5%）和亚裔美国人（2%）的辍学率最低。除亚裔美国人外，在所有族裔群体中，男性的辍学率略高于女性。

青少年为什么会辍学？对大多数人来说，辍学不是突发事件，而是多年来学业问题的必然结果。辍学的青少年比其他青少年更有可能留级，也更有可能有其他学业困难的经历，包括低评定等级、行为问题，以及学习与智力测试的低分。辍学者经常报告说他们不喜欢学校，觉得学校枯燥无味，感觉学校排斥他们，考虑到他们在学校遇到的困难，他们的说法并不奇怪。

个人特征与问题也和青少年的辍学风险有关。辍学者有时具有好斗、活跃、高度追求感官刺激的个性，这使他们难以忍受典型的课堂环境，这种环境往往是一个人安静地学习或听别人说话。有各种学习障碍的青少年比其他青少年更有可能辍学，部分原因是他们的学习困难可能使他们进入中学后落后于同龄人，并感到毫无希望。对于女孩来说，生孩子使她们面临辍学的高风险，尽管这些女孩往往报告说，怀孕之前，她们的学校投入度也较低。

各种家庭因素也能预测青少年的辍学风险。父母的教育和收入是强有力的预测因素。父母辍学的青少年自己也有很高的辍学风险，家庭贫困的青少年也是如此。当然，这两者往往相辅相成——辍学的父母往往收入很低。辍学的父母提供了辍学的示范，他们对子女的教育期望值往往较低。另外，低收入家庭通常居住在低收入社区，学校的质量较差。此外，低收入家庭的生活压力使父母更难支持孩子的教育，例如，辅导孩子做作业或参加学校会议。单亲家庭的青少年辍学率较高，这主要是因为这些家庭收入较低、压力较大。在拉丁裔美国人中，英语语言困难是导致辍学的一个重要因素。

学校特征也可以预测青少年辍学的风险。就像我们讨论过的一样，学校风气最为重要。在教师支持学生、全心全意教书、课堂环境井然有序的学校，辍学率较低。规模较大的学校辍学率较高，至少部分原因是大型学校难以维持健康的学校风气。

中学辍学与各种当前和未来的问题有关。辍学者的物质滥用率大大高于留校的青少年。辍学者还有出现更严重的抑郁症和其他心理问题的风险。辍学者的就业前景有限。即使能找到工作，也很有可能是低薪的工作。与受教育水平更高的同龄人相比，辍学者在青少年期、成年初显期和以后的收入都较低。高薪的制造业工作不再容易获得，因此，在过去40年里，结合通货膨胀，辍学者的工资实际下降了 35%。

因为辍学能预测未来会出现的各种问题，因此，人们设计了一些干预措施来帮助辍学青少年，或者帮助那些因为学习成绩不好或者因就读于辍学率高的学校而面临辍学风险的青少年。总体来说，这些项目得出的结论是，导致辍学的原因多种多样，因此需要根据青少年的个人需求和问题来调整辍学预防措施。一个可行的方法是为辍学高风险的学生建立非传统学校。这些项目的评估表明，非传统学校的学生辍学的可能性只有对照组里有类似风险但没有参加这些项目的学生的一半。

非传统学校项目成功的关键似乎有三个：有同情心的成年教职工的关注，这些人担任咨询顾问与社会工作者；低师生比，使每个学生都能得到教师的大量关注；项目从初中就开始，因为到了高中，学生可能已经落后太多，干预很难成功。正如这些项目的一位管理者所观察到的那样，"如果你把孩子们带到一个可控的环境中，这里期望很高，能接触很多成年人，有很多成年人监督，你猜怎么着？他们表现得相当好。"

高等教育：学院和大学

在全世界，越来越多的青少年步入成年后也在继续接受教育，从中等教育进阶到高等教育，这是全球从制造业为主向以信息和技术为主的知识经济转变的一部分。在本节中，我们将首先研究当代美国大学本科生的特点，随后讨论是什么使得大学教育成功或者缺失。我们还将研究高等教育的短期和长期结果，并探讨大学体验的两种新的创新。

大学生的特点

学习目标 14：总结美国高等教育入学率的历史走向，以及当前学生族裔和性别的变化。

如图 10-6 所示，近几十年来，美国大学生的比例急剧上升。教育的普及有重要影响，它使得成年初显期成了一个独特的阶段。成年初显期的特点是，年轻人可以探索生活的各个方面，大学允许尝试各种可能的教育方向，每个方向会提供不同的职业未来，年轻人尽可以随心探索。美国和加拿大的大学也允许年轻人试验一些与未来就业无关的想法。你可能是商科专业的学生，却喜欢文学、艺术或哲学等课程，这些课程会引导你思考探索何而为人；你可能是心理学专业的学生，却被天文

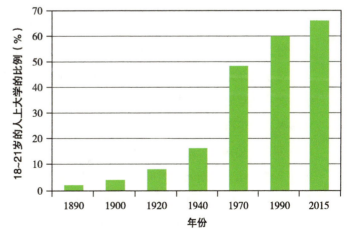

图 10-6　过去一个世纪的大学入学率

学或化学课程吸引。相比之下，欧洲国家的大学生必须在入学之前选定一个特定领域，并且只专注于学习该专业。

在美国，虽然有近 70% 的应届高中毕业生升入大学，但美国社会各群体的大学入学率并不相同。女性比男性更容易进入大学，目前，在本科生中，女性占 58%。在欧洲国家，接受高等教育的女性也比男性多。根据一项世界范围的调查，在 141 个国家中，有 83 个国家接受高等教育的年轻女性多于年轻男性，其中包括许多发展中国家。

自 1970 年以来，医学和法律等领域的女性比例急剧增加。

在美国，亚裔美国人是最有可能上大学的族裔群体，其中 81% 的人在高中毕业后进入大学，而白人为 67%，拉丁裔为 66%，非裔为 56%。在过去的 30 年里，所有族裔群体上大学的比例都在增加。

大学生的专业选择反映了当前的向知识经济转型的趋势。约有 20% 的学生选择了商科，选择医疗卫生专业的美国大学生占 10%，9% 的学生选择了心理学和其他社会科学，6% 的学生选择了教育专业。

大学生的专业偏好存在明显的性别差异，近几十年来，部分专业的性别差异的程度发生了很大变化。女性主修教育学的可能性约为男性的 4 倍，主修心理学的可能性约为男性的 3 倍；男性和女性在生物科学、商业、医学预科和法学预科中的比例大致相同。自 1972 年以来，在所有这些领域中，女性比例都有所增加。1972 年，女性主修物理科学的可能性只有男性的四分之一，但现在几乎与男性持平；男性选择计算机科学与工程专业的可能性仍然约为女性的 4 倍。

在硕士学位方面，性别差异也发生了巨大变化。三分之一的牙科学位授予了女性学生，而 1970 年这个比例只有 1%。她们还获得了一半的医学学位（1970 年为 8%）、一半的法学学位（1970 年为 5%），以及近一半的工商管理硕士（MBA）学位（1970 年为 4%）。大体而言，女性获得了各领域 60% 的硕士学位，而 1960 年该比例仅为 10%。

对于大部分年轻人来说，现在获得四年制大学学位花费的时间比二三十年前要长。目前，学生获得四年制学位平均需要 5 到 6 年的时间。现在的学生需要更长时间才能毕业的原因有很多种。经济压力位居榜首。2007 年公立和私立高校的学费涨幅达到了令人震惊的程度，是 1982 年的 4 倍多（已经考虑到通货膨胀因素）。经济资助方式也明显地从赠款转向贷款，这导致许多学生在大学期间长时间工作，以避免在毕业前积累过多的债务。2010 年，41% 的全日制大学生有工作（1970 年为 32%），76% 的非全日制学生有工作。此外，一些学生喜欢延期毕业，以便转专业、增选辅修专业，或者好好利用实习项目或出国交流项目。

在欧洲各国，按传统来说，大学教育的时间比美国还长，通常是 6 年、7 年或者 8 年，甚至更久。大部分欧洲学制的大学学位类似于美国的本、硕、博连读的学位，时间自然比美国的学士学位要长。但近年来，欧洲的学制有所改变，与美国的体系接轨，学士、硕士和博士学位分开。这样做是为了缩短欧洲年轻人的大学时间，促进欧美大学之间的合作项目的发展，也反映了教育全球化的趋势。

大学的教育成功

学习目标 15： 识别影响大学留存或退学的因素。

现在大学生平均需要 5 到 6 年的时间才能获得大学学位，有时甚至必须花 6 年或以上的时间。实际上，四年制大学的学生，有近一半在获得学位之前就退学了。多年来，研究人员一直在研究大学生留存或退学的因素。留存（retention）是一个术语，指大学生保持在校学习，直到毕业。与留存相关的因素是学生以前的学习成绩、种族背景和家庭社会经济地位。各种研究发现，学习能力较强、大学前学习成绩较好的学生的留存率较高。白人学生的留存率高于非裔或拉丁裔学生，部分原因是少数族裔学生在高中阶段的学术准备不足以应对大学教育。

留存率还与学生的家庭社会经济地位呈正相关，学生的家庭社会经济地位越高，他们就越有可能留在大学里，直到毕业。在过去的 20 年里，随着学费的大幅增长，大学学费占家庭收入的比例也在增加，对低收入家庭来说尤其如此。此外，调查显示，最需要经济援助的家庭往往最不了解可以获得哪些援助。因此，学生会因为缺乏足够的经济支持而过早离开学校，也就不足为奇了。如图 10-7 所示，对于非裔和拉丁裔学生来说，钱是一个大问题，因为同白人和亚裔相比，非裔和拉丁裔学生的家庭资金更少。最后，个

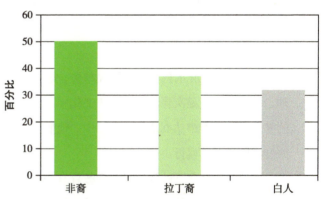

对"我一直没有找到足够的经济支持来获得我所需要的教育"
有些或非常同意的人的百分比

图 10-7　美国 18~29 岁初显期成人的种族和大学负担能力

人原因也会使学生决定退学，其中包括婚姻、家庭责任、疾病和接受新工作。

许多高校为了提高留存率制订了一些项目。也有专门针对留存率最低的少数族裔学生的项目，包括非裔、拉丁裔美国人和印第安人。效果好的项目采用了各种各样的方法来支持一年级新生，比如，同伴指导和一些特别项目，该领域的学者建议强调少数族裔学生的优势，而不是只关注他们的问题。此外，我们必须认识到，许多少数族裔的青少年是他们家庭中第一个上大学的人，他们和父母可能不清楚如何获得可能的经济援助。美国大学理事会开展了一项新的项目来接触这些学生，告诉他们如何获得大学奖学金。

你是否同意到 21 世纪末，所有的初显期成人都会上大学，就像 20 世纪高中教育几乎普及所有青少年那样？为什么？

学生的大学学习经历：四种学生亚文化

学习目标 16： 列举克拉克和特罗发现的四种主要的学生亚文化，并评估它们是否仍然适用于现在的学生。

初显期成人有什么样的大学经历？他们接受什么样的教育？他们会学到或者学不到什么东西？他们在大学期间发生了何种变化？这些问题在过去 25 年里一直是大量研究的焦点。

首先，需要注意的是，大学经历对不同的人来说是不同的。初显期成人进入的大学差别很大，有的是拥有数万名学生的大型研究型大学，有的是只有几百名学生的小型通识学院，还有的是大部分学生边工作边读书的社区大学。大学经历的性质如何，也取决于学生本身的目标和态度。

20 世纪 60 年代初，社会学家伯顿·克拉克（Burton Clark）和马丁·特罗（Martin Trow）研究出有效方法，来描述年轻人的大学经历，他们描述了四种学生亚文化：集会型、职业型、学术型和叛逆型。

集会型亚文化的内容围绕着兄弟会、姐妹会、约会、喝酒、大型体育赛事和校园趣事，导师、课程和成绩是次要的。这种亚文化中的学生的课业投入基本达标，但他们抵触或无视导师的鼓励，不会严肃认真地投入学习中。他们上大学的主要目的就是交际和聚会。这种亚文化在大型学院里尤其盛行。

职业型亚文化下的学生对大学教育有一种实际的看法。他们认为，上大学的目的是获得技能和学位，好找到比不上大学更好的工作。和集会型学生一样，职业型亚文化的学生也抗拒导师对思考投入的要求，只想完成基本的课程作业。但职业型学生没有时间也没有钱去享受集会型亚文化的轻浮乐趣。通常情况下，他们每周要工作 20~40 个小时来养活自己并支付大学的学费。就读于社区大学的学生大多属于这一类。

学术型亚文化最为认同大学的教育使命。这种亚文化下的学生被思想和知识的世界所吸引。他们努力学习，认真做作业，并结识导师。这些学生是导师最喜欢的学生，因为他们对导师所讲的材料很感兴趣，很投入。

叛逆型亚文化下的学生也深深地投入到课程知识的学习中。然而，与学术型不同的是，叛逆型学生好争斗又不墨守成规。他们并非喜欢或者崇拜导师，而是批判性地与导师交流，怀疑他们的专业知识。当叛逆型学生觉得学习内容有趣且与他们的生活相关时，他们就会热爱学习，但他们是有选择性地学习。如果他们喜欢一门课程，也喜欢这门课的老师，他们就会按要求完成作业，并经常获得最高分。但如果他们不喜欢一门课程，觉得这门课程与他们的个人兴趣无关，他们可能就会懈怠，只能得低分。

早在 20 世纪 60 年代初，克拉克和特罗就描述了这些学生亚文化。相同的亚文化是否仍然适用于今天进入大学的初显期成人？高等教育的观察家们认为是适用的。而且，以我作为教授的经验来看，我认为他们的描述仍然符合现实。可能这些亚文化对任何大学教职工来说都是熟悉的。但需要强调的是，这些是亚文化的类型，不是学生的类型。大多数学生是四种亚文化类型的不同程度的混合体，尽管大部分学生更认同其中的某一种亚文化。

换言之，四种亚文化类型代表了初显期成人对大学生活的不同目标。集会型追求乐趣，职业型追求学位证书，学术型追求知识，而叛逆型追求身份认同。大多数学生都希望把这些变成自己大学生活的一部分。举例来说，在一项针对美国大学新生的全国性研究中，82% 的人认为，在大学期间"学习更多让我感兴趣的东西"对他们来说非常重要，这是一个学术型目标；75% 的人打算"获得特定职业的培训"，这是一个职业型目标；也有 52% 的人试图"找到我的人生目标"，这是一个叛逆型或身份认同型目标。

知识的运用

你认为本节中描述的四种学生亚文化在你的大学中存在吗？你可能会删除或增加什么样的亚文化？你个人最认同哪种亚文化？

读大学值得吗？短期经历和长期影响

学习目标 17：基于学生与长远影响的研究，总结大学教育的优势。

大学经历被美国社会浪漫化了——春日的午后，阳光明媚的方庭里挤满了掷飞盘的学生，清凉的秋日里，橄榄球场上喊声震天，鼓舞人心的导师教授着一门改变人生的课程——但高校也经常成为被批评的对象。近年来，一些批评者甚至主张，初显期成人最好别花时间上大学，把费用也省下，或者通过互联网免费配置自己的大学课程。

那么，读大学到底值不值得呢？实际上，在大学教育期间，绝大多数学生会在评估问卷中给自己的校园经历好评。在一项针对 9000 多名学生的全国性调查中，亚瑟·莱文（Arthur Levine）和黛安·迪恩（Diane Dean）发现，87% 的学生表示他们"对所在大学的教学方式感到满意"。另外，76% 的学生表示，在他们的大学里，有一些教师关注让学生学业进步，78% 的学生拥有对他们学术生涯"影响很大"的导师。还有一半以上的学生认为可以向导师寻求个人琐事方面的建议。从各方面来看，学生对自己大学学习经历的满意度都比莱文和同事在 1969 年、1976 年和 1993 年进行的早期调查的结果高。比起班级规模很大的大型大学，学生往往对班级规模小的小学院更满意。

毕业之后，也有大量证据表明大学教育是有回报的。在经济回报方面，大学毕业生在职业生涯中的收入要比高中毕业后没有接受过任何教育的同龄人多出约 100 万美元。当然，不同专业之间也有差异，工程、计算机科学和数学专业的毕业生收入最高，而文科、通信和新闻专业的毕业生收入最低，但所有专业的毕业生都比非毕业生代表收入更高。大学毕业生也更容易找到工作。25~29 岁群体中，只有高中学历的人的失业率一直比拥有四年制大学学位的人高出至少一倍。

大多数大学毕业生都很清楚拥有学位的好处。皮尤研究中心发现，84% 的大学毕业生同意学位是一项很好的投资；只有 7% 的人对此不赞同。有些人可能沮丧于在毕业后的前一两年内难以在自己的领域找到一份好工作，但他们也发现，纵观整个职业生涯，大学教育总是有回报的。

大量的研究都支持学生的关于大学有多种好处的论点。欧内斯特·帕斯卡雷拉（Ernest Pascarella）和帕特里克·特仑兹尼（Patrick Terenzini）多年来一直对这一领域进行研究。他们发现，上大学会获得各种知识方面的益处，比如，一般语言技能和定量分析技能、口头与书面交流能力，以及批判性思维等。即使考虑到年龄、性别、大学前的能力和家庭社会阶层背景等因素，大学教育带来的这些好处仍然存在。帕斯卡雷拉和特仑兹尼还发现，在大学期间，学生的大学目标变得不那么"职业化"了——他们不那么强调大学是通往更好的工作的途径，而是更加"学术化"了——更加强调学习是为了学习本身，是为了提高自己的学识和个人成长。

除了知识、学术上的增益，帕斯卡雷拉和特仑兹尼还列举了一长串非学术的好处。在大学期间，学生们形成了更明确的美学价值观和知识价值观；他们获得了更鲜明的身份认同，在社交中变得更加自信；他们在政治和社会观点上变得不那么教条，不那么专制，也不那么充满种族优越感；他们的自我概念和心理健康状态得到了提升。与知识性好处一样，即使考虑到年龄、性别和家庭社会阶级背景等因素，这些非学术方面的好处也依然存在。

根据帕斯卡雷拉和特仑兹尼以及其他许多人的研究，上大学的长期好处也是公认的。与那些没有上大学的人相比，读了大学的初显期成人往往在长期收入、职业地位和职业成就方面要高得多。大学毕业生离婚的可能性也较小，物质滥用和心理健康问题的发生率也较低。

显然，大学经历给初显期成人带来了各种回报，包括个人和职业领域的回报。提供给初显期成人的大学教育是否有改进的空间？当然。但不论如何，读大学会以多种方式给初显期成人带来回报。

高等教育（可能的）数字化未来：大规模开放在线课程（慕课）

学习目标 18：阐述慕课的定义，并分析其在提供高等教育方面的潜在优势与劣势。

大学是一种古老的机构，其历史至少可以追溯到 1000 多年前。从某种程度而言，千年来，大学几乎没有什么变化，这点令人惊奇。教师基于代表性知识的现况材料，讲授信息和观点；学生阅读材料，并在课上提出问题，与教师进行讨论，或者就关键问题进行研究；最后，教师评价学生的教材掌握情况。

本质上讲，这仍然是当今高校的教育方式。不过，人们对高等教育改革有很多想法和建议，以使其更好地适应 21 世纪的变化。最值得注意的是，近几十年来改变了我们生活的互联网，似乎也准备参与高等教育改革。如果教师可以录制他们的授课内容，让学生在网上观看，并与其他学生和教师进行讨论，那么，学生住在校内或校园附近，去教室观看教师基本相同的课堂内容，并与其他学生进行相同类型的讨论，真的有必要吗？评估学生对教学材料的理解情况仍然必要，但这种评估可以通过考试或提交论文在线进行，然后由教师（或计算机程序）进行评分。

目前，人们兴奋于在线大学的潜力。它似乎使得大幅降低大学学位成本成为可能。对于那些没什么钱的学生来说，不管他们处于发达国家的社会下层，还是生活在大学较少的发展中国家，在线大学都能为他们打开了知识之门，否则他们就会求学无路。最令人激动的部分就是**大规模开放在线课程**（慕课，MOOCs）。著名的大学和资金雄厚的私营企业已经提供了由著名教师讲授的各种课程，全球已有数百万学生报名参加，而这仅仅是个开始。慕课只有几年的历史，在未来的几年中肯定会不断发展。

那么，人们是否真的应为此兴奋？慕课是否会开创一个便捷、低价、全民可享有的高等教育新时代？慕课是个新鲜事物，目前还没有什么关于其有效性的研究，但有人认为，慕课的学习效果不会像学生在传统大学课堂上那样好。

主要原因是，慕课需要学生有极大的个人主动性、专注性和自律性，这种要求程度可能是大多数人达不到的——在十几岁和二十岁出头的"大学时代"他们显然达不到，正如大多数人所承认的那样，他们还没有成年人的成熟和责任感。诚然，慕课提供的信息范围惊人，但百科全书也是如此，如果缺乏正式结构，学生从慕课中获得完整教育的可能性并不比他们通过百科搜索获得教育的可能性大。据估计，90% 以上报名参加慕课的学生未能完成学业，而在不到 10% 的完成课业的学生中，我们也不清楚有多少人真正学会了课程材料。慕课正朝着以更系统的方式评价学生的方向发展，比如，进行现场监控考试，或者让学生用电脑在线考试，并由网络摄像头监控。但是，就算在有教师严格监控的课堂考试中，作弊也是一个问题，所以如何使这些间接监控的方法起效将是一个挑战。

还需注意的是，学生认为他们在大学中学习的最重要的东西是关于自我和他人的内容。教师不仅仅是简单的信息来源，他们——至少他们中的一些人——是令人钦佩和深受鼓舞的人物，他们深深地影响着学生。在课堂之外，大学教会了学生如何与他人合作，如何管理自己的时间，以及如何履行责任。它还帮助学生明确身份认知，为学生提供多种多样的可能性，学生往往能从其中找到一种天赋使命，这种使命恰好合乎他们的能力与兴趣，并许诺给学生提供现代理想中的愉快的、基于身份的工作。慕课很难实现同样的效果。

大规模开放在线课程

通过互联网以电子形式提供的大学课程，通常不向学生收费。

另外，这种方法也可以有效地教授许多课程。没人需要课堂的魔力来学习汽车机械、统计学或光合作用（尽管在所有情况下，个别指导都有助于学习）。大多数参加慕课的学生缺乏必要的自我指导和自律，不能最大限度地发挥慕课的效果，但有些学生能做到。撇开慕课不谈，利用电子形式增加传统大学课堂的互动性也大有可为，比如，要求学生对已学知识进行即时电子反馈。大量的教育研究表明，学生的主动学习效果比被动学习效果要好得多，因此可以利用电子形式来促进主动学习。

对于发展中国家那些雄心勃勃、积极进取的初显期成人来说，慕课的潜力可能是最大的。对这些人而言，慕课可能是一条宝贵的——也可能是唯一的——知识之路。但它们不太可能取代甚至威胁到学院和大学体系。

急什么呢？选择间隔年

学习目标 19：描述在中学和大学教育之间采取间隔年教育的普遍性、动机和好处。

进入四年制大学的美国学生中，只有大约一半的人在六年后获得了学位，而且学生们在第一年的学习中特别吃力，因此，如何提高大学经历的成功率这一问题有很大的研究空间。有些国家流行间隔年（gap year）——即让学生在高中毕业后花一两年成熟起来，体验一些其他的经历，再进入大学。

在美国，选择间隔年的情况很少。据估计，美国只有 2% 的初显期成人会在高中毕业后刻意等待一两年，进行其他的有计划的体验，然后再进入大学。然而，在英国、澳大利亚、以色列和北欧国家，这种情况要普遍得多。因此，间隔年的研究几乎完全是在上述这些人群中进行的。但研究表明，在美国和加拿大普及间隔年具有潜在好处。

伦敦大学教育研究员安德鲁·琼斯（Andrew Jones）总结了在英国的研究结果，近几十年来，在英国，选择间隔年变得越来越普遍。英国的初显期成人有各种不同的间隔年动机，包括：

- 渴望脱离正规教育；
- 渴望获得更广阔的人生视野；
- 培养个人技能；
- 赚钱；
- 结交其他人、体验其他地方和其他文化；
- 为世界做一些好事，无论是在国内还是国外。

英国的"间隔年生"在间隔年的经历也同样是多种多样的。许多人只是简单地找一份工

间隔年（gap year）

从完成中等教育到开始接受高等教育之间间隔的一年。

作，还有一些人在海外工作，比如，当互换生、英语教师或做季节性工作。有些人在社区或国际服务组织中担任志愿者。

琼斯评述称，间隔年有多种好处。与非间隔年生相比，间隔年生在之后接受高等教育时有更高的动机。这些人称，在间隔年期间，他们锻炼了生活技能，培养了社会价值观以及非学术技能与资历，明确了自己的教育方向和职业选择。当他们开始接受高等教育，他们的学业成绩比没有经历间隔年的学生高；毕业时，间隔年的经历可以提高他们的择业能力和就业机会。但对一些人来说，间隔年也有弊端。除非规划了正规的活动，否则他们有可能会浪费一年的时间。正如琼斯的报告中一位间隔年生所警告的那样："你必须小心，不要躺在床上看一年日间电视，这只会一事无成。"但对于英国大多数初显期成人来说，间隔年是一个有益的选项。

那么，为什么间隔年在英国、澳大利亚和北欧国家如此普遍，而在美国却鲜有人选择？一个原因可能是，欧洲国家有悠久的间隔年传统，它可以追溯到 19 世纪；另一个原因是高等教育体系结构的不同。在英国和北欧国家，高等教育专注于某一个专业领域。无论你的专业是会计、电子工程还是计算机编程，你上大学都是为了专门学习这个专业。所以，你必须有一个相当完善的身份认知——对自己的能力和兴趣的认知，这样才能决定高等教育的课程。相比之下，正如我们在前面一章中所讨论的，美国大学是这样安排的：前两年是各种学科的通识教育，当你进入大学时，你不需要决定好你最终的专业是什么。因此，英国和北欧的初显期成人会等到明确自己的身份认知后，再选择专业；而美国人可以在大学中探索两年的身份认知，然后再做出类似的选择。

第11章

工作

---

11. 描述工作志愿队计划，并总结对其有效性的研究。

12. 识别欧洲学徒制项目的主要特点。

13. 总结苏帕的职业发展理论并分析其局限性。

14. 总结霍兰德的职业选择理论并分析其局限性。

15. 描述初显期成人找工作的典型经历。

16. 总结美国城市地区的初显期成人失业率高的主要原因。

17. 归纳社区服务促进青少年健康发展的方法。

18. 描述初显期成人的社区服务的主要形式。

19. 比较美国初显期成人和发展中国家青少年的从军经历。

我喜欢工作，我的意思是，你在学校上学，但没有得到钱，你只会得到一张纸，它说你完成了高中的课程。你工作就会得到钱，所以我喜欢工作。但在汉堡店工作确实有点影响学业，我的成绩下降了一些。我妈说："如果你不把成绩提上去，你就得辞职。"然后我很快就把成绩提上去了。如果你不知道如何平衡，工作就会影响你的成绩。

——塔瓦娜，非裔美国青少年

我一直想成为医生。但读医学预科要花太多的时间，而我没有时间。我想就算有朝一日我成为医生，我还是没有时间陪伴孩子们。我想要孩子，想和他们在一起。所以我想，第二好的选择是成为一名护士。

——查兰特拉，20 岁

我平均每小时赚 16 美元左右（在餐厅当服务员），还能去哪里赚这么多钱？我现在有点懒散，只是随遇而安。我可能最后会成为一名工程师。我的数学很好，重新学会这些知识很简单。我也可以拥有或管理一家餐厅，因为我已经在餐饮业工作 8 年了，所以我非常了解它。我会烹饪，做过服务生，也调过酒。但现在，我只是在"混日子"，就像我妈说的那样。

——斯科特，23 岁

这是我教书的第四年，很充实，我爱这份工作！我的意思是，我喜欢我所做的一切。我投身英语教育是因为我热爱文学和写作，我喜欢谈论文学，所以我就从事了这份职业。这种感觉棒极了。我总是对别人说，我简直不敢相信有人会付钱给我，让我去教书，让我和别人讨论它们。

——西蒙，25 岁，亚裔美国人

在被问及一个心理健康的人应有何种表现的时候，西格蒙德·弗洛伊德简短地回答："爱与工作。"在所有文化和历史时期中，工作都是人类活动的基本领域。在前文中，我们讨论了为成人角色做准备是社会化的三个主要目标之一。所有的文化都希望成员做一些贡献，无论是有偿工作还是无偿工作：合作狩猎、捕鱼、耕种，或者照顾孩子、操持家务。青少年期往往是为成年角色做准备的关键时期。无论年轻人在童年时做过何种工作，在青少年期对工作的期望都会越来越严肃，因为青少年要准备找到自己的位置，成为其文化的正式成员——这通常意味着成为工作成员。

在本章中，我们先讨论传统文化中的青少年的工作。这是一个很好的讨论起点，因为在传统文化中工作对青少年具有特殊的重要性。与工业社会中的青少年不同，传统文化中的青少年大多不再上学，他们每天的大部分时间都用于工作。然后，我们讨论传统文化的经济是如何随着全球化而改变的，以及这些文化中的青少年是如何越来越多地在新产业中工作的，这些产业为他们提供了赚钱的机会。

目前，在工作方面，发展中国家的青少年的处境与一个世纪前的发达国家的青少年的经历相似。经济的迅速工业化给青少年带来工作机会的同时也造成了一些负面影响。在本章的第二部分中，我们将从发达国家青少年工作的历史角度探讨这些问题。

讨论过后，我们将研究目前发达国家中与青少年工作有关的各种问题，包括研究青少年工作的主要内容，以及工作如何影响其各个方面的发展。我们还将关注从学校到工作的转变，包括上大学的和未上大学的初显期成人。我们还将研究年轻人所做的职业选择以及初显期成人如何看待工作的研究。在本章的最后，我们将探讨从事志愿者工作的年轻人的特点和经验。

传统文化中的青少年工作

在工业化之前的数千年人类历史中，人类的大部分工作都是类似的基本活动：狩猎、捕鱼、采集可食用的水果和蔬菜；耕作和饲养家畜；一边照顾孩子，一边料理家务。这些工作仍然普遍存在于许多传统文化中，我们先探讨青少年参与这些工作的情况。然而，几乎所有的传统文化都处于工业化进程中，因此也必须研究青少年在工业环境中的工作经历。

传统的工作形式

学习目标 1：描述传统文化中青少年工作的主要形式。

正如前文所述，在传统文化中，青少年通常与成年人一起从事成年人所从事的工作。因此，在本章的开篇，我们先来研究大多数传统文化中的青少年和成年人从事的工作类型。

狩猎、捕鱼和采集　在传统文化中，狩猎和捕鱼通常是由男性承担的，少年跟随父亲和其他成年男性学习狩猎或捕鱼技巧。女性很少承担主要的狩猎工作，但她们有时会协助狩猎活动，如帮忙收网、设置陷阱，或敲打灌木丛以驱赶猎物。

狩猎不仅为人们提供食物，还能为人们制作工具、衣服提供原料，此外它还有其他用途。因此，在传统文化中，狩猎发挥着许多重要的作用，少年必须狩猎成功，才能证明他们已经

传统文化中的青少年期的男孩学习成年男子的工作。

做好了成人的准备。比如，在非洲西南部卡拉哈里沙漠的游牧布须曼人中，一个少年在成功杀死第一只羚羊之后，才会被承认是一个男人，获准结婚。这样是为了证明他有能力养家糊口，养家是他成人工作的一部分。

捕鱼是少年通过观察和协助父亲或其他男人进行学习的另一种工作形式。成功捕鱼所需的技巧不仅包括捕鱼本身，还包括划船和领航能力。例如，按照习俗，南太平洋诸岛的青少年要向父亲学习复杂的夜间导航系统，他们使用"星座罗盘"，根据星座的位置确定航向。

在男性负责打猎或捕鱼的文化中，妇女往往承担着采集工作。这意味着她们要找到生长在周围地区的可食用野果和蔬菜，并收集起来，供家庭食用。人类学家观察到，在狩猎和采集相结合的文化中，妇女通过采集供给的家庭食物与男子通过狩猎提供的家庭食物一样多，甚至更多。

随着全球化的发展，狩猎和采集文化在过去的半个世纪迅速变化，目前只有少数地区保留了这样的文化。典型的狩猎和采集的游牧生活方式——追着食物源从一个地方迁移到另一个地方——并不适合全球化经济，因为全球化经济要求稳定的社区和资产边界。捕鱼不再是经济的核心基础了。即使是那些具有悠久捕鱼历史的文化，比如挪威和日本，现代捕鱼技术也已经先进到只需要少数人从事捕鱼工作，就能够提供足够养活全体国民的鱼了。

耕种和饲养家畜   耕种和饲养家畜的结合通常与狩猎和采集一样，是相辅相成的——一个是提供肉食，另一个是提供谷物、蔬菜和水果。在以耕种和养殖为经济基础的文化中，青少年经常为家庭提供有用的劳动。在世界范围内，饲养家畜通常是青少年甚至是青少年期前的儿童的工作——南部非洲的人养牛、北非和南欧的人养殖绵羊和山羊、亚洲和东欧的人饲养小型家畜——也许是因为这种劳动对技能或经验的要求较少。耕种一般需要较高的训练和技术水平，特别是在进行大面积耕种时。这项工作通常由父亲和儿子们共同完成，儿子们不仅是在为家庭贡献劳动，也是在学习如何管理他们最终要继承的土地。

即使在今天，农业耕种仍然是世界上相当一部分人口的主要工作。在巴西、印度和菲律宾等发展中国家，一半以上的成年男性从事农业工作。然而，在所有发展中国家，随着工业化进程的推进，从事农业的人口的比例都在下降。就同捕鱼一样，先进的技术和设备使很少的人就可以完成曾经需要大量的人才能完成的工作。

照看孩子和家务劳动   在大多数传统文化中，妇女和女孩主要负责照顾孩子，男子和男孩偶尔提供支持。女孩通常很早就开始承担照顾孩子的工作。如果有更年幼的弟弟妹妹，女孩一般在六七岁时就要承担起部分照料责任。到了青少年期，家庭中最年长的女孩可能已经有几个小一些的同胞或表亲来帮助她照顾更小的弟弟妹妹了。

对于生活在传统文化中的少女来说，在母亲身边劳动通常意味着除了照顾孩子，她们还要打理家务。在没有电及其带来的诸多便利条件的情况下，传统文化中的女孩需要完成大量家务。拾柴、生火、打水等家务活每天都必须做。在这种文化中，准备食物也是重度劳动密集型的。晚饭想吃鸡肉？你要做的不仅仅是把鸡肉解冻，然后放进微波炉（或者在便利店的免下车购物窗口买一只熟鸡）——你必须先宰杀、拔毛、清洗内脏，然后才能烹饪鸡肉。

这些文化中的妇女要承担的工作太多，因此她们的女儿通常从很小的时候就要帮忙做家务，到了青少年期，女儿通常与母亲和其他家庭妇女一起劳动，承担几乎等量的工作。通过这些劳动，青少年期的女孩为成年人的劳动角色做准备，也向其他人，包括潜在的结婚对象表明，她有能力承担打理家庭的工作，能满足传统文化对妇女的要求。

传统文化中的女孩通常负责打理家务，比如准备食物。

到了青少年期，女孩和男孩都有能力贩售家庭产品，以增加家庭收入。在印度，青少年在路边摊上卖茶叶；中美洲和南美洲的青少年在城镇市场上卖玉米饼；在非洲，来自不同文化的儿童在街头出售许多不同种类的产品。

全球化与传统文化中的青少年工作

学习目标 2： 解释在传统文化中全球化对青少年工作的积极和消极影响。

几千年来，传统文化中的青少年和成人一直在从事上述工作。然而，正如我们在前几章中所探讨的，如今所有的传统文化都受到了全球化的影响。全球化的一个重要方面是经济一体化，包括国家间贸易的扩大，以及在许多文化和国家中原本小规模的、地方性的、以家庭为基础的经济活动日益发展为大规模的农业和制造业。全球化当然给这些文化中的人们带来了一些经济上的好处。工业化时代之前他们的经济生活是很艰难的。正如前文中的吃鸡肉的例子那样，在没有工业化的情况下，仅仅是提供日常的生活必需品就需要耗费大量劳动。进入全球化经济通常伴随着用电量的增加，这使得准备食物、取水、洗衣服和其他工作变得简单得多。进入全球经济通常还意味着教育资源和医疗服务资源的增加。

全世界的许多文化才刚刚接触全球化经济，而经济全球化能为那里的人们带来更好的生活。当青少年从事工业工作时，青少年及其家庭可以获得若干好处。发展中国家的贫困家庭往往依靠青少年的收入贡献来获得食物和衣服等基本必需品。青少年能为家里赚钱，因此他们能获得家庭地位和尊重。虽然在工厂工作的难度较高，甚至有一定危险性，但选择农业工作也同样需要辛苦劳作，而在工厂工作通常是青少年掌握技能和拓展人脉的一种方式，最终将为他们带来更好的工作和更高的收入。

然而，事实证明，从工业化经济向全球化经济转变的过程存在诸多方面的问题。目前，许多人获得的不是更高的工作舒适度和更多的就业机会，而是在恶劣的条件下从事残酷的工作，薪水却少得可怜。这种工作的大部分落在 10~15 岁的青少年肩上，他们比儿童更有工作能力，但不像成年人那样能维护自己的权利和反抗粗暴的对待。

国际劳工组织（International Labor Organization，ILO）估计，全世界有超过 2 亿的儿童和青少年受雇佣，其中 95% 在发展中国家。拉丁美洲和非洲的青少年工人数量众多，但亚洲的青少年工人数量最多，工作条件最差。农业工作是青少年普遍从事的工作，他们一般是同父母一起在商业农场或种植园里工作，但工资只有成年人薪金的三分之一到一半。

此外，在一些国家，许多青少年在工厂和车间上班，在那里从事编织地毯、缝制衣服、粘鞋、固化皮革和抛光宝石等工作。他们的工作条件通常非常恶劣——拥挤的服装厂大门紧锁，青少年（和成年人）每天要轮班工作 14 个小时；光线昏暗的小房间里，他们坐在织布机前一连几个小时编织地毯；玻璃厂的温度高得让人难以忍受，青少年要把熔化的玻璃热棒从一个工作台搬到另一个工作台。其他青少年在城市的各个角落工作，内容包括家政服务、在杂货店上班、摆茶摊、道路建设和卖淫。

在印度，有一种常见的、特别苛刻的剥削青少年劳动力的制度被称为债役（debt bondage）。当一个人需要贷款又没有资产作为担保时，就会将自己或子女的劳动力作为抵押。印度的穷人在走投无路的时候，往往会接受这种贷款。因为他们大多不识字，所以很容易被放贷者剥削，放贷者操纵利率和还款额，使得贷款几乎无法还清。在毫无办法的时候，父母有时会用子女的劳动力去偿还债务。

青少年作为债役工尤其有价值，因为他们比儿童更有生产效率。根据劳工组织的资料，青少年最常见的工作是农作物生产业、家庭服务、卖淫或手工地毯编织。青少年一旦被父母用于抵债，就很难摆脱债役。联合国谴责债役实际上是现代形式的奴隶制。

剥削青少年的最恶劣的形式可能是卖淫。对青少年性工作者人数的估算各不相同，但人们普遍认为，青少年卖淫是一个普遍且日益严重的问题，尤其是在亚洲，而其中又以泰国最为严重。当然，在发达国家也有青少年卖淫，但不及发展中国家普遍。

在大多数情况下，少女不是自愿卖淫的，而是受到了商业性剥削（commercial sexual exploitation），女孩被诱骗或者被强迫从事性工作。有些女孩被绑架到另一个国家，被囚禁在

国际劳工组织（International Labor Organization，ILO）
一个旨在防止儿童和青少年遭受工作场所剥削的组织。

债役（debt bondage）
债务人将自己或子女的劳动力作为抵押来贷款的协定。

异国他乡，她们不懂当地的语言，非常容易受到伤害，只能依附于绑架者。有些女孩来自农村，招募者谎称让她们当服务员或家政工，一旦将她们带到城市，就强迫她们卖淫。有时，父母因为极度贫困，或者仅仅是因为渴望更多消费品，就将女孩卖进妓院。亚洲妓院的大部分顾客是西方游客。这个比例很大，以至于美国和一些欧洲国家的现在的法律允许起诉其公民在其他国家对少女进行的性剥削。对更年幼的卖淫少女的需求越来越大，因为人们认为，相比大龄女孩，她们携带艾滋病毒的可能性更小。

发展中国家的许多少女被迫卖淫。图为巴西一家康复中心的一名年轻的性工作者。

虽然在发展中国家，对青少年的剥削往往既普遍又残酷，但现在有了积极变化的迹象。根据劳工组织的数据，在 21 世纪的头十年中，儿童和青少年劳动者数量大幅下降。之所以会有这种现象，是因为儿童和青少年劳工问题得到了世界各大媒体、各国政府以及国际劳工组织和联合国儿童基金会（UNICEF）等国际组织越来越多的关注。此外，许多国家已经采取了立法行动，增加了儿童和青少年的法定受教育年限，并加强了执法力度，严厉禁止雇用童工。例如，印度现在有一个由联合国儿童基金会监督的项目——在不由童工制作的毯子上贴上 RUGMARK 标签（一个微笑的儿童的标志）。在商业性剥削领域，一个名为"反对对儿童和青少年性剥削世界大会"的国际机构最近得以成立，以协调各国政府、非政府组织和研究人员来反对恶劣的性剥削行为。不幸的是，尽管有了一些进步的迹象，世界上仍有数以百万的青少年在恶劣的环境中工作。

> **批判性思考**
>
> 你认为西方人是否应该对发展中国家的青少年工作条件负有责任？为什么？如果他们购买这些青少年生产的商品，他们是不是需要负更多的责任？

西方青少年的工作史

如本章的开篇所述，西方青少年过去的工作与传统文化中的青少年现在正经历的工作相似。在工厂和其他工业化的早期环境中，早期的对耕作和其他家庭经济活动的投入逐渐变成了剥削。为了应对这种剥削，发达国家的政府在 20 世纪初限制了青少年工作。到 20 世纪中叶，大多数青少年都去上中学，只有少数中学生从事兼职工作。自 1950 年以来，越来越多的青少

商业性剥削（commercial sexual exploitation）
以经济利益为目的，胁迫或强迫卖淫的做法。

年一边上学一边打工，在美国尤其如此。

1900 年以前的青少年工作

学习目标 3：归纳 1900 年以前西方国家青少年工作的类型和状况。

在工业化开始之前的 17、18 世纪，西方青少年的工作与如今传统文化中的青少年的工作非常相似，都以耕种和饲养家畜为中心。男孩从童年时期开始就在农场帮助父亲干农活，到了青少年期，他们逐渐学会了承担起经营农场的责任，最终他们将继承农场。女孩帮助照管家畜，并与母亲一起把收获的粮食和家畜料理成餐桌上的食物，青少年期的女孩在打理家事方面几乎成了与母亲水平相当的工作伙伴。

18、19 世纪，随着工业化进程的推进，青少年在工厂工作变得越来越普遍。19 世纪，美国从事农业的劳动力比例从超过 70% 下降到不足 40%。对许多青少年来说，这意味着从在家庭农场与父母一起工作转变为在城市工厂工作。工业化创造了对廉价劳动力的巨大需求，青少年正好可以填补这一需求。到了 19 世纪 70 年代，在新英格兰的纺织厂，16~20 岁的年轻男子几乎占据男性劳动力的一半；在橡胶厂和农具厂，约三分之一的工人都是年轻男性；在制鞋厂，超过 40% 的女工是 16~20 岁的年轻女性。青少年工人还大量就职于煤矿、食品罐头厂和海产品加工厂。

在工厂、煤矿和加工厂工作，往往意味着要在危险和不健康的环境下长时间劳动。工人一般需要每天工作 10~14 小时，每周六天。当然，成年人也要忍受同样的工作环境，但儿童和青少年更容易发生事故，也更容易受伤。据估计，工厂中的儿童和青少年的事故率是成年人的两倍。处于发育期的身体也使他们比成年人更容易因为不健康的工作条件而生病。例如，年轻的工人经常患上肺结核、支气管炎和其他呼吸道疾病。在棉纺厂工作的儿童和青少年活过 20 岁的可能性只有在厂外工作的儿童和青少年的一半。

批判性思考

比较西方历史上的青少年的工作情况和当前发展中国家的青少年的工作情况，二者有什么异同？

---

20 世纪的青少年工作

学习目标 4：解释从 20 世纪初至今，西方国家青少年工作的频率和类型是如何变化的。

正如我们在第 1 章中探讨的，在 1890—1920 年的青少年时代，青少年全职工作的模式发生了变化。人们日渐关注剥削儿童和青少年的问题——与发展中国家目前正在发生的情况惊人地相似。人们通过制定法律来限制儿童和青少年工作的时间和地点，并规定儿童必须上学。然而，儿童和青少年的劳动模式的变化是缓慢发生的。即使到了 1925 年，大多数美国青少年仍然在 15 岁之前就离开学校，成为全职工人。大多数家庭将青少年的劳动收入视为家庭收入的重要组成部分，只有相对富裕的家庭才有能力让青少年在十几岁后继续接受教育。

在工业化之前，大部分西方青少年都是在家庭农场长大的。

不过，自 20 世纪初，青少年在校时间增长的趋势仍在稳步上升，到了 1930 年，在青少年中期仍留在学校的人的比例持续增长。此外，越来越多的青少年要么在读书，要么在工作，而不是两者兼顾。到了 1940 年，只有不到 5% 的 16~17 岁高中生一边上学一边工作。美国青少年生活在两个截然不同的世界里，70% 的 14~17 岁青少年在中学读书，而另外 30% 的青少年成了全职劳动者。

在第二次世界大战后的几十年里，这种模式发生了巨大的变化，转变成了上学与兼职工作相结合的模式。这种新趋势出现的原因之一是美国的经济转型。从 1950 年到 20 世纪 90 年代，美国经济中增长最快的部门是零售业和服务业。到了 20 世纪末，如果年轻人愿意兼职去做工资相对较低的厨师、餐馆服务员或百货商店店员，那么他们的工作机会就会变得很多。

事实证明，美国青少年很愿意做兼职。到 1980 年，一半的高中二年级学生和三分之二的高中三年级学生从事兼职工作，到了 90 年代末，80% 以上的高三学生在高中毕业前至少做过一份兼职工作。20 世纪末，在高中阶段从事兼职工作的现象已经从罕见的例外变成了典型的经历。如今，美国高中生的兼职比例仍保持在 80% 左右。

目前，美国的青少年就业率高于其他任何发达国家。在日本，青少年几乎不工作。在加拿大，十几岁青少年的工作比例（45%）高于日本，但仍大大低于美国。在西欧国家，各国青少年在青少年期晚期的工作比例各有不同，从 30% 到 50% 不等。在这些国家中，青少年每天的在校时间较长，晚上的家庭作业较多，留给兼职工作的时间较少。美国青少年不仅有意愿，而且有条件工作，因为他们的学校对他们的要求相对较低。反过来，如果青少年都去兼职，中学就很难提高对他们的学习要求，因为许多青少年在一整天的学习和工作之后，几乎没有时间和精力完成家庭作业。

历史焦点

19 世纪英国青少年的工作情况

正如我们在本章中所看到的，发展中国家的青少年目前正经历危险、不健康、报酬低、剥削性的工作环境，发达国家的青少年的工作条件要好得多，但也是近期才得到改善。实际上，19 世纪发达国家青少年的工作条件与当前发展中国家青少年的工作条件非常相似。

英国有很多关于 19 世纪儿童和青少年劳动力的资料，英国政府保存的统计资料比美国更系统、更准确。帕米拉·霍恩（Pamela Horn）在《儿童工作和福利：1780—1890》（*Children's Work and Welfare: 1780—1890*）一书中，介绍了英国儿童和青少年劳动力的历史。

英国是世界上第一个实现工业化的国家，也是第一个大量使用儿童和青少年劳动力的国家。纺织制造业（制作布匹和服装）是最先使用童工的领域，从 18 世纪 70 年代开始，工厂大规模生产的纺织品取代了家庭小作坊。雇主喜欢雇佣儿童和青少年，一部分原因是成年工人短缺，另一部分原因是青少年工人的工资更低。此外，凭借灵活的小手，他们做出来的产品甚至可以比成年人做得更好。

这些儿童和青少年大多是失去双亲后被城市孤儿院和济贫院的官员送到纺织厂的，这些孤儿院和机构很乐意省去一笔抚养他们的费用。年轻人除了工作，别无选择，直到年满 21 岁才能离开。至于那些有父母的孩子，父母们通常不但不反对他们在纺织厂工作，反而还加以鼓励，以增加家庭收入。

工厂的工作条件各有不同，但通常都需要每天工作 12~14 小时，中间有一小时午休。工作是单调枯燥、令人疲惫又充满危险的。一时的疏忽大意就可能导致严重的伤害，手和手指被轧断是很常见的。纺纱过程中产生的粉尘和残渣损害了他们的肺，并导致了胃病和眼部感染。

至少可以这样说，政府对磨坊的监管最初有些犹豫。由于英国经济严重依赖年轻的工人，即使是改革家也不愿意放弃使用他们这样的劳动力。公众对废除童工和青少年劳动的支持力度也不大，依赖他们的收入的父母也激烈抵制劳动限制。因此，第一部相关法律，即 1802 年通过的《学徒健康与道德法案》，只是限定年轻工人每天的劳动时间为 12 小时以内。该法案还规定了工厂通风和卫生的最低标准，但工厂主普遍无视了这些条款。

此外，该法案还要求雇主为年轻工人提供日常教育。雇主一般都遵守这个要求，因为他们认为受过教育的青少年会更守规矩，也更有工作价值。

结果，年轻工人的识字率显著提高。在随后的几十年里，受教育的要求扩展到了其他行业，并成为半读制的基础，在这种制度下，工厂里的年轻工人接受半天教育，用另一半时间工作。这种制度在英国一直延续到 19 世纪末。

19 世纪 30 年代，监管的关注点转向了采矿业。正如 17 世纪末纺织生产造就了就业繁荣一样，19 世纪初对煤炭需求的增加也带来了采矿业的繁荣。儿童和青少年再一次变成了工人，因为他们的劳动力廉价，易于管理，而且在有些岗位上比成年人表现得更好。父母也再次催促他们的孩子尽早去工作，为家庭收入做出贡献，尽管矿井里的工作特别危险。

对年轻矿工来说，每周工作六天，每天工作 12~14 小时是很平常的。许多人在日出前下矿，日落后才出来，因此，除了星期天，他们一连几周都见不到阳光。此外，矿井里事故频发，煤尘也损害着年轻矿工的肺。1842 年出台的《矿业法案》进行了第一次改革，禁止 10 岁以下的男孩到矿井工作，并要求矿主为 10 岁以上的男孩提供学校教育，但对矿区的工作条件却没有做任何要求。由于这项法案和其他法案限制了雇佣儿童，青少年雇工变得更加普遍。

19 世纪下半叶，对儿童和青少年劳动的法律监管缓慢地、逐步地减少了英国工业对年轻工人的剥削。法律增加了对年轻工人可以从事的工作类型的规定。半读制度曾经是保护年轻工人免受剥削的方式，后来却成了他们受教育的障碍。19 世纪 80 年代，公立学校建立了起来，法律规定所有儿童都必须上

在 19 世纪，青少年经常长时间工作，有时在危险和不健康的条件下工作。

学。这基本上标志着英国童工现象的结束，在随后的几十年里，越来越多的青少年开始去上中学而不是去工作，就如美国的情况一样。

当今的青少年工作

我们在前文中了解了传统文化中青少年从事的工作类型，也了解了 19 世纪和 20 世纪大部分时间里西方国家青少年从事的工作种类。那么，现在发达国家的青少年在从事什么样的工作呢？工作与他们其他方面的发展有何关联？

工作中的青少年

学习目标 5： 总结加拿大和美国青少年的职场经历。

现在，你已经看不到美国青少年从事打猎、捕鱼、耕作或工厂里的工作了。但有趣的是，美国女孩在青少年期早期与传统文化中的女孩有一些共同点，即她们的第一份工作都是照顾孩子。照顾孩子是美国女孩最常见的第一份工作，而男孩最常见的第一份工作是庭院劳动——修剪草坪、修剪灌木等。这些工作基本都是非正式的，不需要投入大量的时间。女孩可能每隔几周在星期六晚上为琼斯夫妇看孩子，偶尔在皮波迪夫妇需要上班的下午做他们的孩子的保姆；男孩可能每周都为几位邻居修剪草坪，从初春剪到深秋。在通常情况下，这些工作不会过多影响青少年的其他生活。

对更年长的青少年来说，工作内容是完全不同的，所花费的时间也更多。美国和加拿大青少年在高中所从事的大部分工作是餐厅（服务员、厨师、勤杂工、招待员等）或零售业的工作。这些工作涉及更正式的工作承诺——每周有固定的工作时长，并且工作人员要在指定的时间到岗。一般来说，他们不是仅仅每周工作几个小时。平均而言，受雇的高二学生每周工作 15 小时，高三学生每周工作 20 小时。

到了 1980 年，高中生做兼职在美国已经习以为常了。

这样的周工作时间可是相当长了。青少年的工作内容是什么呢？该领域的一个重要信息来源是艾伦·格林伯格（Ellen Greenberger）和劳伦斯·斯腾伯格（Laurence Steinberg）1986 年出版的经典著作，他们研究了加利福尼亚州奥兰治县的 200 多名 10 年级和 11 年级的学生。他们不依靠青少年陈述工作场所发生的事情，而是直接观察工作中的青少年，记录青少年的行为、话语以及与之互动的人。研究人员还对青少年进行了采访，并让他们填写了与工作经历有关的调查问卷。

青少年所从事的工作可分为五大类型：餐饮、零售、文书（如秘书工作）、体力劳动（如在搬家公司工作）和技术劳动（如木匠学徒）。除了需要技术的工作外，青少年从事的往往是重复单调的工作，几乎没有什么挑战，也不能帮助他们培养新技能。他们工作中 25% 的时间在打扫卫生或者搬运物品——这不需要什么技能和技术。此外，这些工作与他们正在学习或已经学会的内容毫无联系。如果你想一想这些工作是什么——做汉堡、帮客人点菜、接电话、帮客人找合身的衣服——这也就不足为奇了。至于青少年在工作中的互动方面，他们与其他青少年互动的时间和与成年人互动的时间几乎等同。不过，他们很少与成年老板和同事有密切关系。在大多数情况下，在工作时间之外，他们不与这些成年人见面，也不愿意与他们谈论私人问题，他们觉得与这些人的关系比生活中的其他人来得疏远，不如与父母和朋友的关系密切。最近的研究证实了格林伯格和斯腾伯格 30 年前的研究结果。

看得出来，与传统文化中（工业化之前）的青少年或欧洲国家的青少年学徒相比，美国青少年的工作经历非常不同。与其他地方的青少年不同的是，美国青少年很少从事需要与成年人紧密合作、由成年人教导并提供学习范例的工作。另一个不同点是，美国青少年所做的工作几乎不会帮助他们为成年后可能从事的工作做准备。因此，很少有青少年将他高中阶段的工作视为未来职业的基础。

工作和心理功能

学习目标 6： 辨别青少年工作与心理功能的关系，并具体说明何种周工作时长会使这种关系变得明显。

我需要工作，因为我需要钱买车险和参加毕业舞会。我喜欢参与所有的事情，但有时我觉得工作、功课、棒球和委员会的负担真的太重了，我需要时间来放松一下。

——布莱恩，一位 17 岁的高三学生，在餐馆做勤杂工，每周工作 20~40 小时你可能会认为，美国青少年做着沉闷的工作，而且这些工作与他们未来的职业缺乏联系，所以这种工作对他们的发展有不利影响。有一些证据表明事实确实如此，但这在很大程度上取决于每周的工作时长。每周工作不超过 10 小时不会引起焦虑和抑郁等心理症状的增加。然而，每周工作 10 小时以上的青少年的心理症状迅速增加，每周工作 20 小时或以上的青少年的心理症状更加严重。

每周工作不超过 10 小时，对青少年的睡眠时间影响不大。但是，如果每周工作 10 小时以上，随着工作时间的增加，每晚的睡眠时间会随之稳步下降。研究还表明，每周工作超过 10 小时会破坏饮食和运动习惯。加拿大的研究报告显示，当青少年承担要求较高的工作时，他们每晚会减少一个小时的睡眠时间，并且几乎取消了所有的体育活动。

有些研究报告了关于工作和心理功能的积极结果。从事涉及学习新技能的工作与心理健康和自尊呈正相关。同时，在工作中学习新技能与更高的生活满意度有关。下面，我们将简要地探讨支持青少年工作的案例。

研究焦点

一项关于青少年和工作的纵向研究

明尼苏达大学的杰兰·莫蒂默（Jeylan Mortimer）及其同事进行的是青少年工作领域的较雄心勃勃的研究之一。他们研究的重点是工作与心理健康、高中后的教育及就业之间的关系。研究始于 1987 年，他们从明尼苏达州圣保罗市公立学校就读的 9 年级学生名单中随机抽取了 1000 名青少年作为样本。这些青少年在高中阶段及毕业后每年都会填写问卷——从 14 岁到 30 岁。他们的父母在孩子上 9 年级和 12 年级时也填写了调查问卷。

这项研究的亮点之一是保留率（retention rate），即第一年后继续参加研究的被试的百分比。在纵向研究中，保留率有时是个问题，因为人们会搬家、更换电话号码，或者没有寄回填好的问卷。保留率在本研究中尤为重要，本研究追踪了年轻人的整个成年初显期，而在这一阶段，许多人会频繁搬迁。在莫蒂默的研究中，参与者高中毕业 4 年后的保留率为 93%，8 年后的保留率为 78%。在正常情况下，8 年后有 50% 的留存率已经足够了。这项研究之所以能保持如此高的保留率，是因为研究者与参与者保持定期联系，以了解他们是否已经搬家或者计划搬家。

研究的纵向设计使莫蒂默及其同事能够深入了解工作对青少年发展的影响的重要方面。这个领域的关键问题之一是，工作是否会影响青少年的问题行为，尤其是在物质滥用方面。目前已经证实，工作的青少年报告了更多的问题行为，尤其是每周工作超过 10 小

保留率（retention rate）

纵向研究中，第一年后继续参加研究的被试的百分比。

时的时候。但这也引出了一个问题：是长时间工作导致了青少年的问题行为，还是有问题行为的青少年会选择长时间工作？莫蒂默及其同事以酒精使用为研究重点，发现那些长时间工作的青少年，在9年级时就已经有更高的酒精使用率，甚至早于开始长时间工作的时间。然而，他们也发现，长时间工作会加剧酒精使用的情况。

第二个相关的问题是，长时间工作的青少年在高中的酒精使用率较高，该模式是否会延续到高中毕业以后？同样，这个问题只能通过纵向研究，即从高中阶段开始长期追踪青少年来解答。莫蒂默及其同事发现，在高中毕业4年后，在20岁出头时，高中时工作时间长的初显期成人的酒精使用率并不比高中时工作时间短的初显期成人高。这并不是说工作时间长的青少年在成年后减少了酒精使用，而是其他青少年"迎头赶上"，在20岁出头时报告了更高的酒精使用率。

像这样的纵向研究需要大量的精力和耐心（更不用说大量的资金），但它们有助于揭示青少年和初显期成人的发展的复杂问题的因果关系。

工作和问题行为

学习目标7：描述工作如何引发青少年的问题行为。

上个星期，我把一条牛仔裤剪成短裤，我爸爸很生气，他说我在浪费钱。但我不在乎，因为我现在有工作了，我可以自己买衣服。我觉得自己更像个成年人了。

——科尼塔，16岁

在关于青少年和工作的研究中，一个显著而一致的发现是，工作的青少年更有可能使用酒精、香烟和违禁品，尤其是在他们每周工作超过10小时的情况下。然而，对于这意味着工作会导致更多的物质滥用，还是工作的青少年已经有了物质滥用的倾向，学者们有不同的看法。有学者认为，两者之间仅仅是相关关系。按照这种观点，每周工作超过10小时的青少年有物质滥用的倾向，但这种倾向甚至早在他们开始长时间工作之前就已经很明显了。与此相反，其他学者报告说，工作时间的增长先于物质使用的增长，这表明长时间工作会导致物质滥用的增加。但这些解释并不矛盾，两者都可能成立。工作时间相对较长的青少年可能已经有了物质滥用的倾向，而这种倾向可能会因为工作时间长而被进一步放大（关于这个问题的更多信息，请参见本章"研究焦点"一栏）。

美国并不是唯一存在兼职工作与问题行为的相关性的国家。芬兰的一项研究选取了有全国代表性的样本，参与者为15~16岁的青少年。该研究发现，每周工作20小时以上与很多类型的问题行为有关，包括故意破坏公物、酒后驾车和打架斗殴。每周工作超过20小时的青少年实施上述行为的可能性是其他青少年的两三倍。然而，由于该研究是横断设计而非纵向设计，因而无法确定是不是长时间工作导致了他们的问题行为。他们可能在工作之前就已经有了问题行为的倾向。

工作不仅与下班时间的问题行为有关，工作中的青少年也存在大量的工作行为偏差。格林伯格和斯腾伯格调查了他们称之为**职业偏差**（occupational deviance）的各种行为，这是他们对青少年和工作研究的一部分。他们请第一次参加工作的青少年在一份保密问卷上填写他们参与九种职业偏差行为的频率，比如，虚报病假和偷东西。总体来说，超过 60% 的青少年在受雇 9 个月后都至少有过一种职业偏差行为。

工作的青少年更有可能有物质滥用行为，比如吸烟。

这种行为看似很多，事实也确是如此，但请注意，这项研究只涉及青少年。成年人也会谎报病假、从工作场所带走不属于自己的东西等。仅从这项研究中，我们无从得知青少年是否比成年人更经常做这些事情。

尽管如此，综合研究结果，我们可以清楚地发现工作与青少年问题行为之间的关系。为什么会出现这种情况呢？职业偏差的成因似乎与其他类型的问题行为不同。关于职业偏差行为的成因，典型的青少年工作和工作环境的特征提供了可能的解释。工作内容通常枯燥乏味，青少年并不认为这些工作和他们将来要从事的职业有任何关系，所以他们很少对工作有投入感。如果在工作中被发现犯错，他们可能会被解雇，但谁会在乎呢？其他同类型的工作（即低技术、低工资的工作）还有很多，很容易就能找到。另外，青少年的工作场所很少有成年人的监督，青少年感觉不到与成年同事的密切关系，所以他们可能会觉得自己没有义务或责任去做有道德的事情。

关于工作的青少年物质滥用的比例较高的问题，正如我们已经讨论过的，有学者认为，物质滥用的倾向先于青少年工作的存在。不过，也有学者发现，与工作较少的青少年相比，工作压力大的青少年更容易有物质滥用问题。这表明，物质滥用可能是一种压力缓解方式，也进一步证明了工作与问题行为有因果关系，而不仅仅是相关关系。

同样重要的是，做兼职使青少年有更多的钱用于休闲。他们赚到的钱很少用于家庭生活支出或未来教育的储蓄，大部分用于为自己购置物品，随挣随花，如购买时髦的衣服和 CD 唱片、偿还汽车贷款、购买汽油和车辆保险、购买音乐会门票、看电影、外出就餐，以及购买酒精、香烟甚至违禁品。青少年倾向于将工作中赚到的钱用于追求美好时光，对其中一些人来说，这些美好时光里包括物质滥用。

职业偏差（occupational deviance）

与工作场所有关的偏差行为，比如偷东西。

支持青少年工作的案例

学习目标 8：归纳工作对青少年发展的积极影响。

杰兰·莫蒂默（Jeylan Mortimer）和她的同事认为，反对青少年工作的理由被过度强调了，实际上，支持青少年工作的理由也很充分。虽然莫蒂默自己的一些研究发现了一些问题行为与青少年工作有关，但她认为，总体来说，青少年工作利大于弊。

根据她的研究，青少年在工作中得到了许多收获。如表 11-1 所示，大部分人在工作中看到的是好处而不是问题。他们认为，自己从工作中获得了责任感，提高了理财能力，更好地培养了社交技能，学会了更好地管理时间。超过 40% 的青少年认为，工作帮助他们训练了新的职业技能，这与工作沉闷无聊的描述形成了鲜明的对比（尽管我们可能注意到，40% 的比例虽然可观，但仍然是少数）。莫蒂默还认为，在工作场所与成年同事建立良好的人际关系，是青少年应对充满困难和压力的家庭环境影响的保护性因素。

表 11-1　青少年指出的就业收益和成本的百分比

	男孩	女孩
收益		
责任心	90	80
理财能力	66	57
社交技能习得	88	78
工作经验 / 技能发展	43	42
职业道德	73	68
独立性	75	78
时间管理	79	75
了解生活 / 规划未来	26	29
问题		
空闲时间减少	49	49
成绩降低	28	25
家庭作业时间减少	48	49
上课时间思考工作	78	11
疲劳	51	45

莫蒂默及其同事承认，近半数的青少年报告说，工作使他们减少了做家庭作业的时间，超过四分之一的人认为工作对他们的成绩产生了消极影响，从表 11-1 中可以看出这一点。然而，莫蒂默认为，大部分工作的青少年减少的学习时间主要是他们原本看电视的时间。根据她的观点，美国青少年花在家庭作业上的时间原本就很少了，工作对他们的学习成绩影响不大。她还认为，各项研究没有发现青少年工作与学业成绩之间存在一致性关系，即使是在每周工作 20 小时以上的青少年中也是如此。

我的判断是，反对青少年每周工作超过 10 小时的理由很充分。每周工作 10 小时以上会在各个方面持续引发大量问题。即使是莫蒂默的数据也表明，青少年认识到工作对他们的学习成绩有负面影响，而且有足够多的研究表明工作时间长和成绩表现差之间的关系，这使得反对的理由非常令人信服。另外，每周工作超过 10 小时会导致更多的物质滥用，这一点几乎没有争议。不过，莫蒂默的研究提醒我们，工作对青少年发展的影响是复杂的，它也确实为青少年带来了某些好处。

批判性思考

美国青少年显然更喜欢工作，尽管工作通常是枯燥的，而且经常与消极结果有关（尽管也有一些积极结果）。考虑到这种情况，你会支持还是反对国家立法将青少年（18岁以下）的工作时间限制在每周 10 小时以内？请从青少年期和成年初显期发展的角度说明你的答案。

从上学、兼职到"真正的工作"

正如我们所观察到的，很少有美国青少年把他们的兼职工作看作是他们成年后事业的开端。服务员、洗碗工、草坪修剪工、售货员等，这些工作可以为丰富休闲生活带来充足的资金，但一般来说，青少年视之为临时的、暂时的工作，而不是构成长期职业的基础。只有在青少年完成学业——有些人是高中毕业，有些人是大学或研究生毕业后，才会有全职的"真正的工作"。下面让我们来看一看青少年工作的转换。首先来看看高中毕业后立即从事全职工作的人的情况，然后看看大学或研究生毕业后才向全职工作转换的人的情况。

为高中毕业后的工作转换做准备

学习目标 9：识别青少年需要学习的技能，以便为在当今经济中的工作做好准备。

虽然从 20 世纪以来，美国青少年高中毕业后上大学的比例稳步上升，目前已接近 70%，但仍有超过 30% 的青少年在高中毕业后开始全职工作，而不是进入大学。在大多数欧洲国家，中学毕业后立即进入工作岗位的比例更高。这些青少年的工作前景如何？他们又是如何顺利实现从学校到职场转换的？

1987 年，威廉·格兰特基金会召集了一批优秀学者和公共政策官员，要求他们解决美国青年面临的这一发展问题。他们编写了一份影响深远、被广泛阅读的报告，题为《被遗忘的一半：未进入大学的美国青年》（*The Forgotten Half: Non-College Youth in America*），该报告分析了被遗忘的一半（the forgotten half），也就是没有上大学的美国青年，并提供了一系列政策建议，以促进青少年从高中到职场的成功转换。

报告首先介绍了美国经济在过去几十年的变化，尤其关注制造业的工作岗位（如钢铁厂或汽车厂的工作）的流失，这些工作曾经为非技术工人提供了高薪工作。"快速变化的经济在服务业和零售业创造了数百万个新岗位，但薪资待遇只有典型制造业岗位的一半，"报告称，"曾经，制造、通信、交通、公用事业和林业等领域向高中毕业的年轻人提供稳定、高薪的就业岗位，这些工作岗位现在却在迅速减少。对于男性高中毕业生来说，这些高薪行业的就业率

被遗忘的一半（the forgotten half）
近一半的美国青年在高中毕业后就进入职场，而不是上大学。

通常，直接在工作场所向青少年传授技能是非常有效的。

明显下降，从 1968 年的 57% 下降到 1986 年的 36%。"由于高薪工作岗位数量锐减，1973 年到 1986 年间，20~24 岁的男性高中毕业生的平均收入实际下降了 28%（排除通货膨胀影响）。辍学者的收入下降幅度更大，降幅高达 42%。威廉·格兰特基金会将解决这个问题的建议分成两类：高中阶段更好的职业准备和政府职业培训计划。

基金会的报告发表于 1988 年。后来情况又发生了什么变化？ 1998 年，基金会发表了一份后续跟踪报告，题为《重访被遗忘的一半》（*The Forgetten Half Revisted*）。这份报告的结论是，在基金会最初的报告发表后的十年里，"被遗忘的一半"的工作前景变得更糟，而不是更好。没有上大学的年轻人"收入持续下降，生活期望值不断下降"。

同样是在 20 世纪 90 年代末，经济学家理查德·默内恩（Richard Murnane）和教育学家弗兰克·利维（Frank Levy）出版了一本著作，名为《传授新基本技能：教育儿童变化经济中苗壮成长的原理》（*Teaching the New Basic Skills: Principles for Educating Children to Thrive in a Changing Economy*），旨在研究"被遗忘的一半"需要的工作技能的变化。

默内恩和利维观察了大量工厂和办公室，以获知有关现在的高中毕业生可以获得的岗位类型和岗位技能要求。他们并非着眼于那些不需要太多技能、工资又低的常规工作，而是聚焦于高中毕业生在变化经济中能获得的最有前途的新岗位，这些工作提供了职业发展的希望和中产阶级薪金的前景。他们的结论是，要想在这些新岗位中取得成功，必须具备六项基本技能：

- 阅读能力达到九年级水平或者更高；
- 数学能力达到九年级水平或者更高；
- 解决半结构性问题的能力；
- 口头和书面的有效沟通能力；
- 使用电脑处理文字和其他工作的能力；
- 在不同团体中合作的能力。

好消息是，默内恩和利维指出的所有新基本技能（the new basic skills）都是青少年可以在离开高中前学会的；坏消息是，目前许多高中毕业的美国青少年没有充分掌握这些技能。默内恩和利维重点关注阅读和数学能力，因为这两项能力的数据最多。他们的结论是，数据显示了"一幅发人深省的图景：接近一半的 17 岁青少年无法达到工作岗位要求的阅读或数学水平"。

新基本技能（the new basic skills）
默内恩和利维提出的高中毕业生在新的信息经济环境下获得好工作所需要掌握的技能。

具备这些能力的另一半人同时也是最有可能上大学而不是寻求全职工作的青少年。能力水平不足会造成恶性循环。雇主对雇用高中毕业生从事新岗位工作持谨慎态度，因为雇主对这些毕业生的能力毫无印象；青少年意识到高中文凭不足以帮他们找到好工作，因而缺乏在学校里好好学习的动力；他们的技能缺乏强化了雇主的认知，认为雇用高中毕业生是不明智的。在最近的一本书中，默内恩和利维关注了越来越重要的计算机技能，再次得出结论：高中未能提供青少年在新经济环境下取得成功所必需的知识。其他相同研究主题的著作也提出了类似的论点。

当然，这并不意味着当前的状况无法改变。学校应该要求高中生在毕业时阅读和数学能力达到九年级以上的水平，确保学生具备"解决半结构性问题"以及"口头或书面有效沟通能力"也是高中理应所有的目标和责任。计算机技能应用是学校课程中日益增加的部分，不仅仅是从高中阶段，而是从小学开始训练。在不同团体中合作的能力也是一种可习得的技能，当然，在学校进行这方面的练习有助于促进这种技能的发展。总而言之，默内恩和利维的研究结果表明，高中和职业培训项目的管理者修改课程设置以适应新知识经济的要求，这种做法是明智之举。

教育青少年适应 21 世纪经济的需要

学习目标 10：总结未来十年就业可能增长最强劲的领域，并描述各国为帮助青少年做好就业准备的各种方法。

21 世纪的经济很可能是各国都继续从以制造业为主向以知识经济转型，在这种环境下，大部分工作都要求青少年和初显期成人掌握一些别人不会的技能。图 11-1 显示了美国各个领域的就业增长趋势。总体来说，医疗保健是未来十年间预计就业增长最强劲的领域。

默内恩和利维的研究主要关注美国的情况，除了他们的研究以外，国际上也在进行大量的思考、研究和分析，以寻找帮助青少年做好未来工作准备的方法。费南多·雷莫尔斯（Fernando Reimers）和宗毓华（Connie

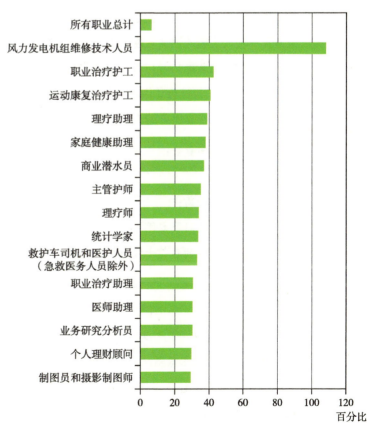

图 11-1　2014—2024 年间增长最快的职业

Chung）最近的一本著作中研究了六个不同的国家——智利、中国、印度、墨西哥、新加坡和美国——如何定义年轻人在工作岗位上所需要的核心能力和技能，以及他们如何调整学校课程以培养这些能力和技能。各国之间存在许多差异。比如，印度比其他国家投入更多的资源帮助青少年获得基本的识字和计算能力，因为它目前是六国中最不发达的国家，教育体系也最薄弱。不过，所有国家都有一个共识，即未来的经济是知识经济，所有国家都需要在教育领域投入更多资源，这样才能在未来实现繁荣。

美国的职业培训

学习目标 11： 描述工作志愿队计划，并总结对其有效性的研究。

尽管人们很关注高中毕业生缺乏足够的工作技能，但目前还没有能够协调好工作场所的要求（例如，上文的"新基本技能"）与学校教育的系统。不过，小规模的学徒项目已经初见成效。例如，康奈尔大学的斯蒂芬（Stephen）和玛丽·埃格尼丝·汉密尔顿（Mary Agnes）设计了一个项目，为高中二年级学生提供三个领域的学徒机会：行政管理和办公技术、卫生保健、制造和工程技术。该项目在以工作为基础的学习和学业成就方面取得了良好的效果。然而，美国青少年很少有机会参与这种项目。

美国也有针对初显期成人的职业培训计划。最大的政府职业培训项目就是工作志愿队，该项目始于 1964 年，目前每年在全美低收入地区的 122 个中心为 6.2 万名 16 至 24 岁的新参与者提供服务。一项大规模的评估发现，工作志愿队项目能够有效改善未上大学的初显期成人的职业前景。将工作志愿队参与者与对照组的非参与者进行比较，后者也申请了该计划，但出于资金限制而未能获得参与机会（因此，他们的工作培训动机与项目参与者相似）。结果表明，与对照组相比，参加工作志愿队的人在四年后收获了许多益处，包括：

- 每周被雇佣的时间更长；
- 每周挣得更多；
- 读写和计算能力提高；
- 更有可能获得一般同等文凭（42% 的参与者获得文凭，对照组为 27%）；
- 更少被逮捕（29% 的参与者被逮捕，对照组为 33%）。

工作志愿队是一个投入巨大的项目，部分原因在于参与者在接受教育和职业培训时的食宿开支。然而，研究发现，在工作志愿队上花费的每 1 美元都会带来 2.02 美元的回报，包括更高的收入、为更高的收入带来的税收、为司法部门和福利等领域节省的公共开支。尽管如此，有些批评者认为，工作志愿队的目标可以通过更低成本的项目实现。一个名为青年构建（Youth Build）的新项目，让青少年参与建造和翻新房屋，同时帮助他们获得高中文凭或一般同等文凭。该项目声称其效果与工作志愿队类似，但每个参与者的投入都更少。但是，青年构建尚未像工作志愿队那样进行纵向对照组研究检验。

还需要注意的是，即使每年有 6 万人参加工作志愿队，看似受众众多，但这也只是 2000 万 16~24 岁的美国人中的一小部分，其中数百万人是"被遗忘的一半"的低收入成员。工作志愿队——以及其他所有美国的职业培训项目合在一起——也不及许多欧洲国家那种全国性的从学校到工作的计划。

西欧的学徒制

学习目标 12： 识别欧洲学徒制项目的主要特点。

如果有一个面向所有青少年的连贯一致的全国性项目，将学校的课程与雇主的需求协调起来，并聚焦于直接助力长期职业发展的职场培训，那情况会如何？我们不需要运用想象力就能找到答案。西欧国家很早就开始实施这样的项目了。

西欧的工作准备计划主要是学徒制。在**学徒制**（apprenticeship）中，青少年"初学者"根据合同服务于在某一职业中具有丰富经验的"师傅"，通过在师傅的指导下工作，初学者可以学到成功进入该职业所需的技能。虽然学徒制最早起源于几个世纪之前的手工艺行业，如木工和铁匠，但如今，学徒制被用于多种职业的准备过程，从汽车修理工和木匠到警察、计算机技术人员及儿童保育员。在西欧学徒制非常普遍，中欧和北欧尤其兴盛。例如，德国的学徒制项目涵盖了超过 60% 的国内 16~18 岁青少年，瑞士的学徒制项目囊括了大约三分之一没有上大学的中学毕业生。本章的"文化焦点"部分提供了德国学徒制项目的更多信息。

学徒制在一些欧洲国家很常见。图为法国的一名建筑师和学徒正在进行建筑规划。

学徒制项目的共同特点是：

- 16 岁时开始学徒，学徒期为 2~3 年；
- 在学徒期间半工半读，学校课程与学徒培训内容密切相关；
- 在工作场所真实的工作条件下进行培训；
- 为一份受人尊敬的、收入足够的职业做准备。

这种项目需要学校和雇主之间密切协调，以便青少年学徒期间在学校学到的东西能够补充和强化在工作场所学到的东西。这意味着，学校要就工作场所所需的技能与雇主协商，雇主要为青少年学徒提供机会和指导他们的师傅，让他们在师傅手下工作。在欧洲，雇主认为这么做是值得的，因为学徒制为他们输送了技能达到入职要求的员工。最近，两位美国社会学家提议

学徒制（apprenticeship）

欧洲常见的一种职业培训方案，即青少年"初学者"根据合同为在某一行业有丰富经验的"师傅"服务，通过在师傅的指导下工作来学习进入该行业所需的技能。

采用欧洲的学徒制，认为学徒制能更好地让青少年为 21 世纪的职场做好准备。然而，在欧洲，从学校到工作有一条完整的路径，这是经过几十年甚至几百年才建立起来的，在一个从未出现过学徒制度的国家，尤其像美国这样幅员辽阔、人口众多的国家，很难建立起同样的制度。

> **批判性思考**
>
> 　　欧洲的学徒制似乎效果不错，但这要求青少年在十几岁时就做出职业选择，比美国社会的典型做法要早得多。你认为学徒制要求他们这么早做出决定合理吗？或者你是否更喜欢美国的制度，即允许青少年经过较长的探索期——直到成年初显期再做决定？这是哪种制度对发展更好的问题，还是一个价值观不同的问题？

　　此外，尽管欧洲的"从学校到工作"制度比美国的制度有一些优势，但也有一些劣势。教育心理学家斯蒂芬·汉密尔顿（Stephen Hamilton）比较了美国和欧洲的制度，按透明度和渗透性对两者进行了区分。透明度是汉密尔顿的术语，指的是从教育系统到劳动力市场的路径的清晰程度。在透明度高的体系中，各种职业的教育和培训的要求很清晰，年轻人从小就能充分了解自己应该掌握哪些能力。渗透性是指在教育体系内变更方向的难易程度。在渗透性高的系统中，人们可以轻易终止一条教育/职业路径，转入另一条路径。

　　美国的制度透明度低，渗透性高。即使是在成年初显期，大部分美国人还是不太了解如何获得今后工作所需的教育或培训，但在需要时可以很轻易地进入大学或者转换路径。相比之下，欧洲的制度透明度高，但渗透性低。欧洲的青少年知道今后工作需要的教育和培训，但一旦他们选择了一条路径——就像他们在只有十四五岁时被要求做的那样，制度让他们很难转换路径。目前，欧洲的制度正在提高渗透性，因为初显期成人的选择越来越多，人们越来越认为传统的制度太不灵活，无法应对当今快速变化的知识经济。

文化焦点

德国的学徒制项目

　　"安娜在一家大型（德国）制造公司的学徒期只有几个月就要期满了。17 岁时，安娜已经在公司的会计、采购、库存、生产、人事、市场、销售和财务部门工作过，并在学校学习了这些工作的相关技能。最近有消息说，公司打算给她增加 18 个月的电子数据处理培训，然后再正式聘用她，她对此非常有热情。她已经是熟练可靠的员工了，主管休假的时候，她已经顶替其处理了两个星期的成本核算工作。"

　　该案例摘自康奈尔大学发展心理学家斯蒂芬·汉密尔顿所著的一本关于德国学徒制的书。汉密尔顿在书中介绍了德国的制度，并就如何在美国建立类似的体系提出了建议。

　　德国的学徒制以各种形式存在了几百年。目前，超过 60% 的 16~18 岁的德国青少年都是学徒，学徒制成为中学最后几年的最常见的教育形式，也是从学校到工作的主要路径。

正如安娜的例子所说明的那样，学徒制培养的年轻人不仅仅是商业或熟练的技术工人，还包括专业人才和管理人才。年轻人通常要在项目中学徒三年，这期间，他们每周在职业学校学习一天，其他四天则在学徒制岗位上实习。一半以上的学徒在学徒期满后至少会在培养他们的公司工作两年。

雇主支付学徒所有的培训费用，此外，在学徒期间还向学徒支付一定的工资。大约10%的工业和商业公司（如保险公司或银行）和40%的工艺品企业参加了学徒项目。雇主参与学徒制的动机是什么呢？部分原因是德国的文化传统，还有部分原因是，一旦学徒掌握了工作技能，雇主将在学徒期的剩余时间里获得相对廉价的劳动力，并在学徒期结束后获得训练有素的员工。

汉密尔顿的民族志研究证明了德国学徒制的有效性。学徒在工作中有许多学习的机会，他们在工作中学到的技能与在学校所学的知识相协调，强化了学校的所学内容。由于意识到在学校里获得的知识在工作场所会有直接的、即时的应用机会，他们在学校里学习的积极性就会增强。青少年与负责指导他们并为他们提供学徒机会的成年人紧密合作，学徒期间他们要轮转许多不同的岗位，这样他们就能掌握大量的技能。此外，汉密尔顿还指出："德国的学徒制不仅仅是一个培训项目，旨在传授与特定工作相关的知识和技能，它还是一种普通教育的形式，也是使青年走向成年的社会化机构。"

这样的制度在美国行得通吗？目前在美国的有些地方已经有了类似的体系，但数量稀少——不到5%的青少年在高中毕业后参加了学徒制项目。学徒制需要政府的大量资助来协调学校和雇主。它还需要青少年更早地决定职业道路：他们必须在15岁或16岁时做出决定，而不是推迟到高中毕业之后。

然而，学徒制的好处是巨大的。年轻人会比现在更好地做好职场准备。对他们来说，学校的功课将不那么枯燥，而是与他们的未来有更明确的关系。汉密尔顿等人目前正在美国开展小规模的学徒制项目，如果能证明这些项目确实有好处，那么人们对全国性的学徒制度可能更加热情。

职业选择

在与同伴聊天的过程中，我越来越觉得，没有什么地方可以让我感受到激情。和许多其他人一样，我的职业决策基于以下原因：对和人们一起工作的持久兴趣、需要一份长期职业来支付账单，以及一天结束时的成就感。一位朋友曾经套用小说家弗雷德里克·布希纳的话对我说："你的位置就是世界上最需要你的地方与你最大的爱合二为一。"虽然世界上的需求是无限的，我们如何找到自己的兴趣也有很多不同的路径，但这个准则是我听到的最好的、最通用的职业决策建议。

——埃米莉，大学三年级学生

正如我们在本章开始所探讨的，前工业化传统文化中（以及历史上的西方文化中），青少年与父母一起工作——男孩与父亲及其他男人一起工作，女孩与母亲及其他女性一起工作——做着成年人做的事情。因为这种文化中的经济通常比较单一，所以可供选择的"职业"很少。男孩学习男人做的事，不管是打猎、耕种还是其他什么，女孩学习女人做的事，通常是照顾孩子和操持家务，也许还有一些采集、园艺或其他工作。这种安排让人有一定的安全感——你知道自己成年后会承担有用的、重要的工作，在成长过程中会逐渐学会所需的技能。另一方面，它也有一定的狭隘性和局限性——如果你是男孩，你就必须做男人的工作；如果你是女孩，你的角色需要你学会照顾孩子和打理家务，不管你个人的喜好和天赋如何。

今天，发达国家的青少年面临着不同的抉择。发达国家的经济惊人的复杂和多元化。这意味着，作为一个青少年或初显期成人，你可以从大量可能的职业中进行选择。然而，每个青少年都必须在所有这些美妙的多元化选择中找到自己的位置。而且即使你做好了决策，你也得祈祷你想要的职业对你来说是可以实现的。想成为医生、兽医、音乐家和职业运动员的年轻人的人数众多。

现在，让我们来看看美国青少年进行职业选择的发展模式以及其中的各种影响因素。

职业目标的制定

学习目标 13：总结苏帕的职业发展理论并分析其局限性。

尽管儿童和青少年可能有职业梦想——幻想成为著名的篮球运动员、歌手或电影明星，但他们在青少年期，尤其是成年初显期，往往会开始对职业目标进行更审慎的思考。初显期成人必须在教育和职业准备上做出决定，这将对他们的成年生活产生长期的潜在影响。

由唐纳德·苏帕（Donald Super）提出的职业目标发展理论是最有影响力的。苏帕的理论认为从青少年期开始，一直到成年期，人们的职业目标经历了以下五个发展阶段。

- **明确阶段**，14 至 18 岁。在这个初始阶段，青少年不再幻想，而是开始考虑自己的才能和兴趣如何匹配现有的职业。在这一时期，他们可能会开始搜寻自己感兴趣的职业信息，也许会与家人和朋友讨论各种工作的可能性。此外，青少年开始确立自己的信仰和价值观，这有助于指导他们的职业探索，因为他们会考虑各种工作是否支持或违背这些价值观。

- **细化阶段**，18 至 21 岁。在这个阶段，职业选择变得更加集中。例如，一个年轻人在明确阶段决定寻找有关儿童的职业的信息，现在可能决定是否成为儿童心理学家、教师、日托工作者或儿科医生。在决策过程中，人们通常会像在明确阶段一样，寻找有关这些职业的信息，但更多的是关注具体的职业，而不是一个宽泛的领域。该阶段通常还包括开始接受从事理想职业所需的教育或培训。

- **实现阶段**，21 至 24 岁。在这一阶段，人们完成了在细化阶段开始的教育或培训，并进入工作岗位。这可能意味着年轻人必须调整他们想做的工作和能做的工作之间的差距。例如，你可能接受的是成为一名教师的教育，但在毕业后发现，教师的人数超过了现有的工作岗位的数量，因此你最终决定在社会服务机构或企业工作。

- **稳定阶段**，25 至 35 岁。这是年轻的成年人稳定自己的职业的阶段。最初在工作中摸爬滚打的时期结束了，他们在工作中变得更加稳定和老练。
- **巩固阶段**，35 岁及以后。从这个阶段开始，职业发展意味着不断获得专业知识和经验，随着专业知识和经验的增长，人们努力晋升到更高的职位。

尽管该理论仍然影响着学者们对职业发展的思考以及职业顾问对年轻人提供的建议，但并不是每个人都符合该理论描述的模式，当然人们的发展也可能和这些确切的年龄对应。因为对于越来越多的人来说，教育已拓展到 20 多岁，因此，从 25 岁左右而不是 20 岁出头进入实现阶段是很正常的。更重要的是，职业发展遵循苏帕理论中描述的那种贯穿生命历程的线性路径的情况越来越少见了。越来越多的人在工作生活过程中，不仅仅从事一种职业或工作，而是拥有两种或以上的职业。当今绝大部分青少年和初显期成人至少会改变一次职业方向。此外，对于女性和越来越多的男性来说，平衡工作和家庭目标可能意味着在必须照顾年幼子女的那几年里要请假或至少减少部分工作时间。

苏帕等人的职业发展理论没有考虑到妇女经常关心的各种问题。传统的理论认为，职业发展遵循单一的路径。然而，这种假设忽略了一个事实，即西方社会中的大多数妇女都过着双重职业生活——除了她们所从事的家庭外的职业，她们还担任着家庭主妇和母亲这种"第二职业"。大多数妇女都会有这样一个时期：那段时间她们有一个或多个年幼的孩子，花在家庭主妇/母亲角色上的时间与花在有偿职业上的时间一样多，甚至更多。而在孩子成长的那些年里，女性面临着如何整合两种角色的挑战，压力比男性大得多，因为即使在现在的西方文化中（东方文化和传统文化也一样），女性也承担着照顾孩子的主要责任。因此，忽视这种角色融合的挑战的职业发展理论不符合当今成年初显期妇女可能经历的职业路径。

对职业目标的影响

学习目标 14：总结霍兰德的职业选择理论并分析其局限性。

职业发展理论为青少年和初显期成人如何在工作生活中取得进步提供了大体框架。但是，年轻人如何在众多的职业中做出选择？哪些因素影响了他们的决定？这方面的研究数量众多，尤其侧重于人格特征和性别的影响作用。

人格特征　在允许人们自己进行职业选择的文化中，影响职业选择的一个因素是个人对某种职业是否适合其个性的判断。人们会追求与自己的兴趣和才能相适应的职业。一位有影响力的理论家约翰·霍兰德（John Holland），研究了各类职业工作者以及渴望从事这些职业的青少年的典型人格特征。霍兰德的理论描述了六种与未来的职业相匹配的人格类型。

- **现实型**：精力充沛，有实际的解决问题方法，社会理解能力稍有不足。最佳职业：从事与体力活动、实际应用知识有关的职业，如农业、卡车驾驶和建筑业等。

- **研究型**：高度重视概念性和理论性思维，喜欢思考问题而不是应用知识，社交能力稍有不足。最佳职业：数学、科学等学术领域的职业。

- **社会型**：语言能力和社交能力较强。最佳职业：与人打交道的职业，如教师、社会工作、咨询等。

- **传统型**：认真听从指挥行事，不喜欢无序的活动。最佳职业：责任明确、领导力要求低的职业，如银行出纳或秘书。

- **企业型**：言语能力、社交能力、领导能力强。最佳职业：销售、政治、管理、企业经营。

- **艺术型**：内敛、想象力丰富、敏感、不拘一格。最佳职业：绘画或写小说等艺术类职业。

你大概会发现这几种类别有部分重叠。显然，它们并不相互排斥。一个人可以既有艺术才能，又有一些社交能力；也可以既有研究能力，又有企业型才能。霍兰德并没有说所有人都只能归入某种明确的类型。然而，他和其他研究者认为，大多数人如果能够找到适合他们的人格特征，又允许他们表达和发展这些能力的职业，那么他们会感到最快乐，也最可能成功。职业顾问会使用霍兰德的理论来帮助青少年深入了解可能最适合他们从事的职业。被广泛使用的斯特朗 - 坎贝尔（Strong-Campbell）职业兴趣问卷就是基于霍兰德的理论设计出来的。

护理等职业仍然是高度性别隔离的。

请注意使用这种方式理解职业选择的局限性。在任何一种特定的职业中，你很可能会发现从业者的人格特征存在相当大的差异。例如，想一想你认识的教师，你可能会发现他们的人格特征千差万别，即使他们会有一些共同的人格特点。他们不同的人格特征可能使他们在工作中具备不同的优点和缺点。所以，可能并不是只有一种人格特征类型适合某种职业。

同样，任何人的个性都可以很好地适应多元化经济中的许多岗位。由于大多数人的个性太过复杂，无法被确切地归类为单一类型，因此不同的职业可能在某个人身上表现为不同的优点和缺点的组合。因此，一定程度上，评估自己的人格特征可能会限制你的职业领域范围，但对于发达国家的大多数人来说，仍然会有大量的职业可供选择。

性别　性别对工作选择有很大影响。在第 10 章中，我们讨论了性别与大学专业选择之间的关系，这种关系也同样存在于职场。虽然在 20 世纪，年轻女性的就业比例急剧上升，现在

18~25 岁的女性和年轻男性一样有可能就业，但实际上有些岗位仍然主要向男性开放，有些工作则仍主要由女性承担。主要由女性从事的工作集中在服务行业，例如，教师、护士、秘书和儿童保育员；主要由男性从事的工作包括工程师、药剂师、外科医生和计算机软件设计师。一般来说，女性的工作往往是低薪和低社会地位的，而男性的工作往往提供高薪和高社会地位。近年来，这种模式发生了一些变化，例如，现在女性和男性一样可能成为律师和医生。然而，事实证明，在许多工作中，性别差异仍然是非常稳定的。即使是在社会地位较高的职业中，女性也往往是地位较低、收入较差的职位，例如，女性更有可能成为家庭医生而不是外科医生。

现在女性的总体教育程度超过了男性，为什么在择业方面的性别差异依然存在？性别社会化当然是其中的部分原因。儿童很早就学会了有些工作适合男性或女性，就像他们学习性别角色的其他方面一样。当年轻人到了选择职业方向的年龄时，他们的性别认同已经确立，并对他们的工作选择产生了强大的影响。一项针对成年初显期女性的研究发现，即使是有数学天赋的年轻女性，也往往会避开信息技术（IT）领域，因为她们认为信息技术是由男性主导的，这种观念反过来又延续了男性对信息技术的主导地位。同样，荷兰的一项研究发现，年轻女性会避免涉足计算机科学领域，因为她们认为其他人会觉得从事计算机科学的女性缺乏吸引力。

性别的另一个重要影响是，女性在成年初显期就预见到了平衡工作和家庭角色所面临的困难，这也影响了她们的工作选择。长期以来，妻子花在家务上的时间比丈夫多得多，特别是当夫妻有年幼的孩子时。虽然现在男性比前几代人更多地参与育儿工作，但妻子仍然比丈夫做更多的家务，即使两个人都从事全职工作。社会学家将其称为**第二次转换**（second shift），它指的是女性完成职场工作转换后必须完成家务劳动的转换。

> **批判性思考**
>
> 即使妻子和丈夫工作时间一样长，但她们通常最终还是要承担大部分家务并且照顾孩子，你如何理解这种现象？你认为这种情况在目前这一代初显期成人中可能会改变吗？

虽然还是初显期成人，但年轻女性往往已预料到自己面临职员、妻子和母亲的角色带来的困难。这种认知影响了她们的职业选择，使她们很少选择要求高、耗时长的工作，即使这份工作报酬高，工作内容有趣，并且她们有这方面的才能。她们也预料到，她们会在某个时候离开职场，专心照顾年幼的孩子。例如，一项研究调查了商科专业的大学毕业生未来的工作和家庭计划。这些年轻女性希望全职工作共 29 年，比她们的男同学少了近 8 年。就算这些年轻女性选择主修商科——一个传统上的"男性职业"，她们也期望能在一段时间内远离职场，好照顾年幼的孩子。

第二次转换（second shift）
女性完成职场工作转换后必须完成家务劳动的转换。

相比之下，年轻男性远离职场来抚育幼儿的情况极为罕见。即使在欧洲国家，政府愿意为休一年产假的父母支付 100% 的工资，也很少有年轻男性愿意这样做。然而，这并不意味着这种模式永远不会改变。女性进入职场的历史还比较短——不到 50 年，性别角色已经发生了许多巨大的变化，这在半个世纪前是难以预料的，这些变化还在继续。现在，年轻男性会把与家人相处的时间放在比高社会地位或高薪工作更优先的位置，在与家人相处方面他们比更年长的男性花的时间更长，与年轻女性几乎持平；此外，技术驱动的工作变化使越来越多的工作可以在家里完成或灵活地轮班，这可能使男性和女性更容易成功地平衡工作和家庭的需求。

成年后的工作

我并没有真正选择我的工作（作为银行出纳员），是它选择了我。因为我需要钱，我当时很穷，而这个工作给的工资很高。但我讨厌这个工作！这里没有发展的机会，我想去医疗保健或时尚行业做点什么。

——温迪，25 岁

一开始我学的是新闻专业，然后我在一家幼儿园找到了一份兼职。他们让我去教一个三岁小孩的班，我做了，也很喜欢，我想："你知道的，这就是我应该做的事情。"所以我就把专业改成了教育。我喜欢教书。我无法想象我会做任何其他工作。

——基姆，23 岁

由于大多数美国人从十几岁就开始工作，所以到了成年初显期，工作对他们来说并不陌生。他们习惯了申请岗位，学习处理新工作的诀窍，并在每个发薪期领取支票。然而，成年初显期风险更大，因为现在他们开始寻找那些将构成他们的成人职业的基础的工作。此外，对于青少年来说，工作通常是兼职性的、可有可无的，但对于初显期成人来说，特别是对于完成学业的那些人来说，他们希望得到工作，但工作可能很难找。

寻觅、规划、漂泊、挣扎

学习目标 15：描述初显期成人找工作的典型经历。

在成年初显期，仅仅有一份工作是不够的。大多数高中生不指望他们的工作能够为他们提供成年后从事各种工作的基本技能。他们只是想找一份能够带来足够收入的工作，让他们能够过上丰富的休闲生活。相比之下，大多数初显期成人都在寻找一份能够变成职业的工作，一份长期的职业，一份不仅能够带来薪水，而且能够提供个人成就感的工作。简而言之，他们开始寻找基于身份认同的工作。

初显期成人的工作重点是身份认同问题：我到底想做什么？我最擅长什么？我最喜欢什

么？我的能力和愿望如何与现有的各种机会相匹配？初显期成人在思索自己想做什么样的工作时，也在思索自己是一个什么样的人。在成年初显期，随着他们尝试各种工作，他们开始回答上述的身份认同问题，他们对自己是谁以及最适合什么工作有了更好的认识。

许多青少年在高中时就有关于想从事什么样的职业的想法。这种想法往往会在成年初显期消失，因为他们有了更明确的身份认知，发现他们高中时期的愿望与之并不一致。许多人寻找另一种确实符合他们身份认同的工作，一种他们真正喜欢并想做的工作，以取代高中阶段的计划。

对于大多数美国初显期成人来说，寻找合适的工作至少需要几年的时间。通常，要找到稳定、长期的工作，他们需要走过漫长而曲折的道路，途中要经历许多短期、低薪、沉闷的工作。美国人在 18 岁至 30 岁之间平均要从事 10 种不同的工作。

一些初显期成人在寻找预期的长期职业时会进行系统的探索。他们思考自己想做什么，尝试该领域的工作或选择相关的大学专业，看看是否适合自己。如果不适合，他们就会尝试转入另一条职业路径，直到找到更喜欢的事情。但对于其他很多人来说，用"探索"这个词来形容他们从青少年期到二十岁出头的工作历程未免太宏大了。在通常情况下，他们的工作经历并不像"探索"一词所暗示的那样系统化、组织化、目标明确，"曲折"可能是一个更准确的词，或者"漂泊"，甚至"挣扎"。他们的最终目标是找到一份自己喜欢的、符合自己兴趣和能力的职业，但实际上所有人在青少年期和二十岁出头的时候都做过很多工作，而这些工作与这个目标几乎毫无关系。对于许多初显期成人来说，成年初显期的工作仅仅意味着能带来支付账单的收入，一旦有更好的工作出现他们就立刻更换。在加拿大和西欧国家，初显期成人更换工作、失业和兼职工作也很常见。

许多初显期成人表示，他们并没有选择他们目前的工作，只是有一天他们发现自己身在其中，就像一个球在坑坑洼洼的地面上随便滚动，直到落进某个洞里。在我对初显期成人的访谈中，"我就是掉进去了"是他们描述如何找到现在的工作时经常使用的一句话。在大多数情况下，随便找到一份工作的初显期成人同时也在寻找其他的工作。随便找到的工作很少能契合自己的身份认同，使工作令人完全满意。大多数初显期成人都想找到这种契合的工作，任何无法提供身份认同的工作都被视为通往目标的中途站。

即使是对于二十岁出头就在各种工作中迂回或漂泊，而不是系统地探索各种职业选择的初显期成人来说，尝试各种工作的过程往往也能帮助他们找到自己想做的工作。当你从事一份前途黯淡的工作时，至少你会发现自己不想做什么。你也可能会发现，工作不仅仅是为了领薪水，即使能挣钱支付账单，你也不愿意长期做枯燥而又无意义的事情，你愿意继续寻找，直到找到有趣的、令人愉快的工作。还有一种可能是，当你在各种工作中漂泊时，你可能无意间恰好找到一份你喜欢的工作。

然而，需要补充的是，许多初显期成人从来没有找到他们所寻求的基于身份认同的工作，要么是因为机会有限，要么是因为他们不知道什么是合适的工作。在一项针对 18~29 岁的美国人的调查中，59%的人认同"我一直没能找到我真正想要的工作"。

失业

学习目标 16： 总结美国城市地区的初显期成人失业率高的主要原因。

我想在自己的小房子里安顿下来，你知道，我的一切都和我在一起。但我知道不会是那样。这太难了，你知道，世事无常。事情不会变好，你知道的。

——柯蒂斯，29 岁，非裔城市居民

虽然发达国家的大多数年轻人在高中或大学毕业后就能找到一份工作，但并非所有人都能找到。在欧洲各国和美国，初显期成人的失业率一直是 25 岁以上成年人失业率的至少两倍。大多数欧洲国家的失业率比美国高得多，年轻人的失业率尤其如此。在欧洲各国和美国，失业被证明与较高的抑郁症风险相关，特别是那些缺乏父母有力支持的初显期成人。纵向研究也发现了失业与抑郁之间的关系，这表明失业导致抑郁的情况比抑郁导致难以找到工作的情况更常见。

失业（unemployed）并不仅仅是指一个人没有工作。很大一部分青少年晚期的人和二十岁出头的年轻人正在上高中或大学，但他们没有被归类为失业，因为他们在这个阶段应该以学业为重，而不是工作。那些主要把时间用于照顾孩子的人也不会被归于失业。失业仅指那些不上学、没有工作、正在找工作的人。

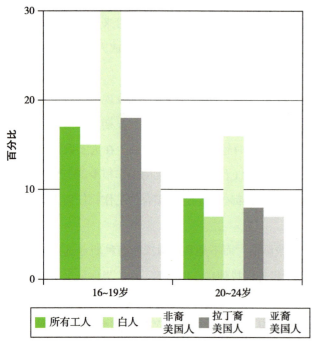

图 11-2　美国各族裔青年的失业率

这种状况适用于相当一部分美国年轻人。图 11–2 显示了青少年晚期的人和二十岁出头的年轻人的失业率。如图 11-2 所示，失业主要集中于非裔、拉丁裔的青少年。另外，高中辍学的年轻人的失业率也非常高。在 18~21 岁的高中辍学者中，超过一半的人处于失业状态。

少数族裔群体失业率高的原因是什么？其实情况并非总是如此。1954 年，非裔美国人的青少年失业率只比白人略高，非裔美国人为 17%，白人为 12%。在很大

失业（unemployed）

不上学、没有工作、正在找工作的人的处境。

程度上，美国经济雇佣模式的转变可以解释失业率的变化。如前所述，在过去的几十年里，随着经济更集中于信息和技术领域而非制造业，非技术工人可获得的工作岗位的数量急剧减少。在美国，汽车厂和钢铁厂大量提供稳定、高薪的工作机会的日子已经一去不复返了。今天，没有什么技能的年轻人很难找到一份收入足够养活自己的工作，甚至可能根本找不到任何工作。正如我们探讨过的，大多数新工作，也就是最好的工作，都要求人们至少具备一定水平的信息技术，如基本的数学知识和使用计算机的能力。

这些技能来自教育，而年轻的非裔、拉丁裔美国人获得的教育往往少于年轻的白人或亚裔美国人。拉丁裔美国人的情况尤其如此。如第 10 章所述，拉丁裔美国人的受教育程度低于白人、非裔美国人或亚裔美国人。在非裔美国青少年中，高中辍学率仅略高于白人，但黑人获得大学学位的比例仍然只有白人的一半。没有学位证书的人在新经济环境中很难获得工作机会。

然而，少数族裔的失业问题不仅仅是缺乏教育的问题。近几十年来，城市地区发生的变化导致了各种恶劣条件，而事实证明这些情况很难扭转。这些变化始于高薪、低技能的制造业工作岗位的减少。随着城市中心经济活动的减少，许多人随着工作岗位从城市迁移到郊区。主动迁移的人往往是最有能力、受教育程度最高、最具进取心的人，包括在建设和维持教堂、企业、社交俱乐部和政治组织等公共机构方面发挥重要作用的社区领袖。

随着这些社区领袖的离开，城市里的生活品质陷入恶性循环，邻里关系被侵蚀，犯罪率上升，这使得留在城市里的企业更迫切地想要离开。随着企业和富裕的市民的离开，城市的税收减少，学校的质量也因缺乏足够的资金而下降。到了 20 世纪 80 年代初，许多生活在城市里的年轻人缺乏基本的阅读和算术能力，就连低薪的简单工作也无法胜任。由于工作机会少，许多年轻人又缺乏工作技能，城市地区年轻人的犯罪率、吸毒率和帮派暴力率不断攀升。

对于这种复杂的、迄今难以解决的情况，人们可以做些什么呢？现在大多数学者和决策者都认为，鉴于城市问题的数量和严重性，仅仅提供职业培训项目是不够的。社会学家威廉·朱利叶斯·威尔逊（William Julius Wilson）是这个问题的著名的研究者之一，他提出了一个包含下列要素的方案。

- **提升教育水平**。目前由地方资助学校的制度使教育不平等现象长期存在，因为贫困地区（如内城）比富裕地区税收更少。对学校的财政支持应该更加集中、更加平等。此外，应通过提供奖学金，吸引有前途的年轻人到城市地区学校任教，并通过改革教师许可和认证制度，确保教师有能力胜任所教科目，从而提高内城教师的素质。
- **改善"从学校到工作"计划**。美国缺乏有效的"从学校到工作"计划，城市地区的年轻人苦之甚深，他们的高失业率就可以证明这一点。目前现有的方案（如本章前文所述的方案）是一个良好的开端，但应予以扩大。
- **改善就业渠道**。由于大多数新工作地点都是在郊区而不是市区，内城的年轻人就处于劣势，因为他们很少有车，而且在美国的许多城市地区，城市和郊区之间的公共交通非常少。建立有组织的拼车和共乘网络，将城市青年送到郊区工作，将改善他们的就业情况。此外，由于新提供的工作岗位往往不是通过招聘广告而是通过个人联系来招聘的，因此失业率高的城市地区的年轻人对现有工作岗位的了解较少。在城市地区建立就业信息和安置中心将解决这一问题。

- **提供政府资助的公共服务岗位**。城市地区可以为缺乏技术的工人提供大量的公共服务工作岗位，让年轻人从事诸如护士助理、运动场管理员、桥梁油漆工、洞坑填料员和图书馆工作人员等职位，这样不仅可以使他们获得有用的工作经验、拥有失业金的替代品，而且还可以提高他们的居住地区的生活质量，对他们自己和其他人都有益。

批判性思考

在威尔逊提出的解决城市青年的贫困问题的四个要素中，你支持哪些，反对哪些？为什么？

志愿者工作——社区服务

青少年和初显期成人除了有偿工作外，还有相当一部分人从事低薪或没有报酬的志愿者工作。学者们将这种工作称为社区服务（community service），因为它涉及年轻人自愿为所在社区的成员提供无偿服务。

美国人参加志愿者工作的比例是其他发达国家的两倍以上，其中很大一部分是美国青少年。根据全国性的调查，从20世纪70年代中期至今，一直有约22%的高中毕业生报告说每周或每月都参加志愿者工作，另有45%的人报告说每年都参加。两个数据相结合，有三分之二的美国青少年报告每年至少参加一次社区服务。这种服务包括各种各样的活动，比如，为无家可归者送餐，打扫公园和运动场，为穷人募集钱财、食物和衣物。通常，服务是在社区组织的指导下进行的，如宗教团体、4-H、男孩和女孩俱乐部等。另外，地方、州和联邦政府也为促进青少年的社区服务做出了许多努力。近30%的美国高中要求学生在毕业前参与某种类型的社区服务——你可以称之为非志愿的志愿者工作。

社区服务和青少年发展

学习目标 17： 归纳社区服务促进青少年健康发展的方法。

关于青少年和社区服务的研究主要集中在两个问题上：从事志愿者工作的青少年有什么特点？志愿者工作对参加工作的青少年有什么影响？

社区服务（community service）

志愿者工作是为了贡献社区，没有货币报酬。

　　最近对 49 项研究进行的汇总分析发现，社区服务对青少年的学业、个人、社会和公民发展有多种积极影响。参与志愿服务的青少年往往具有更高的个人能力、教育目标和学业成就。他们往往有很高的思想觉悟，"现实自我"和"理想自我"之间的相似度比其他青少年高。参与社区服务的青少年往往报告说，父母中的一方或双方也会参与志愿者工作。父母既为他们提供了社区服务的榜样，也提供了具体的参与机会。

　　对于大多数青少年来说，他们参加社区服务是出于个人主义和集体主义的价值观。当然，他们往往会受到集体主义价值观的驱动，如希望帮助他人或关注那些比自己不幸的人。然而，不太明显的是，研究发现，个人主义价值观与集体主义价值观是青少年参与社区服务的一样重要的动机。除了想要帮助他人，青少年做志愿者还因为这能让他们获得个人满足感，他们喜欢做这些工作。正如叶慈（Yates）和尤尼斯（Youniss）的发现一样，从事社区服务"需要个人投入，在这个过程中，帮助他人的行动变成个人身份认同的一部分，因此能让人感觉良好"。

　　关于社区服务的影响，学者们发现，这种服务往往是青少年政治社会化的组成部分。通过参与社区服务，青少年变得更加关注社会问题，并认为自己是社会的成员。其中的一个例子是，尤尼斯和叶慈研究了服务于流浪汉救济站的志愿者青少年。在为期一年的服务中，这些青少年开始重新评估自己，不仅反思自己的比工作对象更多的生活，而且把自己看作解决无家可归问题的潜在行为者。此外，青少年们开始就无家可归问题有关的美国政治制度提出问题，如廉租房和就业培训的相关政策。如此一来，他们的参与使他们更加意识到自己是美国公民，但也使他们对政治政策更具批判性，也更加意识到自己在解决美国社会问题方面的责任。

　　研究还考察了在青少年期参加志愿者工作的长期影响。总体来说，这些研究表明，在青少年时期参加志愿者工作的人在成年后也更有可能积极参与政治活动和志愿者组织。当然，这些研究并没有表明青少年期的社区服务会使人们在成年后也做志愿者。正如我们所看到的，青少年志愿者已经与他们的同龄人不同，这也是他们在青少年期及以后更多地参与社区服务的原因。

　　尽管如此，尤尼斯和叶慈的研究以及其他研究表明，社区服务确实对参加服务的青少年有各种积极影响。一项纵向研究发现，在高中时被要求参与社区服务的青少年中，那些自愿参与的人并没有出现变化；然而，那些非自愿参加服务的人在公民态度和行为测量上显示出了提升，如提升了对政治和社会问题的兴趣和参加公民组织的兴趣。这表明社区服务对非志愿服务的青少年也产生了积极的影响——事实上确实如此。

批判性思考

　　社区服务的普遍性是否表明美国青少年和初显期成人比学者们认为的更具有集体主义价值观，或者相反（因为只有相对较少的年轻人经常参加社区服务）？

成年后的社区服务

学习目标 18： 描述初显期成人的社区服务的主要形式。

与青少年一样，许多初显期成人也从事志愿者工作，例如，与儿童一起为穷人募集和分发食物、衣服和其他资源。然而，在成年初显期，美国社会的志愿工作主要由两个政府资助的机构来承担：和平志愿队和美国志愿队。

和平志愿队（Peace Corps）是一个向世界各地派遣美国志愿者的组织，通过提供医疗、住房、卫生和粮食生产等领域的知识和技能来帮助其他国家的人民。该组织始于 1961 年，当时约翰·肯尼迪总统劝告年轻的大学毕业生为其他国家的缺乏基本生活必需品的人们提供两年的服务。和平志愿队向任何年龄的成年人（18 岁以上）开放，但主要参与者一直是初显期成人。目前，和平志愿队有一半以上的志愿者年龄为 18~29 岁。

和平志愿队和美国志愿队中多为初显期成人。图为一位志愿者和西非多哥的朋友。

和平志愿队自组建起就迅速发展，1966 年其规模达到了高峰，有 15 000 名志愿者。截至 2016 年，该组织总共有超过 24 万人提供过志愿服务。目前，约有 7000 名志愿者在 63 个国家实地服务。他们是一个受过高等教育的群体，95% 的人拥有本科学历。志愿者的服务领域涉及教育、环境、商业、农业、卫生健康等多个领域。在服务期间，他们每个月得到的生活补贴只够他们在当地维持社区居民水平的生活——换句话说，补贴不多。但是，在完成两年的服务后，他们会得到大约 6000 美元的奖金，以帮助他们回归美国社会。

作为在和平志愿队服务的回报，志愿者获得了海外工作的经验，习得了跨文化的知识，学习了东道国语言，这有助于提升职业前景。尽管回国的和平志愿队志愿者写了许多个人总结材料，但很少有系统性的研究考察志愿者的经历及其对他们的影响。于 2000 年首次对回国志愿者开展的全面调查发现：94% 的志愿者表示，如果有需要，他们会做出同样的决定。此外，78% 的回国志愿者返乡后就参加了社区服务。

与和平志愿队相比，**美国志愿队**（AmeriCorps）项目历史较短，第一批志愿者于 1994 年开始服务。然而，美国志愿队从成立之初就比和平队规模大：1994 年有超过 2 万名志愿者服务，到 2016 年，每年有超过 8 万名志愿者服务。志愿者中约有一半是白人，25% 是非裔美国人，13% 是拉丁裔美国人。

和平志愿队（Peace Corps）
一个国际服务项目，组织美国人为外国社区提供为期两年的服务。

美国志愿队（AmeriCorps）
美国的全国性服务项目，年轻人在社区组织中以最少的报酬服务两年。

美国志愿队办事处并不管理志愿者项目，而是赞助志愿者到当地社区组织中工作，工作内容包括：儿童和成人辅导、为低收入家庭修缮住房、为儿童接种疾病疫苗、帮助残疾人和老年人维持独立生活等。虽然美国志愿队对任何 18 岁以上的人开放，但几乎所有参加该计划的志愿者都是 18~25 岁的初显期成人。作为服务的回报，他们将获得小额生活补贴、健康保险以及每年（一年或两年）4725 美元的教育奖金，用于支付大学学费、偿还学生贷款或获得参与职业培训项目的机会。

对美国志愿服务队项目的评估发现，该项目为初显期成人及其社区带来了好处。对志愿者参加该项目前后的随机抽样评估显示，76% 的志愿者在所有五个"生活技能"领域都有显著提高：沟通、人际交往、分析解决问题、理解组织能力和使用信息技术。一项独立研究表明，在美国志愿队项目上花费的每 1 美元税收都会给志愿者服务的社区带来 1.6 美元到 2.6 美元的直接的、明显的收益。一项纵向研究报告说，在参加该计划 8 年后，美国志愿队志愿者在对社区问题的理解、公民活动参与（如参加社区组织的会议）和总体生活满意度方面都高于对照组。

战争中的青少年和新出现的成年人

学习目标 19： 比较美国初显期成人和发展中国家青少年的从军经历。

服兵役是许多初显期成人体验的另一种服务方式。在 20 世纪的几个战争时期，美国的所有青年男子都必须服兵役，但自 20 世纪 70 年代初以来，军队一直由志愿者组成。志愿服兵役的初显期成人往往在很多方面与其他初显期成人不同。他们比其他初显期成人更有可能来自低社会经济地位家庭。他们在高中时往往成绩平平——既不高于平均水平，也不远远低于平均水平——而且对进入大学的期望也不高。非裔、拉丁裔美国人比白人更有可能入伍。入伍动机当然包括爱国主义，但也包括获得金钱、教育支持和职业培训，以及相信服兵役会促进个人素质的发展，如成熟、负责任和守纪律。

服兵役对初显期成人的发展有何影响？对这一问题的答案是复杂的。大多数老兵认为，服兵役拓宽了他们的知识面，使他们更加自立，但他们中的许多人在退役后就业困难，而且老兵比非老兵更有可能出现酗酒问题，特别是在目睹了惨烈的战斗场面的情况下。对于刚刚退伍的军人来说，自志愿兵役制建立以来，服兵役的影响在很大程度上是积极的。退伍军人报告说，他们的服役使他们在多个方面受益，包括自信、自律、领导能力和合作能力。非裔美国人和拉丁裔美国人的受益特别大，他们在军队中经常得到教育和职业培训的机会，而这些机会是他们在平民世界很难获得的。然而，21

与其他初显期成人相比，服兵役的初显期成人更有可能来自低社会经济地位家庭。

世纪初在伊拉克和阿富汗死亡的 5000 多名美国士兵——大多数是初显期成人——提醒人们冷静：对参军的初显期成人来说，教育和职业机会的获得伴随着巨大的风险。

发展中国家的青少年往往是被迫卷入战争的。近几十年来，数百万儿童和青少年受到了战争的影响。在战争期间，儿童和青少年可能会受到极其严重的创伤。例如，对 2003 年苏丹冲突开始后的境内的流离失所的 300 多名儿童和青少年进行的一项研究发现，他们普遍目睹了酷刑（75%）和强奸（40%），受到死亡威胁（50%），经历了兄弟姐妹（40% 以上）或父母（24%）的死亡，或被迫伤害或杀害家庭成员（22%）。

当儿童和青少年被迫成为 儿童兵（child soldier）时，他们接触和参与的骇人行为就会升级。在乌干达北部进行的一项罕见的研究比较了前儿童兵和其他青少年的经历。这些儿童兵在 5~17 岁时被绑架，平均被关押了 2 年。大多数"儿童兵"实际上是青少年，被绑架的平均年龄是 12 岁。与从未被绑架过的青少年相比，前儿童兵的创伤经历率要高得多：近一半的人杀过人，超过四分之三的人挨过打。

对经历过战争的儿童和青少年的研究显示出以下后果。

（1）青少年比儿童有更多的创伤症状。

（2）女孩表现出更多的焦虑和抑郁症状，而男孩表现出更多的攻击性和破坏性行为。

（3）严重和长期接触战争会导致更严重和更持久的影响。

（4）失去父母的教养会带来非常高的风险。

（5）经历过强奸的女孩有时会在事后很少或根本得不到所在社群的支持，并经常受到污辱。

研究发现，青少年有时会自愿加入暴力冲突和战争，并因此危害自身的心理和身体健康。青少年的自愿参与在政治冲突历史悠久的地区尤其突出。这些青少年经常报告说，他们获得了一种身份认同和自我行动意识。他们有时会将自己的参与视为一种更宏大的愿景的一部分。

儿童兵，即使是那些被胁迫服役的儿童兵，有时也会将自己重新定义为一项重要事业的领导者。成年人可能会利用青少年对控制感和意义的渴望，例如，奖励那些与团体目标一致的人。在莫桑比克进行的一项纵向研究发现，当过 6 个月或不到 6 个月儿童兵的儿童称自己为"受害者"，而当过一年或更长时间儿童兵的儿童则认为自己是莫桑比克全国抵抗组织的"成员"。正如一个男孩所解释的那样，"我最初是他的私人仆人，然后他让我成为一群其他男孩的首领，这样我就有权力了。"

儿童兵（child soldier）

儿童和青少年被迫当兵。

媒体

学习目标

1. 总结发达国家青少年使用媒体的模式。

2. 识别关于媒体使用的主要理论，并描述媒体实践模式。

3. 识别媒体使用的五大类型，并解释它们对青少年期尤其重要的原因。

4. 描述媒体在青少年社会化中的作用，包括媒体会增加还是减少社会化程度。

5. 解释媒体侵蚀其他社会化来源的方式。

6. 总结涉及暴力的电视内容与青少年攻击性之间关系的研究。

7. 描述青少年期男孩使用暴力电子游戏的情况。

8. 描述并评估宣称嘻哈音乐会煽动攻击性行为的论断。

9. 说明香烟广告是如何针对青少年的发展脆弱性的。

10. 识别青少年和初显期成人对社交媒体的主要使用方式。

11. 总结媒体在青少年全球化中起主导作用的依据。

1774 年，德国伟大的作家约翰·沃尔夫冈·冯·歌德（Johann Wolfgang von Goethe）出版了小说《少年维特之烦恼》（*The Sorrows of Young Werther*，以下简称《维特》），讲述了一个年轻人因对已婚女子的单恋而绝望地自杀的故事。这部小说一经出版就立即风靡了欧洲，激发人们创造了各类相关的诗歌、戏剧、歌剧与歌曲，甚至还包括珠宝和名为"维特"的女士香水。同时，这部小说也引发了巨大的争议。德国一些地区将它列为禁书，因为担心敏感的年轻读者可能会将故事理解为对自杀的推崇；在丹麦，出于同样的原因，翻译版本也被禁止发行。时至今日，虽然《维特》引发欧洲自杀风潮的说法并没有事实根据，但确实存在已被证实的个别案例：德国魏玛有一位被情人抛弃的年轻女子跳河自杀，地点正是歌德住所后面的河，她的衣服口袋里有一本《维特》。歌德本人深受该书争论的困扰，于是在 1775 年再版的小说中加了一篇序言，劝告读者不要效仿维特的极端做法。

与歌德时代相仿，媒体效应的问题一直是当今社会公众讨论和关注的焦点，尤其是其对青少年群体日常生活的影响。比《维特》近一些的例子发生在 1993 年秋天，美国迪士尼公司发行了一部名为《叛逆赢家》（*The Program*）的电影。这部电影讲述的是某高校橄榄球队教练与球员的故事，很快就引发了巨大争议。公众热议的原因是影片中出现了这样危险的一幕：一名球员为了展示男子汉气概，躺在了夜间繁忙的公路中央，汽车和卡车轰鸣着从他身边驶过。一些青少年看完电影后就开始模仿这一情节。其中，宾夕法尼亚州的一个 18 岁男孩被碾压而死，另外两个男孩受了重伤，其中一人瘫痪。面对由此引发的舆论风暴，迪士尼公司急忙召回影片，并删除了相关敏感镜头，同时极力否认对男孩们的鲁莽行为负有责任。这是能找到的关于媒体效应的一个确切例子。毫无疑问，这些男孩是在模仿他们在电影中看到的行为。他们在事故前几天刚看过这部电影，事故发生当晚陪伴他们的朋友后来作证说，他们确实是在模仿电影中的情节。

同时，这个例子还说明了青少年所着迷的媒体与他们随后的行为之间具有简单的因果关系是有问题的。实际上，全美有几十万人（大部分是青少年）都观看了这部电影的争议场景。当时该片在 1220 家影院上映，即使按照每家影院 100 位观众的规模估算，观影总人数也在 10 万以上。然而，青少年因模仿影片行为致伤致残的事故报告总数为 3 起，就算将青少年模仿行为的比例扩大 100 倍，其比例也只占观影总人数的四百分之一。因此，很明显，青少年自身具有的一些特征或所处的环境导致他们刻意进行模仿，但绝大多数观影者并没有实施这样的行为。

这一事件既说明了媒体对青少年的潜在的深刻影响，也说明了追踪这些效应的复杂性。关于媒体效应的争论往往两极分化，其中一个极端表现是轻描淡写地将所有社会弊端归咎于媒体，另一个极端则将所有关于媒体效应的说法（同样不假思索地）斥之为无法证实。我认为这两种极端态度都是错误的，在本章中，我将向大家介绍一种更复杂（我希望更为真实的）的视角来理解年轻人对媒体的使用情况。

批判性思考

在观看某部电影或收听某首歌曲的上百万人中，如果有那么一两个人受到了消极影响，这是否足以成为禁播该电影或歌曲的理由？或者说，人们——哪怕是青少年——是否应该为自己对媒体的反应负责？

青少年与媒体的互动：比率、理论和使用

如果没有年轻人使用媒体情况的相关描述，那么人们对其发展的考量就不完整。音乐、电视、电影和互联网是目前发达国家（而且在发展中国家也越来越多）的几乎所有年轻人的日常成长环境的重要组成部分。这些比率很容易确定，但正如我们将看到的，青少年如何使用媒体以及媒体如何成为他们社会化经历的一部分是一个复杂的问题。

媒体使用率

学习目标 1： 总结发达国家青少年使用媒体的模式。

21 世纪初，对许多发达国家的青少年来说，媒体几乎是他们日常生活中不可或缺的一部分。移动电话，或者说智能手机，日益成为媒体内容的主要传输工具，因为接打电话只是其众多功能之一。皮尤研究中心的一项全国性调查显示，在美国，88% 的 13~17 岁的青少年在使用数码设备。皮尤调查还报告称，青少年平均每天发送 30 条短信——女孩 40 条，男孩 20 条。青少年是社交媒体的狂热用户，他们的数码设备让他们随时都能使用社交媒体。如图 12-1 所示，大多数美国青少年都使用 Facebook 和 Instagram，许多人还使用 Snapchat、Twitter，当你读到这篇文章时，不知道还会有什么社交媒体应用出现。青少年适应新社交媒体通常比成年人快得多。

数码设备使青少年能够持续访问互联网，这是通往一个近乎无限的信息和刺激世界的入口。根据皮尤中心的调查，92% 的 13~17 岁的青少年每天都会上网；24% 的人说他们"几乎一直在"联网。其他发达国家的比率也大致相似。例如，芬兰有 97% 的 15~19 岁的人使用数码设备，瑞典有 95% 的 14 岁青少年使用数码设备。

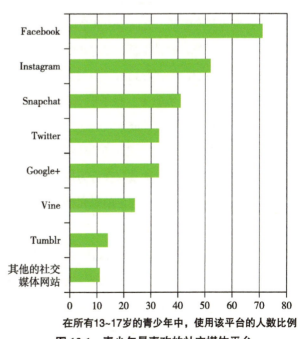

在所有13~17岁的青少年中，使用该平台的人数比例

图 12-1 青少年最喜欢的社交媒体平台

数码设备和社交媒体可能是青少年日常媒体生活的核心，但"传统媒体"远未死亡。尽管社交媒体兴起，青少年仍然花了很多时间在电视上，美国青少年每天至少花 2~3 个小时看电视。欧洲的情况也是如此。超过 70% 的 11~18 岁的美国青少年的卧室都有电视，64% 的人说家里的电视在就餐时通常处于播放状态。青少年每天也会听几个小时的音乐。再加上看视频和偶尔阅读书籍、杂志及报纸，这些行为占据了青少年的日常活动的很大比例。总体来说，美国青少年每天的媒体使用时间约为 8 小时，其中约有四分之一的时间同时使用多种媒体——例如，一边听音乐一边玩电子游戏，或者一边看电视一边给朋友发短信。初显期成人看电视的时间比青少年或老年人少，但他们发短信的时间更多，使用社交媒体的时间更多。

关于媒体影响的理论

学习目标 2： 识别关于媒体使用的主要理论，并描述媒体实践模式。

有两个特别重要的理论可以很好地指导学者理解媒体对年轻人的影响。培养理论（Cultivation Theory）认为，看电视会逐渐塑造或"培养"一个人的世界观，随着时间的推移，人们的世界观会与电视上最常描绘的世界观越来越相似。例如，经常观看真人秀节目《少女妈妈》（*Teen Mom*）的青少年期女孩比其他女孩更容易相信单身母亲拥有令人羡慕的生活。

培养理论中有一个概念被称为冷酷世界症候群（Mean World Syndrome）。在冷酷世界症候群的影响下，人们看电视的次数越多，就越容易相信这个世界是危险的，犯罪率高居不下且不断攀升，自己正处于成为犯罪受害者的高风险中。培养理论认为，他们之所以会有这样的想法，是因为电视剧和新闻节目中经常出现犯罪和暴力行为，使观众培养出这样一种对世界的看法：世界是冷酷的，充满暴力和危险。

第二个著名的媒体影响理论是社会学习理论（Social Learning Theory）。该理论认为，人们更可能模仿他们经常看到的那些被奖励或者至少不受惩罚的榜样人物所表现出的行为。在著名的"波波玩偶"实验中，孩子们看到一个成年人踢打一个小丑模样的娃娃（"波波"），随后，几乎所有孩子都模仿了成年人的暴力行为。

在过去的 50 年里，数百项媒体研究都以社会学习理论为指导框架进行。比如，研究发现，电视上的性暴露程度加重与性行为提前有关联，这可以解释为青少年对电视人物的性行为的模仿。许多使用社会学习理论的研究都关注了电视和攻击性之间的关系，我们将在本章后面的部

培养理论（Cultivation Theory）

一种媒体影响理论，该理论提出，电视节目塑造了人们的世界观，使之与电视上所描述的内容相似。

冷酷世界症候群（Mean World Syndrome）

该理论认为，人们看电视越多，就越有可能认为这个世界是危险的，他们有可能成为犯罪受害者。

社会学习理论（Social Learning Theory）

该理论认为，人们倾向于模仿他们看到的使别人受奖励的行为。

分更详细地介绍。

　　培养理论和社会学习理论都主要是从媒体效应的角度提出的，媒体消费者被描述为相对被动和容易被操纵的对象。在这些理论的应用研究中，媒体使用与态度或行为之间的相关性通常被解释为因果关系，因为人们假设媒体效应出现时，用户们是这些效应的相对被动的接受者。然而，有人提出了另一种理论，即承认媒体在青少年和其他人的生活中扮演的角色通常比简单的因果关系更为复杂。这个理论被称为**用且满足理论**（uses and gratifications approach），强调将人们视为主动的媒体消费者。该理论也是本章的主体框架。

　　用且满足理论遵循两个主要原则。第一，人与人存在诸多不同，这种差异使他们选择不同的媒体。例如，并不是所有青少年都喜欢暴力电视节目；用且满足理论假设，在暴力节目产生影响之前，喜欢这类节目的青少年与不喜欢这类节目的青少年已经有所差别。第二，选择同一种媒体产品的人，会因个人特点的不同而做出不同反应。例如，有些女孩会在看到其他女孩在Facebook上发的照片后，对自己的外貌感到更不自信，而另一些女孩可能相对不受影响。

　　媒体研究员简·布朗（Jane Brown）及其同事基于用且满足理论在青少年生活中的运用提出了相应的模型，称为**媒体实践模型**（Media Practice Model），如**图 12-2** 所示。该模型认为，青少年的媒体使用在很多方面是主动的。青少年各有不同的媒体偏好。应该说，每个青少年的身份认同都会促使他们选择不同的媒体产品。对某些媒体产品的关注会引发个体与这些产品的交互作用，即对产品进行评价和解读。接着，青少年会对他们所选择的媒体内容加以应用。他们可能会将这些内容整合到自己的身份认同中——例如，有些女孩会努力追求像模特一样纤细的身材。另一部分青少年可能会抗拒这些媒体内容——例如，有

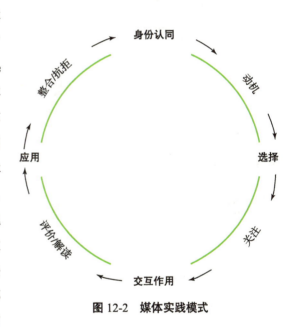

图 12-2 媒体实践模式

些女孩们排斥模特纤瘦的身材，视之为错误的体形理念。青少年不断发展的身份认同又促使他们选择继续新的媒体，如是往复。

　　用且满足理论不将年轻人看作是被动的、容易被操纵的媒体影响目标，而是追问：是什么

用且满足理论（uses and gratifications approach）

一种用以理解媒体的理论，强调人们在许多方面存在差异，致使他们做出不同的媒体消费选择，即使是消费同一种媒体产品的人，也会因个人特点不同而做出不同的反应。

媒体实践模型（Media Practice Model）

理论认为，媒体使用从身份认同开始，然后进行选择、关注、交互作用、应用，再回到身份认同。

样的"用"或目的使得年轻人收看电视节目、欣赏电影、听歌、阅读杂志或使用互联网？他们又从所选的媒体中得到了什么样的满足或满意感？同样，媒体实践模型理论关注的是青少年在发展身份认同的过程中是如何选择媒体并与之交互的，又是如何应用媒体产品的。我们在本章中讨论媒体时，将先探讨这些问题。让我们先来看看青少年媒体使用的五种主要类型。

五种应用

学习目标3：识别媒体使用的五大类型，并解释它们对青少年期尤其重要的原因。

研究者确定了青少年媒体使用的五种类型：娱乐、身份认同形成、高感觉、应对和青年文化认同。除了娱乐以外，其他四种媒体使用类型都是发展性的，即青少年和初显期成人比儿童或成年人更可能接触这四种媒体使用类型。

青少年的性别理想部分来自于媒体偶像。图为凯莉·詹娜。

娱乐　与其他年龄段的人一样，青少年和初显期成人通常只是为了娱乐而使用媒体，将其作为休闲生活的一种享受。闲暇时，从开车到和朋友出去玩，再到避开尘嚣独自在卧室沉思，音乐常伴随年轻人的左右。青少年听音乐最普遍的动机是"寻求乐趣"。许多青少年把看电视当作一种被动的、分心的、容易的娱乐消遣的方式。娱乐显然也是年轻人使用社交媒体的目的之一，他们在社交媒体上分享自己喜爱的音乐和视频片段。年轻人常怀揣着寻求乐趣、消遣休闲的娱乐目的。

身份认同形成　正如我们在前面几章所看到的，青少年在青少年期和成年初显期最重要的挑战之一是身份认同的形成——个人价值、能力和未来期望等观念的发展过程。在媒体盛行的文化中，媒体可以提供年轻人用来构建身份认同的材料。思考自己想成为何种类型的人是身份认同形成的一部分，通过媒体平台，青少年不仅可以找到理想自我加以模仿，而且可以避免恐惧自我。青少年在卧室里张贴的照片和海报也反映了以此为目的的媒体使用，他们张贴的往往是娱乐和体育明星的照片和海报（见本章"研究焦点"专栏）。身份认同构建和呈现也是社交媒体使用的核心部分，我们将在本章后面的部分更详细地介绍。

媒体还可以为青少年提供一些他们无法亲自获得的信息，这些信息可以帮助构建身份认同。例如，青少年可以通过看电视或阅读杂志来认识不同的职业。他们可能会受到媒体英雄的感召，尝试从事音乐表演或投身运动行业。

身份认同形成的一个重要方面，也是对青少年而言尤其有用的媒体使用的方面，是性别角色认同。青少年的男女观念范本部分来自于媒体。青少年使用媒体提供的信息学习性和浪漫脚本——例如，第一次如何接近潜在的浪漫伴侣，如何解决亲密关系中的问题，甚至如何接吻。一项关于网络聊天室中青少年信息的研究发现，尽管聊天参与者都以无实体的形式出现，身份认同信息的交换也允许他们与选择的对象"成双配对"。研究者总结到，相比现实世界，虚拟世界为青少年提供了一个更安全的环境来探索成年初显期性行为。对于所有的青少年来说，性别、性行为和两性关系是利用媒体进行身份认同探索和形成的核心。

高感觉寻求　感觉寻求（sensation seeking）是一种人格特征，指的是个体对新奇和强烈感觉的享受程度。青少年和初显期成人往往比成年人有更高的感觉寻求倾向，某些媒体依靠提供强烈和新奇的感觉刺激吸引了许多年轻人。总体来说，感觉寻求与青少年时期较高的媒体消费有关，尤其是电视、音乐和电子游戏。

许多媒体产品对成年人和年轻人都有吸引力，但有些产品几乎只受年轻人青睐，其中至少有部分原因是刺激的高感觉性质。动作片的观众主要是青少年期和成年初显期的男性，因为这部分人有最高的感官寻求水平，因此最有可能被影片中的爆炸、汽车追逐（和撞车）、枪战和悬疑等镜头吸引。青少年期男孩也是说唱、重金属、硬摇滚等高感觉音乐形式的主要受众。

青少年经常用音乐来应对强烈的情绪。

音乐是一种特别适合高感觉强度的媒体形式。大多数流行音乐都是由青少年和初显期成人或略大一些的人创作的（滚石乐队等年长者例外），大多数流行音乐制造的感官刺激比电视节目高得多（想想你上次参加的摇滚演唱会上的声音）。青少年在听音乐时的情绪唤醒程度往往很高，至少部分是因为音乐的高感觉和情绪强度。

应对　青少年利用媒体来缓解和消除负面情绪。一些研究表明，"听音乐"和"看电视"是青少年在生气、焦虑或不开心时最常用的应对策略。在应对方面，音乐的作用特别重要。青少年经常在卧室里听音乐，思考与自己生活有密切关系的歌曲内容，这是情绪自我调节过程的一部分。在青少年早期，当家庭、学校以及与朋友相处的问题增多时，青少年听音乐的时间也会增长。某些音乐类型，如嘻哈或重金属音乐，可能会特别吸引那些习惯用音乐来进行应对的年轻人。

年轻人有时也会利用电视媒体来进行应对。青少年经常把看电视作为释放白天积累的压力与情绪的一种方式。他们也可能为了特定的应对目的而选择媒体材料。一项针对经历了战争的

感觉寻求（sensation seeking）
依据个体享受新奇和强烈感觉程度来决定的一种人格特征。

青少年的研究表明，在战争期间，媒体是重要的信息来源，青少年利用媒体获得的信息帮助他们应对战争的压力。

批判性思考

为什么看电视和听音乐对青少年有安抚情绪的作用？你认为这些对初显期成人来说同样有效吗？

青年文化认同 媒体消费可以带给青少年一种与青年文化或亚文化的联系感，这些文化是由青年特有的价值观和兴趣所构成的。在人们经常变换居住地的文化中（如美国），媒体为所有青少年提供了共同的平台。无论他们搬到美国哪个地方居住，他们都会在新环境中找到同好——大家观看同样的电视节目和电影、收听同样的音乐、熟悉相同的广告标语和符号。其中，音乐是表达青少年特殊价值观的特别重要的媒体形式。在世界范围内，媒体是青年文化全球化的推动力之一，我们将在后面的章节中更详细地进行介绍。

青少年认同的可能不是整个青年文化，而是青年亚文化。例如，近几十年来，青年亚文化被定义为朋克、重金属和嘻哈。参与这些亚文化形式的青少年往往会感到游离于主流社会之外。长久以来，青少年和初显期成人利用青年文化来质疑、批判和测试其社会边界。

媒体与青少年社会化

学习目标 4： 描述媒体在青少年社会化中的作用，包括媒体会增加还是减少社会化程度。

我们发现，在西方社会，媒体使用已经成为大多数青少年生活的重要组成部分。如果我们从历史的角度加以审视，这种突出的地位就更加令人惊讶了。在 20 世纪初，青少年接触到的媒体还仅限于书籍、杂志、报纸等印刷媒体，电视、广播、CD 播放器、DVD 光碟、电脑游戏以及互联网媒体甚至还未诞生。但在不到一个世纪的时间里，这些媒体已经成为发达国家的文化环境的核心。

文化环境的改变对年轻人的发展意味着什么？从本质上讲，这相当于创造了一个新的社会化来源。当然，媒体已经成为各年龄段的人们的社会环境的一部分，但媒体在年轻人社会化过程中的潜在作用尤其重要。青少年期和成年初显期是社会化的重要阶段，特别是在与身份认同有关的领域，如初期职业准备、性别角色学习以及价值观和信仰的确立。正如我们在第 7 章中所讨论的，这两个阶段与儿童时期相比，也是家庭影响不断减少的时期。父母对青少年的社会化的影响减弱的同时，媒体的作用却在增强。在一项针对 10~15 岁的全国性（美国）调查中，49% 的人说他们从电视和电影中"学到了很多东西"，这一比例高于从母亲（38%）或父亲（31%）那里学到的东西。

作为社会化的影响因素之一，媒体在具有言论自由且不受政府机构的控制和审查的社会环境中对社会化的作用更为广泛。在这样的社会中，可供选择的媒体内容极为丰富，这为青少年提供了多种多样的潜在榜样和影响。因为青少年可以从多样化的媒体产品中选择与个人喜好共鸣最强烈的产品，所以这有可能促进价值观、信仰、兴趣和个性特征方面的个体差异变得更为明显。

大多数西方社会高度重视言论自由，允许各种媒体内容存在。但是，美国比欧洲各国更进一步地贯彻了这一原则。例如，德国法律明令禁止在音乐歌词中表达仇恨少数民族或鼓吹其他暴力的内容；在挪威，所有电影都要经过政府官员的审查才允许上映，而且过于暴力的电影总是禁止放映。因为美国宪法第一修正案保护言论自由，所以这两项禁令在美国都不可能出现。

然而，言论自由的原则并不意味着所有媒体都可以忽视年龄因素并向所有人开放。在美国，宪法第一修正案要求媒体使用设置年龄限制，政府还设立了对电影、音乐、电视和电脑游戏的评级制度，旨在向儿童、青少年及其父母表明哪些媒体产品不适合某个年龄以下的受众。然而，实行这些指导方针和限制还需要家长的大量参与（在大多数情况下，它们只是指导方针，而不是法律规定）。因为父母往往不了解孩子在使用什么媒体，或者在设置限制时犹豫不决，所以大多数美国青少年很容易就能接触他们喜欢的任何媒体。

媒体会破坏青少年的社会化吗

学习目标 5：解释媒体侵蚀其他社会化来源的方式。

在青少年的成长环境中，媒体与其他社会化来源之间存在着重要的差别，这些来源包括家庭成员、教师、社会成员、执法人员和宗教权威等。通常，这些其他社会化来源的兴趣在于鼓励青少年接受成年人世界的态度、信仰和价值观，以维护社会秩序，使文化代代相传。相比之下，媒体提供者主要关注的是媒体企业的经济效益。因此，青少年消费媒体内容不是由促进成功社会化的愿望所驱动的，而是由媒体的用途所驱动的。由于媒体在很大程度上是由市场驱动的，媒体供应者很可能向青少年提供一些他们认为青少年想要的产品，无论这些产品是什么——只要在其他成年人及社会化者，如父母和法律当局等，对媒体供应商施加的限制范围内。

这意味着青少年通过媒体来控制自己的社会化比通过家庭或学校的途径要更多。这造成两个重要结果。第一，青少年可利用的媒体数量众多且多种多样，从古典音乐到重金属音乐，从公共电视到花花公子频道，从杂志《十七岁》（*Seventeen*）到《疯狂》（*Mad Magazine*），媒体供应商试图覆盖媒体产品市场的每个潜在赢利点。青少年可以从品类繁多的媒体材料中选择最适合他们个性和喜好的产品，也可以在任何特定场合中选择最适合环境和自身情绪状态的媒体材料。

第二，在某种程度上，这种社会化会越过青少年生活环境中的其他成年人而展开。尽管父母试图限制青少年消费的音乐、电视节目、电影和电子游戏，但因为父母和孩子相互陪伴的时间有限，如果孩子们决心避开这些限制，这种限制就很难实施，大多数父母甚至没有对孩子进行任何限制。例如，在美国的一项全国性的研究中，只有不到一半的青少年报告说，他们的父母规定了他们看电视的时间和内容，对电脑和互联网使用有限制的父母的百分比同样很低。

研究焦点

青少年卧室里的媒体使用情况

简·布朗（Jane Brown）和同事使用了许多创造性的方法来研究青少年的媒体使用情况。在一项研究中，青少年期女孩需要完成每日报告，记录她们在媒体上看到的任何有关性和两性关系的内容。在另一项研究中，高中毕业生被要求进行相互采访，了解对方在卧室中如何使用媒体，包括电视、杂志、音响以及反映媒体使用的房间装饰品（摇滚乐手、体育明星的海报等）。研究者使用的另一种方法是"房间游览"，即研究者实地参观青少年的卧室，让青少年介绍所有对他们有特殊意义或重要性的东西，通常包括许多媒体制品（海报、杂志图片、CD 等）。

以上的研究方法都是质性研究，重点不在于对青少年的经历进行量化并进行统计分析，而在于个人经历以及他们自己的解释和表达。

质性研究可以获得青少年个体生活的丰富数据，如下面这两段描述。

> 在瑞秋（14 岁）的房间里，床上堆满了衣服、磁带和杂志，还有一部红色的手机和录音机。墙上贴满了甲壳虫乐队、B52 乐队的海报，还有一张海报上画着一位摇滚乐手。海报下盖着一幅印象派艺术印刷品，是一名拿着花的小女孩。一面墙上贴满了从杂志上撕下来的广告，上面全是引领最新时尚潮流的模特……

> 16 岁的杰克是一名高二学生，在他的卧室里有各式各样的童年手工制品，房间的布置充满了少年时期的幻想与灵感。一面墙上的木盒子里陈列着一系列色彩丰富的车模，这些车模都是他在小学时精心制作的。一旁的架子上堆满了录音带，这些音乐占据着他现在的生活。架子的顶上栖息着一只身穿白色水手服的泰迪熊……床边的墙上则是他时下关注的东西：一张跑车的海报，还有一些从杂志上剪下来的美女照片。"如果她们长得漂亮，"杰克解释说，"我就会把她们贴在墙上。"

除了个别案例之外，质性研究（如布朗和同事进行的研究）使学者们能够归纳出发展的一般模式。然而，对于质性研究来说，这些一般模式通常是由研究者的见解和判断来确定的，而不是基于数据的统计分析。例如，在一项研究中，青少年期的女孩记录了其对与性相关的媒体内容的反应，研究者将女孩的反应概括为三种一般模式：第一，"不感兴趣"型，这种类型的女孩倾向于忽略媒体中的性内容，即使被催促也不愿意谈论或思考这些内容，她们的房间里往往摆满了毛绒玩具和玩偶，而不是媒体物品；第二，"充满好奇"型，这个类型的女孩的房间里放满了杂志、音乐唱片，有电视机，墙上挂着流行媒体明星的照片，还有涉及性内容的媒体物品；第三类是"反抗抵制"型，她们的房间里虽然具备高媒体使用特征，但她们倾向于选择不那么主流的媒体——比如，政治领袖和女体育明星的照片，而不是流行音乐人的。她们被归类为"反抗抵制"型，是因为她们经常批评含有性的媒体内容，特别是对性感女郎的刻画。14 岁的奥黛丽在日志中批评了化妆品广告。

> "我认为，商家利用这些美人来销售产品，因为他们希望胖老太太坐在家里，头上顶着卷发器，一边看肥皂剧，一边想着要是购买了这些产品，她们最后也会变得这么漂亮。我认为这是非常愚蠢的，因为我非常清楚我长得不像那些演员，而那些产品不会改变这一点。"

在上述和许多其他案例中，布朗和同事发现，青少年不是媒体的被动目标，而是主动的消费者，他们出于各种目的使用媒体。同时，对个人经历的质性研究也发现了揭示媒体效应的案例。

奥黛丽似乎不会被媒体诱惑，但是她在几天后的日志中报告说，她花了一下午时间买的"基本上都是化妆品"。

作为青少年社会化的来源之一，媒体与同伴最具有相似性。当青少年选择从父母和其他成年人身上获得有限影响时，与同伴来源一样，他们可以通过媒体取得自己的社会化过程的实际控制权。与同伴途径相同，青少年有时会通过媒体途径做出令成年人感到棘手的选择。事实上，媒体学者将媒体的这种功能称为**超级同伴**（super peer），这意味着青少年经常借助媒体获得父母不愿意提供的信息（特别是有关性的信息），就像他们寻求朋友的帮助一样。

在前文所述的五种媒体使用类型中，我们可以发现关于青少年会如何使用媒体，以至于令他们当下所处社会环境中的父母和其他成年人感到不安的各种例子。他们可能会从暴力媒体中找到娱乐，而在许多成年人眼里这些只是令人不安的暴力。在身份认同形成的过程中，青少年可能会对媒体明星产生崇拜，这些明星似乎会拒绝成人世界的价值观，实际上也会拒绝向需要负责任的成年期过渡的"成长"想法。青少年也可能会被高感度媒体所吸引，而成年人明确反对这些媒体，因为他们对青少年的吸引力太大——感觉刺激强度过于强烈。青少年可能会把自己幽闭在房间里，用媒体来"应对"自己的问题，某种程度上把父母拒之门外。最后，青少年还可能会参加各种媒体平台上的青年亚文化活动，这种亚文化主动而明确地拒绝成年人社会展示的未来。在以上所有方面，相比成年人对青少年社会化的促进作用，媒体的影响可能是颠覆性的。

然而，这种对青少年媒体使用的描绘还应该在几个方面进行修改。

首先，需要重申的是，媒体是多种多样的，青少年使用的媒体并非都与成年人社会的目标

超级同伴（super peer）

媒体的功能之一，指青少年经常向媒体寻求父母可能不愿意提供的信息（特别是有关性的信息），就像他们向朋友寻求帮助一样。

和原则相悖。实际上，其中的许多媒体是相当保守的。许多媒体供应商，尤其是电视，都会对争议性的话题退避三舍，回避那些可能使他们受到公众攻击（以及广告商联合抵制）的话题。在大多数情况下，青少年认为电视节目强化了传统价值观，如"诚实是最好的策略""邪不压正""天道酬勤"。

其次，接触媒体时，青少年并不是一张白纸，他们既是家庭、社区的成员，也是文化的一分子。这些内容从他们出生开始就已经在影响他们的社会化进程了，他们从家庭、社区和文化中学到的理想和原则也会影响他们对媒体的选择和解读。

最后，青少年可以使用的媒体范围虽然很大，但也不是无限的。至少在父母在场的情况下，父母可以限制青少年的媒体使用；学校通常能限制青少年在课上和课间使用媒体；许多国家为电视节目内容制定了指导方针（至少针对主要网络），还禁止将部分杂志和电影出售给 18 岁以下的青少年。

这里所介绍的媒体对社会化的影响适用于当代西方，而传统文化中的媒体社会化可能会有很大不同。传统文化带给人们有限的社会化进程，在它的影响下，法律和父母对青少年媒体使用的控制更为严格，因此青少年不可能自由地使用媒体。然而，如今即使在许多传统文化中，西方媒体的引入也为青少年提供了新的可能性，使父母放松了控制程度，增加了青少年对社会化材料的选择范围。在本章的后半部分，我们将探讨西方媒体对传统文化中的青少年产生影响的例子。

批判性思考

假设你是父母，你的孩子喜欢听一种音乐，但因为其中充斥着暴力元素，你认为这种音乐有潜在危害。你会如何处理这种情况——是禁止、忽视还是与孩子讨论？为什么？

争议性媒体

由于青少年每天都在媒体使用上花费大量时间，而且媒体在青少年社会化过程中发挥着重要作用，因此，当父母和其他成年人认为媒体中包含危害素材时，他们就会对此表示担忧。在本节中，我们将讨论人们对有争议的媒体的批评，并研究与这些批评相关的现有研究证据。本节讨论的争议领域包括：电视和攻击性、电子游戏和攻击性、嘻哈音乐，以及香烟广告。

电视和攻击性

学习目标 6：总结涉及暴力的电视内容与青少年攻击性之间关系的研究。

大量的研究都在关注一个问题：媒体可以在多大程度上驱使和引发年轻人的暴力行为。这些研究大多与电视媒体有关，而且调查对象大多是青少年期前的儿童。然而，关注青少年和初显期成人是特别重要的，因为全世界绝大多数的暴力犯罪都是由 15~25 岁的年轻男性实施的。

不幸的是，大多数关于青少年和电视暴力的研究都属于相关研究，这些研究要求青少年汇报他们所观看的电视节目以及他们的攻击性行为。正如本书中经常提到的，相关研究不能显示变量间的因果关系，只能提示具有攻击性的青少年可能更喜欢含有攻击性内容的电视节目。这些研究无法回答关键性的问题："观看电视上的暴力内容是否会使青少年变得更具攻击性？""更具攻击性的青少年更喜欢看电视上的暴力节目吗？"为了回答这些问题，研究者已经开展许多**现场研究**（field studies）以调查电视对青少年攻击性的影响。典型的方法是，将一定环境下的青少年（通常是男孩）——如寄宿学校或夏令营等环境——分成两组，一组观看暴力主题的电视或电影，而另一组则观看不含暴力内容的影视作品。之后，研究者记录两组男生的行为，并进行比较。然而，这些研究的结果都不理想，并出现了不一致的情况。总体而言，这些研究的结果无法支持以下论断，即观看含有暴力内容的媒体节目会使青少年更具攻击性。

在大量关于暴力电视节目会引起攻击性的研究中，艾伦（Eron）和休斯曼（Huesmann）的纵向研究被引用的次数最多。他们的研究从参与者 8 岁时开始追踪，一直到 30 岁为止。在 8 岁、19 岁和 30 岁三个年龄阶段，研究人员对参与者的电视观看模式和攻击性行为进行了评估。研究发现，对于 8 岁的孩子而言，攻击性和观看暴力电视节目之间存在相关性，这并不奇怪。但是，研究还发现，男孩 8 岁时看暴力电视节目可以预测其 19 岁时的攻击性行为，而

看暴力电视节目会使青少年变得更具攻击性吗？

且他们到了 30 岁时，也更有可能被逮捕，有更多的交通违规行为，更有可能虐待自己的孩子。即使在研究中控制了男孩 8 岁时的初始攻击性水平，预测的相关性依然存在。所以，不能简单地认为攻击性强的个体在这三个年龄段都特别喜欢看暴力电视，而应该注意到，比起同一攻击性水平但是收看低暴力水平的电视节目的 8 岁孩子而言，8 岁时看了高暴力水平电视节目的孩子长大后可能更具有攻击性。不过，在女孩这个被试群体里，研究者并没有发现观看暴力节目与长大后的攻击性行为之间的相关性。

一项自然实验为观看暴力电视节目会导致攻击性行为的论点提供了最有力的支持，至少在儿童群体中如此。这项研究在加拿大的一个社区中展开（研究人员称之为"无电视"社区），主要研究电视引入社区之前和之后的情况。研究者将无电视社区儿童的攻击性行为与另两个

现场研究（field studies）

一种在自然环境中观察人类行为的研究方法。

社区儿童的行为进行了比较，其中一个社区的电视只能收到单频道（Unitel），另一个社区则能收到多频道（Multitel）。研究人员在每一个社区都进行了多种关于攻击性的测量，包括教师评级、自我报告和观察者对儿童语言和身体攻击性的评级。在研究开始时，无电视社区儿童的攻击性行为低于单频道社区或多频道社区儿童，但随电视媒体的引入，无电视社区儿童的攻击性行为显著增加；在引入电视 2 年后，无电视社区儿童的攻击性与单频道和多频道社区的同龄人持平。然而，这项研究的对象是儿童中期的孩子而不是青少年，所以并没有关于社区青少年的反应的资料。

虽然这项研究的结果令人感兴趣，但总体而言，该研究对青少年领域的支持是复杂的，研究者无法断言观看暴力电视节目会导致青少年出现攻击性行为。研究的结论在儿童群体中更有说服力，即观看暴力电视节目会导致儿童的攻击行为。作为两个孩子的父亲，我亲眼见证他们把童年的大部分时光都用在假装《史酷比》（*Scooby-Doo*）中的角色上，我可以确信，电视具有激发儿童模仿行为的力量。然而，青少年不是儿童，他们的认知能力使他们通常能够反思他们正在观看的内容，并把他们视为虚幻的内容，而不是可供模仿的模型。就连罗威尔·休斯曼（Rowell Huesman）这样一位支持暴力电视会导致儿童攻击性说法的著名学者也表示："我们不需要像关注儿童那样去关注成年人或者青少年接触媒体暴力的问题。媒体暴力可能会对成年人或者青少年产生短期影响，但真正的长期影响只存在于儿童身上。"

这并不是要否定电视暴力在某些情况下引发青少年暴力的可能性，特别是那些因为性格和社会环境因素而处于暴力风险中的青少年。一些青少年确实会把观看到的暴力电视节目当作他们自身攻击性行为的范本。然而，如果观看暴力电视是导致青少年攻击性行为的一个实质影响因素，那么两者的关系应该比之前的许多现场研究和纵向研究呈现的结果强得多。

更有力的证据表明，电视暴力会影响青少年对暴力的态度，使他们更能接受暴力行为，更少同情暴力受害者。另外，有两位学者研究了观看电视与关系性攻击行为的关系，我们在第 8 章中讨论过这个问题。在他们的一项研究中，超过 300 名 11~14 岁的青少年被要求列出他们最喜欢的五个电视节目。研究者分析了这些节目所包含关系性攻击行为的数量。在观看含有关系性攻击行为的节目的青少年中，同伴提名类关系攻击水平较高，特别是关系攻击性高的女孩比其他群体观看了更多的关系攻击性节目。其中一位研究者在最近的一项纵向研究中表示，观看关系性攻击节目可以预测青少年之后的关系性攻击行为，但是关系性攻击行为并不能帮助预测青少年未来是否会观看更多的关系性攻击节目。这种纵向研究比大多数研究发现的相关性更有力地证明了两个因素之间的因果关系。

批判性思考

尽管电视暴力对青少年的攻击性行为没有明显的影响，但它会影响青少年的道德发展等方面吗？有哪些影响值得关注？你会如何设计研究来检验你的假设？

电子游戏和攻击性

学习目标 7： 描述青少年期男孩使用暴力电子游戏的情况。

（在电脑游戏中）所有关于暴徒的东西看起来都挺酷，但在现实生活中，我真的不想过那种生活。在游戏中，你不介意下车杀人，因为你不会因此惹上麻烦，你只需直接关掉游戏系统就可以了。

——13 岁男孩

上个星期，我有一次没做完作业，老师把我骂了……回家后，我开始玩《罪恶都市》，我买了一辆坦克，把路上遇到的所有人都轧死了。我还砸了很多车，把它们都炸了……这很疯狂，不过游戏之后我就变得很开心了。

——14 岁男孩

电子游戏是一种相对较新的媒体类型，使用计算机或数码设备运行。这种形式的媒体在青少年中迅速流行，尤其是在男孩中。在美国的一项全国性研究中，超过 90% 的男孩和约 70% 的 13~17 岁女孩玩过电子游戏。对他们中的许多人来说，电子游戏是日常生活的一部分：31% 的人每天都玩，还有 21% 的人每周玩 3~5 次。同样，在 10 个欧洲国家和以色列进行的一项研究发现，6~16 岁的儿童平均每天玩电子游戏的时间超过半小时。

有些电子游戏属于无害的娱乐类别。很多游戏仅仅是让电脑里的游戏角色从一个平台跳到下一个平台上；或者是对体育运动的模拟，比如，棒球、网球、足球或曲棍球；又或者是幻想类型的游戏，允许玩家进入其他世界，用新身份展开冒险。然而，许多青少年喜爱的电子游戏都包含暴力内容。对最流行的电子游戏内容的分析发现，超过 90% 的游戏包含暴力元素。

在过去的 25 年里，许多研究都关注了电子游戏与攻击性之间的关系。这些研究主要研究的是暴力电子游戏，因为这类游戏最受玩家欢迎，同时也是最令人担忧的类型。然而，关于这些研究呈现的结果，学者们的意见并不统一。一方面，有些学者得出结论，暴力游戏会引发儿童、青少年和初显期成人的攻击性，并带来重大的公共卫生危机；另一方面，有些学者认为这个结论是错误的，人们更多的是根据观念形态而不是科学的驱动做出判断。后者认为，体现电子游戏与攻击性之间关系的证据充其量也是虚虚实实的，而且往往将相关性误解为因果关系。

采取用且满足的方法可以帮助阐明这些问题，并且让人们发现电子游戏会导致攻击性的

许多非常受青少年期男孩欢迎的电脑游戏都包含暴力主题。

研究在方法上的局限性。让我们详细介绍一项研究来说明这一点。

在这项研究中，大学生被随机分为两组。一组玩的是不含暴力元素的电子游戏，而另一组玩的是暴力游戏《德军总部 3D》，在这个游戏中，玩家需要选择武器，杀死敌方卫兵，最终目标是杀死敌方首领。学生们在三个不同的日子里互相"比试"，好看看他们玩游戏的水平如何。到了第三天，学生们被告知，赢家要用难听的爆炸声惩罚输家。结果是，玩暴力游戏的学生比另一组学生惩罚对手的时间更长。

研究者对此结果的解释是，暴力电子游戏会引发攻击性行为。毕竟，参与者被随机分配到非暴力或暴力电子游戏组。但从用且满足理论的角度出发，这个研究设计合理吗？它没有从用且满足理论的角度考虑过人们会选择使用什么媒体。将学生随机分配到两个不同的小组，分别玩暴力游戏或非暴力游戏，听起来似乎不错，但事实上，这意味着实验者并不知道哪些学生会自己选择玩暴力游戏。虽然在玩"暴力游戏"条件下，部分学生的行为比玩非暴力游戏的学生更有攻击性，但在不知道他们的游戏偏好的情况下，无法断定更有攻击性的学生是否会选择玩更暴力的游戏。所以，该设计并不能真正证明因果关系。这也是常见的研究设计问题，不仅是在电子游戏研究方面，其他媒体研究领域也是如此。

直接询问青少年玩暴力电子游戏的情况，这种方法很少有研究使用，但很有前景。在一项访谈研究中，男孩们（12~14 岁）说，他们通过玩暴力电子游戏来体验掌握权力、拥有名望的感觉，并探索这些他们感到新奇的境况。男孩们喜欢电子游戏的社交性，喜欢和朋友一起玩，也喜欢和朋友讨论游戏。男孩们还表示，电子游戏能帮他们排解愤怒和压力，玩游戏对这些负面情绪有**宣泄作用**（cathartic effect）。他们不认为玩暴力电子游戏对他们有负面影响。

电子游戏很可能与其他暴力媒体一样，在人们对它的反应上存在很大的个体差异，已经处于暴力行为风险中的年轻人最有可能被游戏影响，也最有可能受其吸引。与电视一样，电子游戏的暴力行为效应不如其他更常见的特征（如同理心和对暴力的态度）的影响那么明确。另外，值得注意的是，近年来，暴力游戏在青少年中变得不再那么流行，而体育和音乐等游戏则更为流行。

争议性音乐：嘻哈音乐

学习目标 8：描述并评估宣称嘻哈音乐会煽动攻击性行为的论断。

并不是只有电视和电子游戏因为助长青少年的不健康和道德问题的倾向而受到批评。音乐也同样饱受批评，甚至批评声可以追溯到更早以前。爵士乐在 20 世纪 20 年代被批评助长了滥交和酗酒；摇滚乐在整个 20 世纪 50 年代和 60 年代被责难宣扬了叛逆和性许可（见本章的"历史焦点"）；在 20 世纪 80 年代和 90 年代，重金属受到了猛烈地抨击；近几十年来，批评声主

宣泄作用（cathartic effect）
媒体体验的一种效应，指媒体体验可以缓解不愉快的情绪。

要集中于嘻哈音乐（也称说唱）。

嘻哈音乐始于 20 世纪 70 年代末，是纽约市的街头音乐。最初，嘻哈音乐是音乐主持人配着活泼的节奏和重复的旋律，"饶舌"（有节奏地说话或喊叫）着自主发挥的歌词，后来才逐渐发展为录制的"歌曲"。直到 20 世纪 80 年代末，嘻哈音乐才开始大规模流行。到了 20 世纪 90 年代，大批嘻哈团体纷纷出现在最佳销量专辑的榜单上，到如今嘻哈也依然很流行。嘻哈音乐不仅在美国，在欧洲和世界其他许多地方都非常流行。

并非所有的嘻哈音乐都是有争议的。有些说唱歌手的歌曲以爱情、浪漫和庆祝为主题，因而备受主流听众喜爱。对嘻哈音乐的争议集中在 Jay-Z 和李尔·韦恩（Lil Wayne）等歌手身上。批评主要包括三个主题：对女性的性剥削、暴力和种族主义。

有争议的嘻哈音乐受到批评，因为它蔑视女性，把女性描述为应受性剥削甚至性侵犯的对象。争议性嘻哈歌曲经常称女性为"妓女"（娼妓），性能力被频繁地作为男人成功征服女人的权力宣言。在一项对荷兰青少年的研究中，对嘻哈音乐的喜好与对带有性特征的女性刻板印象呈显著正相关。

暴力是争议性说唱歌手的歌词中的另一个常见主题。他们的歌曲描述了诸如飞车枪击、帮派暴力和与警察的暴力对抗等场景。说唱乐手歌曲中的暴力不是装模作样，而是他们中的许多人的生活的一部分。在 20 世纪 90 年代末，说唱歌手图帕克·夏库尔（Tupac Shakur）和臭名昭彰的 B.I.G（Notorious B.I.G.）被枪杀，其他匪帮说唱歌手也因非法持枪、性侵犯和谋杀未遂等罪名被捕。

至于种族主义方面，批评者谴责了说唱歌手在歌曲和采访中表达的对白人和亚洲人的偏见。另外，研究发现，嘻哈歌曲强化了听众的种族刻板印象，因为这些歌曲经常将黑人男子描述为暴力、厌恶女性和性痴迷的形象。嘻哈音乐也被指责为宣扬同性恋恐惧症，例如，最受欢迎的说唱歌手之一艾米纳姆（Eminem）的一些歌曲。

聆听带有性别歧视、暴力和种族主义主题的嘻哈歌词对青少年的发展有什么影响（如果有影响的话）？遗憾的是，虽然很多学者都就青少年说唱使用效果做出了推断，但到目前为止，很少有研究提供确凿的研究证据。嘻哈音乐在具有高风险行为表现的青少年中最受欢迎，但这一发现只显示了相关性，而不是因果关系。一项研究发现，嘻哈音乐是少年犯最喜欢的音乐类型。然而，他们中只有 4% 的人相信音乐造成了他们的偏差行为，而 72% 的人认为说唱乐中的歌词反映了他们严峻的生活状况。

在两项关于嘻哈音乐对青少年生活影响的研究中，研究人员询问了青少年说唱粉丝的看法，发现他们中的许多人认为嘻哈音乐中的信息是积极的、肯定生命的。然而，这些研究没有报告青少年是在暴力嘻哈还是其他类型的嘻哈音乐中发现了这些信息。

从用且满足理论的角度来看，我们可以预计一些青少年——特别是美国城市的黑人青少年——用嘻哈音乐表达他们面对生活困境的不满和愤怒。其他青少年可能只是把嘻哈当作娱乐，有些人能从一些歌曲中获得积极信息。

嘻哈音乐甚至被用于青少年的治疗中，因为它所包含的主题能够帮助他们表达对失去、被拒绝和被抛弃的感受。它还被用于教育，帮助学生构建语言技能和个人表达。

历史焦点

"骨盆"埃尔维斯

1953 年春天，一位名叫埃尔维斯·普雷斯利（Elvis Presley，"猫王"）的 18 岁的货运卡车司机走进田纳西州孟菲斯市的一间录音室，花了 4 美元录了两首歌，作为送给母亲的生日礼物。3 年后，21 岁的埃尔维斯·普雷斯利成了家喻户晓的百万富翁。

这一切是如何发生的呢？当然，部分原因在于埃尔维斯的非凡才华。他有一副独特的、低沉的、富有表现力的、多才多艺的歌喉，而且他的演唱具有非凡的感官强度。他在南方听着黑人音乐家演唱的节奏布鲁斯歌曲长大，他把他们风格的感官性和力量融入自己的音乐中。许多人认为黑人对他的演唱有重要影响，埃尔维斯本人也承认这一点。

不仅是演唱，埃尔维斯的表演也同样受到黑人音乐家的影响，并由此发展出自己的表演风格。他会撑着麦克风架，以一种极其性感的方式来回推送骨盆（因此得到了"骨盆埃尔维斯"的绰号），他的双腿有节奏地蹬地，浑身抖动。在当时的美国，种族主义者认为黑人拥有不受控制的性欲，这让主流文化很难接受黑人的演唱风格，而埃尔维斯使黑人摇滚乐及相应的风格在白人听众中流行了起来。

然而，除了才华之外，埃尔维斯的成功还得益于四种媒体形式的相互作用：广播、报纸、电视和电影。他的事业通过广播攀上了第一个顶峰。孟菲斯的一家广播电台播放了他演唱的歌曲《没关系，妈妈》（*That's All Right*），之后的几天内，成千上万的青少年冲进孟菲斯的唱片店，求购这张唱片（当时这首歌还没有真正发行）。很快，整个南方的广播电台都在播放这首歌，之后又播放了埃尔维斯录制的其他作品。

接下来，报纸媒体也参与了进来。孟菲斯的一家报纸在头版刊登了一篇题为《他是性》的报道，之后，整个南方的报纸都在转载该报道。再加上无线电台曝光率的逐渐增加，当埃尔维斯和他的乐队开始在南方各州的城市巡回演出时，这些报道使他变得炙手可热。他每到一处演出，报纸都会报道他的演唱会，而且好评如潮，这进一步提高了他的知名度。

不过，让埃尔维斯成为世界巨星的还是电视媒体。1956 年初，埃尔维斯在南方以外的地区还没什么名气。但是，在他参加"艾德·沙利文秀"，贡献荧幕首秀之后，他一炮而红，狂热的青少年粉丝的电话和信件如潮水一般涌向哥伦比亚广播公司。1956 年，埃尔维斯又在电视上表演了好几次，每次都吸引了大量的观众。

埃尔维斯越来越受欢迎的同时，批评他的声音也同样日益高涨，他的表演被一些人批评为"猥琐""淫秽"。当时很受欢迎的电视艺人杰基·格利森讥讽道："这孩子没有权利在全国性的节目中表现得像个性狂人。"在许多批评声中，一位报纸批评家表示担忧，认为埃尔维斯对年轻人具有潜在影响。"当普雷斯利表演抽动和摩擦动作时，就算对12 岁孩子的好奇心来说，这也刺激过头了。"1956 年 9 月埃尔维斯再次出现在"艾德·沙利文秀"上时，哥伦比亚广播公司的高层决定只让他上半身出镜，这样就不会激发美国青少年不守规矩的性冲动。

埃尔维斯在青少年中大受欢迎。

埃尔维斯在"艾德·沙利文秀"中的首次演出，创造了美国电视有史以来最高的收视率，全美 83% 的电视机选择收看该节目。值得一提的是，埃尔维斯的崛起恰逢美国电视使用的增长期。1950 年时，只有 9% 的美国家庭拥有电视，而到了埃尔维斯的第一次电视演出时，超过半数的美国家庭都拥有了电视，到了 1960 年，这个数字将上升到近 90%。电视帮助埃尔维斯取得了前所未有的名声。随着他的表演和背后的故事在全世界的报纸、广播电台和电视网络媒体上传播，埃尔维斯开始享誉全球。

很快，电影也加入埃尔维斯的媒体推广中。他的第一部电影《温柔地爱我》(Love Me Tender) 于 1956 年底上映。不管是这部作品还是埃尔维斯的其他 32 部电影，都没有得到影评人的高度评价，但全球范围内埃尔维斯的青少年粉丝却有不同的看法，他们给这部电影和其他许多电影带来了巨大的票房业绩。虽然在 20 世纪 60 年代中期，埃尔维斯的乐坛地位被披头士等新贵取代，但他的电影仍然为其带来了数百万美元的票房收益。

以上四种互动式媒体为埃尔维斯的成名做出了巨大的贡献，但他的成功一开始就是由青少年粉丝来推动的——他们给广播电台打电话，一次又一次地要求播放他的歌曲，报社记者报道了演唱会上喧闹尖叫的粉丝；还有狂热而庞大的电视观众，以及忠实的电影观众，虽然埃尔维斯的电影（说得委婉一点）并不能给人留下什么深刻印象。自埃尔维斯之后，尽管商业人士一直在努力控制流行音乐产业，但事实证明，青少年的热情通常难以预测，最终是青少年推动和掌控着流行音乐的发展方向。

争议性广告：香烟

学习目标 9：说明香烟广告是如何针对青少年的发展脆弱性的。

大多数青少年使用的媒体都含有某种形式的广告。电视节目中每隔几分钟就会插播商业广告；广播也是如此——每隔几分钟就有广告，散布在各种谈话和音乐中；几乎所有的杂志和报纸上都有数量繁多的广告，正如我们所看到的，这点在最受少女群体欢迎的杂志中尤其明显；即使是电影中也有广告，它们一般以"植入广告"的形式存在，即商家付钱让演员在电影中使用相应的产品。

多年以来，对青少年来说，香烟广告是最有争议性的广告形式。在美国，自 1971 年以来，在电视或广播媒体上投放香烟广告是非法的，在该禁令生效后，烟草公司将更多的资金投入其他形式的广告和促销中，如广告牌、杂志、报纸、电影植入，以及赞助体育赛事和演唱会等。

烟草广告的批评者称其尤为针对青少年。而烟草公司声明，广告只是为了说服成年烟民更换品牌。但批评者指出，一年中只有少数成年人更换品牌，这个比例太小了，不足以填补烟草公司庞大的广告预算，真正的市场在青少年群体中。

90% 的烟民在 18 岁之前就开始吸烟了，而品牌忠诚度一旦建立，就不容易更改，这使得烟草公司寻求扩大市场份额的时候会把青少年当作成熟的目标群体。此外，由于 18 岁以后才开始吸烟的人很少，有批评者认为，烟草公司试图劝说青少年吸烟，使他们在成熟到足以充分认识吸烟的潜在风险之前就对尼古丁上瘾了。根据批评者的观点，烟草公司依靠广告所呈现出的独立形象（万宝路牛仔）、青春的乐趣和活力（纽波特、酷尔）以及同伴的接受度（骆驼、酷尔）等内容来吸引青少年。

有几项研究确定了香烟广告与青少年吸烟之间的关系。波雷（Pollay）及其同事追踪了 1979—1993 年期间烟草公司的广告支出与青少年（12~18 岁）和成年人吸烟率之间的关系。他们的结论是，在广告对品牌选择的影响上，青少年是成年人的 3 倍。"骆驼乔"活动提供了这种效应的一个例子。从 1988 年推出"乔"这一角色到 1993 年，骆驼在 12~17 岁青少年市场中的占有率从不足 1% 上升到 13%，而青少年人群的吸烟比例也有所增加。在批评声中，纳贝斯克公司于 1998 年取消了"骆驼乔"的广告活动。

皮尔斯（Pierce）和同事研究了 1944—1988 年间的吸烟启蒙趋势。他们发现，对于 14~17 岁的女孩来说，1967—1973 年三种针对女性的香烟品牌——维珍妮（Virginia Slims）、席尔瓦（Silva Thins）和夏娃（Eve）上市时，开始吸烟的人数急剧上升。在此期间，18~20 岁或 10~13 岁的女孩以及男性的吸烟率并没有出现这种增长。显然，广告宣传在最有可能开始吸烟的 14~17 岁少女（她们或许就是目标受众）中效果尤其显著。

另外，在我和一位同事发表的一项研究中，我们向青少年展示了五种不同品牌的香烟广告（骆驼、万宝路、长好彩、金边臣和酷尔），并询问他们各种问题来考察他们的反应。骆驼和万宝路的广告是青少年看过最多、最喜欢的广告，也是他们认为最有可能使吸烟具有吸引力的广告（见图 12-3）。在许多方面，吸烟者对广告的反应比不吸烟者更积极。对于所有品牌而言，吸烟者更可能表示喜欢该广告。对于骆驼和万宝路的广告（但不是其他品牌）来说，吸烟者比不吸烟者更有可能认为，该广告使吸烟更有吸引力。第二项研究也得出了类似的结果。

当然，香烟广告的吸引力与青少年吸烟率或品牌偏好之间的关系研究尚不能证明烟草公司是在有意吸引青少年。然而，在针对烟草公司的诉讼中，这些公司被迫公布了大量的内部文件，其中许多文件提供了明确的证据，证明几十年来这些公司一直在讨论青少年的心理特征，并深刻地意识到青少年作为香烟永远的新市场的重要性。这些文件中包含了诸如"今天的青少年就是明天的潜在老顾客""我们的业务基础是高中生""从现实出发，如果我们公司想要长期生存和繁荣，就必须在青少年市场上分一杯羹"等内容。这些证据强化了烟草公司试图直接向青少年推销香烟的说法。

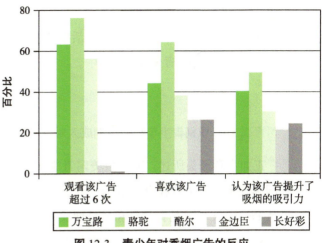

图 12-3　青少年对香烟广告的反应

在过去的 20 年里，由于诉讼和政府政策的影响，发达国家的烟草广告大幅减少，年轻人的吸烟率也有所下降。事实证明，反烟草广告也能有效降低青少年开始吸烟的可能性。然而，最近烟草公司增加了网络广告投放，特别是电子烟的广告，而电子烟对健康的影响现在还不确定。此外，烟草公司目前将目标锁定在发展中国家，随着财富的增加，这些国家年轻人的吸烟率也在增加。

批判性思考

鉴于研究表明，香烟广告对青少年有强烈的吸引力，使他们更喜欢吸烟，你认为应该全面禁止香烟广告（也许除了在成人杂志上）吗？或者你会以"言论自由"为由，捍卫烟草公司做广告的权利吗？

媒体使用的未来

到目前为止，我们所讨论的大多数媒体已经以某种形式存在了很长的时间，即使是电视也已经陪伴人们走过了半个多世纪。然而，近年来出现了许多新的媒体形式。事实上，这些最新的媒体形式在当今青少年和初显期成人的生活中起着非常重要的作用。媒体研究领域的著名学者简·布朗（Jane Brown）称这一批与新媒体共同成长的年轻人为"新媒体世代"。

他们是第一批在电脑屏幕前通过键盘识字的人，他们在虚拟世界里玩游戏，而不是在自家后院或家附近的街道上玩耍，他们通过互联网聊天室结识从未见过且以后也不会见面的人，并且为自己和朋友定制 CD 光盘。他们所生活的新媒体环境与他们父母成长的环境有很大差别，这种环境比以往任何时候都更加容易接近，更有交互性，也比其他已知的任何环境都更容易控制。

在本节中，我们将介绍年轻人生活中最重要的新社交媒体。我们还将研究媒体如何推动全球化进程，特别是在青少年的生活中。

社交媒体

学习目标 10： 识别青少年和初显期成人对社交媒体的主要使用方式。

正如本章开头所述，大多数美国青少年使用各种社交媒体。使用 Facebook 已经成为一种国际现象，该平台在全球范围内拥有超过 10 亿的用户，不过年轻人的使用率仍然最高。虽然 Facebook 仍然是青少年和初显期成人使用最多的社交媒体平台，但其主导地位正受到 Instagram、Snapchat、Twitter 等新平台的挑战。

Facebook 等社交网站很受青少年和初显期成人欢迎。

青少年和初显期成人使用社交媒体主要是为了与老朋友保持联系，并结交新的朋友。这种功能在成年初显期尤为重要，因为初显期成人频繁变更教育环境、工作和居住地，社交媒体既能够让他们与离别的朋友保持联系，也可以帮助他们在每个新地点结交新朋友。

社交媒体的使用会如何影响青少年的发展呢？正如我们在本章中所看到的，将各种社会问题归咎于媒体，尤其是新媒体，这个传统由来已久，社交媒体也不能例外。有人担心，社交媒体反而会使我们的社会性降低，减少老式的、面对面的联系方式。然而，到目前为止，这些担心在青少年的生活中似乎并不成立。根据常识媒体对美国青少年（13~17 岁）的全国性调查，大部分时候，社交媒体对青少年的社交生活有积极影响。如图 12–4 所示，青少年表示，使用社交媒体让他们感觉更自信、更外向，也不再那么害怯。超过一半（52%）的人认为社交媒体帮助维持了他们的友谊，只有 4% 的人表示社交媒体有害于交友。大多数青少年表示，使用社交媒体可以让他们与不经常见面的朋友交流，帮助他们更好地了解学校的其他同学，还可以结识同好。这并不是说使用社交媒体只有积极作用。在常识媒体的调查中，近一半（43%）的青少年表示，他们希望有时能"断网"，同样比例（45%）的青少年表示，当他们与朋友一起外出时，会因为朋友收发短信或使用社交网络而感到沮丧。

社交网站（social networking websites）

互联网网站，比如 Facebook 等，让用户有一个展示自我、建立和保持社会联系的论坛。

在 75% 拥有社交网络个人资料页面的 13~17 岁的青少年中，有该比例的人表示社交网络让他们感觉在以下方面变得更多或更少：

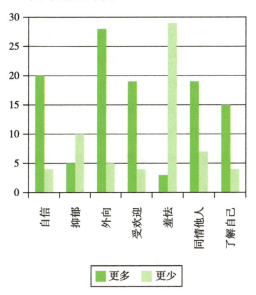

在 75% 拥有社交网络个人资料页面的 13~17 岁的青少年中，有该比例的人表示社交网络是帮助或损害了他们与以下对象的关系：

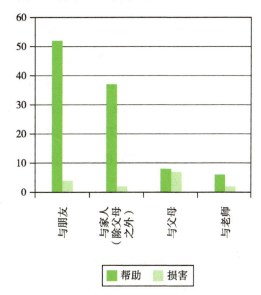

在 75% 拥有社交网络个人资料页面的 13~17 岁的青少年中，非常或比较同意社交网络帮助他们在以下方面有所收获：

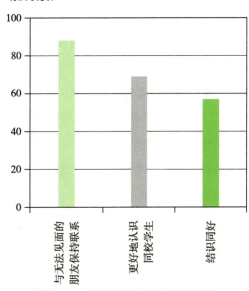

图 12-4　社交媒体与青少年的关系

批判性思考

你在生活中如何使用社交媒体？它增强了你的人际关系还是破坏了你的人际关系？

媒体与全球化

学习目标 11： 总结媒体在青少年全球化中起主导作用的依据。

在跨文化情景下，青少年的媒体使用存在有趣的相似和差异之处。其中部分相似之处正是青少年全球化的写照。在世界的每一个角落、每一块大陆上，青少年们越来越变得熟悉同样的电视节目、电影、音乐录音和艺人。例如，在一项对坦桑尼亚城市青少年的研究中，青少年使用数码设备访问 Facebook 页面，在那里交换关于美国和欧洲国家的音乐和电影的评论、链接及其他帖子。能够使用互联网的青少年和初显期成人可以利用互联网与世界其他地区的年轻人进行交流，尽管国家之间也存在"数字鸿沟"，发达国家的青少年比发展中国家的青少年更有机会使用互联网。

西方媒体对青少年往往具有特别的吸引力，原因有如下几点：第一，世界上的发展中国家，在过去 50 年间的社会和经济经历着翻天覆地的变化，现在青少年的父母和祖父母往往成长在与西方经济和技术交流较少的时代，因此这些成年人更熟悉也更依恋他们的本国传统习俗，如本土音乐和歌曲，而青少年则成长在西方媒体盛行的时期，即使他们仍然会学习本民族文化的歌曲和艺术，但注意力却已经被西方媒体吸引；第二，青少年比儿童更有能力探索家庭以外的世界，所以他们比儿童更能获得父母不会提供给他们的媒体产品；第三，在青春期，青少年要形成身份认同、自我意识并且找到自己在世界中的位置，当社会和经济变化迅速时，他们能够感知未来的世界将不同于父母和祖父母熟悉的过去的世界，他们就会向家庭以外的地方寻求他们将面临的这个世界的信息和建议，以及了解如何在这个世界中找到自己的位置（见本章"文化焦点"专栏中的案例）。

一些关于青少年期的人种学研究表明，媒体在促进青少年生活全球化的进程中确实扮演着重要的角色。在戴维斯（Davis）等人主持的摩洛哥青少年研究中，这种影响在性别角色塑造方面尤为显著。过去，摩洛哥文化和许多传统文化一样，对性别角色有严格的界定。婚姻是由父母包办的，以家庭实用性为基础，而不是遵循爱情至上原则。女性（不针对男性）婚前的贞洁是至关重要的，而且少女被禁止与少年交往。

这些性别差异和女孩狭隘的社会化进程至今仍然是摩洛哥文化的一部分，特别是在农村地区，这可以反映在青少年期男孩和女孩使用媒体时的差异性标准上。青少年期男孩经常看电影（在戴维斯等人的研究数据中，高达 80% 的男孩偶尔或频繁地看电影），而对于青少年期女孩来说，看电影——包括任何电影——都被认为是可耻的（只有 20% 的女孩曾经去电影院看过电影）。青少年期男孩也被允许更自由地接触音乐。不过，对青少年期男孩和女孩来说，他们接触到的电视、音乐和电影（限男孩）正在改变他们对性别关系和性别角色的看法。他们所接触的电视节目、歌曲和电影不仅产自摩洛哥，还包括许多来自法国（摩洛哥曾是法国殖民地）和美国的作品。

通过多种多样的来源，摩洛哥青少年看到的性别角色形象与他们在父母、祖父母和周围其他成年人中看到的完全不同。在青少年使用的媒体中，浪漫和激情是男女关系的核心。爱情是进入婚姻最重要的基础，而父母包办婚姻的理念要么被年轻人忽视，要么被描绘成要抵制的东西。关于年轻女性的描述也与摩洛哥传统角色不同，她们通常被塑造成拥有专业性职业，能掌控自己的生活，不会因自己的性欲而感到羞耻。

年轻人正在利用这些新信息来构建与传统文化截然不同的性别角色概念。总体来说，这对全球化进程产生了影响，带来了广泛的西方式社会化现象，"在社会发生快速变革的时期，媒体使用重塑了青少年生活的方方面面，包括渴望更多自主权、更多形式的异性交往，以及更多的工作和配偶选择。"正如本章前面所讨论的，我们讨论了媒体作为社会化来源的案例，相较于父母和其他成年人，媒体对青少年社会化过程更有影响力。

另一个媒体与全球化的例子来自理查德·康登（Richard Condon）的研究。调查对象是加拿大北极地区的因纽特人（爱斯基摩人）。康登的人种学研究之所以对媒体特别有兴趣，是因为他在电视普及之前，在 1978 年对因纽特青少年做了第一次调查，随后又在 20 世纪 80 年代进行了多次调查。在对比了第一次和后面几次调查结果之后，他发现青少年在恋爱关系和体育竞赛方面的行为发生了惊人的变化。康登和许多接受访问的因纽特人都认为这些变化是由电视引起的。

在运动方面，电视走入人们的生活之前，因纽特青少年很少参加体育活动，即使参加，他们也不愿意表现出好胜的态度或者被认可为技术过人，因为因纽特的文化传统不鼓励竞争，而是鼓励合作。这一切在电视出现后都发生了变化。棒球、足球和冰球比赛迅速成为最受欢迎的电视节目，尤其是在青少年群体中。参加这些运动（尤其是冰球）成了青少年期男孩的娱乐活动的核心部分，而女孩也会经常在一旁观看比赛。此外，青少年期男孩在比赛中变得极具竞争性，他们不再羞于努力赢球，获胜时还会大声宣扬自己的优越天赋——显然是在模仿电视中的球员。我们很少能看到这样的例子，它明确地反映出媒体对青少年的影响。

康登调查中的另一个方面是电视对男女关系的影响。在电视出现之前，青少年的约会和性行为都是秘密进行的。情侣们很少在公开场合表现出对彼此的爱慕之情。事实上，他们甚至不会对亲朋好友承认彼此的特殊关系。康登记录道，他曾结识了一个男孩，在他们熟识了一年以后，男孩才坦白说他有一个女朋友，已经交往了 4 年——即使这样，男孩也拒绝透露女孩的名字。

不过，在观看电视几年后，这一切都改变了。青少年情侣们经常在公共场合手拉手或者互相拥抱。在社区舞会上，年轻的情侣们不再互相忽视、待在舞厅的两端，而是以情侣的身份一起入座、一起跳舞。当康登问及变化的原因时，许多青少年告诉他，他们认为这是由电视造成的。其中，《快乐的日子》（*Happy Days*）这部讲述 20 世纪 50 年代美国青少年生活的节目尤其受欢迎。

一项对斐济少女进行的研究也能够观察到类似的现象。该研究对比了她们在观看电视前后的情况。研究结果表明了一些积极效应。女孩们表示，她们会模仿电视人物的积极品质。不过，研究也发现了一些负面效应。具体来说，因为在电视中看到了苗条的西方女性，女孩们开始过度关注自己的体重和体型，为了控制体重而进行了一些令人担忧的减肥行为。在这些女孩眼中，纤细苗条的女孩在她们的群体中地位最高。

这一切是否意味着，西方（尤其是美国）媒体最终会扼杀世界上所有其他媒体，建立起以美国为主导的同质性全球文化？这个问题很难回答。在一些国家，本土媒体难以与美国媒体相竞争。然而，至少到目前为止，在大多数地方的情况是，本地媒体与美国媒体处于共存状态。年轻人既看美国的电视节目，也看本土节目，还会收看其他国家的节目；他们既看美国电影，也看本国电影；他们不但喜欢美国和英国音乐，也热爱自己文化的音乐和其他传统艺术。正如我们在第 6 章中讨论的，全球化似乎能够促进二元文化认同，其中既包括根植于本地文化的认同，又包括依附于全球文化的认同，其他地区的媒体使用似乎印证了这一点。

在一些地方，日益增强的全球化进程中产生了新的音乐混合模式。例如，在英国，来自印度的移民音乐家发展出一种名为"印度流行乐 Indipop"的新音乐风格，这种风格结合了印度传统音乐模式和乐器以及英美流行音乐模式和技术。富有创造性和原创性的新形式是否会在全球化中继续发展，或者全球化会导致持续的同质性生产，最终形成一种全球媒体文化，很大程度上将取决于最吸引世界青少年和初显期成人的东西是什么。

文化焦点

尼泊尔首都加德满都的"青少年"

在世界范围内，很少有地方在历史上比尼泊尔更偏远、更与西方世界隔绝。尼泊尔位于中国西南和印度东北部之间，不仅与西方国家相隔千里之遥，而且直到 1951 年，政府都在特别努力地隔离其公民，禁止尼泊尔与外界的所有沟通交流活动（旅游、贸易、书籍、电影等）。但从 1951 年起，尼泊尔，特别是其最大的城市加德满都，经历了快速的社会转型，逐渐开始参与全球贸易，迎接西方游客并且开始使用电子大众媒体。人类学家马克·利希提（Mark Liechty）的人种学研究，用生动的材料展示了加德满都的青少年和初显期成人如何对西方媒体做出反应，以及媒体是如何对全球化起到强力推动作用的。

据利希提和同事介绍，各种外来媒体在加德满都深受年轻人的欢迎，印度和美国的影视作品在当地拥有大量的年轻观众。美国和印度的电视节目也很受欢迎，电视机成了中产阶级家庭的标准配置。年轻人狂热地喜爱西方音乐，喜爱的音乐类型包括摇滚、重金属和说唱音乐。有时，年轻人会将本地文化与外来的西方风格结合起来。利希提举例说，当地的一支摇滚乐队录制了一张带有披头士风格的尼泊尔语原创专辑。然而，许多城市的年轻人对尼泊尔民歌等传统文化抱有拒绝的态度。

本土杂志《青少年》（*Teens*）体现了西方媒体对加德满都年轻人的吸引。除了连环画、尼泊尔民间故事、谜语和游戏等专题外，该杂志每期都有几页专门介绍西方流行音乐明星，包括歌手传记和流行歌曲的歌词，还刊载当月十大英文专辑排行和最近发行的英文电影清单。另外，该杂志有大量的内容专门介绍时尚信息，而且都是西方时尚，和美国青少年杂志类似。

尼泊尔人会使用英语中的"teen"和"teenager"这两个词，即使在讲尼泊尔语时也是如此，指的是那些有着西方品味，特别是西方媒体品味的尼泊尔年轻人。并非所有的尼泊尔年轻人都是"teenager"，即使他们正处于青少年期——这个词不是一种年龄分类，而是一种社会分类，特指那些通过媒体学习来追求西方认同和风格的年轻人。对于加德满都的许多年轻人来说，"teenager"是他们所希冀和追求的东西，他们将其与闲暇、富裕和更广泛的机遇联系在一起。然而，许多成年人却把"teenager"当作贬义词，用它来指代那些不听话、反社会以及有潜在暴力倾向的年轻人。成年人对这个词的用法反映了他们对西方媒体的看法，他们认为西方媒体腐蚀了许多年轻人。

即使对"teenager"自己来说，西方媒体的存在也是好坏参半。一方面，他们乐在其中，媒体为他们提供了尼泊尔以外更广阔世界的信息。同时，因为他们成长在一个快速变化的社会中，媒体可以帮助他们更好地理解自己的生活，并为他们想象自己未来的各种可能性提供材料。他们说，正是通过全球媒体，他们"学会了成为现代人"。然而，另一方面，西方媒体也使他们与自己的文化传统脱节，使他们中的许多人感到困惑和疏离。媒体传达的理想西方生活，将他们对自己生活的期望提高到难以企及的程度，这种期望和现实生活之间的不一致最终导致年轻人内心发生冲突。正如 21 岁的拉梅什告诉利奇蒂的话：

> "你知道吗，现在我知道的太多了（从电影、书籍和杂志上了解到的关于西方的知识）。做池塘里的青蛙生活不坏，但做一只大海里的青蛙就像坠入地狱一般。看看这里，在加德满都，这里什么都没有，我们一无所有。"

第13章

问题和心理弹性

∨ 学习目标

1. 区别内化和外化问题。

2. 总结年龄相关的交通事故风险的总体模式，并识别促使青少年和初显期成人危险驾驶的因素。

3. 描述渐进式驾照获取项目的特征，并评估其效果。

4. 总结美国、加拿大和欧洲各国青少年物质滥用行为的差异，并解释物质滥用与初显期成人非结构化社交之间的关系。

5. 识别青少年和初显期成人不同的物质滥用类型，以及物质滥用预防措施的结果。

6. 解释年龄与犯罪关联性的原因。

7. 辨析莫菲特理论中的两种犯罪类型及其各自的起源。

8. 评价成功的预防犯罪方案，并解释有些方案更成功的原因。

9. 总结社会化来源和个人因素导致外化问题的方式。

10. 识别青少年抑郁症的主要类型和诱因。

11. 解释抗抑郁药物的优点和风险，评估认知行为疗法的有效性。

12. 描述导致青少年自杀的最重要的风险性因素。

13. 解释进食障碍的诱因以及神经性厌食症和贪食症之间的区别。

14. 评估进食障碍主要疗法的有效性。

15. 识别与心理弹性有关的保护性因素。

16. 解释为什么成年初显期是心理弹性表露的关键期。

在大多数社会中，你不必很费力就能找到年轻人身上存在问题的证据。当地报纸每天的版面上就很有可能提供大量的例子。最近，我们本地的报纸上就刊登了一个典型的故事。一名17 岁的男孩在驾车转弯时，车辆失去控制，导致车上连司机在内的 4 名 17~22 岁的年轻人全部死亡。当时，汽车突然偏离道路，撞上路边的电线杆。司机和三名乘客被甩出车外，当场死亡。他们都没有系安全带，汽车在限速 40 千米 / 小时的路上开出了 75 千米 / 小时的速度。"速度绝对是造成事故的一个因素，"现场的警察说，"他们本应该系上安全带。这次车祸撞击太剧烈了，他们根本没有生还的可能。"

对类似的可怕事故，你可能并不陌生。你可能已经注意到，这些事故频繁发生在十几岁、二十岁出头的年轻人身上。学者们有时会抱怨说，这类事故助长了人们对年轻人的刻板印象，即把青少年期视为一个天然充满"暴风骤雨"的时期，认为青少年是很多社会问题（如犯罪）的根源。某种程度而言，这种刻板印象的存在，以及用其描述所有青少年和初显期成人，是很不公平的。在本书各章中，通过研究发展的许多方面，我们已经发现，十几岁和二十岁出头是充满变化的年纪，其中某些变化是重大而剧烈的。然而，对于大多数年轻人来说，这些变化是可控的，他们可以不必遭遇任何严重或持久的问题，顺利度过青少年期和成年初显期。

然而，比起其他年龄阶段，十几岁、二十几岁仍然是人生中最容易出现各种问题的时期。虽然大多数青少年和初显期成人并没有出现严重的问题，但是他们出现各种问题的风险却高于儿童或成年人。这些问题包括机动车事故、犯罪行为、进食障碍、抑郁情绪等。我们将在本章中探讨这些问题。

在我们研究具体问题之前，我们将介绍一些概念，为理解这些问题提供背景知识。

外化问题

青少年和初显期成人所经历的一些问题是很容易被旁人发觉的，因为这些问题会体现在扰乱甚至是危害他人生命的行为中；而另一些问题可能更隐蔽、更难以发现。本章将对这两类问题进行调查，首先我们来了解它们之间的区别。

两种问题类型

学习目标 1：区别内化和外化问题。

　　研究年轻人问题的学者们常常会对内化问题和外化问题加以区分。内化问题（internalizing problems）是主要影响个体内部世界的问题，问题包括抑郁、焦虑和进食障碍等。内化问题往往是聚合出现的。例如，有进食障碍的青少年比其他青少年更容易抑郁，抑郁的青少年比其他青少年更可能有焦虑障碍。有内化问题的青少年有时被称为过度控制（overcontrolled）。他们往往来自于父母会施加严密心理控制的家庭，因此，他们的人格经常被过度控制，并且自我惩罚。内化问题在女性中比在男性中更为常见。

　　外化问题（externalizing problems）给个体的外部世界带来困扰。外化问题的类型包括违法行为、打架斗殴、物质滥用、危险驾驶和无保护的性行为。与内化问题一样，外化问题往往也是聚合出现的。例如，打架的青少年比其他青少年更容易犯罪，发生无保护性行为的青少年比其他青少年更容易使用酒精等物质。有外化问题的年轻人有时被称为控制缺失（undercontrolled）。他们大多来自缺乏父母监督和控制的家庭，因此，他们往往缺乏自我控制能力，进而导致外化问题。这些问题在男性中比在女性中更为常见。请注意，学者们在研究外化问题时使用了各种术语，包括危险行为（risk behavior）和问题行为（problem behavior）。

　　内化问题和外化问题之间的另一个关键区别是，有内化问题的年轻人通常会感到痛苦，而有外化问题的年轻人通常不会。在西方社会中，大多数年轻人时常出现外化问题行为。虽然外化问题行为能够表明个体与家庭、朋友或学校之间有问题，但许多有外化问题的年轻人并没有上述问题。外化问题的行为的动机往往并非潜在的不快乐或心理问题，而是对刺激和强烈体验的渴望之情，这种行为也是与朋友一起玩乐的方式。在成年人看来，外化问题的行为是一种不良的问题行为，但年轻人并不认同这种观点。

内化问题（internalizing problems）
影响个体内部世界的问题，如抑郁、焦虑、进食障碍等。

过度控制（overcontrolled）
以抑制、焦虑和自我惩罚为特征的人格，有时会代指那些有内化问题的青少年。

外化问题（externalizing problems）
影响个体外部世界的问题，如违法犯罪、打架等。

控制缺失（undercontrolled）
以缺乏自控能力为特征的人格，有时会代指有外化问题的青少年。

危险行为（risk behavior）
带来负面结果的危险的问题行为，如危险驾驶和物质滥用。

问题行为（problem behavior）
青年人从事的且被成年人视为问题来源的行为，如无保护的婚前性行为和物质滥用。

区分内化问题和外化问题是有实用价值的，但不应将其视为绝对。一般来说，同一类问题会一起出现，但有些年轻人身上会同时存在两类问题。例如，违法乱纪的青少年有时会抑郁，抑郁的青少年有时会滥用毒品和酒精。一些研究发现，同时有外化、内化两类问题的青少年往往来自状况特别糟糕的家庭。

在本章中，我们首先来研究外化问题，然后讨论内化问题。让我们从对青少年和初显期成人的生命和健康威胁最大的外化问题开始：危险驾驶。

危险机动车驾驶

学习目标 2：总结年龄相关的交通事故风险的总体模式，并识别促使青少年和初显期成人危险驾驶的因素。

我喜欢飙车，但是一段时间后，飙车就不再有吸引力了。所以我开始不开灯开车（晚上），在乡间道路上开到 90 千米 / 小时左右。我甚至找了一个朋友一起这样做。我们关着车灯在乡间路上巡游，就这样飞驰着，这种感觉不可思议。我们会开得尽可能快，那感觉就好像在飞翔一样。

——尼克，23 岁

在发达国家中，造成青少年和初显期成人死亡的主要原因是机动车驾驶。如图 13-1 所示，在美国，16~24 岁年轻人的机动车事故率、伤亡率是所有年龄组中最高的。在其他西方国家，由于提高了驾驶年龄下限（通常为 18 岁），减少了年轻人驾驶机动车的机会，所以这些国家的年轻人的事故率和死亡率远远低于美国。尽管如此，在这些国家，机动车伤害仍然是青少年和初显期成人死亡的主要原因。

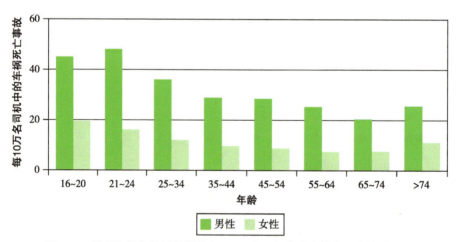

图 13-1 基于年龄和性别分类的每 10 万名司机中发生的交通事故的比例

是什么原因造成了这样可怕的数据？是年轻司机的经验不足还是他们的危险驾驶行为？经验不足显然是重要的一方面。在人们刚接触驾驶的时候，事故率和死亡率特别高，但在获得驾照一年后，这两项数据则急剧下降。试图分离年轻司机的经验和年龄因素的研究普遍认为，经验不足是造成年轻司机事故和死亡的部分原因。

不过，这些研究和其他研究也发现，经验不足并非唯一的因素。毕竟，如图 13-1 所示，21~24 岁年龄组的死亡率高于 16~20 岁年龄组，而他们中的大多数人至少已经有了 5 年的驾驶经验。与经验相比，年轻人的驾驶方式和采取的风险行为类型同样重要。与年长司机相比，年轻司机（尤其是男性）更有可能超速驾驶、跟前车过紧、违反交通标志和信号灯、变道和超车时更冒险、突然加塞，以及不礼让行人；他们也比年长司机更有可能酒后驾驶，与其他年龄组相比，21~24 岁的司机更可能因为醉驾造成死亡事故；年轻人也比年长的司机更有可能不系安全带，在严重车祸中，与系安全带的人相比，不系安全带的人的死亡率高达前者的两倍，受伤率则是前者的三倍。

除了经验不足和某些特定的驾驶行为外，还有其他各种因素与年轻司机的事故风险有关。家长的参与监督在青少年开始驾驶的最初几个月特别重要，而增加家长参与的干预措施已经被证明是有效的。朋友影响已经被证实会导致危险驾驶。年轻司机比年长司机更可能相信其朋友会赞同危险驾驶行为，如超速、紧跟前车、在危险情况下超车等。

司机的个人特征也同样起作用。诸如感觉寻求和攻击性等人格特质会激发危险驾驶，并导致随后的事故，而这些特征往往在年轻男司机群体中最明显。乐观偏差使人们相信他们比别人更不容易发生车祸，而这种偏好在年轻的司机中尤为突出。司机的个人特征、驾驶环境与社会化环境交互作用，导致了引发事故的驾驶行为，而是否使用安全带的意义重大，决定了事故是造成伤害还是导致死亡。

避免机动车事故和死亡：渐进式驾照

学习目标 3： 描述渐进式驾照获取项目的特征，并评估其效果。

如何降低年轻司机的机动车事故率和死亡率？美国使用最多的两种方法是**司机教育**（driver education）和**渐进式驾照获取**（graduated driver licensing，GDL）。前者一般效果不大，而后者是限制驾驶权限的项目，效果要好得多。

表面上看，司机教育作为一种提高青少年驾驶水平的方式，似乎很有发展前途。逻辑上讲，如果新司机能够得到专业人士的教导，那么他们会熟练得更快，更安全地驾驶。然而，有研究比较了参加司机教育课程的青少年和未参加的青少年，结果发现，两者的交通事故发生率一样，甚至参加课程的青少年还要更高一些。司机教育项目通常很难传授安全驾驶所需的知识

司机教育（driver education）

在年轻司机获得驾照之前，为教授他们安全驾驶技能而设计的项目。

渐进式驾照获取（graduated driver licensing，GDL）

当年轻人首次拿到驾照时，为限制其驾驶权限而设计的项目，如果年轻人没有违反限制规定，那么权限会逐渐增加。

和技能，部分原因在于参加课程的青少年对学习这些技能没有什么兴趣——他们只想要获得驾照，然后开车上路。此外，经过司机教育后，青少年可以比未经教育者更快获得驾照。而提前获得驾照造成的事故风险增加，要远远超过接受司机教育所降低的风险。此外，司机教育使年轻司机对自己的驾驶技术更有信心，这增强了乐观偏差，导致他们谨慎性降低，更愿意冒风险。

另一个方法是渐进式驾照获取，该方法获得了关注青少年驾驶问题的学者们的强烈支持。GDL 是一个帮助年轻人逐步而不是立即获得驾驶权限的项目，以年轻人的安全驾驶记录为依据。GDL 项目设法解决各种风险因素，其

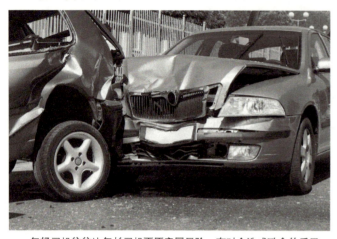

年轻司机往往比年长司机更愿意冒风险，有时会造成致命的后果。

目的在于帮助年轻人逐步获得驾驶经验，在限制新手驾驶权限的情况下，降低交通事故发生的可能性。

GDL 项目通常包括三个阶段。第一阶段是驾照学习阶段，是指年轻人在有经验司机的监督下获得驾驶经验的阶段。例如，加利福尼亚州的 GDL 项目要求年轻人在父母的监督下完成 50 个小时的驾驶培训，其中 10 个小时必须在夜间进行。

第二阶段是限制驾驶阶段。在这一阶段，青少年可以在无人监督的情况下开车，但要受到比成年人更严格的限制。这些限制是基于研究发现的最有可能使年轻司机面临事故的风险因素。驾驶宵禁（driving curfews）是最有效的限制措施之一，它禁止年轻司机在深夜驾驶，除非有特定目的，如上下班。这种限制已经被证实可以显著减少年轻人的交通事故。另外，在无成年人在场的情况下，禁止搭载青少年乘客，这也是减少交通事故的有效限制措施。

其他限制还包括使用安全带的要求和对酒精的"零容忍"，后者意味着如果年轻司机血液中有一点酒精含量，那么他们就违反了规定。在限制驾驶段，任何违反限制的行为都会导致驾照被暂时吊销。只有在限制驾驶阶段过后——通常不超过 1 年——年轻人才能获得正式驾照，并享有与成年人相同的驾驶权限。

过去的 10 年中，许多研究都证明了 GDL 项目的有效性。一项对 21 项研究的分析表明，GDL 项目能将年轻司机的事故风险降低 20%~40%。在过去的 20 年里，美国 16 岁司机的致死事故减少了 50% 以上，这也主要归功于 GDL 项目。许多州的立法者都认为该项目十分有效，

驾驶宵禁（driving curfews）

在渐进式驾照获取项目中，限制驾驶阶段的一个特点是，除了工作通勤等特定目的外，年轻司机不得在深夜开车。

因而通过了更多的这种项目。现在，美国几乎所有州都有 GDL 项目，项目数量在过去 20 年里急剧攀升。见证了美国项目的成功后，世界各地都开始采用 GDL 项目。

> **批判性思考**
>
> 你支持在你的居住地设立 GDL 项目吗？如果支持，你会加入哪些限制？你认为这种项目对那些安全驾驶却被限制驾驶权限的年轻人公平吗？

物质滥用

学习目标 4： 总结美国、加拿大和欧洲各国青少年物质滥用行为的差异，并解释物质滥用与初显期成人非结构化社交之间的关系。

另一种青春期和初显成人期常见的风险行为类型是酒精和违禁品的使用。学者们经常使用**物质滥用**（substance use）一词来描述该话题，"物质"包括酒精、香烟和其他违禁品。

西方各国的物质滥用率各不相同。世界卫生组织（世卫组织）的一项研究调查了 42 个西方国家的 15 岁青少年的酒精、香烟和违禁品的使用率。结果如图 13-2、图 13-3 和图 13-4 所示。正如你所看到的，物质滥用率取决于使用的是何种物质。

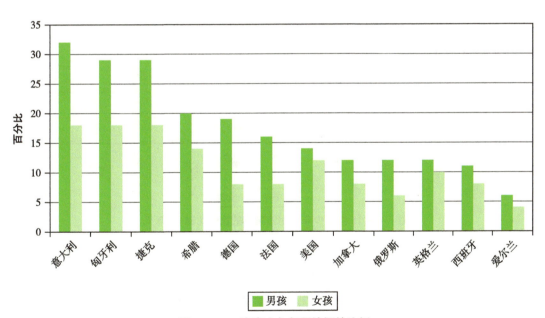

图 13-2 15 岁青少年每周饮酒的比例

物质滥用（substance use）

使用对认知和情绪有影响的物质，包括酒精、香烟和违禁品。

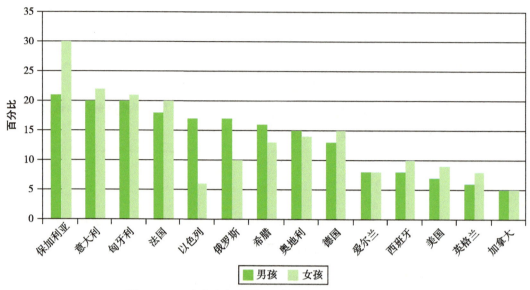

图 13-3　15 岁青少年每周吸烟的比例（一周至少一次）

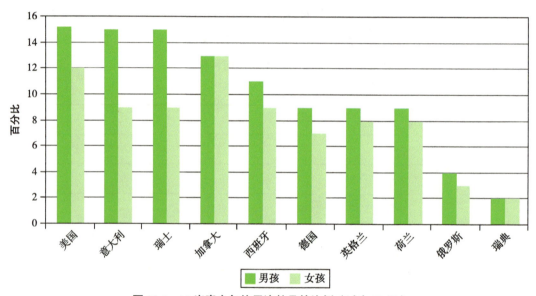

图 13-4　15 岁青少年使用违禁品的比例（过去 30 天）

欧洲青少年酒精使用率较高，部分原因是欧洲国家的法定饮酒年龄是 18 岁或者更低，而美国为 21 岁。但更重要的则是酒精使用态度方面的文化差异。美国并不绝对禁止青少年和初显期成人饮酒——对未成年人饮酒的处罚很轻，也很少真正执行——但这绝不是鼓励饮酒，许多高中和大学都有预防酒精使用的方案。相比之下，欧洲人对饮酒的态度不那么矛盾，饮酒是年轻人和成年人社交场合中的必要部分。这种文化差异部分是由于美国社会的保守性宗教限制，但也是由于在美国酒后驾驶是一个更大的问题。通常，美国青少年在 16 岁就开始驾驶，而且大多数人经常有车可开，所以美国青少年和初显期成人酒后驾驶的问题比欧洲国家更严重。欧洲的法律也严格禁止酒后驾驶，而美国的法律比较宽松，也很少得到严格执行。

相较欧洲各国，美国和加拿大的青少年吸烟率更低，很可能是因为这两个国家的政府开展了大规模的反吸烟公共卫生运动，而欧洲国家没有。年轻人吸烟之所以特别令人关注，是因为从长远来看，吸烟造成了比所有违禁品加起来还多的疾病和死亡，而且大多数吸烟者从十二三岁就开始吸烟。

在美国，危险行为的比率存在着巨大的文化/种族差异。如上所述，白人和拉丁裔美国人在青少年时期的物质滥用率高于非裔或亚裔美国人。对美国青少年的研究表明，物质滥用率从15 岁开始到高中毕业一直在上升。根据全美监测未来（MTF）的数据，2015 年，35% 的美国高中毕业生饮酒，21% 的人承认在过去的一个月里至少有一次酗酒（binge drinking）——一次摄入 5 瓶或更多酒精饮料；11% 的高中生承认吸过烟（过去 30 天内至少吸烟一次）。

物质滥用的高峰其实一般不会出现在青少年时期，而是出现在成年初显期。MTF 追踪调查了一些高中毕业的同伴群体，从他们 20 岁时一直到他们 30 岁之前，这项调查提供了关于成年初显期物质滥用的绝佳数据。这些数据显示，各种物质的使用在青少年 15 岁后持续上升，在 20 岁出头时达到高峰，又在 20 多岁时下降。

有些证据表明，在其他西方国家，初显期成人的物质滥用率也很高。一项针对西班牙成年人的研究报告显示，在 18~24 岁的人中，过去 30 天内男性和女性的酗酒率分别为 31% 和18%，远远高于其他任何年龄组。其他欧洲国家也发现，酗酒的峰值出现在初显期成人身上。在苏格兰的女大学生中，大多数人将酗酒看作是"无害的乐趣"。

为什么初显期成人会有较高的物质滥用率？韦恩·奥斯古德（Wayne Osgood）对此做出了有效的解答。奥斯古德借用了一个社会学理论，该理论基于偏好和机遇来解释所有的偏差行为。当人们拥有足够的偏好（即偏差行为的充分动机）与足够的机会时，就会表现出偏差行为。奥斯古德特别强调，由于初显期成人在一起聚会的时间比例很高，他们参与物质滥用和其他偏差行为的机会很多。

奥斯古德用非结构性社会化（unstructured socializing）来指代包括驱车玩乐、参加聚会、逛街、与朋友外出等行为。通过使用 MTF 数据，他发现非结构性社会化在十几岁和二十岁出头的时候最多，在这一年龄段，非结构性社会化最突出的初显期成人饮酒和使用违禁品的比例也最高。在身为大学生的初显期成人中，各类物质滥用比例特别高，这是因为他们非结构性社会化的机会很多。在他们 20 多岁时，物质滥用率下降，因为诸如结婚成家、为人父母和全职工作等角色转换导致非结构性社会化的机会急剧减少。

与过去几十年相比，如今的青少年和初显期成人的物质滥用率如何？因为 MTF 对高中毕业生（12 年级）的研究可以追溯到 1975 年，所以有四十多年的美国青少年的绝佳数据可以用

酗酒（binge drinking）

短时间内摄入大量酒精饮料，通常被定义为一次性摄入五瓶以上酒精饮料。

非结构性社会化（unstructured socializing）

指年轻人一起虚度的时间，没有具体事件作为活动中心的术语。

来回答这个问题。从 1975 年到 2015 年，大多数类型的物质滥用率（过去一个月）都在下降。吸烟下降最明显，从 1975 年的 37% 下降到 11%；酗酒（连续喝五瓶或更多酒精饮料）也有类似降幅，从 38% 下降到 21%；违禁品的使用率也下降了，从 2015 年的 27% 下降到 21%。在此期间，越来越多的年轻人将自己定义为"正人君子"，这意味着他们拒绝任何种类的物质滥用。造成这种转变的原因尚不清楚，但很可能是这一时期政府资助的大量反对青少年物质滥用的公共运动促成的。

预防物质滥用

学习目标 5：识别青少年和初显期成人不同的物质滥用类型，以及物质滥用预防措施的结果。

年轻人物质滥用的目的多种多样，可分为尝试性、社交性、医疗性和成瘾性。参与尝试性物质滥用（experimental substance use）的年轻人出于好奇心，尝试一次或几次后就不再使用了。在青少年期和成年初显期的物质滥用中，有相当大的一部分都是尝试性的。当被问及为什么使用违禁品时，年轻人最常见的回答是"想试试看是什么感觉的"。感觉寻求的人格特征在青少年期和成年初显期达到顶峰，感觉寻求也是尝试性物质滥用的动机。

社交性物质滥用（social substance use）是指在与一个或多个朋友参与的社交活动中的物质滥用。聚会和夜店是在青少年期和成年初显期常见的社交性物质滥用场所。几乎所有年轻人的物质滥用都是在群体活动中进行的。

医疗性物质滥用（medicinal substance use）是为了缓解不愉快的情绪状态而使用物质，如悲伤、焦虑、紧张或孤独等。出于这种目的的物质滥用被视为一种自我药疗（self-medication）。出于这种目的的年轻人往往比那些主要出于社交或尝试性目的的年轻人的物质滥用频率更高。经常物质滥用的人患抑郁症的可能性是其他青少年的三倍，这表明自我药疗是一种频繁物质滥用的动机。

最后，当个体开始依赖定期的物质滥用来获得身体或心理上的良好感觉时，就会发生成瘾性物质滥用（addictive substance use）。成瘾性物质滥用者在停止使用上瘾物质时，会出现戒断症状（withdrawal symptoms），如高度焦虑和颤抖。成瘾性物质滥用是本文所述四类情况中最

尝试性物质滥用（experimental substance use）
出于好奇而尝试了一次或几次物质滥用。

社交性物质滥用（social substance use）
在与一个或多个朋友的社交活动中进行的物质滥用。

医疗性物质滥用（medicinal substance use）
为了缓解悲伤、焦虑、压力或孤独等不愉快的情绪状态而进行的物质滥用。

自我药疗（self-medication）
使用物质来缓解不良状态，如悲伤或压力。

规律的，也是最频繁的。

　　青少年期和成年初显期的所有物质滥用行为都被认为是"问题行为"，因为如果年轻人有这样的行为，就会被成年人看作问题人物。然而，上文描述的四种类型表明，年轻人可能有不同的物质滥用方式，这些方式对他们的发展有着不同的影响。研究发现，与频繁进行物质滥用的青少年（"医疗性"和"成瘾性"使用者）相比，尝试性或社交性物质滥用的青少年在心理上更健康。经常进行物质滥用的人也比其他青少年更有可能在学校出现问题，与同龄人格格不入，与父母的关系不好，并做出违法行为。

　　通常，学校会为了避免或减少年轻人的物质滥用而努力。例如，7 个欧洲国家实施了一个项目，项目包括 12 节 1 学时的教师授课，授课重点是了解同伴的影响，还强调拒绝物质滥用邀请的社交技能。该项目成功地减少了男孩日后的物质滥用行为，但对女孩没有效果。

　　其他成功的项目集中在家庭功能上，旨在解决可能刺激青少年物质滥用的家庭问题，或者教导父母如何提高技能，如**父母监管**（parental monitoring）等。父母监管指父母能够在何种程度上随时随地了解青少年的所在以及他们的所作所为。例如，在一项研究中，高风险的 7 年级青少年及其父母在家中和在实验室任务中都被录像，以评估父母的监管程度，然后父母被指导如何提高监管技能水平，并在 4 年的追踪调查期间，每年都提供额外的反馈。干预组青少年在 4 年后的物质滥用率远低于对照组，他们父母的监管水平也高于对照组父母。其他成功的项目也结合了多种策略，不仅在学校实施，而且还作用于家庭、同伴和社区。我们将在后面更详细地讨论这些项目。最成功的项目都始于青少年早期，并且每年开展，一直持续到高中。

违法行为和犯罪

学习目标 6：解释年龄与犯罪关联性的原因。

　　由于犯罪行为对社会的破坏性很大，而且随着现代城市的发展，犯罪变得越来越普遍，所以犯罪是社会学中历史最古老、研究最深入的课题之一。当被法律制度定义的**未成年人**（juveniles）实施违背法律的行为时，这些行为被视为**违法行为**（delinquency）。大多数国家的

成瘾性物质滥用（addictive substance use）
一种物质滥用模式，指个体开始依赖定期进行物质滥用来获得身体或心理上的良好感觉。

戒断症状（withdrawal symptoms）
当个体停止服用上瘾物质时所出现的高度焦虑和颤抖等状态。

父母监管（parental monitoring）
父母对青少年所作所为的掌握程度。

未成年人（juveniles）
法律制度限定的比成年人年轻的群体。

违法行为（delinquency）
未成年人违背法律的行为。

法律制度将未成年人定义为不满 18 岁的人。

我多么希望 10 岁和二三十岁之间没有别的年龄，不然就在睡梦中度过这段时光吧，因为这中间发生的事，不过是让姑娘怀上孩子、肆意侮辱长辈，还有偷东西、打架……

——威廉·莎士比亚，1610 年，《冬天的故事》，第三幕，第三场

在 150 多年的犯罪研究中，有一项发现非常惊人：绝大多数犯罪行为是由 12~25 岁的年轻男性实施的。在西方，在长达 150 多年的时间里，这一研究结果都保持了惊人的一致性。图 13-5 显示了两个时间点上的年龄与犯罪之间的关系，一个是在 19 世纪 40 年代，另一个是距离现在相对近的年份。在大多数国家，无论是在这两个时间点之前、之后或之间，两者的关系都是非常相似的。青少年期和成年初显期男性不仅比儿童或成年人更有可能实施犯罪，而且也更有可能成为犯罪行为的受害者。

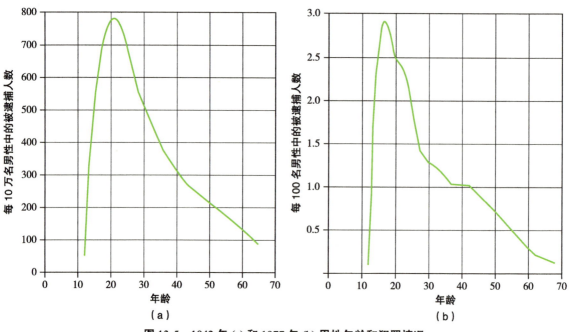

图 13-5 1842 年 (a) 和 1977 年 (b) 男性年龄和犯罪情况

虽然在过去的两个世纪里的每个历史时期中，12~25 岁的青年男子都是犯罪行为的主体，但是犯罪率还是存在显著的历史波动。特别值得注意的是，犯罪率从 20 世纪 60 年代中期到 20 世纪 90 年代初期急剧上升，然而从 20 世纪 90 年代中后期到现在又稳步下降，这些变化的原因尚不清楚。

什么是年龄与犯罪之间的强烈而一致的关系的原因？有一种理论认为，解释年龄与犯罪之间关系的关键是，青少年和初显期成人一方面越来越独立于父母和其他成年人的权威，另一方面与同伴在一起的时间越来越长，并且越来越以同伴为导向。犯罪研究的一致结果表明，十几

岁或二十出头的年轻男性在犯罪时通常是小组行动，这一比例远远高于成年犯罪者。在一些青少年团体中，犯罪是值得鼓励和崇拜的行为。请注意，这与之前讨论的非结构性社会化行为会刺激物质滥用的想法有共通之处。

当然，正如我们在第 8 章中指出的，同伴和朋友可以通过各种方式相互影响，包括服从成年人的标准，而不一定是背离和打破规则。然而，青少年期和成年初显期似乎是人生中最有可能形成推崇和强化规范破坏的同伴群体的时期。在这些同伴群体中，年轻人为了追求刺激和高感官寻求的冒险，可能会参加违反法律的活动。他们的动机很少是经济性的，即使他们的违法行为中包括偷窃，偷窃的金额也往往很小。当他们长到二十四五岁时，初显期成人开始扮演成年早期的各种角色，这些反社会同伴群体就解散了，犯罪行为也随之减少。

在违法和犯罪方面，美国的各种犯罪率都远远高于其他发达国家，尤其是暴力犯罪。如图 13-6 所示，在青少年和初显期成人（10~29 岁）中，美国的杀人率是其他发达国家的 7~25 倍。美国暴力犯罪率高，部分原因可能是贫困率较高。在美国城市贫困地区，年轻人的杀人率高得惊人；谋杀是非裔和拉丁裔年轻人的主要死因。

美国年轻人杀人率高的另一个重要原因是容易获得枪支。由于美国社会枪支普遍存在——估计有 2 亿人持枪——在伦敦或东京可能是年轻人之间的拳脚争斗的事，但到了芝加哥或华盛顿特区就很容易变成谋杀。

非裔和拉丁裔青少年比白人青少年更有

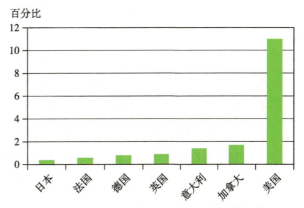

图 13-6　选定发达国家 10~29 岁人口的杀人率

可能因杀人和其他严重犯罪而被捕。然而，非裔和拉丁裔的高犯罪率，更多反映的是社会阶层的影响，而不是种族或文化的影响。对于所有种族背景的青少年来说，成长于低社会经济地位家庭与更高的犯罪可能性有关，而非裔和拉丁裔青少年比白人青少年更有可能来自于低社会经济地位的家庭。此外，与白人青少年相比，非裔青少年犯相似的罪行后更有可能被捕，而且一旦被发现犯罪，往往会受到更严厉的惩罚。

两种违法行为

学习目标 7： 辨析莫菲特理论中的两种犯罪类型及其各自的起源。

违反各种法律的行为在十几岁、二十岁出头的年轻人特别男性中——是很常见的。大多数调查发现，超过四分之三的美国青少年在 20 岁之前至少犯过一次罪。然而，一两次轻微犯罪行为（例如，破坏他人财产或未满法定年龄饮酒）与长期频繁犯罪，包括强奸和殴打等严重犯罪行为之间存在着明显的差异。研究发现，10% 的年轻人犯下了超过三分之二的罪行。偶尔轻微违法的青少年与有可能发生更严重的、长期犯罪行为的青少年之间有什么区别？

特莉·莫菲特（Terrie Moffitt）提出了一个颇具刺激性的理论，她将"仅限于青少年期"的犯罪和"终身持续"的犯罪区分开来。在莫菲特看来，这是两种截然不同的犯罪类型，每种类型的犯罪动机都不同，根源也不同。然而，在青少年期，这两种类型可能很难区分，因为在青少年期，刑事犯罪比在儿童或成年人时期更常见。莫菲特认为，要想区分这两种类型，需要观察人们青少年期之前的行为。

终生持续的违法者（life-course-persistent delinquents，LCPDs）从出生开始就表现出各种问题。莫菲特认为，他们的问题源于神经心理学上的缺陷，明显表现为婴儿期的困难型气质，儿童期很可能出现注意缺陷与多动障碍及学习障碍。有这些问题的孩子也比其他孩子更有可能成长于高危环境（如低收入家庭、单亲家庭），父母本身就有各种问题。因此，他们的神经系统缺陷往往会因为环境的影响而变得更加严重而不是有所好转。到了青少年期，这些有神经系统缺陷、生活在高危环境中的儿童极易参与犯罪活动。此外，他们往往在青少年期结束后的很长一段时间内继续犯罪，直至成年。

仅限于青少年期的违法者（adolescence-limited delinquents，ALDs）是一种大不相同的类型。他们在婴儿期或儿童期没有表现出任何问题的迹象，也很少有人会在二十四五岁以后进行任何犯罪活动。只是在青少年期——实际上是青少年期和成年初显期，从 12 岁左右到 25 岁左右，他们才会偶尔有犯罪行为，如破坏他人财物或公物、盗窃和使用违禁品等。

通过对新西兰年轻人的研究，莫菲特的理论得到了证实。该研究被称为达尼丁（Dunedin）纵向研究，始于被试的婴儿期，一直跟踪到他们 26 岁（截至目前）。结果显示，正如该理论所预测的那样，终生持续的违法者从早期就表现出神经功能性、气质和行为方面的问题，而仅限于青少年期的违法者则没有。在成年初显期，终生持续违法者仍然存在心理健康、个人经济、工作、物质滥用和犯罪行为等方面的问题；而仅限于青少年期的违法者的风险行为大多在 26 岁时减少，尽管和那些在青少年期没有犯罪行为的初显期成人相比，他们仍然会有更多的物质滥用和个人财务问题。其他研究也普遍支持该理论。

> **批判性思考**
>
> 终生持续违法者的问题有早期发展中的深刻根源，但仅限于青少年期的违法者的犯罪行为是出于什么样的原因呢？

终生持续的违法者（life-course-persistent delinquents，LCPDs）

在莫菲特的理论中，它是指在青少年期之前和之后都表现出相关的问题行为的违法者。

仅限于青少年期的违法者（adolescence-limited delinquents，ALDs）

在莫菲特的理论中，它是指在青少年期和 / 或成年初显期出现犯罪行为的违法者，但他们在其他时期没有显示出任何问题行为。

文化焦点

特鲁克岛的年轻人

在世界每个角落和历史记录的每一个时代，像打架、偷窃和物质滥用等这样的外化问题，在男性中远比在女性中普遍。造成这种现象的原因部分是生物学上的，但也明显与性别角色社会化有关。在许多文化中，我们所认为的"外化问题"实际上是男孩准备过渡到男人的一部分要求。

特鲁克岛是南太平洋密克罗尼西亚群岛的一部分，该岛人民为这种外化问题和男子气质要求之间的关系提供了一个生动的例子。人类学家麦克·马歇尔（Mac Marshall）生动地描述了特鲁克岛的文化，大卫·吉尔莫（David Gilmore）和弗朗西斯·赫泽尔（Francis Hezel）对其进行了总结。他们的描述不仅很好地证明了性别角色社会化对年轻男性外化行为的重要性，而且还证明了全球化对年轻人的影响，甚至在世界最偏远地区的文化中也是如此。

特鲁克文化的全球化可以追溯到 100 多年前。在此之前，特鲁克人就以凶猛强悍而远近闻名，他们不仅经常彼此战斗，而且会和任何不幸漂流到附近的西方水手短兵相接。然而，在 19 世纪末，德国殖民者抵达并占据了这些岛屿，控制了特鲁克人。他们使当地的战争绝迹，引入了基督教，还带来了酒精，这种东西很快就被当地年轻人广泛而过度地使用。第一次世界大战后，美国人取代了德国人在特鲁克岛上的地位，带来了电视、棒球和其他西方生活的元素。1986 年，该岛成为独立的密克罗尼西亚联邦的一部分。

在受西方影响的一个世纪里，特鲁克岛发生了许多变化，但仍然强调严格界定的性别角色。当女孩进入青少年期后，她们要按照传统的女性角色，学习做饭、缝纫和其他家务劳动；同时，男孩主要通过三种方式来展示他们的男子气质：打架、大量饮酒和冒险。

特鲁克族青年男子之间的战斗是一种群体活动，它是以部族（外延家庭网络）之间的竞争为背景发生的。年轻男子不仅为自己的声望而战，而且也为其部族的荣誉和威望而战。在周末晚上，他们以部族为单位在街上游荡，挑战其他部族，一旦找到了，就开始斗殴。

喝酒也是青少年期男性周末集体活动的一部分。到 13 岁时，与族人一起喝酒是青少年期男孩周末晚上的固定活动。喝酒助长了打架，因为它减少了男孩对受伤的恐惧感。此外，在周末的日子里，年轻男性们有时会乘坐摩托艇进行冒险旅行。他们带着有限的燃料、一个小型马达和除了啤酒以外别无其他的食品供给进行长途旅行，冒着危险驶入远洋，以展示他们的勇敢，证明他们已经做好了成为男人的准备。

尽管几乎所有十几岁、二十几岁的特鲁克男性都参与了这些活动，但这些外化的行为仅限于周末，平时他们很少喝酒或打架。事实上，马歇尔有一本关于他们的书，书名就是

《周末战士》（*Weekend Warriors*）。另外，当他们到了30岁左右，他们的期望也发生了变化。这时，他们需要结婚和安定下来。到了这个年龄，他们很少打架了，大多数人也完全戒酒。男性在青少年期和成年初显期的外化行为并不被视为社会问题，而是被视为生命中特定时期中可以接受的行为，因为他们的文化将其视为满足成为男人这一期望的一部分。

预防犯罪和违法行为

学习目标8： 评价成功的预防犯罪方案，并解释有些方案更成功的原因。

犯罪作为一个社会问题的严重性不仅引起了人们对防止青少年犯罪的关注，而且还促使人们努力挽救青少年罪犯，阻止他们再犯罪。正如我们所讨论的，对于大多数年轻人来说，犯罪行为只限于青少年期和成年初显期，一旦到了20多岁，他们就不再有任何的犯罪倾向。真正值得关注的是那些终身持续的违法者，他们从幼年开始就表现出问题，在青少年期成为长期犯罪者，成年后极有可能会继续犯罪。

青少年参与犯罪的情况很普遍，尤其是男孩。

为帮助那些在青少年期出现问题迹象的青少年，或已经参与严重犯罪的青少年，人们制定了多种多样的预防项目，其中包括个人治疗、团体治疗、职业培训、包含户外团体活动的"拓展训练"项目、带年轻的违法者参观监狱以了解监狱生活的可怕的"直面恐怖"项目。不幸的是，这些项目很少能起到作用。尽管许多高度投入、技能高超的人们开展这些项目的初衷良好，但是对违法行为的预防和干预项目的总体结果令人沮丧。有些干预措施甚至因为将高风险的青少年聚集在一起，导致他们形成犯罪团伙，而造成犯罪行为的增加，这种现象被称为**同伴感染**（peer contagion）。

有两个方面似乎是导致这些计划失败的原因。第一，违法者很少愿意参加这些项目。通常情况下，他们并非自愿，是司法系统命令他们参加，否则就会被监禁。他们并不认为自己有需

同伴感染（peer contagion）
描述犯罪行为增加的术语，这种增加往往是因为将有问题行为的青少年聚集在一起进行干预所导致的不良后果，因为在干预环境中，他们会加强彼此的违法倾向，并找到一起违法的新伙伴。

要"被治疗"的问题，他们的抗拒心理使得项目进展极为困难。

第二，预防项目通常针对青少年，那时一系列违法行为已然稳定形成，而在儿童期问题出现苗头时并没有进行预防。这一情况部分原因在于解决这些问题的资源有限。资金往往流向问题最明显、最严重的地方——当前的违法者，而不是未来的潜在违法者。此外，儿童问题频发往往至少部分源于家庭问题，而在西方社会，特别是在美国，在确定家庭存在明确和严重的问题之前，政府对家庭生活的干预权力有限。

不过，有些方案确实取得了一定的成功。一个成功的方法是在多个层面上进行干预，包括家庭、学校和社区，这被称为多系统途径（multisystemic approach）。基于这种方法的项目包括父母培训、工作培训和职业咨询、发展社区机构，如青年中心和体育联盟，目标是将违法者的精力引导到更具社会建设性的方向上来。

许多州的青年机构都已经采纳了多系统途径，包括南卡罗来纳州、田纳西州和华盛顿州等。如图 13-7 所示，使用这一方法，能有效减少违法者的被逮捕次数和家庭之外的羁押时间。此外，研究证实多系统项目比其他项目更省钱，主要是因为它减少了违法青少年在被寄养家庭和拘留中心所待的时间，这也减少了他们未来入狱的可能性。一项研究将接受过多系统治疗的高危青少年与接受过个体治疗的类似青少年进行了比较。25 年后，在他们 38 岁时，多系统治疗组的青少年被判重罪的可能性不到 50%。

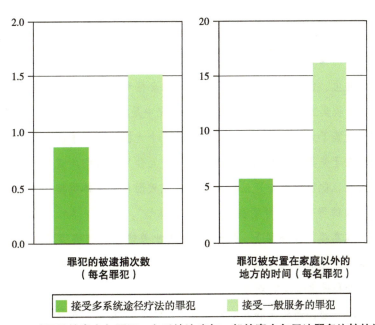

图 13-7　对严重的青少年罪犯，多系统治疗与一般的青少年司法服务比较的结果

多系统途径（multisystemic approach）

预防违法战略，即在家庭、学校和社区等多个层面解决风险因素。

研究焦点

格鲁克夫妇对违法行为的纵向研究

关于犯罪和违法行为的纵向研究可以追溯到 20 世纪初，最初参加这些研究的男孩早已长大成人，我们掌握了他们成年后的生活情况。其中最具影响力和信息性的一项研究是由谢尔登·格鲁克（Sheldon Glueck）和埃莉诺·格鲁克（Eleanor Glueck）进行的，这对夫妻学者的团队对波士顿地区的违法男孩和普通男孩进行了跟踪调查，从他们的十几岁开始一直持续到 30 岁出头。该研究提供了丰富的信息，说明了犯罪的相关因素以及犯罪对成年人发展的影响。

格鲁克夫妇的研究始于 20 年代 40 年代初，研究对象是 1000 名 10~17 岁的波士顿男孩，其中包括 500 名违法者和 500 名普通人。违法男孩来自矫正学校，普通男孩是从公立学校招募的，他们并非随机选择，而是根据年龄、种族、智商和社区的社会经济地位与违法男孩逐一匹配。格鲁克夫妇之所以选择了这种方法，是因为他们希望能够证明两组之间的任何差异都不是由这些已有特征造成的。两个群体中的男孩都是在以贫穷和高犯罪率为特点的家庭和社区环境中长大的。

格鲁克夫妇的研究持续了 18 年，他们的研究团队收集了三个时间段的数据：青少年期（10~17 岁）、成年初显期（21~28 岁）和成年早期（28~35 岁），每个时期都收集了大量的数据。在青少年期，他们不仅收集了男孩本人的信息，还收集了其父母、教师、社会工作者和当地警察的信息。在其他的两次追踪调查中，他们不仅收集了年轻男性及其家庭的数据，还有其雇主、邻居、刑事司法工作者和社会福利机构官员的信息。92% 的被试参与了所有三次数据收集工作，这在长达 18 年的研究中是极高的比率。

这一研究收集了大量资料，在此只能描述一个大概的研究情况。格鲁克夫妇发现，违法行为的关键在于先天因素和家庭环境之间的交互作用。他们所说的"先天因素"指的是生物学上的天性。他们发现与违法行为有关的先天因素是身体类型和气质。与普通男孩相比，有违法行为的男孩更有可能拥有"中胚层体型"，即身形矮壮、肌肉发达，而不是滚圆（内胚层）或高瘦（外胚层）。另外，违法者比普通男孩更有可能在童年时拥有困难型气质。也就是说，他们的父母报告说，他们在婴儿和儿童时期经常哭闹，心烦意乱时很难劝慰，而且饮食和睡眠也没有规律。

在家庭环境方面，违法男孩更有可能来自父母一方或双方对其忽视或敌视的家庭。在违法者的家庭中，父母往往要么放任自流，要么是前后不一，在忽视与惩罚中来回变换。这种家庭模式现在已为学者们所熟悉，但格鲁克夫妇是最早系统地确定父母教养与青少年表现之间关系的人。

当男孩们到了 20 多岁和 30 岁出头，他们又将成为什么样子呢？在大部分情况下，他们在青少年期的行为对其之后的发展具有很强的预测性。到 25 岁时，违法组的 500 名男孩中有很多人因犯有 7 起杀人案、100 起抢劫案、172 起入室盗窃案、225 起盗窃案和许多其他犯罪行为而被捕。这个比率比非违法组的普通男孩高五倍以上。然而，犯罪不能仅仅依据青少年期的违法情况来预测。在青少年期，曾是违法者的人滥用酒精的可能性是普通人的四倍，频繁换工作的可能性是普通人的七倍，离婚的可能性是普通人的三倍，而完成高中学业的可能性要小得多。

总而言之，青少年期的违法情况是预测未来各种严重问题的有力指标。然而，并非所有的青少年违法者在成年后都会遇到困难。对于那些没有遇到问题的人来说，工作的稳定性和对配偶的依恋是他们成年后远离麻烦的最佳预测因素。收入本身预测力不强，但加上工作稳定性后却很有效。同样，结婚的预测力也不强，但与配偶的亲密与依恋的感情则产生了积极的影响。

格鲁克夫妇的研究在方法学上受到了批评。最受诟病的是，收集有关男孩及其环境数据的人了解男孩们是否有过违法行为。这意味着，与男孩父母面谈或对男孩进行心理调查的研究人员事先就知道男孩属于哪个群体。因为大部分的研究结论都是源于对访谈的解读，而不是基于问卷或客观测试，研究人员事先对男孩的了解可能会使解读出现偏差。不过，格鲁克夫妇的结论经受住了时间的考验，他们的研究仍然被视为社会科学研究领域的经典之作。

外化问题的来源

学习目标 9：总结社会化来源和个人因素导致外化问题的方式。

外化问题的类型很多，造成这些问题的原因也是多种多样、十分复杂的。由于研究细节已经在本章和前面的章节中介绍过，所以在此只做一个简单的总结。

社会化因素

- 家庭结构：离婚、单亲家庭和重组家庭。
- 家庭过程：父母之间或父母与青少年之间的冲突；缺乏父母监督。
- 父母教养方式：专制、放任或缺位。
- 朋友的影响：有外化问题倾向的青少年倾向于选择同样的朋友，他们也会鼓励和推崇友谊群体中的外化行为。
- 学校：学校风气混乱，缺乏强烈的凝聚力。
- 社区：不稳定（居民来来去去），缺乏信任。
- 媒体：将危险行为描述为被奖励的或是没有负面后果的。
- 法律制度：注重惩罚而不是帮助；种族歧视。
- 文化信仰：广泛而非狭隘的社会化。

个体因素

- 性别：在大多数类型的外化问题上，男孩的比例高于女孩。
- 种族：少数民族大部分类型的外化行为比率较低，但在美国，非裔和拉丁裔青少年的犯罪率高于白人。
- 攻击性。
- 高感觉寻求。
- 认知缺陷。
- 低冲动控制。
- 乐观偏差。

要理解复杂的风险因素，一种方法是把社会化来源看作一个范围，在这个范围内，个体因素可能会或不会表现为外化问题。正如本文多次指出的，在社会化环境的严格或宽松的程度上，不同文化存在很大差异，从广泛到狭隘，但在每种文化内都有很多变化，横跨很大的范围。我们可以假设，在所有文化中，青少年都具有一些比较高的攻击性和感觉寻求倾向，他们的认知能力不足，冲动控制能力低下，然而，不同文化中的外化问题发生率却有很大的差异，这主要取决于社会化来源，综合起来会允许什么样的行为。

内化问题

到目前为止，我们一直在讨论外化问题。现在我们来谈谈内化问题，我们将重点讨论青少年期和成年初显期最常见的两类问题：抑郁和进食障碍。

抑郁

学习目标 10：识别青少年抑郁症的主要类型和诱因。

抑郁（depression），作为一个一般的术语，通常指持续一段时间的悲伤。然而，心理学家对不同水平的抑郁进行了区分。抑郁情绪（depressed mood）是指持续一段时间的悲伤，没有其他相关症状。更严重的是重度抑郁障碍（major depressive disorder），它包括以下具体症状：

抑郁（depression）

持续一段时间的悲伤。

抑郁情绪（depressed mood）

持续一段时间的悲伤，除此之外没有其他相关的抑郁症状。

重度抑郁障碍（major depressive disorder）

一种心理诊断，包括抑郁情绪或者对所有或大部分活动失去兴趣或愉悦感，此外还要加上至少四种其他的具体症状。症状必须至少持续 2 周以上，而且必须包含机能的改变。

（1）一天中大部分时间心情郁闷或烦躁，几乎天天如此；

（2）几乎每天都对所有或者大部分活动失去兴趣或愉悦感；

（3）体重明显下降或增加，或食欲下降；

（4）失眠或贪睡；

（5）他人可察觉到的精神运动性激越或迟缓；

（6）精力不足或疲劳；

（7）无价值感或不恰当的内疚感；

（8）思考或集中注意力的能力减弱；

（9）反复出现死亡的念头，反复出现自杀的念头。

要确诊重度抑郁障碍，必须有不少于五个上述症状且持续时间在两周以上，并且症状还要能够体现出机能的变化，至少其中一种症状必须是情绪低落或兴趣/愉悦感消退。

抑郁情绪是青少年期最常见的内化问题。与儿童或成年人相比，青少年的抑郁情绪发生率更高。在过去 6 个月里，承认经历过抑郁情绪的青少年比例约为 35%。相比之下，在不同的研究中，出现中度及重度抑郁的儿童的比例是 3%~7%，这与对成年人的研究结果相仿。

抑郁的诱因 青少年期和成年初显期抑郁的诱因稍有不同，取决于诊断到底是抑郁情绪还是重度抑郁障碍。抑郁情绪最常见的诱因是年轻人中常见的经历——与朋友或家人的冲突，对恋人失望或失恋，以及学校表现差。

> **批判性思考**
>
> 有关初显期成人抑郁情绪的研究很少。你认为初显期成人抑郁情绪的来源与青少年抑郁情绪的来源有何相似，有何不同？

重度抑郁障碍的诱因比较复杂，也不太常见。研究发现，基因和环境因素都与之有关系。当然，这两种影响因素被包含在发展的大多数方面，但基因和环境的相互作用在抑郁方面尤为明显。**素质 – 压力模型**（diathesis-stress model）就是体现这种相互作用的有效模型，适用于抑郁障碍以及其他精神障碍。这个模型背后的理论是，像抑郁这样的精神障碍通常始于素质，即先天存在的易受性。通常情况下，这种病症会有基因基础，但不一定如此。例如，早产是许多身心发展问题的原因之一，但它不是基因性的。然而，素质只是一种易受性，是一种出现问题的潜在可能性。这种易受性的表现还需要有压力存在，也就是说，环境条件与素质交互作用而导致障碍产生。

在双胞胎研究和收养研究中，已经确定了基因素质在抑郁中的作用。同卵双胞胎的重度抑

素质 – 压力模型（diathesis-stress model）

一种理论认为，精神障碍是由素质（生物易受性）和环境压力共同作用的结果。

郁障碍共发率要比异卵双胞胎高得多——也就是说，如果双胞胎中的一方患有这种疾病，另一方也会患病，即使是在不同家庭中长大、家庭环境不同的同卵双胞胎也是如此。此外，生母有过抑郁体验的被收养儿童比其他被收养儿童更有可能患有抑郁。

还有证据表明，当抑郁障碍在儿童或青少年时期发病而非在成年期发作时，素质对抑郁的作用就更强烈。如本章前文所述，在莫菲特（Moffitt）的达尼丁研究中，青少年期（11~15 岁）被诊断为抑郁障碍的人，比那些在成年初显期（18~26 岁）确诊的人更有可能经历过胎儿期问题，并且存在运动技能发展的早期缺陷。这样的早期困难表明，他们存在可能抑郁的神经素质，当青少年期的压力到来时，就会表现出抑郁来。

什么类型的压力会在青少年期诱发抑郁素质呢？人们发现有多种家庭和同伴因素与之相关。在家庭方面，诱发青少年期抑郁的因素包括：父母处情感缺失、高度家庭冲突、经济困难和父母离婚。在同伴方面，与朋友交流少、更多地被拒绝体验都会导致日后的抑郁。不幸的是，恶劣的同伴关系往往会使抑郁的青少年陷入恶性循环，因为其他青少年往往会避免与抑郁的人相处。对青少年抑郁的研究还采取了计算压力总分的方法，通常包括家庭压力和同伴压力，比如，转学、各种改变等。这些研究发现，总体的压力与青少年期抑郁有关。

单单是性别为女性，就能构成青少年期抑郁风险最大的因素。在抑郁相当少的儿童期，男孩的发病率实际上更高。然而，在青少年期，女性的抑郁情绪以及重度抑郁障碍的发病率会大幅提高，并且整个成年期女性的发病率都会比较高。是什么原因造成了青少年抑郁的性别差异呢？

人们已经对此提出了各种解释，但几乎没有证据能够表明生理差别（如女性更早进入青春期）可以解释这种情况。有些学者认为，女性的性别角色本身就会导致青少年期抑郁。正如我们在前几章所讨论的，由于青少年期发生了性别强化，对身体吸引的关注成为青少年的首要问题，尤其是对女孩而言。有证据表明，身体形象不佳的青少年期女孩比其他女孩更容易抑郁。

对挪威青少年和初显期成人的研究特别有启发意义。这项研究进行了具有代表性的全国抽样调查，对象是 12~20 岁的年轻人。在 12 岁时，没有发现抑郁情绪的性别差异；然而，到了 14 岁，女孩就更有可能报告自己出现过抑郁情绪，这种性别差异会稳定持续到 20 岁之前。统计分析表明，这种性别差异可以由女孩对青少年期身体变化的反应来加以解释。当身体发生变化时，她们对自己的体重和体形越来越不满意，而这种不满意又与抑郁情绪有关。女孩的抑郁情

抑郁情绪在青少年期中期达到峰值。

绪还与她们越来越多地用女性的性别角色特质来描述自己有关，这些特质就是我们在第 5 章中所讨论的那些：害羞、说话柔声细语、温柔等。相反，抑郁情绪与男孩的男性性别角色认同无关。美国的一项研究也报告了类似的结果，表明女孩在青少年期早期的身体羞耻感促进了抑郁情绪的急剧蔓延。就如挪威的研究所述，青少年期早期的抑郁情绪并不存在性别差异，但女孩的身体羞耻感更强，导致青少年期中期女孩的抑郁情绪急剧蔓延。

也有人提出了其他的解释。压力与青少年期抑郁有关，相较男孩，青少年期的女孩一般报告其面对了更多的压力，特别是与朋友和同伴的冲突带来的压力。另外，当抑郁情绪开始萌芽时，男性更容易分散自己的注意力（并忘掉），而女性则更倾向于反复思考自己的抑郁感受，因而将之强化。青少年期女孩比男孩更有可能将自己的想法和感受倾诉给亲朋好友，而这些人可能又会成为痛苦和悲伤的来源。

男性和女性面对压力和冲突的反应通常不同，这有助于解释男孩有更高的外化问题倾向，而女孩有更高的内化问题倾向。在儿童期、青少年期和成年时期，男性倾向于通过将感受向外引导——以外化行为的形式来应对压力和冲突。相比之下，女性则倾向于将自己的痛苦内化，以对自己进行批判性反省的形式来应对这些问题。因此，研究发现，即使与青少年期男孩面临同样的压力，青少年期女孩也更有可能变得抑郁。此外，对男孩来说，青少年期抑郁往往伴随着外化的问题，如打架和不服管教。

心理治疗对治疗青少年抑郁非常有效。

对抑郁的治疗

学习目标 11： 解释抗抑郁药物的优点和风险，评估认知行为疗法的有效性。

青少年期抑郁很常见，但这并不意味着应该忽视它，或将其视为最终会消失的东西，特别是当抑郁持续时间较长或发展成重度抑郁障碍时。抑郁青少年有出现各种其他问题的风险，包括学业失败、违法和自杀。对于许多青少年来说，从青少年期开始的抑郁症状会持续到成年。青少年期抑郁症状应该被慎重对待，并在必要时加以治疗。

对于青少年来说，和成年人一样，治疗抑郁的两种主要方式是抗抑郁药物治疗和心理治疗。对抗抑郁药物疗效的研究通常采用安慰剂设计（placebo design），即所有抑郁青少年都服药，但只有治疗组青少年服用的是含有药物的药片，对照组青少年在不知情的情况下服用安慰剂，即没有任何药效的药片。

许多研究表明，抗抑郁药物治疗在治疗青少年抑郁上通常是有效的。例如，在一项研究中，被诊断为重度抑郁障碍的青少年被随机分配服用百忧解或安慰剂 8 周。8 周后，41% 的治疗组的抑郁症状得到了显著改善，而对照组（服用安慰剂）只有 20% 的人有所改善。

然而，有些令人不安的证据表明，抗抑郁药物可能会增加一些抑郁青少年的自杀念头和行为。最近对 70 项研究的综合分析发现，接受抗抑郁药物治疗的儿童和青少年有自杀想法和攻击性行为的风险大大高于接受安慰剂的儿童和青少年。该领域的研究者一致认为，当抑郁青少年服用抗抑郁药时，家长和青少年都应被充分告知可能的风险，并密切监测青少年的不良反应。当抗抑郁药物治疗与心理治疗相结合时，抑郁青少年的自杀想法和行为比单一治疗时有所减少。

对青少年抑郁的心理治疗有很多种形式，包括个体治疗、团体治疗和技能训练等。有研究将抑郁青少年随机分配到治疗组（接受心理治疗）和对照组（不接受心理治疗），结果发现，心理治疗往往能有效减轻抑郁症状。

一种特别有效的抑郁症治疗方法是**认知行为疗法**（cognitive-behavior therapy，CBT）。这种方法将抑郁描述为以**消极归因**（negative attributions），即以消极的方式来解释生活中发生的事情。通常，抑郁的年轻人认为他们的处境是永久性的（"永远不会变好了"）和不可控制的（"我的生活很糟糕，我对此无能为力"）。抑郁患者还有一种反复默想的倾向，也就是说，他们会纠结于自己生活中的问题，反复回味自己的无价值感，并感叹生活毫无意义。如前所述，对抑郁性别差异的解释之一是，女孩和女人比男孩和男人更倾向于反复沉思默想。

因此，认知行为疗法的目标是帮助年轻人认识到促进抑郁的认知习惯，并努力去改变这些习惯。治疗师积极地挑战这些消极归因，这样来访者就会批判性地审视这些归因，并开始将其视为对现实的扭曲。除了改变认知习惯，认知行为疗法还致力于改变行为。例如，治疗师和来访者可能会进行角色扮演，治疗师假装是来访者的父母、恋人或朋友。通过角色扮演，来访者能够练习新的交流方式。接受过认知行为疗法的人比接受过抗抑郁药物治疗的人在治疗结束后复发的可能性更小，这说明新的思维和交流模式在治疗期结束之后也能维持下去。

最新药物与认知行为疗法的结合似乎是治疗青少年抑郁最有效的方法。在一项针对全美 13 个地点的 12~17 岁重度抑郁患者的大型研究中，71% 同时接受药物和认知行为疗法的青少年，症状得到了改善；而只接受药物治疗组的青少年改善的比例为 61%，认知行为疗法组改善比例为 43%，安慰剂组比例为 35%。

安慰剂设计（placebo design）
研究中，有些人接受药物治疗，另一些人服用安慰剂，即没有药效的药物。

认知行为疗法（cognitive-behavior therapy，CBT）
一种治疗心理障碍的方法，主要是改变消极的思维方式，练习新的与人交往的方式。

消极归因（negative attributions）
认为个体当下的不快乐是永久的、不可控制的。

自杀

学习目标 12： 描述导致青少年自杀的最重要的风险性因素。

必须认真对待年轻人抑郁的一个原因是，它是引发自杀的风险因素。年轻人进行自杀尝试之前通常会出现抑郁症状。然而，年轻人的自杀尝试往往发生在抑郁症状减轻的时候。处于深度抑郁时，年轻人往往过于消沉，无法实施自杀计划。当他们的病情稍有好转时，他们仍然感到抑郁，但已经有足够的能量和动机去尝试自杀了。制订自杀计划也可能会提升深度抑郁的年轻人的情绪，因为他们认为自杀能够终结所有折磨他们的问题。

在 9 至 12 年级的美国青少年中，17% 的人承认他们曾认真考虑过自杀，3% 的人实际进行过需要医疗干预的自杀尝试。自杀是美国 15~19 岁的年轻人中排名第三的致死原因，仅次于车祸和他杀。美国 20~24 岁的初显期成人的自杀率几乎是 15~19 岁的年轻人的两倍。如图 13-8 所示，在发达国家，俄罗斯和爱尔兰的自杀率最高，英国、意大利和希腊的自杀率最低。俄罗斯和爱尔兰近年来都遭受了严重的经济和政治危机，这可能是其自杀率高的部分原因。

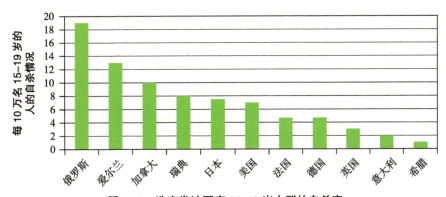

图 13-8　选定发达国家 15~19 岁人群的自杀率

青少年自杀率存在显著的种族差异。白人在青少年期和成年初显期时的自杀率高于非裔和拉丁裔，在所有美国族裔中最高。然而，在 20 世纪 90 年代，黑人青年男性的自杀率上升速度惊人，如今几乎与白人青年男性的自杀率持平。出现这种增长的原因尚不清楚。

自杀和自杀尝试也存在明显的性别差异。女性在青少年期和成年初显期时尝试自杀的可能性约为男性的四倍，但男性自杀成功的比例约为女性的四倍，这些性别差异在成年后也存在。女性较高的自杀尝试率可能是由其较高的抑郁率导致的；男性自杀成

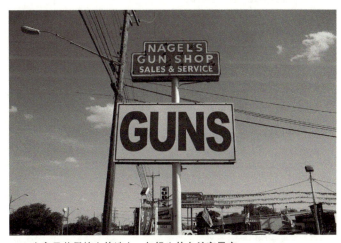

在容易获得枪支的地方，年轻人的自杀率最高。

功的比例较高，可能主要是由于自杀方法的性别差异。男性在尝试自杀时更有可能使用枪支或上吊，女性则更常选择服毒或服药，前者比后者更致命。在一项比较了 34 个国家年轻人自杀率的研究中，最容易获得枪支的国家自杀率最高。

除了抑郁症，引起自杀的风险因素还有哪些？对青少年来说，一个主要因素是家庭破裂。在不同的文化中，人们经常发现尝试自杀和成功自杀与混乱、破裂、高冲突、低温暖的家庭生活有关。此外，青少年自杀前往往有几个月的时间要面对家庭问题的不断恶化。收养和双胞胎研究表明，家庭也通过加强对重度抑郁障碍和其他精神疾病易感性的方式，造成了对自杀的基因易受性。

除了家庭风险因素外，有自杀倾向的青少年往往有物质滥用问题，这或许是他们应对家庭问题和抑郁的自我药疗方式。另外，有自杀倾向的青少年通常在家庭之外的人际关系中也遇到了问题。由于他们往往来自于缺乏感情慰藉的家庭，所以更容易受到如学业失败、失恋或被同伴拒绝等经历的伤害。

然而，大多数经历过家庭破裂或物质滥用问题的青少年从未有过自杀企图或实施自杀。如何识别出最有自杀风险的青少年呢？研究人员对自杀成功的青少年的家庭成员和朋友进行了访谈，划分出三种不同的途径。第一种人数最多，他们与家人、朋友和老师的关系常年不好，他们之前就曾尝试过自杀，并向朋友和家人传达了他们的自杀意图和计划；第二种人数居中，他们不断与严重的精神疾病做斗争，如重度抑郁障碍或双相障碍；第三种人数最少，他们之前一直表现良好，但由于某个突如其来的危机而导致自杀，他们没有明显的精神疾病，之前也没有自杀意图。然而，即使在这个组，也有五分之二的人在死前几周内表达过具体的自杀意图。

其他研究一致认为，在几乎所有的情况下，青少年自杀并不是对某个单一的压力或痛苦事件的反应，而是在经历了一系列长年累月的问题之后才发生的。有自杀倾向的青少年在尝试自杀前多多少少都会表现出情绪或行为问题的预警征兆（见表 13-1）。通常情况下，他们已经为解决生活中的问题做出了努力，而这些努力的失败使他们坠入无望的漩涡，加深了他们的绝望感，最终导致自杀。

尝试过自杀的青少年未来自杀和自杀成功的风险都很高。在一项针对自杀尝试者的研究中，3 个月的追踪评估表明，45% 的人承认仍然有自杀的念头，12% 的人承认又尝试过自杀。与抑郁一样，对有自杀倾向的青少年最有效的治疗方法是认知行为疗法与抗抑郁药物治

表 13-1　青少年自杀的早期预警征兆

1. 直接的自杀威胁或议论，如"希望我死了""没有我，我的家人会更好""我没有什么可活的"
2. 以前有过自杀尝试，无论多么轻微，五分之四的自杀成功者之前至少有过一次自杀尝试
3. 沉溺于音乐、艺术和个人写作中的死亡主题
4. 因死亡、遗弃或分手而失去家人、宠物或恋人
5. 家庭破裂，如失业、重病、搬迁或离婚
6. 睡眠、饮食以及个人健康的紊乱
7. 成绩下降，对以前看重的学校或娱乐活动失去兴趣
8. 行为模式发生剧烈变化，比如，一个友善的人变得孤僻了
9. 充满阴郁、无助和绝望的感觉
10. 疏远家人和朋友，与重要的人有疏离感
11. 将珍贵的财产赠予他人，或者"安排好自己的事情"
12. 一系列的"事故"或冲动的冒险行为，比如，酗酒、不顾个人安危、做出危险举动

疗的结合。

进食障碍

学习目标 13：解释进食障碍的诱因以及神经性厌食症和贪食症之间的区别。

青少年发现，当他们外在表现出性成熟的迹象时，其生活环境中的人，如同伴和父母，对他们的反应是不同的。这些来自他人的反应，加上他们自己的自我反思，会引发青少年对自己身体看法的变化。

对于许多青少年来说，对自己的身体的看法的变化往往伴随着对食物的看法的变化。尤其是女孩，一旦进入青少年期，她们会更加关注自己吃的食物，更加担心因为吃得太多而变胖。由于很多文化理念将完美的女性身体描述为纤细，所以当青少年变得不那么苗条、有些圆润的时候，许多人就会对自己的体型变化感到痛苦，并试图抵抗或者至少修正这些变化。

这种不满在女孩身上远比在男孩身上更普遍。男孩很少会认为自己超重，他们更可能对自己的身体感到满意。早在青少年期之前，女孩就更可能担心自己超重，并渴望变得更瘦。在十几岁的时候，女孩对身体的不满意就会不断增加，一直持续到成年初显期及以后。事实上，青少年期女孩的极端减肥行为，如禁食、疯狂节食和减餐，与其母亲的极端减肥行为有关。由于文化上强调苗条是女性社交和性吸引力的一部分，一些女孩在控制食物摄入方面走向了极端，出现了进食障碍。约 90% 的进食障碍发生在女性身上。

两种最常见的进食障碍是神经性厌食症（anorexia nervosa，故意自我饥饿）和贪食症（bulimia，暴饮暴食与自我催吐相结合）。每 200 名美国青少年中约有 1 人患有神经性厌食症，约 3% 患有贪食症。大约一半的厌食症患者也有贪食症，这意味着他们除了暴饮暴食并自我催吐以外，避免任何进食行为。大多数女性进食障碍患者在十几岁和二十多岁就出现相关症状。比起其他美国族裔群体，进食障碍在美国白人女孩中更为普遍。

进食障碍症状（包括禁食 24 小时或更久、使用减肥产品、自我催吐和使用泻药）远比彻底的进食障碍更为普遍。根据美国的一项全国性研究，在 9 至 12 年级的美国青少年中，约有 20% 的女孩和 10% 的男孩承认在过去 30 天内有进食障碍行为。其他西方国家也有类似的研究结果。在一项针对德国 11~17 岁青少年的全国性研究中，三分之一的女孩和 15% 的男孩承认有进食障碍症状；在芬兰，一项针对 14~15 岁青少年的大型研究发现，24% 的女孩和 16% 的男孩有进食障碍行为。

神经性厌食症的诊断依据之一是，食物摄入量减少到令个体体重下降至少 15% 的程度。

神经性厌食症（anorexia nervosa）

以故意自我饥饿为特征的进食障碍。

贪食症（bulimia）

一种进食障碍，其特征是暴饮暴食，然后清除食物（自我催吐）。

随着体重的持续减轻，最终会导致女性**闭经**（amenorrhea，也就是月经停止），头发会变得脆弱并开始脱落，皮肤也会呈现不健康、泛黄而灰白的颜色。随着厌食症患者越来越瘦，他们经常会出现身体问题，也就是饥饿引起的症状，如便秘、极度畏寒和低血压。

厌食症最显著的症状之一是对身体形象的认知扭曲。食物摄入量的减少伴随着对体重增加的强烈恐惧，这种恐惧持续存在，甚至当个体体重下降到可能饿死的时候，恐惧也不会消失。患有厌食症的年轻女性坚定地认为自己太胖了，即使当她们瘦到危及生命的时候，也不改初衷。就算让她们站在镜子前，指出她们看起来有多消瘦，也不会有任何效果——在厌食症患者眼中，镜子里映出的是一个肥胖的人，不管事实上她有多消瘦。

贪食症是一种以暴饮暴食和自我催吐为特征的进食障碍。和厌食症患者一样，贪食症患者也有强烈的恐惧，害怕自己的身体会发胖。贪食症患者往往暴饮暴食，也就是在短时间内吞食大量的食物，然后他们会自我催吐，即使用泻药或诱导呕吐，以排出刚刚吃下的食物。贪食症患者的牙齿常常因反复呕吐而出现损伤。与厌食症患者不同，贪食症患者通常会保持正常的体重，因为在阶段性暴饮暴食和催吐的发作之间，他们或多或少都会有正常的饮食模式。与厌食症患者的另一个区别是，贪食症患者不认为他们的饮食模式是正常的。贪食症患者认为自己有问题，并经常在暴饮暴食后痛恨自己。

对厌食症患者和贪食症患者的研究表明，这些进食障碍有其文化根源。第一，在强调苗条是女性身体理想的一部分文化中，尤其是西方国家，进食障碍更为常见；第二，进食障碍在属于社会经济中上阶层的女性中最为常见，因为社会经济中上阶层比下层更强调女性的苗条；第三，大多数进食障碍发生在十几岁和二十岁出头的女性身上，这个阶段性别强化和遵从女性理想身体的文化压力最为强烈；第四，女孩会阅读诸如《17岁》等杂志，杂志中含有大量以纤瘦模特为主题的广告和文章，女孩们非常可能迫使自己瘦身，出现进食障碍行为。

虽然在强调苗条为女性理想身材的文化中，许多女孩都在努力追求瘦身，但实际上只有一小部分人真正患上了进食障碍。是什么因素导致一些年轻女性患上进食障碍，而其他人没有呢？一般来说，厌食症和贪食症的致病因素是相同的。其中一个因素就是对内化障碍的普遍易感性。患有进食障碍的女性也比其他女性更容易有其他内化障碍，如抑郁和焦虑障碍。进食障碍行为也与物质滥用有关，特别是吸烟、酗酒和使用吸入剂。

批判性思考

　　除了上述原因，你认为还有哪些导致进食障碍的原因？

闭经（amenorrhea）

月经停止，有时会出现在体重急速下降的女孩身上。

历史焦点

从禁食的圣徒到厌食的女孩

　　学者们普遍认为神经性厌食症是一种现代障碍，主要是由于当前要求年轻女性瘦身的文化压力造成的。然而，年轻女性自愿、故意减少食物摄入，甚至到了故意自我饥饿的地步，这种现象在西方有着令人惊异的悠久历史，可以追溯到多个世纪以前。荷兰学者沃尔特·范德雷肯（Walter Vandereycken）和罗恩·范·德斯（Ron Van Deth）在 1994 出版的《从禁食的圣徒到厌食的女孩》（*From Fasting Saints to Anorexic Girls: A History of Self-Starvaion*）一书中，回顾了这段历史，并说明了禁食与当今厌食症的异同。

　　禁食，包括部分或完全戒除食物，长期以来一直是东方和西方宗教的一部分内容。禁食的目的多种多样——在祈祷时净化身体，彰显个体的精神关注凌驾于身体需求之上，或作为对罪行告解和忏悔的标志。千百年来，禁食一直是印度教和佛教等东方宗教的宗教理想的一部分；在古埃及，法老在做出重要决定和参加宗教庆典前都要禁食几天；在《圣经》中，耶稣和摩西都进行了一段时间的禁食。在基督教创建的第一个千年里，所有信徒都必须在一年的某些时间里禁食，每年的禁食时间不同，也包括圣诞节前。

　　从 12 世纪起，西方的宗教禁食才开始主要与年轻女性有关。出现这种情况的原因目前还不完全清楚，但似乎与女性被允许更多地参与宗教生活有关。中世纪时期的男性和女性宗教信仰的表现方式，从现代角度看来是非常极端的：男性通常会通过自我鞭笞，用铁针刺穿舌头、脸颊或其他身体部位，或者睡在荆棘或铁矛上等做法来表现自己的虔诚；相反，对女性来说，极端的禁食则是通往神圣的特色之路。

　　进行极端禁食的年轻女性通常会获得巨大的声望，并受到同时代人的尊敬和敬畏。例如，在 13 世纪，一位英国女孩因据说除周日外不吃不喝而广为人知，当时她只以圣餐仪式中分发的一小块面包为食。尽管教会的官方教义不鼓励极端禁食，因为这不利于身心健康，但许多年轻女性被教会指定为圣徒。在 16 世纪和 17 世纪，天主教官方严格了证明禁食"奇迹"的规则，原因在于发现了许多欺诈的事件以及对追求成圣徒的女孩健康的担忧，极端禁食失去了其宗教诱惑力。

　　极端禁食作为一种商业展示，开始取代了极端宗教禁食。从 16 世纪到 19 世纪，据说禁食数月甚至数年的年轻女性在集市上被展出。现在，她们的名声并非源于其禁食表现出的虔诚，而是来自她们能够超越自然的法则进行禁食。当这些"奇迹少女"在可以受到严密监控的条件下接受考验时，一些人为了证明其真实性而饿死，而另一些人则被发现是骗子——一位年轻女性被发现在裙摆里缝了大量的姜饼！

　　在这一时期，大量自我饥饿的病例越来越受到医生的关注。1689 年，英国医生理查德·莫顿（Richard Morton）首次对神经性厌食症进行了医学描述。莫顿对该病临床描述的所有特征，在三个多世纪后的今天，仍然是神经性厌食症临床诊断的一部分：

（1）主要发生在十几岁、二十几岁的女性身上；

（2）以惊人的消瘦为特征，这是食物摄入量明显减少的结果；

（3）常伴有便秘和闭经（没有月经）；

（4）患者通常对疾病缺乏洞察力（即不相信自己有什么问题），因此对治疗有抵触情绪；

（5）症状不是由生理原因引起的，而是由心理因素引起的。

虽然这些症状仍然是神经性厌食症的特点，但是从19世纪初开始，这种疾病的诱因就是为了迎合女性吸引力的文化标准。在19世纪初，西方对年轻女性美丽的定义标准变成"沙漏型身材"，其特点是拥有极其丰满的胸部和臀部，以及尽可能纤细的腰部。为了追求这种身材，年轻女性用紧身胸衣（通常是用鲸骨或其他一些令人难以忍受的材料制成的）把自己紧紧地勒起来，无视医生对这种时尚不健康之处的警告。到了20世纪初，紧身胸衣已经过时了，但取而代之的是另一种强调全身纤细的女性理想体形，不仅是腰部，而且胸部和臀部也要纤细，这与今天的标准并无二致。从当时的临床报告中可以看出，这种纤细理想体型激发了女孩们的自我饥饿行为。例如，19世纪末，一位医生在检查一名厌食症患者时，发现她的身上系着一条玫瑰色的丝带，这条丝带紧紧地绕在她的腰上。他知道了如下的秘密：这条丝带是为了避免腰超过规定尺度。"我宁愿饿死，也不愿变得和妈妈一样胖。"

虽然禁食的圣徒似乎与厌食的女孩相距甚远，但有研究者指出了二者惊人的相似之处。两者中，自我饥饿都是在努力追求难以达到的完美——禁食女孩想成为圣徒，厌食女孩追求女性理想体形，也是一种世俗的圣徒——而且通常二者的完美主义都延伸到生活的所有方面，而不仅仅是饮食习惯。在这两种情况下，异常的饮食模式往往在儿童期就已经很明显了，然后在青少年期发展成一种固定的模式。而且这两者的表现都会在十几岁、二十岁出头时达到顶峰，有时甚至会以死亡告终。

进食障碍的治疗方法

学习目标 14：评估进食障碍主要疗法的有效性。

由于厌食症最终会威胁到生命，因此通常医院治疗项目的第一步都是先开始恢复患者的身体机能。除了身体治疗，还有各种类型的个体治疗方法也被尝试用于治疗厌食症和贪食症，但大多数并没有效果。有证据表明，对于青少年来说，家庭治疗比个体治疗更有效。许多药物疗法也被尝试过，但大多无效。

因为进食障碍常常伴随着认知扭曲，所以认知行为疗法似乎是一种特别合适的治疗方法。

认知行为疗法的关注点是改变那些消瘦的人"我太胖了"的信念，以及改变其饮食行为模式。然而，这些认知扭曲会导致许多患有进食障碍的青少年否认他们的问题，并抵制试图帮助他们的行为。也许正是出于这个原因，认知行为疗法在治疗进食障碍方面并不比其他类型的个体治疗更有效。对青少年进食障碍治疗的总结评论指出，以家庭为基础的治疗是最有效的方法。

治疗厌食症和贪食症的成效往往是有限的。接受医院治疗后，约有三分之二的厌食症患者有所改善，但三分之一的人仍然患病，并且仍然面临着很高的慢性健康问题风险，甚至有可能死亡。同样，对贪食症的治疗大约有 50% 的成功率，但另外 50% 的人会反复复发，而且恢复速度缓慢。有青少年期进食障碍史的成年初显期女性，即使在进食障碍好转后，一般也会继续表现出心理和身体健康、自我形象和社会功能的显著损伤。

心理弹性

感谢我拥有过和经历过的事情，我有能力做出更好的判断，把人生推向更好的方向……在我的生活中发生了很多不好的事情，我只是觉得，再怎么说，它们也算是结束了。

——杰里米，25 岁

妈妈擅长辱骂，爸爸擅长体罚……一直都很糟糕，现在我搬出去了，我想这是好事，我不用再每天面对那些不好的事了……虽然有很多痛苦和伤害，但我真的从中成长了。这些使我成为今天的我。

——布丽特奇，23 岁

本章介绍了青少年和初显期成人可能存在的各种问题，以及与这些问题有关的风险因素，如贫穷、家庭关系不佳和教育不足。然而，也有许多青少年和初显期成人面临着恶劣的条件，却能适应环境，表现良好。心理弹性是描述这一现象的术语，其定义为"在适应和发展受到严重威胁的情况下，仍能取得良好的结果"。有时，"良好结果"以卓越的学术或社会成就来衡量，有时以幸福感或自尊等内部条件来衡量，有时以没有显著问题来衡量。具有心理弹性的年轻人不一定是具有某种非凡能力的高才生。正如心理弹性研究者安·玛斯廷（Ann Masten）所说，他们更多的是表现出"平凡的魔力"，即尽管面临异常困难的环境，但仍然能够很好地应对。

保护性因素

学习目标 15：识别与心理弹性有关的保护性因素。

在本章的前面，我们谈到了青少年期的各种各样的风险因素，特别是关于外化问题的风险因素。风险因素会提高青少年出现外化行为的可能性。相反，保护性因素（protective factor）提高了心理弹性，使青少年和初显期成人能够克服生活中的风险。以下是心理弹性研究中发现的一些最重要的保护性因素。

- **高智商**。智商高的青少年比其他青少年更有机会克服困难环境的挑战。例如，高智商的青少年即使就读于低质量学校，生活在混乱的家庭中，仍然能在学业上有良好的表现。

- **充满关爱的成年人**。家庭破裂和家庭冲突是造成青少年期外化和内化问题的关键风险因素。然而，与父母或家庭以外的成年人建立良好的关系可以作为一种保护性因素，降低发生问题的可能性。有效的家长教养可以帮助青少年拥有积极的自我形象，并避免反社会行为，哪怕他们在贫困中长大，生活在犯罪盛行的街区。对于在家庭生活中受到虐待或忽视的青少年来说，导师可以培养他们的高学术目标和良好的未来规划。

- **健康的学校环境**。青少年的大部分时间是在学校度过的，如果学校风气是积极的，它可以克制青少年家庭中的风险因素。迈克尔·路特（Michael Rutter）和同事对英国学校的经典研究首次展示了积极的学校风气（在第 9 章中讨论）如何成为保护性因素。他们对伦敦 12 所学校的青少年进行了研究，从被试 10 岁开始，进行了 4 年的跟踪调查。结果表明，即使在控制了社会阶层和家庭环境等影响因素后，学校风气对青少年犯罪率仍有显著影响。除学校风气外，学校环境中还有两个特质最具有积极作用：其一是学校的智力平衡，包括相当比例的聪明、成就导向型的学生，这些学生认同学校的目标和规则，他们往往是领导者，并通过为其他学生树立行为模范来阻止不当行为；另一个重要的品质是学校精神（ethos），即学校的主流信仰体系。良好的学校精神——强调重视学业，奖励良好表现，并建立公平而严格的纪律——与较低的犯罪率有关，直到青少年期早期都是如此。在随后的几十年里，许多其他研究证实了学校风气在提升青少年心理弹性方面的重要性。

- **宗教信仰与实践**。人们已经将宗教信仰视为特别重要的保护性因素。那些笃信宗教的青少年，即使在高风险环境中长大，也不太可能出现物质滥用等问题。众多研究发现，信仰宗教的强度与青少年期及成年初显期的风险行为参与度成反比。

成年初显期是心理弹性的关键时期吗

学习目标 16：解释为什么成年初显期是心理弹性表露的关键期。

近年来，成年初显期被视为心理弹性表露的关键时期。与儿童和青少年不同，初显期成人有能力离开不健康、高风险的家庭环境。与其他年长的成年人不同的是，初显期成人还不需要承担那些构成多数成年人生活的义务。因此，成年初显期是一段能够做出高广度决定、将生活

保护性因素（protective factor）
与参与风险行为可能性低有关的青年人特质。

学校精神（ethos）
一所学校的整体教育信念。

转向新的、更好的方向的时期。服兵役、恋爱关系、高等教育、宗教信仰的发展以及工作机会等经历能提供改变生活轨迹的机会。

一项关于心理弹性的经典研究表明了初显成人期的重要性。这项研究被称为考艾岛（kow'ee）研究，以作为研究地点的一座夏威夷小岛命名。考艾岛研究关注的是高风险儿童群体，他们在 2 岁前就至少有 4 个或更多的风险性因素，如身体发育问题、父母婚姻冲突、父母药物滥用、母亲教育程度低以及家庭贫困。在这个组别之外，还有一个具有心理弹性的子群体，即在 10~18 岁时表现出良好的社交和学术功能，并且几乎没有行为问题。研究发现，与心理弹性较低的同龄人相比，高心理弹性组中的青少年受益于若干保护性因素，如机能良好的父亲或母亲、更高的智商、更强的身体吸引力。

在考艾岛研究中，一个令人惊讶的发现是，许多在青少年期被归入非心理弹性组的被试，在成年初显期都转变成具有心理弹性的人。帮助他们向更好的生活转变的经历包括接受更高水平的教育、通过服兵役学习新的职业技能，以及转而信奉能够提供社会支持的宗教信仰。

心理弹性可能构建于成年初显期，这是一个令人振奋的新发现。可能是因为在成年初显期有比在儿童或青少年期更多的机会来激发心理弹性。高危儿童和青少年的家庭往往是不稳定和功能失调的，这就很难获得父母的合作干预。然而，初显期成人在法律上是成年人，可以自己决定如何把握机会，并将生活转向不同的方向。

但问题依然存在，为什么有些人能够利用并得益于成年初显期的转折机会，而有些人却不能？一些研究对初显期成人的心理弹性进行了研究，认为关键可能在于"计划的能力"，其中包括现实可行的目标、可靠性和自我控制。然而，这就引出了另一个问题：为什么一些初显期成人在面对逆境时表现出计划的能力，而另一些人则没有？那些具有心理弹性的初显期成人的故事令人着迷且鼓舞人心，从他们身上可以学到更多的东西。

批判性思考

什么样的经历帮你构建了心理弹性？

致谢·术语表·参考文献

考虑到环保，也为了节省纸张、降低图书定价，本书编辑制作了电子版致谢、术语表和参考文献。用手机微信扫描下方二维码，即可下载。